Kohlhammer

Anne Schwing 2014

Hans-Gerd Ridder

# Personal-
# wirtschaftslehre

4., aktualisierte und überarbeitete Auflage

Verlag W. Kohlhammer

4., aktualisierte und überarbeitete Auflage 2013

© 1999 W. Kohlhammer GmbH Stuttgart
Umschlag: Gestaltungskonzept Peter Horlacher
Umschlagbild: © vege – fotolia.com
Gesamtherstellung:
W. Kohlhammer Druckerei GmbH + Co. KG, Stuttgart
Printed in Germany

ISBN 978-3-17-023021-7

# Vorwort zur 4. Auflage

Jedes Lehrbuch hat eine innere Ordnung, die sich aus theoretischen Grundannahmen und einer daraus resultierenden Ordnung der Wissensbestände eines Faches ableitet. Dies gilt auch für dieses Lehrbuch. Im Hinblick auf die theoretischen Grundannahmen bin ich davon ausgegangen, dass Studenten zunächst unterschiedliche personalwirtschaftliche Ansätze kennen lernen sollten (Kapitel I). Erst die grundlegende Erfahrung, dass sich diese Ansätze in ihren Annahmen, Methoden und Erkenntnisinterpretationen unterscheiden, eröffnet Studenten die Möglichkeit der kritischen Reflexion und der Herausbildung einer eigenen Position, die für die Erschließung der personalwirtschaftlichen Wissensbestände erforderlich ist.

Menschen werden in Unternehmen beschäftigt, weil ihre Nützlichkeit bei der Bewältigung von betrieblichen Aufgaben im Vordergrund steht. Daraus resultieren Aufgaben der *Personalbereitstellung, Personalentwicklung, der Arbeitsorganisation und Vergütung* (Kapitel II). Bei der Entwicklung dieser personalwirtschaftlichen Instrumente habe ich in erster Linie auf Einflussgrößen der Ergiebigkeit der menschlichen Arbeitsleistung fokussiert und die Wissensbestände entsprechend geordnet. Für die 4. Auflage wurde das Kapitel insgesamt überarbeitet und die Literatur aktualisiert.

Es ist im Interesse von Unternehmen durch *Verhaltenssteuerung*, insbesondere durch *Motivation und Führung*, auf das Leistungsergebnis Einfluss zu nehmen. Allerdings verfügen Menschen auch über ein breites Spektrum an Interessen, Werten und Zielen, die sie in Unternehmen realisieren wollen (Kapitel III). In der 4. Auflage wurde das Kapitel aktualisiert und im Hinblick auf den Aspekt der Selbstführung erweitert.

Dieses Lehrbuch richtet sich an *Studenten*, die im späteren Berufsleben Managementaufgaben übernehmen wollen. Zukünftige Manager müssen in der Lage sein, Personal einzustellen, einzusetzen und Leistung zu beurteilen. Sie haben Vergütungs- und Beförderungsentscheidungen zu treffen. Darüber hinaus ist Personal zu entwickeln, zu motivieren und zu führen. In diesem Sinne wendet sich dieses Lehrbuch aber auch an *Führungskräfte*, die daran interessiert sind, personalwirtschaftliche Themen aus einer wissenschaftlichen Perspektive zu betrachten und daraus Anregungen für die tägliche Praxis zu entnehmen.

Frau Linke hat den Text gründlich Korrektur gelesen und mit großer Sorgfalt das Layout des Textes und der Abbildungen gestaltet. Marko Heyner hat die Aktualisierung der vorliegenden Auflage durch umfangreiche Literaturrecherchen vorbereitet und durch sein Organisationsgeschick sehr unterstützt. Ihnen danke ich sehr.


Hannover, im Januar 2013

Hans-Gerd Ridder

# Inhaltsverzeichnis

# Abbildungsverzeichnis

# Einleitung

# 1 Adressaten, Ziele und Inhalte des Lehrbuchs

In den vergangenen Jahren haben Anspruchsgruppen der Universität erheblich an Bedeutung gewonnen. Wurde noch vor einigen Jahren die kritische Distanz zur Praxis gepflegt, wird heute mit deutlich höherem Gewicht eine unmittelbare Vorbereitung auf den Beruf gefordert. Ausbildungskonzepte orientieren sich stärker an den Erwartungen der Studenten und derjenigen Institutionen, die Absolventen nach Abschluss des Studiums einstellen, insbesondere Unternehmen, Gewerkschaften und staatliche Institutionen. Dabei spielt die Berufsvorbereitung als Maßstab eine große Rolle. Dieses Lehrbuch wird sich deshalb zunächst mit der Frage auseinandersetzen, in welcher Form es diesen Erwartungen gerecht werden will.

Vereinfacht wird hier davon ausgegangen, dass wirtschaftswissenschaftliche Universitätsstudenten später einmal Funktionen übernehmen, die im weitesten Sinne als Management bezeichnet werden können. Zukünftige Manager werden sich mit der Planung, Organisation und Durchführung von Arbeitsaufgaben befassen und dabei mit anderen Menschen kooperieren.

Im Folgenden werden zunächst Ansprüche skizziert, die überwiegend von Studenten und von der Praxis an eine wirtschaftswissenschaftliche Ausbildung herangetragen werden. Anschließend soll der Frage nachgegangen werden, ob und inwieweit diese Erwartungen mit dem zukünftigen Arbeitsalltag der Absolventen übereinstimmen. Auf dieser Basis wird anschließend das Programm dieses Lehrbuchs vorgestellt.

## 1.1 Erwartungen an eine praxisnahe Ausbildung

Ansprüche von Studenten konkretisieren sich vor allem zu Beginn des Studiums in folgenden Fragestellungen:

- Welche Qualifikationen werden von der Praxis erwartet?
- Können diese Qualifikationen überhaupt an der Universität vermittelt werden?
- Wird das vermittelte Fachwissen eng an den antizipierten Anforderungen der Praxis orientiert?
- Vermittelt die Universität weitere praxisrelevante Voraussetzungen für die nachuniversitäre Karriere (z.B. Sprachausbildung, Auslandsaufenthalte, Praktika)?
- Worin unterscheiden sich Universitäten (welches Profil weisen sie auf)?
- Sind Fachhochschulen und Akademien Universitäten vorzuziehen und aus welchen Gründen?

Entsprechend wird auch erwartet, dass der Abschluss ohne größere Umwege erreicht werden kann und dass ein klarer Studienaufbau sowie eine transparente Prüfungsordnung vorhanden sind. Schließlich sollen die Professoren geeignet sein, Fachwissen didaktisch gut zu vermitteln.

Bemühungen, die Dienstleistungsqualität der Universitäten zu verbessern, haben entsprechend dazu geführt, dass Studienordnungen gestrafft, Prüfungsordnungen international angeglichen, die Organisation eines Auslandsaufenthaltes institutionalisiert und Praxiskontakte intensiviert werden.

Den klaren Erwartungshaltungen an die Form der universitären Ausbildung stehen allerdings oft nur vage Vorstellungen von Inhalten gegenüber. Es erscheint wenig überraschend, dass Studenten am Anfang ihres Studiums kaum etwas über wirtschaftswissenschaftliche Problemstellungen und Lösungsentwürfe wissen. Allerdings haben Studenten in der Regel auch wenig konkrete Vorstellungen von der zukünftigen Praxis, deren starke Berücksichtigung sie im Rahmen der Ausbildung erwarten. Und schließlich sind Perspektiven über die eigene praktische Tätigkeit nach Abschluss des Studiums ebenfalls von einer gewissen Unschärfe geprägt. Viele Studenten gehen davon aus, dass das wirtschaftswissenschaftliche Hochschulstudium eine recht breite Ausbildung vorsieht, die es im Laufe des Studiums erlaubt, diese vagen Vorstellungen zu präzisieren und im Hinblick auf den späteren Beruf zu konkretisieren.

Die Wahl eines Studienfaches – so die naheliegende Schlussfolgerung – wird nicht nur über das inhaltliche Interesse, sondern auch durch das antizipierte Ergebnis gesteuert. Studenten fragen danach, ob ein Studium hilft, Erwartungen der später von ihnen angestrebten beruflichen Praxis zu erfüllen.

Was aber ist Praxis?

Leider gibt es »die« Praxis nicht. Sie ist vielfältig und verändert sich permanent. Kein Unternehmen gleicht dem anderen. Die Aufgaben sind im Dienstleistungsbereich anders als in der Produktion, verändern sich im Werkzeugmaschinenbau und in der Automobilindustrie schneller als in Behörden; aber auch dort sind unverkennbar Umbrüche zu verzeichnen.

Auch die Funktionen in den Unternehmen verändern sich ständig. Konnte man beispielsweise bis in die achtziger Jahre des vorigen Jahrhunderts mit gutem Gewissen das Studium der Personalwirtschaftslehre als Vorbereitung auf eine Tätigkeit in der Personalabteilung der Unternehmen empfehlen, ist dies heute nicht mehr umstandslos möglich. Einerseits werden Personalabteilungen zu »Business Partnern« hochstilisiert, andererseits aber auch verkleinert, dezentralisiert oder gar ausgelagert. Dafür wird von allen Führungskräften nun erwartet, dass sie immer mehr personalwirtschaftliche Aufgaben übernehmen, wie z.B. die Ermittlung des Personalbedarfs sowie Auswahl, Entwicklung und Einsatz des Personals. Darüber hinaus sollen sie die Mitarbeiter motivieren und führen.

Welche Ansprüche hat also die jeweilige Praxis an Absolventen?

Unternehmen erwarten, dass Hochschulabsolventen über *Fachwissen* verfügen, gleichgültig, ob sie in der Personal- oder Organisationsabteilung eingesetzt werden oder ob sie als Führungskräfte personalwirtschaftliche Aufgaben erfüllen. Aber dieses Fachwissen darf sich nicht auf eine bestimmte Branche oder gar einzelne Unternehmen beziehen, da dies die Einsetzbarkeit der Absolventen einschränkt. Die universitäre Ausbildung darf nicht Wissen vermitteln, das sich auf aktuelle Praxis bezieht und damit bei Erreichen des Abschlusses eventuell bereits veraltet ist. Vielmehr vermittelt die Universität Wissen, das auf zukünftige Tätigkeiten vorbereitet.

Gerade von Universitätsabsolventen erwarten Unternehmen über das Fachwissen hinaus *innovative Beiträge* zur Lösung bestehender und neuer Probleme. Fachwissen und praxisnahe Ausbildung stellen also nur eine notwendige, wenn auch nicht hinreichende Bedingung der universitären Ausbildung dar. Über das in der Zukunft anzupassende Fachwissen hinaus fordern Unternehmen offensichtlich weitere Qualifikationen, z.B. *Methoden-, Sozial- und Selbstkompetenzen.* Diesem verbreiteten Wunsch steht allerdings die Schwierigkeit gegenüber, solche Erwartungen zu konkretisieren (vgl. Rynes et al. 2002). Was ist z.B. Sozialkompetenz? Hier ist zu konstatieren, dass sich Unternehmen nicht immer die Mühe machen, solche Schlagworte genauer zu definieren. Die Einstellung neuer Mitarbeiter erfolgt nicht immer nach vorher definierten Anforderungen und daraus abgeleiteten Qualifikationen, sondern Traditionen, Annahmen über den Menschen, Machtverhältnisse und die eigene Ausbildung sind »harte« Kriterien, nach denen Manager ihren Nachwuchs auswählen. Paradoxerweise sollen also Aufgaben in einer ungewissen Zukunft mit Hilfe derjenigen Eigenschaften oder Verhaltensweisen bewältigt werden, die die gegenwärtige Managergeneration für sinnvoll hält.

Insofern schließt sich der Kreis: Studenten erwarten eine praxisnahe Ausbildung für eine Praxis, die es noch nicht gibt. Unternehmen suchen für eine ungewisse Zukunft einerseits nach Qualifikationen, die gewohnte Routinen und Verhaltensweisen durchbrechen sollen, greifen aber bei der Auswahl von Nachwuchsmanagern gern auf »bewährte« Kriterien zurück. Wie kann die Universität diesen wechselseitigen »Praxisbezug« vermitteln?

## 1.2  Die Praxis von Managern

Praxisbezug der Universität kann in einem wissenschaftsbezogenen Sinne bedeuten, dass, auf der Basis spezifischer Fragestellungen und Methoden, Wissen über Praxis systematisch erhoben wird und verallgemeinerungsfähig in die Ausbildung einfließt. Die wirtschaftswissenschaftliche Hochschulausbildung nutzt in diesem Fall ihr Wissen über Praxis, um ein Ausbildungsangebot zu machen. Dies beruht auf der Annahme, dass die mit wissenschaftlichen Methoden erhobenen Wissensbestände für eine schlecht strukturierte Zukunft Relevanz haben.

Wird z.B. die einschlägige Managementpresse betrachtet, so erscheint das Management von Organisationen als Inbegriff der Ideen und langfristigen Pläne, der Delegation und Kontrolle. Managern wird Erfolg zugeschrieben, wenn sie ihre Mitarbeiter für ein Ziel begeistern und sie motivieren, diese Visionen (Ziele, Strategien) in Pläne und Organisationsstrukturen übersetzen und die Einhaltung dieser Pläne kontrollieren. Sie sollen gleichzeitig nach neuen Produkten oder Dienstleistungen suchen (lassen), die dann erneut zum Erfolg der Unternehmung beitragen.

Dieses Bild wird allerdings nicht immer bestätigt, wenn in empirischen Untersuchungen der Arbeitsalltag von Managern betrachtet wird. Bereits eine frühe Untersuchung von Mintzberg (1973) – der Klassiker unter den Managerstudien – kam zu dem Ergebnis, dass es sich bei den Funktionsbeschreibungen von Managern um »Folklore« handelt. Tatsächlich bewegen sich Manager unter höchst unsicheren Verhältnissen, gestaltet sich ihr Arbeitsalltag als kurzzyklisch, fragmentarisch und abwechslungsreich. Manager verfügen häufig nur über vage, spekulative Informationsbasen. Sie bevorzugen die mündliche Kommunikation, um ihre Entscheidungen im Austausch mit anderen

Personen zu validieren und sind darauf angewiesen, dass ihnen zur Entscheidungs-
unterstützung formal aufbereitete Informationen zur Verfügung stehen, die ihren Entscheidungen Sinn verleihen.

Aus diesen Verhaltensbeschreibungen wird geschlossen, dass Manager über ein Rol-
lenset verfügen, das sich wie folgt kategorisieren lässt (vgl. Schirmer 2004, 816ff.):

- **Interpersonelle Rolle:** Manager werden von innen und außen als Repräsentanten ihrer Organisation interpretiert und erfüllen damit verbundene Pflichten. Sie halten Re-
den, vertreten die Unternehmung nach außen und erfüllen Integrationsfunktionen
nach innen. Es wird von ihnen erwartet, dass sie Mitarbeiter motivieren, anleiten und
kontrollieren. Sie sollen in der Lage sein, geeignetes Personal auszuwählen und zu
entwickeln. Als Koordinatoren bauen sie interne und externe Kontakte auf und pflegen sie auf formeller, aber auch auf informeller Ebene.
- **Informationelle Rolle:** Der Manager ist als Informationssammler und -verteiler tätig. Ständig sucht und empfängt der Manager Informationen, die ihm helfen, die Unsicherheit und die Komplexität, in der er sich befindet, zu reduzieren. Gleichzeitig
beeinflusst und konstituiert der Manager aber auch die Situation, indem er bestimmte
Informationen weitergibt, Anweisungen erteilt etc. Als Sprecher gibt der Manager
Informationen über die Pläne, Maßnahmen und Ergebnisse der Organisation weiter
und verleiht ihnen damit ihren offiziellen Charakter.
- **Entscheidungsrolle:** Als Unternehmer sucht der Manager innerhalb und außerhalb
der Organisation nach Chancen zu Innovation und Wandel und leitet Projekte ein.
Als Krisenmanager muss er sich mit den (tag)täglichen Störungen des betrieblichen
Leistungsprozesses auseinandersetzen und das Unerwartete und Nicht-Geplante häu-
fig ad hoc berücksichtigen. Manager weisen Ressourcen zu. Hier geht es um Entscheidungen, welche Abteilung welche Finanzmittel und personelle oder sachliche
Ausstattung zur Erfüllung ihrer Aufgaben erhält. Gleichzeitig wird damit Macht und
Kontrolle demonstriert und perpetuiert. Als Verhandlungsführer tritt der Manager
gegenüber Externen auf und verhandelt Modalitäten der Zusammenarbeit.

Studien zeigen, dass die Verteilung der Rollen je nach situativen Rahmenbedingungen
variiert. Die Einschätzung aber, wonach Manager diese Vielzahl von Rollen bewältigen
müssen, durchzieht die Managementforschung wie ein roter Faden (vgl. umfassend
Schirmer 1992; 2004).

Wie aber schaffen es Manager, diese Rollen zu erfüllen? Über welche Qualifikationen
müssen sie verfügen, um in diesem täglichen Strom von Ereignissen nicht unterzuge-
hen? Hier sind in der Organisationstheorie und in der Managementliteratur eine Vielzahl von Erklärungsversuchen theoretisch entworfen und empirisch untersucht worden,
und es soll an dieser Stelle auf nur wenige Beispiele verwiesen werden.

In dem von Kieser und Walgenbach (2010) geschriebenen Standardwerk »Organisation« wird auf ein Beispiel verwiesen, das eine bemerkenswerte Parallelität zwischen der
Tätigkeit von Managern und der wissenschaftlichen Methodik des situativen Ansatzes
der Organisationstheorie herausarbeitet:

> *»In einem Handelskonzern überlegt der Vorstand, ob die Effizienz durch eine Reor-
> ganisation verbessert werden kann. Die Vorstandsmitglieder haben den Eindruck,
> dass in den verschiedenen Tochterunternehmen im Laufe der Zeit unterschiedliche
> Organisationsstrukturen geschaffen wurden, ohne dass dies im Einzelnen sachlich
> begründet ist. In diesen Unterschieden sehen sie Hindernisse für eine einheitliche*

*Konzernführung. Da sie sich vor einer Entscheidung ihres Eindrucks vergewissern wollen, geben sie der Organisationsabteilung den Auftrag zu einer Organisations-analyse. Sie soll feststellen, ob Unterschiede bestehen, ob sie sachlich gerechtfer-tigt sind, und Vorschläge zur Vereinheitlichung erarbeiten. Wenn nun eine solche Organisationsanalyse vorbereitet wird, müssen sich Organisatoren zunächst ent-scheiden, welche Aspekte sie in einer Ist-Analyse erfassen wollen. Damit stehen sie vor einem Konzeptualisierungsproblem. In der Regel nennen sie es nicht so, son-dern sprechen von der Festlegung der Erhebungsinhalte oder der Gegenstände der Ist-Analyse« (zitiert nach Kieser/Walgenbach 2010, 69).*

Es werden also nicht alle Aspekte oder Eigenschaften eines jeweils zu untersuchenden oder zu gestaltenden Phänomens betrachtet. Wer ernsthaft in Betracht zieht, alle Infor-mationen eines Phänomens zu berücksichtigen, wird mit der Suche und Zusam-menstellung der Informationen den größten Teil seiner Tätigkeit verbringen, ohne Hoff-nung, jemals zu einem Abschluss zu gelangen. Es findet also immer eine *Reduktion von Komplexität* statt. Das Wesentliche ist vom Unwesentlichen zu unterscheiden.

Was aber ist das Wesentliche? Die Reduktion erfolgt nicht voraussetzungslos. Das Re-duzieren von Komplexität ist mit einer Auswahl, einer nicht immer bewussten *Selektivi-tät* verbunden. Um bei dem genannten Beispiel zu bleiben: Zwei Organisationsgestalter, die unabhängig voneinander den Auftrag zu einer Ist-Analyse erhalten, werden unter-schiedliche Aspekte für wesentlich halten und betrachten sie in Abhängigkeit von ihren Grundannahmen über Organisationen, ihrer Ausbildung und ihren Erfahrungen. Dies erklärt, warum Manager in gleichen Branchen mit ähnlichen oder gleichen Produkten unterschiedliche Strukturen aufbauen und differierende Managementprozesse gestalten. Nicht anders geht es Wissenschaftlern in der Konzeptualisierung ihrer Fragestellungen:

*»Aus diesem Zwang zur Auswahl heraus wird auch verständlich, warum Konzeptualisierungen der Organisationsstruktur verschiedener Autoren oft so un-terschiedlich sind: Wenn sie auch prinzipiell gleiche Fragestellungen verfolgen, so gehen sie doch oft von unterschiedlichen Annahmen über die wichtigen Zusammen-hänge aus und gelangen so auch zu unterschiedlichen Konzeptionen« (Kie-ser/Walgenbach 2010, 68).*

Bezogen auf wissenschaftliche Tätigkeiten formulieren Kieser und Walgenbach, dass auch Wissenschaftler in der Bearbeitung eines Problems nicht alle Aspekte erfassen können, sondern die empirische Vielfalt zunächst reduzieren müssen, um zu gehalt-vollen Aussagen zu kommen:

*»In dieser Komplexitätsreduktion liegt die eigentliche Bedeutung wissenschaftli-cher Analysen. Es geht nicht darum, die Realität in ihrer gesamten Vielfalt und Komplexität wiederzugeben, sondern das für die jeweils verfolgte Fragestellung Wesentliche soll in systematischer Weise herausgestellt werden« (Kieser/Walgen-bach 2010, 68).*

Weick (2011) beschreibt die Aufgabe der Komplexitätsreduktion und Selektivität – von anderen Grundannahmen ausgehend – recht ähnlich. Danach kann die Tätigkeit des Managers so verstanden werden, dass er in den Schwarm der Ereignisse »hineinstapft«, versucht, sie dem Zufall zu entreißen und ihnen Ordnung aufzuzwingen. Der Manager handelt im physischen Sinne innerhalb der Umwelt, beachtet einiges von ihr, übersieht vieles und verständigt sich mit anderen über das, was sie tun. Die Aufgabe des Mana-gers besteht also darin, aus Chaos Ordnung zu schaffen, Ereignisse zu sortieren, in Serien anzuordnen und aufeinander zu beziehen. Wichtig ist in diesem Zusammenhang, dass Menschen sich darin unterscheiden, wie sie das Chaos interpretieren, welche Ausschnitte sie sortieren und welche Ereignisse sie verbinden wollen. Deshalb verbringen Manager viel Zeit damit, darüber zu verhandeln, welche Ereignisse wie zu interpretieren und zu gestalten sind.

Was aber leitet Manager nun in dem Bestreben, Ordnung in das Chaos zu bringen? Manager – so eine Erklärung – verfügen über *Schemata*, die sie als Interpretationshilfen benutzen (vgl. Schirmer 1992, 137ff.). Diese Schemata werden als abgekürzte, verallgemeinerte und korrigierbare Gliederungen von Erfahrungen verstanden. Sie dienen als Bezugsrahmen für Handlung und Wahrnehmung. Manager verfügen mehr oder weniger differenziert über Theorien, die ihnen helfen, Ursachen und Wirkungen zu deuten, ihnen Sinn zu geben und dadurch ihr Verhalten zu stabilisieren. Manager unterscheiden sich z.B. darin, ob sie sich bei der Personalauswahl auf ihre Menschenkenntnis (die berühmte »Chemie«) oder auf elaborierte Testverfahren verlassen. Manager unterscheiden sich auch darin, ob sie ihre Mitarbeiter als Partner oder Untergebene interpretieren. Immer stehen dahinter bestimmte Grundannahmen und Erfahrungen, die zu Deutungsschemata gerinnen.

Diese Deutungsschemata sind als Navigatoren zuständig für die Erkundung, Auswahl und Modifikation von Ereignissen und helfen, den Alltagsprozess zu strukturieren. Manager legen sich bestimmte Erklärungen zurecht, unter welchen Bedingungen und Interventionen Mitarbeiter besonders engagiert arbeiten werden. Sie haben Vorstellungen darüber, ob Menschen eher materiell oder durch Zuwendung zu motivieren sind, ob Management bedeutet, die Sache gut zu beherrschen oder zwischen Menschen zu moderieren. Auf diese Weise erleben sie ihre Umwelt nicht passiv als objektive Realität, sondern durch ihr Verhalten gestalten sie ihre Umwelt. Auf diese Weise kann beobachtet werden, dass z.B. Manager, die misstrauisch ihre Umwelt kontrollieren, im Ergebnis Menschen vorfinden, die versuchen, sich der Kontrolle zu entziehen, was wieder mehr Kontrollaufwand nach sich zieht, sodass sich Annahmen des Managers selbsterfüllend bestätigen. Üblicherweise werden solche Konstrukte als Menschenbilder (vgl. Steinle/Ahlers 2004) oder auch als Bilder der Organisation (vgl. Morgan 2006) bezeichnet, von denen angenommen wird, dass sie das Handeln von Managern maßgeblich leiten.

Als Fazit kann festgehalten werden, dass Manager darauf angewiesen sind, Komplexität zu reduzieren und auf der Basis von Deutungsschemata eine Vielzahl von Rollen übernehmen. Die daraus resultierende Selektivität leitet über zu Instrumenten der Organisation des Manageralltags. Für die wirtschaftswissenschaftliche Hochschulausbildung bedeutet dies, zukünftige Manager in die Lage zu versetzen, Probleme in ihrem Kern zu erkennen, Ursachen und Wirkungen dieser Probleme zu analysieren und zu erklären sowie Lösungswege zu entwickeln. Im folgenden Kapitel werden dazu die in diesem Lehrbuch behandelten Theorien, Instrumente und Methoden vorgestellt.

## 1.3   Konzeptionelle Grundlagen und Vorgehensweise des Lehrbuchs

In der Bearbeitung des ökonomischen Kerns verfügen auch Wissenschaftler über Schemata und entwickeln theoretische Erklärungsansätze. Es handelt sich hierbei um eine Vorgehensweise, in der ein Problemfeld unter einem bestimmten Blickwinkel betrachtet wird. Der Wissenschaftler nimmt diesen Blickwinkel zum Anlass, das Problemfeld auf eine spezifische Art zu definieren, zu ordnen und Aussagen zu diesem gedeuteten Gegenstandsbereich zusammenzustellen. Wissenschaftler greifen dann auf weitere Theorien zurück, um Teilprobleme zu bearbeiten und führen empirische Untersuchungen durch, um diese Erklärungsansätze zu überprüfen.

## 1.4 Theorie: Die Herausbildung von Deutungsschemata

Die Personalwirtschaftslehre verfügt über mehrere solcher Schemata, die auch als »Theoriefamilien« oder »Theorieschulen« bezeichnet werden könnten. Dies ist kein Nachteil, da Studenten auf diese Weise lernen, dass ein Problem unter verschiedenen Blickwinkeln betrachtet wird und dass unterschiedliche Erklärungen von Ursachen und Wirkungen zu differenzierten Schlussfolgerungen oder Entscheidungen führen.

Solche Schemata bzw. **Theoriefamilien** werden in **Kapitel I** vorgestellt:

- **Verhaltenswissenschaftliche Orientierung:** Diese Perspektive in der Personalwirtschaftslehre befasst sich mit dem sozialen Handeln von Menschen in Organisationen. Es werden Theorien und empirische Befunde herangezogen, die – bezogen auf den ökonomischen Zweck von Unternehmen – Aussagen zur Verhaltenssteuerung ermöglichen sollen. Entsprechend wird das Problem der Verhaltenssteuerung beispielhaft in drei Theoriegruppen hinsichtlich des Verhaltens von Individuen, von Gruppen wie auch von Organisationen eingeteilt.
- **Neue Institutionenökonomie:** In diesem Ansatz stehen Verträge im Mittelpunkt. Beispielsweise wird in der Theorie der Verfügungsrechte danach gefragt, wie diese effizient gestaltet und dabei entstehende Kosten minimiert werden können. In der Principal-Agent-Theory wird z.B. danach gefragt, wie die Vertragsbeziehungen zwischen einem Arbeitgeber und einem Arbeitnehmer so gestaltet werden können, dass das angestrebte Arbeitsergebnis erbracht und Kontroll- und Überwachungskosten minimiert werden. In der Transaktionskostentheorie werden Überlegungen angestellt, Transaktionskosten (z.B. Koordinationskosten) durch institutionelle Arrangements zu senken.
- **Strategieorientiertes Human Resource Management:** Hier wird davon ausgegangen, dass Wettbewerbsvorteile entstehen, wenn frühzeitig in Arbeitnehmer investiert wird, deren Kompetenzen wertvoll und selten sind sowie nicht kurzfristig vom Wettbewerber imitiert oder substituiert werden können. Personal wird hier nicht als Kostenfaktor, sondern als wertvolle Investition interpretiert. Innerhalb dieser Orientierung werden Methoden und Instrumente des Human Resource Management eng auf die Unternehmensstrategie abgestimmt, und es wird geprüft, ob die synergetische Abstimmung der Instrumente des Human Resource Management einen nachweisbaren Beitrag zum Unternehmenserfolg leisten kann.

Ein Vergleich dieser Ansätze lässt systematisch erfahren, dass vor dem Hintergrund unterschiedlicher theoretischer Ansätze mit Hilfe verschiedener Methoden differenzierte Erkenntnisse gewonnen und daraus variierende Lösungen abgeleitet werden.

### 1.4.1  Fachwissen: Instrument zur Durchdringung von Praxis

Die fachliche Ausbildung von wirtschaftswissenschaftlichen Studenten ist eine vordringliche Aufgabe der Universität, und die Annahme einer schnellen Veralterung dieses Wissens ist zu relativieren. Missverständnisse entstehen, wenn unter Fachwissen verstanden wird, dass das Handeln der Praxis via Universität an die Studenten weitergegeben und damit wieder in die Praxis zurücktransferiert werden soll (vgl. Nienhüser 1996, 48). Erfolgt dies als reiner Transfer, ist der Veralterungseffekt erheblich. Selbst bei vorsichtiger Schätzung dauert es Jahre, bis bestimmte Praxishandlungen in Monographien und Lehrbüchern Eingang gefunden haben, und eben so lange, bis der Ökonomiestudent dieses erworbene Wissen wieder in der Praxis einsetzen kann. Die Wahrscheinlichkeit, dass solche Praxishandlungen dann überholt sind, ist hoch. Als Beispiel kann eine Vielzahl von Personalentwicklungsmaßnahmen herangezogen werden, die in der Praxis einige Zeit präferiert (z.B. Coaching, Neurolinguistisches Programmieren) und nach einigen Jahren durch »modernere« Maßnahmen abgelöst wurden. Fachkenntnisse müssen also anderer Natur sein, um berufliche Handlungskompetenz zu erzeugen.

In diesem Sinne wird im Rahmen der universitären Ausbildung eine Auswahl von Theorien und empirischen Untersuchungen angeboten, die als Fachwissen Bestand haben, eine sukzessive Weiterentwicklung erfahren und Instrumente zum Verständnis und zur Durchdringung von Praxis bereitstellen.

In diesem Lehrbuch sollen Fachkenntnisse vermittelt werden, die, bezogen auf personalwirtschaftliche Probleme, wissenschaftlich erhobene Erkenntnisse zusammenstellen:

**Kapitel II** beschäftigt sich mit der **Personalbereitstellung, der Entwicklung, dem Einsatz und der Vergütung von Personal**. Jedes Unternehmen benötigt zur Herstellung von Produkten und Dienstleistungen Arbeitnehmer. Hier wird danach gefragt, in welchen Quantitäten und mit welchen Qualifikationen Arbeitnehmer zu bestimmten Zeitpunkten und an bestimmten Orten benötigt werden. Sollen diese Arbeitnehmer auf dem externen Arbeitsmarkt beschafft oder mit Hilfe von Personalentwicklungsmaßnahmen auf zukünftige Aufgaben vorbereitet werden? Zeichnet sich ein Personalüberhang ab und wie kann dieser bewältigt werden? Ebenso erwarten Arbeitnehmer, dass mit der Aufnahme einer Tätigkeit bestimmte Rahmenbedingungen erfüllt sind. Hierzu zählen insbesondere eine Arbeitsgestaltung, die keine Beeinträchtigung der Gesundheit zur Folge hat, sowie interessante, abwechslungsreiche Tätigkeiten, die persönliche Entwicklungschancen bieten. Dazu gehören auch die materielle und immaterielle Entlohnung. Entsprechend werden in diesem Kapitel Themen behandelt wie z.B. Instrumente der Personalbeschaffung, des Personalabbaus und der Entwicklung von Personal sowie Grundlagen der Arbeitsorganisation und des Entgelts.

**Kapitel III** befasst sich mit der **Transformation** von Potenzial in Leistung. Die Grundannahme lautet hier, dass das Leistungsspektrum von Arbeitnehmern in gewissen Grenzen variabel und beeinflussbar ist. So wird im Rahmen der Leistungsmotivationstheorien nach Erkenntnissen gesucht, ob und in welcher Weise ein Zusammenhang zwischen der Befriedigung bestimmter Bedürfnisse von Arbeitnehmern und der Ergiebigkeit von Leistung besteht. Im Rahmen der Führungstheorien wird reflektiert, ob bestimmte Eigenschaften oder Verhaltensweisen von Führungskräften das Verhalten von Arbeitnehmern beeinflussen. Entsprechend werden in diesem Kapitel Theorien und empirische Befunde zu Fragen der **Leistungsmotivation** und der **Mitarbeiterführung** vorgestellt.

Theoretische Erkenntnisse und darauf bezogene empirische Befunde lassen sich nicht unmittelbar auf die Praxis anwenden, dazu sind sie zu abstrakt. Sie erschließen aber die

Struktur des Problems in systematischer Weise und bereiten damit den Boden für die selektive Suche nach neuen Lösungen.

Im Rahmen dieses Lehrbuches sollen Studenten auch erkennen, dass in der Praxis zweckrationale Kalküle nicht immer die Regel darstellen und dass deshalb den erlernten Instrumenten eine initiierende, inspirierende oder kritische Funktion zukommt (vgl. Rynes et al. 2002). Um hier nur wenige Beispiele zu nennen:

- Im Bereich der Personalentwicklung gehört es zum Standardrepertoire der universitären Ausbildung, dass Personalentwicklungsmaßnahmen zunächst eine Bedarfsprüfung erfordern. Es werden Methoden vermittelt, wie der Bedarf erhoben werden kann, welche Personalentwicklungsmaßnahmen geeignet sind, um bestimmte Wissenslücken in adäquater Form zu schließen und wie der Lernerfolg anschließend zu ermitteln bzw. zu kontrollieren ist. In der Praxis werden Personalentwicklungsmaßnahmen aber nach anderen Kriterien geplant und durchgeführt. Hier spielen z.B. Budgets und ihre Ausweitung eine Rolle, wird Bewährtes wiederholt, oder es werden bestimmte Gruppen bevorzugt (z.B. Führungsnachwuchskräfte).
- Auch die Vermittlung von Instrumenten der Leistungsbeurteilung konzentriert sich auf die Frage, welche Verfahren für welchen Zweck geeignet, welche methodischen Probleme zu beachten sind und welche Wahrnehmungsfehler auftreten können. In der Praxis wird aber Leistung häufig mit Verfahren erhoben, die aufgrund methodischer Unzulänglichkeiten ihren Zweck kaum erfüllen können.

An diesen und weiteren Beispielen wird in diesem Lehrbuch gezeigt, dass es sinnvoll ist, Praxis zu reflektieren, an Theorien zu spiegeln und Alternativen zu erörtern. Studenten können lernen, dass Praxis situativen Zwängen ausgesetzt ist, die sich der zweckrationalen Logik wirtschaftswissenschaftlicher Kalküle entziehen. Umgekehrt soll erfahrbar gemacht werden, wie unmittelbar die Ökonomie vor sozialen Erwartungen dominiert (z.B. bei Personalabbau).

### 1.4.2 Methoden: Schlüssel der Problembearbeitung

Wie aufgezeigt, wird insbesondere von Managern erwartet, dass sie in der Lage sind, Probleme zu identifizieren, ihre Komplexität zu reduzieren und einer möglichst sachgerechten Lösung zuzuführen.

Entsprechend werden Methoden vermittelt, um die erworbene Wissensbasis immer wieder zu modifizieren oder neu herzustellen und diese Methoden in der tagtäglichen Entscheidungsfindung anzuwenden. Wissenschaftliches Denken und Arbeiten schult methodisch diese Form der Problembewältigung und des Managements von Wissen. Ausgebildet werden Absolventen, die die Fähigkeit besitzen, Probleme zu erkennen, zu strukturieren, Wissensbasen heranzuziehen und mit Betroffenen und Beteiligten Lösungen zu erarbeiten.

Was aber ist das Spezifische der wissenschaftlichen Bearbeitung von Problemen, wo liegt der Unterschied zwischen dieser Bearbeitung und der Erschließung von Wissen durch andere Berufsgruppen, und wie können wir die Qualität dieses Wissens beurteilen?

Wer regelmäßig Nachrichten im Fernsehen verfolgt, wird feststellen, dass wirtschaftliche Problemlagen häufig nach einem bestimmten Muster vorgestellt werden. Ein

Journalist stellt die Fakten zusammen und liefert Bildmaterial, Zahlen und Erläuterungen. Passanten auf der Straße werden um ihre Meinung gebeten. Experten (Branche, Börse, Banken, Institute) kommentieren das Geschehen. Manchmal werden Wissenschaftler gebeten, die Lage zu erläutern.

Damit sind bereits wesentliche Unterschiede in der Informationsbereitstellung angedeutet. Journalisten beschreiben und sammeln Fakten. Sie bringen Informationen auf den Punkt. Die Befragung von Experten erbringt weitere Informationen, aber wir ahnen, dass der Börsianer, der Banker oder der Vertreter der Automobillobby eine eher spezifische interessenbezogene Sicht der Dinge aufweist. Auch die befragten Passanten verfügen über reichhaltiges aber meist individuell gefärbtes Wissen.

Die Beschreibungen, Meinungen und Kommentare können jeweils angemessen und zutreffend sein, aber der Wissenschaftler wird versuchen, eher *generelle Erklärungen* im Hinblick auf die *Ursachen* dieses wirtschaftlichen Ereignisses vorzustellen. Er prüft, ob diese Erklärungen die tatsächlichen Ursachen benennen und über die jeweils interessenbezogene und individuelle Bezugnahme hinaus Gültigkeit aufweisen.

Wissenschaftler entwickeln damit *Theorien* über mögliche Ursachen für ein Problem und überprüfen diese Theorien mit in der Wissenschaft akzeptierten Methoden. Diese Untersuchungen können nachvollzogen, überprüft und modifiziert oder verworfen werden. Während also bestimmte Erklärungen von Experten und Passanten als plausibel und selbstverständlich angesehen werden und das tägliche Handeln leiten, stellen Wissenschaftler diese Annahmen ggf. in Frage und suchen nach allgemeingültigen, nicht von subjektiven Einstellungen und Erfahrungen geprägten Erklärungen für diese Phänomene.

Ein gutes Beispiel ist die weit verbreitete Annahme, dass Geld motiviert. Generationen von Managern waren der Ansicht, dass die Leistung umso mehr steigt, je enger das Einkommen an die Leistungsmenge geknüpft wird. Die Alltagsbeobachtung schien diese Annahmen zu bestätigen, und die Entlohnungsmodelle folgten diesem etablierten Wissen (z.B. Akkordlohn). Wissenschaftler versuchten nun, diese Annahmen zu überprüfen. Die Frage lautete, ist die Entlohnung wirklich das zentrale Instrument zur Motivation von Mitarbeitern?

Die wissenschaftlichen Untersuchungen zeigten allerdings überraschende Ergebnisse. Beispielsweise zeigte sich, dass Arbeitnehmer ihr Verhalten ändern, wenn ihnen interessante und abwechslungsreiche Arbeit angeboten wird. Sie wechseln zu solchen Arbeitsplätzen, auch wenn dies Lohneinbußen zur Folge hat. Ergänzende Studien identifizierten weitere wichtige Einflussgrößen der Motivation, wie z.B. soziale Beziehungen in Gruppen, Führungsstil und Kommunikation. Auch zeigten zusätzliche Studien, dass Arbeitnehmer unterschiedliche Bedürfnisse und Erwartungen an ihre Tätigkeit haben und leistungsorientierte Entlohnung die Motivation sogar absenken oder zerstören kann (vgl. ausführlich Kapitel III).

In all diesen Untersuchungen wird, methodisch gesehen, nach einem ähnlichen Muster vorgegangen. Im Hinblick auf das zu untersuchende Problem werden generelle Erklärungen für das Problem gesucht. Diese Theorien werden dann empirisch (z.B. Beobachtung, Experiment, Befragung) überprüft und als vorläufiges Wissen verbreitet. Die offene Darlegung des methodischen Vorgehens stellt sicher, dass andere Wissenschaftler diese Untersuchungen nachvollziehen, Schwachstellen identifizieren oder noch nicht bearbeitete Aspekte weiter verfolgen können.

Um Erklärungen für ein Problem zu gewinnen, wird danach gefragt, welche Ereignisse oder Faktoren (meist Variablen genannt) für das Problem relevant sind und ob sich Ursachen für ein Problem aus den Beziehungen zwischen den Variablen ableiten lassen. Deshalb ist es häufig nicht notwendig, alle beobachtbaren Faktoren in einer wissenschaftlichen Untersuchung zu erheben. Vielmehr konzentrieren sich die meisten Wissenschaftler auf das Wesentliche in diesen Beziehungen und lassen weitere, für das Problem nicht relevante Informationen unberücksichtigt. Es kommt also lediglich darauf an, relevante Variablen zu identifizieren und ihre Zusammenhänge zu analysieren, wenn man Ursachen eines Problems verstehen will.

Diese Zusammenhänge können sich z.B. als Verhältnis von unabhängigen und abhängigen Variablen darstellen. Beispielsweise wollen wir wissen, ob der Karriereerfolg von Führungskräften (abhängige Variable) Unterschiede im Hinblick auf unterschiedliche Personalauswahlverfahren (unabhängige Variable) aufweist. In ähnlicher Weise könnte nach Zusammenhängen zwischen Persönlichkeitseigenschaften und Leistung und nach Beziehungen zwischen Arbeitsgestaltung und Zufriedenheit gesucht werden. Diese Beziehungen können sich aber auch als Abfolge von identifizierbaren Prozessen erweisen, bspw. wenn untersucht wird, ob sich in Veränderungsprozessen bestimmte Muster im Prozessverlauf identifizieren lassen.

Wenn also ein Problem neu ist, nicht verstanden wird oder Erklärungen für dieses Problem noch nicht hinreichend sind, stellen Wissenschaftler Fragen nach Faktoren und ihren Beziehungen (vgl. Whetten 1989; Bacharach 1989; Ridder/Hoon 2009; Ridder et al. 2009):

- Welche Faktoren (Variablen) sind für die Erklärung des Problems relevant? Es werden nur diejenigen Faktoren erhoben, die für das Problem von Bedeutung sind.
- Gibt es Beziehungen zwischen diesen Faktoren, und wie sind diese Beziehungen konzeptionell darstellbar? Häufig werden hier Modelle vorgestellt, in denen Pfeile die Beziehungen zwischen den Faktoren symbolisieren.
- Wie können diese Beziehungen erklärt werden? Hier erarbeiten Wissenschaftler Erklärungen im Hinblick auf mögliche Ursachen für diese Beziehungen.
- Gibt es im Hinblick auf den Geltungsbereich Begrenzungen? Hier wird geprüft, ob die Erklärung eingeschränkt werden muss, z.B. im Hinblick auf Ort und Zeit.

Haben Wissenschaftler im Hinblick auf ein Phänomen die relevanten Faktoren identifiziert und Beziehungen zwischen diesen Faktoren festgestellt, enthält die Theorie die Erklärung des Phänomens für einen bestimmten Gültigkeitsraum. Diese Theorien gewinnen umso mehr an Glaubwürdigkeit, wenn sie mit anerkannten Methoden der empirischen Forschung getestet werden (vgl. umfassend Nienhüser/Krins 2005).

Wissenschaft stellt also in erster Linie die Frage »Warum ist das so?«. Das Denken in theoretischen Kategorien fördert, die Realität problembezogen zu erfassen, nach Beziehungen zu suchen, sie zu verstehen und unter Berücksichtigung von Rahmenbedingungen erwartete Effekte zu antizipieren. Auf diese Weise entsteht die Fähigkeit, die notwendige Ordnung in den Strom der Ereignisse hineinzubringen. Erst wenn diese Fragen vernünftig bearbeitet werden, lässt sich die Frage nach dem »Wie kann gestaltet werden?« beantworten. Erst aus den Erklärungen lassen sich in der Gestaltungsabsicht alternative Instrumente als Vorbereitung zur Erörterung von Lösungen ableiten. Hier ist die Verbindung zwischen der beruflichen Relevanz und dem Erkenntnisaspekt offensichtlich. Wichtige Entscheidungen zu treffen, ohne Ursachen, Zusammenhänge und

Wirkungen zu kennen, dürfte ein wesentlicher Grund für eine Vielzahl von nicht antizi-pierten Folgeproblemen in den Unternehmen sein.

Das methodisch disziplinierte Forschen nach Ursachen ist erlernbar. Studenten lernen in der Universität ein Problem zu identifizieren, systematisch Wissen heranzuziehen, Problemlösungen zu entwerfen sowie diese Problemlösungen der Kritik zu unterziehen. Die Einübung dieser Methodik ist von Bedeutung, da das spätere Berufsfeld struktur-ähnliche Erwartungen an den Absolventen hat. Beabsichtigt wird zweierlei: Studenten erfahren einerseits, dass ein Problem aus verschiedenen Perspektiven betrachtet werden kann, andererseits aber auch, dass mit unterschiedlichen wissenschaftlichen Methoden recht differierende Ergebnisse erreicht werden können. Die Organisation der Erkennt-nisgewinnung hat damit einen unmittelbar beruflichen Aspekt.

In der Bearbeitung personalwirtschaftlicher Problemstellungen folgt die Personalwirt-schaftslehre dabei häufig einem ökonomischen Denkmodell, das in der Regel ein Mus-ter wie in Abbildung 1 aufweist (vgl. exemplarisch Kossbiel/Spengler 1997).

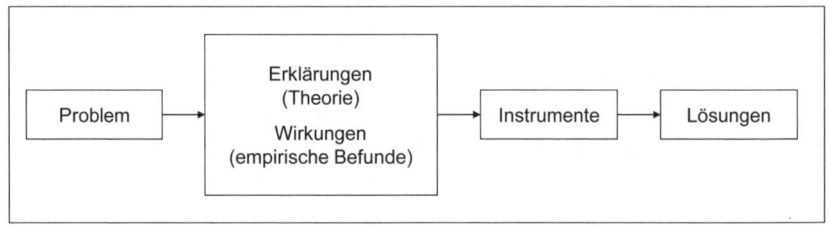

Abbildung I: Ökonomisches Denkmodell

Kontrovers wird allerdings diskutiert, ob die Bearbeitung dieser Problemfelder auf der Basis eines theoretischen Ansatzes mit einem einheitlichen Methodenkanon vorgenom-men werden soll oder ob Problemfelder die Auswahl der Theorieansätze und Methoden steuern (vgl. Grieger 2004).

Bezogen auf personalwirtschaftliche Probleme wird in diesem Lehrbuch das Theo-rienspektrum genutzt, welches geeignet ist, personalwirtschaftliche Problemfelder zu durchschauen und die Theorieentwicklung von dieser Ausgangsbasis her voranzutreiben (vgl. auch Weber 1996, 282; ähnlich Kossbiel/Spengler 1997, 55ff.; Weibler 1996; Rid-der 2002; Weber/Kabst 2004). Die Personalwirtschaftslehre definiert in diesem Ver-ständnis ein praxisrelevantes Problem und zieht personalwirtschaftliche Erkenntnisse heran. Liegen keine entsprechenden Erkenntnisse vor, wird auf weitere Grund-lagendisziplinen zurückgegriffen, z.B. auf die Psychologie, die Soziologie, die Arbeits-wissenschaften.

Der Vorteil dieser Vorgehensweise liegt darin, dass im Hinblick auf Problemfelder ei-ne größere Vielfalt an Erkenntnissen und Problemlösungen herangezogen werden kann. Als Nachteil muss gewertet werden, dass sich Vorstellungen über die Einheitlichkeit eines personalwirtschaftlichen Faches mit einem feststehenden Forschungsgegenstand und einheitlich geltenden Methoden nur sehr langfristig realisieren lassen.

Ausgangspunkt der Personalwirtschaftslehre wird damit aber nicht die Arbeitswissen-schaft, die Soziologie, die Sozialpsychologie oder die Neue Institutionenökonomie, son-dern diese wie andere Disziplinen gehen durch das »Nadelöhr« eines personalwirt-schaftlichen Filters. Ihre Verwendung entwickelt sich mit der praktischen Relevanz für die menschliche Arbeitsleistung. Diese Disziplinen bleiben solange relevant, wie vermutet wird, dass sie personalwirtschaftliche Phänomene erklären oder helfen, Probleme zu lösen.

## 1.5 Zusammenfassung

In diesem Buch wird davon ausgegangen, dass das wirtschaftswissenschaftliche Studium auf Funktionen vorbereitet, die im weitesten Sinne als Management bezeichnet werden können. Zukünftige Manager werden sich mit der Planung, Organisation und Durchführung von Arbeitsaufgaben befassen und dabei mit anderen Menschen kooperieren. Manager müssen eine Vielzahl von Rollen bewältigen und in der Lage sein, Probleme in ihrem Kern zu erkennen, Ursachen und Wirkungen dieser Probleme zu analysieren und zu erklären sowie Lösungswege zu entwickeln.

Die Hochschulausbildung soll zukünftige Manager in die Lage versetzen, in der Heterogenität des Arbeitsalltags und der Veränderungsgeschwindigkeit der Problemlagen das jeweils Wesentliche zu erfassen und mit Hilfe angemessener Methoden zu innovativen Lösungen beizutragen. Die Möglichkeiten der wirtschaftswissenschaftlichen Hochschulausbildung wurden auf drei Ebenen diskutiert:

Auf der Ebene der *Theoriebildung* wurde herausgearbeitet, dass der Manageralltag durch die Herausbildung von Deutungsschemata vorbereitet werden kann, indem Reflexivität im Hinblick auf unterschiedliche Interpretationen durch die Vermittlung von Theoriefamilien ermöglicht wird. Unterschiedliche theoretische Ansätze schärfen das Bewusstsein für verschiedene Deutungsschemata. Sie bieten die Möglichkeit, bewusst ein handlungsleitendes Schema herauszubilden und andere Schemata zu berücksichtigen und auf ihren Erklärungsgehalt hin zu überprüfen.

Unter *Fachwissen* wird nicht Praxishandeln verstanden; vielmehr stellt es als universitärer Beitrag systematisch über Praxis erhobenes Wissen dar. Theoriegeleitetes Wissen kann als verallgemeinerungsfähige Einsicht in Praxis vermittelt werden oder innovative Beiträge im Hinblick auf die Veränderung von Praxis vorbereiten.

Die Verbindung zwischen der Organisation der beruflichen Zukunft und der *Methode* der wissenschaftlichen Vorgehensweise wurde als drittes Element behandelt. Hier geht es um die methodische Einübung in die Definition von Problemen, Suche nach Zusammenhängen, Ursachen bzw. Erklärungen oder Wirkungen und die Erarbeitung von neuen Verfahren zur Lösung von Problemen.

*Kapitel I*

Theoretische
Ansätze der
Personalwirtschaft

# 1 Verhaltenswissenschaftliche Grundlagen

## 1.1 Einführung

Die Verbreitung einer verhaltenswissenschaftlichen Perspektive innerhalb der Betriebswirtschaftslehre kann insbesondere durch die Etablierung der entscheidungsorientierten Betriebswirtschaftslehre durch Heinen und seine Schüler verortet werden (vgl. hierzu Kupsch/Marr 1991, 731ff.). Diese kritisierten das bis in die siebziger Jahre insbesondere durch Gutenberg (1976) in der Betriebswirtschaftslehre verbreitete mechanistische Menschenbild. Dessen Grundlage war die Optimierung der Arbeitsproduktivität durch Anwendung einer effizienten Arbeitsmethodik, Gestaltung des Arbeitsplatzes nach physiologischen Gesichtspunkten und »Motivation« des Arbeitnehmers durch Leistungsentlohnung. Diese Kriterien charakterisieren »... den arbeitenden Menschen lediglich als Gehilfen (Instrument) für die Bedienung von Maschinen, der selbst maschinen-ähnliche Eigenschaften aufweist« (Kupsch/Marr 1991, 731). Auf diese Weise wurde die Ergiebigkeit menschlicher Leistung an überwiegend körperliche und daran angepasste technische Voraussetzungen geknüpft und die Beweggründe des Arbeitsverhaltens entweder nicht thematisiert oder über die Lohnzahlung begründet. Der Erklärungsbeitrag der Personalwirtschaftslehre konnte damit als vergleichsweise bescheiden angesehen werden und befand sich in der Domäne der Arbeitswissenschaft. Die notwendige Begründung der Anpassung menschlicher Arbeitsleistung an neue Formen der Arbeitsorganisation konnte nicht geleistet werden und erfolgte durch die Integration soziologischer und psychologischer Theorien:

> »Ein in erster Linie auf monetäre Anreize gerichtetes Modell bildet keine ausreichende Grundlage für die Lösung personalwirtschaftlicher Probleme, weil es psychologische und soziologische Determinanten des Arbeitsverhaltens weitgehend ausklammert« (Kupsch/Marr 1991, 732).

Wird also die Ergiebigkeit menschlicher Arbeitsleistung genauer betrachtet und gegebenenfalls in Handlungsempfehlungen überführt, sind Kenntnisse über den Faktor »Arbeit« zu vertiefen und insbesondere um psychologische und soziologische Erkenntnisse zu erweitern. Das in Anlehnung an die *Anreiz-Beitrags-Theorie* von Kupsch und Marr vorgestellte sozialwissenschaftliche Grundmodell der Personalwirtschaft hebt entsprechend das Entscheidungsverhalten des Menschen hervor:

> »Die neuere Betriebswirtschaftslehre stellt mit der Betonung des Entscheidungsverhaltens den Menschen in den Mittelpunkt. **Seine Verhaltensweisen erklären sich aus den sozialen Beziehungen innerhalb der Organisation und aus seinen subjektiven Bedürfnissen und Wertvorstellungen. Das Verhalten des arbeitenden Menschen ist in diesem Sinne das Ergebnis von Verhandlungs-, Anpassungs-, Beeinflussungs-, Motivierungs- und Problemlösungsprozessen.** Daher sollte ein sozialwissenschaftliches Grundmodell des arbeitenden Menschen als Basis für personalwirtschaftliche Entscheidungen entwickelt werden. In dieses gilt es indivi-

*dualpsychologische, sozialpsychologische, soziologische und politologische An-*
*sätze zu integrieren« (Kupsch/Marr 1991, 734; Hervorhebung im Original).*

Soll sich also Personalwirtschaftslehre unter Verwendung von Erkenntnissen der
Nachbardisziplinen auch auf die Steuerung des Verhaltens von Arbeitnehmern konzentrieren? Vertreter einer verhaltenswissenschaftlichen Orientierung treten dafür ein,
ein breiteres Theoriespektrum zu nutzen, um Erkenntnisse über Verhalten in Organisationen zu gewinnen.

Wenn also die Personalwirtschaftslehre die in der Praxis auffindbare Realität durch
Beschreibung, Erklärung und gegebenenfalls Prognose (theoretisches Wissenschaftsziel) erforschen und damit die Grundlagen für eine Veränderung der Realität (prag-
matisches Wissenschaftsziel) legen will, soll sie dieser Verhaltensseite mehr Aufmerksamkeit widmen. Die theoretische Basis der Personalwirtschaftslehre ist damit nicht
eine Theoriefamilie; es wird vielmehr ein problemorientierter Zugang für die Personalwirtschaftslehre gewählt, wobei die Forderung erhoben wird, »... *von dem Problemfeld der personalwirtschaftlichen Aufgabenfelder auszugehen, das gesamte Theoriespektrum zu nutzen, das hilfreich ist, diese Problemfelder zu durchschauen und die
Theorieentwicklung von dieser Ausgangsbasis her voranzutreiben«* (Weber 1996, 282).

Als besonders geeignet zur Erklärung und Gestaltung von Realität wird das eher breite
Spektrum der Verhaltenswissenschaften herausgestellt:

*»Es wird hier die These vertreten, daß das breite Theoriespektrum der Verhaltens-
wissenschaften eine geeignete Basis für die theoretische Fundierung der ... personalwirtschaftlichen Problemfelder darstellt« (Weber 1996, 282).*

Entsprechend könnte argumentiert werden, dass in einem zweiten pragmatischen
Schritt die Steuerung des Verhaltens von Arbeitnehmern Kenntnisse über verhaltenswissenschaftliche Grundlagen voraussetzt. Eine Personalwirtschaftslehre, die Gestal-
tungswissen in diesem Bereich anbieten will, müsste entsprechende Verhaltenstheorien
berücksichtigen.

Staehle definiert unter Verhaltenswissenschaften diejenige Teilmenge von Sozialwissenschaften, die sich mit dem sozialen Handeln in und von gesellschaftlichen Institutionen befasst (vgl. Staehle 1999, 149ff.). Dies sind in erster Linie die Psychologie, die
Soziologie, Anthropologie und Ethnologie. Im angelsächsischen Bereich wird unterschieden in »Macro Behavior« und »Micro Behavior«. Unter »Macro Behavior« wird
das Verhalten von Organisationen (im Sinne von Organisationssoziologie) verstanden.
»Micro Behavior« bezeichnet das Verhalten von Individuen und Gruppen und die damit
zusammenhängenden Entscheidungs-, Motivations- und Führungsphänomene (im Sinne
einer Organisationspsychologie).

Diese verhaltenswissenschaftlichen Theorien sind in unterschiedlichem Ausmaß seit
den siebziger Jahren in die Personalwirtschaftslehre integriert worden und befassen sich
»... *mit der Erklärung, Prognose und Steuerung von Verhalten in und von Organisationen«* (Staehle 1999, 152). Häufig wird dabei von der Verhaltensformel von Kurt
Lewin ausgegangen, die Verhalten als Funktion von Person und Umwelt ausweist. Darauf aufbauend bieten sich verschiedene Analyseebenen der Beeinflussung menschlichen Verhaltens an. In diesem Kapitel wird der üblichen Einteilung in die drei Analyseebenen *Individuum*, *Gruppe* und *Organisation* gefolgt.

## 1.2 Bestimmungsgrößen des menschlichen Verhaltens

Es gibt eine Vielzahl von Annahmen über das menschliche Verhalten. Häufig wird davon ausgegangen, dass Motivationskräfte in Form von Bedürfnissen und Trieben, die sich unterhalb der Bewusstseinsschwelle befinden, die entscheidenden Determinanten des Verhaltens sind (vgl. zum Folgenden Bandura 1979, 13ff.). Es wird dann nach denjenigen Kräften des Individuums gesucht, die als Erklärung für Verhalten herangezogen werden können. Hierbei zeigen sich allerdings Grundprobleme in der Identifikation und Vorhersage von Verhalten, da diese Kräfte nicht beobachtbar sind, sondern nur geschlussfolgert werden können:

- Die inneren Determinanten werden häufig aus dem Verhalten geschlossen, das sie angeblich verursachen. So werden z.B. Leistungsmotive aus dem Leistungsverhalten geschlossen, Machtmotive aus dominantem Verhalten.
- Diese inneren Antriebe erzeugen auf der Basis unterschiedlicher Umweltbedingungen sehr verschiedene Verhaltensweisen. Entsprechend müssen diese inneren Verhaltensdeterminanten von außerordentlicher Komplexität sein.

Bandura zeigt am Beispiel der Tätigkeit des Lesens, dass Bedürfnisse oder Triebe als Erklärung dieses Verhaltens kaum Erkenntnisfortschritte auslösen. Zwar stellt Lesen für viele Menschen hochgradig motiviertes Verhalten dar, es wird viel Geld dafür ausgegeben, und es treten Entzugserscheinungen auf, wenn der Lesestoff ausgeht. Wenn aber vorher gesagt werden soll, was Leute lesen, wann und wie lange sie es tun, reicht die Betrachtung des Lesetriebs nicht aus. Stattdessen ist es notwendig, weitere Untersuchungskategorien zu berücksichtigen und z.B. Fragen zu stellen, welche Anreize vorangegangen sind oder welcher Nutzen von einem bestimmten Verhalten erwartet wird (vgl. Beckmann/Heckhausen 2010, 105ff.).

In entgegengesetzten Annahmen wird davon ausgegangen, dass es äußere Mechanismen sind, die menschliches Verhalten beeinflussen. Wenn also Menschen unter bestimmten Umweltreizen in immer gleicher Weise handeln, wird das Verhalten nicht dem Organismus, sondern den Umweltdeterminanten zugeschrieben. Dies würde allerdings bedeuten, dass Menschen passiv auf äußere Einflüsse reagieren. Es würde populären Darstellungen entsprechen, wonach der Mensch manipuliert werden könnte. Auch steht diese Theorie, nach der Menschen ihr Verhalten situationsspezifisch verändern, im Widerspruch zu der Beobachtung, dass Menschen Eigenschaften oder Dispositionen besitzen, die sie dazu veranlassen, sich über die Zeit unter wechselnden Umständen konsistent zu verhalten.

In seiner berühmt gewordenen Feldtheorie hat Kurt Lewin (1963, 177) diese beiden gegensätzlichen Positionen in seine Verhaltensformel integriert und die Erklärung des Verhaltens (V) sowohl auf die Person (P) als auch auf die Umwelt (U) bezogen:

$$V = f(P, U)$$

Verhalten ist nach Lewin damit immer als Ergebnis der Person und der Umweltstimulation zu verstehen.

Unter »P« werden sowohl die Persönlichkeitsstruktur als auch Stimmungen, Gefühle und Bedürfnisse verstanden. Mit »U« werden andere Personen und das die Person umgebende soziale Gefüge bezeichnet. Offen blieb allerdings die Frage, in welcher Form diese beiden Einflussquellen bei der Verhaltensbestimmung miteinander interagieren, ob beispielsweise die Person einen größeren Einfluss hat als die Umwelt, beide Einflussgrößen ein gleiches Gewicht aufweisen oder die Umwelt dominiert. Bandura (1979, 19ff.) kritisiert deshalb in seiner Weiterentwicklung dieser theoretischen Grundlage diese Formel im Hinblick auf die im Klammerausdruck angelegte Unabhängigkeit von »P« und »U«, da dort beide getrennt auf das Verhalten einwirken. Tatsächlich ist diese angenommene Unabhängigkeit nicht gegeben, sondern die Faktoren stehen miteinander in Beziehung. Menschen beeinflussen durch ihr Handeln Umweltbedingungen, die dann in reziproker Weise wieder auf ihr Handeln zurückwirken; Erfahrungen im Zeitablauf verändern die Person und so weiter. Eine entsprechende Variation der Verhaltensformel könnte diesen interaktiven Zusammenhängen entsprechen und das Verhältnis formal wie folgt ausdrücken:

$$V = f(P \leftrightarrow U)$$

Hier wird berücksichtigt, dass Einflüsse zwischen Person und Umwelt in beide Richtungen wirken können. Die Person beeinflusst und verändert die Umwelt (andere Personen, die Organisation etc.), und entsprechend wird die Person von der Umwelt geprägt. Person und Umwelt erscheinen als interdependente Verhaltensursachen. Verhalten ist das Ergebnis dieser Beziehung.

Bandura selbst geht davon aus, dass Verhalten nicht lediglich das Ergebnis einer Interaktion von Person und Umwelt ist, sondern einerseits von Person und Umwelt beeinflusst wird, andererseits auch Person und Umwelt beeinflusst. Dieses Verhältnis kann formal in folgender Beziehung ausgedrückt werden:

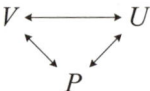

Hier werden Verhalten, Persönlichkeits- und Umweltfaktoren als ineinander verschränkte Determinanten interpretiert:

> »Diese interdependenten Faktoren üben ihre relativen Einflüsse je nach der Situation und Verhaltensweise aus. Es gibt Umstände, unter denen Umweltfaktoren dem Verhalten nachdrückliche Einschränkungen auferlegen, und es gibt andere Fälle, in denen die personalen Faktoren den Verlauf der Umweltereignisse entscheidend prägen« (Bandura 1979, 20).

Menschen werden somit weder durch innere Kräfte angetrieben noch von Umweltstimuli vorwärtsgestoßen. Es findet vielmehr eine ständige Wechselwirkung zwischen Person und Umwelt statt. Von elementaren Reflexen abgesehen sind Menschen nicht mit angeborenen Verhaltensrepertoires ausgestattet, sondern müssen diese lernen. Neue Reaktionsmuster können entweder durch unmittelbare Erfahrungen oder durch Beobachtung erworben werden. Zwar wirken sich genetische Bedingungen auch auf die Verhaltensmöglichkeiten aus, allerdings wird eine Dichotomie von erlerntem oder angeborenem Verhalten kaum noch vertreten. Vielmehr gilt heute, dass Erfahrung und Physiologie auf das vielfältigste miteinander interagieren und so das Verhalten bestimmen. Komplexe Verhaltensweisen treten nicht als einheitliche Verhaltensmuster auf, sondern werden durch die Integration vieler Teilaktivitäten unterschiedlichen Ursprungs geschaffen.

Unmittelbare Erfahrungen ergeben sich aus positiven und negativen Wirkungen, die Handlungen hervorrufen. Wenn Menschen sich mit alltäglichen Ereignissen auseinandersetzen, erweisen sich einige ihrer Reaktionen als erfolgreich und andere als weniger erfolgreich. Dieses Bekräftigungslernen ist allerdings kein mechanischer Prozess, in dem sich Reaktionen automatisch oder unbewusst vollziehen, sondern kraft ihrer Möglichkeit zu denken, also mit Hilfe ihrer kognitiven Fähigkeiten, sind Menschen in der Lage, von der Erfahrung differenzierten Gebrauch zu machen. *Erfahrungen beeinflussen Verhalten*

Auf der Basis dieser Verhaltensformel und ihrer Diskussion lässt sich das verhaltenstheoretische Spektrum der Ergiebigkeit von Arbeitsleistung diskutieren: Wird angenommen, dass das »U« eine wesentliche Verhaltensbeeinflussung aufweist, würde das Verhalten durch Organisations- und Arbeitsgestaltung beeinflussbar sein. Exakt vorgeschriebene Arbeitsabläufe und detaillierte Vorschriften würden die beabsichtigte Verhaltensrichtung und -ausprägung prädeterminieren. Allerdings wäre zu berücksichtigen, dass Arbeitnehmer ihr Verhalten auch bei Vorliegen extremer Umweltbeschränkungen situationsspezifisch anpassen und ihrerseits versuchen, durch ihr Verhalten die Umwelt zu verändern. Andererseits hat insbesondere das »P« eine Konzentration auf Bedürfnisse und Erwartungen der Arbeitnehmer ausgelöst. Die Denkhaltung ist hier so zu skizzieren, dass Verhaltensbeeinflussung durch Berücksichtigung von Motiven der Arbeitnehmer möglich ist.

*im Arbeitskontext muss also auf beides geachtet werden!*

## 1.3   Ebenen der Analyse menschlichen Verhaltens

Die Suche nach Beiträgen zur Erklärung des menschlichen Verhaltens fokussiert das Arbeitsverhalten von *Arbeitnehmern in Organisationen*. Diese Verengung ist wichtig, da in der Regel Arbeit nicht immer individualisiert durchgeführt wird, sondern in Gruppen erfolgt. Darüber hinaus wird das Arbeitsverhalten auch sehr stark von den Zielen und den Regeln beeinflusst, die eine Organisation aufstellt und deren Befolgung sie erwartet. Soll also Verhalten in Organisationen erklärt werden, sind die Ebenen des *Individuums*, der *Gruppe* und der *Organisation* zu berücksichtigen.

Diese Ordnung (vgl. insbesondere Staehle 1999, 162ff.; Weinert 2004) erlaubt nun die Einbeziehung von Motivations- und Führungstheorien auf der Ebene des Individuums, die Berücksichtigung von Theorien über das Verhalten in Gruppen und Theorien über das Verhalten in Organisationen.

### 1.3.1   Individuum

Die Frage, was Menschen dazu bringen kann, ein bestimmtes Verhalten zu zeigen, stellt quasi den Schlüssel zur Beeinflussung des Verhaltens dar und ist Gegenstand der *Motivationsforschung* (vgl. zum Folgenden Weinert 2004, 187ff.). Unter »Motiv« soll hier zunächst lediglich der Anlass oder die Ursache eines Verhaltens verstanden werden, das meist als Bedürfnis definiert wird (eine ausführliche Bearbeitung von Motiven und Motivationstheorien erfolgt in Kapitel III). Wenn es also gelingen könnte, die im Menschen vorhandenen Bedürfnisse zweifelsfrei zu identifizieren und an entsprechende Belohnungsstrukturen zu knüpfen, wäre es möglich, Verhalten entsprechend zu beeinflussen. Diese Grundannahme ist tief in uns verankert. Bereits als Kinder haben wir erfahren, dass Eltern unseren Wünschen und Bedürfnissen entsprechen, wenn ein bestimmtes

*Motiv = Bedürfnis/Anlass/Ursache*

(Wohl-)Verhalten gezeigt wurde, und diese Erfahrung setzt sich in Schule, Universität und Arbeitsleben fort. Bereits diese alltagstheoretischen Erkenntnisse geben Hinweise auf die Vielzahl von Möglichkeiten, diese Bedürfnisse zu befriedigen. Die einfache Annahme, dass Entgelt das wesentliche Motiv für die Aufnahme und Aufrechterhaltung des Arbeitsverhältnisses darstellt, war entsprechend zu differenzieren und gab Anlass, genauer nachzuforschen, welche Motive und Erwartungen Arbeitnehmer besitzen, um gegebenenfalls mit Hilfe von adäquaten Belohnungsstrukturen die Ergiebigkeit der Arbeitsleistung zu steigern.

### 1.3.1.1    Motivationsforschung

Eine in der verhaltenswissenschaftlichen Personalwirtschaftslehre weit verbreitete Typologie unterscheidet *Inhalts- und Prozesstheorien* der Motivation:

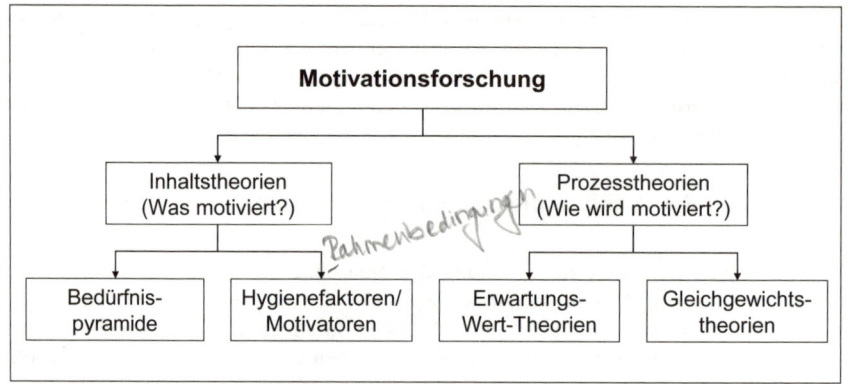

Abbildung I / 1: Motivationsforschung

**Inhaltstheorien:** Diese Theoriegruppe geht davon aus, dass sich menschliche Motive klassifizieren und typologisieren lassen. Die bekanntesten Inhaltstheorien stellen die Motivationstheorien von Maslow (2003) und Herzberg et al. (1959/2005) dar. Maslow geht davon aus, dass sich die menschlichen Bedürfnisse fünf Bedürfnisklassen zuordnen lassen, die aufsteigend hierarchisch angeordnet sind. Hierbei handelt es sich um physiologische Bedürfnisse, Sicherheitsbedürfnisse, soziale Bedürfnisse, Bedürfnisse nach Wertschätzung und Selbstverwirklichung. Maslow geht nun davon aus, dass die Motivation eines Menschen davon abhängig ist, auf welcher Stufe der *Bedürfnispyramide* er sich befindet. Erst wenn eine Bedürfnisebene befriedigt ist, gewinnt die nächste Stufe motivationale Kraft. Vereinfacht könnte argumentiert werden, dass höhere Bedürfnisse (z.B. soziale Bedürfnisse) erst dann verhaltenswirksam werden, wenn niedrigere Bedürfnisse (z.B. Sicherheitsbedürfnisse) befriedigt sind (vgl. hierzu kritisch Kapitel III). Bezogen auf den Arbeitsalltag müsste eine Organisation feststellen, auf welcher Bedürfnisstufe sich ein Individuum befindet, um entsprechende Anreizstrukturen anzubieten. Personen, deren physiologische Bedürfnisse und Sicherheitsbedürfnisse bereits über die Lohn-Gehaltszahlung befriedigt sind, könnten in diesem Verständnis nicht mehr über eine Entgelterhöhung motiviert werden, sondern die Organisation müsste soziale Anreize, (z.B. attraktive Gruppenarbeit, kooperativer Führungsstil) anbieten, um das Verhalten zu beeinflussen.

Das Konzept von Herzberg et al. (1959/2005) unterteilt in Motivatoren und Hygienefaktoren. Unter *Motivatoren* werden alle Beweggründe des Verhaltens verstanden, die sich unmittelbar auf die Arbeit selbst beziehen, z.B. Leistung, Anerkennung, Arbeitsinhalte, Verantwortung oder Karriere. Diese Motivatoren erzeugen nach Herzberg et al. Arbeitszufriedenheit und motivieren zu höherer Leistung. Unter *Hygienefaktoren* fassen Herzberg et al. alle mit der Arbeit verbundenen Rahmenbedingungen, z.B. Bezahlung, Führung oder Arbeitsbedingungen, zusammen. Diese Hygienefaktoren sind nicht in der Lage, Zufriedenheit und damit höhere Leistung zu bewirken, sondern ihre Erfüllung baut lediglich Unzufriedenheit ab. Die daraus resultierende Schlussfolgerung könnte lauten, dass Mitarbeiter nur dann zu höherer Leistung motiviert werden können, wenn die Arbeit selbst zufrieden stellt. Hingegen können die in Unternehmen üblichen monetären Belohnungsstrukturen lediglich dafür sorgen, dass keine Unzufriedenheit entsteht, ohne dass sich daraus eine gesteigerte Leistung, z.B. im Falle einer Lohnerhöhung, ergibt.

**Prozesstheorien:** Diese Theoriefamilie erweitert das Erklärungsspektrum der Motivationsforschung. Während Inhaltstheorien danach fragen, welche Ursachen und Anlässe das Verhalten beeinflussen, befassen sich Prozesstheorien mit dem Ablauf des Motivationsgeschehens. Die Grundstruktur dieser Theorien lässt sich auf die Begriffe »Erwartung« und »Wert« zurückführen (vgl. ausführlich Kapitel III). Danach würde sich das motivierte Verhalten eines Individuums wie in Abbildung I / 2 erklären lassen.

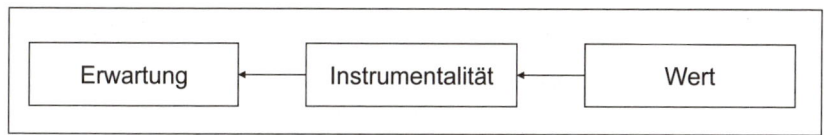

Abbildung I / 2: Grundstruktur der Erwartungs-Wert-Theorien

Zunächst würde unterstellt, dass ein Individuum vor Aufnahme einer Handlung rational prüft, ob die Folge einer Handlung eine hohe Attraktivität besitzt, also geeignet ist, ein Bedürfnis zu befriedigen oder einen Wunsch zu erfüllen. Beispielsweise würde ein Arbeitnehmer, der zu höherer Leistung aufgefordert wird, die Frage stellen, welche Belohnung dafür in Aussicht gestellt wird und ob diese für ihn attraktiv ist (Wert). In einem zweiten Schritt würde das Individuum kalkulieren, ob es zwischen der Handlung und der erwarteten attraktiven Belohnung überhaupt eine Beziehung gibt (Instrumentalität). Verspricht beispielsweise der Vorgesetzte als Folge einer Mehrleistung eine Beförderung, kalkuliert das Individuum, ob dieser auf Beförderungen überhaupt Einfluss nehmen kann, ob er in der Vergangenheit seine Versprechen eingehalten hat und so weiter. Schließlich kalkuliert das Individuum, ob es in der Lage ist, die geforderte Handlung durchzuführen (Erwartung). Der zur Mehrleistung aufgeforderte Arbeitnehmer könnte zwar der Belohnung einen hohen Wert zuweisen und eine enge Beziehung zwischen Handlung und Belohnung identifizieren, aber zu der subjektiven Einschätzung kommen, dass er nicht über die erforderlichen Fähigkeiten verfügt und deshalb die Mehrleistung verweigern.

*Erwartungs-Wert-Theorien* gehören zu den Klassikern der Motivationsforschung (vgl. insbesondere Vroom 1964; Porter/Lawler 1968). Als wesentliche Stärke dieser Theoriefamilie wird angeführt, dass sie nicht nur den Aufbau der Motivation, sondern insbesondere die unterschiedlichen Reaktionen von Arbeitnehmern auf angebotene Anreize erhellen. Arbeitnehmer – so die Schlussfolgerung – verhalten sich unterschiedlich in Abhängigkeit

- von der individuellen Attraktivität der Belohnungen für eine Handlung,
- von der individuellen Wahrnehmung, ob eine Handlung auch zur erwarteten Belohnung führt, sowie
- von der individuellen Einschätzung der eigenen Fähigkeiten, die Handlung auch ausführen zu können.

Die Kalkulation von Input-Output-Relationen ist Gegenstand einer zweiten Klasse von Prozesstheorien, den *Gleichgewichtstheorien* (vgl. Weinert 2004, 211ff.). Danach wird die Motivation eines Individuums im Wesentlichen von der Wahrnehmung des Verhältnisses von Input und Outcome beherrscht. Unter Input werden alle diejenigen Faktoren verstanden, die der Arbeitnehmer zur Erstellung des Arbeitsergebnisses als relevant erachtet, z.B. Erziehung, Ausbildung und Erfahrung. Unter Outcome werden diejenigen Faktoren verstanden, von denen der Arbeitnehmer annimmt, dass sie im Tausch gegen den Input zur Verfügung gestellt werden sollten, z.B. Gehalt, Status oder Karriere. Gerechtigkeit besteht, wenn der Tauschprozess zwischen Organisation und Individuum als fair empfunden wird. Entspricht Outcome nicht dem Input, werden Arbeitnehmer dieses Mangelgefühl dadurch zu kompensieren versuchen, dass sie die Organisation verlassen oder ihre Bemühungen solange reduzieren, bis ein akzeptables Gleichgewicht vorhanden ist. *Gleichgewicht zw. Input & Output*

Die Wahrnehmung von Gerechtigkeit kann am Beispiel von Gehaltsvergleichen demonstriert werden. Danach entstehen Spannungen weniger im Hinblick auf die absolute Gehaltshöhe, sondern besonders hinsichtlich relativer Vergleiche. So wird ein Arbeitnehmer beispielsweise danach fragen, ob das eigene Gehalt auch einem Arbeitnehmer gezahlt wird, der eine vergleichbare Arbeit verrichtet und ähnliche Voraussetzungen aufweist; ob sich das Gehalt in akzeptabler Relation zur nächsthöheren (nächsttieferen) Gehaltsstufe befindet; ob das eigene Gehalt auf dem externen Arbeitsmarkt für die gleiche Tätigkeit ebenfalls zu erzielen wäre. Die negative Beantwortung einer oder mehrerer dieser Fragen kann annahmegemäß zu Leistungsreduktionen oder dem Verlassen der Organisation führen. Nicht auszuschließen ist, dass die Anpassung an ein neues Gleichgewicht auch durch Reinterpretation des bestehenden Ungleichgewichtes vorgenommen wird. Insbesondere für Überbezahlung wird vermutet, dass nicht eine höhere Leistung erbracht wird, um das entstandene Ungleichgewicht aufzufangen; eher wird davon ausgegangen, dass eine neue Interpretation der Situation hilft, diese Spannung abzubauen.

Insgesamt ist festzuhalten, dass die Personalwirtschaftslehre die Frage nach der Ergiebigkeit der menschlichen Arbeitsleistung vor dem Hintergrund eines differenzierten Menschenbildes bearbeitet. Es wird berücksichtigt, dass Menschen über unterschiedliche Motive und Motivstrukturen verfügen und dass Wahrnehmungen oder Kalkulationen über die Attraktivität von Belohnungen oder die Relation von Einsatz und Ertrag eine wichtige Rolle in der Höhe und Ausrichtung der Anreizstrukturen spielen.

### 1.3.1.2     Führungsforschung

Führung gilt als Möglichkeit, direkte, persönliche und zweckorientierte Beeinflussung des Verhaltens von Einzelpersonen vorzunehmen (vgl. Staehle 1999, 328). Die direkte, personale Führer-Geführten-Beziehung soll Leistung, Zufriedenheit oder Loyalität der

Geführten verbessern. Führung wird somit als sozialer Einflussprozess zur Aufrechterhaltung oder Verbesserung von Systemleistungen aufgefasst. Dazu kann sich der Führende auf Machtpotenziale stützen, die von der Organisation bereitgestellt werden (Belohnungs- und Bestrafungsmöglichkeiten, Amtsautorität) oder selbst erworben sind (Wissen, Informationen, Persönlichkeitswirkungen). Ob diese Machtpotenziale tatsächlich für eine erfolgreiche Einflussnahme relevant werden, hängt von der Persönlichkeit, dem Führungsverhalten (etwa dem Führungsstil) und der jeweiligen Führungssituation ab, z.B. von den Geführten selbst. So stellen Sanktionsdrohungen, wenn sie aus Sicht der Geführten keine Bedeutung haben, auch keine führungsrelevante Machtquelle dar.

In Anbetracht der Fülle von Führungskonzepten kann hier kein annähernd vollständiger Überblick gegeben werden. Im Folgenden werden deshalb Grundlinien der Führungsforschung skizziert, die für das Verständnis des Phänomens »Führung« als besonders wichtig eingeschätzt werden (vgl. zum Folgenden Ridder/Schirmer 2011 und vertiefend Kapitel III):

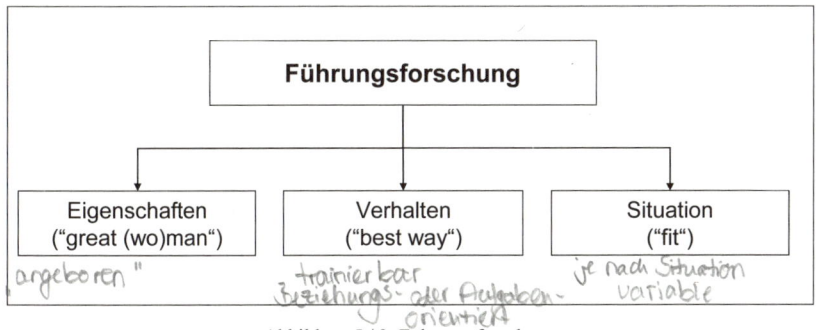

Abbildung I / 3: Führungsforschung

Aus Sicht des **Eigenschaftsansatzes** lässt sich Führung aus besonderen Eigenschaften – insbesondere in Bezug auf die Persönlichkeit – erklären. Sie zeichnen den Führenden gegenüber den Geführten aus, prädestinieren (und legitimieren) zur Führung. Historisch lässt sich dieser als ältester der hier skizzierten Erklärungsansätze einstufen, der seine Blütezeit zwischen 1900 und 1950 zu verzeichnen hat. Das Forschungsinteresse richtet sich konsequenterweise auf die Frage, welche Eigenschaften (traits) den Führenden von den Geführten oder den erfolgreichen vom erfolglosen Vorgesetzten unterscheiden. Die Ergebnisse einschlägiger Untersuchungen sind jedoch, mit Blick auf die Komplexität des Führungsgeschehens, nicht sehr informationshaltig. In mehreren umfangreichen empirisch-statistischen Auswertungen konnte gezeigt werden, dass es nur wenige Eigenschaften gibt, die bei Führenden häufiger oder in stärkerem Maße zu finden sind als bei Geführten. Dazu zählen u.a. höhere Intelligenz, besserer Schulerfolg, größere Zuverlässigkeit bei der Übernahme von Verantwortung und stärkere soziale Aktivität. Weitere Untersuchungen förderten allerdings auch widersprüchliche Befunde zutage. Darüber hinaus wird empirisch begründet in Zweifel gezogen, dass es universell erfolgreiche Führungseigenschaften gibt. Vielmehr wird der Einfluss der Führungssituation auf die zu erfüllenden Anforderungen und den Erfolg hervorgehoben. Insgesamt hat die Eigenschaftstheorie ihren Erklärungsanspruch in Anbetracht der Widersprüchlichkeiten und Inkonsistenzen der Forschungsergebnisse nicht einlösen können. Die Vorhersage des

Führungserfolges mit Hilfe von entsprechenden Eigenschaften dürfte mit großen Fehlern behaftet sein, und für viele Fachvertreter gilt dieser Ansatz als gescheitert.

**Verhaltensorientierte Führungsforschung** geht ebenfalls von der Annahme aus, dass es einen richtigen Führungsstil gibt, der zu höherer Leistung und Zufriedenheit der Geführten führt. Im Gegensatz zur eigenschaftsorientierten Sicht wird der Führungsstil aber als erlern- und trainierbar angesehen.

Die realtypische Unterscheidung zwischen Führungsstilen gründet sich auf empirische Studien des Führungsverhaltens von Managern. Hinter der Vielfalt an Begriffen verbergen sich in der Führungsstilforschung in der Regel zwei Grundstile, die empirisch überprüft und/oder empfohlen werden:

1. *Beziehungsorientierung* (auch »Mitarbeiterorientierung« genannt) bezeichnet freundschaftliches, vertrauens- und respektvolles Verhalten Einzelnen oder der Gruppe gegenüber.
2. *Aufgabenorientierung* (auch Leistungsorientierung genannt) bezeichnet die Strukturierung von Aufgaben, Rollen, Informations- und Kommunikationsbeziehungen.

In den meisten Ansätzen werden diese Führungsstile als unabhängig voneinander, also als kombinierbar betrachtet. Oft wird angenommen, dass die Kombination von hoher Aufgaben- und hoher Beziehungsorientierung die besten Ergebnisse erzielt. Die empirischen Untersuchungen konnten diese Vermutung jedoch nicht nachhaltig erhärten. Ursache hierfür dürfte vor allem sein, dass die einschlägigen empirischen Erhebungen keine besonders starken und konsistenten Zusammenhänge zwischen bestimmten Führungsstilen und Kriterien des Führungserfolges, wie Leistung oder Zufriedenheit der Geführten, zeigen konnten. Darüber hinaus wird sowohl dem Verhalten der Geführten als auch dem Situationseinfluss zu wenig Bedeutung bei der Erklärung des Führungserfolges beigemessen.

**Situationsansätze** behalten die grundlegende Annahme bei, dass (hierarchisches) Führungsverhalten Leistung oder Zufriedenheit der Geführten positiv beeinflusst. Den Situationsansätzen zufolge gibt es jedoch keinen »one best way« der Führung und auch keine(n) »great (wo)man«, der zu jeder Zeit und in allen Situationen erfolgreich führt. Jeder Situation lässt sich ein optimaler Führungsstil zuordnen. Die Beibehaltung eines Führungsstiles – beispielsweise einer beziehungsorientierten Führung – in einer Vielzahl unterschiedlicher Situationen führt demzufolge mit hoher Wahrscheinlichkeit zu Effizienzeinbußen. Neben diesen etablierten Ansätzen fokussiert die jüngere Führungsforschung auf Restriktionen der Situation, die den Führungseinfluss begrenzen können: Einflussnahmen des Führers auf Leistungsprozesse der Geführten oder deren Zufriedenheit können überflüssig, im ungünstigsten Falle sogar kontraproduktiv sein (vgl. Kapitel III).

### 1.3.2  Gruppen

Die Einbeziehung der Kleingruppenforschung in die verhaltenstheoretischen Grundlagen der Personalwirtschaftslehre wird üblicherweise am Beispiel der *Hawthorne-Experimente* demonstriert. Sehr anschaulich wird dort gezeigt, dass die Annahme, wonach Arbeit Individualleistung darstellt und daher im Wesentlichen von persönlichen Motiven bestimmt und durch Arbeitsbedingungen beeinflusst wird, nicht stimmig ist. Vielmehr sind es soziale Beziehungen und insbesondere Normen von Gruppen, die die Abgabe der Leistung in einem hohen Ausmaß beeinflussen. Erkenntnisse der Kleingruppenforschung wurden deshalb vor allem im Hinblick auf das Leistungshandeln in die Personalwirtschaftslehre integriert.

### 1.3.2.1 Entstehung der Gruppenforschung: Das Hawthorne-Experiment

In den zwanziger Jahren begannen Experimente in den Hawthorne-Werken der Western Electric Company (vgl. zum Folgenden Homans 1978; Ulich 2011, 40ff.). Gemäß dem damals vorherrschenden mechanistischen Verständnis von arbeitenden Menschen sollte die Einwirkung von Beleuchtungsart und Beleuchtungsstärke auf die Arbeitsleistung untersucht werden. Bei der ersten Gruppe wurde die Beleuchtungsstärke variiert. Eine Kontrollgruppe arbeitete bei gewohnten Beleuchtungsstärken.

Zunächst wurde in der ersten Gruppe die Beleuchtungsstärke regelmäßig erhöht. Der Erfolg stellte sich wie erwartet ein; die Arbeitsleistung stieg. Unerwartet war aber, dass in der Kontrollgruppe, in der die Beleuchtungsstärke unverändert blieb, die Arbeitsleistung ebenfalls stieg. Völlig ratlos waren die Beobachter, als die Beleuchtung wieder reduziert wurde und dennoch die Arbeitsleistung der Testgruppe wie bei der Kontrollgruppe anstieg. Daraufhin wurde der Nationalökonom und Psychologe Elton Mayo beauftragt, dieses Phänomen aufzuklären (vgl. Roethlisberger/Dickson 1939/1975, 19ff.).

Mayo isolierte zunächst eine Gruppe von Arbeiterinnen, die mit der Montage von Telefonrelais beschäftigt waren. In einem Testraum, in dem die Arbeiterinnen genau kontrolliert werden konnten, wurden dann Arbeitsbedingungen variiert:

- Veränderung des Lohnsystems;
- Pausen mit und ohne Mahlzeit;
- früherer Arbeitsschluss;
- freier Samstag.

Diese Bedingungen wurden jeweils in Perioden von bis zu 12 Wochen eingeführt und die Auswirkungen auf die Arbeitsleistung studiert.

Das Ergebnis war, dass über die gesamte Beobachtungszeit die Arbeitsleistung, ablesbar an den montierten Telefonrelais, kontinuierlich anstieg. Der Höhepunkt der Arbeitsleistung war erreicht, als alle Vergünstigungen zurückgenommen wurden.

In mehrjährigen Interviewreihen kamen die Wissenschaftler zu dem Ergebnis, dass die bisherigen Erkenntnisse, wonach die Entlohnung und die organisatorischen Arbeitsabläufe die Ergiebigkeit der Arbeitsleistung determinieren, zu relativieren sind. Tatsächlich wird die Arbeitstätigkeit im Wesentlichen von den am Arbeitsplatz herrschenden sozialen Beziehungen beeinflusst. Im vorliegenden Hawthorne-Experiment wurde es als wesentliche Erkenntnis gewertet, dass die besondere Beachtung, die die Arbeiterinnen durch die Forschergruppe erfahren hatten, zu der Leistungssteigerung führte, unabhängig davon, ob und in welcher Form weitergehende Belohnungen gewährt oder nicht gewährt wurden (auch als *Hawthorne-Effekt* bezeichnet). Auch Arbeiter – so eine wesentliche Schlussfolgerung – legen großen Wert auf Anerkennung, soziales Prestige und persönliches Ansehen. Aspekte wie Anerkennung, das Gefühl etwas Bedeutendes zu leisten und Teil eines größeren Zusammenhangs zu sein, erwiesen sich damit als leistungsstimulierend.

Auch ein zweiter wesentlicher Einflussfaktor wurde im Rahmen der Hawthorne-Experimente identifiziert. Der Mensch unterliegt im Rahmen seiner Arbeitstätigkeit dem Einfluss informeller Gruppen (vgl. Roethlisberger/Dickson 1939/1975, 493ff.). Diese bestimmen den Arbeitsrhythmus, soziale Verhaltensformen und die Leistungsfähigkeit einer Gruppe. Ausgangspunkt waren Beobachtungen, dass Arbeitsgruppen eigene Regeln aufweisen, die von den offiziellen Erwartungen abweichen können. Solche informellen Normen hatten einen größeren Einfluss auf das Leistungsverhalten als beispielsweise die Anreizfunktion der Entlohnung. Belohnung und Bestrafung durch die Mitglieder der Gruppe wiesen eine stärkere Verhaltensbeeinflussung auf als Sanktionen des offiziellen Führers.

Als Konsequenz dieser Experimente entstand in den dreißiger Jahren in den USA eine Gegenbewegung zur mechanistischen Interpretation, in der Arbeitsbedingungen und das Entgelt als Leistungsdeterminanten interpretiert wurden. Stattdessen wurde die Argumentation in der so genannten »Human-Relations-Schule« umgekehrt und Bedürfnisse nach zwischenmenschlichen Interaktionen in den Mittelpunkt gestellt. Zwar war schon seit langem bekannt, dass Gruppenprozesse Auswirkungen auf die Ergiebigkeit der Leistung haben; nun aber wurde dieses Bestreben systematisch mit Überlegungen, die Ausschöpfung des menschlichen Arbeitsvermögens an diese Bedürfnisse in neuer Weise zu knüpfen, in Verbindung gebracht.

Neben den schon weit ausdifferenzierten monetären Anreizen gewannen damit auch soziale Anreize, Aufstiegs- und Ausbildungsanreize erheblich an Gewicht. Grundsätzlich hatte sich damit im Kern der Mechanismus der Erschließung des Arbeitsvermögens nicht geändert, sondern lediglich in seiner inhaltlichen Ausprägung gewandelt. In den Blick genommen wurden Merkmale von Prozessen in Gruppen, um Erklärungen über ihre Leistungsdynamik zu erhalten.

### 1.3.2.2    Gruppenforschung und Ergiebigkeit der Arbeitsleistung

Gruppen lassen sich nach verschiedenen Merkmalen differenzieren (vgl. zum Folgenden Cartwright/Zander 1968, 46ff.; Staehle 1999, 265ff.; Martin 2003; Weinert 2004, 387ff.). Danach kann von einer Gruppe gesprochen werden, wenn folgende Merkmale vorliegen:

- direkte Interaktion zwischen Mitgliedern (face to face);
- physische Nähe;
- Wir-Gefühl;
- gemeinsame Ziele, Werte und Normen;
- Rollendifferenzierung, Statusverteilung;
- eigenes Handeln und Verhalten wird durch Andere beeinflusst;
- relativ langfristiges Überdauern des Zusammenseins.

Darüber hinaus lassen sich Arten von Gruppen anhand folgender Kriterien unterscheiden:

**Größe:** Gruppen werden in der Regel als Kleingruppen bezeichnet, wenn sie drei bis fünf Mitglieder umfassen. Eine kritische Größe wird erreicht, wenn face-to-face-Kontakte nicht mehr möglich sind oder sich allmählich Untergruppen bilden. Ab 25 Personen haben sich andere Bezeichnungen durchgesetzt, wie z.B. Abteilungen, Sparten oder Divisionen.

**Interaktionen:** Bei Primärgruppen handelt es sich um organisch entwickelte, lang überdauernde Kleingruppen, die emotional begründete, intime, direkte Kontakte erlauben (z.B. Familie). Bei Sekundärgruppen handelt es sich um rational geplante, organisierte Gruppen mit spezieller Aufgabenstellung.

**Bedürfnisse** und **Entstehungsgründe:** Formelle Gruppen werden absichtsvoll gegründet, rational geplant und formal bezeichnet, um definierte Aufgaben zu erfüllen (z.B. Arbeitsgruppe). Informelle Gruppen entstehen in der Regel aus spontanen, ungeplanten, längerfristigen Kontakten. Hier stehen Bedürfnisse nach Wärme, Nähe, Freundschaft, Anerkennung und Sicherheit im Vordergrund. Lange Zeit galten informelle Gruppen als schädlich. Heute wird davon ausgegangen, dass informelle Gruppen Lücken schließen, da der geplante Ablauf einer Arbeitsorganisation sich niemals vollständig einstellt. Arbeitnehmer benutzen ihre informellen Kontakte und gestalten damit die Organisation effektiver.

Die Zusammenarbeit in Gruppen wird in der Regel von Organisationen vorstrukturiert, indem Stellen definiert werden und diesen, meist innerhalb einer Hierarchie, eine Position zugewiesen wird. Die Annahme, wonach der Stelleninhaber nun die an ihn gerichteten Anforderungen der Organisation mehr oder weniger in Abhängigkeit von Fähigkeiten und Motivation erfüllt, war zu ergänzen um Erkenntnisse über Effekte, die durch die Zusammensetzung und die Dynamik von Gruppen erzeugt werden. Einige Aspekte sollen im Folgenden dargestellt werden (vgl. Homans 1978; Staehle 1999, 265ff.).

**(1) Status:** Jede Position ist mit einem Status versehen, der die Wertschätzung der Mitglieder für diese zum Ausdruck bringt. Als Quellen von Status gelten z.B. persönliche Merkmale, Wissen, Stellung in der Hierarchie, Funktion. Statussymbole verstärken Selbstwertgefühle und befriedigen Bedürfnisse nach Fremdbewertung. Von Statuskongruenz kann gesprochen werden, wenn alle Statusattribute einer Person als auf einer Ebene angesehen werden (z.B. Übereinstimmung von Schulbildung, Position, Einkommen, Wohnviertel, Kleidung). Wird die Übereinstimmung aus dem Blickfeld der Referenzgruppe nicht erreicht, spricht man von Statusinkongruenz. Sie verunsichert Menschen und kann feindliche, zumindest aber uneinheitliche Reaktionsweisen zur Folge haben. In einer Reihe von Untersuchungen konnte gezeigt werden, dass Status und Statuskongruenz von beträchtlichem Einfluss auf das Verhalten in Gruppen sind:

- Gruppenmitglieder mit hohem Status und Statuskongruenz sind zufriedener und verhalten sich in höherem Maße norm-konform.
- Sie haben einen größeren Spielraum, von der Gruppennorm abzuweichen.
- Sie initiieren mehr Aktivitäten.

**(2) Rolle:** Das Konzept der Rolle stellt die Gesamtheit der Verhaltenserwartungen dar, die eine Organisation und ihre Mitglieder gegenüber dem Inhaber einer Position hegen. Menschen verfügen in der Regel in einer Position über ein Rollen-Set, um den Ansprüchen der Umwelt gerecht zu werden. Schließlich ist jede Person immer auch mit vielen verschiedenen Rollen ausgestattet (Freizeit, Sport, Verein etc.). In Untersuchungen zur Rollendifferenzierung in der Gruppe zeigen sich oftmals typische Muster, wie z.B. Sprecher, Schlichter, sozio-emotionaler Führer, Aufgabenführer, Vaterfigur oder Sündenbock.

**(3) Ziele und Normen von Gruppen:** Gruppen entwickeln ihre eigenen Ziele und Normen, die mehr oder weniger von denen des Managements abweichen können. Eine

Norm ist eine Zielvorstellung oder eine Richtschnur des Verhaltens. Sie hat die Funktion, Verhalten zu standardisieren und damit eine höhere Prognostizierbarkeit zu erreichen. Auf diese Weise werden soziale Beziehungen routinisiert, um sich von unnötigen Interaktionen zu entlasten. Spätestens seit den Hawthorne-Experimenten ist bekannt, dass Arbeitsgruppen ihre geplante Leistung auf einem Niveau abgeben, das mit den Ansprüchen der Organisation nicht übereinstimmen muss.

**(4) Gruppenentwicklung:** Ein großer Teil der Gruppenforschung befasst sich mit der Entwicklung und Dynamik von Kleingruppen. Als Ergebnis lässt sich festhalten, dass die Entwicklung von Gruppen nach typischen Mustern abläuft. Das wohl bekannteste Ablaufschema geht auf Tuckman zurück, wonach sich die Entwicklung von Gruppen in folgende *vier Phasen* aufteilen lässt (vgl. Staehle 1999, 281):

- *Forming*: Die Bildung und Konstitution einer Gruppe weist ein hohes Maß an Unsicherheit auf. Aufgaben müssen erst definiert sowie geeignete Regeln und Methoden ausprobiert werden. In dieser Phase ist die Abhängigkeit von einem Führer groß, und es wird getestet, welche Verhaltensweisen akzeptabel sind.
- *Storming*: In dieser Phase brechen Konflikte zwischen Untergruppen aus. Die anfängliche Bereitschaft, Unsicherheit an einen Führer zu delegieren, sinkt ab und die Meinungen polarisieren sich.
- *Norming*: Hier stabilisiert sich die Gruppe. Sie entwickelt Gruppennormen, um die Interaktionen zu erleichtern und gewinnt an Attraktivität für die Gruppenmitglieder (Gruppenkohäsion).
- *Performing*: In der letzten Phase sind die interpersonellen Probleme gelöst und die Gruppenstruktur ist funktional im Hinblick auf die Aufgabenerfüllung.

**(5) Kohäsion:** Hierunter wird das Maß für die Stabilität einer Gruppe sowie die Attraktivität, die sie auf alte und neue Mitglieder ausübt, verstanden (vgl. Staehle 1999, 281ff.; Zander 1994, 6ff.). Als kohäsionsfördernd gelten Häufigkeit der Interaktionen, Attraktivität und Homogenität der Gruppen, Einigkeit über Gruppenziele, Erfolg und Anerkennung. Gruppenkohäsion kann aber auch durch Intergruppen-Wettbewerb erreicht werden. Der Aufbau eines Feindbildes – so eine bekannte alltagstheoretische Erkenntnis – kann eine Gruppe zusammenschweißen. Als kohäsionshemmend gelten Gruppengröße und die Existenz von Einzelkämpfern in der Gruppe. Auch Zielkonflikte, individuelle Leistungsbewertung und Intragruppen-Wettbewerb verhindern das Zusammengehörigkeitsgefühl.

Der Einfluss von Gruppen auf die **Ergiebigkeit der Leistung** ist vielfach untersucht worden; in der Regel wird ihnen ein Leistungsvorteil zuerkannt. Diese Grundannahme wird insbesondere gestützt durch Untersuchungen zur Überlegenheit von Gruppen bei körperlichen Arbeiten. In den 20er Jahren des vorigen Jahrhunderts wurden Versuche durchgeführt, wie sich der Einsatz von Gruppen auf das Heben und Tragen von Lasten auswirkt (vgl. Hofstätter 1993, 35ff.). Annahmegemäß konnten größere Gruppen erheblich höhere Lasten durch ein Seil bewegen als eine Einzelperson, wenngleich bereits in diesen Experimenten festgestellt werden musste, dass der Grenzertrag sukzessive abnahm. Dies wurde damit erklärt, dass mit zunehmender Größe der Gruppe auch der Koordinationsaufwand steigt.

Auch im Bereich der geistigen Arbeiten sind Leistungsvorteile von Gruppen insbesondere in folgenden Bereichen identifiziert worden (vgl. Staehle 1999, 288):

- höheres Entdeckungspotenzial, breiteres Wissensspektrum;

Leistungsvorteile von Gruppen

- großer Erfahrungsinhalt, wechselseitige assoziative Stimulierung;
- gesteigertes Angebot an Denkmöglichkeiten, originellere Lösungen;
- vertieftes Methodenwissen;
- Tendenz zu objektiven Entscheidungen;
- Beteiligung an Entscheidungen erzeugt weniger Widerstand bei der Durchsetzung von Lösungen;
- gegenseitige soziale Unterstützung und Puffer gegenüber der Umwelt bei Misserfolg;
- die psychische Befindlichkeit der Mitglieder einer Gruppe wird insbesondere durch hohe Kohäsion verbessert, wodurch eine Abnahme von Angst und Anspannung erreicht wird.

Dennoch können Gruppen nicht als Allheilmittel für die Lösung jedweder Probleme verstanden werden. Insbesondere Staehle (1999, 287ff.) hat darauf hingewiesen, dass Gruppenideologien den Blick für die ebenfalls vorhandenen Nachteile von Gruppenarbeit, vor allem in folgenden Bereichen, verstellen:

- So wird die Leistung einer Gruppe beispielsweise von der *Gruppenzusammensetzung* und der *Gruppengröße* beeinflusst. Befunde weisen darauf hin, dass bei unstrukturierten Aufgaben eine homogene Gruppenstruktur (ähnliche Persönlichkeitsmerkmale, ähnliche Auffassungen) im Hinblick auf Leistung gegenüber einer heterogenen Gruppenstruktur unterlegen ist. Mit zunehmender Größe einer Gruppe nehmen die Leistungszuwächse ab.
- *Gruppennormen* egalisieren Leistungsstreuungen, die Konformität im Leistungsverhalten nimmt zu. Insbesondere hochkohäsive Gruppen, die nicht mit den Zielen der Organisation übereinstimmen, erzeugen Widerstand.
- *Gruppendruck* unterdrückt abweichende Meinungen und verhindert normensprengende Lösungen. Das insbesondere unter dem Begriff »Groupthink« bekannt gewordene Phänomen bezeichnet den abnehmenden Realitätsbezug von Gruppen, die eine höhere Risikoneigung aufweisen. Da sie an die Überlegenheit der eigenen Gruppe glauben und schlechte, unerwünschte Nachrichten vor diesem Hintergrund ignorieren oder relativieren, kann es so zu schwerwiegenden Fehlentscheidungen kommen.

Zusammenfassend ist festzuhalten, dass die Erkenntnisse der Gruppenforschung eine Vielzahl von Anregungen und Methoden zur Gestaltung von Arbeitssystemen erzeugt haben. Insbesondere die Einflüsse auf das Leistungshandeln von Gruppen sind in jüngerer Zeit verstärkt im Rahmen der Gruppenarbeit rezipiert worden.

### 1.3.3 Organisation

Als Quelle einer verhaltenswissenschaftlichen Betriebswirtschaftslehre kann die *Anreiz-Beitrags-Theorie* herangezogen werden (vgl. Berger/Bernhard-Mehlich 2006, 169ff.; Martin 2001, 285ff.). Sie befasst sich u.a. mit dem Verhältnis von Anreizen und Beiträgen in Organisationen, um zu reflektieren, wie dieses Verhältnis Teilnahme- und Bleibeentscheidungen von Organisationsteilnehmern beeinflusst. Diese Theorie untersucht damit Entscheidungen von Individuen, sich Organisationen anzuschließen und im Sinne ihrer Ziele zu handeln.

Das Erkenntnisinteresse der Anreiz-Beitrags-Theorie konzentriert sich auf die Frage, wie Organisationen in dynamischen Umwelten durch Anpassung ihren Bestand erhalten können. Dieses Bestands- und Anpassungsproblem wird als menschliches *Ent-*

*Entscheidungsverhalten und -vermögen*

*scheidungsverhalten* interpretiert, das auf bestimmten Annahmen über das menschliche *Entscheidungsvermögen* basiert. Daraus werden Erkenntnisse im Hinblick auf die Organisationsgestaltung entwickelt sowie die Gestaltung der Anreize erörtert, aus denen im Rahmen der Personalwirtschaftslehre Einflussmöglichkeiten auf das menschliche Verhalten abgeleitet werden können:

*Mittel der O., um hohe Rationalität zu erreichen*

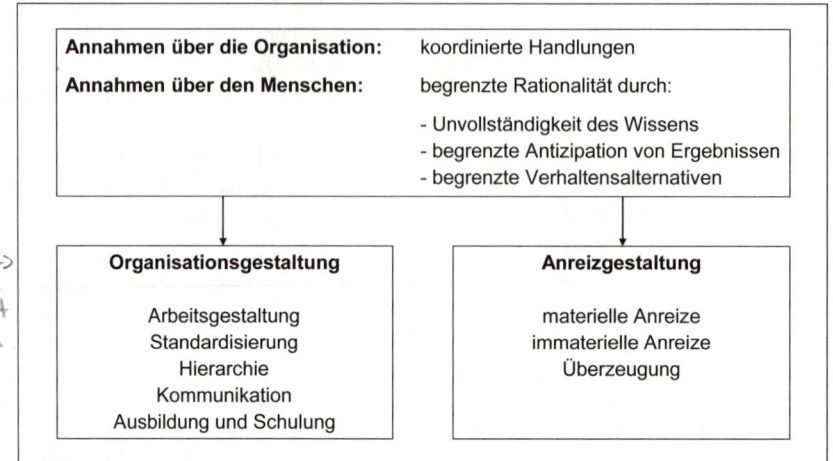

Abbildung I / 4: Elemente der Anreiz-Beitrags-Theorie

Im Folgenden sollen zunächst die Annahmen und anschließend die Methoden der Organisations- und Anreizgestaltung entwickelt werden.

1.3.3.1     Annahmen der Anreiz-Beitrags-Theorie

Zur Fundierung der Anreiz-Beitrags-Theorie sind Annahmen zu spezifizieren, die die Frage beantworten helfen, wie die Ergiebigkeit der Arbeitsleistung in einer verhaltenswissenschaftlichen Theorie entwickelt wird. Dazu sind zunächst Annahmen über die Organisation zu formulieren. Barnard (1938/1970) trennt hier in einem ersten Schritt deutlich zwischen Personen und ihren Handlungen in verschiedenen Organisationen und bereitet damit gedanklich die nur partielle Berücksichtigung menschlicher Handlungen vor.

**Annahmen über die Organisation:** Eine sehr verbreitete Vorstellung über Organisationen ist die Annahme, dass eine Gruppe von Personen ihre Tätigkeiten ganz oder teilweise koordiniert und dabei zusammenarbeitet (vgl. Barnard 1938/1970, 67). Offen bleibt allerdings häufig, was unter dem Begriff der »Gruppe« und unter dem Begriff der »Person« zu verstehen ist.

Der Begriff der *Gruppe* ist nach Barnard ein sozialer Begriff, der Auskunft darüber gibt, dass systematisch persönliche Beziehungen bestehen. Gruppen, in denen zusammengearbeitet wird, koordinieren ihre kooperativen Handlungen. Allerdings lässt sich häufig beobachten, dass viele Handlungen in einer Gruppe nicht Teile des kooperativen Handelns sind. Es sind also nur diejenigen Handlungen relevant, die als System von Interaktionen kooperative Systeme unterstützen. Danach kann unter einer Gruppe nicht eine Ansammlung von Personen verstanden werden, sondern sie bilden *»... eine koope- rative Beziehung, die ein System von Interaktionen bildet«* (Barnard 1938/1970, 69).

Noch deutlicher wird die eingeschränkte Betrachtung, wenn danach gefragt wird, ob tatsächlich *Personen* Bestandteil von Organisationen sind. Werden die Handlungen von Personen betrachtet, so kann festgestellt werden, dass viele Handlungen in einer Orga- nisation keine Beziehungen zu dem kooperativen System aufweisen und in unter- schiedlichen Kooperationsbeziehungen unterschiedliche Handlungen erforderlich sind. Es könnte auch vermutet werden, dass viele Handlungen nur deshalb unternommen werden, weil die Kooperationsbeziehungen dies erfordern (vermutlich käme niemand auf die Idee, freiwillig Formulare auszufüllen oder einen Bericht zu schreiben).

Damit sind Handlungen nur Teilausschnitte des menschlichen Handlungsspektrums und werden durch die Organisation definiert. Dies erklärt, warum Organisationen auch dann weiter funktionieren, wenn  Personen die Organisation verlassen und durch andere ersetzt werden. Das Individuum ist nicht duplizierbar, wohl aber die von ihr in der ko- operativen Beziehung geforderten Handlungen. Dies würde auch begründen, warum Menschen in unterschiedlichen Organisationen tätig sein können, z.B. Sport, Kirche, Partei, Stadtrat, Familie. In jeder dieser Organisationen werden ganz unterschiedliche Handlungen erforderlich sein, um den Bestand von Organisationen zu unterstützen:

> *»Aus alledem geht hervor, daß, wo Personen in den Begriff ›Organisation‹ ein- bezogen werden, ihre generelle Bedeutung vergleichsweise begrenzt ist«* (Barnard *1938/1970, 70).*

Die Annahmen über Organisationen lassen sich damit dahingehend zusammenfassen, dass es sich hierbei um ein System bewusst koordinierter Handlungen handelt, in denen nicht Personen, sondern ihre jeweils spezifisch benötigten Handlungen von Interesse sind.

**Annahmen über den Menschen:** Die von den Organisationsmitgliedern tagtäglich zu treffenden Entscheidungen stehen unter dem Anspruch, ein Höchstmaß an Rationalität aufzuweisen. Simon (1981) hat allerdings in seinem Konzept der begrenzten Ra- tionalität darauf hingewiesen, dass es einen systematischen Bruch zwischen einer be- absichtigten und einer tatsächlichen Rationalität gibt und Organisationen daher Einfluss auf das Verhalten nehmen müssen. Simon und Barnard (1976) haben aufgezeigt, dass erwünschtes Verhalten im Wesentlichen auf der Basis von Anreizen beeinflusst werden kann.

Vollständige Rationalität würde demnach vorliegen, wenn ein Mensch

- alle Verhaltensalternativen vor der Entscheidung überblicken würde;
- alle Ergebnisse, die aus jeder Wahlhandlung folgen könnten, berücksichtigt;
- die vor dem Hintergrund des Wertesystems beste Alternative aussondert.

Reales Verhalten weist in der Regel eine mehr oder weniger große Differenz zu dieser vollständigen Rationalität auf. Die Ursachen liegen nach Simon in drei Bereichen (vgl. zum Folgenden Simon 1981, 115ff.):

**(1) Unvollständigkeit des Wissens:** Die beschriebene Rationalität würde vorausset- zen, dass Wissen vollständig ist und eine Antizipation aller Folgen möglich wäre. In der Realität besitzen Menschen aber immer nur bruchstückhaftes Wissen. Als Konsequenz aus dieser Beschränkung entwickeln Menschen (nicht nur) in Organisationen Verfah- rensweisen, die dieses Problem teilweise beheben, indem aus der Vielzahl von Möglichkeiten eine begrenzte Variablenzahl mit begrenzten Konsequenzen isoliert wird. Rationales Entscheiden würde damit in dem Maße erreichbar, wie es gelingt, die begrenzte Menge an Einflussfaktoren und ihre Konsequenzen mit der komplexeren Realität in Übereinstimmung zu bringen.

**(2) Begrenzte Antizipation von Ergebnissen:** Die Auswahl von Alternativen erfolgt auf der Basis von vorweggenommenen Präferenzen. Auch wenn Ergebnisse bekannt sind und vollständig beschrieben werden könnten, wäre ihre zukünftige Bewertung nur mit Hilfe einer gewissen Vorstellungskraft möglich. Die Bewertung ist demnach in ihrer Genauigkeit und Konsistenz beschränkt, da es eine systematische Differenz zwischen der Vorstellungskraft und der tatsächlichen Erfahrung gibt. Hierdurch lässt sich beispielsweise erklären, dass risikoreiches Verhalten auch dann beobachtet werden kann, wenn mögliche negative Folgen bekannt sind. Dieses risikoreiche Verhalten nimmt erst ab, wenn die negativen Folgen tatsächlich erfahren wurden:

> *»Es ist weniger so, daß die Verlusterfahrung zu einer höheren Wahrscheinlichkeit für das Verlustereignis führt, sondern dass der Wunsch zur Vermeidung der Verlustfolgen verstärkt worden ist« (Simon 1981, 118).*

**(3) Begrenzte Verhaltensalternativen:** Rationalität würde eine Auswahl aus allen möglichen Verhaltensalternativen voraussetzen. Tatsächlich verfügen Menschen, gemessen an ihrem Verhaltenspotenzial, nur über ein begrenztes Verhaltensspektrum. Es bedarf meist detaillierter Beobachtung (z.B. Zeit- und Bewegungsstudien), um das eingeschliffene routinierte Verhaltensspektrum, beispielsweise im Sinne einer Verbesserung des zweckgerichteten Verhaltens, zu verändern.

### 1.3.3.2    Organisationsgestaltung

Vor dem Hintergrund einer real begrenzten Rationalität von Individuen stellt sich die Frage, mit welchen Mitteln Organisationen das Verhalten ihrer Mitglieder beeinflussen können, um eine angestrebte Rationalität zu unterstützen. Simon nennt hier fünf Mechanismen organisatorischer Beeinflussung (vgl. Simon 1981, 134; vgl. auch Cyert/ March 1995, 117ff.):

**(1) Arbeitsgestaltung:** Zunächst wird die Organisation über das Ausmaß an Arbeitsteilung entscheiden, indem sie jedem Mitglied eine bestimmte Aufgabe zuweist. Dadurch wird die Aufmerksamkeit auf einen begrenzten Ausschnitt konzentriert und die Konsequenzen von Entscheidungen werden antizipier- und erfahrbar.

**(2) Standardisierung:** Indem die Organisation Standardverfahren einführt, legt sie fest, dass eine Aufgabe in der immer gleichen Art und in einem bestimmten Zeitintervall ausgeführt wird. Der Arbeitnehmer hat dann kein Entscheidungsproblem, wie er die gestellte Aufgabe im Wiederholungsfall zu bewältigen hat, die Konsequenzen sind ihm bekannt.

**(3) Hierarchie:** Im Rahmen einer Hierarchie übermittelt die Organisation Entscheidungen über ihre Instanzen. Damit werden Entscheidungsprämissen sukzessive von oben nach unten verengt, der Entscheidungsweg wird vereinfacht.

**(4) Kommunikation:** Die Organisation definiert Kommunikationskanäle. In den offiziellen Kanälen fließen die für die Handlungen relevanten Informationen. Sie entlasten

damit den Arbeitnehmer von der Informationssuche und verengen den Entscheidungs-
raum.

**(5) Ausbildung und Schulung:** Auch die Ausbildung und Schulung der Mitarbeiter
wird als Beeinflussung des herauszubildenden Entscheidungsverhaltens interpretiert:

> *»Dies könnte als ›Internalisierung‹ der Beeinflussung bezeichnet werden, weil es
> die Entscheidungskriterien, die die Organisation anzuwenden wünscht, direkt in
> die Nervensysteme der Organisationsmitglieder einführt. Das Organisationsmit-
> glied erwirbt Wissen, Fähigkeiten und Identifikation bzw. Loyalität, die es ihm er-
> möglichen, selbst Entscheidungen im Sinne der Organisation zu treffen«* (Simon
> 1981, 134f.).

Eine verhaltenstheoretische Perspektive konzentriert sich damit auf die Frage, wie begrenzte Rationalität durch Mechanismen der Organisationsstruktur und der personellen
Beeinflussung mit den Zielen der Organisation in Übereinstimmung gebracht werden
soll. Dies erklärt allerdings noch nicht, warum sich Menschen überhaupt Organisationen
anschließen, über einen mehr oder weniger langen Zeitraum ihre Mitgliedschaft aufrecht erhalten und bereit sind, sich mit ihren Handlungen den Organisationszielen unter-
zuordnen.

### 1.3.3.3    Gestaltung der Anreizstruktur

Die Mitglieder einer Organisation leisten Beiträge als Gegenleistung für Anreize, die
ihnen geboten werden. →persönliche Ziele werden dabei berührt

> *»Individuen sind bereit, die Mitgliedschaft in einer Organisation zu akzeptieren,
> wenn ihre Tätigkeit in der Organisation direkt oder indirekt zu ihren eigenen per-
> sönlichen Zielen beiträgt«* (Simon 1981, 141).

Der Begriff »Organisationsmitglied« wird bei Simon allerdings weit gefasst. Er beinhaltet sowohl Lieferanten und Kunden als auch Mitarbeiter. Daraus ergibt sich, dass
das Verhältnis von Anreizen und Beiträgen nicht ausgewogen sein kann. Solange die
Beiträge der Mitglieder höher sind als die Anreize, die die Organisation zur Verfügung
stellt, wächst die Organisation oder bleibt zumindest bestehen; im umgekehrten Falle
würde sie schrumpfen oder liquidiert werden.

In Abhängigkeit von den Zielen dieser unterschiedlichen Gruppen von Organisationsmitgliedern werden die Anreize unterschiedlich sein. Im Hinblick auf Arbeitnehmer
geht Simon davon aus, dass Lohn- oder Gehaltszahlungen den stärksten Anreiz darstellen, den eine Organisation bietet. Neben diesen materiellen Stimuli können aber auch
weitere immaterielle Anreize von Bedeutung sein, wie beispielsweise Status und Prestige einer bestimmten Position oder die Beziehungen zur Arbeitsgruppe.

In ähnlicher Weise argumentiert Barnard: Die Bereitschaft von Menschen, in Organisationen individuelle Anstrengungen zur Verfügung zu stellen, ist abhängig von den
Anreizen, die eine Organisation anbietet. Allerdings geht er davon aus, dass sie nicht
immer die Motive treffen, sodass eine Organisation in diesem Falle auch auf die Motive
Einfluss nehmen muss:

> *»Dominierend sind die egoistischen Motive der Selbsterhaltung und der persönli-
> chen Befriedigung. Deshalb können sich Organisationen nur dann halten, wenn sie*

*diese Motive berücksichtigen oder wenn es ihnen gelingt, sie zu verändern« (Barnard 1938/1970, 122).*

Barnard bezeichnet entsprechend das Angebot von Stimuli als die »Methode der Anreize« und die Veränderung subjektiver Einstellungen als die »Methode der Überzeugung«:

**Methode der Anreize:** Ohne Anspruch auf Vollständigkeit erarbeitet Barnard einen Katalog von Anreizen, der Arbeitnehmer dazu veranlassen soll, ihrerseits Beiträge an die Organisation abzugeben. Materielle Anreize wie Lohn oder Gehalt verfügen über den Vorteil, dass sie universell gegen Bedürfnisbefriedigungsmöglichkeiten eingetauscht werden können. Allerdings argumentiert Barnard, dass selbstverständliche Dinge wie Nahrung, Kleidung und Wohnung von Arbeitnehmern eher als selbstverständliche Grundlagen eines Arbeitsverhältnisses interpretiert werden und mit ihrer Befriedigung die Anreizwirkungen von Geld schnell abnehmen:

*»Sind die einfachsten Bedürfnisse erst befriedigt, ist nach meiner Meinung die Anziehungskraft bloß materieller Anreize für die meisten Menschen überaus begrenzt« (Barnard 1938/1970, 125).*

Persönliche Anreize wie Auszeichnungen, Prestige oder persönliche Macht werden hingegen als wichtiger eingeschätzt. Auch hohes Einkommen verliert schnell seine Attraktivität, wenn damit eine Minderung des Ansehens und der Wertschätzung verbunden ist. Anders sieht es hingegen aus, wenn – wie heute durchaus üblich – das Einkommen als Ausdruck der Wertschätzung durch die Organisation Anreizcharakter gewinnt. Gute physische Arbeitsbedingungen stellen häufig bewusste und unbewusste Anreize zur Kooperation dar. Ideelle Befriedigung stellt nach Meinung von Barnard eine wichtige, häufig aber vernachlässigte Anreizmethode dar. Stolz auf die eigene Arbeit, Sinn für Qualität der Produkte und Loyalität gegenüber der Organisation stellen Anreize dar, die Menschen veranlassen können, ihre Anstrengungen zu steigern. Unter der sozialen Attraktivität wird die soziale Verträglichkeit von Organisationsmitgliedern verstanden. Menschen werden nur kooperieren, wenn Zusammengehörigkeitsbedürfnisse nicht verletzt werden.

Gewohnte Arbeitsbedingungen und erprobte Verfahren stellen einen Anreiz dar, der dann in das Bewusstsein gerät, wenn nicht-akzeptierte, »fremdartige« Verfahren aufoktroyiert werden. In Unkenntnis der Sinnhaftigkeit dieser Veränderungen weigern sich Arbeitnehmer, diese Verfahren zu übernehmen, sperren sich gegen die Kooperation und streben zurück zu den gewohnten Routinen. Die Chance, Teilhaber großer Ereignisse zu sein, vermittelt hingegen das Gefühl, mit der eigenen Anstrengung einen wichtigen Beitrag zu leisten. Wenig greifbar, aber von hoher Bedeutung ist die Gemeinsamkeit. Die in der modernen Unternehmenskulturforschung wieder entdeckte Metapher des »Wir-Gefühls« beschreibt damit das Bedürfnis von Menschen nach persönlichem Wohlbehagen und Anerkennung in Gruppen.

**Methode der Überzeugung:** Nicht immer sind Organisationen in der Lage, die jeweiligen Motivlagen mit den ihnen zur Verfügung stehenden Anreizen zu treffen. Organisationen verfügen dann nach Ansicht von Barnard über die Möglichkeit, die Motive zu verändern (vgl. Barnard 1938/1970, 129ff.). In Organisationen wird über Zwang sowohl die Teilnahme an einer Organisation als auch die Aufrechterhaltung gesichert. Je nach Arbeitsmarktlage, Qualifikationsniveau, familiären oder finanziellen Verhältnissen hat ein Arbeitnehmer unter Umständen keine Alternative zur bestehenden Mitgliedschaft und muss die Anreiz-Beitrags-Relation akzeptieren. Auch die Organisation wird das erwünschte Beitragsniveau durch Bestrafungsrituale oder Ausschluss unerwünschter Personen signalisieren. Mittels »Propaganda« werden Menschen überzeugt, dass es in ihrem Interesse liegt, bestimmten Verpflichtungen nachzukommen. Individuen – so Barnard weiter – wollen überzeugt werden, dass es sich lohnt, für eine bestimmte Sache zu arbeiten. Die wichtigste Form der Überzeugung ist nach Barnard das Einpflanzen von Motiven. Diese Form der Einflussnahme kann über Erziehung, aber auch durch Gebot, Beispiel oder Vorbild die Kompatibilität zwischen Motiven und Anreizen verbessern helfen.

### 1.3.3.4    Abstimmung von persönlichen Bedürfnissen und Organisationszielen

Die Abstimmung von persönlichen Bedürfnissen und Organisationszielen geschieht auf unterschiedlichen Wegen. Insbesondere Cyert und March (1995) haben darauf hingewiesen, dass sich Organisationen auch als Koalitionen betrachten lassen, von denen einige auch als Subkoalitionen zu verstehen sind. Diese Subkoalitionen bestehen aus Managern, Arbeitern, Aktionären, Lieferanten, Kunden usw. In dieser Hinsicht sind die Organisationsgrenzen nicht starr, sondern eher fließend; dennoch können über einen gewissen Zeitraum zumindest Klassen von Koalitionen identifiziert werden:

> *»Von grundlegender Bedeutung für die Idee einer Koalition ist die Annahme, daß die individuellen Organisationsteilnehmer grundlegend unterschiedliche Präferenzordnungen (d.h. individuelle Ziele) haben können. Dies besagt, daß jede Theorie der organisationalen Ziele sich erfolgreich mit dem offensichtlichen Potential für interne Zielkonflikte, das einer Koalition von unterschiedlichen Individuen und Gruppen innewohnt, auseinandersetzen muß« (Cyert/March 1995, 30).*

Damit bricht die verhaltenswissenschaftliche Theorie mit der Annahme, wonach es ein duales Zielsystem der Unternehmung gibt, das aus Zielen der Unternehmung und aus Zielen des Personals besteht. Die Ziele der Unternehmung werden danach von den Unternehmern oder ihren Leitungsorganen definiert. Die Übernahme dieser Ziele durch das Personal wird dann über (materielle und immaterielle) Ausgleichszahlungen und über ein Kontrollsystem sichergestellt.

Vielmehr – so Cyert und March – zeichnen sich reale Organisationen dadurch aus, dass Ziele mehrdeutig sind, Organisationsteilnehmer keine klare Präferenzordnung aufweisen und mehrere Ziele gleichzeitig verfolgen. Entsprechend gibt es deklaratorische Übereinstimmungen im Hinblick auf vage Grundziele (z.B. Gewinn) und erhebliche Unsicherheiten, Unstimmigkeiten und Konflikte im Hinblick auf damit verbundene Subziele.

Ausgleich und Abstimmung heterogener Ziele erfolgen zu einem erheblichen Teil über *Ausgleichszahlungen*. Ein Unternehmen kauft Dienstleistungen ein, um ein Ziel zu erreichen, und über einen Arbeitsvertrag werden Leistungen und materieller Ausgleich definiert: Für Geld übernimmt der Mitarbeiter das »Organisations«-Ziel. Allerdings ist diese Erklärung nicht hinreichend, da unterschiedliche Gruppen in Unternehmen differenzierte Ausgleichszahlungen erwarten (z.B. Manager). Während einige Gruppen eher passiv das Ausmaß der Ausgleichszahlungen als Maßstab für die Mitgliedschaft werten (z.B. Aktionäre), sind andere Gruppen bereit, sich für diese von ihnen gewünschten Ausgleichszahlungen auch aktiv einzusetzen und ihre Interessen in Verhandlungen einzubringen. Dieser Grundgedanke ist insbesondere von Heinen (1991) erweitert und verbreitet worden, sodass Machtprozesse und Einflussnahmen von Arbeitnehmern als ökonomisch relevante Phänomene behandelt werden können.

Die Stabilisierung und Sicherstellung von Organisationszielen erfolgt damit auf der Basis von *Verhandlungen*, darauf aufbauenden Vereinbarungen und deren Absicherung durch Ausgleichszahlungen und Kontrollsysteme. So kann die Verhandlung über Organisationsziele in Verantwortlichkeiten und Zuständigkeiten münden. In realen Organisationen werden solche Vereinbarungen zu einem großen Teil als Routineprozesse einer funktionsbezogenen Arbeitsteilung vorgenommen, aber die Veränderungsdynamik von Organisationen prägt den Wandel von Aufgaben und Zuständigkeiten und schafft neue Ermessensspielräume. Unter dem Dach eines vagen Organisationsziels (Gewinn) werden z.B. Organisationen umstrukturiert, Aufgaben neu definiert, Budgets vereinbart, Zuständigkeiten verändert. Insbesondere aktive Gruppen der Organisation empfangen hier keine Befehle; vielmehr sind diese Prozesse als Ergebnis von Verhandlungen und Zielvereinbarungen zu interpretieren.

Dies gilt auch für das Ausmaß und die Form der Ausgleichszahlungen. Zwar kann argumentiert werden, dass ein großer Teil auf der Basis von übergeordneten Verträgen standardisiert abgewickelt wird, allerdings gilt auch hier, dass die Bereitschaft, Organisationsziele zu übernehmen, nicht nur von Geldzahlungen abhängig ist, sondern dass Organisationsmitglieder Arbeitsbedingungen, Karrieremöglichkeiten, Anerkennung und soziale Einbindung als Ausgleichszahlungen interpretieren.

Eine Organisation ist überlebens- und funktionsfähig, wenn die Ausgleichszahlungen ausreichen, um die Koalitionsmitglieder zum Verbleib in der Organisation zu veranlassen, sodass sich langfristig eine Übereinstimmung zwischen den Forderungen der Organisation und den Ausgleichszahlungen ergeben müsste. Allerdings ist es außerordentlich schwierig, genau zu bestimmen, in welcher Form und Höhe die Ausgleichszahlungen zu den Forderungen der Organisation äquivalent sind, sodass Cyert und March davon ausgehen, dass ein systematisches Missverhältnis zwischen den Forderungen der Organisation und den Ausgleichszahlungen besteht:

> *»Diese Differenz zwischen den gesamten Ressourcen und den insgesamt notwendigen Zahlungen haben wir* **organisationalen Slack** *genannt. Der Slack besteht darin, daß an Mitglieder der Koalition mehr gezahlt wird als zur Erhaltung der Organisation erforderlich ist«* (Cyert/March 1995, 41; Hervorhebung im Original).

»Slack« bedeutet, dass Aktionäre höhere Dividenden, Arbeitnehmer höhere Löhne und leitende Angestellte mehr persönliche Vergünstigungen erhalten, als dies zur Aufrechterhaltung der Mitgliedschaft notwendig ist. Abteilungen wachsen und Budgets steigen, ohne dass diesen Wachstumsprozessen entsprechende Einnahmen gegenüberstehen. Als besonders erklärungsmächtig hat sich das Konzept des Slacks im Hinblick auf die Anpassungsfähigkeit von Organisationen erwiesen. Wenn sich die Umwelt einer Organisation günstig entwickelt (z.B. in Zeiten der Hochkonjunktur), werden Forderungen derjenigen Mitglieder erfüllt, die ihr Anspruchsniveau am schnellsten anpassen, oder es werden Reserven angelegt, ohne dass eine unmittelbare Notwendigkeit zum Gegenstand von Verhandlungen wird. Auf diese Weise stellt der Slack einen Puffer dar, der es der Organisation erlaubt, in ungünstigen Zeiten Überschusszahlungen zu beschneiden, ohne dass die Überlebensfähigkeit der Organisation zur Disposition steht.

Zusammenfassend kann festgehalten werden, dass die verhaltenswissenschaftliche Entscheidungstheorie das Problem der Verhaltenssteuerung von Menschen auf der Basis von Annahmen bearbeitet, die als *begrenzte Rationalität* von Menschen zusammengefasst werden können. Danach streben Menschen zwar vollkommene Rationalität an, sind dazu aber nur begrenzt in der Lage. Daraus resultierende Unzulänglichkeiten in der Ergiebigkeit der Arbeitsleistung werden zum einen auf der Ebene der *Organisationsgestaltung* bearbeitet, indem die Entscheidungsprämissen und -bedingungen weitgehend vordefiniert werden. Zum anderen wird die *Methode der Anreize* als Element der Verhaltenssteuerung entwickelt.

## 1.4  Zusammenfassende Beurteilung

In einer verhaltenswissenschaftlichen Orientierung der Personalwirtschaftslehre werden verhaltenswissenschaftliche Theorien herangezogen, um das Verhalten von Menschen in Organisationen zu erklären. Hierbei wird auf Theorien zurückgegriffen, wie bspw. die Psychologie, Soziologie und Politologie. Darauf aufbauend wird danach gefragt, was Menschen motiviert, wie sie sich als Individuen und in Gruppen verhalten, welche Entscheidungs- und Führungsphänomene entstehen, wie sie ihr Handeln koordinieren und Organisationen gestalten.

*Annahmen über den Menschen* sind deshalb komplexer als in anderen Orientierungen. Hier wird der Mensch nicht als Faktor begriffen, der im Wesentlichen auf den Lohnanreiz reagiert, sondern Menschen verfügen über eine komplexe Persönlichkeit, werden von der Umwelt beeinflusst und beeinflussen ihrerseits wiederum die Umwelt. Menschen verfügen über Verhaltensmuster, können diese aber auch (z.B. durch Lernen oder Einsicht) verändern. Menschen passen ihr Verhalten in Gruppen an, beeinflussen aber auch Gruppen und variieren ihre Verhaltensweisen, je nachdem in welchen Gruppen und Organisationen sie tätig werden.

Entsprechend breit ist der theoretische Zugang zu dieser Komplexität und kann im Hinblick auf Verhalten von Individuen, in Gruppen und in Organisationen differenziert werden. Im Hinblick auf die *Ebene des Individuums* werden insbesondere Motivations- und Führungstheorien herangezogen. *Motivationstheorien* erlauben es, der Frage nachzugehen, was Menschen motiviert und wie der Motivationsprozess abläuft. Deutlich wird hier, dass Menschen unterschiedliche Bedürfnisse haben und nicht unmittelbar auf Anreize reagieren. Stattdessen wägen sie kalkulierend ab, ob erwünschte Ereignisse eintreffen werden und ob sie in der Lage sind, die dafür erforderliche Leistung zu erbringen. *Führungstheorien* gehen der Frage nach, ob es möglich ist, Verhalten von Menschen im Hinblick auf Leistung und Zufriedenheit zu beeinflussen. Das Spektrum der theoretischen Zugänge ist hier erheblich, und es gibt keine homogene und universal gültige Führungstheorie. Vielmehr konkurrieren klassische Führungstheorien im Hinblick auf die Annahme, ob eher Eigenschaften, Verhaltensweisen oder situative Einflüsse das Führungsgeschehen maßgeblich beeinflussen.

Eine verhaltenswissenschaftliche Orientierung berücksichtigt, dass individuelles Verhalten sich verändern kann, wenn Menschen in Gruppen zusammenarbeiten. Hier wird auf Erkenntnisse der *Gruppenforschung* verwiesen, wonach Gruppen vielfältige Funktionen erfüllen und z.B. emotionale Bedürfnisse, Bedürfnisse nach Kommunikation, Kontakt und Anerkennung befriedigen. Aber auch geplante, zielorientierte Gruppen ermöglichen die Bewältigung von Aufgaben, die Individuuen nicht allein bewältigen können und insofern für die Leistungserbringung konstitutiv sind. Eine Vielzahl von Forschungsergebnissen verweist hier auf typische Rollen in Gruppen und die Heraus-bildung von Normen und Prozessmustern für die Entwicklung von Gruppen, die das Leistungsspektrum einer Gruppe beeinflussen.

Auf der Ebene der *Organisation* ist insbesondere die *Anreiz-Beitrags-Theorie* den Fragen nachgegangen, wie sich komplexe Organisationen an dynamische Umwelten anpassen und warum Organisationen Bestand haben, auch wenn Arbeitnehmer das Un-ternehmen verlassen. Durch den Begriff der koordinierten Handlungen reduziert diese Theorie die menschliche Arbeitsleistung auf Teilausschnitte des Handelns, die im We-sentlichen durch das Organisationsziel bestimmt werden. Menschen können daher in Organisationen ausgetauscht werden, solange die erforderlichen Funktionen erfüllt wer-den können. Dies erfordert eine funktionsbezogene *Organisationsgestaltung*, die darauf ausgerichtet ist, über Arbeitsgestaltung, Standardisierung und Hierarchie das Verhalten der Menschen in Organisationen auf diese Organisationsziele auszurichten.

Über die *Anreizgestaltung* soll die notwendige motivationale Bereitschaft zur Einhal-tung dieser koordinierten Handlungen erreicht werden. Im Gegensatz zur klassischen Betriebswirtschaftslehre wird hierbei aber nicht mehr der Lohnanreiz als zentrales Mit-tel angesehen, sondern es werden auch immaterielle Anreize im Hinblick auf ihre motivationale Wirkung berücksichtigt. Insbesondere die Attraktivität der Arbeit, Ver-antwortung und Bindung an die Organisation beeinflussen die Bereitschaft, Leistung aufrecht zu erhalten und zu steigern. Auch Bedürfnisse nach Gruppenzugehörigkeit, Kooperation und sozialem Austausch sind Bestandteil der Anreizgestaltung.

## Literaturempfehlungen

*Staehle, W.H. (1999): Management: Eine verhaltenswissenschaftliche Perspektive. 8., Aufl., überarb. von Conrad, P.; Sydow, J. München.*

*Weinert, A.B. (2004): Organisations- und Personalpsychologie. 5. Aufl. Basel.*

Diese Lehrbücher bieten einen umfassenden Überblick über verhaltenswissenschaftliche Grundlagen, bezogen auf die Ebenen Individuum, Gruppe und Organisation.

*Martin, A. (Hrsg) (2003): Organizational Behaviour – Verhalten in Organisationen. Stuttgart.*

Dieses Buch enthält einen guten Überblick über theoretische Ansätze und empirische Befunde zum Verhalten in Organisationen.

# 2 Grundlagen der Personalökonomik

## 2.1 Einführung

In Abgrenzung zur verhaltenswissenschaftlich orientierten Personalwirtschaftslehre hat sich innerhalb der Betriebswirtschaftslehre eine Personalökonomik etabliert, die auf der Neuen Institutionenökonomie basiert (vgl. Backes-Gellner et al. 2001; Sadowski 2002; Wolff/Lazear 2001; Backes-Gellner/Wolff 2007; Lazear/Gibbs 2009; Lazear 2011). Im Rahmen dieser Personalökonomik wird in der Regel auf drei Theorien zurückgegriffen, die Williamson (1975, 190) danach unterscheidet, welchen Aspekt der Vertragsgestaltung die jeweiligen Theorien in ihren Fokus nehmen. Die *Theorie der Verfügungsrechte* befasst sich mit der Frage, wie in Institutionen (z.B. Unternehmen) durch Verträge Verfügungsrechte effizient gestaltet und dabei entstehende Kosten minimiert werden können. Die *Principal-Agent-Theory* geht Vertragsbeziehungen zwischen Auftraggebern und Auftragnehmern unter Informations- und Kontrollgesichtspunkten nach, und die *Transaktionskostentheorie* behandelt Kosten, die im Rahmen der Vertragsdurchführung entstehen.

## 2.2 Theorie der Verfügungsrechte

Die Theorie der Verfügungsrechte geht im Wesentlichen auf Coase (1937; 1960) sowie Alchian (1965) und Demsetz (1974) zurück. Insbesondere Coase geht der Frage nach, ob die Annahmen der etablierten Ökonomie, die Märkte und Preise als zentrale Elemente des ökonomischen Systems begreift, stimmig sind. Coase weist darauf hin, dass die Beschreibung der Funktionsfähigkeit eines ökonomischen Systems meist davon ausgeht, dass Märkte keiner zentralen Kontrolle unterliegen. Vielmehr treffen sich dort Angebot und Nachfrage, Produktion und Konsumtion. Dieser Mechanismus ist elastisch und funktioniert weitgehend autonom. Die Koordination und Lenkung übernimmt der Preismechanismus, der angibt, in welche Richtungen Ressourcen bewegt werden müssen, um ihre bestmögliche Verwendung zu finden.

Innerhalb von Organisationen wird dieser Koordinationsmechanismus allerdings außer Kraft gesetzt. Hier bestimmen nicht Preise die Koordination der Ressourcen, sondern ein Unternehmer koordiniert und leitet die Produktion. Markt und Hierarchie bilden damit zwei Alternativen. Wenn Preise die Koordination der Ressourcen auch innerhalb der Unternehmen bestimmen würden, wäre eine Organisation nicht notwendig; umgekehrt verzichtet die hierarchische Lenkung auf die Instrumente des Marktes. Damit bleibt zunächst einmal festzuhalten, dass Ökonomen zwar den Preisen eine zentrale Aufgabe bei der Lenkung und Koordination von Ressourcen zuweisen, aber feststellen müssen, dass diese Koordination in Unternehmen von Unternehmern geleistet wird, obwohl auch hier denkbar wäre, dass die Preise das Verhalten der Organisationsteilnehmer steuern. Warum also, fragt Coase in seinem vielzitierten Satz, »... is there any organisation?« (Coase 1937, 388).

Die Antwort auf diese Frage zentriert Coase um die Feststellung, wonach die Gründung von Unternehmen u.a. auf der marktbezogenen Annahme basiert, dass der jeweilige Preis bekannt ist. Tatsächlich müssen diese Preise aber erst ermittelt werden. In Markttransaktionen müssen zunächst die Nachfragenden identifiziert, die genaue Struktur des Bedarfs erhoben und Angebote veröffentlicht, Verhandlungen geführt, Verträge geschlossen und überwacht werden (vgl. Coase 1960, 15). Die hiermit verbundenen Kosten der Inanspruchnahme von Preisbildungsmechanismen wurden in der etablierten Wirtschaftstheorie nicht berücksichtigt und können die Entstehung von Unternehmen erklären:

>*The main reason why it is profitable to establish a firm would seem to be that there is a cost of using the price mechanism. The most obvious cost of ›organising‹ production through the price mechanism is that of discovering what the relevant prices are. This cost may be reduced but it will not be eliminated by the emergence of specialists who will sell this information. The costs of negotiating and concluding a separate contract for each exchange transaction which takes place on a market must also be taken into account« (Coase 1937, 390f.).*

Die Gründung einer Unternehmung kann also als Arrangement verstanden werden, in dem die Vielzahl von immer wieder neu abzuschließenden Verträgen, die auf der Basis von Preismechanismen entsteht, dadurch reduziert wird, dass wenige Verträge mit Kooperationspartnern abgeschlossen werden. Durch die Reduzierung der Vertragsmenge und durch die Etablierung langfristiger Verträge sinken die damit verbundenen Kosten der jeweiligen Preisbestimmung. In Abhängigkeit von der Risikoneigung werden solche Verträge dann über einen längeren Zeitraum vereinbart und können im Hinblick auf eine ungewisse Zukunft vergleichsweise offen formuliert werden.

Unternehmen können dann als Konstruktion von Vertragsbeziehungen interpretiert werden, die eingegangen werden, wenn sie in Relation zu Marktprozessen ein kostengünstigeres Arrangement der Organisation von Austauschprozessen erlauben:

>*Instead of multilateral contracts among all the joint inputs' owners, a central common party to a set of bilateral contracts facilitates efficient organization of the joint inguts in team production« (Alchian/Demsetz 1972, 794).*

Individuelle Verhandlungen (Marktprozesse) zwischen den an der Produktion beteiligten Akteuren werden durch administrative Entscheidungen ersetzt. Hierbei können nun unterschiedliche Arrangements einen mehr oder weniger größeren Nutzen erbringen (vgl. Abbildung I / 5).

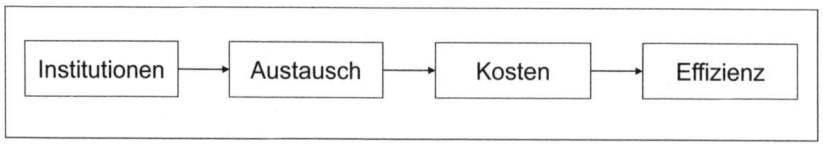

Abbildung I / 5: Institutionen als Organisation von Austauschprozessen

Die zentrale Frage lautet, welche Organisationsform sich als diejenige mit den geringsten Kosten erweist und wie auf der Basis von Vereinbarungen unterschiedliche Rechte an Gütern zu ihrer optimalen Nutzung führen können (vgl. Coase 1960, 16).

Die auf diesen Grundüberlegungen basierende Theorie der Verfügungsrechte kann mit Hilfe von vier Grundbausteinen erläutert werden (vgl. Furubotn/Pejovich 1972; Picot 1991; vgl. Abbildung I / 6).

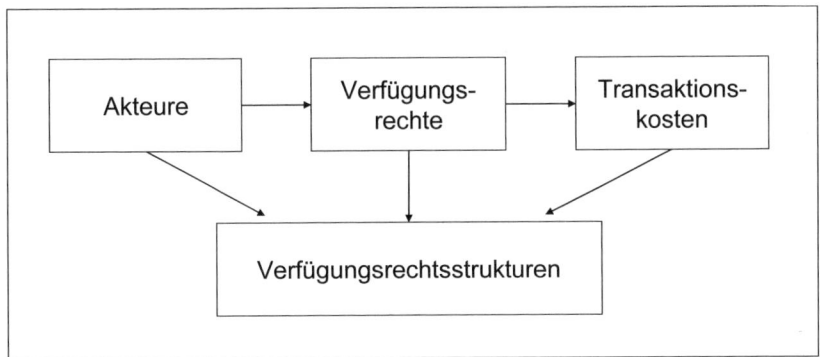

Abbildung I / 6: Elemente einer Theorie der Verfügungsrechte

**Akteure:** In der Theorie der Verfügungsrechte wird davon ausgegangen, dass am Wirtschaftsprozess Beteiligte versuchen, ihr Eigeninteresse zu verwirklichen. So wird beispielsweise nicht davon ausgegangen, dass ein Manager automatisch die Anordnungen eines Eigentümers oder einer hierarchisch höher stehenden Person befolgt, sondern er ist ein Eigeninteressen verfolgendes Subjekt, das im Rahmen der organisationalen Beschränkungen seinen Nutzen zu maximieren sucht.

**Verfügungsrechte:** Unter »Property-Rights« werden dabei die mit einem Gut verbundenen Handlungs- und Verfügungsrechte verstanden. Verfügungsrechte sind abhängig vom bestehenden institutionellen Kontext und den darin geltenden Regelungen. Das Eigentumsrecht wird zwar als exklusives Recht verstanden, das allerdings durch (z.B. staatliche) Restriktionen begrenzt wird. Diese Rechte werden in der Regel aufgrund von Rechtsordnungen und staatlichen Reglementierungen spezifiziert. Darüber hinaus leitet jede Gesellschaft auf der Basis von Normen die Nutzungsmöglichkeiten von Ressourcen. So wird beispielsweise meist nicht akzeptiert, wenn die Privatsphäre Dritter durch die Nutzung privater Güter beeinträchtigt wird und/oder die Nutzung von privaten Gütern andere Menschen physisch negativ beeinflusst (z.B. durch Lärm, Gestank). Es wird aber gesellschaftlich akzeptiert, wenn Rechte an Gütern genutzt werden, um zu Lasten Dritter wirtschaftliche Vorteile zu erwerben. Die Schädigung der Nutzungsrechte eines Restaurantbesitzers durch die Neugründung eines besseren Restaurants in unmittelbarer Nähe gilt als sinnvolle Verbesserung der allgemeinen Wohlfahrt (vgl. zu diesen und weiteren Beispielen Alchian 1965, 818f.; Demsetz 1974, 31f.). Ziel einer Theorie der Verfügungsrechte ist es dann »*... to show that the content of property rights affects the allocation and use of resources in **specific and predictable ways**«* (Furubotn/Pejovich 1972, 1139; Hervorhebung im Original).

Verfügungsrechte werden deshalb danach unterschieden, wie sie sich herausbilden, zugeordnet, übertragen und durchgesetzt werden (vgl. Picot 1991). Sie regeln, wer welche Ressourcen nutzen kann und sie umfassen »*... the right to use it, to change its form and substance, and to transfer **all rights** in the asset through, e.g. sale, or **some rights** through, e.g., rental*« (Furubotn/Pejovich 1972, 1140; Hervorhebung im Original; vgl. auch Furubotn/Pejovich 1974, 4ff.). Je umfassender nun die Verfügungsrechte – so die

Annahme –, umso eher besteht ein Interesse an der umfassenden Nutzung und effizienten Verteilung der Ressourcen. Jede Verdünnung im Sinne der Übertragung von Rechten erzeugt Transaktionskosten und zieht externe Effekte nach sich, deren Kosten bei der Gestaltung der Verfügungsrechtsstrukturen zu berücksichtigen sind (vgl. Furubotn/Pejovich 1972, 1141).

**Transaktionskosten:** Damit ist zu prüfen, mit welchen Kosten der Erwerb und die Übertragung von Verfügungsrechten verbunden sind. Diese Informations-, Verhandlungs- und Vertragskosten werden als Transaktionskosten bezeichnet. Verfügt ein Akteur über alle Verfügungsrechte, entstehen keine Transaktionskosten, woraus ein hoher Nettonutzen geschlossen wird. Die Einschränkung der Verfügungsrechte und die damit entstehenden Transaktionskosten schmälern dann unter Umständen den Nettonutzen. Organisationen sind insbesondere bestrebt, die durch Verdünnung der Verfügungsrechte entstehenden externen Effekte zu internalisieren, dies allerdings nur, wenn der erwartete Nutzen der Internalisierung deren Kosten übersteigt.

Die sich daran anschließenden Schlussfolgerungen lauten nun, dass unterschiedliche **Verfügungsrechtsstrukturen** unterschiedliche Wirkungen im Hinblick auf die Effizienz von Unternehmen erzeugen und damit Wahlmöglichkeiten entstehen. Es kann der Frage nachgegangen werden, welche institutionellen Arrangements wirtschaftlich am vorteilhaftesten sind (vgl. Milgrom/ Roberts 1992, 29).

## 2.3 Prinzipal-Agenten-Theorie

Zur Beschreibung des grundlegenden Problemverständnisses der Principal-Agent-Theory wird häufig der Gegensatz von individueller und arbeitsteiliger Produktion herangezogen. Übernimmt eine Person aus freien Stücken eine Aufgabe und führt sie vom Anfang bis zum Ende durch, könnte davon ausgegangen werden, dass das Interesse an größtmöglicher Effizienz hoch ist. Seit Adam Smith gilt allerdings der Lehrsatz, dass Arbeitsteilung über die Herausbildung von Spezialisierung eine höhere Wohlfahrt erzeugt. Da in der arbeitsteiligen Produktion nicht mehr alle Personen diejenige Arbeit durchführen können, die sie für sinnvoll halten und auch nicht freiwillig übernehmen würden, kann das Interesse an größtmöglicher Effizienz nicht mehr unterstellt werden. Arbeitnehmer unterliegen daher den Weisungen eines Unternehmers oder seiner Stellvertreter. Wenn nun Informationen kostenlos und vollständig vorhanden wären, könnte der Unternehmer jederzeit prüfen, ob Manager oder Arbeiter ihre Arbeit so bewältigen, als ob er sie selbst ausführen würde. Da dies nicht der Fall ist, Informationen also unvollständig sind und ihre Erhebung kostenintensiv ist, entsteht das Problem, wie die vertraglichen Beziehungen zwischen einem Prinzipal und einem Agenten so organisiert werden können, dass die Interessen des Prinzipals auch gewährleistet sind, wenn er den Agenten nicht permanent beobachtet. Der Untersuchungsgegenstand ist also ein Vertrag zwischen einem Auftraggeber und einem Auftragnehmer, der daraufhin untersucht wird, ob er bei gegebenen Strukturen bessere Lösungen zulässt, offene Entwicklungen berücksichtigt und für einen Großteil der Vertragsverhältnisse Anwendung finden kann (vgl. Pratt/Zeckhauser 1985, 3f.).

Die wesentlichen Elemente der Principal-Agent-Theory können wie in Abbildung I / 7 dargestellt werden (vgl. die Übersichten bei Ebers/Gotsch 2006; Picot 1991; Eisenhardt 1989).

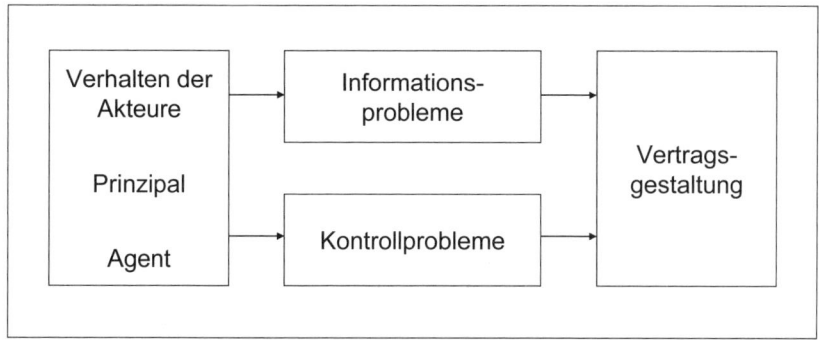

Abbildung I / 7: Elemente der Principal-Agent-Theory

**Verhalten der Akteure:** Zur Realisierung seiner Interessen überträgt ein *Prinzipal* (Auftraggeber) bestimmte Aufgaben gegen eine Vergütung an einen *Agenten* (Auftragnehmer), weil er sich dessen spezialisierte Arbeitskraft oder dessen Informationsvorsprung zunutze machen will. Damit entstehen zwei Problembereiche (vgl. Eisenhardt 1989, 58). Bedürfnisse oder Ziele von Prinzipal und Agent können konfliktär sein, und es ist schwierig oder kostenintensiv für den Prinzipal, zu überprüfen, ob sich der Agent aktuell im Interesse des Prinzipals verhält. Es wird davon ausgegangen, dass der Agent über Informationsvorsprünge verfügt, wenn es um die Bewältigung der sachlichen Aufgabe geht.

Ein zweites Problem umfasst die unterschiedliche Risikobereitschaft von Prinzipal und Agent. Je nach Ausmaß differiert die Bereitschaft, bestimmte Maßnahmen auszuführen oder zu unterlassen. Meist wird davon ausgegangen, dass der Agent zur Risikoscheu neigt, da er im Gegensatz zum Prinzipal nicht über die Möglichkeit verfügt, eine alternative Beschäftigung zu realisieren.

Im Hinblick auf den Agenten wird im Rahmen der Principal-Agent-Theory unterstellt, dass dieser vor allem von seinem Eigeninteresse geleitet wird und zu opportunistischem Verhalten neigt, um die in Aussicht gestellte Vergütung zu erhalten (vgl. Eisenhardt 1989, 59).

**Informationsprobleme:** Im Rahmen der Principal-Agent-Theory wird davon ausgegangen, dass der Agent im Hinblick auf die auszuführenden Tätigkeiten besser informiert ist als der Prinzipal. Es sind ja gerade diese Informationsvorsprünge, die der Prinzipal zur Durchsetzung seiner eigenen Interessen nutzen will. Explizite Verhaltensnormen oder Ausführungsbestimmungen sind daher entweder nicht möglich, oder der Informations-, Planungs- und Qualifizierungsaufwand für die Erstellung einer solchen Ausführungsbestimmung wird so hoch, dass sich die Frage stellt, ob sich dieser für den Auftraggeber überhaupt lohnt. Bei diesem Vorgehen könnte der Auftraggeber die Aufgabe selbst erledigen (vgl. Elschen 1991). Der Auftraggeber verfügt nicht immer über Informationen, in welchem Ausmaß das Ergebnis dem Agenten oder der Umwelt zugeschrieben werden kann. Hierbei kann unterschieden werden zwischen »hidden information« und »hidden action«. Von »hidden information« kann gesprochen werden, wenn der Agent vor Vertragsabschluss oder zwischen Vertragsabschluss und Vertragserfüllung seinen Informationsvorsprung im Sinne seiner Interessen zu Lasten des Prinzipals nutzt. Diesen Informationsvorsprung kann der Agent nutzen, um durch unrealistische Selbstdarstellung bessere Konditionen auszuhandeln. Von »hidden action« wird gesprochen, wenn der Prinzipal keine genaue Kenntnis über das tatsächliche Leistungsverhalten des Agenten besitzt. Dies führt den Agenten dazu, seine Leistung zu reduzieren oder sie für eigennützige Interessen einzusetzen (vgl. Arrow 1985, 38ff.; zu weiteren Agency-Kosten vgl. Picot 1991).

**Kontrollprobleme:** Insbesondere der letzte Punkt führt zu einer Vielzahl von Kontrollproblemen. Es besteht das Risiko, wonach der Agent seine Eigenschaften dazu nutzt, eigene Interessen zum Nachteil des Prinzipals zu verfolgen (vgl. Eisenhardt 1989, 61). Beispielsweise könnte der Arbeitnehmer in der Lage sein, die vereinbarte Leistung nicht zu erbringen, weil die Informationsvorsprünge substanzielle Kontrollsysteme nicht zulassen (»Moral hazard« oder »shirking«). Dies wäre z.B. der Fall, wenn ein Wissenschaftler einer Forschungs- und Entwicklungsabteilung während der Arbeitszeit Aufsätze für wissenschaftliche Zeitschriften schreibt, um persönliche Ziele (z.B. eine Anstellung in einer Universität) zu fördern. Das Management ist nicht in der Lage, diese privaten Tätigkeiten zu entdecken, da das Entwicklungsprojekt, mit dem dieser Wissenschaftler beauftragt wurde, äußerst komplex ist. Durch bestehende Informationsasymmetrien entstehen also Handlungsspielräume, die der Agent ausnutzen kann. Versucht das Management, diese Handlungen zu unterbinden, entstehen Kosten im Bereich der Überwachung und Kontrolle. Schlussfolgernd könnte folgendermaßen argumentiert werden:

- Das Kontrollproblem stellt sich nicht, wenn die Interessen von Prinzipal und Agent sehr ähnlich oder gar identisch sind. Es wäre dann darüber nachzudenken, wie in diesem Beispiel das Vertragsverhältnis so gestaltet werden kann, dass sich die Interessen angleichen, um Kontrollkosten zu vermeiden.
- Der zu erwartende Verlust ist am höchsten, wenn die Interessen von Prinzipal und Agent divergieren und die Informationskosten hoch sind.
- Kontrolle wird nicht oder nur spärlich durchgeführt, wenn sie mit erheblichen Kosten verbunden ist und/oder Kontrollsubstitute billig sind.

Damit wird offensichtlich, dass die Art der Vertragsgestaltung unterschiedliche Effizienzgrade aufweisen kann. Die Principal-Agent-Theory versucht also zu erklären, unter welchen Bedingungen welche Vertragsgestaltung effizient ist.

**Vertragsgestaltung:** Die genannten Agenturprobleme können zur vertraglichen Vereinbarung von Steuerungsmechanismen führen und werden in der Regel auf zwei Feldern diskutiert (vgl. Elschen 1991; Pratt/Zeckhauser 1985, 15ff.):

- Der Aufbau und die Verbesserung des Informations- und Kontrollsystems könnten zusätzliche Kenntnisse und Informationen über das Verhalten des Agenten verschaffen. Hier können systematisch alle personalwirtschaftlichen Verfahren angesiedelt werden, die der Personalauswahl (zur Vermeidung von adverse selection) und der Leistungsbeurteilung (zur Vermeidung von hidden action) dienen. Mittels Assessment-Center, Praktika, Traineeprogrammen etc. wird versucht, die Informationsasymmetrie zu verringern (vgl. Staffelbach 1995).
- Anreizsysteme werden an die Ergebnisse des Auftragnehmers geknüpft. Diese sind in der Regel leichter zu beobachten und zu messen. Da dies nicht in allen Fällen möglich ist, können Anreizsysteme auch unmittelbar an das Verhalten geknüpft werden, um auf diese Weise Fehlentscheidungen zu vermeiden.

Die Stärke der Principal-Agent-Theory liegt in der Analyse der Vertragsbeziehungen und den daraus entstehenden Problemlagen im Verhältnis zwischen Auftraggeber und Auftragnehmer. Im Hinblick auf den Informationsgehalt dieser Theorien wird darauf hingewiesen, dass eine Reihe von Annahmen eine große Diskrepanz zwischen der meist mathematischen Modellwelt und der Realität erzeugt (vgl. Müller 1995).

## 2.4 Transaktionskostentheorie

Diese Theorie beschäftigt sich mit der Koordination wirtschaftlicher Leistungsbeziehungen, insbesondere ihrer Beherrschung und Überwachung (vgl. die Übersichten bei Neuberger 1997, 92ff.; Ebers/Gotsch 2006; Picot 1991; Festing 1999, 58ff.; Williamson 2010). Der Zusammenhang mit der *Property-Rights-Theorie* ist eng, weil neben den Produktions- auch Transaktionskosten bei der Übertragung von Verfügungsrechten anfallen und als Anbahnungs-, Vereinbarungs-, Abwicklungs-, Anpassungs- und Kontrollkosten berücksichtigt werden. Auf der Basis von Verträgen werden Mechanismen vereinbart, die klären helfen sollen, wie ungeplanten Veränderungen der Kosten- und Leistungsseite begegnet werden kann. Die Theorie zielt damit auf die Bestimmung, welche Arten von Transaktionen in welchen institutionellen Arrangements am vorteilhaftesten sind (vgl. Williamson 1975, 10). Die einzelnen Elemente der Transaktionskostentheorie sind in Abbildung I / 8 dargestellt.

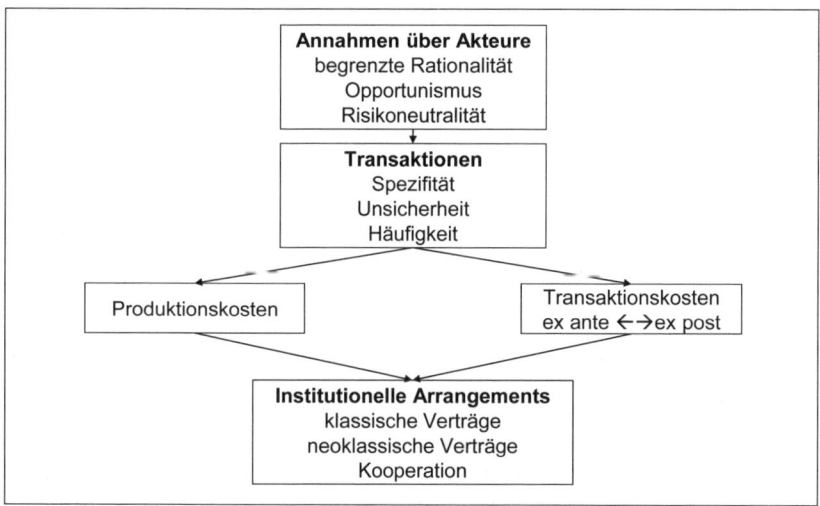

Abbildung I / 8: Elemente der Transaktionskostentheorie

Im Folgenden soll diesen Elementen genauer nachgegangen werden und zudem geprüft werden, wie sich Verträge vor dem Hintergrund unterschiedlicher Transaktionskosten ausgestalten.

## 2.4.1 Annahmen über das Verhalten der Akteure

Williamson (1990) geht davon aus, dass den meisten Theorien Vorstellungen über den Menschen zugrunde liegen und dass sich innerhalb der Wirtschaftswissenschaften der »homo oeconomicus« als nützlich erwiesen hat. Dieser verfügt über vollständige Informationen und ist annahmegemäß zu vollständiger Rationalität fähig. Allerdings war es auch diese Annahme eines vollständig rational handelnden Menschen, der den Blick weggelenkt hat von den Informations-, Planungs- und Organisationskosten, die bei der Erstellung und beim Tausch von Gütern entstehen. Im Rahmen der Transaktionskostentheorie wird deshalb eine andere Annahme zugrunde gelegt. Williamson analysiert das »... *Problem ökonomischer Organisationen im Hinblick auf den Menschen als Schöpfer von Verträgen ...*« (Williamson 1990, 49). Zu diesem Zweck wird der Versuch unternommen, die für diesen Untersuchungsausschnitt relevanten Charakteristika menschlicher Akteure zu berücksichtigen. Williamson konzentriert sich hier auf drei Verhaltensannahmen:

Akteure verfügen über eine **begrenzte Rationalität**. Es wird unterstellt, dass sich die Akteure rational verhalten wollen, ihnen dies aber nur ungenügend gelingt, weil sie nur begrenzt Informationen besitzen und ihre Informationsverarbeitungskapazität beschränkt ist. Es wird also unterschieden zwischen *intendierter* und *begrenzter Rationalität*. Im Rahmen der Transaktionskostentheorie sollen beide Aspekte untersucht werden. Menschen haben z.B. eine Einsparungsorientierung, die es zu berücksichtigen und zu untersuchen gilt, aber es existieren auch Begrenzungen, die ebenfalls einen Untersuchungsgegenstand darstellen. Begrenzte Rationalität veranlasst Menschen, nach institutionellen Formen zu suchen, in denen sie ihre Fähigkeiten organisieren. Dies lenkt den Fokus der Theorie zum einen auf Entscheidungsprozesse und zum anderen auf Beherrschungs- und Überwachungssysteme dieser Institutionen. Die Transaktionskostentheorie befasst sich in erster Linie mit »... *Einsparungen, die durch differenzierende Zuordnung von Transaktionen zu Beherrschungs- und Überwachungssystemen bewirkt werden*« (Williamson 1990, 52). Vor dem Hintergrund einer begrenzten Rationalität müssen Kosten der Planung, Anpassung und Überwachung von Transaktionen beachtet werden, um die Frage beantworten zu können, welche Beherrschungs- und Überwachungssysteme für welche Transaktionen brauchbar sind.

In einer zweiten Verhaltensannahme wird Eigeninteresse in Form von **Opportunismus** unterstellt. Bei der Aufnahme von Tauschbeziehungen entsteht aufgrund der begrenzten Rationalität der Tauschpartner das Problem, dass nicht alle Unwägbarkeiten der Zukunft antizipiert werden können. Die hierbei entstehenden Spielräume lassen Raum für opportunistisches Verhalten. Um ihr Eigeninteresse zu verfolgen, greifen Akteure zu List, Täuschung, Zurückhaltung von Informationen etc. (vgl. Williamson 1991a, 16). Im Hinblick auf die Untersuchung ökonomischer Systeme erwächst hieraus das Grundproblem, wie durch entsprechende Absicherungen ex ante dieses opportunistische Verhalten begrenzt werden kann:

»*Anreize können neu angeordnet werden bzw. bessere Beherrschungs- und Überwachungssysteme zur Organisation von Transaktionen geschaffen werden*« *(Williamson 1990, 55)*.

Da diese Annahme auf vielfältige Kritik stößt, betont Williamson ausdrücklich, dass er nicht davon ausgeht, dass jeder Mensch immer opportunistisch ist, sondern im Gegenteil nur manche Menschen zeitweilig opportunistisch sind und auch im Ausmaß (allerdings schwer vorhersagbare) Unterschiede vorhanden sind. Insofern sei es aber gerade notwendig, ex ante die Unterschiede zu erfassen und ex post Absicherungen vorzunehmen:

>>*Andernfalls werden diejenigen, die am wenigsten charakterfest (am stärksten opportunistisch) sind, in der Lage sein, schamlos diejenigen auszubeuten, die mehr Charakter haben*<< *(Williamson 1990, 73).*

Als dritte Annahme führt Williamson die **Risikoneutralität** ein (vgl. Williamson 1990, 326f.). Sie hat nicht den gleichen Realitätsgehalt wie die beiden vorangegangenen Annahmen, wird aber zugrunde gelegt, da die Akteure die Möglichkeit haben, Risiken aufzuteilen (z.B. durch Diversifikation oder Anreizsysteme). Darüber hinaus unterstellt Williamson Risikoneutralität aus methodischen Gründen, da >>*... mit Hilfe dieser Annahme die zentralen Eigenschaften der Effizienz aufgedeckt werden können, die unbeachtet bleiben oder fehlgedeutet werden, wenn man mit der Annahme der Risikoscheu arbeitet*<< (Williamson 1990, 326f.).


## 2.4.2  Transaktionen

Der Begriff der Transaktion wurde bislang nur unvollständig mit >>Tausch<< oder >>Produktion<< umschrieben, und auch in der Literatur ist eine einheitliche Begriffsverwendung nicht vorhanden. Unter einer Transaktion wird bei Williamson die Übertragung eines Gutes oder einer Leistung über eine technisch trennbare Schnittstelle verstanden, oder einfacher: Eine Tätigkeit wird beendet, eine neue beginnt. Das Herzstück der *Transaktionskostentheorie* konzentriert sich nun auf die Einsparungsmöglichkeiten im Rahmen der Organisation dieser Transaktionen:

>>*In mechanischen Systemen achten wir auf Reibungen: Greifen die Zahnräder ineinander, sind die Teile geschmiert, gibt es unnötigen Schlupf oder andere Energieverluste? Das ökonomische Gegenstück zur Reibung sind Transaktionskosten: Harmonieren die Tauschpartner, oder gibt es häufig Mißverständnisse und Konflikte, die zu Verzögerungen, Zusammenbrüchen und anderen Fehlfunktionen führen? Die Transaktionskostenanalyse ersetzt die bislang vorherrschende Beschäftigung mit Technologie und mit Produktions- (oder Verteilungs-)kosten im Gleichgewicht durch eine Untersuchung der komparativen Kosten von Planung, Modifizierung und Überwachung der Aufgabenerfüllung in alternativen Beherrschungs- und Überwachungssystemen (governance structures)*<< *(Williamson 1990, 1f.).*

In der Transaktionskostentheorie wird also davon ausgegangen, dass sich die Transaktionen auf unterschiedliche Weise organisieren lassen und dass Kriterien entwickelt werden können, die die Frage beantworten helfen, wann Transaktionen im ökonomischen Sinne >>reibungslos<< verlaufen. Transaktionen werden deshalb im Hinblick auf drei Kriterien unterschieden:

**(1) Faktorspezifität:** Williamson unterscheidet zunächst Einzweck- und Mehrzweckinvestitionen. Erstere bedeuten oft eine Kostenersparnis, sind aber dennoch riskant, da sich spezielle Anlagen ohne Einbußen an Produktivwert häufig nicht anderweitig verwenden lassen. Es stellt sich daher die Frage, ob die mutmaßlichen Kosteneinsparungen der Einzwecktechnologie die strategischen Risiken ihrer Nicht-Wiederverwendbarkeit rechtfertigen. Bei Mehrzweckinvestitionen treten diese Risiken nicht auf. Allerdings stellt sich das Problem der Vertragsgestaltung hier anders dar als bei Einzweckinvestitionen. Beispielsweise ist bei vorhandenem Humankapital nicht davon auszugehen, dass es fungibel und jederzeit auf den Arbeitsmärkten beschaffbar ist. Investitionen in Humankapital sind daher vertragstechnisch anders zu gestalten als jederzeit beschaffbare Einzweckqualifikationen. Williamson betont die Bedeutung von einzigartigen Spezifitäten, beispielsweise bei Forschern, Lehrern, Verwaltungsbeamten und bei erfahrenen Arbeitskräften, deren persönliches Wissen nur schwer durch Dritte in Erfahrung gebracht werden kann. An diesen Beispielen wird deutlich, dass

- sich Faktorspezifität auf dauerhafte Investitionen bezieht, die zur Stützung bestimmter Transaktionen vorgenommen werden,
- die Fortsetzung des Vertragsverhältnisses als positiv interpretiert wird und
- sich daraus die vertragliche und organisatorische Absicherung des Vertragsverhältnisses ergibt.

Solche Faktorspezifitäten beziehen sich nicht nur auf das Humankapital, sondern Williamson (1996, 14) unterscheidet insgesamt:

- *Standortspezifität*, z.B. bei aufeinander folgenden Produktionsstufen, die bei enger räumlicher Verbindung Transport- und Lagerkosten minimieren;
- *Sachkapitalspezifität*, z.B. spezielle Gussformen zur Herstellung eines speziellen Einzelteils;
- die oben bereits skizzierte *Humankapitalspezifität*;
- *kundenspezifische Gegenstände*, z.B. Investitionen, die auf Veranlassung des Kunden getätigt wurden;
- Markennamenkapital.

Es sind diese Faktorspezifitäten, die dafür sorgen, dass es nicht zu einem anonymen Tausch von fungiblen Gütern auf den Märkten kommt, wie dies insbesondere in der neoklassischen Theorie bei der Bestimmung von Preisen unterstellt wird. Vielmehr etablieren sich auf der Basis von Faktorspezifitäten Machtstrukturen.

**(2) Unsicherheit:** Wenn es keinen Opportunismus und keine begrenzte Rationalität gäbe, könnten Verträge so gestaltet werden, dass alle Störungen und Eventualitäten ausgeschlossen sind. Da beide Verhaltensannahmen aber unterstellt werden, sind Störungen im Vertragsablauf zu erwarten, sodass der Frage nachgegangen wird, ob und in welcher Weise Beherrschungs- und Überwachungssysteme geeignet sind, diese in unterschiedlichem Ausmaß zu bewältigen. Von besonderer Bedeutung sind in der Transaktionskostentheorie »Verhaltensunsicherheiten«. Vertragspartner können strategische Pläne schmieden, die zur Quelle von Unsicherheit ex ante und Überraschung ex post werden. Darüber hinaus sind Verträge in der Regel nicht so formulierbar, dass sie alle Störungen ausschließen, sondern im Zeitablauf ergibt sich ein Anpassungsbedarf, der die strenge Einhaltung der ursprünglichen Abmachung verhindert. Entsprechend werden Verträge abgeschlossen, die nicht jede Art von Störung spezifizieren können und somit den Spielraum für opportunistisches Verhalten öffnen. Damit wiederum stellt sich folgende Frage:

> *»Läßt sich ein Beherrschungs- und Überwachungssystem entwickeln, das solche Verhaltensunsicherheiten verringern würde?« (Williamson 1990, 68).*

Unterschieden wird schließlich zwischen einer parametrischen Unsicherheit für nicht-spezifische Transaktionen, die für die Transaktionskostentheorie unbedeutend ist, da die Tauschbeziehungen jederzeit wiederhergestellt werden können. Kontinuität und Verhaltensunsicherheit sind nicht von Bedeutung. Anders sieht dies bei Transaktionen aus, die sich auf Faktorspezifitäten stützen. Hier steigt für die Transaktionsbeteiligten die Unsicherheit und *»... mit steigender Unsicherheit werden die Lücken in den Verträgen größer, und die Anlässe für schrittweise Anpassung werden quantitativ wie qualitativ erheblicher«* (Williamson 1990, 68).

**(3) Häufigkeit:** Die Kosten spezifischer Beherrschungs- und Überwachungssysteme sind daraufhin zu prüfen, ob sie sich im Hinblick auf ihre Anwendungshäufigkeit rechtfertigen lassen. Vor diesem Hintergrund ist nicht nur die Spezifität, sondern auch die Häufigkeit der Transaktionen ein relevantes Kriterium.

Zusammenfassend kann festgehalten werden, dass es Williamson vor dem Hintergrund dieser und weiterer Kriterien (z.B. Messbarkeit) darum geht, *»... sowohl Transaktionskosten als auch neoklassische Produktionskosten einzusparen (...). Es bedarf einer Aufstellung der Tradeoffmöglichkeiten, um die Auswirkungen alternativer Organisationsweisen auf die Produktionskosten und auf die Kontroll- und Überwachungskosten gleichzeitig erfassen zu können«* (Williamson 1990, 69).

### 2.4.3 Produktionskosten und Transaktionskosten

Das Effizienzkriterium der Transaktionskostentheorie ist der möglichst sparsame Einsatz knapper Ressourcen, wobei unterschieden wird in den Ressourcenverzehr, der für die Erstellung des Gutes oder der Leistung (Produktionskosten) entsteht und in solchen Verzehr, der für die Abwicklung und die Organisation des Austausches entsteht. Diesem wird der Begriff »Transaktionskosten« zugewiesen.

In Anlehnung an Arrow werden Transaktionskosten auch als *Betriebskosten des Wirtschaftssystems* bezeichnet, und Williamson benutzt als Analogie wiederholt den Begriff der »Reibung«, der in der Physik dafür sorgt, dass auch so genannte unrealistische Annahmen erhebliche analytische Kraft erzeugen können. Transaktionskosten in der Ökonomie entsprechen der Reibung in der Physik. Allerdings – so Williamson – werden in der ökonomischen Theorie die Reibungen weitgehend vernachlässigt, sodass Nicht-Standard-Formen ökonomischer Organisationen nicht in das Blickfeld der ökonomischen Theorie geraten. Erst die Berücksichtigung der Transaktionskosten ermöglicht eine Untersuchung des Trade-off zwischen Produktions- und Transaktionskosten.

Zu diesem Zweck wird die bereits unter den Annahmen entwickelte Sichtweise der Behandlung ökonomischer Probleme von Organisationen unter der Vertragsperspektive verfolgt. Wenn eine bestimmte Aufgabe erledigt werden soll, kann dies auf unterschiedliche Weise erfolgen. Immer bedarf es eines expliziten oder impliziten Vertrages und entsprechender Vorkehrungen. Dabei geraten dann die jeweils unterschiedlichen Kosten dieser Verträge in den Fokus der Transaktionskostentheorie. Hierbei können ex ante- und ex post-Transaktionskosten unterschieden werden:

**Ex ante-Transaktionskosten** sind Kosten für den Entwurf, die Verhandlung und die Absicherung einer Vereinbarung. Diese Kosten können sehr unterschiedlich sein, je nachdem, ob alle Eventualitäten berücksichtigt und alle vorhersehbaren Anpassungen bereits festgelegt werden. Verträge können aber auch unvollständig sein und Lücken enthalten, sodass nur die absolut notwendigen Entscheidungen festgehalten werden. Auch die erforderlichen Absicherungen können ex ante festgelegt werden. So können Vertragspartner gemeinsames Eigentum in Form einer Unternehmung dem Tausch durch den Markt vorziehen, oder sie können *»... glaubwürdig Vertragstreue signalisie-ren und Transaktionen als einwandfrei erscheinen lassen«* (Williamson 1990, 23).

**Ex post-Transaktionskosten** können unterschiedliche Formen annehmen. Williamson unterscheidet hier:

- *Fehlanpassungskosten*, die entstehen, wenn Transaktionen von ursprünglichen Richtgrößen abweichen;
- *Kosten des Feilschens*, wenn versucht wird, Kosten der Fehlentwicklung im Nachhinein zu korrigieren;
- *Kosten der Einrichtung* von Beherrschungs- und Überwachungssystemen;
- *Kosten des Sicherungsaufwands* zur Durchsetzung verlässlicher Zusagen (vgl. Williamson 1990, 24).

Typisch für diese Kosten ist, dass sie schwer zu quantifizieren sind und zudem in einem wechselseitigen Verhältnis stehen. Entsprechend konzentriert sich die Transaktionskostentheorie weniger auf die Ermittlung der absoluten Kosten, sondern unterzieht die Transaktionskosten einem Institutionenvergleich, indem verschiedene Vertragskosten miteinander verglichen werden.

### 2.4.4  Institutionelle Arrangements

In institutionellen Arrangements werden nun Verträge abgeschlossen, in denen auf der Basis der oben beschriebenen Annahmen die Transaktionen entsprechende Vertragsformen aufweisen.

In **klassischen Verträgen**, die dem anonymen Markttausch entsprechen, ist die »Vorwegnahme« der Vertragserfüllung in den Verträgen möglich. Insofern ist die Identität des Vertragspartners nicht von Bedeutung. Vereinbarungen werden förmlich oder nichtförmlich abgeschlossen. Für den Fall des Scheiterns von Verträgen existieren gut kalkulierbare Rechtsmittel.

**Neoklassische Verträge** berücksichtigen, dass nicht in allen Verträgen Unsicherheit ausgeschlossen werden kann. Es lassen sich nicht alle Eventualitäten vorhersehen; die erforderlichen Anpassungen sind noch nicht bekannt. Es ist anzunehmen, dass es zu einem Konflikt kommen kann, wie diese zu bewältigen sind. Neoklassische Verträge sehen deshalb Vertragsformen vor, die den Tausch beibehalten (eine Alternative wäre, die Entscheidungsprozesse aus dem Markt heraus- und in die Organisation hineinzunehmen), allerdings zusätzliche Kontrollmechanismen, wie z.B. Schlichtungsverfahren, vorsehen.

**Kooperationsformen** schließlich können eine enorme Vielfalt aufweisen, die sich, ausgehend von einer ursprünglichen Vereinbarung, in ihrer Komplexität und Geltungsdauer offen gestaltet. Die Vertragsbeziehung gewinnt einen kooperativen Charakter und löst sich aus dem Regelwerk der klassischen und neoklassischen Vertragssystematik (z.B. Arbeitsvertrag).

Das eingangs aufgeworfene ökonomische *Problem der Anpassungsfähigkeit* lässt sich also je nach Faktorspezifität unterschiedlich vertragstechnisch lösen (vgl. Williamson 1991a, 18ff.; 1991b, 278ff.). Im Falle niedriger Faktorspezifität führen Nachfrage- und Angebotsveränderungen zu Anpassungen auf den **Märkten**. Diese Anpassungsmechanismen durch Preise lenken direkt das Verhalten autonomer Marktteilnehmer. Die Anreizwirkungen dieser Anpassung sind hoch, da beispielsweise Marktteilnehmer von Preisänderungen unmittelbar betroffen sind und eine schnelle Anpassung den Nettogewinn erhöht oder das Herausfallen aus dem Markt bedeuten kann. Dieser Anpassungstyp wird von Williamson als Typ A (von »Autonomy«) bezeichnet und entspricht den o.a. klassischen Verträgen.

Stehen aber Parteien aufgrund hoher Faktorspezifität in langfristig wechselseitigen Abhängigkeitsverhältnissen, werden sie zu Verträgen greifen, die langfristige kooperative Anpassungsmechanismen vorsehen und Kooperationen durch **Hierarchien** ermöglichen. In diesem Fall wird der Anpassungsmechanismus nicht durch Preise, sondern durch organisationsinterne Entscheidungen vorgenommen. Die Fähigkeit zur Herstellung von neuen Produkten mit Kontraktpartnern, die eine hohe Faktorspezifität aufweisen (z.b. Arbeitnehmer mit hoher betriebsspezischer Qualifikation), wird durch langfristige Verträge erzielt. Typ A wäre hier ungeeignet, da die Wahrscheinlichkeit, mit jeder Produktmodifikation oder -innovation auch die geeigneten Arbeitnehmer auf den Arbeitsmärkten zu Marktpreisen zu beschaffen, als zu riskant eingeschätzt werden würde. Die Integration dieser Marktpartner in eine Organisation und die Abfassung von Verträgen, die das Direktionsrecht eines Marktpartners vertraglich absichern, wird als bessere Anpassungsform angesehen. Diese erfolgt hier über Anweisungen in Hierarchien. Dieser Kooperationstyp wird von Williamson Typ C (von »Cooperation«) genannt. Während also vom Markt Anreizwirkungen im Hinblick auf die Anpassungsmaßnahmen ausgehen, sind in Hierarchien (kostenrelevante) Kontrollmechanismen notwendig.

Zwischen diesen beiden Extrempunkten Markt und Hierarchie lassen sich weitere **Hybridformen** bestimmen, in denen die hierarchietypische Anpassungsfähigkeit von Typ C mit Elementen der Anpassungsfähigkeit vom Typ A kombiniert wird, wie beispielsweise bei Franchising-Systemen.

Markt und Hierarchie unterscheiden sich damit in ihren Anpassungsformen. Während der Markt aufgrund von starken Anreizen für die notwendige Anpassung sorgt, führen Faktorspezifitäten zu Absicherungen in Form von Hierarchien mit entsprechenden administrativen Kontrollmöglichkeiten. Hybride Formen liegen zwischen diesen beiden Extremen.

## 2.5 Zusammenfassende Beurteilung

Zusammenfassend kann festgehalten werden, dass die Neue Institutionenökonomie Fragen der Vertragsgestaltung in den Mittelpunkt der Analyse stellt. In der Theorie der Verfügungsrechte können Unternehmen als Summe von Vertragsbeziehungen interpretiert werden. Ob Preise oder alternativ Hierarchien als Koordinationsinstrument verwendet werden, ist dann keine ideologische Frage, sondern es wird geprüft, ob Verträge im Vergleich zu Marktprozessen kostengünstigere Austauschprozesse in Organisationen ermöglichen. Hier spielen insbesondere die Verfügungsrechte eine große Rolle. So wird in der Personalökonomie zum Beispiel herausgearbeitet, wie in Publikumsgesellschaften Verfügungsrechte verdünnt werden, indem einerseits Anteilseigner ihre Rechte teilweise an Manager delegieren; andererseits durch Mitbestimmungsgesetze Verfügungsrechte an Nichteigentümer (z.B. Arbeitnehmervertreter) übertragen werden. Untersuchungen konzentrieren sich entsprechend auf die Effizienzwirkungen solcher Verfügungsrechtsstrukturen (vgl. z.B. Kräkel 2007, 283ff.) oder haben insbesondere in

Bezug auf Mitbestimmungsfragen ein weites Anwendungsfeld gefunden. (vgl. z.B. Bartölke et al. 2006).

In der *Principal-Agent-Theory* wird davon ausgegangen, dass zwischen Prinzipal und Agent Informationsasymmetrien bestehen können und daraus ein Kontroll- und Überwachungsproblem entsteht. Auch hier kann nun untersucht werden, wie vor diesem Hintergrund optimale Verträge gestaltet werden können. Entsprechend stehen in der Personalökonomie Informationsasymmetrien, »Moral hazard« oder »Adverse selection« im Fokus von Auswahl-, Beförderungs-, Gehalts- und Entlassungsentscheidungen sowie von Entscheidungen über Investitionen in die Personalentwicklung (vgl. umfassend Backes-Gellner et al. 2001; Backes-Gellner 2004).

In der *Transaktionskostentheorie* steht die Organisation von Transaktionen im Mittelpunkt. Im Kern wird danach gefragt, wie die Transaktionen sich so organisieren lassen, dass Produktionskosten *und* Transaktionskosten minimiert und dies in Verträgen abgesichert werden kann. Diese Fragestellung hat eine inzwischen unübersehbare Anzahl an empirischen Untersuchungen stimuliert (vgl. die Übersichten bei Macher/Richman 2008). Hier geht es also nicht nur um die direkten Personalkosten, sondern auch um Kosten der Vertragsanbahnung, der Vertragsgestaltung und der Vertragsabsicherung. Im Mittelpunkt stehen hierbei z.b. Fragen der Effizienz und Fairness von Arbeitsverträgen (vgl. z.B. Sadowski 2002, 72ff.).

Die konsequent verfolgte ökonomische Orientierung ist innerhalb der Personalwirtschaftslehre nicht unumstritten. Insbesondere die Frage, ob rigide Annahmen über das Verhalten von Arbeitnehmern (Eigennutz, Opportunismus) eine brauchbare Grundlage für die Analyse von Arbeitsbeziehungen darstellen und gestaltungsorientierte Empfehlungen zulassen, beleben regelmäßig diese Diskussion (vgl. Weibler/Wald 2004; Dilger 2011).

## Literaturempfehlungen

*Ebers, M.; Gotsch, W. (2006): Institutionenökonomische Theorien der Organisation. In: Kieser, A. (Hrsg.): Organisationstheorien. 6., erw. Aufl., Stuttgart, 247- 308.*

Dieser Beitrag enthält einen guten Überblick über die Grundzüge und Systematik der Neuen Institutionenökonomie.

*Williamson, O.E. (1996): Transaktionskostenökonomik. 2. Aufl., Hamburg.*

Dieses Buch enthält eine gut verständliche Einführung in die Transaktionskostentheorie mit weiterführenden Literaturempfehlungen.

*Backes-Gellner, U.; Lazear, E.; Wolff, B. (2001): Personalökonomik. Stuttgart.*

Dieses Lehrbuch fasst theoretische Modelle und Anwendungen der Personalökonomik zusammen.

# 3 Strategisches Human Resource Management

Unter strategischem Human Resource Management (HRM) wird hier ein Bezugsrahmen verstanden, der die strategische Bedeutung der Humanressourcen in den Vordergrund stellt, personalwirtschaftliche Aufgaben eng an die strategischen Ziele des Unternehmens knüpft und danach fragt, ob bestimmte Kombinationen von personalwirtschaftlichen Instrumenten strategisch intendierte Ergebnisse unterstützen können (vgl. z. B. Allen/Wright 2007; Lengnick-Hall et al. 2009). Ziel ist es, einen eigenständigen Beitrag zur Begründung oder Ausweitung von Wettbewerbsvorteilen zu leisten. Dieses Thema nimmt innerhalb der Personalwirtschaftslehre einen breiten Raum ein, und die bestehende Vielfalt soll hier in drei korrespondierende Grundrichtungen geordnet werden:

- **Ressourcenorientierung:** Wettbewerbsvorteile entstehen, wenn frühzeitig in Arbeitnehmer investiert wird, deren Kompetenzen wertvoll und selten sind und nicht kurzfristig vom Wettbewerber imitiert oder substituiert werden können.
- **Strategieorientierung:** Wettbewerbsvorteile entstehen, wenn Methoden und Instrumente des Human Resource Management eng auf die Unternehmensstrategie abgestimmt sind (»vertikale Integration«).
- **Orientierung an Systemen:** Wettbewerbsvorteile entstehen, wenn Methoden und Instrumente des Human Resource Management synergetisch abgestimmt sind und nachweisbar einen Beitrag zum Unternehmenserfolg leisten (»horizontale Integration«).

Im folgenden Kapitel soll diesen Orientierungen nachgegangen werden. Zunächst werden Ansätze vorgestellt, die sich mit der Identifikation und Kombination der Humanressourcen befassen. Hier geht es zunächst um die Frage, ob ein Unternehmen über spezifische Humanressourcen verfügt, die einen anhaltenden Wettbewerbsvorteil be gründen können und wie diese gebündelt oder kombiniert werden müssen, um Wettbewerber davon abzuhalten, sie zu imitieren. In einem zweiten Schritt werden Konzepte vorgestellt, in denen in unterschiedlichen Variationen danach gefragt wird, wie die Verbindung zwischen Unternehmens- und Personalstrategie konzeptionell zu gestalten ist. Schließlich werden Kombinationsmöglichkeiten von HR-Instrumenten behandelt, von denen angenommen wird, dass sie personalwirtschaftliche und unternehmensbezogene Ziele unmittelbar unterstützen.

## 3.1 Orientierung an Humanressourcen

### 3.1.1 Humanressourcen als Wettbewerbsvorteile

Ansätze des ressourcenorientierten Human Resource Managements knüpfen an grundlegenden Denkmodellen des Resource-Based View an (vgl. zum Folgenden Ridder et al. 2001, 15ff.; Ridder/Conrad 2004). Sie fragen insbesondere danach, ob Humanressourcen als Quelle von Wettbewerbsvorteilen theoretisch gefasst und empirisch ermittelt werden können. Die Gründe für eine solche Orientierung können empirisch wie folgt abgeleitet werden (vgl. De Saá-Pérez/García-Falcón 2002): In globalisierten Märkten mit hoher Wettbewerbsintensität verlieren klassische Wettbewerbsvorteile an Bedeutung. Bodenschätze, Standortvorteile, Technologien und Produkt- Marktkombinationen können leichter beobachtet und damit imitiert oder substituiert werden. Unternehmen investieren deshalb in wertvolle und seltene Qualifikationen und entwickeln firmenspezifische Bündel an Praktiken des Human Resource Management, die vom Wettbewerber schlecht imitiert oder nur zu hohen Kosten übernommen werden können. Mitarbeiter werden nicht als Kostenfaktor, sondern als langfristige Investition betrachtet. HR-Praktiken wie Beschaffung, Entwicklung, Entlohnung und Einsatz orientieren sich dann nicht an verbreiteten »best practices« oder an den Praktiken der Wettbewerber, sondern an angestrebten firmenspezifischen Wettbewerbsvorteilen.

Wie kann nun theoretisch bestimmt werden, ob Humanressourcen als Wettbewerbsvorteile entwickelt werden können? In Anlehnung an Kategorien von Barney (1991) wird diese Frage auf die sogenannten VRIO-Kriterien bezogen (vgl. Barney 2011; Barney/Hesterly 2012):

**Humanressourcen als Wert (Valuable):** Wenn Humanressourcen einen Beitrag zu Wettbewerbsvorteilen liefern sollen, müssen sie dem Unternehmen einen Wert zufügen. Die Basisannahme lautet, dass ein homogenes Arbeitsangebot sowie eine homogene Arbeitsnachfrage kein unternehmensspezifisches Humankapital zulassen. Sind aber Angebot und Nachfrage heterogen, wenig transparent und gibt es Unterschiede im möglichen Beitrag von Arbeitnehmern, können sie den Unternehmenswert verbessern.

**Knappheit von Humanressourcen (Rareness):** Homogenisierung der Arbeitsabläufe und die damit einhergehende Standardisierung der Qualifikationen behindern den Aufbau von Humankapital, da Allerweltsqualifikationen am Arbeitsmarkt leicht zu beschaffen sind und alle Wettbewerber gleiche Zugriffsmöglichkeiten besitzen. Die Qualifizierung von Humanressourcen als Wettbewerbsvorteil erfolgt dann über die frühzeitige Akquisition und Entwicklung von Basisqualifikationen und kognitiven Fähigkeiten, die es erlauben, zukünftige Herausforderungen zu adaptieren und eine hohe Flexibilität in Bezug auf Veränderungen der Arbeitsmethoden zu gewährleisten.

**Imitierbarkeit von Humanressourcen (Imitation):** Eine leichte Imitierbarkeit von Humanressourcen ist gegeben, wenn Wettbewerber in der Lage sind, die Ursachen von Erfolg zu identifizieren und zu kopieren. Diese Imitationsmöglichkeit stößt allerdings auf eine Vielzahl von Barrieren. Zunächst kann die *historische Entwicklung* eines Unternehmens als wesentliche Barriere identifiziert werden. Zwar mögen die Quellen des Unternehmenserfolgs bekannt sein; jedes imitierende Unternehmen setzt die entsprechenden Instrumente allerdings spezifisch in Zeit und Raum ein. Das imitierende Unternehmen verfügt über eigene Wahrnehmungsraster und Lernmechanismen, in die die imitierten Elemente einfließen, dort umgedeutet und vor dem Hintergrund eigener Weltbilder verarbeitet werden. Auch wenn Wettbewerber Mitarbeiter mit gleichem Qualifikationsniveau akquirieren, ist damit nicht gewährleistet, dass diese Fähigkeiten auch in entsprechendes Verhalten überführt werden. Dazu bedarf es weiterer verhaltensbezogener (z.B. Personalführung) oder integrativer (z.B. Unternehmenskultur, industrielle Beziehungen) Mechanismen, die die Ergiebigkeit der Arbeitsleistung beeinflussen. Eine zweite Barriere kann in der *kausalen Ambiguität* der Humanressourcen liegen. Wettbewerbsvorteile können beispielsweise aus Synergieeffekten der Zusammenarbeit in und zwischen Gruppen entstehen. Diese Komplexität ist für Wettbewerber häufig kaum nachvollziehbar. Auch die gezielte Abwerbung von einzelnen Personen setzt voraus, dass diese in der neuen *sozialen Konfiguration* ihr wettbewerbsrelevantes Wissen einsetzen können. Darüber hinaus ist die Frage relevant, ob diese Ressourcen *substituiert* werden können, z.B. durch Maschinen. In diesem Fall könnten sie keinen Beitrag zum Wettbewerbsvorteil liefern, da alle Wettbewerber auf diese am Markt erhältliche Ressource zugreifen können.

**Organisation der Ressourcen (Organization):** Die vorgestellten Quellen von Wettbewerbsvorteilen müssen ihre Potenziale auch zur Anwendung bringen können. Die Organisation muss also Wege finden, wie sie die Beschaffung, Entwicklung und den Einsatz von Ressourcen unterstützt.

Diese Kriterien lassen sich zu einem Bezugsrahmen zur Beurteilung der Stärken und Schwächen von Ressourcen zusammenstellen (in Anlehnung an Barney/Wright 1998, 37; Barney 2011, 163).

| Is a resource . . . | | | | | |
|---|---|---|---|---|---|
| Valuable? | Rare? | Difficult to Imitate? | Supported by Organization? | Competitive Implications | Performance |
| No | --- | --- | No | Competitive Disadvantage | Below - Normal |
| Yes | No | --- | | Competitive Parity | Normal |
| Yes | Yes | No | | Temporary Competitive Advantage | Above - Normal |
| Yes | Yes | Yes | Yes | Sustained Competitive Advantage | Above - Normal |

Abbildung I / 9: Bezugsrahmen der Stärken und Schwächen von Ressourcen
(In Anlehnung an Barney 2011, 163)

Aus diesem Analyseraster lassen sich nun wettbewerbsrelevante Schlussfolgerungen ziehen:

- Verfügt ein Unternehmen nicht über wertvolle Ressourcen, wird es kaum in der Lage sein, Chancen zu nutzen oder Angriffe durch Wettbewerber abzuwehren.
- Sind die Ressourcen wertvoll, aber nicht einzigartig, kann bestenfalls Parität im Wettbewerb erzielt werden.
- Sind diese Ressourcen leicht zu imitieren, können lediglich temporäre Wettbewerbsvorteile erzielt werden.
- Wertvolle, einzigartige und schwer zu imitierende Ressourcen, die das Unternehmen organisatorisch umzusetzen versteht, führen zu nachhaltigen Wettbewerbsvorteilen und außergewöhnlichen Leistungen.

Im Ergebnis leiten Barney und Wright (1998) aus dieser Analyse Empfehlungen für Führungskräfte ab, die sich auf vier Gestaltungsfragen beziehen:

| | |
|---|---|
| Wie wird der Wert der Arbeitnehmer des Unternehmens und ihre Rolle als Wettbewerbsvorteil beurteilt? | Wie unterscheiden sich die Arbeitnehmer des Unternehmens vom Wettbewerber im Hinblick auf Innovation, Effizienz, Service?<br><br>Wo besteht die beste Chance, Unterschiede zu erhöhen?<br><br>Welche Arbeitnehmer oder Arbeitnehmergruppen können am ehesten diese Unterschiede erhöhen? |
| Wie werden die ökonomischen Konsequenzen der personalwirtschaftlichen Aktivitäten beurteilt? | Wer sind interne Kunden? Und wie genau sind die Informationen über ihre Tätigkeiten?<br><br>Welche Politiken und Praktiken beeinträchtigen diese Kunden?<br><br>Welchen Service bietet die HR-Abteilung und welcher Service sollte geboten werden?<br><br>Wie verbessert dieser Service die Leistung und senkt Kosten?<br><br>Kann dieser Service von außen besser angeboten werden?<br><br>Kann dieser Service effizienter angeboten werden?<br><br>Verstehen die HR-Manager die ökonomischen Konsequenzen ihrer Tätigkeiten? |
| Wie werden die HRM-Praktiken im Vergleich zu den Wettbewerbern beurteilt? | Vergleich der Qualifikation der Arbeitnehmer<br><br>Vergleich des Commitment-Levels<br><br>Aktivitäten im Hinblick auf Führungskräfte<br><br>Welche spezifischen Aspekte der Unternehmung können die Qualifikation verbessern helfen (z.B. Kultur)?<br><br>Welche HRM-Praktiken müssen ausgebaut werden? |
| Wie wird die Rolle der HR-Abteilung in der Zukunft beurteilt? | Was werden Kernkompetenzen in den nächsten 5-10 Jahren sein?<br><br>Was sind Konkurrenzfelder im Hinblick auf Produkt- und Arbeitsmärkte?<br><br>Welche Qualifikationen werden benötigt?<br><br>Welche HRM-Praktiken werden benötigt? |

Abbildung I / 10: Human Resource Management - Empfehlungen für Führungskräfte
(In Anlehnung an Barney/Wright 1998)

Die Tabelle zeigt, dass eine ressourcenorientierte Betrachtung Personal als Grundlage von Wettbewerbsvorteilen interpretiert und die HR-Praktiken in Konkurrenz zu denen der Wettbewerber versteht. Im Folgenden sollen Ansätze vorgestellt werden, die sich auf die Frage konzentrieren, wie solche wettbewerbsentscheidenden Humanressourcen in HR-Systemen beschafft und eingesetzt werden können.

### 3.1.2 Ansätze des ressourcenorientierten Human Resource Management

Wie können nun die Humanressourcen durch personalwirtschaftliche Maßnahmen als Wettbewerbsvorteile identifiziert, rekrutiert, entwickelt und im Arbeitsprozess eingesetzt werden? Es gibt hier kein geschlossenes betriebswirtschaftliches Gebäude, sondern Autoren haben Ansätze oder Konzepte entwickelt, die jeweils Schwerpunkte in der Bestimmung und Herausarbeitung von Humanressourcen als Wettbewerbsvorteile setzen.

Wright et al. (1994; Wright/McMahan 2011) haben ein Modell vorgelegt, in dem personalwirtschaftliche Instrumente die Humanressourcen einerseits entwickeln und andererseits zu ihrer Isolierung beitragen:

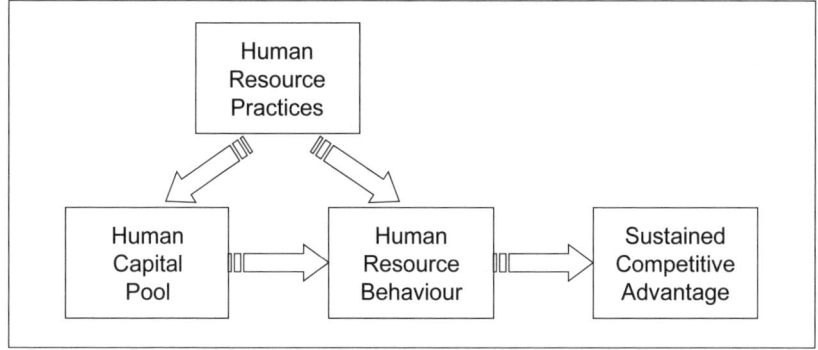

Abbildung I / 11: Ressourcenorientiertes Human Resource Management
(In Anlehnung an Wright et al. 1994, 318)

Der **Human Capital Pool** ist definiert als Zusammenfassung von hochqualifizierten Mitarbeitern, die das Unternehmen beschäftigt. Unternehmen sollten danach in der Lage sein, diese Mitarbeiter auf internen und externen Arbeitsmärkten zu identifizieren und durch HR Praktiken, wie z.B. Auswahl, Beurteilung, Entwicklung und Bezahlung, an das Unternehmen zu binden. Insbesondere die kontinuierliche Investition in diesen Pool stellt eine wesentliche Basis für die Generierung von Wettbewerbsvorteilen dar.

**Human Resource Behaviour** wird durch HR-Practices moderiert. Die Realisierung der Qualifikationen in Verhalten kann durch Instrumente, wie beispielsweise Entlohnungssysteme und Sozialisation in die bestehende Unternehmenskultur sowie Kommunikations- und Verhaltenstrainings, unterstützt werden.

Danach besteht die Aufgabe eines ressourcenbasierten Human Resource Managements in der frühzeitigen Akquisition und Entwicklung von Qualifikationen und kognitiven Fähigkeiten und ihrer Transformation in Verhalten. Der Einsatz von **HR Practices** unterstützt diesen Prozess firmenspezifisch und stellt auf diese Weise gleichzeitig eine wesentliche Barriere im Hinblick auf Imitation und Substitution dar. Auch wenn Wettbewerber das gleiche Qualifikationsniveau akquirieren, ist damit nicht gewährleistet, dass diese Fähigkeiten auch in gleiches Verhalten überführt werden können, wenn unterschiedliche Kombinationen von personalwirtschaftlichen Instrumenten eingesetzt werden. Eine zweite Barriere kann in der kausalen Ambiguität der Ursachen von Wettbewerbsvorteilen liegen. Unternehmensspezifische Formen der Zusammenarbeit oder die Verteilung von Wissen und Fähigkeiten auf verschiedene Schlüsselpersonen können Wettbewerbsvorteile schützen. Personen mit spezifischem Wissen bilden gegebenenfalls informelle Netzwerke, die in Bewegung sind und sich verändern, die aber auf diese Weise bestimmte, für das Unternehmen wettbewerbsfähige Elemente ständig reproduzieren, ohne dass Wettbewerber diese Zusammenhänge dechiffrieren können.

Boxall (1996, 66f.) schlägt eine ähnliche Unterscheidung in »Human Capital Advantage« und »Human Process Advantage« vor. So wird deutlicher betont, dass Unternehmen die Möglichkeit haben, ihr Augenmerk auf die Qualität der Humanressourcen zu lenken und/oder die Prozesse ihres Einsatzes zu optimieren. Einerseits können Unternehmen über talentierte und hochqualifizierte Arbeitnehmer verfügen, die aber eventuell in ungeeigneten organisationalen Strukturen ihre Qualifikationen nicht einsetzen können. Andererseits können effiziente Prozesse auch geeignet sein, Personal optimal einzusetzen, das über geringere Qualifikationen verfügt.

Während sich die bisher vorgestellten Ansätze eher auf die Architektur eines ressourcenorientierten HRM konzentrieren, fragen andere Konzepte danach, wie einzelne HR-Instrumente den Transfer der Humanressourcen zu Wettbewerbsvorteilen unterstützen können.

Lepak und Snell (1999; 2007) konzentrieren sich in ihrem Ansatz auf die Beschaffung und Entwicklung von Humanressourcen. Leitgedanke ist die oben entwickelte Orientierung an den Kategorien *Wert* und *Einzigartigkeit*:

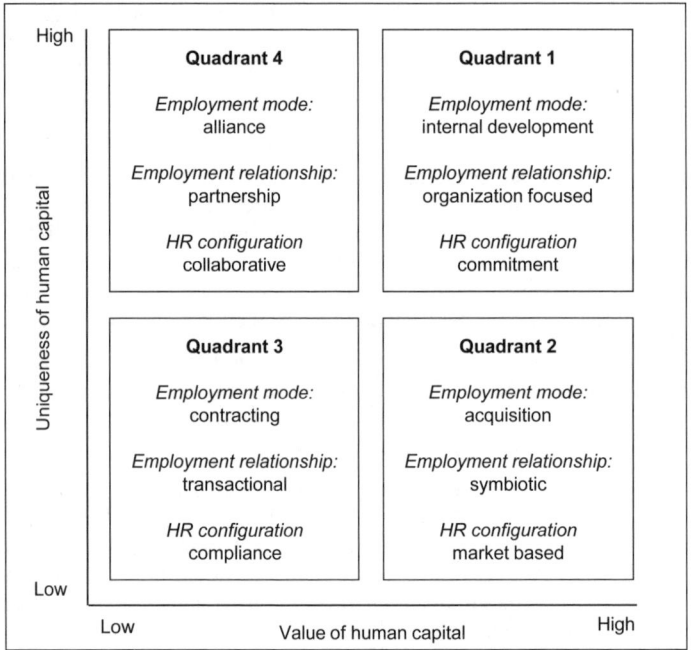

Abbildung I / 12: Human Resource Management-Architektur
(In Anlehnung an Lepak/Snell 1999, 37)

a) *Wert* umfasst in Anlehnung an den *Resource-Based View* den potenziellen Beitrag des Humankapitals zur Kernkompetenz der Unternehmung. Wie alle anderen Vermögenswerte des Unternehmens können diese Werte zentraler oder weniger zentraler Natur sein.

b) *Einzigartigkeit* bezieht sich auf den Begriff der *Spezifität* bei Williamson (1990, 108). Spezifität kann entstehen, wenn sich hohe und schwer beschaffbare Qualifikationen in speziellen Organisationsumfeldern entwickeln.

Die Kombination dieser beiden Kategorien ergibt vier Quadranten, die im Folgenden näher betrachtet werden:

**Quadrant 1:** Das Humankapital ist hier sowohl wertvoll als auch einzigartig. Es ist nicht oder nur mit hohen Kosten auf den externen Arbeitsmärkten zu beschaffen. Unternehmungen werden in diesem Fall ihren Fokus auf die *interne Entwicklung* konzentrieren, weil damit gleichzeitig auch gewährleistet ist, dass diese spezifische Evolution ihren Beitrag zu den strategischen Zielen leistet und für Wettbewerber Abwerbung auf Grund der firmenspezifischen Eigenschaften wenig attraktiv ist. Entsprechend hoch sind Investitionen in dieses Humankapital durch Wissensvermittlung, Förderung und Training. Diese Investitionen werden durch hohes Commitment in Form von Karrieresystemen, Bonussystemen etc. gesichert.

**Quadrant 2:** Hier ist das Humankapital wertvoll, aber auf den externen Arbeitsmärkten beschaffbar. Die Steuerungsprinzipien für den Einsatz von HR-Instrumenten sind entsprechend different. Beide Marktpartner erwarten von der Aufnahme eines Beschäftigungsverhältnisses wechselseitigen Nutzen und sind bereit, das Beschäftigungsverhältnis zu lösen, wenn sich dieser nicht einstellt. Hier geht es weniger um Entwicklung und Training, sondern vielmehr um die Bestimmung realistischer Marktpreise. Der Fokus konzentriert sich auf die genaue Bestimmung der erforderlichen Qualifikationen und die professionelle *Akquisition* des Humankapitals.

**Quadrant 3:** Humankapital ist hier weder wertvoll noch einzigartig. Dies ist die Welt der befristeten Verträge, des Outsourcing und der kostenorientierten Betrachtung von Beschäftigtengruppen. Die Bindung an das Unternehmen ist gering und konzentriert sich auf eher kurzfristige, meist monetär ausgerichtete Beziehungen. Die HR-Instrumente fokussieren Einhaltung und Übereinstimmung von *Verträgen* und festgelegten Leistungs-Entgelt-Relationen.

**Quadrant 4:** Hierbei handelt es sich um Humankapital, das zwar einzigartig, aber nur von begrenztem Wert für die Unternehmung ist. Insbesondere im Hinblick auf Forschung und Entwicklung führt dies zu neuen Formen von *Allianzen*. Unternehmen lagern beispielsweise Spezialabteilungen aus und fragen deren Leistungen unter Marktbedingungen nach, oder es werden Verträge abgeschlossen, in denen die Unternehmung nicht mehr exklusiver Nutzer dieses einzigartigen Wissens ist.

In einer empirischen Untersuchung konnten Lepak und Snell nachweisen, dass Unternehmen unterschiedliche HR-Konfigurationen für verschiedene Arbeitnehmergruppen einsetzen (vgl. Lepak/Snell 2002). Bezogen auf HR-Instrumente könnte nach Lepak und Snell argumentiert werden, dass identische HR-Instrumente für verschiedene Arbeitnehmergruppen nicht gleich geeignet sind und Investitionen nur dann ökonomisch sinnvoll sind, wenn sie sich auf Humankapital beziehen, das wertvoll und einzigartig ist. Ein weiteres Argument legt die Prüfung nahe, ob die Beschäftigtengruppen aus den Quadranten drei und vier in die Quadranten eins und zwei transferiert werden können, um die Wettbewerbsfähigkeit einer Unternehmung durch seine Humanressourcen auf Dauer zu verbessern.

Zusammenfassend kann festgehalten werden, dass in einer ressourcenorientierten Betrachtung der Beitrag des Human Resource Managements in der Beschaffung und Entwicklung von Humanressourcen gesehen wird, welche die Wettbewerbsvorteile begründen. Dieser Beitrag konzentriert sich auf langfristige Investitionen in das Humankapital und auf die Professionalisierung von HR-Instrumenten, die dieses Humankapital in Wettbewerbsvorteile transferieren.

## 3.2 Orientierung an Strategien

### 3.2.1 Vertikaler und horizontaler Fit

Im Rahmen eines ressourcenorientierten HRM werden der langfristige Aufbau von Humankapital und der Einsatz von HR-Instrumenten zur Generierung von Strategien betont. In strategieorientierten Ansätzen wird nun danach gefragt, welchen Beitrag das Human Resource Management zur Realisierung von Unternehmensstrategien leisten kann (vgl. Ridder et al. 2001). Eine stark anwachsende Literatur hat den Zusammenhang von Human Resource Management und strategischer Unternehmensführung konzeptionell neu gefasst und empirisch untersucht (vgl. die Übersicht bei Brewster 1999, 46ff.; Müller et al. 1999, 68ff.). Im Kern wird davon ausgegangen, dass personalwirtschaftliche Praktiken nicht nur mittelbar zum Unternehmenserfolg beitragen, sondern direkt auf die strategischen Ziele der Organisation ausgerichtet werden, um die Wettbewerbsfähigkeit der Unternehmen zu verbessern (vgl. Conrad 1991; Storey 2007; Lengnick-Hall et al. 2009). Folgende Kriterien für ein strategisches Human Resource Management können festgehalten werden:

- HR-Programme sind integraler Bestandteil von Unternehmensstrategien.
- Es findet eine vertikale Abstimmung zwischen Unternehmens- und Personalstrategie statt.
- Es findet eine horizontale Abstimmung zwischen den personalwirtschaftlichen Instrumenten statt.
- Die Implementierung obliegt Linienmanagern mit entsprechend hoher Verantwortung.

Die Ansätze können danach unterschieden werden, auf welcher Ebene die strategische Verbindung zwischen Unternehmensstrategie und HR-Instrumenten thematisiert wird. Im Folgenden werden zunächst Ansätze vorgestellt, die den »vertikalen Fit« von Unternehmensstrategien und HR-Instrumenten betonen. Hierunter wird die synergetische Abstimmung von Unternehmensstrategie und Instrumenten des HRM verstanden. Im Kern wird davon ausgegangen, dass eine Personalstrategie den grundlegenden Anforderungen unternehmensstrategischer Vorgaben folgt. Dies mag trivial erscheinen, widerspricht allerdings Vorstellungen, nach denen die Personalabteilung Interessen der Arbeitnehmer verfolgt, industrielle Beziehungen gegenüber dem Betriebsrat pflegt oder ganz einfach gesetzliche Auflagen des Arbeitsrechts widerspiegelt. Hier haben Länder unterschiedliche und historisch gewachsene Muster, und es ist kaum verwunderlich, dass die Basismodelle des strategischen HRM zunächst in den USA entwickelt wurden, allerdings auch in Europa (wenngleich mit differenzierter Ausprägung) Verbreitung fanden.

Zu Beginn der achtziger Jahre begannen in den USA Diskussionen über Ursachen des Niedergangs der amerikanischen Produktivität und Innovationsfähigkeit. Beides wurde u.a. darauf zurückgeführt, dass es nicht gelungen sei, effektive Systeme für das Management der Humanressourcen zu installieren. Als mögliche Wende wurde die enge Verknüpfung des Human Resource Managements mit der Unternehmensstrategie begriffen. Wie allerdings sollte diese Verbindung aussehen? Im Kern wurde auf Konzepte zurückgegriffen, die aus der strategischen Planung bekannt sind. Danach werden die verschiedenen personalwirtschaftlichen Aktivitäten zunächst nach Zielen, Wegen und ihrer Umsetzung differenziert:

| Betroffene Ebene | Differenzierungskriterium |
|---|---|
| strategische | entwickelt Ziele und formuliert Grundsatzentscheidungen |
| taktische | formuliert Wege, wie Ressourcen im Hinblick auf strategische Ziele aktiviert werden können |
| operative | beschreibt die Umsetzung der oberen Ebenen |

Abbildung I / 13: Strategieebenen personalwirtschaftlicher Aktivitäten

In einem zweiten Schritt wird diese Differenzierung mit den Strategien des Unternehmens in Beziehung gebracht. Je nach Unternehmensstrategie sind nun unterschiedliche HRM-Strategien erforderlich, und ein »vertikaler fit« zwischen den Unternehmens- und den HRM-Strategien soll den Erfolg des Unternehmens positiv beeinflussen.

### 3.2.2  Ansätze des strategischen Human Resource Managements

Ein frühes Beispiel für diese strategische Orientierung des Human Resource Managements haben Tichy et al. (1982) im **Michigan-Ansatz** auf der Basis von vier miteinander verbundenen personalwirtschaftlichen Funktionen vorgestellt:

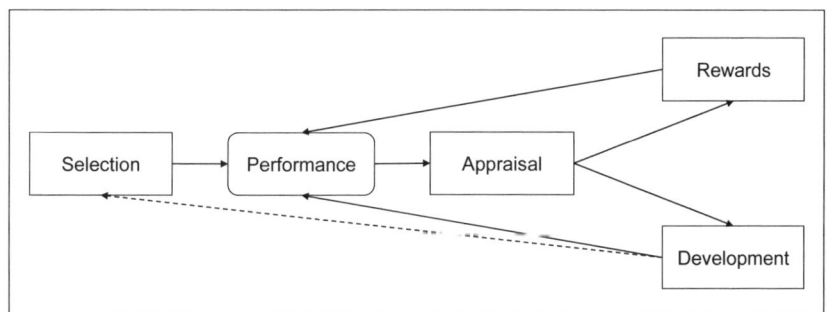

Abbildung I / 14: Personalwirtschaftliche Funktionen
(In Anlehnung an Fombrun et al. 1984, 41)

Leistung wird hier nicht im Hinblick auf Menge oder Zeit definiert, sondern aufgrund strategischer Vorgaben spezifiziert, die in mehreren Schritten aus der Unternehmensstrategie abgeleitet werden. Auf der Basis dieser aus strategischen Vorgaben bestimmten Arbeitsleistung werden – wie in der Abbildung aufgeführt – personalwirtschaftliche Instrumente miteinander verbunden und bedürfen der inhaltlichen Konkretisierung (vgl. ausführlich und anhand von empirischen Beispielen Tichy et al. 1984).

Als weitere Variante eines strategieorientierten Personalmanagements kann die Orientierung des Human Resource Managements an **Lebensphasen der Unternehmung** aufgezeigt werden (Baird/Meshoulam 1988). Von der Gründung bis zur Auflösung durchläuft ein Unternehmen verschiedene Phasen, in denen es sich in seinen Geschäftsfeldpolitiken an Märkte anzupassen hat. Entsprechend hätte auch das HRM jeweilig

Unterstützung zu leisten. In der Gründungsphase von Unternehmen werden personalwirtschaftliche Funktionen vermutlich eher von der Unternehmensleitung und dem Management initiiert. Der Schwerpunkt liegt dann in der Auswahl und der Motivation neuer Unternehmensmitglieder. In der Wachstumsphase kommt es zu einer Konsolidierung;
Tendenzen zur Professionalisierung und Administration der personalwirtschaftlichen
Funktionen sind wahrscheinlich, Personaleinsatz und Personal-entwicklung gewinnen
an Bedeutung. In der Abschwungphase sind hingegen kostenbewusste Controlling-
mechanismen oder eine erneute Beschaffungs- und Entwicklungsinitiative typisch, um
das Unternehmen wieder in eine aufsteigende Tendenz zu bringen. Wichtig scheint den
Autoren hier das Bewusstsein für die jeweilige Phase zu sein, in der sich ein Unternehmen befindet, sowie die adäquate Wahl personalwirtschaftlicher Instrumente.

Im **Harvard-Ansatz** wird davon ausgegangen, dass neben der Unternehmensstrategie
weitere Anspruchsgruppen und situative Faktoren auf das Human Resource Management einwirken. Dieses Modell hat insbesondere die europäische Diskussion inspiriert, da in Europa eigenständige Ziele und Aufgaben des Personalmanagements einen
höheren Stellenwert einnehmen. Insgesamt gehen Beer et al. (1985, 16ff.) davon aus,
dass verschiedene Komponenten miteinander in Beziehung stehen (vgl. Abbildung
I/15):

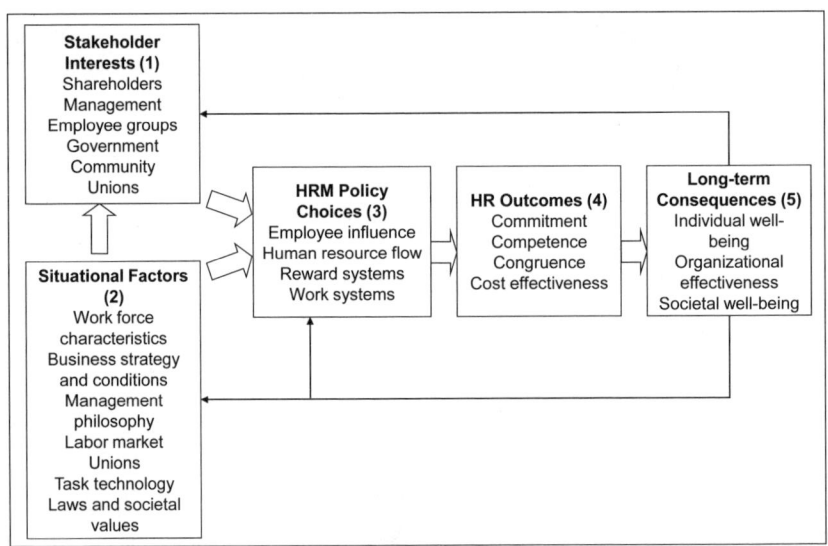

Abbildung I / 15: Das Harvard-Konzept
(In Anlehnung an Beer et al. 1985, 17)

**(1) Interessen von Anspruchsgruppen:** Unter Anspruchsgruppen werden Aktionäre,
Management, Arbeitnehmergruppen etc. verstanden. Die am Unternehmen beteiligten
Individuen und Gruppen formulieren ihre Ansprüche und versuchen, sie durchzusetzen;
dies gilt auch für Arbeitnehmer. Das Grundproblem besteht darin, dass viele Manager
diese Ansprüche nicht erkennen oder davon ausgehen, dass die Interessen-
übereinstimmung sehr hoch ist oder die Durchsetzung der Interessen über die Hierarchie
gelingt. Die Aufgabe von Managern ist es, die unterschiedlichen und zum Teil konflik-
tären Standpunkte in Einklang zu bringen.

**(2) Situative Faktoren:** Unter situativen Faktoren werden Kräfte verstanden wie beispielsweise Managementphilosophien, Geschäftsstrategien oder Gewerkschaften.

**(3) HRM-Politikfelder:** Situative Faktoren und Anspruchsgruppen beeinflussen die HRM-Politik. Wie in vielen anderen Ansätzen werden hier die Politikfelder im Hinblick auf Kernaufgaben konzentriert und umfassen die üblichen Funktionen der Arbeitsorganisation, des Personaleinsatzes und des Vergütungssystems. Abweichend von anderen Ansätzen wird allerdings den industriellen Beziehungen ein erhebliches Gewicht zugemessen.

**(4) HRM-Ergebnisse:** Vor dem Hintergrund allgemeiner Ziele (physische und psychische Gesundheit, Vermeidung sozialer Kosten wie z.B. Streiks, Entlassungen) werden folgende vier »C's« in dem Konzept als Ergebnisse angestrebt:

- *Commitment*: Verpflichtung gegenüber der Organisation kann höhere Loyalität, bessere Leistung und innere Beteiligung bedingen, aber auch Selbstwert und Identität für das Individuum bedeuten.
- *Competence:* Trägt die HRM-Politik zu höherer Kompetenz bei und verfügt die Organisation über die benötigten Fähigkeiten und das Wissen von Arbeitnehmern, profitiert sie ebenso wie die Arbeitnehmer, die ökonomische und psychische Vorteile erhalten.
- *Congruence:* Inwieweit unterstützt die HRM-Politik die Übereinstimmung zwischen Management und Arbeitnehmern, verschiedenen Arbeitnehmergruppen, der Organisation und der Gemeinschaft, den Arbeitnehmern und ihren Familien etc.?
- *Cost effectiveness:* Wie gestaltet sich die Wirtschaftlichkeit einer gegebenen HRM-Politik in Relation zu Löhnen, Umsatz, Absentismus, Streiks usw.?

**(5) HRM-Konsequenzen:** Es wird davon ausgegangen, dass auf längere Sicht eine Verbesserung dieser vier Kriterien positive Konsequenzen für das individuelle und das soziale Wohlbefinden sowie für die organisationale Effektivität haben wird. In Bezug auf die Organisation wird unterstellt, dass die HRM-Politiken die Fähigkeit der Organisation im Hinblick auf Zielerreichung, Anpassungsfähigkeit und Überleben unterstutzen.

Schließlich wird in diesem Konzept von einer Zirkularität ausgegangen. Zwar hat die Wahl der HRM-Politik Auswirkungen auf die nachfolgenden Bereiche; ebenso beeinflussen aber diese Effekte die Politiken, die zur Auswahl der HRM-Politikfelder geführt haben.

Beer et al. (1985) haben diesen Ansatz nicht als Handlungsanleitung verstanden, sondern als Möglichkeit, Fragen zu generieren, z.B.:

- Welche Ansprüche an die HRM-Politik sind vorhanden und wie viel Macht besitzen Anspruchsgruppen, um ihre Ansprüche durchzusetzen?
- Welche Bestandteile der HRM-Politik sind im Hinblick auf situative Einflussgrößen zu überprüfen?
- Ist die Übereinstimmung zwischen den Politikfeldern gewährleistet? Ist beispielsweise die Einführung eines neuen Systems der Arbeitsorganisation kompatibel mit den Methoden der Personalauswahl?

Es geht in diesem Ansatz nicht darum, eine prozedurale Empfehlung abzugeben, sondern um die simultane Berücksichtigung der aufgezeigten Felder. Vor dem Hintergrund dieser theoretischen wie praktischen Implikationen wird dem Harvard-Ansatz mehr analytische Schärfe und eine bessere Ausgangsposition für weitergehende Forschung bescheinigt.

Wird genauer danach gefragt, ob und in welchem Umfang Unternehmen diese vertikale Integration zwischen Unternehmens- und Personalstrategie aufweisen, findet sich ein breites Spektrum an Ausprägungen. Gratton und Truss haben (2003) untersucht, ob und in welcher Weise kohärente personalstrategische Politiken und Praktiken identifiziert werden können. Im Ergebnis haben sie eine bemerkenswerte Vielfalt erhoben. Entsprechend wird eine ausschließliche Ausrichtung der Personalstrategie auf die Unternehmensstrategie sehr selten nachgewiesen. Vielmehr scheinen sich zwar strategische Orientierungen auszuweiten, allerdings werden auch weitere Rollen des HRM professionalisiert.

Dave Ulrich gilt als Beispiel dafür, wie auf der Basis empirischer Erhebungen normative Empfehlungen für die Ausbildung von Rollen des strategischen Personalmanagements entstehen und Eingang in die Weiterbildung und Beratung finden. Nach Ulrich (1997; 1998; 1999a; 1999b, 7ff.; Ulrich/Brockbank 2008) geht es im strategischen Human Resource Management darum, aus Strategien entstehende Aufgaben in zukünftige Fähigkeiten zu übertragen und in integrierte Maßnahmenbündel zu überführen. Um Werte zu erzeugen oder Ergebnisse zum Unternehmenserfolg beizutragen, hat das strategische Human Resource Management verschiedene Rollen zu erfüllen (vgl. Abbildung I/16).

| | **Future Strategic Focus** | | |
|---|---|---|---|
| Processes | Management of Strategic Human Resources | Management of Transformation and Change | People |
| | Management of Firm Infrastructure | Management of Employee Contribution | |
| | **Day-To-Day / Operational Focus** | | |

Abbildung I / 16: Aufgaben des strategischen Human Resource Managements
(In Anlehnung an Ulrich 1997, 24)

Die Rollen leiten sich aus dem »Focus« und den »Activities« des Human Resource Management ab. »Focus« bezeichnet die zeitliche Perspektive und kann in eine kurzfristige und langfristige Orientierung unterschieden werden. Gleichzeitig umfasst »Focus« sowohl eine strategische als auch eine operative Orientierung. »Activities« teilen sich auf in eine *Prozessorientierung* (HR-Instrumente und -Systeme) sowie in das *Management von Personal*.

**Management of Strategic Human Resources:** Ein wesentliches Ergebnis der HR-Funktion besteht in der *Übersetzung* der Unternehmensstrategie in die HRM-Strategie. Ulrich führt Unternehmensbeispiele an, in denen eine strategisch motivierte Kundenorientierung in spezielle Personalbeschaffungsprogramme übersetzt und die Bindung dieses Personalsegments durch attraktive Arbeitsbedingungen erhöht wurde. In weiteren

Beispielen wird die strategisch angestrebte Kostenführerschaft durch HR-Programme wie »job-rotation« und »downsizing« unterstützt. Wachstumsziele werden durch Entlohnungssysteme gefördert, die das Einkommen des Managements an Wachstumsgrößen knüpfen. Die damit verbundene Metapher der *strategischen Partnerschaft* beinhaltet also die Unterstützung der strategischen Ziele durch HRM-Praktiken und besteht im Wesentlichen in einer Beteiligung am Strategieentwicklungsprozess, wenn es darum geht, danach zu fragen, wie strategische Optionen in Aktionen übersetzt und wie diese durch HRM-Praktiken realisiert werden können.

**Management of Firm Infrastructure:** Hierbei handelt es sich im Wesentlichen um die traditionelle Rolle des Human Resource Management. Sie erfordert, dass die Personalabteilung professionelle Verfahren der Personalauswahl, -entwicklung, -beurteilung, -entlohnung und -beförderung festlegt und aufrecht erhält. In der Verknüpfung mit der Unternehmensstrategie geht es aber nicht nur um den möglichst effizienten Einsatz der Verfahren, sondern auch um den synergetischen Zusammenhang mit der strategischen Ausrichtung des Unternehmens. Die Entwicklung einer *effizienten Infrastruktur* beinhaltet zum einen die Reorganisation der HR-Systeme, zum anderen die Entwicklung und Ausbildung von Managern im Hinblick auf einen möglichst produktiven Einsatz von Personal. Die Metapher eines *»administrative experts«* signalisiert damit die Fähigkeit, Prozesse zu optimieren, d.h. Kosten zu senken und nach Wegen zu suchen, um Abläufe zu verbessern und/oder unternehmensweit Verfahren zu ermitteln, welche die Linienmanager in die Lage versetzen, dies ihrerseits zu tun.

**Management of Employee Contribution:** Die Rolle der HR-Manager beinhaltet die aktive Berücksichtigung von Arbeitnehmerinteressen und die Entwicklung von Fähigkeiten. Ulrich verweist hier auf umfangreiche Forschung, die einen engen Zusammenhang zwischen Mitarbeiter- und Kundenzufriedenheit nahe legt. Das Human Resource Management sollte sich zu einem *Anwalt der Beschäftigten* entwickeln, also ihre Interessen vertreten und gleichzeitig dafür sorgen, dass die Leistung gesteigert wird. Hier geht es in erster Linie um die Verbesserung des Engagements. Dazu gehört die Schulung von Linienmanagern in der Unterstützung der Moral ihrer Mitarbeiter. Linienvorgesetzte sollten dafür sorgen, dass ihre Mitarbeiter herausfordernde und verantwortliche Tätigkeiten erhalten, Anforderungen durch Schulungen gerecht werden können und ihr persönliches und berufliches Fortkommen unterstützt wird.

**Management of Transformation and Change:** Eine vierte Schlüsselrolle liegt in der Bewältigung des Wandels. Vor dem Hintergrund der sich umwälzenden Marktgegebenheiten benötigt eine Organisation *Erneuerungsfähigkeiten*. Das Human Resource Management soll als »*change agent*« die dazu nötigen Prozessfähigkeiten zur Verfügung stellen.

Zusammenfassend kann festgehalten werden, dass in Ansätzen des strategischen Human Resource Managements die Personalwirtschaft als direkter funktionaler Beitrag zu strategischen Zielen oder zur Produkt- und Unternehmensentwicklung gesehen wird. Somit wird systematischer geprüft, ob und wie die Personalwirtschaft einen Beitrag zum Unternehmenserfolg leisten kann. Insbesondere Ulrich hat ein in der Praxis viel beachtetes Konzept vorlegt, das – im Unterschied zu früheren Entwürfen des Human Resource Managements – eine stärkere Ergebnisorientierung aufweist, das Human Resource Management stärker auf die Zukunftsorientierung fokussiert und dessen unterschiedliche Rollen berücksichtigt.

## 3.3  Orientierung an personalwirtschaftlichen Systemen

In der Orientierung an personalwirtschaftlichen Systemen, dem so genannten »horizontal fit«, geht es um die Frage, ob sich empirisch nachweisen lässt, dass bestimmte Kombinationen von HR-Instrumenten einen direkten Beitrag zu spezifizierten Zielen oder zum Unternehmenserfolg leisten können. Guest (1987; 1990; 1997, 1999) hat konzeptionell solche Untersuchungen angeregt, in der Annahme, dass bestimmte Kombinationen von Instrumenten des Human Resource Managements spezifische Ergebnisse nach sich ziehen und diesem Zusammenhang systematisch nachgegangen werden kann. Die folgende Abbildung zeigt vermutete Zusammenhänge zwischen HR-Praktiken und möglichen Effekten:

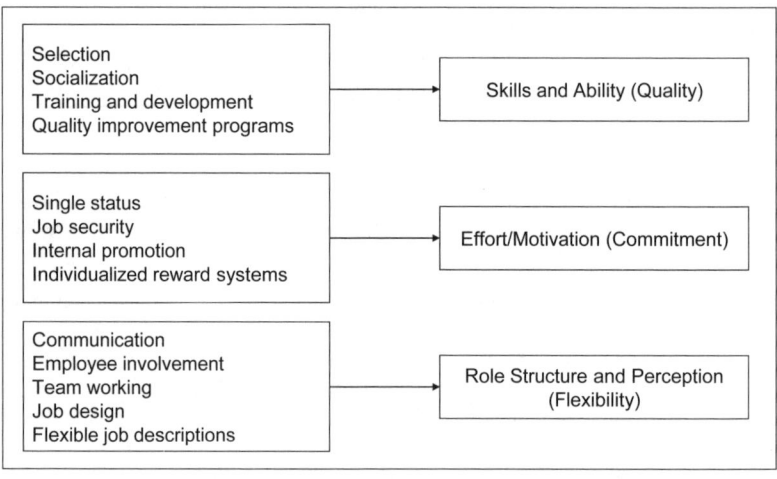

Abbildung I / 17: Der Zusammenhang von Instrumenten und Ergebnissen des HRM
(In Anlehnung an Guest 1997, 269)

Die empirische Forschung hat diesen fit-Gedanken aufgenommen und variiert (vgl. die Übersicht bei Delery/Doty 1996, 803f.; Delery 1998; Wright et al. 2005; Birdi et al. 2008; Chenevert/Tremblay 2009). Im Kern geht es darum, ob für bestimmte Kombinationen des Einsatzes von HR-Instrumenten spezifische Leistungsziele erreicht werden können.

Ist die Verbesserung der Qualität als Ziel vorgegeben, wird der personalwirtschaftliche Fokus auf Personalauswahl, Sozialisation, Personalentwicklung und Qualitätszirkel konzentriert. Geht es um die Erhöhung von Motivation und Leistung, wird der personalwirtschaftliche Fokus auf Anreizsysteme und Beförderungssysteme gelegt. Ob also eine Personalstrategie im Hinblick auf eine Unternehmensstrategie adäquat ist, ergibt sich zunächst aus der Unternehmensstrategie. Theoretiker und Praktiker haben Vermutungen oder Erfahrungen, wie daraus folgende Ziele erreicht werden können. Die Bündelung von HRM-Praktiken soll sich dann als wettbewerbsentscheidend erweisen. Ein »horizontal fit« ist vorhanden, wenn in Bezug auf strategisch definierte Ziele eine Kombination von HRM-Praktiken synergetische Effekte aufweist und im Sinne einer Architektur oder Kultur Unikat-Charakter erreicht. Entsprechend ist die empirische Forschung zur Wirkung von »bundles« und von »Systemen« inzwischen stark angewachsen, und es wird nach positiven Zusammenhängen zwischen spezifischen HR-Bündelungen und Erfolgsfaktoren gesucht (vgl. Ridder 2002).

Arthur (1994) untersucht, ob unterschiedliche personalwirtschaftliche »bundles« differente Wirkungen erzeugen. Zu diesem Zweck modelliert er zunächst zwei Konfigurationen von HRM-Praktiken. Unter »Commitment« werden HRM-Praktiken modelliert, die eine enge Verknüpfung von Arbeitnehmer- und Unternehmenszielen beinhalten, z.B. formale Partizipation, Einbezug der Arbeitnehmer in Entscheidungsprozesse, Problemlösung in Gruppen, Ausmaß der Personalentwicklung oder Höhe der Durchschnittsentlohnung. Unter »Control« werden HRM-Praktiken verstanden, die auf Kostenreduktion und Erhöhung der Effizienz sowie leistungsabhängige Entlohnung ausgerichtet sind. Die untersuchten Betriebe mit den Commitment-Systemen hatten eine höhere Produktivität, niedrigere Ausschussraten und eine geringere Fluktuation.

Auf der Basis von Paneldaten, Interviews und Dokumentenanalysen gehen Ichniowski et al. (1997) der Frage nach, ob Bündel von innovativen HR-Praktiken die Produktivität verbessern. Hierzu modellieren die Autoren vier unterschiedliche Systeme von HRM-Praktiken. Innovative Bündel weisen z.B. anreizorientierte Entlohnung, Teams, flexiblen Arbeitseinsatz, Beschäftigungssicherheit und Personalentwicklung auf. In ihren Untersuchungen weisen Ichniowski et al. nach, dass durch diese Systeme die Arbeitsproduktivität erhöht wird.

MacDuffie (1995) verwendet Daten aus einer internationalen Studie zur Produktivität von siebzig Automobilwerken, um der Frage nachzugehen, ob

*«... 'bundles' of interrelated and internally consistent HR practices, rather than individual practices are the appropriate unit of analysis for studying the link to performance, because they create the multiple, mutually reinforcing conditions that support employee motivation and skill acquisition» (MacDuffie 1995, 198).*

Hierzu werden innovative HRM-Praktiken spezifiziert und in Beziehung zu Produktivität (hier: Anzahl der Stunden, die benötigt werden, um ein Auto zu montieren) und Qualität (hier: Anzahl der Fehler je 100 Autos) gesetzt. Das Ergebnis zeigt:

*«Overall, the evidence strongly supports the hypothesis that assembly plants using flexible production systems, which bundle human resource practices into a system that is integrated with production/business strategy, outperform plants using more traditional mass production systems in both productivity and quality» (MacDuffie 1995, 218).*

Huselid (1995) verwendet Daten aus 968 Unternehmen verschiedener Branchen, um einen Zusammenhang von »high performance work practices« und Fluktuation, Produktivität und finanziellem Unternehmenserfolg zu untersuchen. Unter »high performance work practices« werden umfassende und differenzierte Rekrutierungs-, Anreiz-, Arbeitsgestaltungs- und Personalentwicklungssysteme verstanden, um Fähigkeiten, Fertigkeiten und Motivation zu erhöhen. Im Ergebnis stellt Huselid fest, dass die Kombination von Personalentwicklungs- und Motivationsinstrumenten die Fluktuation senkt sowie die Produktivität und den finanziellen Unternehmenserfolg verbessert.

Die Liste der Studien über Wirkungen von HRM-Praktiken ließe sich verlängern (vgl. Collins/Clark 2003; Wright et al. 2005; Kepes/Delery 2006; Lepak et al. 2006; Subramony 2009) und erzeugt damit das Problem der Vergleich- und Übertragbarkeit, denn Meta-Studien zeigen nur wenige Übereinstimmungen zwischen den Studien (vgl. Gmür/Schwerdt 2005). Dafür gibt es eine Vielzahl von Gründen:

So ist zunächst die Erhebung der HRM-Praktiken nicht unproblematisch. Boselie et al. (2005) weisen darauf hin, das es häufig unklar bleibt, ob die HRM-Praktiken tatsächlich von den Führungskräften eingesetzt werden, nachdem die Personalabteilung sie entwickelt und zur Verfügung gestellt hat. Je nach dem, wer nun in einem Unternehmen befragt wird (Vertreter der Personalabteilung oder Führungskräfte), ist eine solche HRM-Praktik zwar offiziell vorhanden aber eventuell nicht oder nur teilweise durch Führungskräfte implementiert. Es bleibt dann offen, wieviele Mitarbeiter von den untersuchten HRM-Praktiken überhaupt erfasst werden und in welcher Intensität.

Die Wirkung von HRM-Praktiken wird in der Regel empirisch dadurch unterlegt, dass entweder statistische Durchschnittswerte oder besonders erfolgreiche Unternehmen vorgestellt werden, die diese Praktiken angewandt haben. Daraus resultieren zwei Konsequenzen: Zum einen ist die Frage zu stellen, warum bei einer grundsätzlichen Übertragbarkeit des Instrumenteneinsatzes nicht alle Unternehmen diese Praktiken in der gleichen Intensität und Kombination einsetzen (vgl. Purcell 1999; Ichniowski et al. 1997). Zum anderen besteht das Problem darin, dass in diesen Untersuchungen eben nicht immer gleiche Instrumente auf identische Erfolgsgrößen bezogen werden (vgl. Arthur/Boyles 2007). Es werden vielmehr häufig die Wirkungen unterschiedlicher HRM-Praktiken auf verschiedene Erfolgsgrößen ermittelt. Wird davon ausgegangen, dass diese »Bündel« oder »Systeme« untereinander synergetische oder auch widersprüchliche Effekte aufweisen, kann es nicht erstaunen, wenn in einigen Untersuchungen z.B. variable Bezahlung eine hohe Wirkung, in anderen Untersuchungen keine Wirkung auf Erfolgsgrößen aufweist (vgl. Becker/Gerhart 1996, 786).

Schließlich wird kritisch angemerkt, dass insbesondere die Wirkung von HRM-Praktiken auf finanzielle Erfolgsgrößen des Unternehmens nur schwer nachzuweisen ist. Zu viele weitere interne und externe Einflussgrößen erschweren den Nachweis eines direkten Zusammenhangs (vgl. Purcell/Kinnie 2007).

Als Fazit kann festgehalten werden, dass aufgrund unterschiedlicher Bündel oder Systeme von personalwirtschaftlichen Instrumenten, unterschiedlichen Forschungsmethoden und deutlich voneinander abweichenden Erfolgsvariablen die Befunde stark streuen.

## 3.4 Zusammenfassende Beurteilung

In diesem Kapitel wurden drei Orientierungen vorgestellt, die den Zusammenhang von HRM und Unternehmenserfolg thematisieren.

In einer **Ressourcenorientierung** wird davon ausgegangen, dass Humanressourcen eine schlecht imitier- und substituierbare Quelle von Wettbewerbsvorteilen darstellen, wenn es gelingt, frühzeitig Arbeitnehmer zu rekrutieren, deren Qualifikation selten ist und einen wertvollen Beitrag zum Unternehmenserfolg leisten kann. Die HR-Architektur konzentriert sich damit zum einen auf den Aufbau eines Humankapitalpools und zum andern auf Instrumente des Human Resource Management. Ein auf diese Orientierung ausgerichtetes HRM professionalisiert seine HR-Instrumente in erster Linie auf die Beschaffung und die Entwicklung von Potenzialen.

In dieser Orientierung überwiegen eher konzeptionelle Entwürfe, die in der Wissenschaft diskutiert werden (Barney et al. 2011). Entsprechend ist die Heterogenität erheblich, da Autoren unterschiedliche Begriffe verwenden, verschiedene Schwerpunkte setzen und für empirische Untersuchungen eigene Operationalisierungen suchen. Entsprechend sind vergleichbare empirische Befunde rar, und Übersichtsartikel kritisieren den theoretischen und empirischen Ausbaustand einer ressourcenorientierten Betrachtungsweise (vgl. Priem/Butler 2001; Colbert 2004; Becker/Huselid 2006; Chadwick/Dabu 2009).

Dennoch enthält diese Orientierung interessante Perspektiven, da hier Arbeitnehmer als wertvolle Ressource interpretiert werden. Die damit transportierte Grundhaltung unterstützt die bei Gutenberg (1976) angelegte ökonomische Perspektive, die besagt, dass sich langfristige Investitionen in das Humankapital und die Berücksichtigung der subjektiven Bedürfnisse von Arbeitnehmern lohnen, wenn von ihnen außergewöhnliche Leistungen erwartet werden.

In einer **Strategieorientierung** wird der unmittelbare Beitrag des strategischen HRM zur Unternehmensstrategie bearbeitet. Zweifelsohne hat diese Debatte das Personalmanagement aufgewertet. Seine ursprünglich eher administrative Funktion hat sich zugunsten eines breiteren Spektrums von strategisch motivierten Rollen verändert.

Dennoch ist diese Orientierung insbesondere in Europa eher kritisch kommentiert worden (vgl. z.B. Guest 1990). Häufig wird in diesen Ansätzen die Unternehmensstrategie dominant gesetzt. Dies würde voraussetzen, dass Arbeitnehmer keine eigenen Ziele haben. Zwar berücksichtigt der Harvard-Ansatz die Existenz von Gewerkschaften und Arbeitnehmervertretern, es wird aber dort implizit davon ausgegangen, dass bei sorgfältiger Planung Ziel- und Interessenhomogenität auftreten können. Diese Annahme transportiert Werte, insbesondere des amerikanischen Managements, wonach Betriebsräte und Gewerkschaften als eher störend aus den industriellen Beziehungen herauszuhalten sind. Insofern kann nach Guest (1990) diese Variante des strategischen HRM auch als der Versuch interpretiert werden, das amerikanische Denken über Unternehmen wieder wettbewerbsfähig zu machen. Hinzu kommt die in fast allen Unternehmen bestehende Segmentierung der Arbeitnehmergruppen, die ebenfalls die Berücksichtigung ganz unterschiedlicher Interessen erforderlich macht; insbesondere im Hinblick auf in diesem Konzept nicht thematisierte Bereiche der Arbeitsorganisation und der industriellen Beziehungen. Die Übernahme amerikanischer Konzepte – so ein wesentliches Ergebnis des Cranfield-Projektes – berücksichtige zu wenig weitere zentrale Einflussgrößen: »*We need a model of HRM that re-emphasises the influence of culture, or of ownership structures or trade union organization*« (Brewster/Bournois 1991, 11; vgl. auch Mayrhofer/Brewster 2005).

Eine zweite Schlussfolgerung betrifft den ausführenden Charakter der Personalabteilungen. Unterstellt wird, dass sie eher geringe professionelle Arbeit zur *Vorbereitung* von Unternehmensstrategien leisten könnten. Hiermit aber – so Steinmann und Hennemann (1996, 251f.) – wird die HRM-Funktion um einen wesentlichen Aspekt verkürzt. Zwar hat das Personalmanagement den zur Strategieumsetzung erforderlichen Personalbedarf zu ermitteln und über personalpolitische Maßnahmen bereitzustellen. Allerdings hat es aber auch auf die Schaffung solcher Potenziale hinzuwirken, die eine Initiierung neuer Strategien oder Reflexion bestehender Strategien ermöglichen.

Eine dritte Schlussfolgerung behandelt die Reaktionsgeschwindigkeit des HRM. Wenn es zutrifft, dass in volatilen Märkten Strategien unscharf bleiben und in kürzeren

Zyklen an Markterfordernisse angepasst werden müssen, ist die schnelle Anpassung von HR-Systemen mit der Schwierigkeit verbunden, dass beispielsweise Entlohnungs- und Beförderungssysteme ebenso wie Leistungsbeurteilungs- und Karrieresysteme auch die Akzeptanz der Beschäftigten benötigen und nicht in kürzeren Abständen verändert werden können.

Im Hinblick auf das **Management der HR-Systeme** kann festgehalten werden, dass Studien Zusammenhänge zwischen Bündeln von HR-Instrumenten und spezifischen Zielen erheben. Häufig werden unterschiedliche HR-Praktiken herangezogen, um Wirkungen auf verschiedenen Ebenen zu untersuchen (vgl. Alewell/Hansen 2012). Wenn HR-Praktiken positive Wirkungen in der Stahlindustrie aufzeigen, bedeutet dies nicht, dass die gleichen positiven Konsequenzen auch in anderen Branchen oder Unternehmen erzielt werden können. Darüber hinaus spielen häufig externe Faktoren, wie z.B. Einflüsse des Marktes, der Technologien oder weiterer Stakeholder eine große Rolle, können aber in den Untersuchungen nicht berücksichtigt werden. Entsprechend können »Best-Practice-Empfehlungen« in der Regel nicht dem Anspruch genügen, übertragbare Empfehlungen zu generieren. Dazu sind Unternehmen zu verschieden und verfügen über zu unterschiedliche Kulturen und Praktiken. Generell kritisiert Nienhüser (2011) den ideologischen Charakter der empirischen Personalforschung. Diese Forschung folgt im Wesentlichen einer Arbeitgeberperspektive und analysiert vor allem leistungsrelevante Variablen, als ob die Interessen von Arbeitgebern, Arbeitnehmern und Gewerkschaften in dieser Hinsicht identisch wären. Negative Effekte von HR-Systemen auf Arbeitnehmer bleiben damit ebenso ausgeblendet, wie Alternativen, die aus Arbeitnehmer- oder Gewerkschaftssicht wünschbar oder erforderlich sind.

## Literaturempfehlungen

*Barney, J.B. (1991): Firm Resources and Sustained Competitive Advantage. In: Journal of Management, 17. Jg., H. 1. 99-120.*

*Barney, J.B. (2011): Gaining and Sustaining Competitive Advantage. 4. Aufl., Upper Saddle River.*

Diese Klassiker des Resource-Based View führen in das ressourcenorientierte Denken ein.

*Boxall, P.F; Purcell, J.; Wright, P.M. (Hrsg.) (2007): The Oxford Handbook of Human Resource Management. Oxford u.a.*

Dieses Buch stellt Übersichten und Konzepte des ressourcen- und strategieorientierten HRM vor.

*Gmür, M; Schwerdt, B. (2005): Der Beitrag des Personalmanagements zum Unternehmenserfolg. Eine Metaanalyse nach 20 Jahren Erfolgsfaktorenforschung. In: Zeitschrift für Personalforschung, 19. Jg., H. 3. 221-251.*

Diese Meta-Studie anlysiert eine Vielzahl von empirischen Untersuchungen zur Wirkung von HR-Instrumenten.

# *Kapitel II*

## Personalbereitstellung, Entwicklung, Einsatz und Vergütung von Personal

Abschnitt A:

Personalbereit-
stellung

# 1 Personalplanung als Rahmenplanung

Die Erstellung von Produkten und Dienstleistungen in einem Planungszeitraum erfordert die Bereitstellung unterschiedlicher Faktoren. So ist sicherzustellen, dass die benötigten Rohstoffe und Betriebsmittel in hinreichender Qualität und Quantität zur Verfügung stehen und in einer Beschaffungsplanung integriert sind. Ebenso ist es notwendig, Produktions- und Absatzpläne aufeinander abzustimmen und dafür zu sorgen, dass die entsprechenden Finanzmittel im Rahmen der Kapitalbedarfsplanung weder Über- noch Unterdeckungen aufweisen. Darüber hinaus ist die Planung des für die Planungsperiode jeweils erforderlichen Personals selbstverständlich. Es wird danach gefragt, welche Qualifikationen notwendig sind, um die anfallenden Aufgaben zu bearbeiten.

Beschaffung, Entwicklung, Einsatz und Entlassung von Personal sind in diesem Verständnis das Ergebnis einer Abstimmung zwischen der Unternehmensplanung und der Personalplanung (vgl. Strohmeier 1995; Mag 1998; Mag 2004; Henselek 2005). Dieser Zusammenhang wird hier zunächst in einer Übersicht dargestellt:

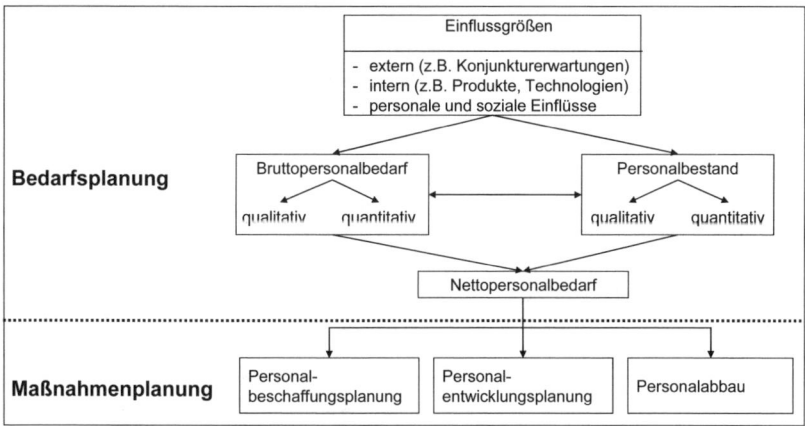

Abbildung II / 1: Planungsebenen der Personalplanung
(In Anlehnung an Wimmer 1991, 11ff.)

**Bedarfsplanung:** Bei der Bedarfsplanung kann Personalplanung zunächst als Folgeplanung angesehen werden, die sich aus übergeordneten Plänen der Unternehmung ergibt. Ihr Ziel ist die daraus abgeleitete Berechnung des zukünftigen Bedarfs an Arbeitskräften. Vor dem Hintergrund der übergeordneten Planung soll Personalplanung dafür sorgen, »... *dass der Unternehmung die zukünftig benötigten Arbeitnehmer in der erforderlichen Quantität und Qualität, zum richtigen Zeitpunkt, am richtigen Ort und* *unter Berücksichtigung der zu erwartenden Kosten zur Verfügung stehen«* (Wimmer 1991, 11; im Original mit Hervorhebungen).

Auf die Bedarfsplanung wirkt eine Vielzahl von Einflussgrößen ein, die es planerisch zu erfassen gilt (vgl. zum Folgenden Wimmer 1991, 23). Externe Einflüsse umfassen beispielsweise Konjunktur- und Zinserwartungen. In Abhängigkeit von Erwartungen hinsichtlich der Branchenentwicklung und der gesetzgeberischen Maßnahmen (z.B. Steuer- oder Umweltpolitik) variiert die Bereitschaft von Unternehmen, eine aktive oder passive Beschäftigungspolitik zu betreiben. Die Prognose des zukünftigen Personalbedarfs wird in enger Anlehnung an die Unternehmensziele erstellt. Ausgehend von diesen Zielen wird über die Absatz-, Investitions- und Produktionsplanung die Personalplanung als *Konkretisierung von Bedarfsziffern* umgesetzt. Neben diesen, meist strategisch vorgeklärten Bedarfszahlen, gehen noch weitere interne Einflussgrößen in die Planung ein, beispielsweise die Organisationsstruktur: Verfügt das Unternehmen über eine tief gegliederte *Hierarchie* mit niedrigen Leitungsspannen, ist der Bedarf an Führungskräften höher als bei flachen Hierarchien. In ähnlicher Weise kann auch die Arbeitsproduktivität die Höhe des Personalbedarfs beeinflussen. Auch *personale* und *soziale Einflussgrößen* sind für die Planung des Personalbedarfs von erheblicher Bedeutung, beispielsweise wenn ein hoher durchschnittlicher Krankenstand oder eine starke Fluktuation den Reservebedarf anhebt. In diesem Zusammenhang wird auch entschieden, welche originär *personalwirtschaftlichen Ziele* zu verfolgen sind (beispielsweise das Management der industriellen Beziehungen, zukünftige Personalstruktur, Leitbilder etc.). In einer originären Personalplanung wird nicht von vorneherein eine Zielharmonie unterstellt, wie dies in der abgeleiteten Planung üblich ist. In der Generierung von Zielen finden auch systematisch die Interessen von Gruppen Beachtung, die von Personalplanung betroffen sind. Hier geht es in erster Linie um Arbeitnehmer und ihre Betriebsräte, die im Rahmen der Personalplanung Rechte nach dem Betriebsverfassungsgesetz geltend machen können (vgl. Bosch et al. 1995, 30ff.) und deren Interessen bei der Planungsentstehung einfließen (vgl. Wimmer 1991, 11ff.).

In der *qualitativen Personalbedarfsplanung* wird vor dem Hintergrund externer und interner Einflussgrößen unter planerischen Aspekten danach gefragt, welche Qualifikationen in der erforderlichen Anzahl zu den jeweils angestrebten Zeitpunkten benötigt werden. Methoden der qualitativen Personalbedarfsplanung fokussieren den linearen Planungszusammenhang von zukünftigen Produkten, Tätigkeitsfeldern, Aufgaben und daraus resultierende Anforderungen oder erheben Daten aus dem unmittelbaren Produktionszusammenhang, um Fortschreibung oder Neubestimmung des qualitativen Personalbedarfs durch Beteiligung von Arbeitnehmern und/oder Experten zu unterstützen. In dynamischen Veränderungsprozessen ist die Wahrscheinlichkeit groß, dass das erforderliche Wissen über den Bedarf nicht im betroffenen operativen Unternehmensbereich vorhanden ist, sondern die Bedarfsplanung um professionalisierte interne und externe Informationsquellen zu erweitern ist. Es sind Möglichkeiten auszuweiten, externes Wissen aufnehmen zu können. Unternehmen stehen dann vor der Aufgabe, neue Prozesse zu etablieren, damit das intern sowie extern vorhandene Wissen für die Organisation verfügbar gemacht werden kann (vgl. Ridder/Heyner 2011).

In der *quantitativen Personalbedarfsplanung* wird auf der Basis von Schätz- und Kennzahlenmethoden der quantitative Personalbedarf erhoben (vgl. RKW 1996). Die Grundlage für solche Berechnungen bilden in der Regel Erfahrungswerte der Vergangenheit und/oder die Kenntnis von festen Beziehungen zwischen Unternehmensdaten (z.B. Auftragsdaten) und Personalbedarfsdaten. Mit arbeitswissenschaftlichen Methoden wird eine Beziehung hergestellt zwischen Auftrags- bzw. Bearbeitungsmengen und dem quantitativen Personalbedarf (vgl. REFA 1997).

Schließlich wird durch Abgleich mit dem qualitativen und quantitativen Personalbestand der *Nettopersonalbedarf* ermittelt.

**Maßnahmenplanung:** Von der Bedarfsrechnung ist die gestalterische Umsetzung der Bedarfsrechnung zu trennen. Im Falle einer Unterdeckung stellt sich in einem ersten Schritt die Frage, ob die benötigten Qualifikationen am Arbeitsmarkt beschafft werden können und/oder ob sie durch Personalentwicklung von den beschäftigten Arbeitnehmern angeeignet werden sollen. Bei einer Überdeckung stellt sich die Frage, ob und in welcher Weise interne Arbeitsplatzwechsel und Freisetzungen erforderlich sind. Die entsprechenden Planungsfelder sind dann im Rahmen einer integrierten Personalplanung aufeinander abzustimmen. In der *Personalbeschaffungsplanung* geht es dann um die zeitpunktbezogene Beschaffung von Personal. Dies umfasst nicht nur die interne oder externe Beschaffung, sondern auch die simultane Freisetzung oder Entwicklung von Personal. Ferner geht es um Entscheidungen, welche Auswahlverfahren geeignet sind und wer die Akteure der Beschaffung sein werden, z.B. Personalabteilung, Linienvorgesetzte mit und ohne Einbeziehung von Arbeitnehmern. Nicht mehr benötigte Qualifikationen sind im Rahmen der *Personalabbauplanung* auf einer langfristigen Zeitachse unter Umständen eher sozialverträglich abzubauen oder anzupassen. Als Maßnahmen sind hier vor allem die Ausnutzung natürlicher Fluktuation und die Verkürzung von Arbeitszeit relevant geworden. Aufgabe der *Personalentwicklungsplanung* ist die Ermittlung des gegenwärtigen und zukünftigen Bildungsbedarfs und die Vorbereitung von Maßnahmen zur Aus-, Fort- und Weiterbildung.

Unzureichende Planung, Fehler oder Irrtümer im Bereich der Personalbedarfsplanung können den Verlust von Arbeitsplätzen nach sich ziehen oder Chancen in strategischen Geschäftsfeldern behindern, wenn Personal nicht in ausreichendem Maße und in der erforderlichen Qualität beschafft oder entwickelt werden kann. Vor diesem Hintergrund ist die Forderung nach einer möglichst präzisen Planung verständlich. Bei genauerer Betrachtung zeigt sich aber, dass hohe Erwartungen zu relativieren sind. Ungeachtet der methodischen Präzision der Verfahren bleiben einige Grundprobleme bestehen: Die Einflussgrößen der Personalbedarfsplanung sind zum größten Teil wenig quantifizierbar und gehen als *Schätzungen* oder Annahmen in die Berechnungen ein. Je nach Informationsstand, Interessen, Risikobereitschaft und Zeithorizont können hier erhebliche Differenzen in der Bewertung des gleichen Sachverhaltes zwischen verschiedenen Akteuren auftreten. Lineare oder kausale Zusammenhänge zwischen einem oder mehreren Faktoren und dem Personalbedarf sind eher selten. Vielmehr wirken Einflussfaktoren in verschiedene Richtungen, ohne dass die Konsequenzen immer präzise antizipiert werden können. Es ist anzunehmen, dass insbesondere Strategiewahl und technologische Optionen als Ausdruck einer politischen Willensbildung im Management erheblichen Einfluss auf den Personalbedarf haben. Gerade in diesen Bereichen ist der Anteil an Annahmen und Schätzungen erheblich.

In der qualitativen Personalbedarfsplanung existieren *Erfassungs- und Systematisierungsprobleme* im Hinblick auf notwendige Qualifikationsprofile. Auch wenn die Erfassung von Qualifikationsmerkmalen in Personalinformationssystemen gelingt, bleibt das Problem, dass die Qualifikationsbestände mit den sich schnell ändernden Anforderungen kollidieren. Unternehmen mit einem Bedürfnis nach Planungssicherheit benötigen hier ein permanentes Erfassungs-, Kontroll- und Veränderungssystem.

Auch quantifizierbare Daten sind nicht objektiv. Daten, wie z.B. Verkaufsfläche pro Verkäufer, Umsatz je Mitarbeiter, Vorgänge je Sachbearbeiter, lassen sich berechnen, setzen aber Entscheidungen voraus. Auch Zeitaufnahmen unterliegen immer dem Spannungsfeld von divergierenden Interessen zwischen Arbeitnehmer und Arbeitgeber. Der Personalbedarf sinkt, wenn eine hohe Normalleistung unterstellt wird und steigt entsprechend, wenn eine niedrige Normalleistung angenommen wird.

Vor diesem Hintergrund ist die theoretische Weiterentwicklung von Personalplanungsmodellen bescheiden geblieben. Dafür werden in erster Linie die o.a. methodischen Gründe herangezogen. Personalprobleme sind schlecht isolierbar und quantifizierbar; der Zusammenhang mit sozialen Zielsetzungen erschwert eine methodische und konzeptionelle Entwicklung.

Auch die Anwendung von Personalplanungsmodellen in der Praxis wurde mehrfach erhoben (vgl. die Übersicht bei Bosch et al. 1995, 36ff.). Wenn Personalplanungsmodelle überhaupt angewandt werden, geschieht dies in großen Unternehmen in der Regel als Bedarfs-, Bestands- und Beschaffungs-, gegebenenfalls auch als Entwicklungsplanung. Im Vordergrund stehen dann folgende Fragen:

- Auf welchen Arbeitsmärkten soll das Personal beschafft werden?
- Wie soll das Personal beschafft oder gegebenenfalls wieder entlassen werden?
- Wie kann Personal entwickelt werden?
- Wie soll die Arbeit gestaltet und die Zusammenarbeit der Arbeitnehmer organisiert werden?
- Wie soll Personal entlohnt werden?

Dieses Bereitstellungs- und Einsatzproblem ist in den jeweiligen Teilgebieten theoretisch und empirisch gut bearbeitet und soll im Folgenden vertieft werden.

## Literaturempfehlungen

*Mag, W. (1998): Einführung in die betriebliche Personalplanung. 2., völlig neu bearb. Aufl., München.*

*Wimmer, P. (1991): Personalplanung: Problemorientierter Überblick – theoretische Vertiefung. Stuttgart.*

*RKW (1996): RKW-Handbuch – Praxis der Personalplanung. 3. Aufl., Neuwied - Darmstadt.*

Hierbei handelt es sich um umfassende und gut verständliche Übersichten über die wesentlichen Verfahren der Personalplanung.

*Gaugler, E.; Oechsler, W.A.; Weber, W. (Hrsg.) (2004): Handwörterbuch des Personalwesens. 3., überarb. und erg. Aufl., Stuttgart.*

In diesem Handwörterbuch findet der Leser eine Vielzahl sehr informativer Beiträge zur Vertiefung von Personalplanungsproblemen.

# 2 Personalbeschaffung

## 2.1 Einführung

Die qualitative und quantitative Personalbedarfsplanung kann ergeben, dass im Planungszeitraum eine Unterdeckung vorhanden ist. Rein planungstechnisch gesehen könnte davon ausgegangen werden, dass z.B. die Antizipation neuer Geschäftsfelder dazu geführt hat, neue Tätigkeitsfelder, Aufgaben und Anforderungen zu bestimmen und mit dem Personalbestand abzugleichen, um auf diese Weise einen qualitativen Bedarf im Planungszeitraum zu bestimmen. In ähnlicher Weise könnte die Antizipation höherer Umsätze dazu geführt haben, dass ein Abgleich mit dem Personalbestand einen quantitativen Bedarf ergibt.

Die damit meist verbundene *Personalbeschaffung* ist allerdings nicht zu verwechseln mit der *Einstellung* von neuen Mitarbeitern. Vielmehr wird der ermittelte Personalbedarf völlig unterschiedliche Personalbeschaffungsaktivitäten auslösen, je nachdem, welche Beschaffungsphilosophie im Unternehmen vorherrscht.

So könnte beispielsweise eine gut ausgebaute Personalentwicklung den Blick auf die Frage lenken, ob qualitativer Personalbedarf durch Entwicklung von bereits im Unternehmen beschäftigten Arbeitnehmern gedeckt werden kann. Dies liegt nahe, wenn der Abgleich zwischen Personalbedarf und Personalbestand eine Bedarfslücke aufzeigt, die durch kontinuierliche Entwicklung der Arbeitnehmer geschlossen werden kann. Aber auch wenn neue Geschäftsfelder erschlossen werden sollen, die neue Qualifikationen voraussetzen, könnten Unternehmen prüfen, ob denjenigen Arbeitnehmern Weiterbildungsmöglichkeiten angeboten werden sollen, die beispielsweise in Geschäftsfeldern tätig sind, von denen erwartet wird, dass sie an Bedeutung verlieren werden. In ähnlicher Weise könnte der Bedarf an zukünftigen Fachkräften durch verstärkte Ausbildungsanstrengungen oder ein zunehmender Bedarf an Führungskräften durch ein internes Entwicklungs- und Karriereprogramm befriedigt werden.

Personalbeschaffung könnte als ein rationaler Prozess der Personalauswahl für spezifizierte Stellen verstanden werden. In der strengen Planungslogik werden zunächst *Aufgaben* bestimmt und in einer *Stellenbeschreibung* niedergelegt. Anschließend werden *Anforderungen* an den zukünftigen *Stelleninhaber* definiert und diese Anforderungen in die *erforderlichen Qualifikationen* übersetzt. In einem nächsten Schritt wäre dann zu prüfen, wie diese Fähigkeiten, Fertigkeiten oder Verhaltensweisen im Rahmen einer Personalauswahl erhoben werden, ob beispielsweise *Interviews* geführt werden sollen, *Tests* oder ein *Assessment-Center* für adäquat gehalten werden. Auf der Basis von Messvorschriften würde dann der Bewerber ausgewählt, der im Sinne der Messsystematik die höchsten Werte im Auswahlprozess erhält.

In Auswahlverfahren wird damit geprüft, ob die Qualifikationen des Bewerbers mit den Anforderungsprofilen übereinstimmen, und es sollen zukünftige Leistungen des Bewerbers prognostiziert werden. Angesichts der Komplexität des Auswahlprozesses und seiner Tragweite für die zukünftige Leistungserstellung ist die Bedeutung dieses Themas offensichtlich, und ein großer Teil der wissenschaftlichen Forschung konzentriert sich auf die Frage, ob gesicherte Beziehungen zwischen Auswahlverfahren und späterem Berufserfolg identifiziert werden können.

## 2.2 Auswahlphilosophien und Beschaffungsmethoden

Auf der Basis von Grundsatzentscheidungen unterscheiden sich Unternehmen häufig im Hinblick auf ihre **Auswahlphilosophie**, ohne dass dies den Auswählenden notwendigerweise bewusst sein muss. Diese Auswahlphilosophien folgen nicht unbedingt einer rationalen Ableitungslogik, sondern ganze Branchen setzen eher darauf, bestimmte Personengruppen zu akquirieren, in der Einschätzung, dass diese Personengruppe (z.B. Absolventen bestimmter Hochschulen oder Personen mit einem bestimmten Erziehungshintergrund) über eine qualifikatorische Basis verfügt, die im Unternehmen weiterentwickelt werden kann. Unternehmen, die Persönlichkeiten suchen, haben implizite Vorstellungen über den idealen Typ und entwerfen beispielsweise in Personalmarketingkonzepten Marketingstrategien, um potenzielle Bewerber mit geeigneten Anreizen dort anzusprechen, wo diese Idealtypen am ehesten zu finden sind. Diese Unternehmen gehen davon aus, dass die notwendige Sozialisation und Qualifikation vom Unternehmen vermittelt werden kann (z.B. bei Trainees) und dass die entsprechende Veränderung der Arbeitsplatzrealität durch das Anpassungsvermögen des Stelleninhabers bewältigt wird. Vor diesem Hintergrund können **Beschaffungsmethoden** nach Lengnick-Hall (2000) wie folgt unterschieden werden:

| Beschaffungs-methode | Annahmen | Implikationen |
|---|---|---|
| Anforderungs-orientierte Beschaffung | Die Organisation besteht aus identifizierbaren Aufgaben. Diese Aufgaben verändern sich vorhersehbar und kontinuierlich. Anforderungen für diese Aufgaben können beschrieben werden. Leistung kann gemessen oder beurteilt werden. | Lege für Aufgaben Anforderungen fest. Leite daraus Leistungskriterien ab. Lege Auswahlverfahren fest. Entwickle Messverfahren und Messvorschriften. Stelle Personen mit der höchsten Qualifikation/dem höchsten Potenzial ein. |
| Beschaffung als Unterstützung der Strategie | Die Unternehmensstrategie ist bekannt und operational definiert. Der Beitrag des Personals zur Unternehmensstrategie ist erwünscht. Personal kann diesen Beitrag leisten. | Identifiziere die Unternehmensstrategie. Beschreibe Fähigkeiten, die zur Unterstützung der Unternehmensstrategie benötigt werden. Beschaffe Personen, die Fähigkeiten zur Unterstützung der Strategie aufweisen. |
| Beschaffung zur Generierung von Strategien | Strategien werden durch den Pool an Humanressourcen erneuert. Beschaffung hat einen hohen Stellenwert für die strategische Erneuerung. | Beschaffe Personal, das zur Organisation passt. Achte auf ein breites Spektrum an Fähigkeiten. Schaffe Voraussetzungen, damit talentiertes Personal in die Strategiegenerierung einbezogen wird. |

Abbildung II / 2: Personalbeschaffung und Unternehmensstrategie
(In Anlehnung an Lengnick-Hall 2000, 13.25ff.)

In der *anforderungsorientierten Beschaffung* rekrutieren Unternehmen für einen bestehenden Arbeitsplatz geeignete Arbeitnehmer. Damit sind Personen zu ermitteln, die die notwendigen Anforderungen des Arbeitsplatzes erfüllen. Informationen, welche Anforderungen sich im Hinblick auf die Stelle spezifizieren lassen, werden z.b. dem Organigramm, den Ablauf- und Prozessbeschreibungen sowie den Arbeitsplatzbeschreibungen entnommen. Darüber hinaus sind es Vorgesetzte, der bisherige Stelleninhaber und Kollegen des Stelleinhabers, die Informationen für Anforderungen eines Arbeitsplatzes zur Verfügung stellen können. Diese Informationen werden in ein Anforderungsprofil überführt; die daraus resultierenden Qualifikationen bilden das Rohmaterial für spezifische Auswahlverfahren. Diese Anforderungsprofile lassen sich unterschiedlich kategorisieren (vgl. Lengnick-Hall 2000, 13.25ff.; Van Vianen 2005, 419ff.; Ployhart et al. 2006, 100ff.).

Aus der *Perspektive des zu besetzenden Arbeitsplatzes* können Anforderungsprofile so strukturiert sein, dass eine Übereinstimmung zwischen Anforderungen des Arbeitsplatzes und den Fähigkeiten des Bewerbers im Auswahlprozess gesucht wird:

- Bei gut strukturierten Aufgaben stehen beispielsweise die aktuelle Qualifikation und die Berufserfahrung eines Bewerbers im Mittelpunkt.
- Bei schlecht strukturierten und sich verändernden Aufgaben spielen die Breite der Qualifikation und der berufliche Hintergrund eine größere Rolle.
- Bei sehr schlecht strukturierten und sich schnell verändernden Aufgaben wird das Auswahlverfahren eher Anforderungsprofile enthalten, die das Entwicklungspotenzial des Bewerbers in den Mittelpunkt stellen.

Allerdings ist diese selbstverständliche Voraussetzung, dass Auswahlverfahren auf einer präzisen Ableitung von Anforderungen aus den Aufgaben basieren, mit Schwierigkeiten behaftet. So ist schon die Beschreibung eines Arbeitsplatzes ein eher konstruktiver als objektiver Vorgang. Faktisch sagen Arbeitsplatzbeschreibungen nur wenig über die Arbeitsplatzrealität aus. Unterschiedliche Perspektiven (Vorgesetzte, Personalabteilung) erzeugen andere Realitäten. Ein neu eingestellter Arbeitnehmer wird diesen Arbeitsplatz anders ausfüllen, als ein Bewerber aus dem Unternehmen, und beide werden ihre zukünftige Tätigkeit anders ausfüllen, als dies die Beschreibenden antizipiert haben. Nicht immer sind diejenigen, die den Arbeitsplatz beschrieben haben, auch diejenigen, die den Bewerber auswählen. In ähnlicher Weise lässt sich in Bezug auf die aus den Arbeitsplatzbeschreibungen resultierenden Anforderungen argumentieren: Hierbei handelt es sich um einen Prozess der Reduktion von Komplexität. Es können nicht alle Anforderungen in ihrer gesamten Komplexität dargestellt, sondern immer nur Ausschnitte schriftlich festgehalten werden. Wie stark der Reduktionsprozess ist, kann gut in der Wiederholung von Schlüsselbegriffen beobachtet werden, die in Anzeigen, z.B. hinsichtlich erwünschter Verhaltensweisen von Führungskräften, formuliert werden.

In *strategieunterstützenden Methoden* der Personalbeschaffung fokussieren Unternehmen strategierelevante Eignungen. Beispielsweise werden Unternehmen, die ihre Strategie auf die *Kostenführerschaft* ausgerichtet haben, bei der Rekrutierung von Führungskräften andere Kriterien anlegen, als Unternehmen, die eine *Qualitätsführerschaft* anstreben. Auch bei der Rekrutierung weiterer Arbeitnehmer wird die Bereitschaft zur Anpassung an und Realisierung von entsprechenden Programmen dann in der Auswahlmethode Berücksichtigung finden.

In *strategiegenerierenden* Verfahren verändern Unternehmen ihre Strategien kurz-zyklisch und benötigen Arbeitnehmer, die über ein breites Einsatzspektrum verfügen. Das Unternehmen konzentriert sich dann darauf, Personal zu beschaffen, das zur Organisation passt und den Strategiewechsel aktiv unterstützt. Meist werden diese Arbeitnehmer über »Talent-Pools« intern entwickelt, aus denen die besten Arbeitnehmer in den sich neu herausbildenden Strategiefeldern eingesetzt werden.

Es stellt sich damit die Frage, auf welche Weise bei den Bewerbern festgestellt werden soll, ob sie über die erforderlichen Fertigkeiten, Fähigkeiten, Kenntnisse oder Potenziale verfügen. Es ist also zu entscheiden, welche Charakteristika des Arbeitsplatzes mit welchen Eignungen eines Bewerbers verglichen werden sollen und welche Methoden der Eignungsdiagnostik anzuwenden sind.

## 2.3  Auswahlverfahren als Eignungsprüfung

Personalauswahl wird meist in erster Linie als Eignungsprüfung im Hinblick auf spezifizierte Anforderungen einer Arbeitsstelle verstanden. Idealtypisch werden:

- für zukünftige Aufgaben Anforderungen festgelegt;
- daraus Kriterien abgeleitet, wie diese Anforderungen durch zukünftige Leistungen bewältigt werden können;
- Auswahlverfahren festgelegt, die diese zukünftigen Leistungen abbilden;
- Messverfahren und -vorschriften entwickelt, die Unterschiede zwischen Bewerbern oder das Ausmaß der Eignung feststellen (vgl. Schmitt/Robertson 1990, 290).

Die Entscheidung, ob bestimmte Verfahren der Personalauswahl heranzuziehen sind, wird von weiteren Größen beeinflusst. Je nach Größe des Betriebes und Art des zu beschaffenden Personals sind bei der Verwendung von Methoden Verfahrenskosten und qualifiziertes Personal zur Durchführung dieser Methoden von Bedeutung. Es stellt sich aber die Frage, ob tatsächlich mit Hilfe der einzusetzenden Verfahren auf den zukünftigen Berufserfolg geschlossen werden kann. Dies ist nicht nur von praktischem, sondern auch von theoretischem Interesse. Wissenschaftler interessieren vor allem verschiedene Validitätsmaße. Hierunter kann man die »*... Angemessenheit, Bedeutsamkeit und Brauchbarkeit der Schlussfolgerungen verstehen, die aus den Ergebnissen diagnostischer Verfahren gezogen werden*« (Schuler et al. 1993, 8). Unterschieden werden in der Regel (vgl. Weuster 2012a, 14ff.):

- die *Konstruktvalidität* (Erfasst das eingesetzte Verfahren die gewünschte Beobachtungsdimension?),
- die *Inhaltsvalidität* (Ist das eingesetzte Verfahren repräsentativ für die spätere berufliche Situation?) und
- die *Prognosevalidität* (Lassen sich aus dem beobachtbaren Verhalten Schlussfolgerungen im Hinblick auf das spätere berufliche Leistungsverhalten ziehen?).

Insbesondere der letzte Aspekt ist Gegenstand von Untersuchungen, die – bezogen auf unterschiedliche Auswahlverfahren – im Folgenden vorgestellt werden.

## 2.3.1 Bewerbungsunterlagen

Bestandteil nahezu jeden Auswahlverfahrens ist die Analyse von Bewerbungsunterlagen. Üblicherweise umfassen diese die Bestandteile Lebenslauf, Bewerbungsschreiben, Foto, Zeugnisse und Referenzen. Bewerbungsunterlagen weisen heute ein hohes Ausmaß an formaler Übereinstimmung auf, da ihre Erstellung Teil berufsvorbereitender Ausbildung ist und auch eine professionelle Beratung im Vorfeld der Bewerbung möglich ist. Deshalb gilt die Aussagekraft im Hinblick auf formale Kriterien als gering und dient zunächst der Vorselektion, welche an Hand von Selektionskriterien erfolgt, wie z.B. Struktur, Aufbau und Konsistenz der Bewerbung, Sorgfalt, Fehlerfreiheit und Vollständigkeit. Das Anschreiben gilt als erste Arbeitsprobe, in der sprachliche Ausdrucksfähigkeit, (moderate) Originalität und die Art der Selbstdarstellung bewertet werden. Häufig wird hier auf die intellektuelle und soziale Kompetenz geschlossen.

In einer weiteren Stufe werden inhaltliche Aspekte wie Ausbildung, Berufserfahrung und Weiterbildung mit den Anforderungen der zu besetzenden Stelle und damit der qualifikatorischen Übereinstimmung abgeglichen. Gleichzeitig dienen diese Informationen im Zusammenhang mit dem Lebenslauf aber auch als Hinweise auf Engagement, Zielstrebigkeit und Beständigkeit. Diese Auswertung der Bewerbungsunterlagen ist häufig gleichzeitig Vorbereitung für die Interviews einzuladender Bewerber.

---

Auswertung von Bewerbungsunterlagen

1. Formale Aspekte
   - Ist die Bewerbung ordentlich und übersichtlich angelegt?
   - Ist sie fehlerfrei?
   - Sind Art und Umfang der Bewerbung der zu besetzenden Position angemessen?
2. Vollständigkeit
   - Ist ein Anschreiben enthalten?
   - Ist ein ausführlicher oder tabellarischer Lebenslauf enthalten (je nach Aufforderung)?
   - Sind qualifikationsbezogene Unterlagen enthalten?
3. Erforderliche Ausbildung
   - Zeugnisse
   - Praktikumsnachweise
   - sonstige Bescheinigungen
   - ausbildungsbedingter Auslandsaufenthalt
4. Erforderliche Spezialkenntnisse
   - Sprachen
   - EDV-Kenntnisse
   - sonstige Zusatzausbildungen, Lehrgänge etc.
5. Übereinstimmung Lebenslauf / Belege
   - Lückenlosigkeit
   - Zeitfolgeanalyse
6. Plausibilität des Stellenwechsels
   - Abfolge der Positionen
   - Nachvollziehbarkeit der Arbeitgeberwechsel

---

7. Schulnoten
   - gut geeignet zur Prognose weiterer Ausbildungsleistungen
   - wenig geeignet zur Prognose des Berufserfolgs
8. Studienleistungen
   - falls bekannt, Notenniveau von Hochschule und Studienfach berücksichtigen
   - Qualität der Abschlussarbeit ist wichtiger als das Thema
9. Arbeitszeugnisse und Referenzen
   - meist nur verlässlich, wenn von Fachleuten ausgestellt
   - persönliche Referenzen meist aussagekräftiger als schriftliche
10. Ergänzende anforderungsspezifische Aspekte
    - Berufserfahrung
    - Mobilität usw.
11. Offengebliebene Fragen werden für das Gespräch vorgemerkt

Abbildung II / 3: Auswertung von Bewerbungsunterlagen
(In Anlehnung an Schuler 2009, 124)

Befunde zur Wirkung von Bewerberunterlagen sind Gegenstand mehrerer vergleichender Untersuchungen. Weuster (2012a, 111ff.) zitiert empirische Untersuchungen, wonach die Bedeutung des Bewerbungsschreibens eher durchschnittliches Gewicht aufweist. Untersuchungen zum Lichtbild und zur Wirkung des Aussehens von Personen bestätigen regelmäßig den »beauty-is-good-effect«. Dieser Effekt wird allerdings relativiert, wenn weitere Informationen im Verlauf des Bewerbungsverfahrens hinzugezogen werden, insbesondere Informationen über die Qualifikation des Bewerbers.

## 2.3.2 Tests

In Tests soll auf der Basis standardisierter Verfahren eine Messung individueller Verhaltensmerkmale erfolgen. Wie in den anderen Verfahren auch, ist hier die Grundannahme, dass die gemessenen Merkmale Aufschlüsse über den zukünftigen Berufserfolg geben können (vgl. die Übersicht bei Ployhart et al. 2006, 434ff.; Schuler 2009, 131). Hierzu zählen z.B.:

- **Intelligenztests.** Sie sollen die intellektuelle Leistungsfähigkeit von Bewerbern qualitativ und quantitativ ermitteln.
- **Leistungstests.** Sie sollen die Belastungsfähigkeit des Bewerbers messen.
- **Persönlichkeitstests.** Sie sollen neben der fachlichen Kompetenz auch die Charakter- und Persönlichkeitsstruktur ermitteln. Über Fragebögen werden hier Persönlichkeitsmerkmale abgefragt.

Tests sind aufwendig, kostenintensiv und umstritten. Dennoch sind sie in der Praxis weit verbreitet, da davon ausgegangen wird, dass die Summe der Vorteile die der Nachteile überwiegt. Kompa (1989, 140ff.) nennt folgende, immer wieder auftauchende Argumente, die als Vorteile dargestellt werden:

- Die *Standardisierung* von Tests erzeugt Chancengleichheit für alle Bewerber. Andere quantifizierbare Kriterien, wie z.B. Schulnoten, sind weniger geeignet, da unterschiedliche Schulformen und Ausbildungsstandards die Vergleichbarkeit erschweren.

- Tests sind objektiv. Es entfallen damit Wahrnehmungsfehler und andere intersubjektive Verfälschungen.
- Tests werden nach einem rationalen Schema entwickelt, methodisch überprüft und müssen sich empirisch bewähren.
- Tests liefern quantitative oder quantifizierbare Ergebnisse, die den Interpretationsspielraum einengen und eindeutige Aussagen im Hinblick auf die erhobenen Merkmale zulassen.
- Bewertungsmaßstäbe und Bezugsgruppen werden offengelegt. Die Ergebnisse können miteinander verglichen werden.
- Tests können eingesetzt werden, um vorhandene Informationen zu ergänzen oder zu korrigieren, die auf anderem Wege nicht zu beschaffen sind.

Die Wirkungen von Tests sind allerdings, wie bereits aufgezeigt, umstritten (vgl. zum Folgenden Kompa 1989, 140ff.). In **theoretischer Hinsicht** basiert die traditionelle psychologische Diagnostik auf den Annahmen der *Eigenschaftstheorie*, wonach Eigenschaften situativ und temporär invariant sind, Universalität aufweisen und bei allen Menschen in unterschiedlicher Intensität ausgeprägt sind. Sie können deshalb gemessen werden, und aus den Messwerten kann ein kausaler Zusammenhang im Hinblick auf zukünftige Verhaltensweisen geschlossen werden. Allerdings unterliegen die meisten Verhaltensmerkmale nicht nur Schwankungen, sondern sind auch durch Lernprozesse veränderbar. Die Universalitätsannahme verkennt, dass sich das reichhaltige individuelle Spektrum nicht auf wenige Dimensionen reduzieren lässt. Die erzielte Vergleichbarkeit der Dimensionen wird durch eine erhebliche Reduktion der psychischen Realität erreicht. Auch die Annahme, dass Testleistungen durch Eigenschaften determiniert werden und Aussagen über zukünftige Leistungen zulassen, verneint, dass unterschiedliche Situationen unterschiedliches Verhalten bewirken.

Auch in **methodischer Hinsicht** sind Tests vielfacher Kritik unterzogen worden (vgl. die Übersicht bei Rothstein/Goffin 2006, 157ff.). Im Wesentlichen konzentriert sich die Kritik auf die *Reliabilität* (Verlässlichkeit der Tests, Grad der Messgenauigkeit) und die *Validität* (wird das gemessen, was gemessen werden soll?) der angewandten Verfahren. Häufig ist unklar, was Tests erheben, und der prognostische Wert ist insbesondere dann zweifelhaft, wenn es keine Beziehung zwischen den erhobenen Verhaltensmerkmalen und den zukünftigen Anforderungen gibt.

Unter **ethischen Gesichtspunkten** wird das Eindringen in die Privatsphäre durch Tests von Bewerbern als unangenehm und belastend empfunden. Die an sich schon als einseitig interpretierte Abhängigkeit des Bewerbers wird verstärkt, wenn mit Hilfe der psychologischen Eignungsdiagnostik der Eindruck entsteht, dass Verborgenes oder Zurückgehaltenes erhoben werden soll, ohne dass der Bewerber die dahinterliegenden Kriterien durchschaut. Hier wird deutlich, dass ein enger Zusammenhang zwischen verwendeten Auswahlinstrumenten und der Auswahlphilosophie eines Unternehmens besteht. Bereits zu Beginn einer Kontaktaufnahme transportiert hier das Unternehmen seine Basisannahmen über Menschen.

Ungeachtet dieser Kritik zeichnen empirische Untersuchungen, und insbesondere neuere Meta-Analysen, ein im Hinblick auf verschiedene Testarten sehr differenziertes Bild. Meta-Studien beinhalten statistische Methoden, mit deren Hilfe Ergebnisse von empirischen Untersuchungen zusammengefasst und ausgewertet werden. Beispielsweise sichten Rothstein und Goffin den Forschungsstand zu Persönlichkeitstests und kommen zu dem Ergebnis:

*»Numerous meta-analytic studies on personality-job performance relations con-ducted in the 1990s repeatedly demonstrated that personality measures contribute to the prediction of job performance criteria and if used appropriately, may add value to personnel selection practices« (Rothstein/Goffin 2006, 174).*

Schmidt und Hunter (1998) bescheinigen Tests, die allgemeine mentale Fähigkeiten messen (wie z.B. Intelligenz oder kognitive Fähigkeiten), auf der Basis ihrer Meta-Analyse eine hohe Validität im Hinblick auf die Vorhersage von zukünftiger Leistung und Lernerfolg: *»The most well-known conclusion from this research is that for hiring employees without previous experience in the job the most valid predictor of future performance and learning is general mental ability...«* (Schmidt/Hunter 1998, 262).

### 2.3.3   Einstellungsinterviews

Das Einstellungsinterview beinhaltet ein oder mehrere Gespräche zwischen Bewerber und Vertretern des Unternehmens (häufig Personalabteilung und zukünftiger Fachvorgesetzter). Die Funktionen des Interviews sind vielfältig (vgl. die Übersicht bei Macan 2009). In erster Linie geht es darum, durch das Gespräch die Erwartungen des Bewerbers kennen zu lernen und den zukünftigen Leistungserfolg abzuschätzen. Aus Sicht des Bewerbers geht es darum, den zukünftigen Arbeitsplatz und die dort entstehenden Leistungsanforderungen kennen zu lernen.

Diese Gespräche können unstrukturiert oder strukturiert verlaufen. Es gibt Hinweise aus empirischen Untersuchungen, dass Interviewer die Interviews als eine Art Persönlichkeitstest interpretieren, von dem sie glauben, dass sie aufgrund ihrer Erfahrung, Intelligenz und Menschenkenntnis den passenden Bewerber herausfiltern können. Aufgrund der hohen Fehlerquellen gilt aber das **unstrukturierte Interview** als wenig valide (vgl. Schmidt/Hunter 1998). Dies kann z.B. darauf zurückgeführt werden, dass im Vorstellungsgespräch der Interviewer bis zum dreifachen der Redezeit für sich beansprucht. In unstrukturierten Interviews werden viele Information über das Unternehmen und die Stelle gegeben (to sell the company), und Interviewer verwenden auf später akzeptierte Bewerber mehr sprachliche Anteile als auf später abgelehnte Bewerber (vgl. Weuster 2012b, 160f.).

Auch weitere Effekte, insbesondere bei der Urteilsbildung, sind als Fehlerquellen bekannt (vgl. Schuler 2002, 41ff.). So führt z.B. die Überbewertung einzelner Verhaltensmerkmale zur Konzentration auf allgemein anerkannte Stereotypen, z.B. Intelligenz, Gelassenheit, Interesse, Durchsetzungsfreudigkeit, Sensibilität, Aktivität, Reife, Verantwortungsbewusstsein (vgl. Anderson/Shackleton 1990, 73ff.). Häufig suchen Interviewer Bestätigungen für unbewusste Annahmen über die ideale Persönlichkeit. Sie reagieren positiv, wenn es Übereinstimmungen zwischen Interviewer und Bewerber gibt, auch wenn der Zusammenhang zur späteren Tätigkeit keine Rolle spielt (vgl. Fletcher 1990; Bagues/Perez-Villadoniga 2012). Auch non-verbales Verhalten wie Augenkontakt und Gesichtsausdruck ist von Bedeutung. Greift der Bewerber entsprechend zu Techniken der Selbstpräsentation, hat dies unter Umständen Einfluss auf die Auswahlentscheidung der Interviewer. Häufig – so resümiert Anderson (1991, 415) in Anlehnung an Laborexperimente und empirische Untersuchungen zu Auswahlverfahren – kommt es nicht darauf an, was ein Bewerber sagt, sondern wie er es sagt. Vielleicht aber – so eine Schlussfolgerung von Barrick et al. (2000) – geht es im Interview auch weniger um die Prognose des fits von Aufgabe und Person, sondern die Interviewer suchen nach Übereinstimmung mit Werten, Zielen und Unternehmenskultur.

Das **strukturierte Interview** mit Bezug auf die Anforderungen des Arbeitsplatzes weist in empirischen Untersuchungen bessere Prognosewerte auf (vgl. McDaniel 1994; Schmidt/Hunter 1998, 267). Strukturierte Interviews gelten als zuverlässiger, wenn

- eine anforderungsbezogene Gestaltung des Interviews vorgenommen wird,
- der Interviewverlauf und die Fragenabfolge strukturiert sind,
- validierte Merkmale verwendet werden,
- Information und Entscheidung getrennt werden und
- mehrere unabhängige und kompetente Beurteiler beteiligt sind (vgl. Schuler et al. 1993, 295f.; Schuler 2009, 126).

Als wichtiges Prinzip gilt, dass nur solche Informationen erhoben werden sollen, die nicht anderweitig besser erhoben werden können.

Dem in Abbildung II / 4 dargestellten **Multimodalen Einstellungsinterview** wird in mehreren Studien eine vergleichsweise hohe prognostische Validität zugeschrieben (vgl. Schuler 2000, 84ff.; 2002, 188ff.; Weuster 2012a, 284ff.).

Insbesondere die biographie- und situationsbezogenen Fragen gelten als Basis für eine zufriedenstellende prognostische Validität.

---

**Aufbau eines Multimodalen Interviews**

**Gesprächsbeginn.** Kurze informelle Unterhaltung; Bemühen um angenehme und offene Atmosphäre; Vorstellung; Skizzierung des Verfahrensablaufs; keine Beurteilung.

**Selbstvorstellung des Bewerbers.** Bewerber spricht einige Minuten über seinen persönlichen und beruflichen Hintergrund.

**Freies Gespräch.** Interviewer stellt offene Fragen in Anknüpfung an Selbstvorstellung und Bewerbungsunterlagen.

**Berufsinteressen, Berufs- und Organisationswahl.** Hier werden Fragen zu berufsbezogenen Interessen, Motiven und Hintergründen der Berufswahl gestellt.

**Biographische Fragen.** Biographische (oder »Erfahrungs-«) Fragen werden aus Anforderungsanalysen abgeleitet und anforderungsbezogen aus biographischen Fragebögen übernommen.

**Realistische Tätigkeitsinformation.** Ausgewogene Information seitens des Interviewers über Arbeitsplatz und Unternehmen. Überleitung zu situativen Fragen.

**Situative Fragen.** Hier werden erfolgskritische Situationen geschildert und Fragen nach dem Verhalten des Bewerbers in dieser Situation gestellt.

**Gesprächsschluss.** Fragen des Bewerbers; Zusammenfassung; weitere Vereinbarungen.

---

Abbildung II / 4: Multimodales Interview
(In Anlehnung an Schuler 2000, 90; 2002, 191ff.)

Das **situative** Vorstellungsgespräch geht von der Annahme aus, dass es für bestimmte Situationen eher gute oder eher schlechte Reaktionsmöglichkeiten gibt, die in Vorstellungsgesprächen simuliert werden können. (»Was würden Sie tun, wenn ...; Wie würden Sie die folgende Situation handhaben?«). Der erfolgreiche Einsatz dieser Methode wird von zwei Voraussetzungen abhängig gemacht (vgl. Weuster 2012a, 247ff.):

1. *Sammlung kritischer Ereignisse:* Auf der Basis einer genauen Stellenanalyse wird nach erfolgskritischen stellenrelevanten Vorfällen und Situationen gefragt (critical incidents). Ist eine repräsentative Anzahl solcher kritischen Ereignisse zusammen-

gestellt, können Situationsschilderungen erstellt werden, die als typische Anforderungen für die zu besetzende Stelle gelten.

2. *Festlegung von Ankerantworten:* Zur besseren Vergleichbarkeit und Bewertung der Antworten werden mögliche Antworten festgelegt. Damit wird vorentschieden, welche Antwort als gute, mittlere oder schlechte Antwort gewertet werden soll. Diese Standardisierung trägt zur Strukturierung der Interviews bei und soll die Vergleichbarkeit der Bewerber verbessern.

Die von Weuster referierten Befunde zeigen gute Akzeptanz- und Praktikabilitätswerte. Im Hinblick auf die Validität zeigen sich ähnlich hohe Werte wie bei einem Assessment-Center. Als nachteilig werden der hohe Aufwand in der Vorbereitung und die im Bewerbergespräch künstlich beschriebene Situation interpretiert.

### 2.3.4 Assessment-Center

Unter einem Assessment-Center (AC) wird eine Verfahrenstechnik verstanden, in der mehrere eignungsdiagnostische Verfahren oder Aufgaben, die sich auf die erwartete Leistung beziehen, zusammengestellt werden. Ihr Einsatzbereich ist die Einschätzung aktueller Kompetenzen oder die Prognose zukünftiger beruflicher Entwicklung und Bewährung (vgl. zum Folgenden Obermann 2009; Kompa 2004a, 26ff.). Entworfen wurde das Verfahren nach dem Ersten Weltkrieg, um das Auswahlverfahren für deutsche Offiziere zu modifizieren. Die Zugehörigkeit zum Adel, die das bis dahin ausschlaggebende Selektionsinstrument darstellte, galt als wenig effektiv. Die Offiziersanwärterauswahl wurde deshalb als »charakterologische Komplexprüfung« konzipiert. Das Auswahlverfahren dauerte in der Regel drei Tage. Die Anwärter wurden in dieser Zeit von Truppenoffizieren betreut, sodass zusammen mit den Prüfungen ein umfassendes Bild entstand. Zu den verwendeten Verfahren gehörten: Lebenslauf, Ausdrucks-, Intelligenztest und Handlungsanalysen (reaktives, spontanes Handeln) sowie eine so genannte Führerprobe. Dem Bewerber wurden Soldaten unterstellt, mit denen er gemeinsam Aufgaben lösen sollte.

In England wurden AC – angeregt durch die deutschen »Erfolge« – zur Auswahl von Offiziersanwärtern eingesetzt. Das vorherige Auswahlverfahren (Empfehlung des Vorgesetzten) galt ebenfalls als wenig effektiv.

In den USA wurde 1942 die Auswahl von Geheimagenten durch AC reformiert. Von dort ausgehend wurden industrielle Formen des AC entwickelt und verbreiteten sich insbesondere in den 70er Jahren zunächst in den USA und anschließend seit den 80er Jahren in Deutschland.

#### 2.3.4.1    Begriff, Funktion und Merkmale von Assessment-Centern

Das Assessment-Center ist ein Verfahren zur Potenzialeinschätzung, bei dem

- von mehreren geschulten Beobachtern
- die Verhaltensleistungen
- mehrerer Teilnehmer
- in Bezug auf vorher definierte Anforderungen
- in simulierten Praxisdefinitionen

• beobachtet und beurteilt werden (vgl. Jeserich 1991, 33).

Üblicherweise nehmen sechs bis zwölf Personen an einem Assessment-Center teil und werden meist von bis zu sechs Personen beobachtet und beurteilt (Linienvorgesetzte, Psychologen, Mitarbeiter der Personalabteilung). Da die an einem Assessment-Center teilnehmenden Personen nicht isoliert beobachtet werden, sondern miteinander agieren, steht dahinter die Überlegung, dass die Aufgaben einen hohen Anteil sozial-kommunikativer Elemente enthalten, die in diesen Assessment-Centern überprüft werden können.

Als Ziele und Einsatzgebiete gelten Auswahl von externen und internen Bewerbern, Potenzialfeststellung für Führungsaufgaben, Ermittlung des Entwicklungs- und Aus- bzw. Weiterbildungsbedarfs sowie Förderung von Führungs- und Führungsnachwuchskräften.

Als besonderes Qualitätsmerkmal von AC gilt der in der Regel notwendige methodische Aufwand, der in fast allen Übersichtsdarstellungen und Praxisempfehlungen auf den folgenden Ebenen dokumentiert wird (vgl. Jeserich 1991):

1. So gilt als Mindeststandard, dass Übungen vorher festgelegt werden. Hier ist der Einsatz von verschiedenen Verfahren üblich, um Leistungen zu gleichen Anforderungen in wechselnden Situationen zu beobachten und zu bewerten. Die hierzu herangezogenen Übungen sollen dem Anspruch nach realitätsbezogen sein, was durch vorherige Analyse der relevanten Verhaltensweisen auf der Zielstelle oder -ebene festgestellt wird. Das beobachtete Verhalten soll systematisch mit dem Anforderungsprofil verglichen werden.
2. Ebenfalls als Mindeststandard gilt die inhaltliche, aber auch zeitliche Trennung von Beobachtung und Bewertung.

Hinzu kommt die notwendige Schulung der Beobachter, in der Regeln für die Beobachtung und Bewertung der Bewerber entwickelt und vermittelt werden.

## 2.3.4.2    Erhebung und Definition der Anforderungen

Eine wesentliche Stärke der AC-Methode stellt die Erhebung relevanter Anforderungen dar. Sie bildet den Ausgangspunkt zur Festlegung der Übungen. Im Prinzip lassen sich hier alle Daten heranziehen, die Auskünfte über die Anforderungen des zu besetzenden Arbeitsplatzes geben, beispielsweise Stellenbeschreibungen, Leistungsbeurteilungen und Einarbeitungs- oder Traineeprogramme. Darüber hinaus kann die Bestimmung der Anforderungen mit Hilfe von Expertenbefragungen erfolgen. Beispielsweise formulieren Experten Anforderungen im Hinblick auf die zu besetzende Stelle und ergänzen diese Anforderungen um verfügbare Informationen aus der Literatur. Dieses Bild eines idealtypischen Kandidaten wird strukturiert und im Hinblick auf Oberbegriffe geordnet: z.B. Motivation, praktische Intelligenz, emotionale Stabilität, zwischenmenschliche Beziehungen, kooperative Führung. Diese Variablen werden in einer Skala gewichtet, z.B.:

| sehr gering | gering | unter dem Durchschnitt | über dem Durchschnitt | hervorragend | sehr hervorragend |
|---|---|---|---|---|---|

Mit Hilfe dieser Skalen werden die Kandidaten in der AC-Situation bewertet.

Ebenfalls möglich ist die Befragung von Führungskräften, die relevante Anforderungen erheben, ordnen, gewichten und Merkmalsausprägungen festlegen. Im *Verfahren der kritischen Verhaltensbeschreibung* werden Vorgesetzte aufgefordert, Vorfälle zu benennen, die für die zu besetzende Führungsebene als besonders kritisch einzustufen sind. Diese kritischen Ereignisse werden gesammelt, gebündelt und wiederum Personen vorgelegt, die den Arbeitsplatz kennen, mit der Bitte, zu jedem Vorfall anzugeben, wie er von erfolgreichen Stelleninhabern gelöst werden könnte. In einer weiteren Variante wird danach gefragt, wie ein erfolgloser Stelleninhaber auf diese kritischen Ereignisse reagieren würde. Aus diesen Ereignissen und ihren Lösungsmöglichkeiten werden dann Anforderungen ermittelt, die auf der Basis von realitätsnahen Übungen im AC beobachtet werden können.

### 2.3.4.3    Aufgaben und Übungen

Eine vollständige Aufzählung von Übungen und Arbeitsproben, die inzwischen in der Literatur vorgestellt werden, ist aufgrund der Vielfalt nicht möglich. Im Folgenden werden einige typische und immer wiederkehrende Aufgaben und Übungen vorgestellt (vgl. zum Folgenden Jaffée et al. 1994, 583ff.; Sarges 2000, 701ff.; Kanning 2004, 437ff.; Thornton/Rupp 2006, 102ff.; Obermann 2009, 95ff.):

**(1) Postkorb:** Hier wird der Informationseingang und die Informationsverarbeitung einer Führungskraft simuliert. Es wird vorausgesetzt, dass der Bewerber 20 bis 40 Dokumente, wie z.B. Briefe, Notizen und Telefonmitteilungen, in einer begrenzten Zeit durcharbeitet, da er wegen einer unaufschiebbaren Reise für einige Zeit nicht erreichbar ist. Er soll deshalb Entscheidungen treffen und schriftliche Anweisungen hinterlassen, wie mit den dokumentierten Informationen zu verfahren ist. Von dieser Übung werden Beurteilungen über Planungs-, Entscheidungs-, Organisations- und Delegationsfähigkeiten erwartet.

**(2) Problemlösungsaufgaben:** Hier geht es im Sinne einer Fallstudie um die schriftliche Begutachtung eines Sachverhaltes. Die Fähigkeit, komplexe Sachverhalte zu überblicken, zu ordnen und analysieren zu können, Planungs- und Entscheidungsvermögen sowie die Fähigkeit zur schriftlichen Kommunikation sind von großer Bedeutung.

**(3) Präsentation:** In einer meist freien Präsentation, die zu einem vorgegebenen oder selbstgewählten Thema durchzuführen ist, soll der Bewerber zeigen, dass er einen Sachverhalt überblicken und analysieren, ihn überzeugend darstellen und mündlich kommunizieren kann.

**(4) Rollenspiele:** Hier hat der Bewerber eine ihm zugewiesene Rolle einzunehmen und in einem Gespräch mit anderen Bewerbern oder einem vom AC-Leiter festgelegten Partner diese Rollenanweisung zu befolgen. Hier werden Einfühlungsvermögen, Kommunikationsfähigkeit und Bewältigung sozialer Stresslagen beobachtet.

**(5) Führerlose Gruppendiskussion:** Die Gruppe wird mit einem unternehmensbezogenen Problem konfrontiert und soll zu einer gemeinsamen Lösung kommen. Meist handelt es sich hier um die Bewältigung eintretender Schwierigkeiten oder die Verteilung knapper Mittel. Diese Übung kann in verschiedenen Variationen durchgeführt werden und hat entsprechend unterschiedliche Ziele im Hinblick auf ihre Auswertung. Sie dient beispielsweise der Identifizierung von Bewerbern mit starken Führungsansprüchen, Durchsetzungsfähigkeit in Konkurrenzsituationen oder sozial-integrativem

Verhalten. Ebenso können Fähigkeiten zur Konfliktlösung und Beurteilung von sachlichen oder zwischenmenschlichen Problemen beobachtet werden.

Diese Übungen sollen so zusammengestellt werden, dass die zu beobachtenden Verhaltensmerkmale mehrfach beurteilt werden können. Üblicherweise wird dies durch eine Matrix sichergestellt, in der eine Zuordnung von Übungen zu Anforderungsmerkmalen vorgenommen wird.

Als Grundproblem sei hier abermals betont, dass auch eine mehrfache Beobachtung von Verhaltensmerkmalen Beurteilungsfehler keineswegs ausschließt. Vielmehr weisen Untersuchungen aus der Leistungsbeurteilung darauf hin, dass Beobachter in ihren Einstufungen häufig den intendierten Beurteilungsbegriffen nicht präzise folgen, sondern recht globale Einschätzungen vornehmen.

### 2.3.4.4 Vor- und Nachteile des Assessment-Center

Mit zunehmender empirischer Forschung und der Verbreitung von Praxisberichten hat sich eine Reihe von Problemen bei der Anwendung der AC gezeigt. So stellt sich die Frage, ob mit Hilfe der Übungen tatsächlich die Fähigkeiten erfasst werden, die gemessen werden sollen. Da das Verhalten der Bewerber in der Regel von den Beobachtern anhand von Skalen eingeschätzt wird, existiert auch im AC das Problem der Wahrnehmungsverzerrung und der Bildung von Stereotypen, wenn es z.B. um die Eigenschaften von Führungskräften geht. Häufig wird argumentiert, dass sich die Objektivität dann erhöht, wenn mehrere geschulte Beobachter die Beurteilung vornehmen. Allerdings stellt sich auch hier die Frage, ob es sich dadurch um eine höhere Objektivität handelt oder ob hier nicht lediglich eine Addition von Subjektivitäten vorliegt. Da AC meist nicht standardisiert sind, sondern firmenspezifisch entwickelt und angewandt werden, stellt sich die Frage der Gültigkeit, Zuverlässigkeit und Objektivität in jedem Einzelfall neu (vgl. umfassend Kompa 2004a, 59ff.).

Umstritten ist die **prognostische Validität**, d.h., ob das Assessment-Center tatsächlich gut geeignet ist, innerbetriebliche Karrieren oder zukünftige Leistungen zu prognostizieren (vgl. Liebel et al. 1996, 744ff.; Lievens/Thornton 2005, 243ff.; Thornton/Gibbons 2009). Als Kriterien werden in empirischen Untersuchungen in der Regel folgende Aspekte herangezogen: Das Verhältnis von Erfolg im Assessment-Center und Leistung im Beruf, Bewertung des Leistungspotenzials, Bewertung der Leistung im Hinblick auf die im Assessment-Center verwendeten Dimensionen, Leistungen in Trainingsprogrammen, Karriereerfolg wie beispielsweise Aufstiegsgeschwindigkeit, Position in der Hierarchie, Einkommen (vgl. die Meta-Studien von Gaugler et al. 1987; Thornton et al. 1987; Schmidt/Hunter 1998). Es wird deshalb vermutet, dass das Assessment-Center zwar nachgewiesen hat, dass erfolgreiche Teilnehmer Karriereerfolg aufweisen, es wurde aber nicht nachgewiesen, ob diese Teilnehmer nicht ohnehin Karriere gemacht hätten. Damit stellt sich die Frage, ob Aufwand und Ertrag in einer adäquaten Relation stehen. Liebel et al. (1996, 744) zitieren Untersuchungen, wonach der persönliche Karriereerfolg aus den Personalakten besser prognostiziert werden konnte als aus den untersuchten AC. In einer empirischen Untersuchung weisen sie darüber hinaus nach, dass Assessment-Center bestenfalls zur Prognose kurzfristiger Karriereentwicklungen Informationen beisteuern, darüber hinausgehende Entwicklungen jedoch nicht prognostiziert werden können. Unvorhersehbarkeiten wie die Entwicklung des Unternehmens, die Personalpolitik, Eigenwilligkeiten der nächsthöheren Vorgesetzten

(Wegloben oder Beförderung behindern) und vor allem die Bewährung auf der ersten Stufe der Karriereleiter stellen multiple Einflussgrößen dar, die nicht aus einem Vergleich von Anforderungen und Eignungen in einem Assessment-Center geschlossen werden können.

Tatsächlich gibt es Hinweise, dass der Erfolg von Assessment-Center auf andere Ursachen zurückzuführen ist als auf die oben entwickelten methodischen Schritte. Für Teilnehmer an Assessment-Centern gilt, dass sie bereits eine **Vorselektion** durchlaufen haben. Insbesondere innerbetriebliche Bewerber werden nur dann zu einem Assessment-Center zugelassen, wenn ihnen ohnehin schon Karrierechancen eingeräumt werden. In diesem Fall hat bereits eine Eignungsdiagnostik auf der Basis von Vorgesetztenbeurteilung, Personalakte usw. stattgefunden. Die in dieser Weise vorgefilterten Bewerber verfügen in der Regel über Eigenschaften, die denen der Beobachter recht ähnlich sind. Es sind solche Bewerber erfolgreich, die den beobachtenden Führungskräften mit Hilfe ihrer praktischen Intelligenz »richtiges Führungsverhalten« signalisieren (vgl. ausführlich den Überblick bei Veil 1995). »Face fits« nennt Cook den Effekt, wenn etablierte Führungskräfte im Assessment-Center neue Führungskräfte daraufhin beobachten, ob sie adäquates Managementverhalten aufweisen (vgl. Cook 2009, 210). Eventuell durchschauen geschickte Bewerber, insbesondere wenn sie mehrfach Assessment-Center durchlaufen haben, das hinter den verschiedenen Testsituationen stehende Regelsystem. Auf diese Weise schließt sich dann der Kreis. Personen mit hohen Karriereerwartungen nehmen an einem Assessment-Center teil und entsprechen den Revitalisierungsbedürfnissen der etablierten Führungsschicht (vgl. Kompa 2004a, 17f.). Mit Bekanntwerden eines positiven Ergebnisses entsteht ein Effekt, den Liebel et al. (1996, 745) mit Kriteriumskontamination umschreiben. Als positiv ausgezeichnete Teilnehmer erhalten diese Personen einen Kronprinzenbonus, der den Status einer »Self-fulfilling-prophecy« einnimmt.

Trotz der methodischen Probleme gelten AC als fair, da hier Willkürentscheidungen weitgehend ausgeschlossen werden, die Bewerber den gleichen Übungen unterliegen und in einem Abschlussgespräch die Gründe einer Ablehnung transparent gemacht werden. Ablehnungen können daher nicht ohne weiteres den Verfahren angelastet werden. Auch das Umfeld des Betroffenen registriert, wenn der Teilnehmer eines AC für den Führungsnachwuchs nicht befördert wird. Deshalb gilt die **soziale Validität** als umstritten (vgl. Schuler 2002, 249) und hat zu der Empfehlung geführt, besonders vier Aspekte zu beachten (vgl. Schuler 1987, 17):

1. Information über relevante Charakteristika von Arbeitsplatz und Organisation, um eine realistische Selbstselektion zu fördern;
2. Partizipation an der Entwicklung und Verwendung eignungsdiagnostischer Instrumente;
3. Transparenz der Verfahrensdurchführung und des diagnostischen Schlusses;
4. Feedback in rücksichtsvoller, verständnisvoller und nachvollziehbarer Form.

Insbesondere auf die Schwierigkeit des Feedbacks weist Kompa (1990, 602) hin. Danach kann es kein faires Feedback geben, weil der Teilnehmer das über ihn getroffene Urteil nicht mehr revidieren und richtigstellen kann.

Vor dem Hintergrund wird gefragt, ob die **Kosten** gerechtfertigt sind, solange es keinen Hinweis darüber gibt, dass der Ertrag (im Sinne der Unternehmensziele) höher ist als auf der Basis von konventionellen Auswahlverfahren. Als wesentliches Potenzial des Assessment-Centers wird heute die Möglichkeit gesehen, in Gruppendiskussionsverfahren Erkenntnisse zu sammeln, die für Bewerber wie für Beobachter zukünftig von Bedeutung sind, z.B. Stärken und Schwächen von Mitarbeitern zu identifizieren und auf dieser Basis individuelle Förderprogramme für die Teilnehmer zu entwickeln (vgl. Liebel et al. 1996, 757).Vor diesem Hintergrund ist verständlich, dass Assessment-Center insbesondere bei der Auswahl von Führungskräften an Bedeutung gewonnen haben, da hier vermutet wird, dass die Schwächen der klassischen Auswahlverfahren durch einen stärkeren Anforderungsbezug und einen Methodenmix überwunden werden können. Gerade hier aber – so Kompa (2004a, 17f.) – besitzen die Bewerber schon einen hohen Status, sind die Führungspositionen inhaltlich weniger bestimmbar und sind die Risiken einer Fehlentscheidung für das Machtgefüge einer Organisation größer. Entsprechend begründet Kompa (2004a, 76f.) seine These, dass Assessment-Center eher der Legitimation und Absicherung von bestehenden Herrschaftsinteressen einer Führungselite dienen.

## 2.4  Reaktionen von Bewerbern

Bislang wurde im Wesentlichen der Frage nachgegangen, welche Instrumente Unternehmen einsetzen, wenn es darum geht, Bewerber auszuwählen. Aber nicht nur Unternehmen wählen Bewerber aus, sondern auch Bewerber treffen Entscheidungen, ob sie eine angebotene Stelle akzeptieren und – im weiteren Verlauf – welchen Leistungsbeitrag sie der Organisation zur Verfügung stellen wollen. Insofern sind Studien von Interesse, die der Frage nachgehen, welche Ereignisse im Auswahlprozess diese Entscheidungen beeinflussen (vgl. die Übersicht von Phillips 1998; siehe auch Brünn 2010; Weuster 2012a, 27ff.).

Hausknecht et al. (2004) nennen folgende Einflussgrößen, die der Bewerber bei seiner Entscheidung berücksichtigt:

- Bewerber, die Teile des Auswahlprozesses als zu nahe an der Persönlichkeitssphäre interpretieren, können die zukünftige Zusammenarbeit im Unternehmen als weniger attraktiv empfinden.
- Bewerber, die negativ auf Auswahlprozesse reagieren, haben gute Möglichkeiten, diese Erfahrungen anderen Bewerbern zugänglich zu machen.
- Bewerber, die Auswahlprozesse als nachteilig empfinden, zögern eher, die angebotene Stelle auch zu akzeptieren.
- Als unfair empfundene Auswahlverfahren können juristische Folgen nach sich ziehen.
- Spätere erneute Bewerbungen werden nicht mehr in Erwägung gezogen. Ganz generell überstrahlt die Erfahrung auch die Beziehungen zu den Produkten oder Dienstleistungen des Unternehmens.

Die wahrgenommene *Fairness* eines Auswahlprozesses ist in verschiedenen Modellen variiert worden. Im Ergebnis können folgende Einflussgrößen genannt werden:

- Ergebnisgerechtigkeit (Ist die Entscheidung fair und nachvollziehbar?)
- Prozedurale Gerechtigkeit (Sind Regeln und Verfahrensweisen fair und nachvollziehbar?)
- Interpersonale Gerechtigkeit (Gibt es einen sensiblen Umgang mit und Respekt gegenüber den Bewerbern?)

- Informationsgerechtigkeit (Sind Erklärungen und Begründungen informativ und nachvollziehbar?)

In einer Meta-Analyse von 86 Studien kommen Hausknecht et al. (2004) zu dem Ergebnis, dass Bewerber, die Auswahlverfahren der Unternehmung als fair interpretieren, eher bereit sind, angebotene Stellen zu akzeptieren und das Unternehmen weiter zu empfehlen. Interviews und Arbeitsproben werden positiver beurteilt als Fähigkeitstests, die allerdings in der Beurteilung noch deutlich über biographischen Fragebögen, Persönlichkeitstests und graphologischen Tests rangieren. Eine systematische Erfassung von Bewerberreaktionen – so Hausknecht et al. – mag aufwendig und gegebenenfalls auch unangenehm sein, erlaubt aber die Identifikation von Schwachstellen aus Sicht der Bewerber und erhöht damit die Chance, gute Bewerber zu gewinnen.

## 2.5  Zusammenfassende Beurteilung

Es wurde aufgezeigt, dass Auswahlprozesse sehr stark durch die bestehende und nicht immer bewusste Unternehmens- bzw. Personalpolitik beeinflusst werden. Je nach **Grundannahmen** und Erfahrungen wird Personalbeschaffung als Personalentwicklung, interne oder externe Personalbeschaffung organisiert, neigen Unternehmen dazu, passiv Bewerbungen abzuwarten und bei Bedarf aus diesem Reservoir zu schöpfen oder aktiv den Arbeitsmarkt zu segmentieren und das verfügbare Potenzial zu pflegen.

**Personalauswahlverfahren** müssen mit einer Vielzahl von Annahmen arbeiten, die den oben skizzierten rationalen Prozess erschweren. Die Bestimmung eines adäquaten Auswahlverfahrens beinhaltet den Versuch, einen »fit« herzustellen zwischen der Anforderung des Arbeitsplatzes, der Organisation oder der Strategie und der Eignung des Bewerbers. Bewerbungsunterlagen und das unstrukturierte Interview erlauben aus wissenschaftlicher Sicht nur eine geringe Erfolgsprognose. Im Gegenteil: Erfahrene Bewerber setzen ihrerseits Impressionstechniken ein und eruieren erwünschte Ähnlichkeiten zwischen Bewerber und Interviewer, sodass eher die Form und weniger der Inhalt die Dramaturgie der Interviews bestimmt. Auch weitere Instrumente wie beispielsweise Zeugnis und Fragebogen sind methodisch bedenklich. Insbesondere bei Persönlichkeitstests wird die unterschwellige Revitalisierung eines Eigenschaftsansatzes kritisiert, der davon ausgeht, dass stabile Eigenschaften in allen Situationen zum Erfolg führen, wodurch die unbedingte Forderung nach einer anforderungsbezogenen Auswahl relativiert wird.

Einerseits gelten **Assessment-Center** als Überwindung einseitiger und wenig valider Auswahlverfahren mit guten Prognosevaliditätswerten. Andererseits werden Bedenken gegen diese Verfahren geäußert, wonach die Methode eine »Rationalitätsillusion« (Kompa 2004b, 473) erzeugt.

Insgesamt können damit zwei grundsätzliche Schwierigkeiten nicht überwunden werden. Unternehmen handeln in Auswahlsituationen häufig mit vagen und interpretationsfähigen Informationen. Die zukünftigen Leistungen werden in einem kurzen Zeitausschnitt nur partiell erhoben. Kaum abprüfbar sind fest verankerte Leistungsniveaus, die durch die Persönlichkeit, das Elternhaus, die Ausbildung und das soziale Umfeld geprägt wurden. Tests, Arbeitsproben etc. stellen Simulationen dar, die den situativen Charakter und die Komplexität der Arbeitsplatzrealität negieren und die Veränderungsfähigkeit des Bewerbers außer Acht lassen. Zukünftige Leistung wird aber auch beeinflusst durch Faktoren, die im Auswahlprozess keine oder nur eine geringe Rolle spielen, z.B. durch den zukünftigen Vorgesetzten oder die Kollegen. Entsprechend könnte argumentiert werden, dass Auswahlverfahren nicht Personal selektieren, sondern selbst produzieren, was sie zu messen vorgeben (vgl. Laske/Weiskopf 1996; Kompa 2004b).

Während Unternehmen mittels Auswahlverfahren und Testbatterien den Kandidaten auf Herz und Nieren prüfen, erscheinen Bewerber in der Literatur eher als passive Wesen. Allerdings müssen **Bewerber** antizipieren, dass sie unter Umständen einen Teil ihres Lebens in diesem Unternehmen verbringen werden und kalkulieren deshalb, neben dem Einkommensinteresse, auch weitere Interessen im Hinblick auf Arbeitsinhalte, Arbeitsbedingungen, Betriebsklima und Kollegenkreis. Entsprechend suchen Bewerber ihrerseits die hinter den Auswahlmethoden steckenden Grundannahmen und Erwartungen und transformieren sie in strategisches Verhalten. Faktisch handelt es sich bei der Personalbeschaffung um einen Prozess mit divergierenden Interessen und Erwartungen, in denen Netzwerke und Imitation von vermeintlichen »Best practices« eine größere Rolle spielen als die Funktionalität der Methodik (vgl. Willamson/Cable 2003).

Das Produkt ist *Ähnlichkeit*, wodurch die Kontinuität eines Unternehmens gesichert ist, wenn unternehmenstypische Standards von Bewerbern dechiffriert werden und Beurteiler den Personalauswahlprozess als Bestätigung ihrer Standards interpretieren. Dies wiederum könnte erklären, warum eine hohe Homogenität in der Verwendung von Methoden der Personalauswahl besteht (vgl. Hell et al. 2006).

## Literaturempfehlungen

*Schuler, H. (2000): Psychologische Personalauswahl: Einführung in die Berufseignungsdiagnostik. Göttingen.*

*Weuster, A. (2012a): Personalauswahl I. Internationale Forschungsergebnisse zu Anforderungsprofil, Bewerbersuche, Vorauswahl, Vorstellungsgespräch und Referenzen. 3. Aufl., Wiesbaden.*

*Weuster, A. (2012b): Personalauswahl II. Internationale Forschungsergebnisse zum Verhalten und zu Merkmalen von Interviewern und Bewerbern. 3. Aufl., Wiesbaden.*

Hierbei handelt es sich um umfassende und gut verständliche Bücher über die wesentlichen Verfahren der Eignungsdiagnostik.

*Kompa, A. (2004): Assessment Center – Bestandsaufnahme und Kritik. 7. Auflage, München, Mering.*

Hierbei handelt es sich um eine gute Übersicht über Assessment-Center und eine dezidiert kritische Einschätzung dieses Verfahrens.

# 3 Personalabbau

## 3.1 Einführung

In den vergangenen Jahrzehnten sind Beschäftigungsabbau und Entlassungen zu einem festen Bestandteil des Human Resource Managements geworden. Standortkonkurrenz führt beispielsweise zu der (umstrittenen) unternehmenspolitischen Entscheidung, die Produktion in Länder mit geringeren Lohnkosten zu verlegen. Dieser Prozess wird u.a. dadurch unterstützt, dass die kommunikationstechnische Infrastruktur und verbesserte Logistikmethoden die Aufteilung in Produktionssegmente unterstützen. Die internationale Konkurrenz führt darüber hinaus zu unternehmenspolitischen Entscheidungen, z.B. Standorte nicht nur unter Kostengesichtspunkten, sondern auch im Hinblick auf Absatzmöglichkeiten zu wählen. Darüber hinaus weisen neue Produktions- und Kommunikationssysteme eine erhebliche Rationalisierungswirkung im gewerblichen Bereich auf. Eine Kompensation dieser technologisch induzierten Rationalisierung im Dienstleistungsbereich wird heute für zweifelhaft gehalten, da die gleichen technologischen Grundlagen z.B. im Handel, in Versicherungen und Banken einen erheblichen Rationalisierungsdruck erzeugen. Damit eng verbunden sind neue Strategie- und Managementkonzepte, die auf der skizzierten technologischen Basis durch arbeitsorganisatorische Veränderung darauf ausgerichtet sind, mit weniger Personal mehr Produkte in größerer Vielfalt herzustellen. Schlanke Produktion, flache Hierarchien, Gruppenarbeitskonzepte oder Outsourcing von betrieblichen Funktionen erlauben die Reduzierung der Belegschaft oder den Wegfall von Belegschaftsgruppen (z.B. Meister oder die Hierarchieebene des mittleren Managements). Eine höhere Verdichtung der Arbeitsinhalte und eine Verbreiterung des Aufgabenspektrums können ebenfalls beschäftigungsreduzierende Effekte bewirken.

Diese und weitere Ursachen haben in ihrem Kern Folgendes gemeinsam: Weder in der Theorie noch in der Praxis kann davon ausgegangen werden, dass sich Personalabbau als vorübergehendes Phänomen erweisen wird. Diese Aufstellung zeigt aber auch, dass die Heterogenität und die Komplexität der Ursachen ein differenziertes Instrumentarium in der Bewältigung von Personalüberhang erfordern.

Umso überraschender ist es, dass der Forschungsstand, gemessen an seiner Bedeutung, als eher bescheiden bezeichnet werden muss. In einer Übersicht zeigen Datta et al. (2010), dass dieser Forschungsstand in Bezug auf zwei Fragestellungen systematisiert werden kann. Zunächst untersuchen Studien, welche Einflussgrößen Personalabbau bewirken, hier sind insbesondere makroökonomische Faktoren und die Industriepolitik analysiert worden. Aber auch organisationale Einflussgrößen (z.B. Unternehmenspolitik, Strategien) sind Gegenstand von Untersuchungen. Eine zweite Klasse von Studien befasst sich mit den Wirkungen von Personalabbau, insbesondere Prozesse des Personalabbaus, sowie individuelle und organisationale Wirkungen. Im Folgenden werden diese Prozesse des Personalabbaus sowie individuelle und organisationale Effekte vertiefend behandelt.

## 3.2 Instrumente und Folgen des Personalabbaus

Eine Integration von *Produkt- und Personalplanung* gilt als wesentliches Element vorbeugender Abbauplanung (vgl. zum Folgenden Kohl 1995, 275ff.; RKW 1996, 207ff.; Kammel 2004). Abbildung II / 5 zeigt einen möglichen Ablauf.

| Vorbeugende Maßnahmen | z.B. Produktdifferenzierung, Veränderung der Absatzstrategien, erweiterte Lagerhaltung, Rücknahme von Fremdaufträgen, Vorziehen von Investitionen, Reparatur- und Erneuerungsaufgaben |
|---|---|
| und | |
| Personalpolitische Alternativen | Arbeitszeitgestaltung, Qualifizierung, personelle Einzelmaßnahmen |
| Direkter Personalabbau | Einzelentlassungen, Massenentlassungen |

Abbildung II / 5: Integration von Produktplanung und Personalplanung

Insbesondere bei den vorbeugenden und alternativen Maßnahmen ist die Existenz und Verarbeitung relevanter Unternehmens- und Personaldaten eine entscheidende Voraussetzung für das frühzeitige Erkennen eines drohenden Personalabbaus sowie für die Möglichkeit, geeignete Maßnahmen zu ergreifen.

### 3.2.1 Vorbeugende Maßnahmen und personalpolitische Alternativen

Personalabbau resultiert – personalplanerische Aktivitäten vorausgesetzt – aus einer prognostizierten Überdeckung des Personalbestandes über den Personalbedarf. Je nach Länge des Planungshorizontes lassen sich verschiedene Varianten eines **Vorbeugungsprogramms** entwickeln. Aus unternehmenspolitischer Sicht sind zunächst die frühzeitige Produktdifferenzierung und die darauf bezogene Qualifikation derjenigen Arbeitnehmer zu nennen, die von Personalabbau bedroht sind. Dies setzt allerdings eine enge Kommunikation zwischen Unternehmens-, Personal- und insbesondere Personalbedarfsplanung voraus (vgl. Strohmeier 1995; Bokranz 2004; Mag 2004). Die systematische Auswertung von Wirtschaftsdaten, Branchenanalysen, Technologietrends und Arbeitsmarktdaten sowie die Überführung von Unternehmensdaten in die Personalplanung dienen gleichzeitig als Prüfauftrag für die Beschäftigungswirkung der Unternehmenspolitik. Auf diese Weise kann ein strategisches und operatives Frühwarnsystem entwickelt werden, das die Beschäftigungswirkung von Absatz- und Produktvariation, Rationalisierungsvorhaben, Standortverlagerung etc. im Planungszusammenhang explizit berücksichtigt (vgl. ausführlich Schreiber 1995, 408ff.).

Als weitere vorbeugende Maßnahmen eines prognostizierten Personalüberhangs lassen sich erweiterte Lagerhaltung, Rücknahme von Fremdaufträgen oder das Vorziehen von Reparatur- und Erneuerungsaufgaben nennen. Ein Grundproblem dieser und weiterer vorbeugender Maßnahmen ist die Ungewissheit über zukünftige Entwicklungen. Daraus resultiert eine entsprechende Anfälligkeit der Planung. Hinzu kommt, dass der Abgleich zwischen der Unternehmensstrategie und der Personalplanung ein planerisches Fundament voraussetzt. Allerdings sind der Aufbau und die Pflege insbesondere von qualitativen Personalbedarfs- und Personalbestandsdateien äußerst kostenintensiv

und von daher nicht selbstverständlich. Darüber hinaus müsste die Bereitschaft bestehen, Unternehmensstrategien zu korrigieren, wenn sie negative Beschäftigungswirkun-
gen aufzeigen.

**Personalpolitische Alternativen** werden idealtypisch dann erwogen, wenn vorbeugende Maßnahmen nicht möglich waren, nicht genutzt wurden oder erschöpft sind. In
der Regel muss der Personalabbau nun in seinen Auswirkungen konkreter quantifiziert
werden, und die beteiligten Akteure prüfen, ob und in welcher Weise die verschiedenen
Lösungsmöglichkeiten in Betracht kommen. Zu diesem Zeitpunkt bestehen noch
Wahlmöglichkeiten zwischen innerbetrieblichen und außerbetrieblichen Maßnahmen.

In personalpolitischer Sicht gilt auch hier, dass die Qualität der **informatorischen Basis** die Grundvoraussetzung einer Variation von Maßnahmen darstellt. Eine quantitative
und qualitative Personalbestandsstatistik ist Voraussetzung zur Feststellung des Alters-
aufbaus, des Qualifikationsprofils, der Fluktuationsdaten etc. Diese Daten dienen dann
als Entscheidungsgrundlage für Lösungsalternativen (vgl. RKW 1996, 214ff.):

- Stellenpläne und Stellenbesetzungspläne erlauben Versetzungs- und Umsetzungs-
  szenarien;
- Stellenbeschreibungen und Anforderungsprofile bestehender und neu zu konzipieren-
  der Stellen dienen als Basis von Qualifizierungsprogrammen;
- Fähigkeitsprofile der Arbeitnehmer zeigen alternative Einsatzmöglichkeiten auf;
- Betriebsvereinbarungen geben Hinweise über vereinbarte Verfahren, z.B. bei Umset-
  zungen;
- Durch eine Fluktuationsstatistik lässt sich die Wirksamkeit von Einstellungsstopp
  und Personalabbau durch natürliche Fluktuation ermitteln;
- Daten über Geschlecht, Alter und Betriebszugehörigkeit geben Hinweise auf Kündi-
  gungsschutz (z.B. schwangere Frauen, ältere Arbeitnehmer, Auszubildende) oder auf
  Alternativen (z.B. Vorruhestand).

Diese informatorische Fundierung ist allerdings nur ein Baustein in der Generierung
von Personalabbaumaßnahmen. Vor dem Hintergrund der Konkretisierung der Maßnahmen hat der **Betriebsrat** eine Vielzahl von Möglichkeiten, Einfluss zu nehmen; sowohl
bei der Erörterung als auch bei der Durchführung. Aber auch die Information der **Belegschaft** ist nun erforderlich, um den Arbeitnehmern frühzeitig die Realisierung alternativer Optionen zu ermöglichen und eine möglichst breite Akzeptanz für diese Maßnahmen zu finden. Im Folgenden sollen exemplarisch Arbeitszeitgestaltung, Qualifizierung
und personelle Einzelmaßnahmen behandelt werden.

### 3.2.1.1   Arbeitszeitgestaltung

Die Gestaltung der Arbeitszeit ist seit einigen Jahren in Bewegung. Insbesondere in
Branchen, die absehbar über einen längeren Zeitraum Personalabbau zu verkraften haben, bemühen sich die Tarif- und Betriebsparteien durch Nutzung der Variation von Arbeitszeit, diesen Abbau zu verhindern, zumindest aber zu strecken. Diese Maßnahmen
lassen sich im Einzelnen unterscheiden in:

**(1) Abbau von Überstunden oder Sonderschichten:** Diese Maßnahme gilt als einfach zu realisieren, ist aber dennoch nicht unproblematisch. Unternehmensbereiche, in
denen Überstunden anfallen, sind eher nicht von Personalabbau betroffen, und Arbeitnehmer in unterbeschäftigten Unternehmensbereichen müssen über die entspre-

chenden Qualifikationen verfügen, um Tätigkeiten in gut beschäftigten Unternehmensbereichen ausführen zu können.

Auch wenn von gewerkschaftlicher Seite der Abbau von Überstunden zur Verbesserung der Situation am Arbeitsmarkt gefordert wird, stehen dieser Forderung unter Umständen betriebliche Interessen gegenüber: Unternehmen nutzen Überstunden als Flexibilisierungsinstrument zur Abdeckung von Beschäftigungsspitzen, Arbeitnehmer und Betriebsräte dagegen betrachten Überstunden als Möglichkeit der Erhöhung von Einkommen.

**(2) Kurzarbeit:** Hier gilt die vorübergehende Herabsetzung der regelmäßigen Arbeitszeit als Mittel der Wahl, wenn absehbar ist, dass Absatzschwierigkeiten nur vorübergehender Natur sind und keine anderen Alternativen zur Verfügung stehen. Diese Herabsetzung der Arbeitszeit kann sich sowohl auf den ganzen Betrieb als auch auf einzelne Abteilungen beziehen. Das Unternehmen muss die Zahlung von Kurzarbeitergeld bei der Agentur für Arbeit beantragen, die prüft, ob die Voraussetzungen bestehen (insbesondere, ob alternative Möglichkeiten bereits durchgeführt wurden, z.B. Reduzierung von Überstunden). Dieser Antrag bedarf einer Stellungnahme des Betriebsrates und führt im Falle der Zustimmung zu einer Zahlung von Kurzarbeitergeld aus Mitteln der Bundesagentur für Arbeit an die von Kurzarbeit betroffenen Arbeitnehmer.

Insbesondere unter Kostengesichtspunkten erscheint Kurzarbeit als vorzuziehende Alternative, ohne dass es personeller Veränderungen bedarf. Damit werden kostenintensivere Kündigungen vermieden und das eingearbeitete Personal kann im Unternehmen verbleiben. Im Falle einer wieder ansteigenden Beschäftigung entfallen damit Akquisitions-, Einarbeitungs- und Entwicklungskosten.

**(3) Kürzung der regulären Arbeitszeit:** Forderungen nach Verkürzungen der wöchentlichen Arbeitszeit und der Lebensarbeitszeit werden insbesondere von gewerkschaftlicher Seite mit beschäftigungssichernden Wirkungen begründet. Weitere Möglichkeiten der Reduzierung der Arbeitszeit stellen Angebote der Umwandlung von Vollzeitarbeit in Teilzeitarbeit und unbezahlten Urlaub dar.

## 3.2.1.2 Qualifizierung

Diese personalpolitische Maßnahme gilt als *das* Mittel zur Vermeidung von Personalabbau und seiner unerwünschten Folgen. Durch Qualifizierungsmaßnahmen sinkt faktisch der Personalbestand, da Arbeitnehmer während der Qualifizierung dem Unternehmen nicht zur Verfügung stehen. Durch Qualifizierung wird die alternative Einsatzmöglichkeit der Arbeitnehmer im Unternehmen vorbereitet, oder es werden im Falle von beabsichtigten Entlassungen die Arbeitsmarktchancen verbessert. Darüber hinaus kann ein Unternehmen auf die Selbstständigkeit vorbereiten oder die Vermittlung in andere Unternehmen durch Qualifikationsmaßnahmen unterstützen, z.B. innerhalb des Konzerns, bei Zulieferern oder Kunden. Diese Maßnahmen können in ihrer fortgeschrittenen Variante als **Employability** zusammengefasst werden und betreffen alle Maßnahmen, die geeignet sind, Fähigkeiten zu vermitteln, die den sich ändernden Anforderungen der Unternehmen gerecht werden oder die es den Arbeitnehmern erlauben, sich auf Stellen außerhalb des Unternehmens zu bewerben (vgl. umfassend Rump/Sattelberger 2011).

Allerdings sind solche Maßnahmen eher langfristig angelegt, und das Grundproblem dieser an sich plausiblen Argumentationskette liegt in der Zeitachse. Die Ermittlung des Qualifizierungsbedarfs und die Organisation der Qualifizierungsmaßnahmen setzen langfristig den Einsatz von Mitteln voraus, deren Nutzen schlecht demonstriert werden kann. In kurzfristiger Perspektive stellen Massenentlassungen aber meist eine existentielle Bedrohung eines Unternehmens dar. In diesen Krisenzeiten sind verfügbare Mittel für Qualifizierungsmaßnahmen eher begrenzt und die Mittel konkurrieren mit alternativen Verwendungen, z.B. Investitionen oder Reorganisationsmaßnahmen.

Wenn Arbeitnehmer qualifiziert werden, ohne dass ein neuer Geschäftszweig oder neue Produkte angestrebt werden, wird »Zeit gewonnen«, um durch Fluktuation frei werdende Arbeitsplätze mit diesen qualifizierten Arbeitnehmern zu besetzen. Dieses auch als **Inplacement** bezeichnete Verfahren setzt zwar ein erhebliches finanzielles Engagement des Unternehmens voraus, gilt aber als ökonomische Alternative zur Entlassung (vgl. Latack 1990). Arbeitnehmer, deren Arbeitsplätze wegfallen, werden in einem Qualifizierungspool in zweifacher Hinsicht betreut (vgl. Freimuth 1994, 81ff.): Zunächst erfolgt eine *psychosoziale Betreuung* der von Personalabbau betroffenen Arbeitnehmer. Zwar ist (zunächst) die Entlassung vermieden worden, dennoch stellt der Verlust des Arbeitsplatzes einen Schock dar, der mit Hilfe professioneller Beratung überwunden werden soll. Neben dieser Beratung erfolgt eine *Qualifizierung*, die Arbeitnehmer in die Lage versetzen soll, sich auf im Unternehmen durch Fluktuation frei werdende Stellen zu bewerben. Diese Qualifizierung kann in Projekten erfolgen oder dient der systematischen Vermittlung von Qualifikationen. Hierbei kann es sich um so genannte Schlüsselqualifikationen, wie beispielsweise Projektmanagement und Moderationstechniken, oder um eher fachbezogene Qualifikationen handeln.

3.2.1.3    Personelle Einzelmaßnahmen

Unter diesen Maßnahmen wird eine Reihe von Instrumenten aufgelistet, die als indirekter oder weicher Personalabbau bezeichnet werden können (vgl. z.B. Kammel 2004; Marr/Steiner 2003, 154 ff.):

**(1) Einstellungsstopp:** Die Verringerung des Personals soll durch die Nichtbesetzung frei werdender Stellen erreicht werden. Dieser Einstellungsstopp kann genereller Natur sein oder sich auf bestimmte Berufe oder bestimmte Betriebsteile beziehen. Dieses Instrument wird gegenüber den aktuell beschäftigten Arbeitnehmern als sozial gerecht betrachtet, ist aber in seiner Wirksamkeit nicht unproblematisch. Zunächst einmal setzt der Einsatz dieses Instrumentes eine Fluktuationsstatistik voraus, um abschätzen zu können, ob der geplante Personalabbau auf der gewünschten Zeitachse mit diesem Instrument erreicht werden kann. Hinzu kommt, dass in Krisenzeiten oder bei Bekanntwerden von Personalabbauplänen die Fluktuation zurückgehen kann. Auch im Hinblick auf die Leistungsziele des Unternehmens sind einige Risiken vorhanden. Im Falle einer Ausnutzung natürlicher Fluktuation sind Versetzungen und Umsetzungen für den Fall vorzunehmen, dass der frei gewordene Arbeitsplatz für die Leistungsziele wichtig ist. Hier ist eine breite Qualifikation der Arbeitnehmer notwendig; die Personalentwicklung muss in der Lage sein, die entsprechenden Qualifikationen zu vermitteln. Allerdings wird davon ausgegangen, dass im Falle einer Personalabbauplanung die qualifizierten Arbeitnehmer mit guten Arbeitsmarktchancen das Unternehmen bevorzugt verlassen werden – mit entsprechenden Konsequenzen für die Personalstruktur und den Qualifikationsstandard der Belegschaft.

**(2) Nichtverlängerung von Zeitverträgen:** Zeitverträge dienen einerseits als Puffer für Beschäftigungsspitzen, andererseits bewirken sie eine Reduzierung der Stammbelegschaft (vgl. Kohl 1995, 304). Die Auflösung oder Nichtverlängerung solcher Beschäftigungsverhältnisse stellt sich einfacher und kostengünstiger dar als bei Normalarbeitsverhältnissen. Kritisch ist anzumerken, dass von diesen Maßnahmen diejenigen Personengruppen zuerst betroffen sind, die schon während des Beschäftigungsverhältnisses benachteiligt wurden. In ähnlicher Weise lässt sich im Hinblick auf Leiharbeit argumentieren.

**(3) Umsetzungen/Versetzungen:** Auf die hier bestehende Bedeutung der Personalplanung wurde bereits im Zusammenhang mit dem Einstellungsstopp hingewiesen. Mindestvoraussetzung zur Anwendung dieses Instrumentes ist das Vorhandensein von Stellenbeschreibungen und Qualifikationsprofilen.

**(4) Aufhebungsverträge:** Sie sehen eine Beendigung des Arbeitsverhältnisses im gegenseitigen Einvernehmen vor und sind mit der Zahlung einer Abfindung verknüpft. Als Vorteile werden insbesondere die Möglichkeiten des gezielten Einsatzes gesehen: in zeitlicher Hinsicht (befristete Gültigkeit, keine Beachtung von Kündigungsfristen), im Hinblick auf bestimmte Beschäftigtengruppen und in prozeduraler Hinsicht (kaum gesetzliche Restriktionen) sowie ihre (im Vergleich zum Sozialplan) niedrigeren Kosten (vgl. Böckly 1995, 199). Nachteilig ist aus Arbeitgebersicht die Zahlung von möglicherweise ohnehin beabsichtigter Fluktuation und aus Arbeitnehmersicht eine zeitweilige Sperrung des Bezugs von Arbeitslosengeld.

### 3.2.2 Entlassungen

Entlassungen sind durch eine Vielzahl von Rechtsvorschriften geregelt. So ist in verschiedenen Gesetzen der besondere Kündigungsschutz von werdenden Müttern, Schwerbehinderten, Auszubildenden und Betriebsräten geregelt (vgl. die Übersicht bei Kammel 2004). Sehr häufig existieren in *Tarifverträgen* Rationalisierungsschutzabkommen und Vereinbarungen im Hinblick auf den Kündigungsschutz älterer Arbeitnehmer. Das *Kündigungsschutzgesetz* regelt den Schutz von Arbeitnehmern vor sozial ungerechtfertigten Kündigungen (vgl. Böhm 2009, 295ff.). In mehreren Paragraphen legt das *Betriebsverfassungsgesetz* (BetrVG) die Beteiligungsrechte des Betriebsrates fest.

Nachfolgend sollen ausgewählte Paragraphen des BetrVG in Bezug auf beschäftigungsrelevante Tatbestände vorgestellt werden (vgl. Fitting et al. 2012):

- § 87 weist die Mitbestimmungsrechte des Betriebsrates hinsichtlich verschiedener Angelegenheiten aus. Exemplarisch seien hier Arbeitszeitregelungen, Entgeltverhandlungen und das Vorschlagswesen genannt.
- Der § 90 regelt die Unterrichtungs- und Beratungsrechte des Betriebsrates. Ziel ist die Beratung von Konsequenzen für die Arbeitsgestaltung und die Personalpolitik.
- Der § 92 betrifft die Personalbedarfs- und Personalentwicklungsplanung.
- Die §§ 96/98 befassen sich mit der Förderung und der Durchführung betrieblicher Bildungsmaßnahmen, die als Alternative zu einer Kündigung herangezogen werden können.

- Im § 102 werden Mitbestimmungsrechte, d.h. Anhörungs- und Widerspruchsrechte des Betriebsrates bei Entlassungen, behandelt.
- § 106 legt die Bedingungen für die Gründung eines Wirtschaftsausschusses und entsprechende wirtschaftliche und technische Plandaten sowie deren personelle Auswirkungen fest.
- Der § 112 schließlich regelt den Interessenausgleich und die Aufstellung eines Sozialplanes (vgl. auch §§112a, 113) bei Betriebsänderungen.

Vor dem Hintergrund dieser hohen Regelungsdichte kann in Einzelentlassungen und Massenentlassungen unterschieden werden.

### 3.2.2.1 Einzelentlassungen

Das Kündigungsschutzgesetz sieht vor, dass Kündigungen sozial gerechtfertigt sind, wenn sie:

- personenbedingt (z.B. Krankheit, fehlende Leistungsfähigkeit),
- verhaltensbedingt (z.B. Arbeitsverweigerung, Minderleistung, unentschuldigte Abwesenheit) oder
- betriebsbedingt (z.B. Auslastungsschwierigkeit, Stilllegung von Betrieben, Rationalisierungsmaßnahmen) erfolgen.

Darüber hinaus darf die Kündigung nach §95 des Betriebsverfassungsgesetzes nicht vereinbarten Auswahlrichtlinien widersprechen. Ab einer Betriebsgröße von 500 Arbeitnehmern können diese Auswahlrichtlinien vom Betriebsrat erzwungen werden:

§95 BetrVG Auswahlrichtlinien

(1) Richtlinien über die personelle Auswahl bei Einstellungen, Versetzungen, Umgruppierungen und Kündigungen bedürfen der Zustimmung des Betriebsrats. Kommt eine Einigung über die Richtlinien oder ihren Inhalt nicht zustande, so entscheidet auf Antrag des Arbeitgebers die Einigungsstelle. Der Spruch der Einigungsstelle ersetzt die Einigung zwischen Arbeitgeber und Betriebsrat.

(2) In Betrieben mit mehr als 500 Arbeitnehmern kann der Betriebsrat die Aufstellung von Richtlinien über die bei Maßnahmen des Absatzes 1 Satz 1 zu beachtenden fachlichen und persönlichen Voraussetzungen und sozialen Gesichtspunkte verlangen. Kommt eine Einigung über die Richtlinien oder ihren Inhalt nicht zustande, so entscheidet die Einigungsstelle. Der Spruch der Einigungsstelle ersetzt die Einigung zwischen Arbeitgeber und Betriebsrat. (Fitting et al. 2012, 1493)

Im Falle einer Kündigung ist der Betriebsrat in jedem Fall zu hören. Er hat die Möglichkeit, der Kündigung unter bestimmten Voraussetzungen zu widersprechen:

§102 BetrVG Mitbestimmung bei Kündigungen

(1) Der Betriebsrat ist vor jeder Kündigung zu hören. Der Arbeitgeber hat ihm die Gründe für die Kündigung mitzuteilen. Eine ohne Anhörung des Betriebsrats ausgesprochene Kündigung ist unwirksam.

(2) Hat der Betriebsrat gegen eine ordentliche Kündigung Bedenken, so hat er diese unter Angabe der Gründe dem Arbeitgeber spätestens innerhalb einer Woche schriftlich mitzuteilen. Äußert er sich innerhalb dieser Frist nicht, gilt seine Zustimmung zur Kündigung als erteilt. Hat der Betriebsrat gegen eine außerordentliche Kündigung Bedenken, so hat er diese unter der Angabe der Gründe dem Arbeitgeber unverzüglich, spätestens jedoch innerhalb von drei Tagen, schriftlich mitzuteilen. Der Betriebsrat soll, soweit dies erforderlich erscheint, vor

seiner Stellungnahme den betreffenden Arbeitnehmer hören. §99 Abs. 1 Satz 3 gilt entsprechend.

(3) Der Betriebsrat kann innerhalb der Frist des Absatzes 2 Satz 1 der ordentlichen Kündigung widersprechen, wenn der Arbeitgeber bei der Auswahl des zu kündigenden Arbeitnehmers soziale Gründe nicht oder nicht ausreichend berücksichtigt hat, die Kündigung gegen eine Richtlinie nach §95 verstößt, der zu kündigende Arbeitnehmer an einem anderen Arbeitsplatz im selben Betrieb oder in einem anderen Betrieb des Unternehmens weiterbeschäftigt werden kann, die Weiterbeschäftigung des Arbeitnehmers nach zumutbaren Umschulungs- oder Fortbildungsmaßnahmen möglich ist oder eine Weiterbeschäftigung des Arbeitnehmers unter geänderten Vertragsbedingungen möglich ist und der Arbeitnehmer sein Einverständnis hiermit erklärt hat. (Fitting et al. 2012, 1611f.)

Hat der Betriebsrat der Kündigung widersprochen und hält der Arbeitgeber seine Kündigung aufrecht, kann der Arbeitnehmer nach dem Kündigungsschutzgesetz eine Feststellungsklage erheben (wonach das Arbeitsverhältnis durch die Kündigung nicht aufgehoben ist) und eine Weiterbeschäftigung bis zur Klärung des Rechtsstreites anstrengen.

### 3.2.2.2 Einzelentlassungen mit Outplacement-Beratung

Sind Einzelentlassungen unvermeidlich, stellt sich die Frage, wie Organisationen, jenseits der arbeitrechtlichen Vorschriften, diese Einzelentlassungen durchführen. Dies ist von hoher Relevanz, da auf der einen Seite die zu entlassenen Arbeitnehmer schwerwiegende Änderungen ihrer Lebensumstände zu verkraften haben und andererseits Organisationen Investitionen in das Humankapital vernichten und befürchten müssen, dass diese Entlassungen – wenn sie betriebsbedingt sind und in größerem Ausmaß durchgeführt werden müssen – auch Auswirkungen auf die übrige Belegschaft haben werden. Hoch qualifizierte Arbeitnehmer verlassen evtl. das Unternehmen freiwillig, um stabile Arbeitsverhältnisse zu suchen (vgl. z.B. Trevor/Nyberg 2008), aber auch im Hinblick auf die verbleibenden Mitarbeiter könnten sich aufgrund unsicherer Erwartungen das Betriebsklima und die Bindung der Arbeitnehmer an die Organisation verschlechtern. Diese Verschlechterung könnte sich wiederum auf die Produktivität auswirken (vgl. Datta et al. 2010, 321ff.). Studien zu diesen Effekten konzentrieren sich deshalb auf die Frage, ob eine systematische Vorbereitung und Begleitung der Entlassungen diese Wirkungen abmildern können. Wenn bspw. eine Organisation ihre Mitarbeiter umfassend qualifiziert, sinkt nicht nur das Entlassungsrisiko, sondern die Mitarbeiter haben insgesamt den Eindruck, dass auch nach einer Entlassung relativ schnell eine neue Beschäftigung in einem anderen Unternehmen möglich ist. Ist bekannt, dass ein Unternehmen solche Entlassungen informativ, fair und kooperativ mit der Arbeitnehmervertretung durchführt, trägt dies ebenso zum Vertrauen in das Unternehmen bei, wie gut geschulte Führungskräfte, die zu entlassende Mitarbeiter beraten und in der Übergangsphase respektvoll unterstützen (vgl. Iverson/Zatzick 2011).

Ein inzwischen weit verbreitetes Instrument dieser Vorbereitung und Begleitung von Entlassungen ist die Outplacement-Beratung. Dieses Konzept zur Betreuung ausscheidender Mitarbeiter durch das Unternehmen sieht in der Regel vor, dass ein entlassendes Unternehmen durch professionelle Vorbereitung und Durchführung der Entlassung sowie durch Hilfestellung bei der Suche nach einem neuen Beschäftigungsverhältnis die materiellen, psychischen und sozialen Kosten der Entlassung senkt.

Die Wurzeln des Outplacements liegen in den USA. In den 70er Jahren fanden dort umfangreiche Personalfreisetzungen statt. Insbesondere in der Mineralölindustrie, in der Luftfahrt und in der Armee wurden Programme zur Betreuung ausscheidender Arbeitnehmer entwickelt. Im nordamerikanischen Raum sollen mehr als die Hälfte aller Unternehmen Outplacement-Betreuung anbieten, und innerhalb der amerikanischen Beratungsbranche gilt Outplacement als etabliertes Beratungsprodukt. Auch in Deutschland wurde Outplacement inzwischen durch die Beratungsbranche in der Praxis verbreitet und wird dort in erster Linie bei Angestellten, Führungskräften der mittleren und oberen Ebene praktiziert.

Outplacement behandelt die **Trennung von Individuum und Organisation** in der Regel bei Entlassungen, die das Unternehmen veranlasst hat. Unter Einsatz verschiedener Methoden und Instrumente wird versucht, den unterschiedlichen Interessen der beteiligten Akteure Rechnung zu tragen (vgl. Mayrhofer 1989a; 1989b; 1992). Hierbei sind verschiedene Variationen zwischen interner und externer Beratung, Einzel- und Gruppen-Outplacement möglich (vgl. ausführlich Schulz et al. 1989; Sauer 1991, 61ff.; Frick 2004; Kieselbach et al. 2006; Alewell et al. 2010).

Stanton (1994, 332ff.) nennt vier Stufen, die den Ablauf einer Outplacement-Beratung charakterisieren (vgl. Abbildung II / 6).

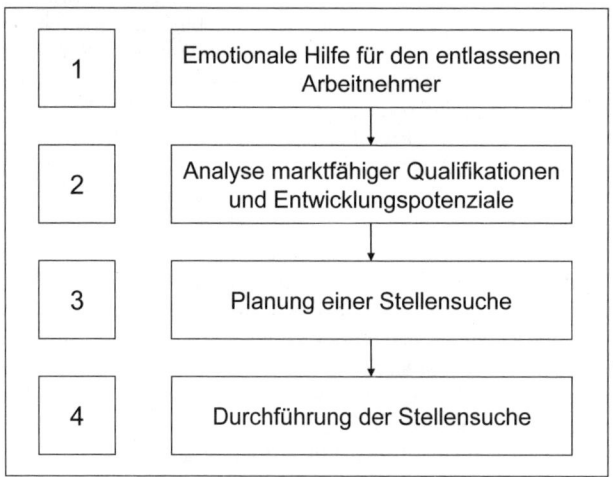

Abbildung II / 6: Phasen der Outplacement-Beratung

**(1) Emotionale Hilfe:** Der Verlust zentraler Bezugsobjekte – wie beispielsweise des Arbeitsplatzes – generiert ein Verhaltensmuster, das bestimmten Phasen folgt, wie sie aus der Sterbe- und Verlustforschung bekannt sind. Hier können zusammenfassend vier Phasen unterschieden werden (vgl. zusammenfassend Mayrhofer 1992, 1528):

- **Phase 1:** Die Übermittlung der Nachricht, dass eine Entlassung beschlossen wurde, löst bei dem Betroffenen einen Schock und Nichtwahrhaben-Wollen aus. Die Reaktion mündet in der Regel in Schock, Lähmung oder Hyperaktivität als Ausdruck von Abwehrmechanismen.
- **Phase 2:** Diese Phase ist dadurch gekennzeichnet, dass der Betroffene das Verlustobjekt – in diesem Fall den Arbeitsplatz – wiedergewinnen will. Der in der ersten Phase

konstatierte Kontrollverlust wird in eine neue Handlungsorientierung überführt, das Aktivitätsspektrum konzentriert sich auf die Bewahrung des Bestehenden. Erst die Erkenntnis, dass diese Aktivitäten aussichtslos sind, bewirkt schmerzliche Emotionen und Hilflosigkeitserfahrungen.

- **Phase 3:** Sie enthält die Erfahrung, dass die Rückgewinnung des Arbeitsplatzes aussichtslos ist und geht einher mit dem Loslassen des Verlustobjektes. Dieses »Abschiednehmen« ist verbunden mit einer inneren Neuordnung und Bewertung dieses Verlustes und damit Voraussetzung für einen realistischen Umgang mit der neuen Situation.

- **Phase 4:** Die Neuorientierung mündet in Akzeptanz und Reorganisation der Lebensumstände und schließt den Verarbeitungsprozess damit weitgehend ab.

Als ein Hauptproblem von Entlassungen gilt die mangelnde Qualifikation der Übermittler in der Berücksichtigung der spezifischen Unterschiede der zu Entlassenden (Martin/Lekan 2008). Unklarheiten, falsche Rücksichtnahme sowie fehlende unternehmensspezifische Richtlinien führen zur Verschlechterung des Betriebsklimas und schädigen gegebenenfalls die offizielle Unternehmenskultur. Im Rahmen der Outplacement-Beratung geht es im Vorfeld um das Training von Linienvorgesetzten oder die Beteiligung von externen Beratern. Durch entsprechende Schulung soll bereits die Überbringung der Nachricht so gestaltet werden, dass insbesondere Phase 1 und 2 nicht durch unangemessene Übermittlung erschwert werden. So wird beispielsweise in Vorgesetztenschulungen herausgearbeitet, dass die Übermittlung der Nachricht an einem Freitagnachmittag insofern ungünstig ist, als der betroffene Arbeitnehmer in diesem Fall nicht unmittelbar in eine Outplacement-Beratung überführt werden kann. Der ausgelöste Schock und die damit verbundenen Ohnmachtsgefühle werden im darauf folgenden Wochenende verstärkt. Auch Unklarheit über die Endgültigkeit einer Maßnahme (»Ich habe mich für Sie eingesetzt, aber der Vorstand hat sich nicht überzeugen lassen«) verstärkt und verlängert die in Phase 2 auftretenden Wiedergewinnungsaktivitäten. Im Hinblick auf diese und andere Probleme soll professionelle Hilfe angeboten werden. Dies gilt auch für die durch die Entlassung ausgelösten Veränderungen der sozialen Beziehungen. Verlust der Sozialkontakte am Arbeitsplatz, Veränderung des Status in der Familie und im Freundeskreis sollen (möglichst professionell) aufgearbeitet werden.

Diese emotionale Hilfe wird begleitet von einer Beratung über gesetzliche Ansprüche und freiwillige Leistungen des Unternehmens: Auch wenn z.B. bei Führungskräften die Entlassung mit einem »golden handshake« verbunden ist, wirkt der Verlust des Einkommens dennoch auf den privaten finanziellen Bereich (z.B. Ratenzahlung, andere finanzielle Verpflichtungen etc.).

**(2) Analyse marktfähiger Qualifikationen und Entwicklungspotenziale:** Das sich anschließende Beratungsprogramm dient der Wiedergewinnung eines Arbeitsplatzes in einem anderen Unternehmen. Hier können im Sinne einer Stärken-Schwächen-Analyse die Fragen der Alternativen in der beruflichen Entwicklung gemeinsam bearbeitet werden. Stoebe (1990; 1993, 785ff.) nennt folgende Beratungsprodukte der etablierten Outplacement-Berater:

- In der Analyse der Stärken und Schwächen wird der entlassene Arbeitnehmer darin unterstützt, die persönlichen Ursachen für seine Entlassung zu diagnostizieren und ein Stärkenprofil als Vorbereitung für die Stellensuche zu erarbeiten.

- Der berufliche Werdegang wird mit dem Berater als Vorbereitung zur Erstellung von Bewerbungsunterlagen, aber auch als Grundlage für die Bewertung von beruflichen Entscheidungen rekonstruiert.
- Auf dieser Basis wird ein Know-how-Profil erstellt, mit dessen Hilfe die Zielgruppe für die späteren Bewerbungen segmentiert werden kann. In Ergänzung können neue Qualifikationen identifiziert werden, die erworben werden müssen, um das angestrebte Segment erreichen zu können.
- Danach werden berufliche und private Zielsetzungen erarbeitet, die den Aktivitätsstrom bei der nun anstehenden Stellensuche bündeln sollen.

**(3) Planung einer Stellensuche:** Outplacement-Beratungen bewegen sich in der Regel in einem dichten Netz von Kontakten und Beziehungen. Die Kombination von Outplacement-Beratung und Personalvermittlung wird dazu genutzt, auf der Basis der vorher durchgeführten Schritte die Stellensuche vorzubereiten. Hierzu gehören die Erstellung der Bewerbungsstrategie, die Herstellung von Bewerbungsunterlagen und die Kontaktaufnahme mit Unternehmen.

**(4) Durchführung der Stellensuche:** Die Hauptaufgabe des Outplacement-Beraters besteht in der Vorbereitung des Arbeitnehmers auf das Vorstellungsinterview. Hier geht es um die Einübung von Präsentations- und Kommunikationsstrategien und Unterstützung bei der Entscheidung, ob ein Stellenangebot angenommen werden sollte.

Outplacement-Beratung hat sich insbesondere in Großunternehmen und dort in Bezug auf Führungskräfte verbreitet (vgl. Hemmer 1997, 281; Frick 2004). Als Gründe für diese Verbreitung werden individuelle und organisationale Vorteile genannt (vgl. z.B. Kieselbach et al. 2006, 35ff.). **Monetäre Vorteile** werden realisiert, wenn nach Meinung der Protagonisten von Outplacement-Beratung Rechtsstreitigkeiten verhindert werden, wenn im Rahmen dieser Beratung gesetzliche Ansprüche und freiwillige Zahlungen erläutert sowie die Bereitschaft der professionellen Betreuung eingesetzt werden. Auch kann die schnelle Vermittlung von Führungskräften Abfindungszahlungen beträchtlich vermindern: Wird z.B. vereinbart, dass bei Aufnahme eines neuen Arbeitsverhältnisses eine Trennung im gegenseitigen Einvernehmen erfolgt und wird die entlassene Führungskraft durch die Outplacement-Beratung vermittelt, vermindert das Unternehmen entsprechend seine finanziellen Verpflichtungen unter Berücksichtigung der entstandenen Outplacement-Beratungskosten.

Als weiterer Vorteil einer Outplacement-Beratung gilt die **Motivation der »Überlebenden«.** Den in der Arbeitsgruppe (Betrieb) verbleibenden Arbeitnehmern wird durch Outplacement-Beratung deutlich gemacht, dass auch ihnen als potenziell entlassungsfähigen Arbeitnehmern in der Zukunft die gleiche Aufmerksamkeit und Fairness entgegengebracht wird. Schließlich fördern Outplacement-Regelungen das **Image** einer Organisation, insbesondere im Hinblick auf zukünftig einzustellende qualifizierte Arbeitskräfte, aber auch gegenüber weiteren Anspruchsgruppen, wie beispielsweise Behörden, Kunden und Gewerkschaften.

Individuelle und monetäre Aspekte sowie die Einschätzung, dass Outplacement ebenso zu einem professionellen Personalmanagement gehört wie beispielsweise ein Assessment-Center, haben zu einer überwiegend positiven Einschätzung dieses Instrumentes geführt (vgl. Schreiber 1995, 415f.), das allerdings in seiner intensiven Variante schon allein aus Kostengründen auf den exklusiven Kreis gehobener Führungskräfte beschränkt bleiben dürfte. Zu Recht weisen Kühlmann und Wesenberg (1994, 600ff.) darauf hin, dass in idealisierten Darstellungen des Outplacements die Sicht von

Unternehmensleitungen und Beratern dominiert, die Perspektive der Betroffenen übliocherweise ausgeblendet bleibt und die Frage, was denn als »Erfolg« einer Outplacement-Beratung anzusehen ist, empirisch noch zu klären ist. So liefern Befragungsstudien keinen eindeutigen Hinweis, dass die Vermeidung von Rechtsstreitigkeiten zu den dominierenden Gründen gehört und auch für die Beschleunigung des Trennungsprozesses gibt es keine eindeutige Evidenz. Nach Untersuchungen von Alewell/Pull (2009) spielen eher finanzwirtschaftliche Gründe eine größere Rolle, wie z.B. Einsparung von Lohnzahlungen durch verkürzte Restlaufzeiten und Einsparungen durch Vermeidung von Kündigungsschutzklagen (siehe auch Alewell et al. 2010). Empirische Untersuchungen in den USA verweisen eher auf niedrigere Gehälter in der neuen Beschäftigung und Herabstufungen sowie auf neue Tätigkeiten, für die die von Outplacement betroffenen Mitarbeiter häufig überqualifiziert sind (vgl. Feldman/Leana 2000).

### 3.2.2.3    Auswirkungen von Entlassungen

Auch ein noch so ausgefeilter Sozialplan kann die negativen Folgen von Entlassungen nicht verhindern. Diese gut dokumentierten Folgen lassen sich auf die drei in Abbildung II / 7 dargestellten Kategorien beziehen (vgl. Schreiber 1995, 412).

| Betroffene Ebene | Auswirkung |
| --- | --- |
| Individuelle Ebene | Störung des Selbstwertgefühls, psychische Probleme, Einkommensverlust, beruflicher Abstieg, Langzeitarbeitslosigkeit |
| Soziale Ebene | Wegfall der beruflichen und privaten Anerkennung, Ehe- und Familienprobleme, Rückgang der Sozialkontakte, Isolation |
| Gesellschaftliche Ebene | Perspektivenverlust, Diskriminierung und Objekt von Vorurteilen, Ablehnung von Wirtschaftsordnung und politischer Verfassung (z.B. bei Jugendarbeitslosigkeit) |

Abbildung II / 7: Folgen von Entlassungen

Da immer mehr Menschen die Erfahrung machen, dass es Lebensphasen gibt, in denen sie ohne Beschäftigung sind, werden auch Wirkungen und Bewältigungsstrategien der Arbeitslosigkeit vor dem Hintergrund von *Coping- und Kontroll- sowie Selbstwirksamkeitstheorien* theoretisch bearbeitet und empirisch untersucht (vgl. zum Folgenden Latack et al. 1995).

Zunächst einmal wird unter **Arbeitsplatzverlust** ein Lebensereignis verstanden, in dem Arbeitnehmer unfreiwillig aus bezahlter Arbeit entlassen werden. Arbeitsplatzverlust unterscheidet sich von Arbeitslosigkeit durch die Zeitachse, die als Zeitspanne zwischen dem Ereignis des Arbeitsplatzverlustes und chronischer Arbeitslosigkeit bezeichnet werden kann. Die in diesem Zeitraum angewandten Bewältigungsstrategien werden als *Coping* definiert. Darunter werden kognitive und verhaltensbestimmte Anstrengungen verstanden, um die internalen und externalen Herausforderungen zu bewältigen, die durch den Arbeitsplatzverlust entstehen.

Nach Latack et al. (1995) lassen sich drei Forschungsrichtungen unterscheiden, die sich mit Arbeitsplatzverlust beschäftigen:

**(1) Fallstudien:** Die wohl bekannteste Studie, die sich mit den emotionalen Reaktionen des Arbeitsplatzverlustes beschäftigt, ist die Studie von Jahoda et al. (2009) aus den dreißiger Jahren über die Arbeitslosen in Marienthal. Diese Studie stellte bereits früh die Veränderung der Lebensumstände als Folge der Arbeitslosigkeit heraus.

**(2) Quantitative Studien:** In diesen Studien wird beispielsweise nach Zusammenhängen zwischen Arbeitsplatzverlust, Länge der Arbeitslosigkeit und geglückter Wiederbeschäftigung gesucht. Ergebnisse dieser Studien zeigen ein enges Zusammenspiel zwischen ökonomischen Problemen und weiteren Problemlagen. Zum Beispiel senkt Arbeitsplatzverlust das Selbstwertgefühl und verursacht Stress. Positive Effekte wurden insbesondere als Zusammenspiel von intensiver Vorbereitung der Stellensuche und Wiederbeschäftigung bestätigt.

**(3) Studien zu Bewältigungsstrategien:** Mehrere Studien befassen sich mit der Frage, wie Individuen Arbeitsplatzverlust wahrnehmen, darauf reagieren und welche Bewältigungsstrategien sie anwenden.

Das Modell von Latack et al. (1995) modelliert den **Prozess** der Bewältigungsstrategien wie folgt:

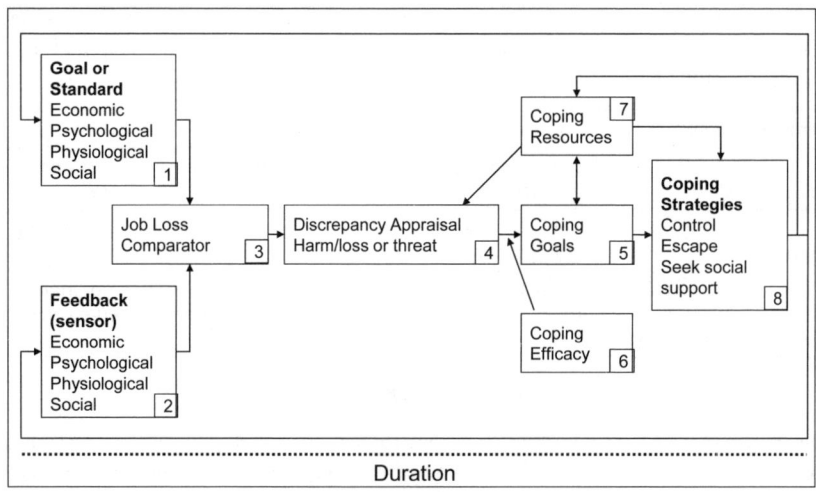

Abbildung II / 8: Bewältigungsstrategien der Arbeitslosigkeit
(In Anlehnung an Latack et al. 1995, 318)

**Ziele oder Standards (1):** Jeder dieser Standards wird durch Arbeitsplatzverlust nachhaltig beeinflusst. *Ökonomisch* verursacht der Arbeitsplatzverlust eine finanzielle Einbuße; gegebenenfalls finanzielle Bedrohungen. Arbeitsplatzverlust bedeutet aber auch negative *psychologische Effekte*, wie z.B. Reduzierung des Selbstbewusstseins, emotionales Trauma, reduziertes subjektives Wohlbefinden. Er bewirkt aber auch *physiologische* Effekte wie z.B. somatische Beschwerden und Stressphänomene, Bluthochdruck und weitere körperliche Krankheiten. Hinzu kommt, dass Arbeitsplatzverlust die *soziale Anbindung* von Arbeitnehmern nachhaltig beeinflusst. In Abhängigkeit davon, ob sich Arbeitnehmer mit ihrer Arbeit identifizieren, erfüllt sie vielfältige soziale Funktionen. Der Arbeitsplatz bedeutet in der Außenorientierung das Vorhandensein von Status und Identität, erlaubt eine zielorientierte Lebensführung und unterstützt soziale Kontakte innerhalb und außerhalb des Unternehmens. Der Arbeitnehmer hat das Gefühl, Teil eines Ganzen zu sein und in Bezug auf Leistung und/oder als Person geachtet zu werden. Arbeitslosigkeit führt entsprechend zu einer Reduktion von Aktivität und zu Restriktionen in der Aufrechterhaltung von sozialen Kontakten in sozialen Netzwerken.

Die Erfahrung dieser **Ereignisse (2)** führt zu einer **Beurteilung der Diskrepanzen (3)** in Bezug auf die vier genannten Felder und umfasst in dem Modell die Möglichkeit der unterschiedlichen Wahrnehmung und Beurteilung von **Leid, Verlust oder Bedrohung (4)**. Es ist dieses Element, das am nachhaltigsten die unterschiedlichen Reaktionen auf Arbeitsplatzverlust zu erklären hilft. Beispielsweise können Individuen Arbeitsplatzverlust als Chance interpretieren, etwas Neues anzufangen oder eine verdrängte berufliche Orientierung in Angriff zu nehmen. Die Diskrepanz wird aber dann sehr hoch sein, wenn beispielsweise die gewohnten Lebensumstände mit dem Arbeitslosengeld nicht aufrechterhalten werden können. Personen, die ihre Identität mit der Arbeitsstelle eng verknüpft haben, werden höhere Differenzen wahrnehmen als Personen, die ihre Arbeitsstelle nur als »Job« gesehen haben.

Die nächste Phase umfasst die **Bewältigungsziele (5)**. Unter »Ziel« wird hier das Objekt einer Aktion verstanden. Es ist nicht zu verwechseln mit den Aktionen, Strategien und Plänen, die zum Ziel führen sollen. Diese Ziele können sehr variantenreich sein, und nur vordergründig geht es darum, eine neue Stelle zu finden. Eine Person, die schon einige Zeit auf der Suche nach einer neuen Stelle ist, könnte dazu neigen, die damit verbundenen Enttäuschungen und Ängste dadurch zu vermeiden, dass sie einige Zeit Urlaub macht, um Abstand von diesen enttäuschenden Erfahrungen zu gewinnen. Es können aber auch Anspruchsanpassungen stattfinden. Die Person nimmt eine Halbtagsstelle an, um die finanziellen Belastungen, die durch den Arbeitsplatzverlust entstehen, zu verringern. Bewältigungsziele können auch eine Fluchtstrategie enthalten. Diese Personengruppe ist häufig nicht in der Lage, adäquate Ziele zu bestimmen. Eine andere Gruppe von Personen hingegen spezifiziert kurz- und mittelfristige Ziele, um mit Hilfe von Ressourcen diese Ziele zu erreichen.

Bei der **Bewältigungswirksamkeit (6)** handelt es sich um ein Wahrnehmungskonstrukt, wonach eine Person glaubt, dass sie in der Lage ist, eine bedrohliche Situation zu beeinflussen und zu steuern. Personen, die diese Überzeugung haben, verfügen über bessere Abwehrmechanismen. »Efficacy« wird damit definiert als Ausmaß, in dem Personen glauben, dass sie erfolgreich eine bestimmte Bewältigungsstrategie einsetzen können, um wahrgenommene Diskrepanzen zu bewältigen und damit Kontrolle über eine als stressvoll empfundene Situation zu erzielen. Personen mit hoher Selbstwirksamkeit aktivieren mehr soziale Unterstützung, um finanzielle Probleme zu lösen oder eine neue Stelle zu suchen. Personen mit niedriger Selbstwirksamkeit suchen soziale Unterstützung, um emotionale Probleme zu lösen und Selbstwertverluste zu relativieren. Von Bedeutung ist auch, ob der Arbeitsplatzverlust dem eigenen Verhalten oder externen Ursachen zugeschrieben wird.

**Bewältigungsressourcen (7)** stellen ein Reservoir an Unterstützung in einer stressvollen Situation dar. Beispielsweise wird eine Person mit finanziellen Reserven, hohem Selbstbewusstsein und vielfältigen stellenrelevanten Kontakten andere Formen der Diskrepanz wahrnehmen als Personen, die über diese Ressourcen nicht verfügen. Es kann argumentiert werden, dass Personen mit finanziellen Reserven und dichten Sozialkontakten eher eine aktive Stellensuche betreiben und dadurch längerfristige Arbeitslosigkeit vermeiden. In diesem Zusammenhang sind zwei Ressourcen besonders zu erwähnen: Personen mit hohem Selbstbewusstsein sind eher fähig, mit Arbeitsplatzverlust umzugehen, da sie davon überzeugt sind, dass sie mit Hilfe ihrer Fähigkeiten diese Bedrohung bewältigen werden. Auch Erfahrungen spielen eine Rolle. Niedrig qualifizierte Arbeitnehmer, die in ihrem Arbeitsleben häufig die Erfahrung von Arbeitslosigkeit gemacht haben, rechnen mit diesem Ereignis. Gut ausgebildete, bislang erfolgreiche Personen, die eine hohe Identität mit ihrer Tätigkeit aufweisen, trifft dieses Ereignis eher unvorbereitet.

**Bewältigungsstrategien (8)** konzentrieren sich als *steuerungsorientierte Strategien* stärker auf Problemlösungen und als *fluchtorientierte Strategien* stärker auf soziale Unterstützung. Sie wirken auf die Bewältigungsressourcen (7) zurück. Bei negativem Verlauf werden die finanziellen Reserven aufgebraucht, die sozialen Kontakte nutzen sich ab und mit Dauer der Arbeitslosigkeit steigen Stress und Resignation. Bei positivem Verlauf steigt das Selbstwertgefühl durch erfolgreiche Aktivitäten, und neue Kontakte führen zu individuellem Wohlbefinden.

Die Bedeutung der Bewältigungsressourcen zeigt sich auch in ihrer Wirkung auf die Diskrepanzbeurteilung. So werden knappe Ressourcen zu Anspruchsanpassung und Senkung des Lebensstandards führen und die Bereitschaft erhöhen, an Arbeitsbeschaffungsmaßnahmen teilzunehmen.

Zusammenfassend kann festgehalten werden, dass dieses Modell der »Bewältigungsstrategien der Arbeitslosigkeit« eine theoretisch fundierte und in Teilen empirisch gestützte Ablaufsystematik der individuellen Bewältigungsmöglichkeiten von Arbeitslosigkeit darstellt, die auch als Basis für Inplacement- und Outplacement-Beratung dient (vgl. Kinicki et al. 2000).

## 3.3 Zusammenfassende Beurteilung

Personalabbau kann auf eine Vielzahl von Ursachen zurückgeführt werden, die häufig nur schwer antizipierbar sind. Deshalb ist die Forderung nach einer antizipativen Abbauplanung oder nach einem Frühwarnsystem zwar angesichts der Folgen verständlich, aber nur schwer zu realisieren. Als Mindeststandard gilt allerdings die Existenz einer Personalplanung, in die Personalabbau integriert ist.

Auf dieser Basis ist die Zeitachse Ausdruck eines geringer werdenden Handlungsspielraums. **Unternehmenspolitische Maßnahmen** konzentrieren sich frühzeitig auf die Entwicklung neuer Produkte, die Veränderung der Absatzstrategien oder andere Maßnahmen, die es erlauben, das von Personalabbau betroffene Personal in anderen Bereichen des Unternehmens einzusetzen. In diesem Sinne ist die Forderung nach Verknüpfung von Unternehmensplanung und Personalplanung konsequent. Allerdings ist der damit verbundene Planungsaufwand ebenfalls nicht unerheblich und setzt eine entsprechende Aufbereitung von Daten und ihre Überführung in integrierte Planungssysteme voraus.

Auch **personalpolitische Maßnahmen** lassen sich bei frühzeitiger Intervention variantenreicher einsetzen als das arbeitsrechtliche Instrumentarium, das eher auf die Begrenzung und Abmilderung eines bereits eingetretenen Schadens im Konfliktfall ausgerichtet ist. Die Vermeidung von Entlassungen (beispielsweise durch Kurzarbeit, Einstellungsstopp oder Qualifizierung) wird als kostengünstiger und sozialverträglicher angesehen, da nicht nur Abfindungszahlungen (bei Sozialplänen) vermieden, sondern auch Kosten der erneuten Einstellung und Einarbeitung umgangen werden können. Hier ist zu betonen, dass ebenfalls ein Mindeststandard an Informationen vorhanden sein muss, um solche Instrumente einsetzen zu können (z.B. Fluktuationsstatistiken, Stellenbeschreibungen und Fähigkeitsprofile). Bei **Inplacement** werden von Personalabbau bedrohte Arbeitnehmer in innerbetrieblichen Weiterbildungsmaßnahmen qualifiziert oder mit besonderen Aufgaben beauftragt. In internen Arbeitsmärkten kann dann im Rahmen der natürlichen Fluktuation auf bereits integrierte und qualifizierte Arbeitnehmer zurückgegriffen werden.

Hinsichtlich der Wirkungen von **Entlassungen** sind neben den hiermit häufig verbundenen Abfindungen und Sozialplanregelungen auch die damit möglicherweise einhergehende Verschlechterung der Qualifikationsstruktur, der Arbeitsmotivation, der Altersstruktur etc. zu berücksichtigen. Beim **Outplacement** werden die Kosten dieser Beratung den verringerten Abfindungszahlungen und den motivationalen Wirkungen eines positiven Images gegenübergestellt. Insbesondere bei **Massenentlassungen** wird abgewogen, ob die damit verbundenen Sozialplanmittel in Kombination mit anderen Mitteln beschäftigungspolitisch eingesetzt werden.

Es handelt sich bei Personalabbau nicht um ein Thema, das in der Logik klarer Investitionskalküle behandelt werden kann, da nicht nur betriebliche, sondern immer auch persönliche und gesellschaftliche Folgen zu berücksichtigen sind. Diese **Folgen von Entlassungen** wurden im Hinblick auf **Bewältigungsstrategien** bearbeitet.

## Literaturempfehlungen

*Jahoda, M.; Lazarsfeld P.F.; Zeisel, H. (2009): Die Arbeitslosen von Marienthal. 22. Aufl.; Frankfurt/Main.*

Wohl immer noch die eindrucksvollste Studie, die Auswirkungen von Arbeitslosigkeit empirisch aufzeichnet.

*RKW (1996): RKW-Handbuch – Praxis der Personalplanung. 3. Aufl., Neuwied - Darmstadt.*

Hierbei handelt es sich um umfassende Darstellungen der Personalabbauplanung und ihrer Einzelmaßnahmen.

*Datta, D.K.; Guthrie, J.P.; Basuil, D.; Pandey, A. (2010): Causes and Effects of Employee Downsizing: A Review and Synthesis. In: Journal of Management, 36. Jg., H. 1. 281-348.*

Dieser Aufsatz stellt eine umfangreiche Zusammenstellung von empirischen Studien zu Einflussgrößen und Wirkungen von beschäftigungsreduzierenden Maßnahmen dar.

## *Kapitel II*

Personalbereit-
stellung, Entwicklung,
Einsatz und Vergütung
von
Personal

Abschnitt B:

Personal-
entwicklung

# 1 Personalentwicklung

## 1.1 Einführung

Personalentwicklung wird in verschiedenen Disziplinen mit unterschiedlichen Objektbereichen, Zielen und Methoden bearbeitet, z.B. im Rahmen der Psychologie und der Berufspädagogik (vgl. Swanson/Holton 2009, 71ff.). Aber auch innerhalb der Betriebswirtschaftslehre existieren unterschiedliche Annahmen, theoretische Grundlagen und Erkenntnisinteressen. Diese Unterschiede beruhen auf divergierenden Auffassungen hinsichtlich der theoretischen Grundlage der Personalentwicklung (vgl. Garavan et al. 2004; Lynham et al. 2004; Garavan 2007). Einerseits besteht die Auffassung, dass es bei Personalentwicklung um die Entwicklung von Menschen geht. Hier wird davon ausgegangen, dass Menschen ein Recht auf Selbstbestimmung haben und das menschliche Leben einen Lernprozess darstellt, in dem diese Selbstbestimmung zum Ausdruck kommt. In diesem Sinne wären dann theoretische Grundlagen (z.B. in philosophischen Theorien, Motivationstheorien und Lerntheorien) zu verorten. Es könnte den Fragestellungen nachgegangen werden, wie Menschen lernen und ihre Persönlichkeit entwickeln und dabei einen Beitrag zur Entwicklung von Organisationen leisten. Person und Organisation befinden sich dann in einem Abstimmungsprozess, in dem es in erster Linie um die Entwicklung des Individuums geht. Das Unternehmen in seinen Rahmenbedingungen berücksichtigt und fördert diese Lern- und Entwicklungsmodalitäten aktiv, z.B. durch persönlichkeitsfördernde Arbeitsgestaltung oder die Berücksichtigung von Kommunikationsmöglichkeiten. Diese Grundhaltung wird flankiert durch das Argument, dass Lernen gegen den Willen der Individuen und mit instrumenteller Absicht Dritter keine sehr guten Erfolgsaussichten aufweist. Darüber hinaus sollte eine gewisse Akzeptanz und Bereitschaft zur Aneignung von Wissen vorhanden sein. Insbesondere Theorien und Methoden der Organisationsentwicklung arbeiten mit dieser Argumentationsfigur.

Andererseits kann Personalentwicklung so verstanden werden, dass Unternehmen die von ihnen bezahlte Arbeitskraft möglichst produktiv einsetzen wollen. Der Zweck der Personalentwicklung ist dann die Prüfung und Bereitstellung von Personalentwicklungsmaßnahmen, die sich möglichst eng an den erwarteten Leistungsbeiträgen orientieren. Die theoretischen Grundlagen einer so verstandenen Personalentwicklung liegen dann in Strategie- und Managementtheorien. Motivations- und Lerntheorien würden dann in einem engeren Sinne danach befragt, welchen Erkenntnisbeitrag sie zur Verbesserung von Leistung enthalten. Hierbei handelt es sich nicht notwendigerweise um eine Relation zwischen Ursache und Wirkung, sondern Humankapitaltheorien und Theorien des Wissensmanagement betonen z.B. den Investitionscharakter der Entwicklung von Personal.

Beide Perspektiven sind nicht notwendigerweise als bipolares Verhältnis zu verstehen. Garavan et al. (2004, 419ff.) weisen darauf hin, dass es vielfältige Überschneidungen und Effekte in beide Richtungen gibt. Beispielsweise fördern ein gutes Lernklima und ein breites Angebot an Lernmöglichkeiten nicht nur die leistungsspezifischen Aspekte der menschlichen Arbeit, sondern beeinflussen auch die Persönlichkeit, soziale Austauschprozesse und gesellschaftliche Entwicklungsprozesse. Aber auch die individuelle und eigenwillige Entwicklung von Menschen beeinflusst die Herausbildung neuer Ideen oder die strategische Neuorientierung. Dennoch kann in der Betriebswirtschaftslehre von einer organisationsbezogenen Dominanz gesprochen werden. Meist wird davon ausgegangen, dass organisationale Ziele den Ausgangspunkt für systematische Verfahren der Personalentwicklung darstellen und Maßnahmen der Personalentwicklung die Leistungsfähigkeit der Arbeitnehmer verbessern soll.

Aus diesem Grunde umfasst der Lernbegriff der Personalentwicklung nicht nur den einzelnen Arbeitnehmer, sondern auch die Entwicklung und Zusammenarbeit von Gruppen oder die Struktur der Organisation. Da die Verbesserung der Leistung auch die Anpassung und Veränderung von Organisationsstrukturen beinhaltet und die Zusammenarbeit zwischen Arbeitnehmern thematisiert, sind Organisationsentwicklung und organisationales Lernen feste Bestandteile der Personalentwicklung im Sinne einer Leistungsverbesserung (vgl. Wilson 2005, 8f.). Insofern könnte Personalentwicklung mit Leistungsentwicklung gleich gesetzt werden und konzentriert sich dann auf:

• Vermittlung arbeitsplatzrelevanter Kenntnisse zur Erhöhung der Arbeitsleistung,
• Verbesserung der Anpassungsfähigkeit durch Erhöhung der Lernkapazität von Individuen, Gruppen und Organisationen,
• Training, Entwicklung und Karriereplanung zur Erhöhung der individuellen und organisationalen Effektivität.

In diesen Interpretationen der Personalentwicklung geht es damit um die zielgerichtete Beeinflussung menschlichen Verhaltens, insbesondere um die Fundierung, Erweiterung oder Vertiefung bestehender und/oder Vermittlung neuer Qualifikationen. Ziel ist die Erhöhung der Wettbewerbsfähigkeit und die Anpassung an neue Anforderungen (vgl. auch Swanson/Holton 2009, 338).

Diese Dominanz der organisationalen Ziele spiegelt sich in vielen Konzepten der Personalentwicklung wider (vgl. z.B. Swanson/Holton 2009; Sonntag et al. 2006, 178ff.). Unterschieden wird meist in folgende Teilschritte:

1. Aus **strategischen Zielen** und geplanten **Tätigkeitsfeldern** entstehen neue oder veränderte **Aufgaben.** Daraus werden Anforderungen an die Qualifikationen der Arbeitnehmer ermittelt.
2. Diese **Anforderungen** sind Ausgangspunkt für die Prüfung, ob die Qualifikationen bereits vorhanden sind oder ob Entwicklungsbedarf besteht.
3. Anschließend sind Qualifizierungsstrategien zu entwickeln, die in Entscheidungen über **Qualifizierungsmaßnahmen** und ihren Einsatz münden.
4. Im Sinne einer **Evaluation** ist der Erfolg von Qualifizierungsmaßnahmen zu überprüfen.

Im Folgenden werden diese verschiedenen Teilschritte vertieft.

## 1.2   Strategische Ziele der Personalentwicklung

Personalentwicklung ist in der Regel abgeleitete Personalbedarfsplanung. Ausgehend von bestehenden oder geplanten Geschäftsfeldern wird unter Berücksichtigung von technologischen und organisatorischen Veränderungen danach gefragt, wie die Personalanpassung zu gestalten ist (vgl. Balderson 2005). Entscheidet sich das Unternehmen, den Nettopersonalbedarf durch Personalentwicklung zu befriedigen, stellt sich die Frage, auf welche Weise der Bedarf strategisch geplant werden kann. Luoma (2000) unterscheidet hierbei drei Perspektiven:

**Defizit-Orientierung:** Ein Unternehmen kann seine strategischen Ziele nur erreichen, wenn Arbeitnehmer jeweils über die erforderlichen Qualifikationen verfügen. Auf der Basis der bestehenden Arbeitsteilung bearbeiten Arbeitnehmer definierte Aufgaben. Diese Aufgaben stellen Anforderungen im Hinblick auf die dafür notwendigen Qualifikationen. Defizite zwischen Aufgaben und Anforderungen an die Qualifikation können entstehen, wenn sich die Aufgaben ändern, weil beispielsweise neue Technologien eingeführt oder die Produkte modifiziert werden. Diese Defizite können aber auch entstehen, wenn beispielsweise das Management eine neue Organisationsstruktur oder neue Managementinstrumente einführt. Aufgabe der Personalentwicklung ist dann die Schließung von Defiziten zwischen vorhandenen und erforderlichen Qualifikationen. In diesem Verständnis definiert die Strategie als Ausgangspunkt die notwendigen Qualifikationen, und auf rationale Weise wird danach gefragt, welche Maßnahmen erforderlich sind, wie diese adäquat durchgeführt und evaluiert werden können. Die individuelle Perspektive des Arbeitnehmers ist hier eher eine Nebenbedingung. Im Zentrum stehen Entscheidungen des Top Managements über zukünftige Produkte und Dienstleistungen in definierten Märkten, für die die erforderlichen Qualifikationen entweder vorhanden sind oder bereitgestellt werden müssen. Insbesondere Unternehmen, die sich mit schnellen Veränderungen in den Märkten oder in der technologischen Entwicklung konfrontiert sehen, fokussieren die schnelle Identifikation dieser Defizite und ihre Beseitigung auf allen Ebenen. Ändern sich strategische Bedingungen und hat dies Einfluss auf die Kompetenzprofile, wird eine schnelle Reaktion der Personalentwicklung erwartet.

**Anpassungs- und Generierungsorientierung:** Während das Defizit-Modell eher als reaktives Modell verstanden werden kann, ist der Denkansatz in diesem antizipativen Modell auf eine kontinuierliche und langfristige Verbesserung der Qualifikation der Arbeitnehmer ausgerichtet. Ziel ist es, nicht nur die Bewältigung der aktuellen Anforderungen zu erreichen, sondern darüber hinaus Grundlagen für einen verbesserten Leistungsstandard zu legen. Beispielsweise dient eine verbesserte Ausbildung nicht unbedingt der Beseitigung von Qualifikationsdefiziten, erhöht aber die Anpassungsfähigkeit an neue Aufgaben oder verbessert die Fähigkeit, Impulse für Strategien zu geben. In diesem Ansatz ist die Relation zur Strategie komplexer. Einerseits soll die Fähigkeit zur Implementierung der Strategie verbessert werden, andererseits sollen Impulse für die strategische Planung gesetzt werden.

Die Abbildung II / 9 zeigt das Zusammenspiel dieser Ansätze:

1. Ausgehend von der Strategie werden Anforderungen im Hinblick auf notwendige Qualifikationen definiert.
2. Dieser Entwicklungsbedarf löst Maßnahmen der Personalentwicklung aus.
3. Personalentwicklung dient der Verbesserung von Leistungsstandards und
4. unterstützt den Prozess der strategischen Planung.

Qualifikationen können sich damit einmal auf die strategisch vorgegebenen Anforderungen beziehen oder selbst die Strategieentwicklung unterstützen.

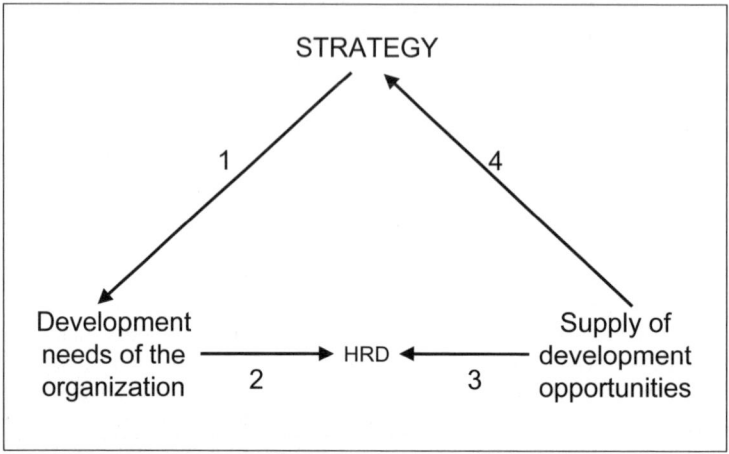

Abbildung II / 9: The Traditional Links between Strategy and HRD
(In Anlehnung an Luoma 2000, 774)

**Entwicklung der organisationalen Fähigkeiten:** Allerdings können sich organisationale Fähigkeiten nur entfalten, wenn sie in einem geeigneten organisatorischen Umfeld angesiedelt sind. Beispielsweise erfordern beide Formen der Personalentwicklung Fähigkeiten zur Kommunikation, zur Zusammenarbeit und zur Lösung von Problemen. Mit Bezug auf den Resource-Based View werden diese organisationalen Fähigkeiten als Quelle von Wettbewerbsvorteilen interpretiert. Wenn es Unternehmen gelingt, die vorhandenen Qualifikationen besser zu bündeln, zu integrieren und in Strukturen der Zusammenarbeit besser zu optimieren als die Wettbewerber, werden mit Hilfe dieser organisationalen Fähigkeiten Grundlagen für Wettbewerbsvorteile gelegt. Bekannte Beispiele sind die Überlegenheit der Logistik-Kette von Wal-Mart auf dem amerikanischen Markt und das Händler-Management von Honda. Auch hier ist zunächst strategisch zu bestimmen, welche organisationalen Fähigkeiten angestrebt werden. Diese Anforderungen sind in Lernziele und Maßnahmen zu transferieren. Allerdings können sich diese Fähigkeiten nur entfalten, wenn Organisationsstrukturen angepasst werden und eine Übereinstimmung mit allen HR-Praktiken vorliegt (z.B. Beschaffung, Leistungsbeurteilung, Entlohnung, Kommunikation).

Das Modell von Luoma (2000) kann analytisch in der Form gelesen werden, dass Unternehmen unterschiedliche Prioritäten setzen; es kann aber auch normativ verstanden werden, wonach alle drei Ansätze in einem Unternehmen gleichzeitig angewendet werden können.

Auf der Basis von Fallstudien zeigt Luoma, dass jede dieser Orientierungen gewisse Schwächen aufweist. Im Defizit-Modell verfügt die strategische Personalentwicklung zwar über ein gut entwickeltes System der Maßnahmenplanung und -evaluation, das von der Personalabteilung effizient verwaltet wird. Von dieser strategischen Personalentwicklung gehen aber keine Veränderungsinitiativen aus. Ist das Risiko einer defizitorientierten Personalentwicklung eher in der Vergangenheitsorientierung zu verorten, liegen die Risiken einer opportunitätsorientierten Personalentwicklung vielmehr in der Bereitschaft, sich zu weit von den bestehenden Strategien zu entfernen und Modewellen der Personalentwicklung in das Unternehmen hineinzutragen. Die Risiken einer fähig-keitsorientierten Personalentwicklung liegen in der Überbetonung des organisationalen Aspektes dieser Perspektive.

Die unterschiedlichen Ansatzpunkte der Personalentwicklung führen im Wesentlichen zu Beschreibungen von Prozessabläufen, die im weiteren Verlauf zur Bestimmung von Anforderungen, Maßnahmen und ihrer Evaluierung führen. Werner und DeSimone (2012) stellen ein typisches Modell vor (vgl. Abbildung II / 10):

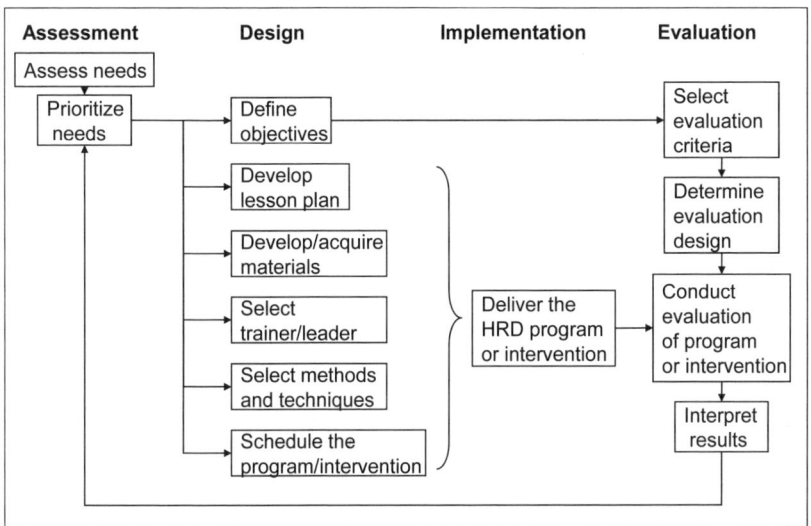

Abbildung II / 10: Ein Grundmodell der Personalentwicklung
(In Anlehnung an: Werner/DeSimone 2012, 27)

**1. Assessment:** Hier gilt es, die bereits erwähnte Lücke zu bestimmen. Diese kann strategisch verortet sein, aber auch Defizite in den täglich zu bewältigenden Aufgaben oder in der Zusammenarbeit umfassen. Die Planung neuer Produkte oder Dienstleistungen lässt die Frage nach neuen Qualifikationen aufkommen. Lautet dagegen die Diagnose, dass schlechte Qualität zu einem Rückgang des Umsatzes führt, ist es die Aufgabe der Personalentwicklung, Maßnahmen durchzuführen, die diesem Mangel abhelfen. In dieser Phase geht es also darum, Prioritäten zu setzen, Maßnahmen zu definieren und Evaluationskriterien zu entwickeln.

**2. Design:** Ausgehend von diagnostizierten Defiziten sind Lehrpläne zu entwickeln, welche Inhalte in den Entwicklungsmaßnahmen vermittelt werden sollen. Entscheidungen sind zu treffen, welche Materialien geeignet sind, ob entsprechende Trainer intern oder extern rekrutiert werden und mit welchen Methoden die Inhalte vermittelt werden sollen. Schließlich ist eine Vielzahl von operativen Fragen hinsichtlich der Zeiten, möglicher Teilnehmer, Ort, Kosten usw. zu klären.

**3. Implementation:** In dieser Phase werden die Maßnahmen durchgeführt, und es entstehen eigenständige Probleme im Hinblick auf die eingeladenen Arbeitnehmer, der Angemessenheit der geplanten Maßnahmen und der Adäquatheit von Inhalten, Methoden und Trainern.

**4. Evaluation:** In dieser Phase wird die Effektivität der Maßnahmen gemessen oder beurteilt. Dieser wichtige Schritt wird oft vernachlässigt und umfasst beispielsweise die Bewertung von Inhalt, Methode und Trainer durch die Teilnehmer. Aber auch die Überprüfung, ob und in welcher Weise das Gelernte am Arbeitsplatz angewandt wird und zur geplanten Verbesserung der Arbeitsabläufe beiträgt, ist Gegenstand dieser Phase.

## 1.3   Die Bestimmung der Anforderungen

Personalentwicklung soll aktuelle Defizite in der Leistungserbringung beseitigen oder auf zukünftige Leistungen vorbereiten. Idealerweise sind dann die Strategien eines Unternehmens der Ausgangspunkt zur Bestimmung von Zielen, die mit der Personalentwicklung verbunden sind. Werden diese Ziele nicht präzise bestimmt, ergeben sich notwendigerweise Folgeprobleme. Ohne Ziele ist die Ermittlung des Bedarfs eher vage. Es besteht das Risiko, dass die für die Personalentwicklung ausgewählten Mitarbeiter wenig mit den Inhalten anfangen können. Ohne Ziele kann die Maßnahme nicht evaluiert werden, da ja offen bleibt, an welchen Kriterien der Erfolg der Maßnahme gemessen werden soll. Ausgehend von Zielen oder der Bestimmung von Defiziten stellt die Bedarfsermittlung eine wesentliche Voraussetzung für die Wahl der Maßnahmen dar (vgl. z.B. Reid et al. 2004, 152ff.). Diese Analyse des Entwicklungsbedarfes kann an drei grundlegenden Informationsebenen ansetzen (vgl. Palmer 2005; Sonntag 2006, 26; Goldstein/Ford 2009; 24ff.; Blanchard/Thacker 2010, 95ff.; Werner/DeSimone 2012, 106ff.): An der Organisationsdiagnose, der Aufgaben- und Anforderungsanalyse sowie der Personanalyse.

### 1.3.1   Organisationsdiagnose

In der Organisationsdiagnose werden Effizienz- und Effektivitätsmängel identifiziert, auf dieser Basis Ziele formuliert und Maßnahmen zur Veränderung eingeleitet (vgl. zum Folgenden Sonntag et al. 2006, 186ff.). Mit Hilfe der Organisationsdiagnose wird beispielsweise erhoben, ob das **Organisationsklima** lern- und entwicklungsunterstützend ist (z.B. Entwicklungsmöglichkeiten in der Arbeit, offener Umgang mit Ideen, Kritik und Verbesserungsvorschlägen) und ob **Führungskräfte** einen Beitrag zur Unterstützung der Personalentwicklung (z.B. Ermutigung der Mitarbeiter, an Maßnahmen der Personalentwicklung teilzunehmen) und zum Transfer des erworbenen Wissens leisten (z.B. Evaluation und Rückmeldungen über Anwendung des neuen Wissens nach Durchführung der Personalentwicklung).

Die Organisationsdiagnose kann sich auch auf die Personalentwicklung selbst beziehen, indem beispielsweise geprüft wird, ob die Personalentwicklung ein Selbstverständnis oder eine Strategie aufweist, die Bedarfsermittlung an die Strategie gekoppelt ist und die Entwicklung und Durchführung systematisch evaluiert werden.

**Verfahren** der Organisationsdiagnose gewichten Themen des Organisationsklimas, der Führungskräfte und des Entwicklungsbedarfs unterschiedlich (vgl. die Übersicht bei Sonntag et al. 2006, 186ff.). Beispielsweise umfasst der Fragebogen zum Lernen in der Arbeit (LIDA) Lernförderung und Lernunterstützung durch die Organisation. Lernförderung umfasst vier Dimensionen (vgl. Wardanjan et al. 2000, 184ff.):

- *Partizipation*: Werden Mitarbeiter in Entscheidungen einbezogen?
- *Zeitliche Bedingungen*: Existieren zeitliche Freiräume?
- *Anerkennung von Selbstständigkeit*: Welchen Stellenwert haben Eigeninitiative und selbstständiges Handeln?
- *Entwicklungsmöglichkeiten*: Werden Chancen für Weiterbildung und persönliche Entwicklung am Arbeitsplatz erfasst?

Insgesamt kann für die Organisationsdiagnose festgehalten werden, dass eine Vielzahl an Verfahren mit unterschiedlichen Schwerpunkten unterstützende Rahmenbedingungen für die Personalentwicklung thematisiert. Entsprechend können hier keine Standardverfahren eingesetzt werden, sondern ihre Auswahl und Anpassung orientieren sich an den organisationsspezifischen Zielsetzungen.

### 1.3.2 Aufgaben- und Anforderungsanalyse

Die Anforderungsanalyse gibt Auskunft, welche Leistungsvoraussetzungen zur Bewältigung einer Aufgabe vorhanden sein müssen. Diese Voraussetzungen können ein breites Spektrum an kognitiven, sensumotorischen, kommunikativen und motivationalen Voraussetzungen umfassen.

>*Untersuchungsgegenstand analytischer Prozeduren sind somit **Anforderungen** der Arbeitstätigkeit; konkret sind darunter die aus definierten Arbeitsaufgaben und den damit verbundenen Ausführungsbedingungen resultierenden Anforderungen an die Handlungskompetenz eines Individuums zu verstehen« (Sonntag 2006, 206; Hervorhebung im Original).*

Ausgehend von diesen Anforderungen werden damit Qualifikationen ermittelt und in erforderliche Kompetenzen transformiert. Diese Kompetenzen stellen ein Konstrukt aus Wissens-, Verhaltens- und Persönlichkeitsspektren dar, mit dessen Hilfe ein Arbeitnehmer die entsprechende Aufgabe bewältigen soll. Die erforderlichen Daten zur Anforderungsanalyse werden in der Regel durch Befragung, Beobachtung, Einzel- oder Gruppeninterviews erhoben (vgl. die Übersicht bei Sonntag 2006, 208ff.; Reid et al. 2004, 152ff.).

Sonntag und Schmidt-Rathjens (2004) haben ein strategie- und evidenzbasiertes Kompetenzmodell entwickelt und erprobt, welches die folgenden Schritte, von der Anforderungsanalyse bis zur Umsetzung in HR-Maßnahmen, umfasst:

In der **Exploration** werden in Workshops Informationen über Aufgaben und Anforderungen der Stelleninhaber zusammengestellt, für die ein Kompetenzmodell entwickelt werden soll. Detaillierte Informationen über die zukünftigen Aufgaben sowie relevante Anforderungen werden dann in einer kleineren Stichprobe in Interviews mit Stelleninhabern, Vorgesetzten und dem Management erhoben. Auf dieser Basis wird ein Leitfaden entwickelt, der ursprünglich als Analyseverfahren zur qualitativen Personalplanung bei Innovationen verwendet wurde und nun für eine genauere Erhebung der relevanten Daten eingesetzt wird.

In der **Aufgaben- und Anforderungsanalyse** werden mit Hilfe des Fragebogens systematisch Daten erhoben, die die aktuelle Situation des Arbeitsplatzes und seine zukünftigen Anforderungen umfassen. Im Ergebnis entstehen Aufgaben- und Anforderungsprofile oder Stellenbeschreibungen.

In der **Kompetenzmodellierung** können nun (bezogen auf die Anforderungsprofile) Kompetenzen abgeleitet und in einer Kompetenzliste zusammengeführt sowie für jede Kompetenz eine Definition und Verhaltensausprägung festgelegt werden, zum Beispiel:

- Fachkompetenz (z.B. betriebswirtschaftliche Kompetenzen)
- Methodenkompetenz (z.B. Planungs- und Organisationsfähigkeit)
- Sozialkompetenz (z.B. Teamfähigkeit)
- Personalkompetenz (z.B. Eigeninitiative)

In der Phase der **Umsetzung in HR-Maßnahmen** wird das Kompetenzmodell für Weiterbildungsmodule, Zielvereinbarungsgespräche und Karriereplanung herangezogen.

### 1.3.3   Personanalyse

Sind Anforderungsprofile definiert, sollen HR-Maßnahmen die notwendigen Kompetenzen vermitteln. Hierzu gehören in erster Linie Entwicklungsgespräche, Weiterbildungsmaßnahmen und Karriereplanung. Dabei ist insbesondere zu beachten, dass die rein funktionsbezogene Analyse (welche Kompetenzen werden für die Arbeitsaufgabe benötigt?) in der Regel verkennt, dass Mitarbeiter eigene Ziele verfolgen, die sich beispielsweise aus dem Interesse an der Bearbeitung einer Aufgabe oder aus Karrierezielen ergeben. Die Ermittlung von Merkmalen oder Fähigkeiten von Mitarbeitern zur Festlegung geeigneter Maßnahmen der Personalentwicklung hat diesem Umstand Rechnung zu tragen. Methoden und Instrumente zur Feststellung des Personalentwicklungsbedarfs können unterteilt werden in vergangenheitsbezogene und zukunftsorientierte Daten (vgl. Schuler/Görlich 2006, 240ff.):

- In **Leistungsbeurteilungsverfahren** werden vergangene und aktuelle Kenntnisse, Fähigkeiten, Wissen und Fertigkeiten der Mitarbeiter regelmäßig (meist durch Vorgesetzte) erhoben. Hier existiert eine Vielzahl von formalisierten Verfahren, wie beispielsweise verhaltensorientierte oder zielorientierte Beurteilungsverfahren.
- In der **Potenzialbeurteilung** soll das zukünftige Förder- oder Entwicklungspotenzial von Mitarbeitern eingeschätzt werden. Hier kommen psychologische Testverfahren, arbeitsbiographische Fragebögen und Assessment-Center zum Einsatz.

Geht es darum, Personalentwicklungsbedarf zu erkennen und Maßnahmen festzulegen, können diese Verfahren systematisch eingesetzt werden. Schuler und Görlich (2006, 257) schlagen vor, drei Ebenen der Beurteilung zu unterscheiden:

Auf der ersten Ebene führt *unmittelbares Feedback* (meist durch den Vorgesetzten) dazu, Verhalten zu steuern, Defizite zu diagnostizieren und in Personalentwicklungsmaßnahmen zu überführen. An Stelle ritualisierter und formulargestützter Leistungsbeurteilungsverfahren wird in Gesprächen Unterstützung zur Verfügung gestellt.

Auf der zweiten Ebene bilden *systematische Leistungsbeurteilungen* die Grundlage für die Festlegung von Förderplänen und Entwicklungsmaßnahmen. Ziel ist die Verbesserung der aktuellen Leistung vor dem Hintergrund von Zielvereinbarungen.

Auf der dritten Ebene wird geprüft, welches *Potenzial* ein Mitarbeiter aufweist; welche Ergebnisse von ihm also in der Zukunft erwartet werden können. Erhoben werden Fähigkeiten, die als erfolgsrelevante Bestandteile zukünftiger Leistungen von Bedeutung sind.

Auf der Basis der Ermittlung des Personalentwicklungsbedarfs erfolgt die Auswahl von Maßnahmen der Personalentwicklung.

## 1.4 Maßnahmen der Personalentwicklung

Maßnahmen der Personalentwicklung sind im Hinblick auf ihre Anzahl unüberschaubar, und ihre Abhängigkeit von Strategien und Zielen erzeugt immer neue Kombinationen und Konstellationen. Systematisierungen unterscheiden häufig zwischen der *Konzeption der Personalentwicklungsmaßnahmen* und ihrer *Durchführung* (vgl. Herzig 2004, 1518).

### 1.4.1 Konzeption der Personalentwicklungsmaßnahmen

Wird der Frage nachgegangen, was unter Personalentwicklung verstanden werden kann, so finden sich eine Vielzahl von Definitionen und Beschreibungen (vgl. z.B. Becker 2004; Becker 2009b, 241ff.; Wilson 2005; 3ff.). Traditionell können in Deutschland drei **Formen** unterschieden werden: Ausbildung, Fortbildung und Weiterbildung.

**(1) Ausbildung:** Hierunter können die Berufsausbildung sowie Trainee- und die Anlernausbildung verstanden werden. Der Grundgedanke der Ausbildung basiert in Deutschland auf dem dualen System: Hiermit ist die Funktionsteilung zwischen staatlicher und unternehmerischer Berufsqualifizierung geregelt. Die staatliche Ausbildung vermittelt allgemeine und theoretisch geprägte Ausbildungsinhalte (Berufsschule). Ziel ist die Vermittlung möglichst genereller Kenntnisse, um Chancengleichheit bei der Erstbeschäftigung zu erzielen. Die unternehmerische Ausbildung vermittelt dagegen eher praktische Kenntnisse und Fähigkeiten. Ziele sind beispielsweise, den Nachwuchsbedarf zu befriedigen, sich vom Arbeitsmarkt unabhängiger zu machen, Beschaffungskosten zu minimieren und Wettbewerbsvorteile durch Vermittlung unternehmensspezifischer Kenntnisse aufzubauen. Das unternehmerische Zielsystem ist damit wesentlich enger gefasst und steht in einem gewissen Widerspruch zu den staatlichen Zielen. Der Zielkonflikt wird begrenzt durch weitgehende Normierungsversuche des Staates, insbesondere durch Festschreibung von Ausbildungsmindestanforderungen, Anerkennung von Ausbildungsberufen, Regelung der Ausbildungszeiten, Prüfungswesen oder Überwachung der Ausbildung.

**(2) Fortbildung:** Hierunter wird die Vermittlung von Kenntnissen und Fähigkeiten verstanden, mit der die Qualifikation eines Mitarbeiters erhalten oder erweitert werden soll. *Anpassungsfortbildung* zielt hier auf die Erhaltung der horizontalen Mobilität, d.h. hier werden zusätzliche Kenntnisse und Fertigkeiten vermittelt, um die sich verändernden Anforderungen des Arbeitsplatzes bewältigen zu können. *Aufstiegsfortbildung* dient der Förderung der vertikalen Mobilität. Hier sollen Arbeitnehmer befähigt werden, eine anspruchsvollere oder in der Hierarchie höherwertige Stelle einzunehmen.

**(3) Weiterbildung:** Der Begriff wird in einer engen Interpretation für (über die Fortbildung hinausgehende) Bildungsmaßnahmen reserviert. Hierunter fallen alle Weiterbildungsmaßnahmen, die nicht arbeitsplatzbezogen sind, z.B. Sprachkurse oder Kulturangebote. In einer weiteren Fassung wird insbesondere in der Praxis der Begriff Weiterbildung als Oberbegriff für Fortbildung, Umschulung und berufliche Wiedereingliederung verwendet. Er umfasst meist sowohl betriebliche Maßnahmen als auch externe Weiterbildungsmaßnahmen von Bildungswerken der Wirtschaft und Gewerkschaften, von Industrie- und Handelskammern oder der kommerziellen Träger der Erwachsenenbildung.

Auffällig bei diesen Formen ist die Konzentration auf den Arbeitnehmer. Häufig geht es aber nicht nur um die individuelle Entwicklung, sondern auch um die Anpassung der Organisation an neue Herausforderungen. Becker hat deshalb einen erweiterten Vorschlag vorgelegt, der neben diesen klassischen Bereichen auch die Entwicklung der Organisation umfasst (vgl. Becker 2004, 1506; Becker 2009b):

Bei Maßnahmen im Bereich der **Bildung** handelt sich um den traditionellen Kern der Personalentwicklung, der zu einem großen Teil die Berufsbildung umfasst:

- schulische und betriebliche Berufsausbildung
- allgemeine fachliche und verhaltensbezogene Weiterbildung
- Qualifizierung von ungelernten und angelernten Mitarbeitern
- Umschulung zum Erwerb eines neuen Berufes

Ausgehend von Funktionsbeschreibungen und Anforderungsprofilen dient die Feststellung von Entwicklungsbedarf im Bereich der **Förderung** als Ausgangspunkt für verschiedene Entwicklungsmaßnahmen, die z.B. kurzfristig und arbeitsplatznah erfolgen (Einarbeitung, job rotation) oder als systematisch angelegte Förderprogramme verstanden werden können (z.B. Karriereplanung, Mentoring):

- Funktionsbeschreibungen/Anforderungsprofile auf Stellenbündelniveau
- Auswahl und Einarbeitung von Fach- und Führungskräften
- Systematischer Arbeitsplatzwechsel (job rotation)
- Nachfolge- und Karriereplanung für Führungs-, Fach- und Projektkarrieren
- Auslandseinsatz und Lernen in fremden Kulturen
- Coaching als Verhaltensüberprüfung und Verhaltensfeedback
- Mentoring als kompetente Unterstützung am Arbeitsplatz
- Strukturierte Mitarbeitergespräche zur Planung und Kontrolle von Leistung und Verhalten
- Führen durch Zielvereinbarungen zur Stärkung von Leistung und Zusammenarbeit

**Organisationsentwicklung** umfasst die Einbeziehung der Entwicklung und Gestaltung von Organisationen. Hier werden folgende Maßnahmen unterschieden:

- Teamentwicklung in dynamischen Arbeitswelten
- Sozio-technische Systemgestaltung der Lern- und Arbeitsumgebung
- Gruppenarbeit in Produktions- und Verwaltungsabteilungen
- Projektarbeit zur Horizonterweiterung und Vorbereitung auf erweiterte Verantwortung und Kompetenzen

Weitere Systematisierungen können beispielsweise dem Karriereverlauf von Arbeitnehmergruppen (z.B. Führungsnachwuchs) folgen, allgemeine Kompetenzziele beinhalten (z.B. Schlüsselkompetenzen) und eine entsprechende Kombination von Maßnahmen der Personalentwicklung konstruieren.

Insgesamt kann festgehalten werden, dass diese Ordnungen hilfreich sind, wenn es darum geht, die Heterogenität der Maßnahmen in ein System zu integrieren, das unterschiedliche Maßnahmen im Hinblick auf mögliche Wirkungen erfasst. In der betrieblichen Konkretisierung sind Maßnahmenkombinationen auf der Basis der Entwicklungsziele abzustimmen.

### 1.4.2  Durchführung von Personalentwicklungsmaßnahmen

In Anlehnung an die oben vorgestellte Ablaufsystematik kann die Durchführungsplanung nach Werner und DeSimone (2012, 139ff.) idealtypisch wie folgt angeordnet werden:

Nach der Defizitanalyse stellt die Definition der **Entwicklungsziele** den Ausgangspunkt der Durchführungsplanung dar. Entsprechend weisen diese Entwicklungsziele den beabsichtigten Inhalt sowie die erwünschten Ergebnisse der Maßnahme auf. Diese Ergebnisse konzentrieren sich nicht in erster Linie auf die Frage, ob bestimmte Inhalte tatsächlich vermittelt werden konnten, sondern ob die Lerninhalte die analysierten Defizite beseitigen und zu einer verbesserten Leistung im Tätigkeitsfeld führen. Missverständnisse im Hinblick auf die Wirkung von Maßnahmen der Personalentwicklung entstehen häufig aus der mangelnden Bereitschaft, Kriterien zu entwickeln, die die Nachprüfbarkeit des Maßnahmenerfolges sicherstellen. Werner und DeSimone (2012, 144) nennen deshalb Mindestbedingungen, die bei der Aufstellung von Entwicklungszielen zu berücksichtigen sind. Zunächst ist die *zukünftig erwartete Leistung* zu spezifizieren. In einem zweiten Schritt ist zu prüfen, ob die *bestehenden Rahmenbedingungen* den Einsatz der neuen Leistungsmöglichkeiten zulassen. Schließlich ist auf der Basis von *Kriterien* zu prüfen, ob die Personalentwicklungsmaßnahme tatsächlich zu einer *Steigerung der Leistung* geführt hat. Ein wesentliches Grundproblem umfasst die Genauigkeit der Spezifizierung von Entwicklungszielen. Geht es beispielsweise um die Vermittlung von Software-Systemen, lassen sich diese Mindestbedingungen leicht operationalisieren, in dem danach gefragt wird,

- welche Fähigkeiten der Arbeitnehmer nach der Maßnahme aufweisen soll;
- ob der Arbeitsplatz und die Arbeitsumgebung die Anwendung dieser Fähigkeiten erlauben;
- anhand welcher Kriterien geprüft werden kann, ob die gewünschte Verbesserung der Leistung tatsächlich eingetreten ist.

Geht es bei Maßnahmen der Personalentwicklung aber z.B. um die Verbesserung der Zusammenarbeit oder um die Entwicklung des Führungsnachwuchses, wird die Beantwortung dieser Fragen komplexer und ihre Operationalisierung komplizierter.

Auf der Basis der Entwicklungsziele sind verschiedene Entscheidungen im Hinblick auf die **Realisierung** der Maßnahmen zu treffen. Diese umfassen Entscheidungen im Hinblick auf die Frage, ob die Maßnahmen intern oder extern durchgeführt werden sollen, welche Trainer geeignet sind sowie alle mit der Durchführung verbundenen operativen Maßnahmen. Hier spielen neben den Entwicklungszielen und den Inhalten der Personalentwicklungsmaßnahmen Zeit-, Kosten- und Qualitätsaspekte eine zentrale Rolle (vgl. Herzig 2004).

## 1.5  Evaluation und Bewertung

Wie in anderen Unternehmensbereichen auch, geht es bei der Evaluation von Maßnahmen der Personalentwicklung um die Frage, ob sich die Investition auch rechnet.
Verantwortliche Manager, die entsprechende Budgets zur Verfügung stellen, wollen
wissen, ob die Trainingsmaßnahme geeignet war, die festgestellten Defizite zu beseitigen, welche Kosten diese verursacht hat und ob sie kostengünstiger intern oder extern
erstellt werden kann. Mit diesen und weiteren Fragen beschäftigen sich **Evaluations-
modelle** der Personalentwicklung.

Darüber hinaus wird häufig die Frage aufgeworfen, welchen Beitrag die Personalentwicklung insgesamt zum Unternehmenserfolg leistet. Steigt beispielsweise die Produktivität, wenn Maßnahmen der Personalentwicklung ausgeweitet werden? Erhöht sich
der Umsatz und verbessert sich die Qualität der Produkte? Hier wird in Modellen der
**Bewertung** der Versuch unternommen, die Kosten der Personalentwicklung spezifischen Erträgen gegenüber zu stellen.

### 1.5.1  Ansätze zur Evaluation von Maßnahmen der Personalentwicklung

Vergleichsweise weit verbreitet und Standard der Literatur zur Personalentwicklung ist
das **Vier-Stufen-Model** von Kirkpatrick (vgl. Kirkpatrick/Kirkpatrick 2006, 21ff.). Es
umfasst vier Niveaus und prüft systematisch, wie die Teilnehmer auf die Maßnahmen
der Personalentwicklung reagieren, welche Lernfortschritte realisiert wurden, ob auf der
Basis der Lernfortschritte das Verhalten am Arbeitsplatz geändert wurde und ob sich die
erwünschten Effekte einstellen.

| Ebene 1: Reaktion des Mitarbeiters | Ist die Reaktion des Mitarbeiters auf das Training positiv? |
|---|---|
| Ebene 2: Lernerfolg des Mitarbeiters | Wurden die Ziele des Trainings erreicht? Wurden aufgrund des Trainings Fähigkeiten verbessert oder Verhaltensänderungen erzielt? |
| Ebene 3: Verhaltensänderung am Arbeitsplatz | Hat der Arbeitnehmer die Möglichkeit, das Gelernte am Arbeitsplatz anzuwenden? Wird das erworbene Wissen am Arbeitsplatz eingesetzt? Hat sich das Verhalten des Arbeitnehmers am Arbeitsplatz verändert? |
| Ebene 4: Wirkungen im Hinblick auf organisationale Ergebnisse | Ist die Qualität der Arbeitsausführung gestiegen? Ist die Produktivität gestiegen? Konnte die Qualität der Produkte verbessert werden? Konnten Kosten reduziert werden? Lassen sich im Zeitablauf weitere Effekte erheben (z.B. Absentismus und Fluktuation; Qualität der Arbeit und der Zusammenarbeit)? |

Abbildung II / 11: Das Trainingsmodell nach Kirkpatrick

Diese plausible und nachvollziehbare Systematik ist im Laufe der Jahrzehnte mehrfach im amerikanischen Raum daraufhin überprüft worden, ob und in welcher Weise die

verschiedenen Niveaus in der Praxis zur Evaluation der Personalentwicklungsmaßnahmen herangezogen werden. Die Ergebnisse sind im Zeitablauf stabil: Sie zeigen, dass Unternehmen, die ihre Personalentwicklungsmaßnahmen evaluieren, dies in erster Linie auf den ersten beiden Ebenen durchführen. Ein deutlich geringerer Anteil an Unternehmen evaluiert die Maßnahmen auf der Ebene drei, und nur sehr wenige Unternehmen führen Evaluationen im Hinblick auf Niveau vier durch (vgl. die Übersichten bei Swanson/Holton 2009, 384ff.).

Gründe für die geringe Verbreitung der Evaluation der letzten Ebenen können in praktischer und in theoretischer Hinsicht gesucht werden (vgl. Swanson/Holton 2009, 387):

In **praktischer Hinsicht** könnte die Frage gestellt werden, ob Unternehmen überhaupt daran interessiert sind, den methodischen Aufwand für die Evaluierung von weitergehenden Wirkungen auf sich zu nehmen. Häufig ist es schwierig, Messmethoden festzulegen und eindeutige Zuordnungen der Wirkungen von Personalentwicklungsmaßnahmen vorzunehmen. Dagegen stehen dann weniger aufwendige Erfahrungen und ad hoc-Bestätigungen. Wie – so könnte weiter gefragt werden – sollen z.B. Maßnahmen der Führungskräfteentwicklung langfristig evaluiert werden? Wie können parallel auftretende Einflussgrößen im Hinblick auf den Erfolg isoliert werden, um die Wirkung der Maßnahme realistisch einschätzen zu können?

In **theoretischer Hinsicht** weist das Modell einige Schwächen auf, die eine mangelnde Verbreitung ebenfalls erklären könnten (vgl. Werner/DeSimone 2012, 174ff.):

- Die Zusammenhänge zwischen den Ebenen sind unklar. Das Modell kann daher eher als Taxonomie mit empfehlendem Charakter verstanden werden.
- Es besitzt eine nur geringe theoretische Evidenz. Prognosen über erwartete Wirkungen sind schwierig; die empirische Bestätigung entsprechend widersprüchlich (vgl. die Übersichten und Befunde bei Olsen 1998; Blanchard et al. 2000; Tan et al. 2003; Aragón-Sanchez et al. 2003).
- Es bleibt offen, welche Messmethoden für welche Ergebnisse geeignet sind.
- Das Modell führt zu falschen Entscheidungen, da wesentliche Variablen nicht enthalten sind.

Trotz der hohen Plausibilität ist dieses Modell deshalb eher als Heuristik für die Evaluierung von Personalentwicklungsmaßnahmen einzustufen, wenn es darum geht, Entscheidungen zu legitimieren.

Das Grundmodell von Kirkpatrick ist in mehrfacher Hinsicht modifiziert worden, und es wurden Modelle entwickelt, die eine fundierte theoretische Basis enthalten (vgl. die Übersicht bei Alvarez et al. 2004; Aragón-Sanchez et al. 2003, Zara 2005, 412 ff.). Allerdings wird häufig kritisiert, dass hier weder geprüft wird, ob sich diese Investitionen rechnen, noch, ob Personalentwicklungsmaßnahmen einen Wertsteigerungsbeitrag leisten. Mit dieser Frage beschäftigen sich monetär orientierte Modelle der Evaluation.

### 1.5.2 Monetäre Bewertung von Maßnahmen der Personalentwicklung

Phillips (1996; 1997, 42ff.) erweitert das Modell von Kirkpatrick in seinem **ROI-Modell** um eine fünfte Ebene, die sich auf den Investitionscharakter der Personalentwicklung konzentriert:

| Reaktion und geplante Aktionen | Zufriedenheit des Arbeitnehmers mit der Maßnahme. Geplante Vorgehensweise für die Implementierung |
| Lernen | Messung der Qualifikation, des Wissens und Änderung der Einstellung |
| Arbeitsplatzbezogene Anwendung | Messung der Verhaltensänderung und der spezifischen Anwendung des Trainingsmaterials |
| Geschäftsergebnis | Einfluss der Maßnahme auf spezifizierte Ziele des Unternehmens |
| Return on Investment | Berechnung des monetären Wertes von Ergebnis und Kosten |

Abbildung II / 12: Die fünf Ebenen des ROI-Modells
(In Anlehnung an Phillips 1997, 43)

Auf der ersten Ebene steht die Zufriedenheit des Teilnehmers mit der Maßnahme im Vordergrund. Hier werden meist Fragebögen am Ende der Maßnahme eingesetzt, und es wird festgelegt, wie die Maßnahme in die Arbeitsaufgabe transferiert wird. Allerdings gibt die Zufriedenheit mit der Maßnahme noch keine Auskunft darüber, ob die Teilnehmer tatsächlich relevante Fähigkeiten gelernt haben. In Ebene Zwei dienen Tests, Praxisproben, Simulationen oder Beobachtungen dazu, das Gelernte zu überprüfen. Insbesondere dieser Schritt gilt als kritisch, da Studien auf die Problematik des Transfers von Maßnahmen auf die Anwendung am Arbeitsplatz hinweisen (vgl. Olsen 1998). Ebene Drei dient der Überprüfung, ob das Gelernte tatsächlich am Arbeitsplatz angewandt wird und neue Instrumente tatsächlich eingesetzt werden. Hier können Selbstreports, Beobachtungen durch den Vorgesetzten oder durch die Kollegen als Messmöglichkeiten herangezogen werden. Schließlich werden auf Ebene Vier Auswirkungen auf übergeordnete Geschäftsziele erhoben, insbesondere Menge, Kosten, Qualität, Zeitersparnis oder Kundenzufriedenheit. Auf Ebene Fünf werden die Ergebnisse der Maßnahme monetär bewertet und den Kosten gegenübergestellt:

$$\text{ROI (\%)} = \frac{\text{Net Program Benefits}}{\text{Program Costs}} \times 100$$

Abbildung II / 13: Das ROI Modell nach Phillips
(In Anlehnung an: Phillips 1997, 73)

Philipps (1997, 76f.) demonstriert die Anwendung dieses Modells am Beispiel von Personalentwicklungsmaßnahmen im Verkaufsbereich. Ziel ist die Erhöhung der wöchentlichen Verkäufe je Mitarbeiter. Zu diesem Zweck werden die Verkäufer in zwei Gruppen eingeteilt: Die eine durchläuft Personalentwicklungsmaßnahmen, die andere (Kontrollgruppe) nimmt nicht an den Maßnahmen teil. Nach Durchführung der Maßnahme, unter Beachtung der ersten vier Ebenen, werden die Maßnahmekosten den Erträgen aus höheren Verkäufen gegenübergestellt und in einer Prozentzahl ausgedrückt.

Bei einer Erhöhung von Verkäufen, einer Reduzierung von Fehlern und einer messbaren Verbesserung von Qualität ist die monetäre Bestimmung von Kosten und Ergebnissen gut nachvollziehbar. Aber nicht immer ist diese monetäre Bestimmung möglich. Häufig wirken Personalentwicklungsmaßnahmen nur mittelbar (z.B. Coaching, Mentoring), langfristig (z.B. Einführung neuer Mitarbeiter, Entwicklung von Fach- und Führungskräften) oder im Zusammenspiel mit anderen Personen oder Maßnahmen (Team-Entwicklung, Organisationsentwicklung). Personalentwicklung ist dann eher als Investition zu verstehen, die den üblichen Risiken von Investitionen unterliegt, wenn kein kausaler Zusammenhang zwischen Investment und erwartetem Ertrag unterstellt werden kann (vgl. Wiltsher 2005, 424).

Auch im Hinblick auf die monetären Wirkungen ist Folgendes zu beachten: Der exakte Nachweis, dass die Wirkungen einer Personalentwicklungsmaßnahme direkt auf ihren Einsatz zurückzuführen sind, stellt hohe Ansprüche an die Validität der erhobenen Daten (vgl. Morgan/Casper 2000). Ohne genaue Prüfung des Vorwissens und der Lernzuwächse sind Wirkungen nicht ohne weiteres auf die Maßnahme zurückzuführen, sondern gegebenenfalls auf das umfangreiche Vorwissen. Ohne Einsatz einer Kontrollgruppe bleibt offen, ob Wirkungen auf diese Maßnahme, andere Interventionen oder Änderungen in den Rahmenbedingungen zurückzuführen sind. Ergebnisse beruhen erst dann auf der Maßnahme (um im Beispiel des Anstiegs von Verkäufen zu bleiben), wenn zwei Gruppen mit ähnlichen Verkaufserlösen unter gleichen Rahmenbedingungen arbeiten und nur in einer Gruppe Maßnahmen der Personalentwicklung durchgeführt werden.

Trotz vielfältiger methodischer Probleme sind in den vergangenen Jahren Ansätze und Modelle der finanzwirtschaftlichen Betrachtung von Personalentwicklungsmaßnahmen ausgeweitet worden (vgl. den Überblick bei Swanson/Holton 2009). Ein wesentlicher Grund hierfür kann in der Popularität der *Balance Scorecard* nach Kaplan und Norton (2006) gesehen werden, die neben der finanziellen Perspektive, der Kundenperspektive und der Prozessperspektive auch eine Lern- und Entwicklungsperspektive enthält. Diese umfasst die Fähigkeit zur Anpassung und Verbesserung der Unternehmensvision. Im Kern werden hier die Beiträge der Personalarbeit als so genannte *Werttreiber* durch Kennziffern abgebildet und mit den übrigen Perspektiven in Beziehung gesetzt (vgl. Ackermann 2000; Beatty et al. 2003, 107ff.).

Weitere Ansätze konzentrieren ihre Bewertungssysteme auf Kennziffern zur Effizienz von Personalentwicklungsmaßnahmen (z.B. Becker et al. 2001; Ulrich et al. 1999) oder bewerten den Beitrag der Personalentwicklung zu einer wertorientierten Personalarbeit (vgl. hierzu die Übersichten bei Pietsch 2006; Cattell 2005).

Trotz der methodischen Weiterentwicklung sind Grundprobleme bei der Evaluierung von Personalentwicklungsmaßnahmen kaum zu überwinden (vgl. Hanft 1998):

- Häufig existieren heterogene Ziele. Evaluiert werden »offizielle Ziele«, die quantifizierbar sind.
- Entwicklungsmaßnahmen sind oft miteinander vernetzt, die Zuschreibung von Wirkungen im Hinblick auf einzelne Maßnahmen ist deshalb schwierig.
- Entwicklungsmaßnahmen können widersprüchliche und aufhebende Wirkungen haben.
- Adressaten reagieren unterschiedlich auf Maßnahmen, nehmen das Gelernte unterschiedlich auf und transferieren es different in den Arbeitszusammenhang.
- Der Arbeitszusammenhang, in dem die Adressaten das Gelernte einsetzen sollen, reagiert unterschiedlich auf den Transfer.

- »Nebeneffekte« wie besseres Betriebsklima, höhere Sensibilität für Neuerungen oder Flexibilität im Hinblick auf Anpassungsfähigkeit werden häufig nicht erhoben oder können nicht zugerechnet werden.

Während damit meist Kosten von Personalentwicklungsmaßnahmen genau berechnet werden können, erweist sich die Bestimmung des Nutzens als äußerst schwierig. Erfolge oder Misserfolge der Personalentwicklung sind vor diesem Hintergrund nur schwer zuzuordnen. Wird jedoch eine detaillierte Evaluierung angestrebt, steigt der immer schon als zu hoch unterstellte Personalentwicklungsaufwand.

## 1.6 Zusammenfassende Beurteilung

Idealtypisch lassen sich Maßnahmen der Personalentwicklung aus strategischen Entscheidungen, Tätigkeitsfeldern und Aufgaben ableiten, die wiederum die Basis für eine genauere Spezifikation von Anforderungen darstellen, die von aktuellen oder zukünftigen Arbeitsplatzinhabern bewältigt werden sollen. Eine vorhandene Diskrepanz löst die Notwendigkeit aus, Entscheidungen über Rezipienten und Maßnahmen zu fällen und nach Abschluss der Maßnahme den Erfolg zu evaluieren.

Dieser idealtypische Ablauf trifft auf jeder Stufe dieses Planungsprozesses auf faktische Probleme. Die lineare, aus Produkt, Technik oder Organisationsstruktur abgeleitete Personalentwicklung stößt auf eine Vielzahl von Begrenzungen.

**(1) Ermittlung des Entwicklungsbedarfs:** Die Gegenüberstellung von qualitativem Bedarf und Bestand sowie die *Identifikation des Entwicklungsbedarfs* stellen sich als Abbildungsprobleme außerordentlich schwierig dar (vgl. zum Folgenden Staudt et al. 1993, 57ff.). Die in Personalbestandsdateien vorhandenen Daten basieren häufig auf formalen Schulabschlüssen, Teilnahmen an Weiterbildungsveranstaltungen sowie Qualifikationen, die im Zuge von Arbeitsplatzwechseln erworben wurden. Gegebenenfalls existiert eine differenzierte Informationsbasis, die Qualifikationen spezifiziert. Diese Planungsgrundlage ist hinreichend für stetige und kontinuierliche Veränderungen. Bei diskontinuierlichen Veränderungen gerät diese Planungsgrundlage schnell in Schwierigkeiten. Darüber hinaus ist die Erfassung des Wissens eine schwierige Aufgabe. Schulabschlüsse und Weiterbildungsmaßnahmen können nur eine gewisse Zeit als Basis für Personalentwicklungsentscheidungen herangezogen werden, da Wissen veraltet und daher entsprechend modifiziert werden muss. Die Erfassung dieser Modifikation von Qualifikationen ist systematisch nur schwer zu organisieren, da das durch Erfahrung und Modelllernen erworbene Wissen nur teilweise erhoben werden kann.

Auch die *Ableitung von Qualifikationen* aus den Anforderungen der Arbeitsaufgaben ist mit erheblichen Schwierigkeiten verbunden. Dort, wo Arbeitsplätze aufgrund der Komplexität nicht oder nur vage beschrieben werden können, ist eine Ableitung kaum möglich; der Entwicklungsbedarf wird dann häufig allgemein als so genannte »Schlüsselqualifikation« formuliert. Dazu zählen beispielsweise die Fähigkeit zur Problemerkennung und -analyse, Konzentration auf Grundzusammenhänge und Fähigkeit zum Lernen und Wissenstransfer. Prognoseprobleme entstehen, weil detaillierte Qualifikationsanforderungen nur aus den tatsächlichen Arbeitstätigkeiten abgeleitet werden können. Damit entsteht eine unlösbare Konfliktsituation. Qualifikationsanforderungen für Arbeitstätigkeiten werden erst dann in Entwicklungsmaßnahmen übersetzt, wenn der Arbeitsplatz bereits besteht, obwohl die Qualifikation dann schon bereitstehen sollte.

Verstärkt wird diese Problematik durch wachsende Komplexität und Kompliziertheit, die durch eine höhere Innovationsdynamik bei technisch-organisatorischen Veränderungen entsteht.

**(2) Adressaten:** Sind Arbeitnehmer in der Lage, Prognosen im Hinblick auf zukünftige Anforderungen zu geben und ihre eigenen Potenziale und deren Entwicklungsmöglichkeiten einzuschätzen, wird versucht, über partizipative Führungsmodelle und Fördergespräche das Potenzial der Mitarbeiter zu identifizieren. Auch Partizipationsverfahren (wie beispielsweise Qualitätszirkel, teilautonome Arbeitsgruppen oder Mitbestimmung am Arbeitsplatz) sollen Risiken und Probleme bei Produktinnovationen, organisatorischen Abläufen oder Technikimplementierung durch die Erfahrung und die Potenziale der Arbeitnehmer mindern helfen. Auf diese Weise können Probleme gelöst werden, die zentral nicht zu bewältigen sind. Dieses Verständnis von Personalentwicklung setzt eine andere Gestaltungsphilosophie voraus: Die Entwicklung von Potenzialen kann nur entstehen, wenn Selbstregulierung und Eigeninitiative möglich sind. Wenn Arbeitnehmer Probleme in einem vertretbaren Aufwand lösen sollen, müssen sie die Möglichkeit haben, jenseits der Hierarchien und eigeninitiativ mit anderen Mitarbeitern zusammen tätig zu werden (vgl. ausführlich Grieger 1997, 278ff.). Dies setzt voraus, dass Arbeitnehmer Handlungsspielräume nutzen können. Arbeitsstrukturen dürfen also nicht zu eng ausgelegt sein, sondern müssen Variations-, Lern- und Entwicklungsmöglichkeiten zulassen.

**(3) Qualifizierungsmaßnahmen:** Insbesondere Staudt hat sich mit »Mythen« der *institutionalisierten* Weiterbildung auseinandergesetzt (vgl. zusammenfassend Staudt/ Kriegesmann 2002, 71ff.). Danach konnte die institutionalisierte Weiterbildung bisher nicht den Nachweis liefern, vor Arbeitslosigkeit zu schützen, die Unternehmensentwicklung zu sichern und Wettbewerbsvorteile zu begründen. Vielmehr zeige sich, dass *informelle, arbeitsplatznahe* Formen der Weiterbildung Wissen effektiver und schneller vermitteln. Wettbewerbsvorteile entstehen in dieser Logik nicht dadurch, dass Maßnahmen für bereits existierende Anforderungen ausgewählt werden, sondern es sind Maßnahmen zu präferieren, die Mitarbeiter in die Lage versetzen, noch nicht bekannte Anforderungen der Zukunft zu bewältigen und damit die Innovationsfähigkeit von Unternehmen zu verbessern. Entsprechend werden Kompetenzentwicklung und selbstorganisiertes Lernen als Wege interpretiert, schlecht strukturierte Entwicklungen zu steuern (vgl. umfassend Erpenbeck/Rosenstiel 2007).

**(4) Kontrolle:** Vor dem Hintergrund der oben skizzierten Heterogenität von Zielen und der Vielfalt von Maßnahmen ist eine Kontrolle der Personalentwicklungsmaßnahmen erheblichen Schwierigkeiten ausgesetzt. Die immer wiederkehrende Kritik an der Wirksamkeit von Personalentwicklungsmaßnahmen resultiert u.a. aus der oftmals fehlenden Möglichkeit, Lerninhalte und Lerntransfer sowie die Wirksamkeit von Personalentwicklungsmaßnahmen einer quantifizierenden Kontrolle zu unterziehen. Nur selten kann Personalentwicklung unter Beweis stellen, dass sie »sich rechnet«.

Zusammenfassend kann festgehalten werden, dass die Umsetzung der Personalentwicklung auf eine Vielzahl methodischer Probleme stößt und sie nicht als rationales Ausfüllen einer Deckungslücke begriffen werden kann. Vielmehr befindet sich Personalentwicklung in einem Spannungsverhältnis sehr unterschiedlicher Interessen, die es zu berücksichtigen gilt. Kenntnis und Reflexion dieser Problemlagen sind von Bedeutung, da sie die Grenzen der Einlösbarkeit einer »strategiegerechten« Personalentwicklung aufzeigen. Hinzu kommt, dass dieser »offiziellen« und ökonomisch gut be-

gründbaren Planungslogik eine »inoffizielle« – aber verbreitete – Praxis gegenübergestellt wird. Personalentwickler wissen meist um ihren Status als variable Größe, die eine
Pufferfunktion im Auf und Ab der strukturellen Entwicklung übernimmt. Sie verfolgen
daher weniger strategische Optionen, sondern fragen konservativ danach, wie das
»standing« der Personalentwicklung durch bewährte Maßnahmen erhalten oder verbessert werden kann oder wie Budgets so verteilt werden können, dass wichtige Gruppen
(z.B. Führungskräfte) auch in Zukunft die Personalentwicklung unterstützen werden.

## Literaturempfehlungen

*Becker, M. (2009): Personalentwicklung. Bildung, Förderung und Organisationsent-
wicklung in Theorie und Praxis. 5., akt. und überarb. Aufl., Stuttgart.*

*Sonntag, K. (Hrsg.) (2006): Personalentwicklung in Organisationen. 3., überarb. und
erw. Aufl., Göttingen u.a.*

*Swanson, R.A.; Holton III, E.F. (2009): Foundations of Human Resource Management.
2. Aufl. San Francisco.*

*Werner, J.M.; DeSimone, R.L. (2012): Human Resource Development.6. Aufl., South-
Western.*

Diese Bücher enthalten – mit unterschiedlichen Schwerpunkten – umfassende und ver-
tiefende Darstellungen der Personalentwicklung.

# 2 Organisationsentwicklung

## 2.1 Einführung

Personalentwicklung wurde im vorangegangenen Kapitel als eine Antwort auf die Diskrepanz zwischen sich ändernden Markt- oder Technologiebedingungen einerseits und den bestehenden Qualifikationen von Arbeitnehmern andererseits definiert. Darüber hinaus wurde darauf hingewiesen, dass es häufig nicht ausreicht, die individuellen Qualifikationen zu verbessern: Es sind auch *organisationale Veränderungen* erforderlich, um den Einsatz dieser Qualifikationen zu ermöglichen. Darunter können z.B. Veränderungen in der Organisationsstruktur, der Hierarchie oder in der Zusammenarbeit verstanden werden. Diese Anpassungen können sich langsam und behutsam vollziehen; aber auch Brüche oder schnelle Veränderungen sind möglich.

Hinzu kommt, dass in der schnellen Entwicklung von Organisationen und ihrer Mitglieder ein Erfolgsfaktor gesehen wird. Arbeitsorganisation und Zusammenarbeit stellen einen gewichtigen Wettbewerbsfaktor dar. Darüber hinaus zeigt sich, dass Organisationen neue Formen der überbetrieblichen Zusammenarbeit suchen, um im internationalen Wettbewerb bestehen zu können. Dies gilt z.B. für das Verhältnis von Unternehmen und ihren Zulieferern, aber auch ganz allgemein für die Gründung und Differenzierung von Unternehmensnetzwerken. Wenn aber der Entwicklung von Organisationen eine solche Bedeutung zukommt, stellen sich Fragen im Hinblick auf relevante Einflussgrößen und Steuerungsmechanismen des geplanten Wandels. Wie – so könnte also gefragt werden – kann dieser Wandel geplant und gesteuert werden?

Eine naheliegende Antwort findet sich in dem Verweis auf die Fähigkeiten des Managements, diesen Wandel rational zu steuern. Aber: Wandel über rationale Planung zu organisieren, funktioniert selten in der beabsichtigten Weise, sondern ist mit einer Vielzahl von nichtintendierten Effekten verbunden. Dies liegt nicht (nur) an der begrenzten Informationsaufnahme und Bearbeitungskapazität der Planer sowie der eingeschränkten Möglichkeit, Zukunft zu antizipieren, sondern auch an (immer schon) vorhandenen konkurrierenden Rationalitäten anderer Beschäftigtengruppen, die eigene Vorstellungen über die Entwicklung von Organisationen haben. Individuelle Ziele und Interessen, aber auch unterschiedliche Vorstellungen über adäquate Arbeitsabläufe führen dazu, dass nicht nur die Unternehmensspitze Ziele setzt und Regeln aufstellt, sondern auch Arbeitnehmer ihre Interessen organisieren und zu ihrer Durchsetzung »Spielregeln« aufstellen, die eine Zusammenarbeit vor dem Hintergrund heterogener Ziele ermöglicht. Spätestens hier zeigt sich, dass Unternehmen zwar ökonomischen Zielen folgen, diese Ziele aber nicht homogen sind, und Veränderungen in Organisationen auf eine Vielzahl von Restriktionen und Barrieren stoßen.

Das Steuerungsproblem ist damit zweifach angelegt: Einerseits verändern sich Organisationen, und es stellt sich die Frage, welche Einflussgrößen hier von Relevanz sind. Andererseits ist der Wandel von Organisationen kein zu dekretierendes Ereignis, sondern die Organisationsmitglieder müssen diesen Wandel unterstützen und mittragen, wenn er erfolgreich sein soll. Wandelphänomene umfassen damit sowohl strukturelle Veränderungen (z.B. Reorganisationsprozesse) als auch personenbezogene Veränderungen und Veränderungen in den sozialen Beziehungen.

Die dazu veröffentlichte Literatur ist inzwischen unübersehbar geworden (vgl. z.B. die Übersichten bei Collins 1998; Schirmer 2000; Struckman/Yammarino 2003; Schiersmann/Thiel 2011). Entsprechend wird der Bereich des geplanten Wandels hier auf zwei Aspekte beschränkt:

1. Im Hinblick auf relevante Einflussgrößen des organisationalen Wandels sollen die folgenden Kapitel zunächst Verständnis dafür wecken, dass organisationaler Wandel in verschiedenen organisationstheoretischen Schulen deutlich unterschiedlich interpretiert wird. Das Spektrum reicht hier von der Organisation, deren Struktur weitgehend durch externe Einflüsse geprägt wird (z.B. Markt oder Technologie), bis hin zu einem Organisationsverständnis, welches Organisationen eine evolutionäre Entwicklung unterstellt. Die Klärung dieses Vorverständnisses ist wichtig, denn je nach Annahme über die Entwicklung einer Organisation kann sich geplanter Wandel als adäquater Eingriff in die Organisationsstruktur oder als Störfaktor in einem sich ohnehin vollziehenden Anpassungsprozess erweisen. Ausgangspunkt von geplanten Veränderungen ist damit zunächst die spezifische Problemwahrnehmung. Daraus resultiert die Entscheidung, wie der geplante Wandel organisiert werden soll.

2. Darauf basierend soll die Frage bearbeitet werden, ob und in welcher Weise die Entwicklung von Organisationen gesteuert werden kann und Akzeptanz findet. Hier lassen sich verschiedene Konzepte der Organisationsentwicklung unterscheiden, wonach sich Organisationsentwicklung einem bestimmten Muster folgend vollzieht und bestimmten Bedingungen unterliegt, die es zu berücksichtigen gilt, wenn der Wandel erfolgreich sein soll. In diesem Zusammenhang werden Interventionstechniken vorgestellt, die die Bereitschaft zur Akzeptanz von Organisationsentwicklung und die aktive Beteiligung der betroffenen Arbeitnehmer verbessern sollen.

## 2.2 Wandel von Organisationen

Wandel von Organisationen setzt ein gemeinsames Verständnis darüber voraus, worum es sich bei einer Organisation handelt. Dies scheint selbstverständlich zu sein; allerdings wird schnell deutlich, dass sich das Organisationsverständnis nicht nur über die Zeit verändert hat, sondern dass es auch im Hinblick auf unterschiedliche Wissenschaftsauffassungen sehr stark differiert. Wandel wird in den heterogenen Konzepten der Organisationstheorie entsprechend in sehr unterschiedlichem Maße behandelt.

Diese unterschiedlichen Betrachtungsweisen sollen im Folgenden vertieft werden. Zunächst wird am Beispiel des *situativen Ansatzes* Wandel als Reaktion auf die Umwelt vorgestellt. Anschließend werden Theorien bearbeitet, in denen Organisationen eigenen Entwicklungsdynamiken unterliegen oder *evolutionären Mechanismen* folgen.

### 2.2.1 Wandel als Reaktion auf situative Einflüsse

Werden Organisationen im Hinblick auf ihre Organisationsstrukturen betrachtet, kann festgestellt werden, dass sich diese sehr unterschiedlich ausprägen. Arbeitsteilung, Koordination zwischen Arbeitsplätzen und Gliederungstiefe der Hierarchie weisen zwischen Unternehmen deutliche Unterschiede auf. Für viele Organisationsforscher ist von Interesse, worauf die Vielfalt der Organisationsstrukturen zurückzuführen ist, und Vertreter des so genannten *situativen Ansatzes* prüfen, ob diese Unterschiede auf bestimmte Merkmale der jeweiligen Situation zurückgeführt werden können (vgl. zum Folgenden Kieser/Kubicek 1992, 61ff.; Schreyögg 2008, 276ff.; Kieser/Walgenbach 2010, 191ff.). Der Wandel von Organisationen könnte dann in erster Linie als Anpassung der Organisationsstrukturen an diese Situationseinflüsse interpretiert werden.

Das Hauptziel des situativen Ansatzes besteht darin, Unterschiede zwischen den formalen Strukturen von Organisationen durch Unterschiede der Situation zu erklären, in denen sich Organisationen befinden. Daraus sollen differenzierte theoretische Einsichten oder pragmatische Gestaltungshilfen abgeleitet werden (vgl. Abbildung II / 14).

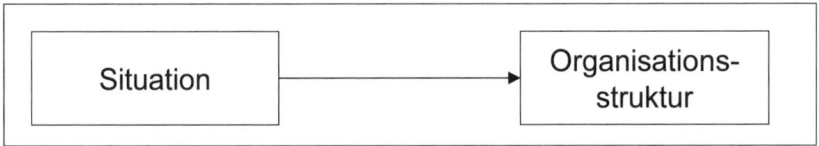

Abbildung II / 14: Grundmodell des situativen Ansatzes

Die Definition der **Struktur** von Organisationen erfolgt durch Festlegung, d.h. Operationalisierung von Merkmalen. Unterschiede etwa zwischen einem Finanzamt und einer Werbeagentur lassen sich an verschiedenen Merkmalen festmachen (vgl. Abbildung II / 15).

| Finanzamt | Werbeagentur |
|---|---|
| hohe Arbeitsteilung | geringe Arbeitsteilung |
| viele Hierarchiestufen | wenige Hierarchiestufen |
| technokratische Koordination | personenorientierte Koordination |
| hohe Formalisierung | niedrige Formalisierung |

Abbildung II / 15: Beispiel für die Operationalisierung von Strukturvariablen

Diesen *Strukturvariablen* werden innerhalb des situativen Ansatzes *Kontextvariablen* gegenübergestellt, und es wird empirisch erhoben, ob und in welcher Ausprägung Organisationsstrukturen durch diese situativen Merkmale beeinflusst oder gar determiniert werden. In diesen empirischen Untersuchungen wurden insbesondere folgende Zusammenhänge untersucht und diskutiert:

**Größe der Unternehmung und Organisationsstruktur:** Da jeder Vorgesetzte nur eine begrenzte Anzahl von Personen sinnvoll führen kann, kommt es mit zunehmender Größe zur Hierarchiebildung. Ab einem gewissen Aufgabenvolumen ist es ökonomischer, Arbeit zu teilen, was einen höheren Spezialisierungsgrad nach sich zieht. Größe zwingt zur Delegation von Entscheidungen. Da in großen Organisationen Koordination durch Selbstabstimmung sehr schwierig ist, gelten Programme, Verfahrensrichtlinien und Handbücher als wesentliche Kennzeichen großer Organisationen.

**Technologie und Organisationsstruktur:** Unter Technologien werden in der Regel Fertigungsverfahren wie Einzel-, Serien- und Massenfertigung verstanden. Technologie kann aber auch als Verfahren der Aufgabenerfüllung definiert werden und bewirkt – z.B. in einem Finanzamt – standardisierte Routineaufgaben. Stabile Aufgaben bewirken hohe Spezialisierung und den Einsatz technokratischer Koordinationsinstrumente, während es z.B. in der Werbeagentur gerade darauf ankommt, keine Standardlösungen zu erzeugen.

**Umwelt und Organisationsstruktur:** Ein Finanzamt kann beispielsweise aufgrund seiner stabilen Umwelt dauerhafte Strukturen anlegen. »Kunden« des Finanzamtes kommen mit immer wiederkehrenden, ähnlichen Problemen. Bei der Werbeagentur ist hingegen eine dynamisch wechselnde Problemlage bei der Kundschaft wahrscheinlich. Die Werbeagentur muss sich flexibel anpassen können. Die Argumentation lautet deshalb: Je dynamischer die Umwelt ist, um so wichtiger ist es für die Organisation, eine Struktur zu besitzen, die eine schnelle und leichte Anpassung an Umweltveränderungen nicht nur erlaubt, sondern sicherstellt.

**Bedürfnisstruktur:** Jede Organisation ist auf die Beiträge ihrer Mitglieder angewiesen. Das Unternehmen muss demzufolge entsprechende Anreize anbieten. Es wird deshalb davon ausgegangen, dass Individuen in Organisationen unterschiedliche Bedürfnisse aufweisen. Werbefachleute weisen gegebenenfalls eine andere Bedürfnisstruktur auf als Finanzbeamte. Wollen Erstere frei von bürokratischen Zwängen kreative Ideen verwirklichen, setzen Letztere auf Verfahren und Sicherheit durch formale Strukturen.

Zusammenfassend kann festgehalten werden, dass aus empirischen Untersuchungen des situativen Ansatzes geschlossen wird, dass die Situation einer Organisation ihre Struktur bestimmt. Der Wandel von Organisationen ist damit eine Reaktion auf situative Veränderungen. Unter methodischen Gesichtspunkten ist allerdings festzuhalten, dass aufgrund von Messproblemen (unterschiedliche Definitionen der Struktur und der Situation) befriedigende Zusammenhänge nicht festgestellt werden konnten. Durch die Vielfalt und Heterogenität der Forschungsergebnisse lassen sich keine kausalen Zusammenhänge, wie sie ursprünglich vermutet wurden, ableiten.

Im Hinblick auf den Wandel von Organisationen sind die Annahmen des situativen Ansatzes dennoch interessant. Dieser Zweig der Organisationstheorie folgt einer weit verbreiteten Denkhaltung, dass es sich bei Organisationen in erster Linie um rationale Konstruktionen handelt, in denen auf der Basis von Zweck-Mittel-Schemata auf wechselnde Situationen reagiert wird. Die Entwicklung der Organisation und daraus resultierende Vorgaben für die Organisationsentwicklung sind danach auf externe Variablen zurückzuführen, die zu beobachten und planerisch zu bewältigen sind. In Bezug auf Technologien könnte z.B. argumentiert werden, dass Technologien eine bestimmte Arbeitsteilung nahe legen und diese wiederum die Anforderungen der Arbeitsplätze bestimmen, woraus sich der Entwicklungsbedarf des Arbeitsplatzinhabers ableiten lässt.

### 2.2.2   Wandel als evolutionäre Entwicklung

Während im situativen Ansatz Verhalten und Wissen von Menschen nur abgeleitete Funktionen aufweisen, wird nun der Frage nachgegangen, ob Organisationen typische Entwicklungsmuster zeigen und in welcher Weise Organisationsmitglieder diese beeinflussen können. Im Folgenden soll ein Beispiel vorgestellt werden, wie sich der Wandel aufgrund dieser inneren Dynamik erklären lässt.

Greiner (1972) geht davon aus, dass die Zukunft einer Organisation weniger von situativen Faktoren als von ihrer eigenen Geschichte abhängig ist. Danach durchläuft eine wachsende Organisation eine Entwicklung, die als Folge von Phasen verstanden werden kann. Innerhalb dieser evolutionären Phasen finden Krisen und substantielle Veränderungen statt. In Kenntnis der jeweiligen Phase – so die Annahme von Greiner – kann das Management Praktiken für die jeweils kommende Phase erarbeiten und anwenden (vgl. Abbildung II / 16).

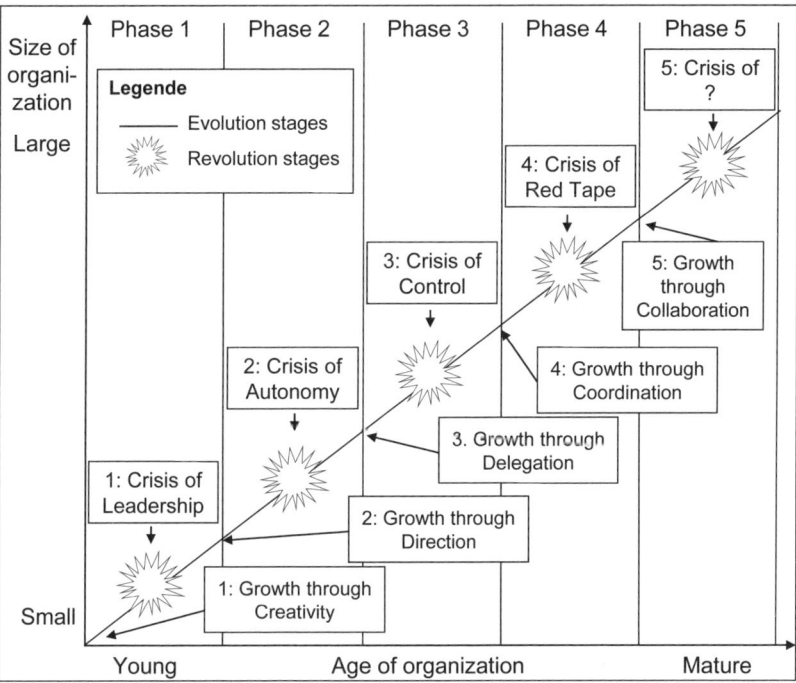

Abbildung II / 16: Die fünf Phasen des Unternehmenswachstums
(In Anlehnung an Greiner 1972, 41)

Wie aus der Abbildung ersichtlich ist, unterscheidet Greiner evolutionäre und revolutionäre Phasen. Die evolutionären Phasen lassen sich als Managementstile begreifen, während die revolutionären Phasen Managementprobleme umfassen. Die jeweiligen Phasen sind sowohl Effekte der vergangenen Phasen, enthalten gleichzeitig aber auch Grundbedingungen für zukünftige Phasen.

**Phase 1 – Wachstum durch Kreativität:** In der Gründungsphase einer Organisation wird sehr stark auf die Entwicklung kreativer Prozesse im Hinblick auf Produkte und Märkte gesetzt. Die Gründer der Organisation sind technisch oder unternehmerisch orientiert und investieren ein Maximum ihrer Energie in die Herstellung und Verbreitung ihrer Produkte. Die Kommunikation zwischen den Gründern ist dicht und weitgehend informell. Lange Arbeitszeiten und niedrige Gehälter werden durch die Aussicht auf späteren Erfolg und damit verbundene Kompensationen akzeptiert. Die Steuerung der Aktivitäten erfolgt direkt durch den Markt. Reaktionen der Kunden fließen unmittelbar in das Verhalten der Organisationsteilnehmer ein.

Die Führungskrise entsteht durch den Erfolg. Das wachsende Unternehmen kann nicht mehr durch informelle Kommunikation geführt werden. Neu eingestellte Arbeitnehmer verfügen nicht über die gleiche Aufbruchstimmung sowie die enge Bindung an das Produkt und/oder an die Unternehmensgründer. Neues Kapital muss beschafft werden, und es entsteht die Notwendigkeit zur Etablierung finanzieller Steuerungssysteme. Das Management der Gründerzeit vernachlässigt die neu entstandenen Führungsprobleme. Wachsende Unternehmen benötigen nun Manager, die hinreichende Kenntnisse und Fähigkeiten im Hinblick auf die Etablierung von Managementtechniken besitzen und in der Lage sind, diese durchzusetzen. Eine kritische Situation entsteht, wenn die Gründer diesen notwendigen Schritt nicht gehen wollen oder können.

**Phase 2 – Wachstum durch Leitung:** Unternehmen, die diese erste Phase überstanden haben, befinden sich nun in einer Periode der Etablierung von Leitungssystemen, die beispielsweise eine funktionale Organisationsstruktur, Festlegung und Spezialisierung von Arbeitsaufgaben, Rechnungswesen, Einführung von Leistungsnormierung und Anreizsystemen aufweisen. Die Kommunikation wird formell, Hierarchien entstehen, und es findet eine Differenzierung von Positionen, Bezeichnungen und Titeln statt. Auch das Management durchläuft eine Arbeitsteilung. Das Topmanagement konzentriert sich auf Fragen der Unternehmensführung, das mittlere Management auf die Erfüllung der funktionalen Aufgaben.

Die Krise entsteht durch dieses »Auseinanderfallen« von Managementaufgaben. Das mittlere Management verfügt über mehr Nähe zum Markt und zur Produktion und strebt deshalb nach mehr Autonomie, wird aber gleichzeitig in seinen Entscheidungen durch Managementsysteme und hierarchische Vorgaben begrenzt. Eine mögliche Lösung dieses Konfliktes liegt in der Entscheidung, Aufgaben zu delegieren. Kann das Topmanagement Kompetenzen und Befugnisse nicht abgeben, werden mittlere Manager die Organisation verlassen.

**Phase 3 – Delegation:** Die erfolgreiche Delegation von Aufgaben an das mittlere Management verändert die Organisationsstruktur. Bereichs- oder Produktmanager erhalten mehr Verantwortung. Profit-Center und Boni-Systeme sollen die Motivation aufrechterhalten oder erhöhen. Ein Berichtssystem steuert die Entscheidungen des Topmanagements (management by exception), welches sich eher auf neue Geschäftsfelder konzentriert. Die Kommunikation ist formal und enthält Briefe, Berichtswesen, Telefonate oder formelle Besuche und Sitzungen.

Die sich daraus entwickelnde Krise entsteht durch den Verlust an Steuerung durch das Topmanagement. Autonome Bereichsmanager treffen zunehmend mehr Entscheidungen, ohne diese Entscheidungen mit dem Topmanagement oder den anderen Bereichsleitern abzustimmen. Das Topmanagement bemüht sich, die Kontrolle zurückzugewinnen, indem es entweder zu zentralen Mechanismen zurückkehrt, um bald wieder vor ähnlichen Problemen zu stehen wie in Phase 2 oder das Unternehmen sucht nach neuen Lösungen in der Anwendung von Koordinationsmechanismen.

**Phase 4 – Koordination:** In dieser Phase werden Koordinationssysteme erprobt, beispielsweise durch Aufteilung des Unternehmens in Produktgruppen, Etablierung formaler Planungs- und Kontrollprozeduren, Einstellung und Konzentration von Controlling-Spezialisten in den Zentralen. Dort werden die Daten der Unternehmensbereiche gesammelt und aufbereitet und für strategische Planungen verwendet. Gewinnbeteiligung und Vorzugsaktien sollen die Identifikation mit dem Unternehmen als Ganzes erhalten. Bereichs- oder Produktmanager behalten ihre hohe Autonomie, lernen aber, ihre Entscheidungen mit dem Auge der Zentrale zu sehen und zu bewerten sowie entsprechende Korrekturen vorzunehmen.

Als kritisch erweisen sich die zunehmende Bürokratie und daraus entstehende Konflikte zwischen der Zentrale und den Bereichen sowie zwischen Stab und Linie. Bereichsmanager beklagen die Distanz des Topmanagements zu den lokalen Problemen. Stäbe beklagen die Ignoranz und mangelnde Lernfähigkeit der Linienmanager. Alle Gruppen beklagen gemeinsam das Anwachsen der bürokratischen Vorschriften (»Amtsschimmel«).

**Phase 5 – Zusammenarbeit:** In dieser Phase wird mehr Wert auf spontane Problemlösungsaktivitäten gelegt. Hierzu werden Teams gebildet und Projekte organisiert. Es werden Experimente unterstützt, die neue Formen der Zusammenarbeit zum Inhalt haben. Formale Systeme werden vereinfacht und die Spezialisten der Stäbe in die Linie integriert. Des Weiteren werden Konferenzen problembezogen vorbereitet. Das Weiterbildungsprogramm orientiert sich stärker an der Vermittlung von verhaltensbezogenen Fähigkeiten, um die Arbeit im Team zu verbessern und die Konfliktlösungsfähigkeit zu verstärken. Materielle Anreizsysteme werden nicht mehr auf Individuen, sondern auf Gruppen bezogen.

| Category | Phase 1 | Phase 2 | Phase 3 | Phase 4 | Phase 5 |
|---|---|---|---|---|---|
| Management Focus | Make & sell | Efficiency of operations | Expansion of markets | Consolidation of organization | Problem solving & innovation |
| Organization Structure | Informal | Centralized & functional | Decentralized & geographical | Line-staff & product groups | Matrix of teams |
| Top Management Style | Individualistic & entrepreneurial | Directive | Delegative | Watchdog | Participative |
| Control System | Market results | Standards & cost centers | Reports & profit centers | Plans & investment centers | Mutual goal setting |
| Management Reward Emphasis | Ownership | Salary & merit increases | Individual bonus | Profit sharing & stock options | Team bonus |

Abbildung II / 17: Organisationspraktiken in den fünf Entwicklungsphasen des Unternehmenswachstums
(In Anlehnung an Greiner 1972, 45)

Die nächste Krise – so Greiner – ist unausweichlich, wenn die Unternehmen weiter wachsen. Diese Krise ist als Ergebnis vorausgegangener Entscheidungen zu interpretieren, und die daraus entstehenden Limitierungen sind wahrzunehmen.

Als mögliche Schlussfolgerung wird wachsenden Unternehmen empfohlen, in den Phasen adäquate Managementprinzipien anzuwenden. Abbildung II / 17 zeigt zusammenfassend die von Greiner festgestellten Phasen und Managementprinzipien.

Insgesamt kann festgehalten werden, dass die Arbeiten von Greiner ein gutes Beispiel dafür bieten, wie Wachstum typische Probleme in Organisationen erzeugt. Erfahrungen und die Geschichte des Unternehmens legen dann weitgehend fest, welche Lösungswege eingeschlagen und welche ausgeschlossen werden. Es sind damit primär interne Dynamiken, die dafür verantwortlich gemacht werden, ob Wandel erfolgreiche oder weniger erfolgreiche Auswirkungen nach sich zieht.

### 2.2.3   Wandel als Entwicklung von Populationen

Als einer der stringentesten Versuche, den Wandel von Organisationen zu erklären, gilt der *Population-Ecology-Ansatz* (vgl. zum Folgenden Amburgey/Rao 1996; Baum 1996; Sachs 1997; Kieser/Woywode 2006, 309ff.). Er wurde in enger Anlehnung an die Terminologie der biologischen Evolutionstheorie entwickelt, allerdings im Hinblick auf die Konstruktion von Organisationen in einigen Segmenten modifiziert. Die wesentlichen Grundlagen dieses Ansatzes sind in Abbildung II / 18 dargestellt:

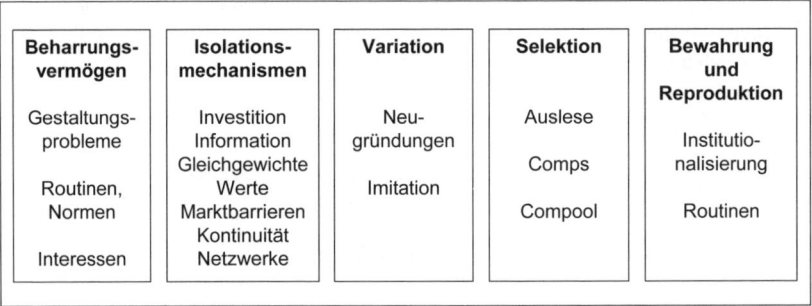

Abbildung II / 18: Wandel als Entwicklung von Populationen

**Beharrungsvermögen:** Organisationen sind nach Auffassung der Vertreter des Population-Ecology-Ansatzes nur in geringem Maße fähig, sich zielgerichtet (d.h. rational) an Umweltveränderungen anzupassen (vgl. Hannan/Freeman 1984, 151f.; 1989, 28ff.). *Gestaltungsprobleme* entstehen dadurch, dass Organisationsgestalter häufig nur sehr unvollkommene Informationen über die angestrebten Ziele einer Organisation haben. Ihre Gestaltungsvorschläge orientieren sich daher eher an ihnen bekannten, bereits vorhandenen Zielen; an Erfahrungen und Präferenzen. Aber auch wenn Organisationsgestalter die Organisationsstruktur im Hinblick auf neue Ziele planen und sie entsprechend modifizieren, müssen sie erfahren, dass im Zeitablauf erneut Umweltbedingungen aufgetreten sind, die wiederum neue Modifikationen nach sich ziehen. Aber auch dann, wenn diese Veränderungen geplant sind, bedeutet dies nicht, dass sie in der von den Planern intendierten Weise verwirklicht werden können. Immer besteht das Problem personaler und organisatorischer Widerstände gegen Veränderungen. So neigen Menschen dazu, einmal gebildete Verhaltensweisen zu *Routinen* auszuformen, deren Befolgung funktionale Bedürfnisse nach Bewältigung der Lebenspraxis befriedigen. Änderungen dieser Routinen stoßen auf Widerstand, wenn Unsicherheit besteht, ob neue Verhaltensweisen und deren Stabilisierung einen ähnlichen Befriedigungswert enthalten. Hier wird der Widerstand umso größer sein, je materieller die Bedrohung ist, die von dem Veränderungsprozess ausgeht, beispielsweise:

- Angst vor ungewissem Ausgang;
- Angst, der neuen Aufgabe nicht gewachsen zu sein;
- Angst, mit neuen Kollegen nicht zurechtzukommen;
- Verlust von Macht, Einfluss, Privilegien;
- Befürchtungen, die erarbeitete Autonomie am Arbeitsplatz zu verlieren oder
- Veränderung des vertrauten formalen und informalen Beziehungsmusters (vgl. Staehle 1992, 1485).

Darüber hinaus bilden Gruppen und Organisationen *Normen* heraus, die ebenfalls einem starken Beharrungsvermögen unterliegen. Innerhalb von Organisationen existieren *Interessengruppen*, die durch politische Aktivitäten zu verhindern versuchen, dass an rationalen Kriterien ausgerichtete Veränderungsprozesse tatsächlich stattfinden.

**Isolationsmechanismen:** Die Erklärung des Wandels von Organisationen ist nur begrenzt möglich, wenn die einzelne Organisation in den Blick genommen wird. Die Erklärungsfähigkeit steigt, wenn bestimmte Organisationstypen genauer analysiert werden. Organisationspopulationen weisen eine jeweils gemeinsame Grundstruktur, einen Bauplan bzw. ein Basismuster oder konkreter eine gemeinsame organisationale Form auf (z.B. Banken) und unterscheiden sich von anderen Populationen (z.B. Krankenhäuser) durch Isolationsmechanismen. So wird der Wechsel von einer Organisationsform zu einer anderen durch eine Reihe von Mechanismen erheblich erschwert:

- Die *Investition* in Maschinen, Gebäude und Personal verhindert die beliebige Transformation von Produkten und Dienstleistungen.
- Das *Informationssystem* fokussiert bestehende Aktivitäten und relevante Umweltausschnitte.
- Radikale Änderungen verändern *das politische Gleichgewicht* und stoßen auf Widerstand einflussreicher Akteure.
- Das *Wertesystem* einer Organisation legitimiert das Bestehende und diskriminiert das Zukünftige.
- *Marktein-* und *Marktaustrittsbarrieren* behindern die Anpassung an die Umwelt.
- Die Umwelt belohnt berechenbare und *kontinuierliche* Organisationen positiv.
- Organisationsstrukturen können als *soziales Netzwerk* begriffen werden, das sich gegen Neuerungen abschottet.

Diese Isolationsmechanismen verstärken die Trägheit der Organisationspopulation, die nach Meinung von Vertretern dieser Theorien nur durch Neugründungen oder Abspaltungen überwunden werden kann.

**Variation:** *Neugründungen* variieren die bestehende Population. Erfolgreiche Organisationsformen veranlassen zur *Imitation*. Unternehmer nehmen Nischen wahr, akquirieren Fachkräfte, die in anderen Organisationen bereits Erfahrungen gesammelt haben und bemühen sich auf diese Weise, die Überlebenschancen der neu gegründeten Organisation zu erhöhen. In Analogie zur biologischen Evolutionstheorie wird hier der zentrale Motor der organisationalen Evolution gesehen.

**Selektion:** Variationen stellen die Grundlage für die *Auslese* der erfolgreichen Neugründungen dar. Weniger effiziente Organisationen können sich am Markt nicht durchsetzen, lediglich die erfolgreichsten überleben. Während aber in der biologischen Evolutionstheorie der »natürliche« Ausleseprozess als Reproduktionserfolg genetischer Merkmale interpretiert wird, stellt das organisatorische Äquivalent das organisationale Wissen dar. Hierbei handelt es sich um Verfahrensrichtlinien, Patente, Produkt- und Produktionstechniken, Führungsrichtlinien, Unternehmensphilosophie usw. Diese so genannten *»Comps«* (von Competences) bilden den kollektiven *»Compool«.* Der Selektionsmechanismus verläuft dann nach dem Muster, dass erfolgreiche Comps schneller imitiert werden als weniger erfolgreiche Comps. Dafür sorgen beispielsweise Bestsellerautoren, Fachzeitschriften, Berater und abgeworbene Fachkräfte. Je besser die Comps identifiziert werden und je erfolgreicher diese Comps sind, umso höher ist die Imitationsgeschwindigkeit.

**Bewahrung und Reproduktion:** Organisationen bewahren ihre Erfahrungen meist durch *Institutionalisierung* und die Herausbildung bürokratischer *Routinen.* Diese wiederum lassen sich an neugegründete Organisationen weitergeben.

Der Population-Ecology-Ansatz ist sowohl im Hinblick auf seine Annahmen als auch auf seine empirischen Ergebnisse vielfach ausführlicher Kritik unterzogen worden (vgl. Baum 1996; Kieser /Woywode 2006, 309ff.). Insbesondere die Betonung von Neugründung und Eliminierung als zentrale Variations- und Selektionsmechanismen ist als Erklärung der organisationalen Evolution relativiert worden. Kieser und Woywode (2006, 338) weisen darauf hin, dass in einigen Branchen (z.B. Automobilindustrie) auch ohne Neugründungen erhebliche Innovationsraten erzielt werden.

Zusammenfassend kann festgehalten werden, dass in verschiedenen Ansätzen der Organisationstheorie unterschiedliche Ursachen für die Erklärung von Wandel in Organisationen herangezogen werden. Die im situativen Ansatz vorherrschende Annahme, dass bestimmte situative Merkmale (wie z.B. Größe, Technologie oder Markt) die Organisationsstruktur jeweils festlegen, enthält eine rationale Grundsystematik. Im Hinblick auf den Wandel von Organisationen müsste zunächst das sich ändernde situative Element antizipiert und die sich daraus ergebende effiziente Organisationsstruktur angepasst werden.

Diese Logik ist populär und entspricht unserem Alltagsverständnis, wonach z.B. die Veränderungen von Märkten und Technologien auch einen Wandel der Organisationen nach sich ziehen. Allerdings zeigen entwicklungsorientierte Organisationstheorien, dass geplante Anpassungen keineswegs in diesem rationalen Verständnis gelingen, sondern Organisationsteilnehmer Entscheidungen über den Wandel von Organisationen vor dem Hintergrund von Erfahrungen, Annahmen und Werten in einer spezifischen Weise treffen. Organisationen reagieren in ihrer strukturellen Entwicklung nicht nur auf rationale und identifizierbare Vorgaben, sondern verändern sich ungeplant. In diesem Zusammenhang weisen sie Phänomene auf, die gegen geplanten Wandel Widerstände entwickeln. Gleichzeitig bilden Organisationen spezifische Merkmale heraus, die als »Erfolgsfaktoren« von hoher Bedeutung sind, wenn es darum geht, das Überleben zu sichern.

Die Entwicklung von Organisationen – so kann schlussfolgernd argumentiert werden – ist damit auf der einen Seite eine konstitutive Grundbedingung für das Überleben in sich wandelnden Märkten. Auf der anderen Seite ist Wandel nicht hierarchisch durchzusetzen, sondern hat die Entwicklungsgeschichte der Organisation, ihre interne Dynamik und die Bereitschaft der Arbeitnehmer, diesen Wandel zu tragen, zu berücksichtigen. Widerstand gegen organisatorische Veränderungen ist dann ein Umstand, der im Entwicklungsprozess durch spezifische Entwicklungsmethoden berücksichtigt werden muss. Vor diesem Hintergrund ist es verständlich, dass nach Methoden gesucht wird, mit deren Hilfe der Wandel von Organisationen unter Berücksichtigung der inneren Dynamik (von Organisationen) geplant werden kann. Es sollen definierte Ziele erreicht und dabei gleichzeitig Widerstände und Probleme der Akzeptanz, die sich aus dieser inneren Verfassung der Organisation ergeben, bewältigt werden. Organisationsentwicklung befasst sich mit der Erklärung und der Gestaltung dieses Wandels.

## 2.3 Konzepte, Strategien und Techniken der Organisationsentwicklung

Es ist weitgehend anerkannt, dass Organisationen sich schnell an veränderte Rahmenbedingungen anpassen müssen. Organisationsentwicklung ist daher ein intensiv behandeltes Thema, da die Anpassungsgeschwindigkeit und der Anpassungserfolg darüber entscheiden, ob Unternehmen wettbewerbsfähig bleiben oder gar Wettbewerbsvorteile erringen.

Hinzu kommen irritierende Hinweise, wonach Untersuchungen zeigen, dass mehr als 70% aller Reorganisationsmaßnahmen ihre Ziele verfehlen (vgl. Bedingham/Thomas 2006). Mangelnde Zielerreichung resultiert aus der Überschreitung von Zeitplänen, dem Überziehen von Budgets und dem Nichterreichen spezifizierter Ziele. Als wesentliche Ursachen für dieses Scheitern gelten die mangelnde Genauigkeit in der Analyse von Ursachen und Auslösern von Veränderungsprozessen, die mangelnde Beteiligung der Betroffenen und die mangelnde Fähigkeit, den Wandel zu steuern und zu evaluieren. Meist ist in diesem Wandelprozess zu beobachten, dass die Ziele unscharf oder unrealistisch sind, die Kommunikation nicht funktioniert oder die Stärke der beharrenden Organisationskultur falsch eingeschätzt wurde. Insofern ist es nicht verwunderlich, dass das Management des Wandels als Dauerthema Theorie und Praxis beschäftigen.

Im Folgenden sollen Ziele und Konzepte der Organisationsentwicklung vorgestellt werden. Hierbei wird insbesondere auf die frühen Forschungen von Lewin vertiefend eingegangen. In einem weiteren Schritt werden Strategien der Organisationsentwicklung bearbeitet. Hier geht es darum, welche Formen der Organisationsentwicklung zur Veränderung von Organisationen eingesetzt werden und welche Abläufe identifiziert werden können.

### 2.3.1 Begriff, Ziele und Entstehung der Organisationsentwicklung

In umfangreichen Studien untersucht Lewin (1947) in den dreißiger und vierziger Jahren des 20. Jahrhunderts die Bedingungen von Wandelprozessen in Gruppen und entwickelt dabei analytische Kategorien, die ein besseres Verständnis von Veränderungsprozessen erlauben (vgl. Burnes 2004, 309ff.).

In seiner *Feldtheorie* bezeichnet Lewin Gruppen als »soziales Feld«. Verhalten in Gruppen ist eine Funktion von Kräften, die als Einflussgrößen und Bedingungen auf eine Gruppe einwirken und sich in ihnen entwickeln. Mitglieder der Gruppe, Subgruppen, Strukturen, Kommunikation usw. bilden die Kräfte dieses Feldes, und mit ihren Strukturen und Verhaltensweisen bilden Gruppen eine Art Gleichgewicht heraus. Unter *Gruppendynamik* fasst Lewin seine Erkenntnisse zusammen, dass Verhalten in Gruppen anderen Dynamiken unterliegt als isoliertes individuelles Verhalten. Gruppen bilden Normen heraus, verteilen Rollen und erzeugen über Gruppendruck ein hohes Ausmaß an konformem Verhalten. Als Begründer der *Aktionsforschung* will Kurt Lewin menschliches Verhalten nicht nur erklären, sondern auch aktiv durch Forschung verändern. Forschung soll Ausgangspunkt für Veränderungen der Praxis sein. Diese Veränderungen werden erprobt und evaluiert und dienen als Grundlage für weitere Forschung, die wiederum erneute praktische Veränderungen ermöglicht.

Diese Methode ist oft anhand seiner berühmten Untersuchungen zur Veränderung des Ernährungsverhaltens demonstriert worden. Hier befasste sich Lewin mit der Frage, unter welchen Umständen Ekel vor Tierinnereien bei der Ernährung überwunden werden kann (vgl. Lewin 1958, 202ff.):

In einer ersten Versuchsreihe erhielten Gruppen von Hausfrauen in den vierziger Jahren Vorträge über die kriegsbedingte Verknappung von Lebensmitteln und die Vorzüge einer Ernährung mit Tierherzen, -lungen und -nieren. In diesen Vorträgen wurde auf die allgemeine Verbesserung der Volksgesundheit durch die in diesen Lebensmitteln enthaltenen Vitamine und Mineralstoffe hingewiesen. Darüber hinaus wurden Ratschläge erteilt, wie Aversionen durch entsprechende Zubereitung (»methods for preparing these ›delicious dishes‹, and her success with her own family«) vermieden werden können (Lewin 1958, 202).

In einer zweiten Versuchsreihe wurde auf die Vorträge verzichtet und nur wenige Minuten über den Zusammenhang von Kriegsanstrengungen und öffentlicher Gesundheit berichtet. Anschließend wurde eine Diskussion initiiert »... *about ›housewives like themselves‹ led to an elaboration of the obstacles which a change in general and particularly change toward sweetbreads, beef hearts, and kidneys would encounter, such as the dislike of the husband, the smell during cooking, etc.*« (Lewin 1958, 202). Der Ernährungsexperte steuerte in dieser Diskussion die gleichen Informationen bei, wie in den Vorträgen der anderen Gruppen.

Vor den Vorträgen und Diskussionen waren die Frauen gefragt worden, wie viele von ihnen diese Lebensmittel bereits verwendet hatten. Danach wurden sie befragt, wie viele von ihnen bereit wären, es in der folgenden Woche mit einem der noch nicht verwendeten Fleischstücke zu versuchen. Das Ergebnis war in jeder Hinsicht verblüffend. Lediglich 3% der Frauen, die die Vorträge gehört hatten, aber 32% derjenigen Frauen, die an den Diskussionen teilgenommen hatten, probierten in der Folge ihnen unbekannte Innereien bei der Lebensmittelzubereitung aus.

Auf der Basis dieser und anderer Untersuchungen entwickelt Kurt Lewin Bedingungen für die Veränderungsbereitschaft von Menschen in Organisationen:

1. Frühzeitige Information und aktive Teilnahme sind notwendig.
2. Motivation und Mitentscheidungsmöglichkeiten müssen vorhanden sein.
3. Veränderungsprozesse werden in Gruppen leichter und schneller vollzogen.

4. Die Veränderungsbereitschaft steigt durch Verbindlichkeit (nur nach der Gruppendiskussion hatte der Diskussionsleiter darauf hingewiesen, dass die Änderung des Ernährungsverhaltens in den Familien untersucht werden sollte).
5. Alle Beteiligten sind Experten.

In ihrer Weiterentwicklung etabliert sich Organisationsentwicklung als Methode, welche Lösungen im Hinblick auf eine Verbesserung der Organisation anbietet, dabei allerdings Betroffene als Experten einbezieht und die Dynamik von Entwicklungen berücksichtigt.

Insbesondere der Aspekt der Berücksichtigung und Einbeziehung der Betroffenen durchzieht die Literatur wie ein roter Faden und verweist auf die normative Ausgangsposition der Organisationsentwicklung. Nach Lewin wurde Organisationsentwicklung in erster Linie als Beitrag zur Entfaltung persönlicher Werte verstanden. Der Vorstellung, dass eine Unternehmensleitung auf der Basis von Erkenntnissen der Verhaltenswissenschaften mit Hilfe von Interventionstechniken planmäßigen Wandel von Organisationen betreibt, hat sich ein Teil der Literatur immer entzogen und darauf verwiesen, dass neben dem Ziel einer Verbesserung der Leistungsfähigkeit von Organisationen auch das Ziel einer Humanisierung der Arbeitswelt (z.B. Staehle 1992, 1480; Schanne 2010, 129ff.) oder die Möglichkeiten zur Befriedigung persönlicher Zielsetzungen (z.B. Bartölke 1980, 1470) verfolgt wird.

Unter dieser dualen Zielperspektive kann deshalb definiert werden, dass sich Organisationsentwicklung

*»... damit beschäftigt, Organisationen als soziale Systeme durch geplante, systematische und anhaltende Bemühungen zu verbessern, die sich auf die Kultur der Organisation mit ihren menschlichen und sozialen Prozessen konzentrieren. Die Ziele der OE sind es, die Organisation wirksamer und lebensfähiger zu machen und es ihr zu ermöglichen, die Ziele sowohl der ganzen Organisation als auch ihrer einzelnen Mitglieder zu erreichen« (French/Bell 1994, 8f.).*

Damit kann festgehalten werden, dass Organisationsentwicklung die Logik der Organisationsgestaltung umkehrt. Wurde traditionellerweise davon ausgegangen, dass Organisationsgestalter die Strukturen einer Organisation verändern, um Verhalten von Organisationsmitgliedern zu beeinflussen, gehen Vertreter der Organisationsentwicklung davon aus, dass zunächst das Verhalten der Organisationsteilnehmer verändert werden muss, damit sich die Strukturen erneuern.

## 2.3.2 Konzepte der Organisationsentwicklung

Konzepte der Organisationsentwicklung enthalten Vorstellungen und Erfahrungen darüber, wie üblicherweise ein Organisationsentwicklungsprozess abläuft. Dieses Verständnis ist wichtig, da je nach Interpretation unterschiedliche Strategien der Veränderung gewählt und differenzierte Interventionstechniken angewandt werden und auch die Rolle des Beraters sich unterschiedlich darstellt. Die meisten Konzepte der Organisationsentwicklung lassen sich auf das Grundmodell von Lewin zurückführen.

2.3.2.1    Lewins »Change Model« als Basiskonzept

Gestützt auf die oben beschriebenen Untersuchungen ging Lewin davon aus, dass innerhalb von Gruppen der Veränderungsprozess mit einer gewissen Regelmäßigkeit abläuft.
In einer Vielzahl von Experimenten zeigt Lewin, dass Veränderungsprozesse einen zyk-
lischen Verlauf aufweisen. So wird zunächst in einer Auflockerungsphase die Bereitschaft zum Wandel erzeugt, anschließend wird ein neues Gleichgewicht in der Gruppe
erreicht und schließlich stabilisiert eine Beruhigungsphase den vollzogenen Wandel.
Aus diesen Erkenntnissen entwickelte Lewin sein berühmtes Schema der Entwicklung
von Organisationen (vgl. Lewin 1947, 35ff.; Abbildung II / 19).

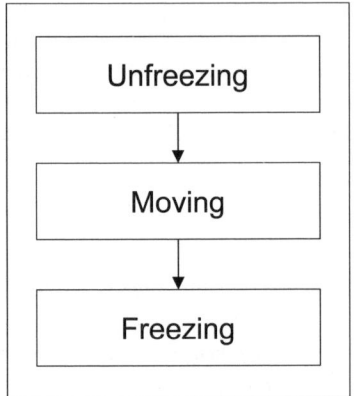

Abbildung II / 19: Entwicklung von Organisationen

**Unfreezing:** Zunächst muss die Bereitschaft zur Veränderung hergestellt werden, indem das bestehende Gleichgewicht erschüttert wird. Diese auslösenden Momente können extern induziert sein (Krisen) oder intern verursacht werden (Einsicht in Fehlerursachen).

**Moving:** Die Organisation verändert Strukturen, übt neue Verhaltensweisen ein und
bewegt sich in die Richtung eines neuen Gleichgewichtszustandes.

**Freezing:** Das neue Gleichgewicht wird stabilisiert, indem neue Strukturen und Verhaltensweisen als regelhaft akzeptiert werden.

Ob ein bestehendes Gleichgewicht verändert wird und ob ein neues Gleichgewicht erreicht wird, ist von einer Vielzahl von Einflussgrößen abhängig, wie beispielsweise dem
Ausmaß des äußeren Drucks, der Struktur der Organisation und der Fähigkeit, Veränderungen gegen den Widerstand von Betroffenen durchzusetzen.

2.3.2.2    Geplanter organisatorischer Wandel

Das Grundmodell von Lewin hat sich als hinreichend breit erwiesen, um eine Vielzahl
von Variationen mit unterschiedlichem Plausibilitätsgrad zu erzeugen. Weit verbreitet
sind Modelle, in denen Ablaufschemata den geplanten Wandel vorstrukturieren und
dabei die Rolle des Beraters sehr stark in den Vordergrund stellen. Die Abbildung II /
20 zeigt ein typisches Beispiel für diesen Prozessablauf.

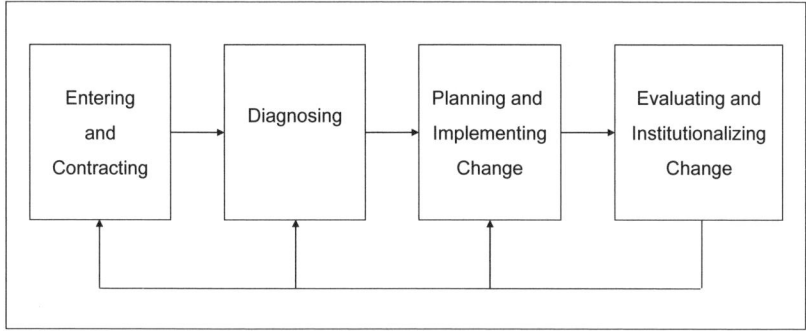

Abbildung II / 20: Generelles Modell der Organisationsentwicklung
(In Anlehnung an Cummings/Worley 2008, 30)

**Entering and Contracting:** In dieser Phase besteht der Wunsch des Managements, bestimmte Probleme (meist) mit Hilfe eines externen Beraters zu lösen. Dieser wird innerhalb der Organisation Daten erheben und mit dem Management darüber beraten, ob es eine gemeinsame Problemsicht gibt und in welcher Weise das Problem bearbeitet werden kann. In einem Kontrakt wird dann festgelegt, welche Aktivitäten durchzuführen und welche Ressourcen erforderlich sind. Cummings und Worley (2008, 30) weisen darauf hin, dass bereits an dieser Stelle häufig die Zusammenarbeit beendet wird, wenn die Notwendigkeit der Veränderungen unterschiedlich bewertet wird oder Restriktionen im Hinblick auf Ressourcen erkennbar sind.

**Diagnosing:** Hier erhebt der Berater Informationen über das Problem. Dazu zählen Gespräche, Interviews, Teilnahme an Sitzungen und Auswertungen von schriftlichen Unterlagen. Der Berater versucht gleichzeitig, die in der Organisation vorhandenen Ursache- und Wirkungsvermutungen zu erfahren. Die Informationen werden an das Management und die Mitarbeiter zurückgekoppelt, um ein möglichst genaues Bild zu erhalten.

**Planning and Implementing Change:** Nach der Diagnosephase werden gemeinsam Interventionen festgelegt. Diese können auf der Ebene des Individuums, der Gruppe und der Organisation vorgenommen werden. Solche Interventionen können sich aber auch auf die Organisationsstruktur oder die Strategie beziehen.

**Evaluating and Institutionalizing Change:** Diese Phase umfasst die Beobachtung und Bewertung der eingetretenen Effekte und die Entscheidungen, wie diese stabilisiert werden können.

In den meisten Beratungskonzepten wird davon ausgegangen, dass im Unternehmen eine hinreichende Expertise vorhanden ist, die mit Hilfe des Beraters in den Wandelprozess eingebracht wird. Der Berater wird daher nicht unbedingt als Fachexperte verstanden, der eine extern induzierte »sachliche« Lösung vorbereiten und implementieren soll. Vielmehr wird der Berater als Experte für die Entwicklung von Lernprozessen verstanden. Er soll je nach Beratungsauftrag helfen, das Problem gemeinsam mit den Betroffenen zu definieren, Alternativen zu generieren, Partizipationsprozesse zu organisieren und organisationsadäquate Interventionsmethoden zu entwickeln (vgl. Schein 1990, 60f.). Der Berater bedient sich hier gruppendynamischer Interventionstechniken und versucht, Umsetzungswiderstände durch Information und Partizipation zu bewältigen. Hierbei steht die Zielfunktion des vorgedachten Wandelprozesses oft nicht in Frage, sondern es wird lediglich die Differenz zwischen Organisierenden und Organisierten aufgehoben (vgl. Walger 1997, 189). Der Berater moderiert oder reflektiert den zielbezogenen Entwicklungsprozess als Verfahrensspezialist, Reflektor, Erkenner von Alternativen, Moderator oder Katalysator (vgl. zu diesen und ähnlichen Funktionen Schein 1990, 57ff.).

Insbesondere bei externen Beratern wird davon ausgegangen, dass die Erfahrungen des Beraters sowie sein nicht firmenspezifisch geprägter Blick helfen, »fremdes Wissen« in das Unternehmen zu transferieren und durch Vermittlung kommunikativer und sozialer Kompetenzen den Lern- und Wandelprozess in der Organisation zu fördern. Hierbei unterscheidet Schein (1990, 60ff.; 1993, 406ff.) drei Modelle der Beratung:

**(1) Information durch Experten:** Die Ausgangssituation scheint hier klar: Es gibt einen Klienten mit einem Problem, das er nicht selber lösen kann. Er engagiert einen Experten, der über das notwendige Expertenwissen verfügt. Allerdings kann der Schein trügen. Unterstellt wird in diesem Modell, dass der Klient sein Problem tatsächlich genau kennt und er dieses Problem in adäquater Weise dem Berater mitteilen kann. Es wird weiter unterstellt, dass der Berater alle benötigten Informationen erhält und dass der Klient die Folgen der Interventionen richtig einschätzt.

**(2) Diagnose-Therapie:** Klienten holen Berater, damit diese eine Diagnose erstellen und eine Therapie verordnen. Auch dieses Modell einer Berater-Klienten-Beziehung basiert auf einigen Annahmen. Zunächst wäre die Frage zu stellen, ob der Klient den »kranken« Bereich zutreffend lokalisiert hat und die entsprechenden Informationen für eine gute Diagnose liefert. Offen ist auch, ob der Berater die richtige Diagnose erstellt und der Klient diese akzeptiert. Aber auch bei Übereinstimmung im Hinblick auf die Diagnose ist es fraglich, ob sich der Klient an die vorgeschlagene Therapie hält und »gesund« wird und auch bleibt, nachdem der Berater das Unternehmen wieder verlassen hat.

**(3) Prozessberatung:** Diesem Modell unterstellt Schein, dass es am ehesten den Bedingungen von Organisationen gerecht wird. Danach wissen die meisten Klienten zwar, dass etwas in ihrem Unternehmen nicht gut läuft, aber sie benötigen Unterstützung in der genauen Herauskristallisierung des Problems. Die meisten Klienten wissen auch nicht genau, welche Alternativen vorhanden und welche Maßnahmen vorrangig relevant sind. Häufig profitieren Klienten von einer genauen Problemdiagnose, insbesondere dann, wenn sie selbst Teil des Problems sind. Darüber hinaus wissen Klienten häufig viel besser, welche Interventionen für die Organisation adäquat sind, weil sie mit der Geschichte und Kultur der Organisation gut vertraut sind. Schließlich profitieren Klienten von der Prozessberatung auch insofern, als die Klienten Prozesswerkzeuge kennen lernen, mit denen sie zukünftige Probleme besser lösen können.

Den wesentlichen Unterschied zwischen dem letzten und den beiden ersten Modellen sieht Schein in der Übernahme der Verantwortung für das Problem. In der Prozessberatung ist es nicht möglich, das Problem auf den Berater abzuschieben und ihn damit für die Lösung (aber auch für das Scheitern) verantwortlich zu machen. Ist das Problem erst auf den Berater übergegangen, kann sich der Klient entspannt zurücklehnen und die Ergebnisse in aller Distanziertheit abwarten. In der Prozessberatung dagegen unterstützt der Berater den Klienten in der Problemdiagnose und in der Problemlösung. Die Verantwortung bleibt beim Klienten.

## 2.4 Veränderungsstrategien und Interventionstechniken

Strategien der Organisationsentwicklung beziehen sich häufig auf die Frage, ob Veränderungsprozesse von oben nach unten, von unten nach oben oder auf andere Weise erfolgen sollten. Bartölke (1980, 1470ff.) zeigt auf, dass es hier keinen »one best way« gibt, sondern die Anwendung solcher Strategien sehr stark von den Annahmen über die Organisation und über den Veränderungsprozess abhängig ist. Im Folgenden werden Phasenmodelle sowie Interventionstechniken erläutert, die erfolgreiche von weniger erfolgreichen Veränderungsprozessen unterscheiden.

### 2.4.1 Phasen des Veränderungsprozesses

Greiner (1967) hat in 18 Fallstudien zum organisationalen Wandel untersucht, wann Veränderungsstrategien erfolgreich sind. Dieser Vergleich umfasste sowohl erfolgreiche als auch weniger erfolgreiche Wandelprozesse. Als Kriterium für erfolgreiche Wandelprozesse wurden folgende Größen festgehalten (vgl. Greiner 1967, 122):

- Verbreitung des Wandels innerhalb der Organisation;
- positive Veränderungen der Einstellungen von Linien- und Stabsmanagern;
- höhere Effektivität in der Lösung von Problemen und in der Zusammenarbeit;
- Verbesserung der organisationalen Leistungsfähigkeit.

Erfolgreiche Veränderungen basieren danach auf einer Neuverteilung von Macht innerhalb der Organisationsstruktur. Unter Macht werden hier die formale Autorität und der Einfluss des Topmanagements verstanden, die sich im Verlaufe eines geplanten Organisationswandels innerhalb von sechs Phasen bewegen (vgl. Abbildung II / 21):

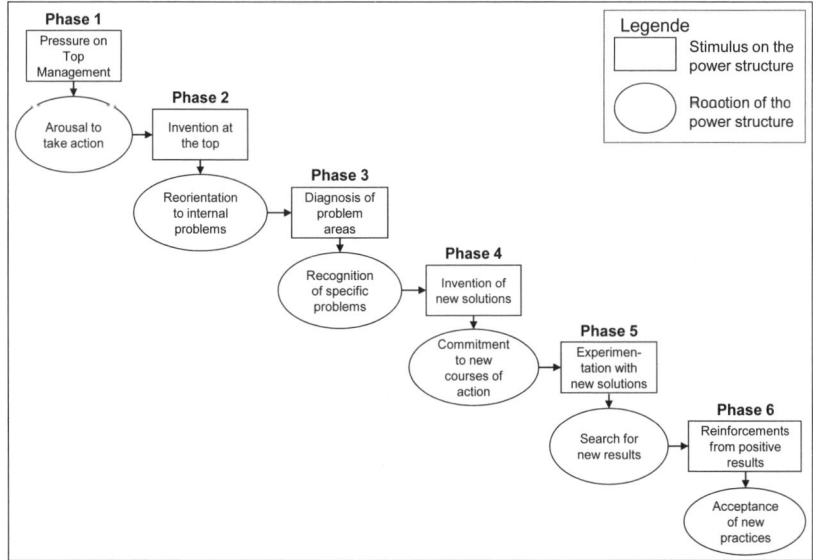

Abbildung II / 21: Die Entwicklung erfolgreicher Unternehmen
(In Anlehnung an Greiner 1967, 126)

**Phase 1:** Ausgangspunkt von Veränderungen ist die Wahrnehmung des Topmanagements, dass es einer Veränderung bedarf:

*»Until the ground under the top managers begins to shift, it seems unlikely that they will be sufficiently aroused to see the need for change, both in themselves and in the rest of the organization« (Greiner 1967, 126).*

Unternehmen, in denen der Wandel erfolgreich verläuft, stehen häufig unter doppeltem Druck. Externe Faktoren, beispielsweise Umsatzrückgänge oder Zunahme der Konkurrenz, sind ebenso Auslöser für Veränderungen wie interne Faktoren, z.B. niedrige Produktivität, hohe Kosten oder Konflikte zwischen Abteilungen. Das Auftreten von beiden Auslösern ist insofern von Bedeutung, als das Management bei Vorliegen nur einer Ursache eher dazu neigt, diese als temporär oder weniger bedeutend einzustufen. Entsprechend lag in den von Greiner untersuchten, weniger erfolgreichen Fallbeispielen nur interner oder externer Druck vor.

**Phase 2:** Umfassender Druck ist keine Garantie für erfolgreichen Wandel. Das Topmanagement kann den Problemdruck delegieren, Personen für Fehlentwicklungen verantwortlich machen oder falsche Entscheidungen treffen. Erfolgreicher Wandel wird diagnostiziert, wenn ein externer Berater hinzugezogen wird, der vom Topmanagement respektiert und anerkannt wird. Dies erlaubt dem Berater, eine vorurteilsfreie Bewertung der Probleme vorzunehmen. Erfolgreicher Wandel wird unterstützt, wenn es dem Berater gelingt, das Management dazu zu bewegen, die eigene Praxis zu reflektieren. Statt Lösungen zu präsentieren, ermutigen Berater das Management, die spezifischen Probleme zu identifizieren. Weniger erfolgreiche Unternehmen verzichten auf externe Berater oder verpflichten einen Berater, dem die erforderliche Expertise fehlt.

**Phase 3:** Macht, die das Topmanagement formal ausübt, wird nun unter Moderation des Experten auf untere Hierarchieebenen verlagert. In Gruppensitzungen, die unter Beteiligung des Topmanagements meist mehrere Hierarchiestufen umfassen, signalisiert das Management, dass die Lösung von Problemen nicht mehr exklusives Terrain der Spitze ist, sondern von allen Organisationsteilnehmern gleichermaßen bewältigt werden muss. Der Berater sorgt dafür, dass keine Themen tabuisiert werden. Der Erfolg dieser Strategie ist davon abhängig, ob es dem Management gelingt, diese Beteiligung der Organisationsmitglieder zur Veränderung der Organisation aufrecht zu erhalten, ob wichtige Probleme in Angriff genommen werden und ob Problemlösungen der Organisationsmitglieder aufgenommen werden. Weniger erfolgreiche Unternehmen verfehlen eine oder einige dieser Voraussetzungen. Entweder glaubt das Management zu wissen, wo die Probleme liegen und hat konkrete Lösungsmöglichkeiten identifiziert, oder das Problem wird delegiert, ohne dass ein ernsthaftes Interesse des Managements erkennbar ist.

**Phase 4:** Auf die Problemdiagnose folgt in den erfolgreichen Unternehmen die Suche nach kreativen und neuen Lösungen. Die Aufgabe des externen Beraters konzentriert sich darauf, zu verhindern, dass alte Lösungen für neue Probleme herangezogen werden. Stattdessen sollen neue Verhaltensweisen als Basis für neue Lösungen eingeübt werden. Diese gemeinsame Anstrengung führt zu einer höheren Form der Zusammenarbeit und Identifikation mit den Ergebnissen. Weniger erfolgreiche Unternehmen erreichen diese Phase nicht und brechen den Prozess aufgrund von Widerständen oder neuen Schwerpunkten ab.

**Phase 5:** In einer Experimentierphase wird zunächst die Realitätsnähe der Lösungen in kleinen Entscheidungsräumen geprüft. Eine Rücknahme der beabsichtigten größeren Veränderung ist jederzeit möglich. Organisationsmitglieder prüfen, ob diese Experimente tatsächlich die Unterstützung des Managements besitzen. Erst wenn sich die Praktikabilität der Lösungen erweist und Unterstützung signalisiert wird, werden die neuen Strukturen etabliert.

**Phase 6:** Positive Informationen und eine breite Akzeptanz verhelfen den neuen Strukturen zum Durchbruch. Es wird deutlich, dass es sich nicht um singuläre Ereignisse handelt, sondern neue Verhaltensweisen werden institutionalisiert und nach und nach zur selbstverständlichen Basis der Zusammenarbeit.

Das Grundproblem dieser und anderer »Erfolgsfaktoren« des geplanten Wandels ist die fehlende Übertragbarkeit dieser Erkenntnisse auf andere Organisationen. Weder lassen sich in diesen Fallbeispielen Problemlagen eindeutig und exakt definieren, noch sind Einflussgrößen und Interventionen reproduzierbar zu isolieren, um Wirkungen dieser Techniken zu überprüfen. Dennoch können diese Fallbeispiele als anregende Heuristiken verstanden werden. Es ist Greiner gelungen, auf der Basis qualitativer Studien Hinweise für erfolgskritische Phasen zu geben, die für mögliche Übergänge sensibilisieren.

## 2.4.2 Interventionstechniken

Berater – so wurde oben ausgeführt – bedienen sich im Rahmen der behandelten Veränderungsstrategien spezifischer Interventionstechniken, um in Abhängigkeit von dem geplanten Wandelprozess den Entwicklungsprozess zu fördern. Hierbei kann in Entwicklungsprozesse auf der Ebene von Gruppen sowie zwischen Gruppen und in organisationsübergreifende Interventionstechniken unterschieden werden (vgl. zum Folgenden French/Bell 1994, 142ff.).

### 2.4.2.1 Teamintervention

Sehr häufig ist der Anlass einer Teamintervention die Verbesserung der Leistung einer Gruppe. So kann die Leistung einer Gruppe verbessert werden, indem der Vorgesetzte Anweisungen gibt, der Ablaufprozess analysiert und die technische Basis verbessert wird oder Anreizstrukturen angeboten werden.

Alternativ zu solchen »hierarchischen« Problemlösungen wird im Rahmen der Teamintervention davon ausgegangen, dass die Gruppe mit Hilfe eines Beraters die Ursachen von Leistungsdefiziten selbst diagnostizieren und Wege zur Verbesserung finden kann. Im **Teamdiagnose-Workshop** wird z.B. in der gesamten Gruppe unter Anleitung eines Beraters diskutiert, wie die Leistung der Gruppe und die Beziehungen ihrer Mitglieder untereinander beurteilt werden können.

Diese Daten können ganz unterschiedlich erhoben werden. Je nach Interdependenzen dieser Probleme können sie sowohl in der gesamten Gruppe, in Untergruppen als auch zwischen zwei Personen diagnostiziert werden. Es geht dabei nicht darum, sofort Lösungen zu entwickeln, sondern Problembereiche zu identifizieren. Erst in einem weiteren Workshop werden dann Prioritäten gebildet und Maßnahmen zur Behebung der Probleme gesucht.

Im **Teamentwicklungs-Workshop** wird erarbeitet, wie die Leistung der Gruppe verbessert werden kann. In Vorgesprächen mit den Gruppenmitgliedern versucht der Berater herauszufinden, welche Ansichten, Arbeitsweisen und Arbeitshindernisse in der Gruppe bestehen. Diese Daten werden dann vom Berater nach Themengruppen geordnet, und die Gruppe entscheidet, in welcher Reihenfolge die Probleme bearbeitet werden sollen. Sie beginnt, Problemlösungen auszuarbeiten und bestimmt die entsprechenden Maßnahmen und Personen zur Durchsetzung. Häufig schließt sich an diesen Workshop ein weiterer an, in dem der Erfolg oder das Scheitern der Problemlösungen bearbeitet werden.

Ein wichtiger zweiter Aspekt ist die durch den Berater zu leistende Information über zwischenmenschliche Beziehungen. Gruppen ist häufig nicht bewusst, dass sie nur scheinbar über Problemlösungen diskutieren, tatsächlich aber ihre zwischenmenschlichen Beziehungen klären und damit die Problemlösungen faktisch verhindern. Der Berater identifiziert auftauchende Gruppenphänomene, analysiert und diskutiert sie mit der Gruppe. Auf diese Weise werden nicht nur Problemlösungen entwickelt, sondern auch die Gruppenbeziehungen thematisiert und gegebenenfalls verbessert.

## 2.4.2.2    Intergruppenintervention

Diese Interventionsmethode wird vornehmlich dann benutzt, wenn sich in der Organisation Gruppen abgrenzen, es zu Konflikten kommt und sich diese Gruppen dann wechselseitig als Konkurrenten oder Feinde betrachten. Solche Erscheinungen haben schwerwiegende Folgen im Hinblick auf die Zusammenarbeit. Die Kommunikation zwischen diesen Gruppen verringert sich, Gedankenaustausch und Feedback werden gemieden, die noch verbleibende Kommunikation ist unscharf und verzerrt, jede Gruppe beginnt, die andere zu diskriminieren. Grundgedanke ist es, die aus der Konfliktforschung bekannten Methoden der Konfliktregulierung zur Reduzierung von Spannungen einzusetzen, indem z.B. die Kommunikation zwischen den Gruppen erhöht wird, Gruppenmitglieder ausgetauscht oder gemeinsame Trainings durchgeführt werden.

In **Intergruppen-Teamentwicklungs-Interventionen** geht es in erster Linie darum, die Zusammenarbeit und Kommunikation zwischen Gruppen zu verbessern. Hierbei werden verschiedene Entwicklungsschritte aufeinander aufgebaut:

---

Vorgehensweise bei Intergruppen-Interventionen

- Der Berater vereinbart mit den beiden Gruppenführern die Verbesserung der Beziehungen zwischen den Gruppen.
- Die beiden Gruppen treffen sich in verschiedenen Räumen und fertigen je zwei Listen an. Auf der einen Liste beschreibt die Gruppe, was sie an der anderen Gruppe stört, auf der zweiten Liste versucht sie vorherzusagen, wie die andere Gruppe sie beurteilt.
- Die Listen werden wechselseitig vorgelesen. Es dürfen lediglich Verständnisfragen gestellt werden; es gibt noch keine Diskussion.
- In den Gruppen wird diskutiert, was sie selbst über sich und die andere Gruppe erfahren haben, und es wird eine Liste der noch verbleibenden Probleme aufge-

stellt.
- Es werden Prioritäten der Problembewältigung und Maßnahmen ihrer Realisierung vereinbart.
- Erneutes Treffen der Gruppen oder Gruppenführer, um eine Erfolgskontrolle durchzuführen.

Beim **Feedback** oder **Fish-bowl** erhebt der Berater in Interviews die Intergruppen-probleme und präsentiert die Ergebnisse der jeweils anderen Gruppe. Ziel ist es, durch systematisches Feedback Kommunikationsstörungen zu beseitigen und ein Klima zu schaffen, das eine Lösung von Problemen ermöglicht. Beim Fish-bowl sitzt eine Gruppe in einem Kreis und diskutiert Probleme, die in der Zusammenarbeit mit der zweiten Gruppe bestehen, während die zweite Gruppe in einem äußeren Kreis diese Diskussion lediglich beobachtet. Danach wird getauscht, die zweite Gruppe diskutiert das Gehörte usw. Daraus ergibt sich eine allgemeine Diskussion, wie die Probleme gemeinsam ge-löst werden können.

### 2.4.2.3    Organisationsumgreifende Intervention

Im so genannten **Konfrontationstreffen** nehmen alle Manager eines Unternehmens an einem eintägigen Workshop teil, um den Ist-Zustand ihrer Organisation zu untersuchen.

Das Sammeln von Informationen geschieht in der Regel innerhalb von Kleingruppen. Als wichtige Regel gilt, dass Vorgesetzte und Untergebene sich nicht in einer Gruppe befinden dürfen. Topmanager bilden eine eigene Gruppe. Ansonsten werden Gruppen nach möglichst heterogenen Kriterien gemischt. Aufgabe dieser Kleingruppen ist das Sammeln von Hindernissen, unerwünschten Verhaltensweisen, Ursachen von Frustra-tionen innerhalb der Organisation und die Entwicklung von Vorschlägen, wie diese Probleme gelöst werden können.

Durch den Austausch dieser Informationen erhalten Manager eine neue Sicht der Pro-blemlagen. Mitglieder der Organisation konfrontieren sie mit ihrer Sicht von Pro-blemen. Es findet auch eine Konfrontation mit anderen Gruppen statt, die ihrerseits Probleme erneut anders sehen und präsentieren. Schließlich werden Gruppen nach Be-reichen und Funktionen gebildet, die nun Vorschläge entwickeln, welche Probleme sie selbst lösen können, welche das Topmanagement dringend lösen sollte und welche sie mit Mitarbeitern angehen wollen.

Auch im so genannten **Survey-Feedback-Verfahren** geht es darum, dass der Aus-gangspunkt einer Organisationsentwicklung eine möglichst umfassende und offene In-formation des Managements über Problemlagen des Unternehmens darstellen soll. Ent-sprechend werden auf der Basis eines Fragebogens alle Mitglieder der Organisation im Hinblick auf vorhandene Probleme befragt. Die Fragebögen können offen oder ge-schlossen gestaltet sein. Die Daten werden in der Topmanagementgruppe erläutert und anschließend den Funktionsbereichen der folgenden hierarchischen Stufen vorgestellt. Konkret bedeutet dies, dass jeder Vorgesetzte mit seinen Mitarbeitern Besprechungen durchführt, in denen die Daten diskutiert werden, Pläne für konstruktive Änderungen gemacht werden und die Weitergabe der Daten an die jeweils tiefer stehende Ebene geplant wird. Bei diesen Feedback-Gesprächen ist meist ein Berater anwesend.

## 2.5 Zusammenfassende Beurteilung

In der Organisationsentwicklung geht man davon aus, dass der Wandel von Organisationen geplant und durch Interventionen in eine gewünschte Richtung gelenkt werden kann. Ausgehend von unterschiedlichen Strategien kann in verschiedene Interventionen unterteilt werden, die in der Regel den Einsatz eines »Change agent« erfordern und – zumindest programmatisch – sowohl Unternehmensziele als auch individuelle Ziele verfolgen. Wird danach gefragt, welche Erkenntnisse es darüber gibt, ob die vorgestellten Interventionsmethoden ökonomische, soziale und individuelle Ziele transportiert haben, sind die Ergebnisse mehrdeutig. Dies hat unterschiedliche Gründe (vgl. Bartölke 1980, 1478). Kosten und Erträge eines Organisationsentwicklungsprojektes sind nur schwer zu beziffern. Ob die offen gelegten Probleme der Diagnose tatsächlich zu den gewünschten Veränderungen geführt haben, welche Vorurteile und Beharrungstendenzen weitergehende Veränderungen behindern und ob neben den intendierten Effekten weitere nicht intendierte, kontraproduktive Effekte erzeugt werden, wird selten dokumentiert. Den Zielen einer nachhaltigen Stabilisierung neuer Verhaltensweisen widersprechend gibt es auch selten zeitlich nachgelagerte Evaluierungen des Entwicklungsprozesses. Insofern findet in der Literatur ein positiver Selektionsmechanismus statt, da häufig nur die »erfolgreichen«, »abgeschlossenen« Organisationsentwicklungsprojekte publiziert werden; gescheiterte Projekte hingegen werden schon aus Imagegründen selten veröffentlicht. Dieser Effekt ist vermutlich dadurch begründet, dass die Berater und Forscher die ursprünglich von Lewin geforderte Dualität von theoriebezogener Erklärung und pragmatischer Veränderung zugunsten der Aktions- und Änderungsorientierung verlagert haben. Aber auch bei forschungsorientierten Organisationsentwicklungsprojekten sind generalisierende Erkenntnisse nur schwer zu erheben, da bei den überwiegend singulären Fallbeispielen auf der Basis eines spezifischen Theorieverständnisses kaum vergleichbare Begriffssysteme und -modelle entstehen. Unterschiedliche Methoden der empirischen Sozialforschung verhindern die Vergleichbarkeit der erhobenen Ergebnisse. Grundsätzlich bleibt das erkenntnistheoretische Problem bestehen, ob es gelingt, »... *Erfahrungen mit bisherigen Organisationsstrukturen und auf ihnen aufbauende theoretische Erklärungsversuche in die Zukunft zu übertragen«* (Bartölke 1980, 1487f.).

Auch in der pragmatischen, auf Veränderung zielenden Variante sind neben positiven Einschätzungen der Veränderungsnotwendigkeit kritische Relativierungen zu verzeichnen. So konzediert Klimecki (1995, 1662) Organisationsentwicklung zwar prinzipiell Erfolg versprechende Änderungspotenziale, sieht die Schwierigkeit dieser Methode aber in der explodierenden Anzahl der sich verändernden Elemente und in der Zunahme der Veränderungsgeschwindigkeit.

Während die Organisationsentwicklung deutlich Veränderungsprozesse in (Klein-) Gruppen fokussiert und auf dieser Ebene Rahmenbedingungen und Interventionstechniken differenziert (vgl. den Überblick bei Trebesch 2008), erweist sich die theoretische Aufarbeitung von Rahmenbedingungen auf Unternehmensebene als wenig ergiebig. Bestehende Macht- und Hierarchieverhältnisse kollidieren mit einer auf Einsicht und Lernen bezogenen Methode (vgl. Walger 1997, 196). Insbesondere diese Ausblendung von Rahmenbedingungen geht einher mit einer unreflektierten Harmoniethese, wonach die Anwendung von Interventionsmethoden die gleichzeitige Verwirklichung von Unternehmenszielen und individuellen Zielen erlauben soll (vgl. Staehle 1992, 1486).

Strukturelle Ungleichheiten aufgrund von Machtverhältnissen werden ebenso unter-schätzt, wie die Wirkung der Aktivitäten von Beratern und Kleingruppen überschätzt wird. So besteht immer das Grundproblem, dass Organisationsentwicklungsprojekte als Sozialtechnologien zur Überwindung von Widerständen gegen bereits vom Manage-ment vorgeplante Organisationsveränderungen eingesetzt werden (vgl. Schein 2008, 24).

Standardisierung und Verbreitung von Werkzeugen der Organisationsentwicklung –so Schein – haben dazu geführt, dass die ursprüngliche Idee einer Organisationsent-wicklung, in der wichtige Probleme entdeckt und bearbeitet werden können, ebenso in Vergessenheit geraten ist wie die ursprüngliche Idee, durch Interventionsmethoden auch wissenschaftlich relevantes Informationsmaterial zu erheben. Stattdessen werden die Methoden erfolgreich vermarktet, ohne dass die spezifische Besonderheit der Fälle die ausschlaggebende Rolle spielt. Dies hat nach Trebesch (2004, 995f.) dazu geführt, dass Organisationsentwicklung heute eher auf ökonomische Sachverhalte und strategische Entwicklungen ausgerichtet ist. Das vorhandene Interventionsrepertoir dient unter neu-en Funktionsbezeichnungen – z.B. als Change Management – der Unterstützung und Begleitung von Reorganisationsprojekten mit wenig offenem Ergebnis.

## Literaturempfehlungen

*Kieser, A.; Walgenbach, H. (2010): Organisation. 6., überarb. und erw. Aufl., Stuttgart.*

Dieses Werk gibt eine konzentrierte Übersicht über die verschiedenen Sichtweisen der Entstehung und Entwicklung von Organisationsstrukturen.

*Kieser, A.; Ebers, M. (2006): Organisationstheorien. 6., erw. Aufl., Stuttgart.*

Dieses Werk gibt eine gute Übersicht über die wesentlichen Theorieströmungen der Organisationstheorie.

*Trebesch, K. (2008): Organisationsentwicklung. Konzepte, Strategien, Fallstudien. Stuttgart.*

*Cummings, T.G.; Worley, C.G. (2008): Organization Development and Change. 9. Aufl., Minneapolis u.a.*

Diese Bücher geben einen guten Überblick über Hintergründe, Konzepte und Inter-ventionstechniken der Organisationsentwicklung.

# 3 Organisationales Lernen

## 3.1 Einführung

Organisationales Lernen oder Wissensmanagement sind zentrale Themen, die im Zusammenhang mit der Entwicklung von Organisationen betrachtet werden. Als Ursache können im Wesentlichen zwei Begründungen herangezogen werden. Die Begriffe signalisieren einmal die Erwartung, dass Arbeit zukünftig zu einem großen Teil darin bestehen wird, mit Hilfe von individuellem und organisationalem Wissen neue Produkte und Dienstleistungen zu erzeugen. Auf lange Sicht erscheinen dann nicht mehr nur Preis und Qualität als die entscheidenden Wettbewerbsfaktoren. Vielmehr wird davon ausgegangen, dass Kernkompetenzen über die Fähigkeit entscheiden werden, neue Produkte zu entwickeln und die Chancen von Marktveränderungen rechtzeitig zu erkennen. Die Erfassung und schnelle Verbreitung von neuem Wissen in einer Organisation könnten als kritische Größen interpretiert werden (vgl. Prahalad/Hamel 1999).

Dies unterstützt zum Zweiten die Erwartung, dass Wissen ein zentraler Bestandteil von Reorganisationsprozessen ist. Die entscheidende Frage ist dann nicht, wie Wissen individuell akkumuliert werden kann, sondern wie einerseits das Infragestellen des Gelernten (verlernen und neu lernen) und andererseits die Verbreitung des Gelernten als kontinuierliches Lernen in der Organisation bewältigt werden können (vgl. Dixon 1993, 243). Dieser Prozess wiederum erfordert Rahmenbedingungen, die diese Lernprozesse unterstützen (vgl. Dodgson 1993, 387). Das Managementproblem besteht dann darin, die Einflussfaktoren des organisationalen Lernens zu identifizieren und eine Form zu finden, die die angestrebten Wettbewerbsvorteile realisieren hilft. Organisationales Lernen kann somit als Versuch gewertet werden, unsichere Zukunft zu antizipieren und zu beeinflussen. Dies erfolgt einerseits durch die Analyse der Einflussfaktoren des Lernens in Organisationen, andererseits durch die Analyse der Organisation von Wissensbasen.

Ziel des organisationalen Lernens ist es, die Synergieeffekte des engen Zusammenspiels von individueller Entwicklung und Entwicklung der Organisation zu nutzen. Dixon (1992, 31) zieht zur Illustration dieses Vorgangs das Beispiel eines Orchesters heran. Die Voraussetzung für eine hohe Leistung besteht hier in der perfekten Beherrschung eines Instruments. Die Leistung des Orchesters entsteht allerdings erst durch das Zusammenspiel aller Mitglieder. Das individuelle Wissen wird auf diese Weise eingebettet in die kollektive Leistung und setzt ein gemeinsames Verständnis von Musik voraus, das sich als beständige Konstante erweist. Auch wenn Mitglieder das Orchester verlassen und neue Mitglieder aufgenommen werden, behalten Orchester häufig ihren Charakter.

Das folgende Kapitel thematisiert das Zusammenspiel von individuellem Lernen und organisationalem Lernen. Dazu werden zunächst theoretische Grundlagen des individuellen Lernens, anschließend Konzepte des organisationalen Lernens vorgestellt.

## 3.2 Individuelles Lernen

Lernen wird oft als Verhaltensänderung begriffen, die als Reaktion des Organismus auf Umweltveränderung entsteht. Allerdings bestehen bei der Frage, wie Menschen lernen, erhebliche Auffassungsunterschiede. Systematisch kann zunächst unterschieden werden in Reiz-Reaktions-Theorien und sozial-kognitive Lerntheorien.

In **Reiz-Reaktions-Theorien** wird davon ausgegangen, dass die Umwelt Verhaltensänderungen mehr oder weniger direkt auslösen kann, wenn sie z.B. über Belohnung (Reiz) das erwünschte Verhalten (Reaktion) verstärkt und durch Bestrafung das nicht gewünschte Verhalten vermeidet. Die wohl berühmtesten Beispiele beschreiben Versuchsanordnungen mit Hunden (Pawlow), Katzen (Thorndike) oder Ratten (Skinner), in denen Verhalten durch Belohnung oder Bestrafung beeinflusst wird. Das Grundmuster der darauf basierenden Schlussfolgerungen für individuelles Lernen kann wie folgt beschrieben werden (vgl. Bower/Hilgard 1983, 36ff.):

- Lernen wird in Reiz-Reaktions-Theorien als Integration von Verhaltensabfolgen verstanden, die durch einen Reiz unmittelbar ausgelöst werden.
- In Reiz-Reaktions-Theorien ist Übung von großer Bedeutung. Verhaltensweisen werden durch Wiederholung gelernt. Hier wird die Alltagserfahrung »Übung macht den Meister« betont.
- In Reiz-Reaktions-Theorien wird davon ausgegangen, dass eingeübte Verhaltensweisen auf neue Probleme angewandt werden, d.h. es werden identische oder ähnliche Verhaltensweisen aktiviert. Ist ein entsprechender »fit« nicht vorhanden, fällt der Lernende in ein erneutes »trial and error«-Verfahren zurück.

Die Erklärungskraft der Reiz-Reaktions-Theorien gilt aus heutiger Sicht als begrenzt. Die auf Tierversuchen basierende Bestimmung von Reiz und Reaktion erwies sich in der Übertragung auf Menschen als schwierig; plausible Erklärungen für die Wirkung intervenierender Variablen oder situativer Differenzierungen konnten nicht geliefert werden (vgl. Weick 1991).

In **sozial-kognitiven Lerntheorien** hingegen wird das Augenmerk stärker auf interne Verarbeitungsprozesse gerichtet, die den Lernprozess vorbereiten und begleiten. Nach dieser Theoriegruppe reagiert der Mensch nicht unmittelbar auf Reize, sondern es finden kognitive Prozesse statt, die Wahlmöglichkeiten in den Verhaltensweisen zulassen.

Einer der führenden Vertreter dieser kognitiven Lerntheorie ist Bandura (1979), der die Bedingungen des menschlichen Lernens wie folgt differenziert:

1. Lernen wird als aktiver, kognitiv gesteuerter Verarbeitungsprozess von Erfahrungen verstanden. Die kognitiven Operationen stellen hierbei den Schwerpunkt dar. Eine besondere Rolle spielt die Fähigkeit des Menschen zum symbolischen und stellvertretenden Lernen *(Beobachtungslernen)*.
2. Das aktuelle Verhalten von Menschen wird nicht als konditioniertes Reagieren auf Umweltreize begriffen; Verhalten wird vielmehr als aktiver Prozess verstanden, in dem *kognitive Teilprozesse* wie Wahrnehmung, Empfindung und Denkprozesse eine entscheidende Rolle spielen.

**zu (1):** Zentrale Grundidee dieses Ansatzes ist das **Lernen durch Beobachtung**. Kindern wird das Schwimmen, Jugendlichen wird das Autofahren und Medizinstudenten werden chirurgische Eingriffe vermittelt, ohne dass sie die Konsequenz von Fehlern selbst erfahren müssen.

*»Je weitreichend und gefährlicher mögliche Fehler sich auswirken können, umso ausschließlicher verläßt man sich auf das Beobachtungslernen anhand geeigneter Beispiele« (Bandura 1979, 22f.).*

Sprache, Lebensstile und Kulturtechniken werden über Modelle vermittelt. Die Vermittlung neuartiger Verhaltensweisen vollzieht sich damit zu einem großen Teil über Prozesse der Modellierung. Dabei kommt drei Prozessen eine vorrangige Bedeutung zu:

- *Symbolische Prozesse:* Durch Sprach- und Vorstellungssymbole verarbeiten und speichern Menschen ihre Erfahrungen. Die Vorstellung wünschenswerter Zukunftsaussichten fördert Handlungen, die auf fern liegende Ziele gerichtet sind. Mit Hilfe von Symbolen können Menschen Probleme lösen, ohne verschiedene Alternativen in die Tat umsetzen zu müssen.
- *Stellvertretende Prozesse:* Menschen beobachten, wie andere Menschen sich verhalten und welche Konsequenzen sich daraus ergeben. Die Fähigkeit, durch Beobachtung zu lernen, ermöglicht es, komplexe Verhaltensmuster zu erwerben, ohne dass sie langwierig und mühsam durch Versuch und Irrtum aufgebaut werden müssen.
- *Selbstregulierende Prozesse:* Durch ein entsprechendes Arrangement der Umweltanreize, durch die Ausbildung kognitiver Hilfen und durch selbst geschaffene Handlungskonsequenzen sind Menschen in der Lage, ihr Verhalten in gewisser Weise eigenständig zu kontrollieren.

Entsprechend werden die meisten menschlichen Verhaltensweisen durch die Beobachtung von Modellen gelernt. Menschen machen sich eine Vorstellung davon, wie bestimmte Verhaltensweisen ausgeführt werden können und schaffen damit die Voraussetzung für das Lernen von Verhaltensweisen.

**zu (2):** Dieses Beobachtungslernen wird nach Bandura durch **kognitive Teilprozesse** gesteuert (vgl. Abbildung II / 22):

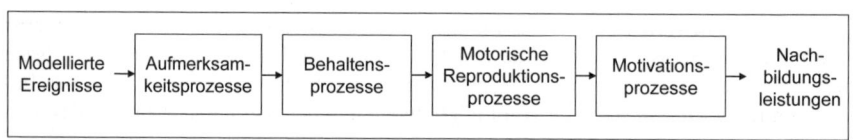

Abbildung II / 22: Kognitive Teilprozesse des Lernens
(In Anlehnung an Bandura 1979, 32)

*Aufmerksamkeitsprozesse:* Sie entscheiden darüber, was aus der Fülle der Einflüsse selektiv beobachtet wird und welche dieser Darbietungen berücksichtigt werden. Dieser Auswahlprozess wird beeinflusst von Merkmalen des Beobachters, Eigenarten der modellierten Tätigkeiten, Strukturen menschlicher Interaktion und sozialem Umgang.

*Behaltensprozesse:* Wenn Menschen sich an die Beobachtung bestimmter modellierter Verhaltensweisen nicht erinnern können, kann kein großer Einfluss von ihnen ausgehen. Deshalb ist für das Beobachtungslernen der Prozess des Behaltens von erheblicher Bedeutung. Soll es das Verhalten steuern, müssen die Beobachtungen symbolisch im Gedächtnis repräsentiert werden. Nur aufgrund ihrer hoch entwickelten Symbolisierungsfähigkeit sind Menschen in der Lage, einen Großteil ihres Verhaltens durch Beobachtung zu lernen. Manche Verhaltensweisen werden z.B. durch Vorstellungsbilder reaktiviert. So ruft häufig die Benennung einer Tätigkeit eine Vorstellungswelt hervor (z.B. Autofahren). Durch wiederholte Aktivierung entstehen abrufbare Vorstellungsbilder. Dies ist insbesondere von Bedeutung bei Modellierungen, die sich nur schwer sprachlich kodieren lassen. Behaltensprozesse können aber auch auf der Basis sprachlicher Kodierungen erfolgen. Beispielsweise lässt sich eine Wegbeschreibung durch Links-Rechts-Kombinationen besser behalten als durch eine detailreiche Erklärung.

Modellierte Tätigkeiten (also Tätigkeiten, die in Bilder- und Sprachsymbole transformiert werden) steuern das Gedächtnis. Wenn diese modellierten Grundmuster wiederholt oder ausprobiert werden, werden sie weniger leicht vergessen:

> *»Der effektivste Grad des Beobachtungslernens ist erreicht, wenn das modellierte Verhalten in einem ersten Schritt symbolisch organisiert und wiederholt und in einem zweiten Schritt offen in die Tat umgesetzt wurde« (Bandura 1979, 36).*

*Motorische Reproduktionsprozesse:* Im ersten Schritt werden die Reaktionen auf der kognitiven Ebene ausgewählt und organisiert. Wie viel vom Gelernten tatsächlich in Verhalten überführt werden kann, hängt von mehreren Teilprozessen ab. Zunächst ist es möglich, dass bei einer Person bestimmte notwendige Teilfertigkeiten nicht vorhanden sind, sodass in der motorischen Reproduktion Fehler gemacht werden. Wenn solche Defizite vorliegen, ist dies z.B. Anlass, erst grundlegende Teilfertigkeiten zu entwickeln. Die Ausführung stellt ebenfalls gewisse Hindernisse dar. Nur selten gelingen Umsetzungen von vorgestellten Handlungen fehlerfrei. Diese sind dann Anlass, im Rahmen der motorischen Reproduktion Selbstkorrekturen vorzunehmen. Manchmal fehlt es an Möglichkeiten, Fehler durch Selbstbeobachtung zu diagnostizieren (z.B. beim Erlernen von Schwimmtechniken). Hier wird ein Feedback benötigt.

*Motivationale Prozesse:* Menschen führen nicht alles aus, was sie erlernt haben. Sie werden das Erlernte nur dann in ihr Verhaltensrepertoire aufnehmen, wenn dies zu Ergebnissen führt, die einen gewissen Wert für sie besitzen. Dieser Wert kann durch externe oder interne Bekräftigung beeinflusst werden.

Lernen in der sozial-kognitiven Lerntheorie ist damit als komplexes Ineinandergreifen von Wahrnehmung, Behalten, Reproduktion und Motivation zu interpretieren. Verhaltensweisen werden aufgenommen, wenn dies zu Ergebnissen führt, die als befriedigend empfunden werden und bedürfen ihrerseits kognitiver Voraussetzungen:

> *»Jedesmal also, wenn ein Beobachter das Verhalten eines Modells nicht nachbildet, läßt sich die Tatsache auf eine der folgenden Bedingungen zurückführen: Er hat die entsprechenden Tätigkeiten nicht beobachtet, er hat die modellierten Ereignisse in einer für die Gedächtnisrepräsentation nicht angemessenen Weise kodiert, er hat nicht behalten, was er gelernt hat, er verfügt nicht über die physischen Fähigkeiten, die Reaktionen auszuführen, oder er empfindet die Anreize nicht als hinreichend« (Bandura 1979, 38).*

Bandura zeigt mit seinem Modell, dass Lernleistungen sich nicht auf Reiz-Reaktion-, bzw. Versuch-Irrtumsprozesse reduzieren lassen, sondern dass Eigen- und Fremderfahrung zu inneren Modellen zusammengefasst werden, die zukünftiges Verhalten leiten können, wenn den Ergebnissen dieses Verhaltens ein Wert zugemessen wird. Diese Erkenntnis ist als zentrale Grundannahme zu betrachten, wenn es darum geht, den Prozess des individuellen Lernens mit der Verbreitung von Wissen in Organisationen und den daraus resultierenden Verhaltensänderungen von Organisationsmitgliedern zu verknüpfen.

## 3.3 Konzepte des organisationalen Lernens

Konzepte des organisationalen Lernens knüpfen an sozial-kognitive Lerntheorien an, d.h., es wird die Bedeutung der kognitiven Prozesse im Zusammenhang mit Lernen betont, und es wird auf die Bedeutung sozialer Prozesse für den Lernerfolg hingewiesen. Wird aber in individuellen und sozial-kognitiven Lernprozessen eher indirekt über Schlussfolgerungen für die Entwicklung von Organisation und Personal nachgedacht, steht bei Konzepten des organisationalen Lernens die Wechselwirkung von Individuum und Organisation im Vordergrund. Die Vielzahl der Ansätze ist kaum noch überschaubar (vgl. die Übersichten bei Bruns 1998, 142ff.; Ridder et al. 2001, 117ff.; Al-Laham 2003; Argote/Miron-Spektor 2011; Easterby-Smith/Lyles 2011a). Gemeinsam ist diesen Ansätzen aber, dass Lernen eine ökonomische Metapher darstellt, mit deren Hilfe geprüft wird, ob Verhalten verändert und Wissen gespeichert werden kann, um Unternehmensziele zu verfolgen. Hanft zeigt diese ökonomische Ausrichtung anhand von zwei konstitutiven Elementen des organisationalen Lernens auf:

> *»Individuelle Lernprozesse generieren zu organisationalem Lernen, wenn erstens die Transmission von individuellem Wissen auf andere Organisationsmitglieder gelingt und so von Organisationsmitgliedern gemeinsam getragenes Wissen entsteht und wenn zweitens dieses Wissen strukturale Folgen hat« (Hanft 1998, 48).*

Zur Charakterisierung dieser Transformation von individuellem zu organisationalem Lernen wird häufig das Beispiel der Organisation von Lernprozessen in japanischen Unternehmen herangezogen (vgl. z.B. Nonaka/Takeuchi 2012). Ausgehend von der systematischen Erfassung von Kundenbedürfnissen wird dort der Qualitätsstandard in der Produktion dadurch erhöht, dass Arbeitnehmer Verbesserungen erproben, diese Verbesserungen weitergeben und der Vorgesetzte nach Überprüfung diese Verbesserungen allgemein verbindlich zum Standard erhebt. Dieser Standard stellt die Basis für eine erneute Verbesserung der Qualität auf der Grundlage sich ändernder Kundenwünsche dar. Aus der Wechselwirkung von lernendem Individuum und lernender Organisation entsteht so ein Wissensspeicher der Organisation, der in Form von Wissensbasen existiert. Unterschiede zwischen individuellem und organisationalem Lernen lassen sich dann so beschreiben, dass Individuen über Wissensbestandteile verfügen, die der Organisation bekannt sind, andererseits aber auch über solche, die der Organisation nicht bekannt sind. Organisationen schließlich speichern und transferieren Wissen, das nicht allen Individuen in einer Organisation bekannt ist (vgl. Probst/Büchel 1998, 19). Das Ziel der Gestaltung von organisationalen Lernprozessen ist die Verbesserung und Optimierung der Entwicklung von Organisationen.

Organisationales Lernen umfasst inzwischen eine Vielzahl von Konzepten, die kaum noch zu überblicken sind. Wissenschaftler, Unternehmensberatungen und Unternehmen verwenden den Begriff in unterschiedlicher Weise und mit sehr differierenden Absichten. Im Folgenden werden die Konzepte des organisationalen Lernens nach einem Bezugsrahmen geordnet, der danach fragt, ob die Konzepte eher auf Lernprozesse oder auf Wissen und seine Verbreitung bezogen sind und ob diese Konzepte eher auf theoretische Erkenntnis oder die Gestaltung von Praxis ausgerichtet werden (vgl. zum Folgenden Vera/Crossan 2009, 122ff.; Easterby-Smith/Lyles 2011b, 4ff.):

**Organisationales Lernen** untersucht organisationale Lernprozesse und dadurch ausgelöste Veränderungsprozesse in Organisationen. Davon zu unterscheiden ist der Begriff der **lernenden Organisation.** Hier wollen Autoren wissen, wie eine Organisation lernen sollte. Gesucht wird hier nach goldenen Regeln oder nach best practices. Obwohl es in beiden Konzepten um Lernen in Organisationen geht, zeigt sich, dass hier absichtsvoll unterschieden wird in ein eher theoretisches, auf Erkenntnis zielendes Interesse und ein eher auf Gestaltung und Veränderung zielendes Interesse.

Beim **organisationalen Wissen** geht es darum, die Entstehung und die Prozesse des organisationalen Wissens zu beschreiben und zu verstehen. Beim **Wissensmanagement** fragt man danach, ob und wie Wissen im Sinne der Unternehmensziele gestaltet werden kann. Auch hier zeigt sich, dass in unterschiedlichen Perspektiven entweder Grundlagen der Wissensentstehung und Wissensverbreitung theoretisch gefasst und empirisch überprüft werden, während im Wissensmanagement die Gestaltungsabsicht im Vordergrund steht.

Im Folgenden sollen exemplarisch Konzepte vorgestellt werden, die für die jeweilige Orientierung herangezogen werden können.

### 3.3.1 Organisationales Lernen

Hedberg (1981) hat darauf hingewiesen, dass sich Organisationen darin unterscheiden, ob und in welcher Form sie äußere und innere Faktoren des organisationalen Lernens unterstützen oder behindern. Von erheblicher Bedeutung für die Aufnahme und Verbreitung von Wissen sind Filter und Informationsverarbeitungsprozesse, die darüber entscheiden, welche Informationen überhaupt erkannt und wie sie verarbeitet werden. Je nach Grundannahmen über die Umwelt, je nach Lernkultur und kognitiven Verarbeitungsmustern werden Informationen aus der äußeren Umwelt gewählt. Die Art und Weise, wie diese selektiv erhobenen Informationen in der Organisation verteilt und gespeichert werden, ist wiederum abhängig von der Informationsverarbeitungskapazität und von den Informationswegen zwischen Umwelt und Organisation. Im Folgenden wird organisationales Lernen als Austauschprozess zwischen Organisation und Umwelt thematisiert. Anschließend werden organisationale Lernprozesse als Austauschprozess zwischen Individuum und Organisation bearbeitet.

#### 3.3.1.1 Lernprozesse zwischen Organisation und Umwelt

March und Olsen (1990, 376ff.) gehen davon aus, dass Organisationen ihr Verhalten zwar an Umwelthandlungen anpassen, dies aber nicht voraussetzungslos tun. Danach streben Individuen in Organisationen zwar nach intentional rationalen Handlungen, faktisch handeln sie aber häufig auf der Basis unklarer Präferenzen und unvollständiger Informationen. Individuen schöpfen nicht alle möglichen Alternativen aus, und Anpassungsprozesse an die Umwelt unterliegen der Ungewissheit, ob diese Lernprozesse die gewünschten Folgen haben werden. Entsprechend sind Lernprozesse keine rationale Anpassung an objektive Umweltdaten, sondern diese Umwelthandlungen treffen auf Erwartungen und Erfahrungen, werden interpretiert und in einen individuellen Lernprozess überführt, der die Handlungen in Organisationen beeinflusst, die wiederum die Umwelt beeinflussen. Die folgende Abbildung II / 23 zeigt den von March und Olsen entwickelten Entscheidungszyklus, in dem Lernen als vollständiger Zyklus zwischen Individuum, Organisation und Umwelt dargestellt wird, aus dem sich Beschränkungen organisationaler Lernprozesse ableiten lassen.

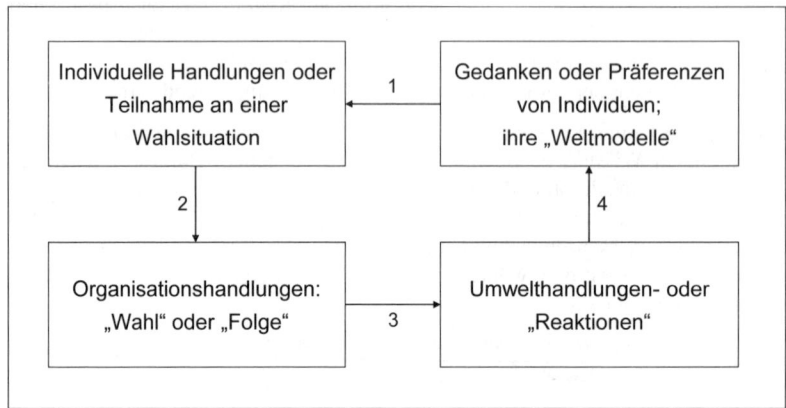

Abbildung II / 23: Organisationaler Lernzyklus nach March und Olsen
(In Anlehnung an March/Olsen 1990, 377)

- Danach beeinflussen zunächst Wahrnehmungen und Präferenzen das individuelle Verhalten.
- Das Verhalten von Individuen beeinflusst organisatorisches Wahlverhalten.
- Organisatorisches Wahlverhalten beeinflusst Umwelthandlungen.
- Umwelthandlungen beeinflussen individuelle Kognitionen und Präferenzen.

**(1) Gedanken oder Präferenzen:** Zunächst ist es von sehr vielen Einflussgrößen abhängig, ob Organisationsteilnehmer überhaupt in Wahlsituationen eintreten und mit welcher Intensität dies erfolgt. Wird davon ausgegangen, dass Zeit und Energie knapp sind, wird nachvollziehbar, dass Individuen in Organisationen nicht alle Ereignisse wahrnehmen können.

Aber selbst wenn Individuen Ereignisse als relevant ansehen, heißt dies noch nicht, dass sie über die entsprechende Energie oder Zeit verfügen, um die damit verbundenen Handlungen aufzunehmen. Nach March und Olsen ist die Kapazität für Überzeugungen, Einstellungen und Interessen größer als die für Handlungen. Überzeugungen und Werte ziehen also nicht automatisch Handlungen nach sich, sondern in Abhängigkeit von anderen Einflussgrößen können Handlungen unterschiedlich ausfallen. So können alternative Entscheidungssituationen als wichtiger oder weniger wichtig eingestuft werden oder die Entscheidungssituationen können unterschiedliche Rahmenbedingungen aufweisen. Beispielsweise könnten diejenigen Entscheidungssituationen eine höhere Aufmerksamkeit erfahren, für die unterstützende Ressourcen bereits vorhanden sind. Die Auswahl einer solchen Entscheidungssituation könnte attraktiv sein, da die Lösung dort besser unterstützt wird als in anderen Entscheidungssituationen. Auch werden sie danach beurteilt, welchen Ertrag die damit verbundenen Handlungen aufweisen.

Gerade für Organisationen gilt aber auch, dass sich Organisationsteilnehmer Wahlhandlungen nicht nur bewusst auf der Basis ihrer Interessen zuwenden, sondern es geschieht auch, weil dies von ihnen erwartet wird und entsprechende Regeln aufgestellt wurden. Annahmen über stabile Aktivitätsniveaus sind zu relativieren, da Organisationsteilnehmer auf der Basis von Präferenzen ihre individuellen Wahlhandlungen im Hinblick auf Aufmerksamkeit, Interessen, Zeit und Ressourcen vornehmen.

**(2)** Aus **individuellen Wahlhandlungen** entstehen **organisatorische Handlungen**. Auch hier ist nicht davon auszugehen, dass es sich um einen stabilen, wohlgeordneten Prozess handelt, sondern dass die Verbindung zwischen individuellem und organisationalem Handeln eher lose ist. Nicht immer stimmen die Organisationshandlungen mit der offiziellen Politik der Organisation überein; vielmehr werden die Handlungen auch von sozialen Einflussgrößen mitbestimmt, wie beispielsweise von Gruppeninteressen. Insbesondere die Erkenntnisse der Gruppenforschung haben gezeigt, dass Loyalität gegenüber einer Bezugsgruppe, Status oder Rollenverständnis das organisationale Handeln stärker dominieren als die offiziellen Erwartungen von Vorgesetzten oder der Organisation. Entsprechend ist nicht davon auszugehen, dass der Kontext der organisationalen Handlungen immer stabil ist, sondern dass der Zusammenhang von Beteiligten, Problemen und Lösungen immer in Bewegung ist und als interaktive Verbindung gekennzeichnet werden kann. Organisatorische Entscheidungen können beispielsweise sehr stark von externen Kräften determiniert oder durch starke interne Kräfte beschränkt sein.

**(3)** In der Verbindung zwischen dem **organisatorischen Handeln** und der **Umwelt** gibt es mindestens zwei Varianten des Reaktionsverhaltens. Zum einen wird davon ausgegangen, dass starke Organisationen ihre Umwelt dazu bringen, sich den Entscheidungen der Organisation anzupassen. Zum anderen wird angenommen, dass schwache Organisationen in ihren Entscheidungen weitgehend durch ihre Umwelt determiniert werden. Lernen wird in beiden Fällen als Erfahrung im Umgang mit der Umwelt interpretiert. Allerdings – so March und Olsen (1990, 381) – besteht die Schwierigkeit darin, dass verschiedene organisatorische Handlungen die gleichen Umweltreaktionen zur Folge haben können und die gleichen organisatorischen Handlungen zu verschiedenen Zeiten unterschiedliche Umweltreaktionen auslösen können. Organisatorisches Lernen ist damit von einer Vielzahl von Brüchen und Widersprüchen gekennzeichnet.

**(4)** Es wird davon ausgegangen, dass der Organisationsteilnehmer aufgrund von Erfahrungen seine **Überzeugungen** und »**Modelle der Welt**« modifiziert und damit das Verhalten durch Rückkopplung verbessert. March und Olsen weisen darauf hin, dass Verhaltensänderungen nicht durch objektive Daten der Realität vorgenommen werden, sondern durch die Interpretation dieser Daten. Organisationen entwickeln Mythen, Fiktionen, Legenden und Illusionen, welche die Überzeugungen nachhaltig beeinflussen. Häufig werden Daten aus zweiter Hand empfangen, sind also bereits vorinterpretiert, oder Daten der Umwelt sind mehrdeutig und ihre Komplexität übersteigt die kognitiven Fähigkeiten derjenigen, die diese Rückkopplungsprozesse verarbeiten sollen.

Organisatorisches Lernen ist damit kein objektiver Vorgang, in dem rationale Entscheidungen zu immer höheren Lernniveaus führen. Vielmehr handelt es sich um einen Kreislauf, in dem individuelle Überzeugungen, Sinnzuschreibungen, widersprüchliche Erfahrungen mit der Umwelt und kommunikative Prozesse eine große Rolle spielen.

Eine Theorie des organisationalen Lernens hat also zu berücksichtigen, dass Verhalten von Intentionen nicht sehr präzise gesteuert wird und dass Umweltreaktionen keiner genauen Kontrolle unterliegen. Somit weisen Lernzirkel ein hohes Maß an Ungewissheit auf. March und Olsen konzentrieren sich daher insbesondere auf Unterbrechungen und Störungen dieses Kreislaufs (vgl. ausführlich March/Olsen 1990, 386ff.).

### 3.3.1.2   Lernprozesse zwischen Individuum und Organisation

Während March und Olsen stärker den Bezug zur Umwelt thematisieren, konzentrieren sich Argyris und Schön (1978) auf den internen Lernzirkel. Ausgangspunkt dieser internen Lernzirkel sind so genannte **Handlungstheorien**. Hierunter sind gemeinsame Leitbilder zu verstehen, an denen Organisationsmitglieder ihr Handeln orientieren. Unternehmensziele, Unternehmenskultur und Organisationsstruktur bilden den gemeinsamen Bezugsrahmen, der Zusammenarbeit erst möglich macht. Es liegt auf der Hand, dass es eines gewissen Konsens über diese Handlungstheorie bedarf, wenn die gemeinsame Arbeit nicht gefährdet werden soll. Dieses »assumption sharing« (Shrivastava 1983, 13) entsteht auf der Basis unterschiedlicher Wahrnehmungen und Interpretationen durch wechselseitige Interaktion der Organisationsmitglieder:

> *»Human beings have programs in their heads about how to be in control, especially when they face embarrassment or threat, two conditions that could lead them to get out of control. These programs exist in the human mind in two very different ways. The first way is the set of beliefs and values people hold about how to manage their lives. The second way is the actual rules they use to manage their beliefs. We call the first, their espoused theories of action; the second, their theories-in-use« (Argyris 1990, 13).*

Handlungstheorien, so die erste Annäherung an eine Theorie des organisationalen Lernens, lassen sich damit in offizielle und in tatsächliche Handlungstheorien unterscheiden:

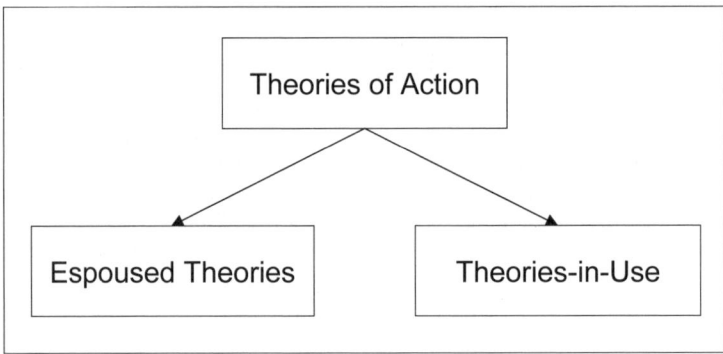

Abbildung II / 24: Handlungstheorien
(In Anlehnung an Argyris 2009, 81ff.)

**Espoused Theories:** Hierbei handelt es sich um Handlungstheorien, die die Organisation offiziell nach innen und außen als Leitlinien für ihre Handlungen dokumentiert. Das Unternehmen orientiert sein Handeln an bestimmten Zielen, Ideen und Werten und bemüht sich, für diese Theorien einen breiten Konsens zu finden, indem es Unternehmensleitbilder, Managementprinzipien und Führungsgrundsätze aufstellt. Die Mitglieder der Organisation sollen sich mit ihnen identifizieren, und Bemühungen um »Corporate Identity« sind dann wörtlich als Bemühungen um Herstellung von Identität zu verstehen.

**Theories-in-Use:** Hier wird von Handlungstheorien gesprochen, die tatsächlich in Gebrauch sind und das täglich konkrete Arbeitshandeln bestimmen. Diese Gebrauchs- oder Alltagstheorien sind oft nicht bewusst und werden nicht notwendigerweise öffentlich diskutiert. Dennoch müssen ständig Einigungsprozesse zwischen den verschiedenen Mitgliedern der Organisation darüber stattfinden, welche Verhaltensweisen zur gemeinsamen Aufgabenbewältigung zweckmäßig sind und in welcher Weise diese gemeinsamen Handlungen zur Erreichung der Organisationsziele beitragen. Auf diese Weise wird Wissen in Organisationen kommuniziert und transportiert. Es entsteht kollektives Wissen.

Organisationales Lernen umfasst damit die Herstellung und Verbreitung offizieller Handlungstheorien sowie die Herstellung und Verbreitung tatsächlich gehandhabter Handlungstheorien. Problemfelder entstehen, wenn offizielle und tatsächliche Handlungstheorien voneinander abweichen. Versuchen die Organisationsmitglieder, diese Abweichungen zu korrigieren, findet organisationales Lernen statt (vgl. Argyris 1993, 184ff.).

Auf der Basis der skizzierten Handlungstheorien existieren in Organisationen unterschiedliche Formen des organisationalen Lernens. Argyris und Schön (1978; Argyris 2009, 67ff.) unterscheiden diese Lernformen als **Single-loop-, Double-loop- und Deutero-learning** (vgl. Abbildung II / 25). Diese Unterscheidung ist sehr populär geworden und hat eine inzwischen kaum noch überschaubare Vielfalt von Begriffsbestimmungen nach sich gezogen, beispielsweise »niedrige vs. hohe Lernniveaus«, »adaptives vs. generatives Lernen«, »taktisches und strategisches Lernen« (vgl. Dodgson 1993, 381 sowie die Übersichten bei Shrivastava 1983, 7; Fiol/Lyles 1985, 809; Klimecki et al. 1991, 128ff.; Pawlowsky 1992, 204ff.; Visser 2007).

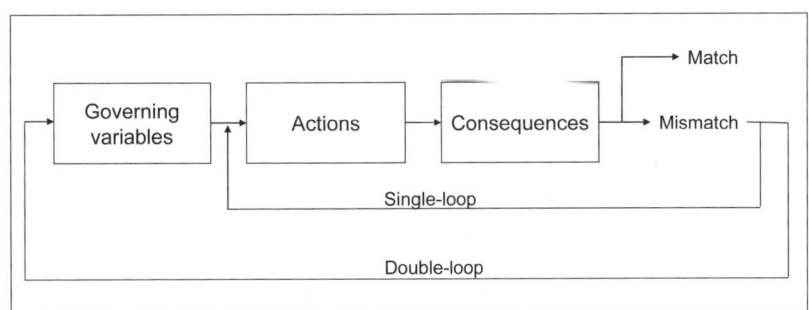

Abbildung II / 25: Single-loop and double-loop-learning
(In Anlehnung an Argyris 2009, 68)

**(1)** Im Rahmen des **Single-loop-learning** reagieren Mitglieder einer Organisation auf internen oder externen Wandel. Sie erkennen Fehler in der Realisierung von Ergebnissen und beantworten diese Fehler mit Hilfe von Korrekturen der Handlungsstrategien. Single-loop-learning stellt hier eine Rückkopplungsschleife dar, in der Handlungsstrategien korrigiert werden, wenn die Handlungsergebnisse den Erwartungen nicht gerecht werden. Wenn also bestimmte Strategien nicht funktionieren, wenn eine bestimmte Produktqualität nicht erreicht wird oder wenn definierte Aufgaben nicht bewältigt werden können, werden Organisationsmitglieder nach Ursachen suchen und versuchen, die aufgetauchten Fehler zu korrigieren:

>*In the case of disconfirmation, individuals move from error detection to error correction*«. *(Argyris/Schön 1978, 19).*

Organisationales Lernen findet statt, wenn die Fehlerkorrektur dazu führt, dass auch die Gebrauchstheorien für die Zukunft geändert werden. Hier sehen Argyris und Schön die Grenze zwischen individuellem und organisationalem Lernen. Organisationsmitglieder handeln als Promotoren des organisationalen Lernens, wenn sie dazu beitragen, dass Annahmen und Strategien in Bezug auf die zu verändernde Handlung angenommen, verbreitet und evaluiert werden (vgl. hierzu auch die Präzisierungen bei Argyris/Schön 1997, 30ff.). Erst wenn dieses Wissen gespeichert und als Basis für verbesserte Handlungen genutzt wird, hat organisationales Lernen stattgefunden. Geschieht dies nicht, hat zwar das Individuum gelernt, die Organisation allerdings nicht.

>*From this it follows both that there is no organizational learning without individual learning, and that individual learning is a necessary but insufficient condition for organizational learning*« *(Argyris/Schön 1978, 20).*

Single-loop-learning funktioniert damit wie ein Thermostat. Es sind die Abweichungen von gegebenen Normen, welche Korrekturen auslösen. Viele Autoren sprechen deshalb in diesem Zusammenhang auch von »Anpassungslernen« (vgl. die Übersicht bei Shrivastava 1983, 10; Pawlowsky 1992, 205; Klimecki et al. 1991, 129f.).

**(2) Double-loop-learning** bezeichnet eine Lernform, in der sich die Fehlerkorrektur auf die existierenden Ziele bezieht. Reber (1992, 1242) argumentiert, dass die Leistungsfähigkeit des Anpassungslernens in dem Maße schwindet, in dem Umweltveränderungen neuartiges Verhalten verlangen. Es kann sich hierbei beispielsweise um ein Unternehmen handeln, das seine Produktion umstellen muss. War es bisher gewohnt, in kalkulierbaren Umwelten Massenprodukte anzubieten, entsteht aufgrund von Markt- oder Technologieveränderung die Notwendigkeit, in kürzeren Zeiten neue Produktentwicklungen voranzutreiben. Entsprechend ändern sich Zeithorizonte und Planungsverfahren; das Unternehmen muss neue Formen des Managements, des Marketings und der Produktion entwickeln. Diese neuen Ziele konfligieren unter Umständen mit bestehenden Handlungsstrategien, sodass sich das Management mit divergierenden Anforderungen konfrontiert sieht. Hier geht es nicht mehr darum, erkannte Fehler zu korrigieren, sondern es stellen sich folgende Fragen: Sind bestehende Handlungstheorien geeignet, neue Herausforderungen zu bewältigen? Können neue Handlungstheorien als Grundlage für Gebrauchstheorien dienen? Wenn ja, welche? Das Ergebnis dieser Auseinandersetzung ist die Änderung organisationaler Ziele sowie deren Umsetzung in Gebrauchstheorien:

>*We call this sort of learning **double-loop**. There is in this sort of episode a double feedback loop with connects the detection of error not only to strategies and assumptions for effective performance but to the very norms which define effective performance*« *(Argyris/Schön 1978, 22; Hervorhebung im Original).*

Erschließung bestehender und Erarbeitung neuer Normen der Problembewältigung beinhalten Konflikte zwischen Personen und Gruppen. Aufgabe des Managements ist es, unvereinbare Anforderungen in personelle und interpersonelle Konflikte zu übertragen und Lösungen herbeizuführen. Double-loop-learning ist damit nicht auf Routineprozesse bezogen, sondern dient eher als Voraussetzung für neue single-loop-learning-Aktivitäten. Double-loop-learning ist notwendig und geeignet für schlecht strukturierte und schlecht planbare Zukünfte. In diesem Sinne könnten double-loop-learning als »Veränderung« und single-loop-learning als »Anpassung« definiert werden, da im ersten Fall Erkenntnisse, Wissen und Assoziationen aus vergangenen Erfahrungen in die Zukunft transferiert werden, um effektivere Verfahren zu kreieren, während im zweiten Fall bestehende Routinen lediglich modifiziert werden (vgl. Fiol/Lyles 1985, 811).

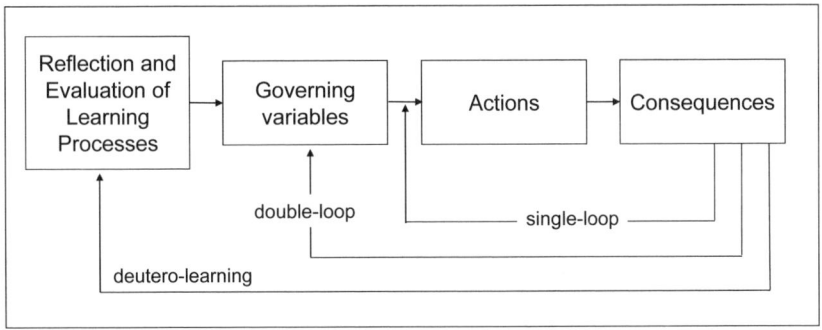

Abbildung II / 26: Deutero-learning
(In Anlehnung an Argyris/Schön 1978, 26ff.)

**(3) Deutero-learning:** Hier formulieren Argyris und Schön in Anlehnung an Bateson (2006) die Fähigkeit von Organisationen, ihre Lernfähigkeit zu verbessern. Organisationen, die lernen, haben nicht nur die Möglichkeit, den Lernerfolg im Hinblick auf die anvisierten Ziele zu evaluieren, sondern immer auch die Möglichkeit, die Lernprozesse selbst zu reflektieren. Es geht also um die Frage, ob bestimmte Lernformen und - prozesse sich als erfolgreich oder nicht erfolgreich erwiesen haben und um die Frage, ob diese Lernprozesse weitere Lernprozesse fördern oder behindern (vgl. Abbildung II / 26).

Diese Grundfrage ist von Bedeutung, da sich beispielsweise in der Metapher der Lernkurve ausdrückt, dass die Reflexion von Lernprozessen Lernvorgänge beschleunigt (vgl. Argyris/Schön 1997, 28f.). Die Beobachtung dieses Effektes wird bei Bateson (2006, 228ff.) wie folgt beschrieben: Ein Individuum lernt, sich in einem bestimmten Typ von Kontext zu orientieren oder Einsicht in den Kontext der Problemlösung zu gewinnen. Damit lernen Menschen zu lernen, und die hieraus entstehende Lernkurve unterscheidet sich deutlich von der Lernkurve des »einfachen« Lernens (von Bateson Proto-Lernen genannt):

*»Wir können sagen, daß es in allem fortgesetzten Lernen zwei Arten von Steigungen gibt. Die Steigung an jedem beliebigen Punkt einer einfachen Lernkurve (z.B. einer Kurve des mechanischen Lernens) werden wir in unserer Terminologie hauptsächlich als das Maß des Proto-Lernens darstellen. Wenn wir jedoch bei demselben Subjekt eine Reihe ähnlicher Lernexperimente durchführen, werden wir sehen, daß das Subjekt bei jedem der aufeinanderfolgenden Experimente eine etwas steilere Steigung des Proto-Lernens hat, daß es etwas schneller lernt. Diese fortschreitende Veränderung im Grad des Proto-Lernens werden wir als ›Deutero-Lernen‹ bezeichnen« (Bateson 2006, 229f.).*

Dieser Effekt ist insbesondere aus den Erfahrungen mit Assessment-Centern bekannt. Bewerber, die sehr häufig an solchen Auswahlverfahren teilnehmen, erkennen immer schneller die Grundstrukturen und die »hidden agenda« der Übungen, sodass sie mit höherer Geschwindigkeit und Treffsicherheit die Übungen bewältigen können.

Zusammenfassend kann festgehalten werden, dass Argyris und Schön seit über 30 Jahren ein anregendes Konzept des organisationalen Lernens zunächst entwickelt und dann sukzessive verfeinert haben (insbesondere Argyris/Schön 1997; 2008; Argyris 2009). Die Unterscheidung in Gebrauchstheorien und offizielle Theorien sowie die Unterscheidung in verschiedene Lernebenen hat die theoretische Entwicklung befruchtet und die Ausprägung konkreter Modelle des organisationalen Lernens stark beeinflusst (vgl. Easterby-Smith/Lyles 2011b).

### 3.3.2  Die lernende Organisation

Der Begriff der lernenden Organisation hat insbesondere in der Praxis eine weite Verbreitung gefunden. Im Zuge dieser Verbreitung ist eine Vielzahl von Managementratgebern erschienen, die dem Management Hinweise zur Realisierung einer lernenden Organisation geben wollen. Als besonders erfolg- und einflussreich gelten die Publikationen von Senge, dessen Konzept der lernenden Organisation deshalb im Folgenden exemplarisch vorgestellt werden soll.

In seiner Grundannahme geht Senge (1990; 2004; 2011) davon aus, dass Menschen zum Lernen »entworfen« werden und insbesondere bei Kindern beobachtet werden kann, wie natürliche Neugier und Lerntrieb in kürzester Zeit für erhebliche Lernzuwächse sorgen. Allerdings bewirken nach seiner Meinung Schulen und besonders Unternehmen, dass dieser »Entwurf« frühzeitig durch Belohnungs- und Bestrafungssysteme zerstört wird. Preise, Auszeichnungen und materielle Anreize zerstören die angelegte Lernbereitschaft und instrumentalisieren Leistung, ohne dass eine innere Bereitschaft besteht, diese Leistung über ein bestimmtes (Mittel-)Maß hinaus zu steigern. Auf diese Weise entstehen lernunfähige Organisationen, die nicht hinreichend in der Lage sind, gesellschaftliche Probleme zu lösen.

Dies – so Senge weiter – entbehrt nicht einer gewissen Ironie, da die Zeiten vorbei sind, in denen wenige an der Spitze für alle denken und viele das Vorgedachte ausführen. Überlebensfähig sind Unternehmen nur dann, wenn neue geschäftliche und organisatorische Möglichkeiten von möglichst vielen Arbeitnehmern entwickelt und mitgetragen werden. Daraus wird häufig der Schluss gezogen, dass Organisationen ihre Lerngeschwindigkeit erhöhen müssen, um durch *adaptives Lernen* auf Veränderungen der Umwelt adäquater reagieren zu können. Senge selbst hält es für erforderlich, eine neue Art der »Weltbetrachtung« durch *schöpferisches Lernen* zu initiieren. Dies bedeutet, Lernen nicht nur auf der Basis der bestehenden Strukturen zu betreiben, sondern Lernen stärker auf die Ursachen von Problemfeldern zu beziehen:

> *»Schöpferisches Lernen erfordert, die Systeme zu sehen, die die Ereignisse kontrollieren. Gelingt es uns nicht, die systemischen Ursachen von Problemen zu begreifen, dann bleibt uns nur übrig, auf Symptome loszugehen, anstatt die dahinterstehenden Ursachen zu beseitigen. Das Beste, was wir dann überhaupt zustande bringen können, ist adaptives Lernen« (Senge 2004, 148).*

Diese systemische Sichtweise ist Ausgangspunkt von fünf Teildisziplinen, die dazu beitragen sollen, lernende Organisationen zu konstituieren und Lernen als Wettbewerbsvorteil zu etablieren. Bei diesen fünf Teildisziplinen handelt es sich um (vgl. zum Folgenden Senge 2011, 15ff.):

1. Systemdenken,
2. Selbstführung und Persönlichkeitsentwicklung,
3. mentale Modelle,
4. gemeinsame Visionen und
5. Team-Lernen.

(1) Unter **Systemdenken** versteht Senge die Fähigkeit von Managern, Ereignisse nicht singulär, sondern als Bestandteil von Gesamtzusammenhängen zu sehen. Im Kern geht Senge davon aus, dass ein großer Teil der Problemlagen darauf beruht, dass Problemlösungen in der Regel als punktuelle Interventionen vorgenommen und auf diese Weise weder Ursachen, noch Zusammenhänge berücksichtigt werden. Anhand von Beispielen zeigt Senge negative Rückkopplungseffekte auf, die das ursprüngliche Problem durch die Intervention verschärfen. Die Beispiele laufen darauf hinaus, dass Manager darin geübt sein sollten, Wechselbeziehungen zu erkennen, Komplexität nicht in Details, sondern in der Dynamik von Beziehungen zu suchen, Auswirkungen von Entscheidungen sorgfältig abzuwägen und symptombezogene Lösungen zu vermeiden (vgl. Senge 2004, 165ff.). Als Unterstützung der Einübung von systemischem Denken entwickelt Senge »System-Archetypen«. Hierbei handelt es sich um Muster und Instrumente, die Managern helfen sollen, ihre eigenen systemischen Strukturen zu erkennen und die relevanten Variablen zu thematisieren (vgl. ausführlich Senge 2011, 113ff.). Im Folgenden werden zwei Beispiele für diese »Archetypen« vorgestellt:

### Archetyp 1: Die Grenzen des Wachstums

„**Definition** Man setzt einen verstärkenden (amplifizierenden) Prozess in Gang, um ein erwünschtes Ergebnis zu erzielen. Er erzeugt eine Erfolgsspirale, aber auch unbeabsichtigte Nebeneffekte (die sich in einem ausgleichenden Prozess manifestieren), die den Erfolg schließlich verlangsamen.

**Managementprinzip** Treiben Sie nicht mit aller Kraft das Wachstum voran; beseitigen Sie die Faktoren, die das Wachstum begrenzen" (Senge 2011, 115).

### Archetyp 2: Die Problemverschiebung

„**Definition** Ein tieferliegendes Problem erzeugt auffällige Symptome, die Aufmerksamkeit verlangen. Aber es ist schwierig, das Grundproblem in Angriff zu nehmen, weil die Ursachen unklar oder Gegenmaßnahmen kostspielig sind. Also ›schiebt man die Last‹ des Problems auf andere Lösungen ab – gutgemeinte schnelle Patentrezepte, die scheinbar ungeheuer effizient sind. Leider mildert die einfachere ›Lösung‹ nur die Symptome und ändert nichts am Grundproblem. Das tiefere Problem wird unbemerkt schlimmer, weil die Symptome scheinbar abklingen und das System seine ursprünglich vorhandenen Problemlösungsfähigkeiten verliert.

**Managementprinzip** Hüten Sie sich vor der symptomatischen Lösung. Lösungen, die nur die Symptome eines Problems bekämpfen und nicht die tieferliegenden Ursachen, bringen bestenfalls kurzfristige Verbesserungen. Auf lange Sicht tauchen die Probleme wieder auf und verstärken den Druck nach symptomatischen Lösungen. In der Zwischenzeit kann die Fähigkeit, grundsätzliche Lösungen zu finden, verkümmern oder ganz verlorengehen" (Senge 2011, 125).

(2) **Selbstführung und Persönlichkeitsentwicklung** bestehen aus zwei Grundelementen. Die persönliche Vision soll klären, was (der Führungskraft) wirklich wichtig ist. Der schonungslose Blick auf die gegebene Realität soll zu einer produktiven Span-

nung zwischen Vision und Realität und damit zu Lernen führen (vgl. Senge 2011, 155ff.):

> *»Lernen‹ heißt in diesem Zusammenhang nicht, dass man mehr Informationen auf-nimmt, sondern dass man die Fähigkeit erweitert, die nötig sind, um für das Leben wahrhaftig angestrebte Ziele zu erreichen. Dieses Lernen ist ein lebenslanger, schöpferischer Prozess und erst wenn die Menschen auf allen Stufen einer Organi-sation diese Fähigkeit beherrschen, kann eine lernende Organisation entstehen« (Senge 2011, 156).*

Entsprechend wird von Mitgliedern einer lernenden Organisation erwartet, Visionen zu entwickeln, diese Visionen zu verfolgen, Widerstände zu berücksichtigen und dabei den Blick für die Realität nicht zu verlieren. Von Führungskräften wird darüber hinaus erwartet, dass sie Unternehmensumwelten schaffen, in denen Mitarbeiter Visionen ent-wickeln und bestehende Zustände ohne Angst vor Sanktionen in Frage stellen dürfen.

**(3) Mentale Modelle** sind nach Senge tief verwurzelte Bilder vom Wesen der uns umgebenden Dinge, die unser Denken und Handeln beherrschen:

> *»Deshalb ist die Disziplin vom Management der mentalen Modelle – in der wir lernen, unsere inneren Bilder vom Wesen der Dinge an die Oberfläche zu holen, zu überprüfen und zu verbessern – ein entscheidender Schritt auf dem Wege zur ler-nenden Organisation« (Senge 2011, 193).*

Neue Ideen scheitern – so Senge – weniger an mangelnder Entschlossenheit oder Durchsetzungsfreude, sondern an Denkgewohnheiten, Verallgemeinerungen und der mangelnden Fähigkeit von Führungskräften, die Denkgewohnheiten ihrer Mitarbeiter zu erkennen. Die Fähigkeit des Menschen, große Mengen an Daten durch Komplexitäts-reduktion zu bewältigen, führt auch zur Standardisierung und Verallgemeinerung im Denken, was Lernen eher behindert. Das Erkennen von Mustern vereinfacht zwar die Anwendung der dazu gelernten Handlungen, führt aber immer wieder dazu, dass Ver-allgemeinerungen vorgenommen werden, die Veränderungen behindern. Solche »einge-fleischten Gewohnheiten« sind nach Senge auch in den persönlichen Beziehungen zwi-schen Führungskräften und Mitarbeitern zu beobachten. So sind Führungskräfte eher darauf ausgerichtet, ihren Standpunkt durchzusetzen, und Mitarbeiter haben es gelernt, durch Abwehrroutinen Bedrohungen zu vermeiden. In beiden Fällen findet Lernen nicht statt. Organisationales Lernen setzt deshalb den Austausch und die Reflexion von men-talen Modellen voraus:

> *»Zum produktivsten Lernen kommt es normalerweise, wenn Manager Plädieren und Erkunden verbinden. Man könnte das auch als ›wechselseitiges Erkunden‹ be-zeichnen. Damit ist gemeint, dass jeder sein Denken offenlegt und der öffentlichen Überprüfung aussetzt« (Senge 2011, 217).*

Nur so kann das jeweils beste Argument gefunden und damit die Lernqualität verbes-sert werden.

Senge sieht hier als ein Grundproblem des organisationalen Lernens die Neigung, Vi-sionen als einmaligen Kraftakt der Führungsspitze zu zelebrieren und anschließend in Strategien zu zementieren. Persönliche Visionen werden zu **gemeinsamen Visionen**, wenn Führungskräfte diese Visionen kommunizieren und um Engagement und Unter-stützung werben. Visionen haben im Verständnis von Senge dann eher permanenten Charakter. Der Aufbau von positiven, auch die eigene Organisation umfassenden Visionen soll schöpferische Kräfte freisetzen und diese Energien auf die geteilten Visionen konzentrieren.

**(4) Team-Lernen** wird von Senge als wichtigste Lerneinheit der lernenden Organisation interpretiert. Gewonnene Einsichten sollen umgesetzt, Erfahrungen oder entwickelte Fertigkeiten sollen weitergegeben werden. Senge formuliert hier drei Bedingungen (vgl. Senge 2011, 257):

- Gruppen sollen die Möglichkeit haben, über komplexe Fragen nachzudenken und neue Einsichten zu gewinnen.
- Gruppen sollen in der Lage sein, ihr Handeln zu koordinieren.
- Gruppen sollen ihre Erkenntnisse, Praktiken und Fertigkeiten weitergeben.

Als Problemfeld der Nutzung von Gruppenvorteilen sieht Senge die fehlende Bereitschaft von Organisationen, Dialog und Diskussion zuzulassen. So werden bspw. in von Senge mitentwickelten »Lernlabors« Managementteams darauf vorbereitet, gemeinsames Lernen zu erlernen (vgl. Senge 2004, 173f.).

### 3.3.3 Organisationales Wissen

Im Konzept des organisationalen Wissens wird danach gefragt, wie in Organisationen Wissen entsteht und verbreitet wird. Als besonders einflussreich gelten hier die Konzepte von Nonaka und Takeuchi (vgl. zum Folgenden Ridder et al. 2001, 151ff.).

Zunächst wird in einer ersten Dimension der Prozess der Wissenserzeugung erfasst. Hier wird zwischen implizitem und explizitem Wissen unterschieden. Die zweite Dimension charakterisiert die organisationalen Einheiten, auf die sich der Prozess der Wissenserzeugung bezieht. Hier wird zwischen der Ebene des Individuums und einer kollektiven Ebene unterschieden. Diese kann verschiedene organisatorische Einheiten (Gruppe, Organisation, interorganisationale Ebene) umfassen, die als »communities of interaction« bezeichnet werden (vgl. Nonaka 1994, 17).

Organisationale Wissenserzeugung findet durch die dynamische Interaktion zwischen diesen Dimensionen statt, d.h. für den Prozess der Wissenserzeugung werden beide Wissensdimensionen als komplementäre Faktoren betrachtet. Vier Formen organisationaler Wissenserzeugung werden unterschieden: Sozialisation, Externalisierung, Kombination, Internalisierung (vgl. Abbildung II / 27, vgl. auch Nonaka/Takeuchi 2012, 78ff.).

|  | Implizites Wissen        zu xplizites Wissen | |
|---|---|---|
| Implizites Wissen | Sozialisation | Externalisierung |
| ————————— von | | |
| Explizites Wissen | Internalisierung | Kombination |

Abbildung II / 27: Prozesse der Wissenstransformation nach Nonaka/Takeuchi
(In Anlehnung an Nonaka/Takeuchi 2012, 79)

**Sozialisation** bezeichnet die Übertragung impliziten Wissens zwischen verschiedenen Organisationsmitgliedern. Die Beobachtung eines Leistungs-, Kooperations- oder Führungsverhaltens ebenso wie das Sammeln von Erfahrungen durch gemeinsame Aufgabenbewältigung ermöglichen es, Einsichten und Erfahrungen zwischen Mitarbeitern zu vermitteln. Es handelt sich jedoch um eine »begrenzte« Form der Wissenstransformation, weil diese Einsichten und Erfahrungen nicht offen gelegt werden und damit – über die konkrete Situation und die beteiligten Personen hinaus – in der Organisation nicht kommuniziert und genutzt werden können.

Bei der **Externalisierung** werden Einsichten und Erfahrungen artikuliert und können dadurch von anderen Organisationsmitgliedern verstanden und in anderen Situationen oder Kontexten genutzt werden.

**Kombination** beschreibt die Zusammenführung verschiedener expliziter Wissensbestände zu einem neuen Ganzen. Nonaka (1992, 96ff.) veranschaulicht dies am Beispiel des Controlling: Wenn durch diesen Aufgabenbereich verschiedene Informationen zur finanziellen Situation des Unternehmens gesammelt werden und diese Informationen werden zu einem Bericht über die aktuelle Finanzsituation zusammengestellt, dann entsteht durch diese Zusammenführung für das Unternehmen neues Wissen. Auch hier handelt es sich um eine »begrenzte« Form der Wissenstransformation, weil durch diese Zusammenführung vorhandene Wissensressourcen nicht erweitert werden.

**Internalisierung** kennzeichnet den Prozess der Übernahme und der Verbreitung neuen expliziten Wissens in der Organisation, insbesondere die durch dieses Wissen ausgelösten Veränderungen in den Einsichten und Erfahrungen bei anderen Organisationsmitgliedern. Das von dem Controller entwickelte neue Instrumentarium zur Budgetkontrolle könnte etwa die Anpassung der buchhalterischen Kennzahlensystematik zur Folge haben. Zugleich entsteht möglicherweise ein Instrument, das beim Management von Investitionsprojekten von den Verantwortlichen zukünftig selbstverständlich zur Erfolgssteuerung eingesetzt wird.

Die für den Erfolg der Wissenstransformation kritischen Prozesse sind die Externalsierung des impliziten Wissens und die Internalisierung des (neuen) expliziten Wissens. Beide Prozesse erfordern die Einbindung und das aktive Engagement von Organisationsmitgliedern. In jedem Fall bilden individuelle, personengebundene Einsichten und Erfahrungen den Ausgangspunkt für die Erschließung neuer Wissensressourcen: Der Arbeitnehmer, dessen langjährige Erfahrungen eine Verfahrensverbesserung ermöglichen, der Vertriebsmanager, dessen Gespür für einen Markttrend zum Katalysator für ein neues Produktkonzept wird, der Ingenieur, dessen technische Ideen patentiert werden usw. (vgl. Nonaka 1992, 96).

Das Management organisationaler Wissenserzeugung bewegt sich insofern in engen Grenzen: Es gibt keinen direkten Weg zur Erschließung der Erfahrungen und der Einsichten von Organisationsmitgliedern. Organisationales Wissen entsteht vielmehr aus der dynamischen und kontinuierlichen Interaktion zwischen den verschiedenen Formen der Wissensumwandlung. Dieser Interaktionsprozess wird dargestellt durch eine »Spirale organisationaler Wissenserzeugung« (vgl. Abbildung II / 28).

Geht es beispielsweise um die Verbesserung von Produktionsabläufen würde zunächst das durch Erfahrung und Beobachtung (Sozialisation) vorhandene implizite Wissen unter den Arbeitnehmern ausgetauscht und damit externalisiert. Das nun zur Verfügung stehende Wissen wird zur Verbesserung der Produktionsabläufe kombiniert und erneut eingeübt (Internalisierung).

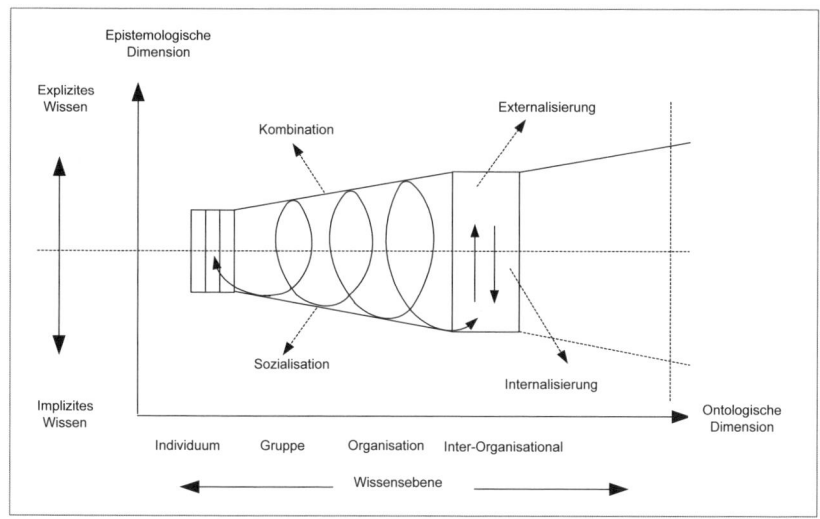

Abbildung II / 28: Die Spirale organisationaler Wissenserzeugung
(In Anlehnung an Nonaka/Takeuchi 2012, 92)

Es ist offensichtlich, dass in einer Wissensspirale die Führungsorganisation nicht als streng hierarchisches System funktionieren kann, sondern als ein System, in dem verschiedene Funktionen und Prinzipien ineinander greifen, um den Austausch und die Verteilung von Wissen in der Organisation zu unterstützen. Den Mitgliedern der Organisation kommen hierbei unterschiedliche Aufgaben zu: Die strategische Unternehmensführung formuliert die idealen Ziele, die Mitarbeiter liefern die praktischen Ideen und Gestaltungskonzepte, und das mittlere Management hat die Aufgabe, zwischen diesen Ebenen der Wissenserzeugung zu vermitteln.

### 3.3.4   Wissensmanagement

Im Rahmen des organisationalen Lernens besteht die Gestaltungsabsicht in der Anpassungsfähigkeit und Entwicklungsfähigkeit der Organisationsmitglieder. Als Mittel der organisationalen Effizienz gelten die Organisation von Wissensbasen und Routinen sowie deren Verankerung in der Unternehmenskultur (vgl. Dodgson 1993, 376ff.; Wildemann 1995, 10ff.).

Aufgrund individueller Lernprozesse soll die gesamte Organisation ihre Wissensbasis verbreitern. Organisationales Lernen enthält damit das Wechselspiel von Verbesserung des individuellen Lernens durch Bereitstellung einer Wissensbasis, Organisation und Koordination von Lernprozessen und Überführung des Wissens in Wissensspeicher. Anforderungen an organisationales Lernen münden in der Frage, welche Erkenntnisse über den Prozess der Wissensakquisition und Wissensspeicherung herangezogen werden müssen, um Wissensmanagement zu fundieren.

Konzepte des Wissensmanagements sind inzwischen in der Literatur weit verbreitet und befassen sich mit der Organisation des Wissenserwerbs, der Wissensverteilung und

der Wissensspeicherung (vgl. Dixon 1992; Huber 1996; Rehäuser/Krcmar 1996; Al-
Laham 2003; Pawlowsky/Neubauer 2004; Probst et al. 2004, Probst et al. 2010). Sie
betonen das Wechselspiel von individueller Wissensaufnahme und kollektiver Nutzung
dieser Wissensbestände und demonstrieren Ansatzpunkte eines Wissensmanagements.
Als Grundmodell können im Folgenden fünf Stufen unterschieden werden:

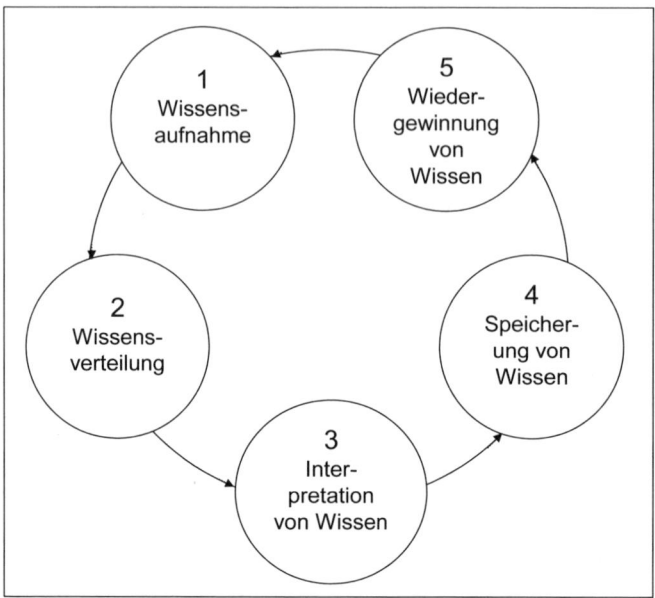

Abbildung II / 29: Lernzirkel des organisationalen Lernens

**(1) Wissensaufnahme:** Hierunter wird der Erwerb von Wissen verstanden. Organisationen weisen ein breites Spektrum auf, das von experimentellem Lernen über Such-
lernen bis hin zu indirektem Lernen reicht. Wissenserwerb wird als Prozess der
*Konstruktion sozialer Wirklichkeit* verstanden (vgl. Weick 1991). Diese Wissenskon-
struktion ist abhängig von der Problemwahrnehmung und -deutung, welche als weitere
Grundlagen für die Interpretation zukünftiger Ereignisse gelten. Von konstitutiver Bedeutung für Organisationen sind beispielsweise *Lern- und Wissensstrukturen der Gründerzeit* (congenital learning). So haben z.B. die Gründer einer Organisation spezifische
Vorstellungen über ihre Umgebung und organisieren entsprechend den Wissenserwerb
(vgl. Huber 1996, 128ff.). Davon abweichend können Annahmen des nachfolgenden
Managements über die Umwelt sowie über Normen und Werte dafür sorgen, dass Manager diese Informationen in anderer Weise wahrnehmen und in adäquaten Lern-
strukturen etablieren. Diese *Strukturen* entscheiden auch darüber, welche Informationen
in Zukunft verarbeitet werden und welche Erfahrungen systematisch beachtet oder nicht
beachtet werden. Diese Lernmodalitäten werden an neue Mitglieder der Organisation
weitergegeben, die im Laufe des Sozialisationsprozesses den spezifischen Lernmodus
internalisieren. Wissenserwerb besteht damit aus einer Mischung frühzeitig etablierter
Wissensstrukturen und ihrer permanenten Ergänzung durch Erfahrungen, Feedback,
Erwerb von Wissen (z.B. Tagungen, Messen) sowie gezielter Beschaffung von Mitarbeitern, die über Wissen verfügen, das der Organisation nicht zur Verfügung steht.

Pawlowsky (1992) betont den hohen Stellenwert einer systematischen Umfeldanalyse, die neben den marktlichen und technologischen Veränderungen auch die demographischen, sozialen und politischen Veränderungen umfassen sollte. Dabei wird der *Toleranz für unterschiedliche Wahrnehmungen* und *subjektive Wirklichkeitsinterpretationen* eine wichtige Bedeutung zugemessen, da Organisationen durch unterschiedliche Interpretation von Informationen und der daraus resultierenden Vielzahl von Umfeldinterpretationen eine realistischere Wahrnehmung der heterogenen Umwelt erzielen. Diese heterogen entwickelte, realitätsnähere Betrachtung der Umwelt ist eine wesentliche Voraussetzung, um Anpassungsfähigkeit und Vielfalt der Reaktionen überhaupt zu ermöglichen. Pawlowsky geht deshalb davon aus, dass die Umweltsensibilität von Organisationsmitgliedern systematisch erweitert werden sollte, um die Vielfalt der Wahrnehmungen und eine Erhöhung der Informationsverarbeitungskapazität zu erreichen, beispielsweise durch *intraorganisationale Mobilität* oder *Förderung von beruflicher Handlungskompetenz*. Dixon (1992) sieht daher in der Wissensakquisition eine Herausforderung für die Personalentwicklung. Auf der einen Seite wäre es ihre Aufgabe, die verschiedenen Wissenskanäle zu modellieren und zu bewerten, andererseits sollte der Frage nachgegangen werden, welche Quellen die Organisationsmitglieder systematisch nutzen und welche sie vernachlässigen.

Die positive Betrachtung von Wahrnehmungsvielfalt und heterogener Interpretation der Umwelt konfligiert mit der Notwendigkeit gemeinsamer Handlungstheorien. Es ist davon auszugehen, dass in der Regel der Wissensvorrat in der Organisation solange als befriedigend eingestuft wird, wie er eine adäquate Bewältigung der Umwelt erlaubt. Zugespitzt könnte argumentiert werden, dass organisationales Lernen erst stattfindet, wenn Krisen oder Probleme signalisieren, dass neue Formen des Wissenserwerbs erforderlich sind. Hier befindet sich eine Organisation an der Schwelle vom single-loop-learning zum double-loop-learning. Lernprozesse werden nicht nur als Reaktion auf Krisen organisiert, sondern es wird im Sinne von deutero-learning eine Lernkontinuität im Unternehmen institutionalisiert.

**(2) Wissensverteilung:** Hierunter wird der Prozess der Verteilung von Informationen verstanden, die als gemeinsames Wissen akzeptiert werden. Die Bearbeitung dieses Koordinationsproblems setzt bestimmte Anforderungen an die Form des Wissens und an die Wissensverarbeitung voraus. Damit Wissen überhaupt für möglichst viele Personen einer Organisation verfügbar werden kann, muss Wissen *kommunikationsfähig sein* (vgl. Duncan/Weiss 1979, 86f.). Dabei entscheidet die Form der Wissensspeicherung und der -verteilung darüber, ob zweckbezogene Informationen auch tatsächlich in Organisationen verfügbar gemacht werden können. Die prinzipielle Verfügbarkeit ist zwar nur eine, dafür aber kritische Größe der Wissensverteilung. Das zweite Problem liegt in der Aktivierung von relevantem, akzeptiertem Wissen. Organisationales Wissen muss *konsensfähig* sein. Die Mitglieder einer Organisation müssen das organisationale Wissen als valide und nützlich interpretieren und anwenden. Schließlich muss das organisationale Wissen einen *hohen Integrationsgrad* aufweisen:

>*»Organizational knowledge need to be held by all decision makers in the organization. Indeed, the complexity of most organizations suggests that this is not likely and probably impossible. The role of staff personnel can be understood as the storage and explanation« of specialised organizational knowledge« (Duncan/Weiss 1979, 86).*

Als Grundproblem beschreibt Huber (1996), dass Organisationen häufig nicht wissen, was sie wissen. Zwar neigen Organisationen dazu, Informationen zu speichern, verwenden aber weniger Energie darauf, die *Wiedergewinnungswahrscheinlichkeit* der Information zu erhöhen. Organisationales Lernen im Sinne eines zusätzlichen Lernens kann erst stattfinden, wenn Informationen in der Organisation breit verfügbar sind und es mehrere Möglichkeiten und Quellen gibt, diese Informationen zu erschließen. Allerdings gibt es Begrenzungen in der Verbreitung von Informationen (vgl. Dixon 1992, 36). Zum einen ist Informationsdistribution ein Kostenfaktor; die Menge der Informationen ist im Hinblick auf die kognitive Kapazität der Informationsnutzer aufzubereiten und über entsprechende Medien zu transportieren. Informationsverteilung ist aber zum anderen auch ein politischer Akt. In Organisationen werden Informationen häufig nur selektiv an vorher segmentierte Personengruppen weitergegeben oder nicht alle Personengruppen haben Zugang zu allen Informationen.

**(3) Interpretation von Wissen:** Organisationales Lernen entsteht erst dann, wenn die individuellen Wissensbestandteile verbreitet werden und möglichst viele Organisationseinheiten ein *einheitliches Verständnis* dieses Wissens erlangen. Informationen müssen mit Sinn unterlegt werden, um Handlungen auszulösen. In arbeitsteiligen Organisationen ist für das Handeln von Bedeutung, dass ein gemeinsam geteiltes Verständnis der Informationen die Koordinationskosten senkt. Es stellt sich allerdings die Frage, ob organisationales Lernen stattfindet, wenn alle (oder viele) Organisationsmitglieder Informationen identisch interpretieren. Oder findet organisationales Lernen vielmehr dann statt, wenn Organisationsmitglieder *Informationen unterschiedlich interpretieren* und damit zu einem reichhaltigeren Interpretationsschema beitragen? Huber (1996, 143) argumentiert, dass viele unterschiedliche Interpretationen ein größeres Spektrum an Verhaltensmöglichkeiten erzeugen und damit eher die Bedingungen des organisationalen Lernens erfüllt sind. Dixon (1992, 36f.) weist auf Befunde hin, wonach die Informationsinterpretation und Herstellung eines gemeinsamen Sinns auf eine Vielzahl von Barrieren stoßen. Häufig sind Informationen mehrdeutig und werden je nach kognitivem Filter unterschiedlich interpretiert. So wird die gemeinsame Interpretation von Informationen erschwert durch die *zunehmende Spezialisierung von Arbeitnehmern und Arbeitnehmergruppen*, insbesondere dann, wenn sie im Zuge der Professionalisierung unterschiedliche Wertesysteme und daran anknüpfende Fachterminologien entwickeln.

**(4) Speicherung von Wissen** soll helfen, frühere Erfahrungen und als positiv bewertete Informationen zur Unterstützung zukünftiger Entscheidungen einzusetzen (vgl. Huber 1996, 148ff.). Der größte Teil des organisationalen Wissens ist in Routinen, Vorschriften oder Standardprozessen gespeichert, und heutige Formen des Wissensmanagements beschäftigen sich mit der Frage, wie in computerbasierten Systemen Wissen gespeichert und nach Bedarf reaktiviert werden kann. In einer Übersicht unterteilt Dixon interne Wissensspeicher in zwei Bereiche: *Intentionale Wissensspeicher* umfassen Expertensysteme, Berichte, die offizielle Unternehmenspolitik, Kernkompetenzen und dokumentierte Prozesse, wie Arbeitsabläufe zu gestalten oder auf welche Weise Finanzbudgets aufzustellen sind. Die Möglichkeit, diese intentionalen Wissensspeicher einem Informations- und Wissensmanagement zu unterziehen, ist von der Datenlage her als gut zu interpretieren. Allerdings ist dieses gespeicherte Wissen ständig in Gefahr, irrelevant zu werden oder zu erodieren. So selektieren einmal eingerichtete Informationsspeicher die Suche nach zusätzlichen Informationen, und aufgrund der bestehenden Informationsstruktur geraten bestimmte Daten oder Alternativen nicht in den Blick. Einmal gespeicherte Informationen besitzen hingegen ein erhebliches Beharrungsvermögen, insbesondere wenn sich ihre Verwendung als erfolgreich erwiesen hat. Informationsüberladung oder -redundanz stehen Informationsverlusten oder Informationsdefiziten gegenüber.

In ihrer Speicherfähigkeit als kritisch zu betrachten sind diejenigen Routinen, die nicht dokumentierbar, sondern als *nichtöffentliche Wissensspeicher* in den Köpfen der Organisationsteilnehmer verankert sind. Hierzu zählt Dixon (1992, 44) insbesondere die Unternehmenskultur, in der vermittelt wird, auf welche Weise ein Problem betrachtet und bearbeitet wird und die Unternehmensstruktur, die vermittelt, welche Probleme ein Organisationsmitglied überhaupt bearbeiten darf und an wen es sich wenden soll, wenn es darum geht, Entscheidungen zu treffen.

**(5) Wiedergewinnung des Wissens:** Häufig wissen Organisationsmitglieder, die Informationen benötigen, nicht, an welchen Stellen der Organisation sich die Informationen befinden oder wie sie verfügbar gemacht werden können. Während Fachwissen sich häufig innerhalb *struktureller Speichermedien* wiederfinden lässt, sind Werte, Annahmen und Ideologien eher in der *Unternehmenskultur* verankert und setzen die adäquate Wahrnehmung und Interpretation durch das jeweilige Organisationsmitglied voraus. Als kritische Größe beschreibt Dixon »... *knowledgeable people, who can identify where specific organizational memories are located*« (Dixon 1992, 46).

Insbesondere der letzte Aspekt berührt die Frage nach dem Führungsverständnis im Rahmen organisationaler Lernprozesse. Eine Auswahl von geeignetem Führungspersonal zu treffen, welches die Einsichtsfähigkeit in die Organisation von Lernprozessen besitzt und in der Lage ist, lernende Organisationen zu führen, gilt als kritisches Problem. Dixon (1993, 248ff.) versteht die Entwicklung von Führungskräften entsprechend als Prozess der gemeinsamen Interpretation von Wandel und seiner Bewältigung. Lernen setzt dann an konkreten, in der Arbeit befindlichen Notwendigkeiten an, umfasst den gemeinsamen Austausch von Erfahrungen und die Reflexion zukünftiger Maßnahmen. Theorien oder Experteninformationen verlieren dann ihren hohen Stellenwert, den sie in klassischen Entwicklungsprogrammen besitzen. Entwicklung und Zusammenarbeit erfolgen eher gruppenzentriert, da die gemeinsame Orientierung und das Feedback der Gruppenmitglieder »realistischere« Interpretationen der Umwelt und kreativere Generierung von Lösungsvorschlägen ermöglichen.

Die Übersetzung wissenschaftlicher Reflexionen in Gestaltungsempfehlungen hat in der Praxis eine weite Verbreitung gefunden. Im Zuge dieser Verbreitung ist eine Vielzahl von Managementratgebern erschienen, die dem Management Hinweise zur Realisierung einer lernenden Organisation geben.

## 3.4  Zusammenfassende Beurteilung

In **sozial-kognitiven Lerntheorien** wird Lernen als aktiver, kognitiv gesteuerter Verarbeitungsprozess von Erfahrungen verstanden. Menschen sind danach in der Lage, durch Beobachtung und anhand von Modellen zu lernen. Über antizipierte Vorstellungen wird Lernen gesteuert; über selbst geschaffene Lernhilfen bestimmen Menschen die Lernmodalitäten und schaffen damit die Voraussetzung für das Lernen von Verhaltensweisen. Dieses Beobachtungslernen wird nach Bandura durch vier Teilprozesse gesteuert. In *Aufmerksamkeitsprozessen* wird entschieden, welche Informationen herangezogen werden sollen. In *Behaltensprozessen* werden die Beobachtungen symbolisch im Gedächtnis verankert. In *motorischen Reproduktionsprozessen* wird entschieden, wie viel vom Gelernten tatsächlich in Verhalten überführt werden kann. In *motivationalen Prozessen* wird festgelegt, ob das Erlernte in das Verhaltensspektrum aufgenommen werden soll. Dies ist wahrscheinlich, wenn erwartete Ergebnisse dieses Verhaltens einen Wert für das Individuum aufweisen.

Theorien des **organisationalen Lernens** setzen in der Regel an sozial-kognitiven Lerntheorien an. Die Grundfrage des organisationalen Lernens stellt sich im Hinblick auf die Suche nach Methoden der Aufnahme und Verbreitung individuellen Wissens sowie seiner Speicherung und Aktivierung. In einem kontinuierlichen Kreislauf zwischen individuellen und organisationalen Lernprozessen sollen Organisationsteilnehmer ihr Erfahrungswissen akkumulieren und weitergeben. Eine daraus resultierende Optimierung soll in Stellenbeschreibungen oder Arbeitsanweisungen festgehalten werden und als autorisierter Wissensspeicher die Basis für weitere Optimierungen darstellen. Organisationales Lernen ist damit weniger auf die individuelle Lernentwicklung ausgerichtet als auf die Erhöhung der Problemlösungsfähigkeit zur Erreichung von Unternehmenszielen. Die Aktualität des Themas speist sich aus der Erwartung, dass Wissensmanagement als Wettbewerbsvorteil von Bedeutung ist.

Erkenntnisse über das organisationale Lernen umfassen mehrere Aspekte. Am Beispiel des Konzepts von March und Olsen wurde aufgezeigt, dass organisatorisches Lernen kein objektiver Vorgang ist, sondern als Entscheidungsverhalten unter dem Aspekt der Ungewissheit erfolgt. In Auseinandersetzung mit der *Umwelt* besteht ein Kreislauf, in dem individuelle Überzeugungen, Sinnzuschreibungen und widersprüchliche Erfahrungen den Resonanzboden für die Aufnahme der Umweltdaten bilden. Auf dieser Basis werden im Rahmen kommunikativer Prozesse aus individuellen Handlungen organisatorische Handlungen, welche die Umwelthandlungen beeinflussen. Umwelthandlungen wiederum prägen individuelle Überzeugungen und Sinnzuschreibungen.

In einer eher auf die *Binnenstruktur* der Organisation bezogenen Interpretation des organisationalen Lernens fokussieren Argyris und Schön zunächst Handlungstheorien. Danach verfügen Organisationsteilnehmer aufgrund von Erfahrungen und Überzeugungen über »Modelle der Welt«, mit denen Sachverhalte interpretiert werden. Auf Basis dieser Interpretationen werden Verhaltensmuster generiert, mit deren Hilfe die Kontrolle über den täglichen Ereignisstrom bewahrt werden soll. Danach wurde in »*Espoused theories*« und »*Theories-in-Use*« unterschieden. Im ersten Fall handelt es sich um erwünschte, offizielle Handlungstheorien, im zweiten um tatsächlich befolgte Handlungstheorien. Lernen in Organisationen kann in verschiedenen Lernformen stattfinden, und es wurde *single-loop-learning, double-loop-learning* und *deutero-learning* unterschieden. Hierbei handelt es sich um Lernebenen, die zunächst Fehlerkorrektur, dann Veränderung von Normen und schließlich Reflexion der Lernprozesse zum Gegenstand haben.

Von diesen theoretischen Ansätzen sind Konzepte der **lernenden Organisation** zu unterscheiden. Hier werden normative Instrumente vorgestellt, die eine lernende Organisation konstituieren, z.B. Systemdenken, Selbstführung, mentale Modelle, gemeinsame Visionen und Team-Lernen. Insbesondere Senge hat die Diskussion um die lernende Organisation durch seinen exemplarischen Erzählstil einem breiten Managerpublikum nähergebracht. Seine Veröffentlichungen enthalten eine Vielzahl von interessanten Botschaften, wie man sich selbst und seine Organisation reflexiv betrachten und verändern kann. Äußerst anregend werden verschiedene theoretische Erkenntnisse miteinander verknüpft und in einen plausiblen Zusammenhang gebracht. Insbesondere in Teilbereichen kann gut nachvollzogen werden, wie theoretische Erkenntnisse der Handlungstheorie von Argyris/Schön zur Brechung von mentalen Modellen und der Reflexion von Kommunikationsstilen von Managern herangezogen werden.

**Organisationales Wissen** umfasst Theorien, die die Entstehung und Verbreitung des Wissens in Organisationen theoretisch erforschen. Insbesondere die Untersuchungen von Nonaka und Takeuchi haben das Begriffspaar von *implizitem* und *explizitem Wissen* populär gemacht und Austauschprozesse in einer *Wissensspirale* demonstriert.

Eine Überführung dieser Erkenntnisse in das **Wissensmanagement** umfasst *Wissensaufnahme, -verteilung, -interpretation, -speicherung und -wiedergewinnung*. Auf dieser Basis lassen sich einzelne Module der Wissensorganisation verbessern oder Lernzirkel in Organisationen etablieren. Insbesondere in Praxisberichten wird die Aufmerksamkeit auf die Förderung von Lernkulturen und die Organisation des Wissensmanagements gelegt. Ein Klima der Lerntoleranz soll entstehen, in dem Arbeitnehmer die unterschiedlichen Interpretationen der Ereignisse durch eigenentwickelte Formen der Selbstorganisation in organisationale Lernprozesse überführen. Fehler werden in dieser Welt nicht als Mangel, sondern als Lernchance interpretiert. Als Nachweis für intensive Austausch- und Lernprozesse gilt die Heterogenität von Meinungen und Vorschlägen.

Insgesamt bleibt festzuhalten, dass organisationales Lernen ein interessantes Forschungsgebiet darstellt, das viele Verknüpfungen zu anderen Forschungsbereichen möglich macht, insbesondere zu den Gebieten der Unternehmenskultur sowie der Organisations- und Personalentwicklung (vgl. Weick/Westley 1996). Dabei handelt es sich nicht um ein neues Thema, sondern die wesentlichen theoretischen Grundlagen werden seit über 30 Jahren bearbeitet und haben zu interessanten Erkenntnissen im Hinblick auf die verhaltensbestimmende Kraft von Handlungstheorien geführt.

Die Akzeptanz des Themas in der Praxis kann damit erklärt werden, dass Wissen als Wettbewerbsvorteil immer mehr in das Bewusstsein von Managern geraten ist und die Frage aufgeworfen wurde, wie die Aufnahme, Verbreitung und Speicherung von Wissen systematisch organisiert werden kann (vgl. kritisch Conrad 1998). Dabei dominieren Erfolgsstories, die meist einen positiven Selektionsprozess durchlaufen haben (vgl. Tsang 1997, 79ff.). Berichte über Probleme oder das Scheitern von organisationalen Lernprozessen scheinen hingegen nicht besonders beliebt zu sein. Dabei wäre es doch interessant zu erfahren, ob die oben beschriebene schöne Metapher des Orchesters in der betrieblichen Realität Bestand hat. Vielleicht behindert ja – um im Bild zu bleiben – der Umstand, dass der Dirigent gleichzeitig Intendant und Eigentümer der Musikinstrumente ist und bei der Auswahl der Musikstücke streng dem Publikumsgeschmack folgt, den Austausch von »mentalen Modellen«.

## Literaturempfehlungen

*March, J.G.; Olsen, J.P. (1990): Die Unsicherheit der Vergangenheit: Organisatorisches Lernen unter Ungewißheit. In: March, J.G. (Hrsg.): Entscheidung und Organisation. Wiesbaden. 372-398.*

*Argyris, C.; Schön, D.A. (1997): Organizational Learning II: Theory, Method, and Practice. New York u.a.*

*Argyris, C.; Schön, D.A. (2008): Die lernende Organisation. 3. Aufl., Stuttgart.*

*Nonaka, I.; Takeuchi, H. (2012): Die Organisation des Wissens: Wie japanische Unternehmen eine brachliegende Ressource nutzbar machen. 2. Aufl., Frankfurt/Main u.a.*

*Senge, P.M. (2011): Die fünfte Disziplin. Kunst und Praxis der lernenden Organisation. 11. Aufl. Stuttgart.*

Hierbei handelt es sich um »Klassiker« des organisationalen Lernens und der lernenden Organisation.

*Easterby-Smith, M.; Lyles, M.A. (Hrsg.) (2011): Handbook of Organizational Learning and Knowledge Management. 2. Aufl., Chichester.*

*Al-Laham, A. (2003): Organisationales Wissensmanagement. Wiesbaden.*

Hierbei handelt es sich um gute Übersichten über theoretische Grundlagen des organisationalen Lernens und über das weit verzweigte Gebiet des Wissensmanagements.

# *Kapitel II*

Personalbereitstellung, Entwicklung, Einsatz und Vergütung von Personal

Abschnitt C:

Arbeitsorgani-sation und Entgelt

# 1 Arbeitsorganisation

## 1.1 Einführung

Arbeit gehört zum menschlichen Leben wie Essen, Trinken oder Schlafen. Ein großer Teil der Erziehung, der Ausbildung und des Erwerbs von Wissen und Fachkenntnissen ist auf die praktische Umsetzung in der Arbeitssphäre ausgerichtet. Für die meisten Menschen ist Arbeit die zentrale Quelle von Einkommen, aus dem die soziale Stellung in der Gesellschaft resultiert. Arbeit umfasst die Definition von Lebenschancen sowie daraus abgeleitete Entwicklungsmöglichkeiten (vgl. Kreikebaum 1999, 48ff.).

Die Vielfalt der Erscheinungsformen menschlicher Arbeit entspricht der Vielfalt der möglichen Bestimmungen des Begriffs Arbeit. Ursachen, Ausprägungen und Wirkungen veranlassen eine Vielzahl von Disziplinen, sich arbeitsteilig mit partiellen Aspekten zu befassen. So ist es problemlos möglich, Arbeit aus theologischer (»Im Schweiße Deines Angesichts... «), physikalischer (»Kraft mal Weg«) und polit-ökonomischer Sicht (»Arbeit als Auslöser von Klassenkämpfen«) zu bearbeiten, sodass die folgende Auswahl nur beispielhaften Charakter besitzen kann (vgl. Wiendieck 1994, 9ff.):

**Arbeit als Last und Pflicht:** Dieser Aspekt kann als die älteste Vorstellung von Arbeit begriffen werden. Hier geht es um die Überwindung von Mühe und den damit verbundenen physischen und psychischen Belastungen. Arbeit wird als Notwendigkeit oder als Pflicht interpretiert, wohingegen die angenehmeren Formen des Lebens in der Freizeit verbracht werden.

**Arbeit als Leistung und Wert:** Diese Interpretation von Arbeit hat vor allem in der protestantischen Ethik einen Aufschwung erfahren. In diesem Verständnis sichert Arbeit nicht nur die Lebensgrundlage, sondern dient auch als Vorbereitung der Wertschätzung Gottes.

**Arbeit als soziale Strukturierung:** Mit der Organisation von Arbeit wird auch die soziale Form des Zusammenlebens verändert. So ist Arbeitsteilung meist mit Trennung von Hand- und Kopfarbeit, Hierarchien und festgelegten Kommunikations- und Dienstwegen verbunden. Gruppenarbeit hingegen ermöglicht andere Formen der Kommunikation und des Zusammenlebens innerhalb der Arbeitswelt.

**Arbeit als Veränderung von Mensch und Natur:** In diesem Arbeitsverständnis vermittelt der Mensch durch seine Arbeit zwischen sich und der Natur. Anthropologisch gesehen verändert der Mensch durch die Bearbeitung der Natur auch sich selbst. Die Durchdringung der Natur, die Entdeckung und Anwendung ihrer Gesetze führt auch zu einer intellektuellen Entwicklung des Menschen, die wiederum zu einer neuen Auseinandersetzung mit oder Bearbeitung der Natur führt.

**Arbeit als Persönlichkeitsentfaltung:** Insbesondere aus dem letzten Verständnis von Arbeit wurde in einem Teil der Arbeitspsychologie geschlossen, dass Arbeit und Beruf wesentliche, die Persönlichkeit des Menschen stark beeinflussende Lebensbereiche sind. Die Annahme dort lautet, dass Arbeit den Menschen prägt und die Art der Arbeit auch Einfluss auf seine Persönlichkeitsentwicklung besitzt. Hier wird davon ausgegangen, dass abwechslungsreiche Arbeit die geistige und körperliche Beweglichkeit des Menschen aufrechterhält, während einseitige Tätigkeit die intellektuelle Fähigkeit des Menschen herabsetzt und schließlich verkümmern lässt.

Entsprechend diesen unterschiedlichen Bedeutungszuweisungen befassen sich verschiedene wissenschaftliche Disziplinen mit unterschiedlichen Aspekten von Arbeit, und es wird verständlich, dass jede dieser Disziplinen nur einen spezifizierten Teilausschnitt untersucht.

Im Folgenden soll unter betriebswirtschaftlichen Gesichtspunkten Arbeitsgestaltung thematisiert werden. Diese Bearbeitung enthält – wie fast alle personalwirtschaftlichen Fragen – ein Spannungsverhältnis:

1. In *quantitativer Hinsicht* stellt Arbeit für Arbeitnehmer die Quelle von Einkommen dar, wohingegen dieser Lohn im unternehmerischen Kalkül Kosten verursacht. Die Gestaltung von Arbeit unterliegt damit immer auch dem Versuch, durch kostengünstigere technische Lösungen menschliche Arbeit zu ersetzen oder durch Standardisierung der Arbeitsgestaltung Mitarbeiter zu niedrigeren Kosten zu beschäftigen.
2. In *qualitativer Hinsicht* stellt menschliche Arbeit eine Quelle von Stolz, Bedürfnisbefriedigung, Kommunikation und Zusammenarbeit sowie der Verteilung von Lebenschancen dar. Sie unterliegt aber auch dem unternehmerischen Kalkül, das am Arbeitsmarkt rekrutierte Arbeitsvermögen ergiebiger zu machen, indem mit Hilfe wissenschaftlicher Erkenntnisse Arbeit zerlegt und unter Produktivitätsgesichtspunkten gestaltet wird.

Nachfolgend werden beide Aspekte der Arbeitsgestaltung bearbeitet. Zunächst werden Grundprinzipien der Arbeitsteilung und ihre unter betriebswirtschaftlichen Gesichtspunkten relevanten Grundprobleme entwickelt. Im Anschluss daran werden theoretische Grundlagen diskutiert, die davon ausgehen, dass Arbeitsanreicherung positive Einflüsse auf die Persönlichkeitsentwicklung ausübt und damit positive Effekte im Hinblick auf die Qualität der Arbeitsausführung hat.

## 1.2 Prosperität durch Arbeitsteilung

Arbeitsteilung als Inbegriff moderner Industrialisierung ist u.a. deshalb so selbstverständlich geworden, da wir die mit Arbeitsteilung einhergehende Prosperität als Quelle des Wohlstandes interpretieren und die damit verbundenen Nachteile akzeptieren. Schon A. Smith (1789/1983) sah die Nachteile der Arbeitsteilung, hielt sie aber für vertretbar, da es ihm, wie seinen vielen Nachfolgern, darum ging, den Reichtum der Nation zu erhöhen. Auch der heute vielfach kritisierte F.W. Taylor (1913/2004) ließ sich in erster Linie von der Idee der Prosperität leiten. Er ging davon aus, dass die Gegensätze von Kapital und Arbeit durch Arbeitsteilung, höhere Produktivität und damit steigenden Gewinnen und Löhnen kompensiert werden können.

Arbeitsteilung diente also keinem Selbstzweck, sondern fand ihren Ausgangspunkt in der Erhöhung des allgemeinen Wohlstands. Massenproduktion auf der Basis extremer Arbeitsteilung galt damit als Synonym für die Fähigkeit einer Volkswirtschaft, immer weitere Bevölkerungsschichten mit Gütern zu versorgen. Erst in jüngerer Zeit wurden diese industriellen Basisprinzipien auch unter ökonomischen Gesichtspunkten diskutiert und Problemfelder dieser Arbeitsteilung deutlich.

### 1.2.1  Prinzipien der Arbeitsteilung in der Massenproduktion

Die Prinzipien der Arbeitsteilung sind untrennbar mit dem Namen F.W. Taylor verbunden. Um die Jahrhundertwende hat er durch seine Ideen die sich dann ausbreitende Industriekultur der Arbeitsteilung maßgeblich beeinflusst. Insbesondere durch sein Buch »Die Grundsätze wissenschaftlicher Betriebsführung« (Taylor 1913/2004) entwickelt Taylor wissenschaftliche Prinzipien für die Kombination von Arbeitsteilung und Technikeinsatz.

Nach Ansicht von Taylor sollen im Sinne einer möglichst hohen Prosperität Maschinen und Menschen im schnellstmöglichen Tempo mit wohlberechneter Ausnutzung der Kräfte arbeiten. In seinen umfangreichen systematischen Beobachtungen der Arbeitsorganisation stellt Taylor fest, dass eine Reihe von Barrieren genau dies verhindert. Er identifiziert die folgenden drei Einflussgrößen:

**(1) Leistungszurückhaltung:** Leistungszurückhaltung basiert in der Einschätzung von Taylor auf zwei Ursachen. Viele Arbeitnehmer halten es für selbstverständlich, ihre Kräfte in der Arbeitswelt zu schonen. Eine Verletzung dieser Norm wird von Arbeitskollegen negativ sanktioniert. Es gilt also, darüber nachzudenken, mit welchen Anreizen diese übliche Arbeitsabgabe erhöht und wie der Einfluss der Gruppe überwunden werden kann.

**(2) Disposition der Arbeit durch Arbeiter:** Arbeiter – so Taylor – lernen in der Regel durch Beobachtung ihrer Kollegen. So kann es nicht wundern, dass es eine Vielzahl von unterschiedlichen Ausführungsmethoden und Werkzeugen gibt. Die beste Methode und das beste Werkzeug kann nur durch systematisches Studium und durch Prüfung aller Methoden und Werkzeuge gefunden werden.

**(3) Lohnkürzungen:** Schnelleres Arbeiten wird vermieden, da die Arbeiter befürchten, Arbeitsplätze zu vernichten. Außerdem werden Leistungssteigerungen häufig mit Lohnkürzungen beantwortet. Entsprechend plädiert Taylor dafür, durch höhere Löhne mehr Leistung zu stimulieren.

Auf der Basis dieser und weiterer Beobachtungen (vgl. Taylor 1913/2004, 13ff.) entwickelt Taylor ein System, das die genannten Barrieren überwinden und damit eine höhere Produktivität erzielen soll. Dieses System umfasst im Kern fünf Elemente:

**(1) Auslese:** Hier geht es darum, den geeigneten Arbeitnehmer für spezifische Verrichtungen herauszufinden. Taylor zeigt an mehreren Beispielen (vgl. insbesondere Taylor 1913/2004, 46ff.), dass er der Auswahl von geeigneten Arbeitnehmern hohe Bedeutung zumisst, da die Funktionsfähigkeit dieses Systems auch davon abhängig ist, dass geeignete Kräfte die Vorteile seiner wissenschaftlichen Betriebsführung realisieren. Dieser Grundgedanke ist in den meisten anforderungsbezogenen Personalauswahlverfahren enthalten. Es wird der richtige Mann für den richtigen Platz gesucht.

**(2) Arbeitsanalyse:** Ausgangspunkt jeder Arbeitsverrichtung ist die Zerlegung der Gesamtoperation in Teiloperationen. Alle überflüssigen Bewegungen und Operationen werden eliminiert und geeignete Werkzeuge ausgewählt. Anschließend werden mit der Stoppuhr alle Operationen gemessen und die Reihenfolge der Teiloperationen so angeordnet, dass sie sich auf die schnellste Art und Weise ausführen lassen. Dieser Grundgedanke hat sich im Fließband auf unübersehbare Weise manifestiert.

**(3) Anleitung:** Der »beste Mann« wird nun darin eingewiesen, auf die vorgeschriebene bestmögliche Weise die Teilverrichtung auszuführen, bestimmte Werkzeuge in einer vordefinierten Reihenfolge zu benutzen und durch Zeitnehmer festgelegte Zeitvorgaben einzuhalten:

*»Durch diese Zusammenstellung der schnellsten und vorteilhaftesten Einzelbewegungen ersetze man nun die 10 oder 15 unvorteilhafteren Serien von Einzelbewegungen und Handgriffen, die bisher im Gebrauch waren. Diese beste Methode wird zur Norm und bleibt Norm, bis sie ihrerseits wieder von einer schnelleren und besseren Serie von Bewegungen verdrängt wird. Erst werden die Lehrer oder die für die speziellen Tätigkeiten vorhandenen Meister (die Spezialmeister, die das Amt der Lehrer versehen) in der neuen Methode unterwiesen, dann wieder durch sie alle Arbeiter der Fabrik. In dieser einfachen Art wird ein Grundgesetz der Wissenschaft nach dem anderen entwickelt« (Taylor 1913/2004, 125f.).*

Prosperität entsteht nun durch die Kombination des »one best way« mit Übungseffekten der Teiloperationen verrichtenden Arbeitnehmer.

**(4) Trennung von Hand- und Kopfarbeit:** Der Arbeitsteilung auf horizontaler Ebene entspricht die Arbeitsteilung auf vertikaler Ebene. Taylor sieht Spezialisierungsvorteile darin, dass die Leitung eines Unternehmens – in Übereinstimmung mit wissenschaftlichen Prinzipien – den Planungs- und Organisationsprozess permanent verbessert, während die Arbeiter von diesen Verbesserungen auf der Ausführungsebene durch höhere Produktivität und damit höheren Löhne profitieren:

*»Arbeit und Verantwortung verteilen sich fast gleichmäßig auf Leitung und Arbeiter. Die Leitung nimmt alle Arbeit, für die sie sich besser eignet als der Arbeiter, auf ihre Schulter, während bisher fast die ganze Arbeit und der größte Teil der Verantwortung auf die Arbeiter gewälzt wurde« (Taylor 1913/2004, 38f.).*

Taylor folgert daraus:

*»Es ist also ohne weiteres ersichtlich, dass in den meisten Fällen ein besonderer Mann zur Kopfarbeit und ein ganz anderer zur Handarbeit nötig ist« (Taylor 1913/2004, 40).*

**(5) Verknüpfung von Lohn und Leistung:** Taylor geht davon aus, dass Arbeitnehmer in erster Linie durch höhere Löhne zu schnellerer Arbeit motiviert werden können.

*»Das Hauptaugenmerk einer Verwaltung sollte darauf gerichtet sein, gleichzeitig die größte Prosperität des Arbeitgebers und des Arbeitnehmers herbeizuführen und so beider Interessen zu vereinen« (Taylor 1913/2004, 13).*

Die Verknüpfung der Arbeitsergebnisse mit der Lohnhöhe stellt für ihn damit die Verwirklichung der Vermittlung von nur scheinbar vorhandenen Gegensätzen von Kapital und Arbeit dar.

Die Anwendung der tayloristischen Prinzipien erfuhr eine erhebliche Breitenwirkung, als Henry Ford das Fließband in der Automobilindustrie einsetzte. Die Verbindung von tayloristischen Prinzipien der Arbeitsorganisation mit mechanischer Fließbandtechnologie löste die Handwerkstradition ab und legte das Fundament für die industrielle Massenproduktion. Handlungsspielräume waren durch die getakteten Arbeitsvorgaben weitgehend ausgeschlossen, und Arbeitnehmer erhielten eine meist manuelle Restfunktion.

Allerdings wurde die kollektive Prosperität mit erheblichen individuellen Nachteilen erkauft (vgl. umfassend Ulich 2011, 471ff.). Der menschliche Körper wird einseitig belastet und geschädigt; die Folgen schlagen sich häufig in einem hohen Krankenstand nieder. Enge Aufgabenstellungen werden nicht akzeptiert und fördern die Bereitschaft, den Arbeitsplatz oder das Unternehmen zu wechseln. Die durch monotone Tätigkeit entstehende Belastung führt zu Resignation und Gleichgültigkeit gegenüber dem Produkt und dem Produktionsablauf. Auch die bedingungslose Unterordnung des Arbeitnehmers unter eine von ökonomischen Imperativen dominierte technische Steuerung und Kontrolle stößt auf individuellen und kollektiven Widerstand. Bereits Henry Ford hatte mit dramatischen Fluktuationsraten zu kämpfen, da die Arbeitnehmer die körperlichen Belastungen und die Monotonie mit massenhafter Abwesenheit und Arbeitsplatzwechsel beantworteten (vgl. Berggren 1991, 17). Für das Jahr 1913 verzeichnete das Ford-Werk Highland Park in der Nähe von Detroit knapp 14.000 Arbeitsplätze. Um diese Arbeitsplätze kontinuierlich besetzen zu können, musste Ford insgesamt fast 60.000 Arbeitnehmer einstellen und sah sich gezwungen, die Löhne drastisch zu erhöhen.

Solange aber der ökonomische Nutzen der Arbeitsteilung höher eingeschätzt wurde als die verursachten Kosten, brachen sich an der ökonomischen Vorteilsannahme der Arbeitsteilung in der Regel normative Argumente und Programme, die auf eine Reduzierung der Arbeitsteilung insistierten. Verfügbares Wissen über alternative Formen der Produktion wurde zur Kenntnis genommen und diskutiert, aber nur in Ausnahmefällen realisiert. Im Rahmen der arbeitswissenschaftlichen Forschung sowie in Pilotprojekten und Humanisierungsprogrammen wurden Grundprobleme der horizontalen Arbeitsteilung identifiziert und alternative Arbeitsstrukturierungswege erprobt. Insbesondere in den 70er Jahren wurde in Deutschland von der damaligen Bundesregierung ein Forschungsprogramm aufgelegt, das die »Humanisierung des Arbeitslebens« fördern sollte (vgl. Gohl 1977). Bereits in diesem Programm wurden positive Auswirkungen der Rücknahme von Arbeitsteilung auf die Produktivität, die Qualität der Produkte sowie eine Reduzierung von Krankenstand festgestellt. Da diese Konzepte aber im Wesentlichen als Motor einer Humanisierung und Demokratisierung der Arbeitswelt konzipiert wurden, war die Akzeptanz in der Industrie eher schwach ausgeprägt und sie wurden ohne Subventionierung nicht weiter verfolgt (vgl. die Übersicht bei Roth/Kohl 1988). Es müssen damit originär ökonomische Gründe relevant geworden sein, die unter Umständen den tayloristischen Traum von der Prosperität durch Arbeitsteilung ins Wanken gebracht haben.

### 1.2.2 Ökonomische Problemfelder der Arbeitsteilung

In vielen Branchen hat sich der Wettbewerb verschärft. Nicht nur das vielzitierte veränderte Kunden- und Käuferverhalten, sondern in erster Linie die Veränderung der internationalen Arbeitsteilung und die Globalisierung der Märkte haben den Innovationsdruck erhöht. Weitgehende Einigkeit besteht heute darin, dass insbesondere Innovationsdynamik, Qualität und Zeit wichtige Voraussetzungen für das Überleben im Markt sind. Ökonomisch stellt sich das Problem wie folgt dar: Stimmt noch die Annahme von Taylor, dass zunehmende Arbeitsteilung die Prosperität erhöht? Oder ist der Punkt erreicht, an dem die Kosten der Arbeitsteilung den Nutzen übersteigen?

Die zentrale Annahme lautet, dass Arbeitsteilung zwar die direkten Kosten senkt; die steigenden indirekten Kosten kompensieren allerdings die ökonomischen Vorteile der Arbeitsteilung. Als wesentliche Ursachen für dieses Missverhältnis können folgende Bereiche herangezogen werden (vgl. Ridder 1993a):

**Personal:** Zentrales Argument einer technisch induzierten Forcierung der Arbeitsteilung war und ist der beobachtete Anstieg der Produktivität direkter Tätigkeiten. Nachvollziehbar ist, dass eine Arbeitstätigkeit, in der alle überflüssigen Elemente ausgesondert werden und die nach dem Prinzip der höchstmöglichen Geschwindigkeit konstruiert wird, eine hohe Produktivität aufweist, insbesondere dann, wenn ein Arbeitnehmer im Hinblick auf diese kurzzyklischen Tätigkeiten einen hohen Übungseffekt erzielt. Dieser Anstieg wird allerdings durch eine erhebliche *Zunahme indirekter Kosten* erkauft. Die Trennung von Hand- und Kopfarbeit setzt eine planerische und logistische Basis voraus, in der abstrakt vorgedacht und geplant wird, was in der Produktion vollzogen werden soll. Dieser Aufwand ist zunehmend gestiegen.

Nicht einfach zu berechnen, aber in der Diskussion um die Kosten der Arbeitsteilung immer wieder hervorgehoben werden Kosten, die auf *physische und psychische Deprivationen* zurückzuführen sind. Unternehmen, die ständig Personalreserven aufgrund von Fehlzeiten und Fluktuation vorhalten müssen, geraten in ein Produktivitätsdilemma. Aber auch der Aufwand für die ergonomische Gestaltung von Arbeitsplätzen ist hoch, wenn es darum geht, sich häufig wiederholende Tätigkeiten erträglich und zumutbar zu gestalten (vgl. z.B. Schlick et al. 2010). Um die hohen Kosten zu verringern, wird die »Störgröße« Mensch durch weitere Automatisierung eliminiert. Auf den verbleibenden sowie neu entstehenden Arbeitsplätzen wächst beispielsweise der innere Widerstand mit entsprechenden Wirkungen im Absentismusbereich. Auch die personalwirtschaftlichen *Anreizsysteme* zur Aufrechterhaltung und Erhöhung der Leistung sind zwar kaum zu beziffern, aber ebenfalls den Kosten der Arbeitsteilung zuzurechnen. Gut quantifizierbar und aus diesem Grunde vermutlich auch ein Schwerpunkt alternativer Formen der Arbeitsorganisation sind die *Kontroll- und Qualitätskosten*. Meister, Vorarbeiter und mittlere Manager verbringen einen großen Teil ihrer Zeit mit der Anweisung und Kontrolle wenig motivierter Arbeitnehmer. Aufwendige Qualitätskontrollen sowie unterstützende monetäre Anreizsysteme sind Kosten der Aufrechterhaltung einer marktfähigen Produktqualität.

Diese und weitere indirekte Kosten sind vergleichsweise irrelevant, solange der Nutzen der Arbeitsteilung diese Kosten übersteigt und die Unternehmen mehr oder weniger insgesamt diesen Kosten ausgesetzt sind.

**Organisation und Technik:** Ebenfalls sehr kritisch beurteilt werden Tendenzen, die sich in einer hohen Stufe der Arbeitsteilung zeigen und die als »Organisationsversagen« bezeichnet werden können. Hoch arbeitsteiligen Organisationen wird nachgesagt, dass sie unter mangelnder Effizienz, langen Durchlaufzeiten, hohen Gemeinkosten und schlechter Qualität der Produkte leiden. Insbesondere im Hinblick auf zeitkritische Aufträge, Innovations- und schnelle Anpassungsfähigkeit zeigt die extrem arbeitsteilige Organisation unübersehbare Schwächen. Dies wird insbesondere zurückgeführt auf die

Notwendigkeit erhöhter Koordination zwischen unterstützenden Stellen und Abteilungen, die hohe Anzahl von Hierarchieebenen, größere Leitungsspannen und die in arbeitsteiligen Organisationen auffindbare strikte Formalisierung. Dem Taylorismus inhärent ist auch die Vorstellung, dass sich durch zunehmende Arbeitsteilung eine Automatisierung der Produktion einstellt. Diese technikzentrierte Sichtweise setzt darauf, dass Produktionsanlagen durch Automatisierung immer komplexer, integrierter und damit menschenunabhängiger werden. Die Metapher der »computergesteuerten Fabrik« galt lange Zeit als Markenzeichen einer zukunftsfähigen Produktionsorganisation. Kritiker weisen allerdings darauf hin, dass sich eine so genannte »Ironie der Automation« zeigt (vgl. Martin 1992, 181). In ihrer zunehmenden Komplexität erweisen sich hoch integrierte Produktionsanlagen als extrem störanfällig und sind daher wiederum auf hoch qualifizierte Facharbeiter angewiesen, die diese Anlagen überwachen und Störungen beheben können.

Vor diesem Hintergrund werden seit den achtziger Jahren neue Produktionskonzepte gesucht, in denen qualifizierte Arbeitnehmer mit Hilfe computergesteuerter Fertigungssysteme die erforderliche Flexibilität erzielen sollen.

### 1.2.3 Gruppenarbeit als arbeitsorganisatorische Leitidee

Seit den achtziger Jahren wird Arbeitsorganisation weniger als Abwehr und Überwindung tayloristischer Pathologien oder Reaktion auf die Konkurrenz um qualifizierte Arbeitnehmer, sondern als Bestandteil unternehmensstrategischer Neuorientierungen verstanden (vgl. zum Folgenden Ridder 2004a, 28ff.). Vor dem Hintergrund eines sich weltweit verschärfenden Wettbewerbs auf den Produktmärkten fokussieren die Unternehmensstrategien auf höhere Flexibilität in der Anpassung an die Nachfrage und suchen nach Formen der Arbeitsorganisation, in denen die Vorteile der industriellen Massenproduktion mit der Notwendigkeit einer höheren Flexibilität kombiniert werden können. Dieser Zusammenhang wird in neuen Produktionskonzepten unterschiedlich entwickelt:

- flexible Spezialisierung (vgl. Piore/Sabel 1985);
- systemische Rationalisierung (vgl. Kern/Schumann 1990);
- anthropozentrische Rationalisierung (vgl. Brödner 1993);
- schlanke Produktion (vgl. Womack et al. 1994);
- Business Reengineering (vgl. Hammer/Champy 2003).

Diese Konzepte beschreiben verschiedene Ansatzpunkte, um die Qualifikation von Arbeitnehmern, die Verbreiterung von Arbeitsinhalten und die Integration indirekter und dispositiver Funktionen in den Arbeitsablauf nach Maßgabe der sich verändernden Markt- und Wettbewerbssituation zu erschließen. Im Kern können diese Formen der Arbeitsorganisation als Bestandteil einer Umorientierung gewertet werden, in denen technische Entwicklung und Anpassung an Märkte nur durch flexiblere Organisationsformen und anpassungsfähige Arbeitnehmer erreicht werden können. Entsprechend werden korrespondierende Flexibilisierungspotenziale durch Modularisierung, Enthierarchisierung, Dezentralisierung und Netzwerkbildung in der Binnenstruktur erprobt (vgl. Picot et al. 2009) und durch neue Formen der Beschäftigungspolitik ergänzt (vgl. Martin/Nienhüser 2002).

Als zentrale Elemente dieser Produktionskonzepte gelten die Einführung und der Ausbau sich selbst steuernder Arbeitsgruppen. Es werden nicht nur Tätigkeitsspielräume durch Aufgabenintegration, sondern auch Entscheidungsspielräume der Arbeitnehmer erweitert. Arbeitnehmer einer Gruppe sollen nicht vorgegebenen Regeln und Prozeduren der Arbeitsvorbereitung folgen, sondern zur Bewältigung der Aufgabe eigene Regeln und Arbeitsabläufe aufstellen. Dieses Empowerment erfordert nicht nur, die beruflichen Fähigkeiten von Arbeitnehmern zu vertiefen, sondern auch deren Eigeninitiative, Selbstdisziplin und Motivation zu fördern. Empowerment wird verstärkt eingesetzt, um die Leistungsfähigkeit dadurch zu erhöhen, dass Anforderungen an die Flexibilität von Unternehmen nicht mehr ausschließlich an das Management, sondern in gleicher Weise an die Koordinations- und Kontrollfähigkeit von Gruppen geknüpft werden. Damit steuern Gruppen ihren Arbeitsprozess selbst und verfügen über Handlungsspielräume, um ihre Arbeitsergebnisse in hohem Maße selbst kontrollieren zu können (vgl. Ridder et al. 2001, 90ff.).

Allerdings differieren die Ansichten darüber, in welchen Ausprägungen diese Formen der Arbeitsorganisation zu den wirtschaftlichen Zielen beitragen. Das Spektrum reicht von an tayloristischen Prinzipien ausgerichteten Fertigungsteams, die an japanischen Produktionskonzepten (lean production) orientiert sind, bis zu weitgehend autonomen Gruppen, die Planung, Arbeitsorganisation und Kontrolle in eigener Verantwortung organisieren und die sich an europäischen und skandinavischen Produktionskonzepten (anthropozentrisch/systemisch) orientieren (vgl. Adler/Cole 1993). Für die Automobilindustrie verweist beispielsweise Springer (1999) auf Ausprägungen dieses Spektrums als konkurrierende Ansätze: In der partizipativen Rationalisierung wird auf die aktive Beteiligung der Arbeitnehmer bei der Entwicklung neuer Rationalisierungsstrategien gesetzt. Hier werden die damit verbundene Einbeziehung von konkurrierenden Interessen und die positiven Wirkungen auf eine humane Arbeitsorganisation betont; die damit verbundene, langsamer greifende wirtschaftliche Wirkung wird aber negativ interpretiert. In der spezialisierten Rationalisierung werden Produktivitätsrückstände als Begründung herangezogen, um Standardisierung und Spezialisierung zu intensivieren und den Einfluss der Arbeitnehmer zu relativieren (vgl. auch Kuhlmann 2004). Im Folgenden werden zwei Beispiele für diese unterschiedliche Orientierung exemplifiziert.

## 1.2.3.1    Standardisierte Gruppenarbeit

Das Konzept der standardisierten Gruppenarbeit geht von einer Synthese der *handwerklichen Produktion* und der *Massenproduktion* aus (vgl. Womack et al. 1994). Es sollen die jeweiligen Vorteile miteinander kombiniert werden. Auf allen Ebenen der Organisation sollen Teams aus vielseitig ausgebildeten Arbeitskräften eingesetzt werden, die mit Hilfe hochflexibler, zunehmend automatisierter Maschinen größere Produktmengen in großer Vielfalt herstellen (vgl. Womack et al. 1994, 19).

Zu diesem Zweck wird ein breiteres Spektrum an Aufgaben und Verantwortlichkeiten auch aus dem vor- und nachgelagerten Bereich auf diejenigen Arbeiter übertragen, die z.B. am Fließband die tatsächliche Wertschöpfung erbringen. Es wird ein System der Fehlerentdeckung installiert, das jedes entdeckte Problem schnell auf seine Ursache zurückführen soll (vgl. Womack et al. 1994, 103). Die in Arbeitsteams zusammengefassten Arbeiter erhalten folgende Aufgaben:

- Sie müssen alle Aufgaben ihrer Arbeitsgruppe beherrschen. Ziel ist es, dass die Arbeitsverteilung kurzfristig geändert werden kann und die Arbeiter jederzeit füreinander einspringen können. Grundsätzlich bedeutet dies allerdings nicht notwendigerweise eine beabsichtigte und forcierte Verbreiterung der Tätigkeitsvielfalt; vielmehr wird sie bewusst gering gehalten. Aufdecken überflüssiger Tätigkeiten, einfache Kontrolle der Arbeitsausführung, die beabsichtigte Rotation der Arbeitnehmer und die damit notwendige Standardisierung der Arbeitsausführung können auch im Konzept der schlanken Produktion zu Zykluszeiten von 0,5 - 2 Minuten führen (vgl. Eissing 1992, 33).
- Arbeiter müssen sich zusätzliche Fertigkeiten des vor- und nachgelagerten Bereiches aneignen, z.B. einfache Maschinenreparaturen, Qualitätsprüfung und Materialbestellung.
- Sie müssen im Rahmen kontinuierlicher Verbesserungsprozesse mit Lösungen zur Vereinfachung der Arbeitsabläufe beitragen.

Insbesondere der letzte Aspekt ist methodisch vielfältig verfeinert worden. Beispielsweise ist unter **Kaizen** eine Philosophie zu verstehen, in der Instrumente eingesetzt werden, um eine »... *Verbesserung des status quo in kleinen Schritten als Ergebnis laufender Bemühungen*« (Imai 1994, 27) zu erreichen.

Entsprechend kann Kaizen in seiner gruppenorientierten Variante als Sammelbegriff für eine Vielzahl von Instrumenten herangezogen werden, die diese ständigen Verbesserungen unterstützen. Diese Instrumente konzentrieren sich insbesondere auf Produktivitätsverbesserungen und Qualitätskontrollen, umfassen aber auch das Vorschlagswesen und Just-in-time Prinzipien.

Den Zusammenhang zwischen schrittweiser Verbesserung in den unteren Hierarchiestufen und Initiierung, Unterstützung und Überwachung durch obere Hierarchiestufen zeigt die Abbildung II / 30.

| Top Management | Mittleres Management und Stab | Meister | Arbeiter |
|---|---|---|---|
| Einführung von KAIZEN als grundlegende Strategie | Entwicklung und Durchsetzung der vom Top Management entwickelten Zielsetzungen durch verbreitende Maßnahmen und interfunktionales Management | Funktionstüchtige Anwendung von KAIZEN | Teilnahme an KAIZEN durch Vorschlagswesen und Kleingruppenaktivitäten |
| Förderung und Leitung von KAIZEN durch geeignete Hilfsmittel | | Planentwicklung zur Realisierung von KAIZEN und Förderung von Führungseigenschaften | Disziplin innerhalb der Arbeitsgruppen halten |
| Etablierung von Policies für KAIZEN und interfunktionale Ziele | Nutzung von KAIZEN in funktionalen Systemen | Unterstützung von Kleingruppenaktivitäten sowie dem individuellen Vorschlagssystem | Weiterentwicklung der bewussten Auseinandersetzung mit dem Arbeitsprozess zur besseren Lösung von Problemen |
| | Festigung, Erhaltung und Steigerung der Standards | | |
| Realisierung der KAIZEN-Ziele durch Policy-Verbreitung und Überprüfung | Förderung des KAIZEN-Bewusstseins der Arbeiter durch Trainingsprogramme | Einführung von Disziplin innerhalb der Arbeitsgruppen | Erhöhung der Fachkenntnis und Arbeitserfahrung durch weiterführende Seminare |
| Aufbau von Systemen, Arbeitstechniken und Strukturen entsprechend dem KAIZEN-Prinzip | Hilfestellung für die Arbeiter, Fähigkeiten und Werkzeuge zur Problemlösung zu entwickeln | Förderung neuer KAIZEN-Ideen | |

Abbildung II / 30: Hierarchieebenen von Kaizen
(In Anlehnung an Imai 1994, 29)

Hier werden die Einbeziehung aller hierarchischen Ebenen und die besondere Verantwortung des Managements für die ständige Verbesserung betont. Imai (1994, 26ff.) zeigt exemplarisch die Vorgehensweise im Hinblick auf die Verbesserung technologischer, den Arbeitsablauf betreffender Standards. Danach hat das Management zwei Aufgaben zu bewältigen:

- Erhaltung bestehender Standards und
- Initiierung von Aktivitäten, die zu einer Optimierung dieser Standards führen.

Das **Management** legt im Rahmen der Unternehmenspolitik Regeln, Anweisungen und Richtlinien fest und achtet darauf, dass diese Standards eingehalten werden. Die Akzeptanz der Arbeitnehmer wird entweder durch disziplinäre Maßnahmen, Trainings oder im Falle von Planungsfehlern auch durch Überarbeitung der Standards erzeugt.

**Mittlere Manager** werden nun danach beurteilt, ob und in welchem Umfang es ihnen gelingt, Arbeitnehmer dazu zu motivieren, Verbesserungsvorschläge einzureichen. Systematisch wird Wettbewerb zwischen diesen mittleren Managern und den Arbeitnehmern dadurch erzeugt, dass an Arbeitsabschnitten oder Arbeitsplätzen die Anzahl der eingereichten Verbesserungsvorschläge auf Tafeln visualisiert wird. Auf der Basis dieser Verbesserungsvorschläge werden nun die Standards höher gesetzt. Von den Managern wird erneut erwartet, dass sie die Einhaltung dieser Standards überwachen. Auf diese Weise soll eine permanente Verbesserung und Einhaltung von Standards erzielt werden.

Die **Arbeitnehmer** sollen die kontinuierliche Verbesserung unterstützen:

>*»Ein Arbeiter auf der untersten Hierarchiestufe mag seine Zeit noch mit dem Ausführen von Anweisungen verbringen. Sobald er jedoch mit der Arbeit vertrauter ist, beginnt er über Verbesserung nachzudenken und im Rahmen von Einzel- oder Gruppenverbesserungsvorschlägen zur Verbesserung seines eigenen Arbeitsablaufes beizutragen« (Imai 1994, 27).*

Der Begriff »Verbesserung« bezieht sich bei Kaizen auf ein sehr breites Spektrum im Zusammenhang mit der Aufgabenerfüllung. Im Zentrum steht zwar die Verbesserung der Qualität, die sich aber nicht nur auf Produkte und Dienstleistungen bezieht, sondern auch erfasst, wie Menschen arbeiten, wie Maschinen bedient werden, wie mit Systemen und Richtlinien umgegangen wird. Es besteht der Anspruch, dass bei Kaizen Qualität nicht als Ergebnis einmaliger Anstrengungen erzeugt, sondern permanent eingehalten wird (vgl. Imai 1994, 33).

Die Erfahrungen mit Kaizen sind widersprüchlich (vgl. zum Folgenden Sperling 1997, 29f.). Dort, wo das Management oder externe Kaizen-Experten Verbesserungen vorgeben oder Einsparziele definieren, konzentriert sich das Interesse auf die ökonomische Optimierung von Einzelarbeitsplätzen. Es werden Wegzeiten, Durchlaufzeiten oder die Bearbeitung von Werkstücken rationalisiert, um den Personalbedarf zu senken. Anfangserfolge sind allerdings zu relativieren, sobald Arbeitnehmer auf diese Variante tayloristischer Einzel- oder Gruppenarbeit zurückhaltend reagieren und Produktionswissen nicht weitergeben, beispielsweise wenn Rationalisierungsergebnisse lediglich die Verbesserung der Wirtschaftlichkeit zum Ziel haben. Hingegen weisen gruppenorientierte Varianten andere Ergebnisse auf. Insbesondere in bekannt gewordenen **KVP-Gruppen** entstehen kontinuierliche Verbesserungsprozesse aus dem Gruppenzusammenhang; Moderatoren und Gruppensprecher unterstützen diesen Vorgang. Die Verbesserungsvorschläge konzentrieren sich nicht nur auf wirtschaftliche Bereiche, sondern umfassen auch soziale Fragen, Arbeitsbedingungen und Beteiligungsrechte. Die Produktivitätsgewinne gehen zum Teil wieder an die Gruppe, was die Bereitschaft zur weiteren Entwicklung von Verbesserungsvorschlägen erhöht.

### 1.2.3.2 Teilautonome Arbeitsgruppen

Dieser Begriff wird vorwiegend mit skandinavischen Automobilunternehmen assoziiert, die bereits in den siebziger Jahren Arbeitsgruppen etabliert haben (vgl. ausführlich Bartölke 1992). Hierbei handelt es sich um Gruppen, denen im Rahmen des regulären Produktionsprozesses die Verantwortung für die komplette Erstellung eines (Teil-) Produktes übertragen wird.

Teilautonome Gruppenarbeit umfasst im Wesentlichen drei Merkmale:

- Die Arbeit der Gruppe beinhaltet **vorgelagerte Arbeiten**, wie z.B. Planungsaufgaben für den definierten Aufgabenbereich. In Gruppensitzungen werden z.B. Logistik, Disposition von Material und Arbeitsverteilung besprochen und entschieden.
- Die hierbei entstehenden Koordinationsaufgaben werden meist von einem **Gruppensprecher** übernommen, der von der Gruppe gewählt wird, aber auch vom Management ernannt sein kann. Er stellt auch den Kontakt zu anderen Gruppen oder zum Meister her.
- Innerhalb der Gruppen können die Arbeitnehmer zwischen verschiedenen **Arbeitsplätzen wechseln** und den Umfang der einzelnen Arbeitsschritte selbst festlegen. Die Gruppe übernimmt auch die Verantwortung für nachgelagerte Aufgaben. Von besonderer Bedeutung ist die Verantwortung für die Qualität. Diese Aufgaben betreffen aber auch Wartungs-, Reparatur-, und Reinigungsarbeiten.

In den siebziger Jahren galten solche Versuche in der Automobilindustrie, die wie keine andere Industrie das Fließband als Inbegriff der tayloristischen Arbeitsorganisation verfeinert hatte, als revolutionär. Anstoß für diese arbeitsorganisatorischen Experimente gab die Firma Volvo, die in dieser Zeit extreme Schwierigkeiten hatte, für die Fließbandtätigkeit junge Arbeitnehmer zu rekrutieren. Vor dem Hintergrund eines ausgereizten Arbeitsmarktes traten bei diesen Formen der Arbeitsorganisation erhebliche Absentismus-, Fluktuations- und Qualitätsprobleme auf. Mit neuen Formen der Arbeitsorganisation wollte die Firma Volvo diese Probleme beheben und gleichzeitig ihre Attraktivität als Arbeitgeber steigern (vgl. Ulich 2011, 243ff.).

Ab 1974 wurde im Volvo-Werk Kalmar auf das Fließband verzichtet. Auf rechnergestützten Plattformen wurden die zu bearbeitenden Fahrzeuge durch die verschiedenen Phasen des Montageprozesses transportiert. Auf jeder Plattform begleiteten Arbeitnehmer das Fahrzeug über mehrere Stationen hinweg, sodass Arbeitszyklen von bis zu 40 Minuten entstanden. Durch Rotation in und zwischen den Montageabschnitten und durch Integration von Instandhaltungsarbeiten wurde das Spektrum der möglichen Tätigkeiten je Arbeitnehmer erhöht. Jeder der verschiedenen Montagebereiche unterstand der Verantwortung einer Arbeitsgruppe.

Die Effekte wurden von Volvo in mehrfacher Hinsicht positiv bewertet (vgl. Thuresson 1995, 42ff.):

- Steigerung der **Flexibilität:** Durch die fahrerlosen Plattformen führten Probleme an einem Fahrzeug nicht zu einem Bandstillstand. Die Gruppe konnte die Probleme jeweils selbst lösen. Zwischen den Gruppen entstand eine Lieferanten-Kunden-Beziehung. Der Wechsel von Aufgaben erhöhte auch das Einsatzspektrum der Arbeitnehmer.

- Auf diese Weise verbesserte sich die **Qualität** der Fahrzeuge.
- Der **Steuerungsaufwand** wurde reduziert.
- Die **Wirtschaftlichkeit** (Montagestunden je Fahrzeug) wurde um 30% verbessert.

1994 wurden das Werk Kalmar und das 1988 ebenfalls nach diesen Prinzipien eröffnete Werk Uddevalla geschlossen. Als ausschlaggebender Grund wurde der Rückgang des Verkaufsvolumens angegeben, der die reinen Montagewerke überflüssig und eine Konzentration der Produktion an einem Standort (im Stammwerk Göteborg) erforderlich gemacht habe.

Die vorgestellten Extreme weisen eine kaum noch überschaubare Vielfalt auf. Im Kern umfassen heute ökonomische Zielsetzungen der Gruppenarbeit die Absicht, flexible Gruppen zu etablieren, die sich selbst regulieren und dabei eine höhere Effizienz erzielen. Dahinter steht die Erfahrung, dass in komplexen Produktionsabläufen die Einhaltung von Dienstwegen und Vorschriften und die Befolgung von Anweisungen Leerlauf, Stillstand und Produktionsunterbrechungen zur Folge haben können. Von verantwortlichen Gruppen wird hingegen Selbststeuerung, eine höhere Motivation und Zufriedenheit erwartet. Das damit verbundene Dilemma einer Ökonomisierung dieses sozialen Kapitals hat Moldaschl auf den Punkt gebracht:

> *»Wechselseitige Verantwortungsübernahme, Hilfsbereitschaft, soziale Unterstützung und all die anderen „Sekundärtugenden" bauen auf Reziprozität. Sie erst erhält das System der Sozialbeziehungen oder verleiht ihm einen `anabolen` potentialaufbauenden Charakter. Strategien der einseitigen Ausbeutung dieses Potentials zerstört es an der Wurzel«* (Moldaschl 2005, 227; vgl. auch Moldaschl/Weber 1998).

Empirische Untersuchungen über Verbreitung und Wirkung neuer Formen der Arbeitsorganisation haben als grundsätzliches Problem unterschiedliche Definitionen und Typologisierungen. Ulich (2004) kommt zu dem Ergebnis, dass sich das Verständnis von Gruppenarbeit nicht an einheitlichen Kriterien orientiert und damit die Vergleichbarkeit erschwert (vgl. auch Antoni 2004). Die Verbreitung in Deutschland wird als unterdurchschnittlich ausgezeichnet. Als wesentliche Motive zur Einführung von Gruppenarbeit werden Qualität und kontinuierliche Verbesserung genannt. Als entsprechende Ziele werden im Wesentlichen die Verbesserung der Qualität von Gütern und Dienstleistungen, höhere Produktivität und verbesserte Durchlaufzeiten hervorgehoben (vgl. Benders et al. 1999).

Insgesamt ist festzuhalten, dass im Rahmen neuer Produktionskonzepte eine Vielzahl von Formen der Gruppenarbeit etabliert wurde. Das Spektrum reicht von eng an tayloristischen Prinzipien verhafteten Fertigungsteams bis zu weitgehend autonomen Gruppen, die Planung, Arbeitsorganisation und Kontrolle in eigener Verantwortung organisieren. Zerlegung der Arbeit in kleinste Teilschritte, Trennung von Kopf- und Handarbeit und Motivation der Arbeitnehmer durch materielle Anreize können nicht mehr als wesentliche Bestandteile einer dominierenden Industriekultur betrachtet werden. Vielmehr ist zu konstatieren, dass sich das Spektrum verbreitert hat und qualifizierte Arbeitnehmer sich schnell ändernde Aufgaben bewältigen sollen. Arbeitsgestaltung unterliegt damit nicht nur technischen und organisatorischen Voraussetzungen, sondern hat auch diesen Entwicklungen Rechnung zu tragen.

## 1.3 Persönlichkeitsfördernde Arbeitsgestaltung

Im Taylorismus und seinen Folgeprogrammen wird davon ausgegangen, dass die Produktivität gesteigert wird, wenn Arbeit zerlegt und geteilt wird. Im folgenden Kapitel wird eine gegenteilige theoretische Position entwickelt. Hier lautet die Annahme, dass Produktivität und Zufriedenheit steigen, wenn Handlungs- und Entscheidungsspielräume in der Arbeit erhöht werden. Dazu wird untersucht, wie Menschen Arbeit wahrnehmen, planen und ausführen, welche Rolle hierbei der Handlungs- und Entscheidungsspielraum einnimmt und welche Wirkungen in Abhängigkeit von diesem Spielraum zu erwarten sind.

Im Folgenden wird zunächst eine allgemeinere Theorie der Regulation von Tätigkeiten vorgestellt und anschließend die spezifisch auf das Arbeitshandeln bezogene Regulationstheorie von Hacker entwickelt. Abschließend wird die »Job Characteristics Theory« als normatives Konzept der Arbeitsgestaltung diskutiert.

### 1.3.1 Das TOTE-Modell

Miller et al. (1981) zeigen an einem Alltagsbeispiel, wie Menschen das komplizierte Zusammenspiel von Planen und Realisieren zusammenführen. Wer morgens z.B. darüber nachdenkt, wie der Tag wohl ablaufen wird, hat vermutlich eine Vorstellung darüber, welche Aufgaben zu erledigen sind. Entsprechend werden Pläne gemacht, wie diese Aufgaben bewältigt werden können.

Diese Tagespläne sind bedeutsam und haben Einfluss darauf, welche Dinge tatsächlich erledigt werden. Gleichzeitig wird aber auch davon ausgegangen, dass solche Pläne keine ausgeklügelten Detailvorschriften für jeden Augenblick des Tages enthalten. Grobe skizzenhafte Vorstellungen reichen aus, da wir, um bestimmte Aufgaben zu lösen, über entsprechende Programme und eingeübte Handlungsweisen verfügen. Wenn beispielsweise Briefe zu schreiben sind, dann ist die Benennung des Vorgangs hinreichend, da uns bekannt ist, welche Aktivitäten das Schreiben von Briefen umfasst.

Wir verfügen also über **Vorstellungen** oder Bilder (Images). Diese bestehen »*... aus all dem angehäuften, organisierten Wissen, das der Organismus über sich selbst und seine Umwelt gesammelt hat*« (Miller et al. 1991, 27) und werden mit der Vorstellung, wie der Tag sein wird, in Verbindung gebracht; wir erstellen **Pläne**, um Aufgaben gerecht zu werden. Unter einem Plan wird hierbei eine Folge von Instruktionen verstanden, die Handlungen so steuert, dass diese in der richtigen Reihenfolge ausgeführt werden. Die Bedeutung eines Plans für einen Organismus ist vergleichbar mit einem Programm für Computer. In dieser Analogie steckt auch die Vermutung, dass menschliche Pläne hierarchisch strukturiert sind, und dass diese hierarchische Struktur die Grundform des menschlichen Problemlösens ist. Der Begriff Plan enthält damit sowohl einen groben Handlungsentwurf, der die Richtung des Handelns angibt, als auch die im Begriff Programm angelegten detaillierten Operationen einer Handlung. Die Begriffe **Strategie und Taktik** verdeutlichen die Hierarchie der Verhaltensorganisation. Als Analogie kann hier ein Inhaltsverzeichnis herangezogen werden, dessen erste Ziffer die grundlegende Richtung eines Kapitels angibt (Strategie), während die hierarchische Untergliederung die Bearbeitung konkretisiert. In diesem Sinne umfasst Handeln sowohl eine strategische als auch eine taktische Komponente. Die **Ausführung** stellt die

Realisierung eines Planes dar, wenn der Plan tatsächlich die vorgesehene Operationenreihe steuert. Die Ausführung des Planes muss nicht unbedingt zu einer beobachtbaren Tat führen, sondern umfasst auch das Sammeln und Umwandeln von Informationen sowie das Steuern von Handlungen.

Vor dem Hintergrund dieser Begrifflichkeiten umfassen erste Überlegungen zum Zusammenhang zwischen Bild und Plan folgende Aspekte:

*»Ein ›Plan‹ kann gelernt werden und ist somit Bestandteil des ›Bildes‹.*

*Die Namen, die Menschen ihren Plänen geben, müssen einen Teil ihres Selbstbildes einschließen, da es ja ein Bestandteil des Selbstbildes der Person ist, imstande zu sein, diesen und jenen Plan ausführen zu können.*

*Wissen muß im Plan eingegliedert sein, sonst könnte es keine Grundlage für die Anleitung des Verhaltens zur Verfügung stellen. Folglich können Bilder Bestandteile von Plänen sein.*

*Änderungen in den Bildern können nur von ausgeführten Plänen für das Sammeln, Aufbewahren oder Umwandeln von Informationen ausgehen.*

*Änderungen in den Plänen können nur von Informationen, welche aus Bildern stammen, ausgehen.*

*Die Umwandlung von Beschreibungen in Instruktionen ist für Menschen ein einfaches sprachliches Kunststück« (Miller et al. 1991, 27f.; vgl. auch Miller et al. 1981, 386ff.).*

Handeln kann nun als ein kybernetischer Prozess erklärt werden, der eine Struktur wie in Abbildung II / 31 aufweist.

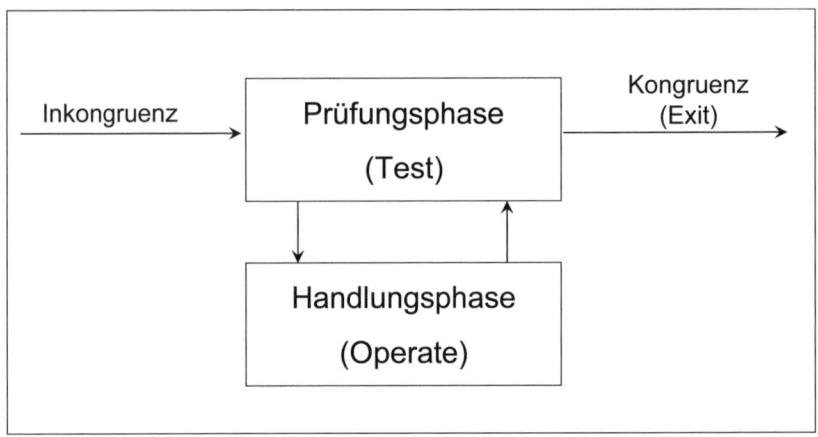

Abbildung II / 31: Das TOTE-Modell

Eingangsenergien werden einer Prüfung (Test) unterzogen und mit Kriterien, die im Organismus verankert sind, verglichen. Eine Reaktion (Operate) erfolgt, wenn das Resultat des Testes eine Inkongruenz aufweist. In einem weiteren Schritt wird geprüft, ob die Inkongruenz beseitigt ist (Test). Diese Handlungs- und Prüfphasen werden solange fortgesetzt, bis die Inkongruenz behoben ist (Exit).

TOTE-Einheiten stellen somit das Grundmuster dar, nach dem Pläne entworfen werden. Eine Testphase enthält die Spezifikation des Wissens, das für das Vergleichen nötig ist, und die Handlungsphase verdeutlicht, was der Organismus tut.

Diese TOTE-Muster können sowohl strategische wie taktische Verhaltenseinheiten beschreiben. Handlungsphasen können aus TOTE-Einheiten höherer Ordnung und niedriger Ordnung bestehen und so eine Kette der hierarchischen Verhaltensorganisation beschreiben.

Als Beispiel demonstrieren Miller et al. (1991) das Einschlagen eines Nagels. Der **Plan** umfasst die beiden Phasen »Heben des Hammers« und »Zuschlagen«. Für eine genauere Konkretisierung ist diese Planung aber zu grob; sie gibt lediglich die Richtung an. Für die **Ausführung** ist ein komplexes Prüfprogramm erforderlich, welches die in Abbildung II / 32 aufgeführten Schritte beinhaltet.

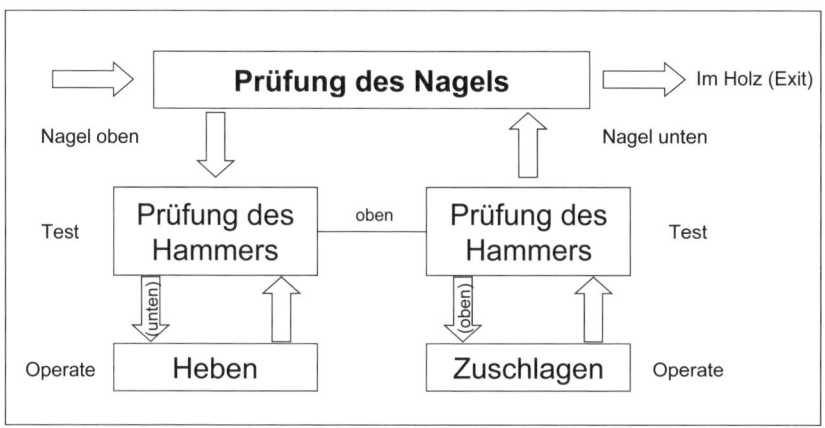

Abbildung II / 32: Beispiel für einen TOTE-Rückkopplungskreis
(In Anlehnung an Miller et al. 1991, 42)

Handlungen umfassen Pläne, die mit dem inneren Bild abgeglichen werden und im Verlauf der Handlungen über Tests zu verschiedenen Operationen führen, bis die ursprüngliche Inkongruenz beseitigt ist.

Was bedeutet dies für die Arbeitsgestaltung? Wenn alle Details einer Handlungsabfolge von einem Trainer, Arbeitsvorbereiter, Vorarbeiter oder Meister ausgearbeitet und dann dem Arbeiter als verbindlich geltend auferlegt werden und Fertigkeiten lediglich eine Kette von Reflexen wären, hätte man die beste Lehr- und Arbeitsmethode gefunden. Insbesondere das Fließband repräsentiert diese methodisch vorgedachte, zerlegte und verbindlich festgelegte Arbeitsabfolge. Ziel ist es, überflüssige Bewegungen zu eliminieren und optimale Wirkungen im Bewegungsablauf zu erzielen. Allerdings weigern sich Arbeiter häufig, diese Ablaufketten zu übernehmen, denn diese widersprechen dem oben aufgezeigten natürlichen Ablauf der Bildung von Plänen und der konkreten Ausführung.

Wenn Menschen Zeit haben, einen Plan aufzustellen, der zunächst im Groben die Handlungsabläufe aufführt, dann finden sie die fehlenden Elemente, die zur Realisierung benötigt werden. Ob diese Aspekte gefunden werden, ist ein Test für die Adäquatheit dieser Strategie:

*»Im Rahmen einer gut entwickelten Strategie werden ganz verschiedenartige prak-tische Handlungsformen möglich. Von jemandem, der verschiedene solche zur Ver-fügung hat, sagen wir, daß er sein Handwerk ›versteht‹«* (Miller et al. 1991, 84)

Auf diese Weise kommt es zu einer »natürlichen« Abfolge von Plänen, die Bilder ver-ändern, und Bildern, die Pläne reichhaltiger machen – mit entsprechenden Konse-quenzen für die Zunahme der Problemlösungsfähigkeit.

Das TOTE-Modell widerspricht damit den Grundannahmen der tayloristischen Ar-beitsgestaltung diametral. In der Tradition des Taylorismus wird davon ausgegangen, dass Produktivität gesteigert werden kann, wenn Arbeit zerlegt und nach dem Prinzip der höchsten Ergiebigkeit wieder rekonstruiert wird. Die dazugehörigen Mittel und In-strumente sind Zeit- und Bewegungsstudien, die insbesondere die Trennung von Hand- und Kopfarbeit perpetuieren.

Das TOTE-Modell widerspricht auch den Annahmen der klassischen behavioristi-schen Lerntheorie, die auf die Berücksichtigung kognitiver Prozesse verzichtet. Es betont hingegen die gegenseitige Wechselwirkung von Mensch und Umwelt, die kog-nitiven Verarbeitungsprozesse des Individuums und stellt dessen Fähigkeit zu zielge-richtetem und denkendem Handeln heraus. Das Modell gibt damit erste Hinweise auf die Ursachen für verbesserte Arbeitsausführung und Problemlösungen sowie höhere Arbeitszufriedenheit bei Aufgaben, die Handlungsspielräume enthalten.

### 1.3.2   Handlungsregulationstheorie

Die Handlungsregulationstheorie greift wesentliche Annahmen des TOTE-Modells auf und erweitert es zu einem Modell miteinander verbundener *Vergleichs-Veränderungs-Rückkopplungs-Einheiten* (VVR-Einheiten). Vor dem Hintergrund dieses Grundver-ständnisses werden wesentliche Elemente des Modells konkretisiert und diese Elemente zu einer Theorie der Handlungsregulation erweitert, die sich spezifisch auf Arbeit be-zieht (vgl. zum Folgenden Hacker 2005; Hacker 2009, 23ff.). So wird aus »test« in der Modellwelt von Hacker (2005) ein »Vergleich« zwischen situativen Gegebenheiten und den durch das Ziel definierten angestrebten Situationen. Aus »operate« wird eine »Ver-änderung«, die den realen Eingriff in die Umwelt, z.B. im Hinblick auf das Arbeitspro-dukt, repräsentiert. Die Rückmeldung wird als wesentliches Merkmal dieser Regulation von Handlungen herausgestellt. Es existieren keine einfachen Wiederholsequenzen, sondern es wird davon ausgegangen, dass der jeweilige Vergleichsvorgang auch Aus-gangspunkt neuer Veränderungen ist (vgl. Volpert 1987, 13).

Auf diese Weise entsteht das Bild eines Menschen, der sich in seiner Arbeitstätigkeit im Wesentlichen von kognitiven Prozessen leiten lässt (vgl. Greif 1983, 152f.):

1. Es wird die Bedeutung des gegenseitigen Veränderungsprozesses betont, der sich in der Wechselwirkung zwischen Mensch und materieller Umgebung vollzieht.
2. Innere Regulationsprozesse befähigen den Menschen zu zielgerichteten, denkenden und planenden Auseinandersetzungen mit seiner Arbeitsumgebung. Diese Annahme ist wichtig, denn sie bricht mit der Vorstellung vom Menschen, der auf Umweltreize reagiert oder von seinen Bedürfnissen getrieben wird.
3. Vielmehr wird unterstellt, dass der Mensch über Ziel-Aktionsprogrammeinheiten verfügt, die flexibles Handeln erleichtern. Jede Handlung ist in einen Gesamtzusam-menhang eingebettet und kann nur in diesem Zusammenhang verstanden werden.

4. Dies führt zugleich zu einer Veränderung der eigenen Persönlichkeit.

Im Folgenden sollen die wesentlichen Elemente der Regulationstheorie vorgestellt werden.

### 1.3.2.1    Tätigkeit, Handlung und Operation

Tätigkeit ist eine komplexere Einheit, die aus mehreren Handlungen besteht (Leontjew 1987). Der Mensch eignet sich die Umwelt an, verändert diese und verändert sich dabei selbst. In dieser Sichtweise werden zwei Aspekte des menschlichen Lebens besonders betont (vgl. Wiendieck 1994, 73f.):

1. Die Tätigkeit verbindet den Menschen sowohl mit anderen Menschen als auch mit der Natur. Die Art und Weise der Tätigkeit lenkt also auch die soziale und physikalische Auseinandersetzung mit den Menschen und mit der Natur. Vor diesem Hintergrund ist Tätigkeit nicht als universelles und zeitloses Phänomen zu betrachten, sondern Änderungen in den Tätigkeiten verändern auch die sozialen Beziehungen der Menschen.
2. Tätigkeit wird als Einheit geistiger und körperlicher Prozesse verstanden. Damit werden Bewusstsein und Tätigkeit nicht als voneinander getrennt gesehen, sondern weisen zahlreiche Wechselwirkungen auf.

In dieser Interpretation von Tätigkeit wird deutlich, dass sie eine zentrale Rolle im menschlichen Leben einnimmt und gleichzeitig die sozialen Beziehungen strukturiert.

*»Durch Arbeitstätigkeiten verändern die arbeitenden Menschen zielgerichtet die Welt und dabei – meist weniger klar beabsichtigt – sich selbst. Daher können Arbeitstätigkeiten nicht isoliert untersucht werden, sondern nur in tätigkeitsübergreifenden Zusammenhängen als ein ›System‹. Ist doch der Tätigkeitsbegriff eine mehrstellige Relation, auffaßbar als ein ›Geschehenstyp‹, der mindestens zu kennzeichnen ist durch das tätige Subjekt mit seinen Leistungsvoraussetzungen für und Ansprüchen an die Tätigkeit, den Arbeitsgegenstand mit seinen Eigengesetzlichkeiten, die in der Arbeitstätigkeit zu berücksichtigen sind; bei dialogischen Tätigkeiten steht an dieser Stelle ein Mensch, der angeleitete oder unterstützte Tätigkeiten ausführt, den Ausführungsbedingungen auch zeitlicher und räumlicher Art, das auftrags- bzw. vorsatzgemäß zu erreichende Ergebnis aktueller und übergreifender Art sowie den verändernden Arbeitsprozeß selbst, der neben der zielgerichteten Veränderung des Gegenstands auch zu Selbstveränderungen des Arbeitenden führt«* (Hacker/Richter 1990, 127).

Eine Tätigkeit wird meist mit einem Motiv verbunden. Das Motiv stellt also eine eher übergeordnete und nicht immer realisierbare Orientierung des Menschen dar und steuert so die grundlegende Tätigkeitsausrichtung.

Handlung ist eine willensmäßig gesteuerte Einheit der Tätigkeit. Die in der Tätigkeit vermittelte grobe Orientierung wird in der Teileinheit Handlung konkreter auf bewusste Ziele ausgerichtet. Zum Konzept der Handlung gehört also immer eine innere gedankliche Vorstellung angestrebter Ergebnisse, auf die diese Handlungen hin ausgerichtet sind. Durch das leitende Ziel können Handlungen als selbstständige, abgrenzbare Grundtatbestandteile einer Tätigkeit identifiziert werden.

Handlungen können aus Teilhandlungen oder Operationen bestehen. Sie sind unselbstständige Bestandteile der Handlungen, da ihre Resultate in der Regel nicht als Ziele bewusst werden. Gleiche Ziele von Handlungen können mit Hilfe verschiedener Operationen erreicht werden, je nachdem wie die Ausführungsbedingungen wahrgenommen und interpretiert werden.

### 1.3.2.2   Zielbildung

Arbeitende setzen sich Ziele, wenn sie sich selbst Aufgaben stellen oder wenn sie Aufträge übernehmen müssen. Ob nun die Aufgaben selbst bestimmt sind oder übernommen werden – immer erfolgt eine Bewertung und Interpretation der Aufträge. Auch bei noch so geringen Freiheitsgraden können Bewertungen und Interpretationen mehr oder minder adäquat sein. Bewertungen entstehen durch das Erfassen der Forderungen und durch Vergleichen mit Ansprüchen, Bedürfnissen und Wertvorstellungen sowie mit der Selbsteinschätzung der eigenen Leistungsmöglichkeiten. Hinzu kommen individuell entwickelte Werte und Normen, die als Ergebnis gesellschaftlicher, vor allem aber erzieherischer Einflüsse wirksam werden.

Die daraus resultierenden Ziele aktivieren antizipative Ergebnisvorstellungen, die wiederum kognitive Anstrengungen auslösen. Auch wenn diese Ziele allgemeiner Natur sind, sind – so Hacker – Zielbildung, Vorwegnahme der angestrebten Situation und Aktivierung der kognitiven Strukturen unteilbar. Diese Vorwegnahme veranlasst und reguliert Tätigkeit aber nur, wenn diese zugleich motivationale Vornahmen (Intentionen) zur Verwirklichung der Teilziele, Ziele oder Oberziele sind:

> *»Als Einheit von Vorwegnahme und Vorsatz oder Vornahme – von Antizipation und Intention – sind Ziele nicht kurzerhand ein Merkmal einer Person oder einer Situation oder eines Objekts, sondern eine unaufteilbare Verbindung des arbeitenden Subjekts mit dem in einen künftigen Zustand zu überführenden Objekt der Tätigkeit« (Hacker 2005, 181f., mit Hervorhebungen im Original).*

Ziele können Übernahmen gestellter Aufträge sein; Ziele können aber auch eigenständig entwickelt werden. Selbstgesetzte Ziele sind mit höherem Wohlbefinden verbunden und führen zu einem besseren Leistungsverhalten. Ursprünglich nur übernommene Ziele können in einer Art und Weise angeeignet werden, die sie als selbstgesetzt erleben lassen und damit auch Verhaltenswirksamkeit zeigen. Unter Zielen kann man auch Oberziele verstehen, die die Wirkung von Globalannahmen haben. Die Antizipation der Ziele konzentriert sich dann auf Vorgaben wie »wirtschaftlich arbeiten«, »ordentlich arbeiten« oder »sich schonen«. Meist werden solche Oberziele durch konkretere Ziele untersetzt; die Zielbildung kann aber auch ohne solche Unterziele vorgenommen werden.

### 1.3.2.3   Operatives Abbildsystem und VVR-Einheiten

Analog zu den »Bildern« im TOTE-Modell spielen in der Handlungsregulationstheorie Pläne, Aktionsprogramme und innere Repräsentationen eine große Rolle. Der Arbeitsprozess ist nur zum Teil durch technische oder arbeitsorganisatorische Sachzwänge determiniert. Immer gibt es Freiheitsgrade, die Handlungsspielräume repräsentieren. Um diese Handlungsspielräume nutzen zu können, benötigt eine handelnde Person Orientierungen. Vor Beginn der Handlungen entwirft der Mensch, anders als ein Computer, also nicht sofort eine Liste mit Befehlen, sondern zieht zunächst ein grobes, allgemeines Aktionsprogramm vor (vgl. Greif 1983, 162f.). Nur das, was unmittelbar bevorsteht, wird detailliert geplant.

Da jeder Mensch weiß, dass er für die genaue Abarbeitung einer Handlung und gegebenenfalls Abweichung über Aktionsprogramme verfügt, wird die ansonsten sehr aufwendige Feinplanung zugunsten einer Grobplanung zurückgestellt. Charakteristisch für den Menschen ist von daher, dass zu Beginn des Handelns keine Flussprogramme vorhanden sind, sondern seine Befähigung zum raschen Erzeugen »neuer« oder leicht veränderter Aktionen im Vordergrund steht. Anders als ein Computer, der immer gleiche Befehle ausführt und auf Umweltveränderungen nicht reagiert, bleibt menschliches Handeln anpassungsfähig und flexibel.

Um Handlungen ausführen zu können, benötigen Menschen damit innere Landkarten oder Bilder. Hierunter versteht Hacker (2005) den Aufbau operativer Abbilder im Gedächtnis, die die Durchführung von Handlungen ermöglichen. Operative Abbilder werden also in der handlungsvorbereitenden Phase aktiviert, erzeugen Vorstellungswelten vom angestrebten Sollzustand und regulieren die Teilschritte der einzelnen Handlungen. Diese Abbilder verfügen über eine relative Beständigkeit und repräsentieren unsere Vorstellung über die Umwelt, über die eigene Person und über die eigenen Aktivitäten. Ein Arbeitnehmer *weiß* um die in seinem Arbeitsbereich ablaufenden Prozesse, er *kennt* die Art der Verknüpfung der technischen und arbeitsorganisatorischen Abläufe, er hat *Vorstellungen* vom Aufbau seiner Anlage, er kennt die zahlreichen Signale und weiß um mögliche Folgen von Fehlern. Er besitzt also ein anschauliches, verbalisierungsfähiges Bild seiner Arbeitstätigkeit. Es ist dieses Bild, das sein Handeln leitet. Dieses operative Abbildsystem (OAS) ist verantwortlich für die Qualität und Güte des an ihm orientierten Handelns. Je angemessener es auf die geforderten oder selbstgesetzten Ziele reagiert, umso effektiver können die Handlungsergebnisse sein. Umgekehrt ist ein inadäquates oder nicht ausreichend differenziertes, operatives Abbildsystem verantwortlich für unangemessene Ergebnisse, Fehler oder Störungen im Tätigkeitsablauf.

Operative Abbilder beziehen sich auf verschiedene Bestandteile des Arbeitsprozesses. Im Hinblick auf Ziele oder Teilzielhierarchien bewerten sie Antizipationen, d.h., das operative Abbildsystem evaluiert bereits vorweggenommene Arbeitsergebnisse. Im Hinblick auf die Ausführungsbedingungen von Arbeitstätigkeiten bewertet es die Möglichkeit der Arbeitsausführung. Es handelt sich hierbei um Wissen, das sich beispielsweise auf die Eigenschaften des Materials, auf mögliche Fehlerursachen und auf den Ablauf des Arbeitsprozesses bezieht. Im Hinblick auf Maßnahmen wird die Diskrepanz zwischen Ist- und Sollzustand kognitiv überbrückt. Beispielsweise werden Programme und Arbeitsmittel sowie die eigene Leistungsfähigkeit reflektiert (vgl. Abbildung II / 33).

Abbildung II / 33: Inhalte des Systems operativer Abbilder
(In Anlehnung an Hacker 2005, 193)

Hacker nutzt ein alltägliches Beispiel, um die Funktionsfähigkeit kognitiver Aktionsprogramme zu demonstrieren:

>>*Gehen wir von einem alltäglichen Beispiel aus: Auf dem Wege zur Universität fallen mir Aufgaben ein, die heute zu erledigen sind: Vorlesung vorbereiten, Briefe beantworten, einen Praktikumsbericht durchsehen, eine Besprechung vorbereiten ... Ich nehme mir vor, die Briefe erst am Nachmittag – zusammen mit der neuen Post zu erledigen und mit dem Bericht zu beginnen. Angekommen, tritt meine Vornahme wieder ins Bewusstsein, ich nehme den Bericht vor, beginne mit der Zusammenfassung und arbeite ihn dann abschnittsweise durch. Dabei erscheint eine statistische Berechnung fraglich, ich unterbreche und rechne das Problem durch (...)<<* (Hacker 2005, 207).*

Das Beispiel macht deutlich, dass die kognitive Struktur hierarchisch organisiert ist. Auf dem Weg zur Universität wissen wir um die auf uns zukommenden Aufgaben, und wir haben Vorstellungen von den notwendigen Arbeitsausführungen. Wir definieren Ziele und können uns sogleich die Ergebnisse der mit den Zielen verbundenen Ausführungen vorstellen. Wir planen Schritte der zweckmäßigen Arbeitsausführung, ohne dass es für die Ausführung jetzt schon erforderlich ist, sogleich alle Teilaktivitäten zu bedenken. Es ist auch nicht notwendig, die Zielantizipation und die Ausführungsprogramme fortwährend im Bewusstsein präsent zu erhalten. Es genügt, dass wir uns die Arbeitsausführung vornehmen, denn wir wissen, dass wir zur geeigneten Zeit über Unterprogramme verfügen, die uns bei der Ausführung dieser Unterziele unterstützen (vgl. Abbildung II / 34).

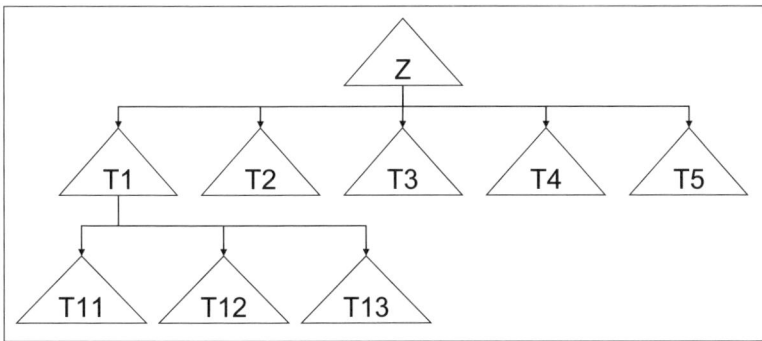

Abbildung II / 34: Hierarchische Struktur einer Aufgabendekodierung

Die Ausführung von Handlungen wird von Kontrollprozessen begleitet. Wir verglei-chen die durch das operative Abbildsystem gesteuerte Vorwegnahme des Zieles mit den von uns konkret realisierten Handlungen und sanktionieren oder korrigieren die jeweili-gen Handlungen. Auf diese Weise bewegt sich der Mensch von komplexen Gesamtauf-gaben zu Teilaufgaben, ordnet diese, zerlegt sie gegebenenfalls weiter, bis er schließlich an der für die Handlungsausführung notwendigen Operation angelangt ist. Auf diese Weise entsteht das Bild einer Handlungsregulation, in der sich eine Hierarchie von Ak-tionsprogrammen repräsentiert.

Eine Funktionseinheit der Arbeitstätigkeit ist die so genannte *Vorwegnahme-Verän-derungs-Rückkopplungseinheit* (VVR-Einheit). In enger Anlehnung an die TOTE-Einheiten wird davon ausgegangen, dass Menschen in der Bewältigung einer Handlung zunächst das Ziel vorwegnehmen, anschließend das Resultat der Tätigkeit mit dem an-gestrebten Ziel vergleichen und diese Tätigkeit solange fortsetzen, bis es zu einer hin-reichenden Übereinstimmung des rückgemeldeten Resultates mit dem vor-weggenommenen Ziel gekommen ist. Auf diese Weise werden vielfältig ineinander verschachtelte und hierarchisch aufgebaute VVR-Einheiten zu umfassenden Aktions-programmen zusammengeführt. Der wohl wichtigste Unterschied zur TOTE-Einheit ist die Einbeziehung einer sich ändernden Umwelt. Während bei Miller et al. (1991) eher einem formalen Prinzip gefolgt wird (im Sinne einer Endlosschleife), verweist Hacker auf den Einfluss der durch das Handeln veränderten Umwelt.

VVR-Einheiten können damit als Ausführungsprogramme interpretiert werden, die in der Lage sind, immer neue Ausführungsprogramme bis hin zu Operationen durchzufüh-ren. Dennoch wissen wir, insbesondere bei dem angeführten Beispiel, dass unvor-hergesehene Umwelteinflüsse eine Anpassung dieser Einheiten notwendig machen kön-nen. Die Handlungsregulationstheorie geht davon aus, dass der Mensch nicht Be-wegungselemente aneinanderreiht, sondern zyklische Einheiten miteinander verbindet. Ausgehend von einem Ziel werden verkettete Transformationen darauf bezogen (vgl. Hacker 2005, 217ff.).

1.3.2.4    Arbeitsgestaltung und Persönlichkeit

Die bisherigen Ausführungen zeigen, dass Handeln auf verschiedenen Regulations-ebenen durchgeführt wird (vgl. Hacker 2005, 244ff.):

1. Auf der Ebene der **intellektuellen Verarbeitung** müssen Handlungen gedanklich vorbereitet werden. Diese psychischen Vorgänge sind bewusstseinsfähig und bewusstseinspflichtig. Das dazu erforderliche Denken wird als bildhaft-anschauliches oder begrifflich-symbolisches Denken herangezogen. Auf dieser Ebene existieren Wahlmöglichkeiten im Hinblick auf die Auswahl von Zielen, Zielhierarchien, Festlegung von Arbeitswegen und Auswahl der Mittel.

2. Auf der **perzeptiv-begrifflichen** Ebene werden Informationen aufgenommen, integriert, klassifiziert und bewertet. Dabei helfen gespeicherte Regeln. Im Unterschied zur intellektuellen Verarbeitung werden auf dieser Ebene nur Freiheitsgrade im Hinblick auf die Abfolge der Teilhandlungen realisiert. Beispielsweise werden bei festgelegten Zielen die Wissensbestände aktiviert, Informationen eingeholt und Ablaufpläne generiert.

3. Bei der **sensumotorischen Regulation** handelt es sich um unselbstständige Komponenten von Handlungen, quasi automatisierte Vollzüge, z.B. Autofahren, also Bewegungen, die in »Fleisch und Blut« übergegangen sind. Sie konkretisieren die generierten Ablaufpläne.

Im Hinblick auf Leistung und Persönlichkeit lassen sich aus diesen Regulationsebenen Anforderungen an die Arbeitsgestaltung ableiten (vgl. Hacker 1994a; Volpert 1987, 18f.):

• So umfassen vollständige Tätigkeiten eine **Vorbereitungsfunktion**, die das Aufstellen von Zielen, das Entwickeln von Plänen und das Auswählen adäquater Strategien beinhaltet. Das selbstständige Setzen relativ komplexer Ziele ist eingebettet in einen größeren Sinnzusammenhang oder steht im Zusammenhang mit übergeordneten Zielen.

• **Organisationsfunktionen** umfassen das Abstimmen der Aufgaben mit anderen Menschen.

• **Kontrollfunktionen** umfassen die Rückmeldungen über das Erreichen der Ziele und den Erfolg der Handlung.

Persönlichkeitsfördernde und effektivitätssteigernde Tätigkeiten beinhalten damit zunächst die Erhöhung des Anteils intellektueller Regulation und in hierarchischer Hinsicht einander abwechselnde Ebenen der Tätigkeitsregulation. So ist beispielsweise ein Abwechseln von routinisierten Operationen mit Problemlösungs- und Problemfindungsprozessen im Sinne der Handlungsregulationstheorie adäquat. Somit sind Mindestanforderungen an ganzheitliche Tätigkeiten Mischformen intellektueller und routinisierter Arbeitstätigkeiten.

Die Wirkungen ganzheitlicher Tätigkeiten werden positiv beurteilt:

Im Hinblick auf die **Persönlichkeitsentwicklung** ist nach Hacker exemplarisch belegt, dass eine Zurücknahme von Unvollständigkeit in Arbeitsprozessen auch damit verbundene negative Auswirkungen verringert. Mit wachsender zyklischer Vollständigkeit erhöht sich die Wahrscheinlichkeit der Verringerung psychosomatischer Beschwerden und der Absenkung des Krankenstandes. Mit wachsender hierarchischer Vollständigkeit vermindern sich Monotonieerlebnisse und steigt die Wahrscheinlichkeit von anregender und zufriedenstellender Tätigkeit.

Im Hinblick auf **Leistungswirkungen** werden vollständige Tätigkeiten als Grundlage von Lern- und Entwicklungspotenzial interpretiert, die wiederum Auswirkungen auf die Entwicklung der Tätigkeit und den Tätigen haben. Vollständigere Tätigkeiten erhöhen

Lernchancen und verbessern die Möglichkeit, aus Spielräumen neue Anforderungsvarianten zu entwickeln. In Untersuchungen wurde festgestellt, dass Arbeiter mit einer planenden Strategie effektiver sind und höhere Arbeitsleistungen aufweisen (vgl. Hacker 1994a; Hacker/Richter 1990). Planende Strategie erhöht nicht nur die Arbeitsleistung, sondern wird auch als geringere Belastung erlebt. Ruhigeres, geplantes Handeln wird als angenehmer erlebt, lässt den zeitlichen Ablauf optimal regulieren. Unvollständige Tätigkeiten hingegen bewirken Verlernen des Lernens und Intelligenzabbau. Als Konsequenzen für eine effektive und persönlichkeitsfördernde Arbeitsgestaltung werden von Hacker Hauptbedingungen für die Persönlichkeitsentwicklung formuliert (vgl. Abbildung II / 35).

| Hauptbedingungen für die Persönlichkeitsentwicklung |
| --- |
| Ausreichende Aktivität, bei<br><br>• Möglichkeiten zum Anwenden und Erhalten erworbener Leistungsvoraussetzungen, Nützlichkeit der Anwendung für den einzelnen, seine Bezugsgruppe oder im weitesten Sinne für die Gesellschaft.<br><br>• Möglichkeiten zur Anwendung und Erweiterung der Leistungsvoraussetzungen (insbesondere geistige Befähigung zur Erzeugung von Arbeitsverfahren).<br><br>• Selbstständige Zielsetzungen und Entscheidungen und aus Denkleistung abgeleitete Verfahrenswahl.<br><br>• Schöpferische Veränderungsmöglichkeit der Arbeitsverfahren.<br><br>• Möglichkeiten zur sozialen Kooperation.<br><br>• Anerkennung wertvoller Leistungen. |

Abbildung II / 35: Hauptbedingungen für die Persönlichkeitsentwicklung
(In Anlehnung an Hacker 2005, 802)

Diese Entwicklungsbedingungen sind nicht mechanisch anwendbar, sondern werden als Entwicklungsangebote verstanden, die davon abhängig sind, wie sich die Bedürfnisse der Arbeitnehmer im Hinblick auf Arbeit darstellen und welche Leistungsvoraussetzungen vorhanden sind. Persönlichkeitsentwicklung sind dann Wechselbeziehungen zwischen objektiven und personalen Bedingungen (vgl. Hacker 2005, 803).


## 1.3.2.5    Kritik an der Handlungsregulationstheorie

Die Handlungsregulationstheorie nimmt einen prominenten Platz in der theoretischen Fundierung der Arbeitsgestaltung ein und hat eine Vielzahl von empirischen Untersuchungen (vgl. Hacker 1994a) und Handlungsempfehlungen (vgl. Hacker 1994b, 57ff.) ausgelöst. Dennoch sind eine Reihe von Kritikpunkten an der Modellkonstruktion genannt worden:

• So hat die Anzahl und Aufteilung der Regulationsebenen eine intensive Diskussion ausgelöst und eine Vielzahl von Modifikationen generiert (vgl. Ulich 2011, 116ff.).

• Angemerkt wird auch, dass in diesem Ansatz soziale Beziehungen in der Arbeitswelt nicht oder kaum berücksichtigt werden. Das Individuum ist in dieser Modellwelt nicht kooperativ, und in den verschiedenen Regulationsebenen ist die kommunikative Seite von Arbeit nur indirekt vertreten (vgl. z.B. Wiendieck 1994, 80f.). Insbesondere für die Gestaltung von Gruppenarbeit sind hier weitergehende Modellelemente zu berücksichtigen (vgl. zu diesem Argument ausführlich Hacker

1994b, 60ff.). Hacker hat darauf hingewiesen, dass sich die psychische Regulation von Arbeitstätigkeiten hauptsächlich auf manuelle Tätigkeiten in der Fertigung und auf mentales Entwerfen von Produkten oder Prozessen bezieht. Für dialogisch-interaktive Arbeitsprozesse hat Hacker weitere Charakteristika und Modellelemente konzeptionalisiert (vgl. Hacker 2009).

• Es werden logische Ziel-Mittel-Ketten unterstellt, aber Zielungewissheit, Ambiguität und Widersprüche bleiben bestehen. Nach Heller (1994, 67f.) stellt die Anlehnung an das Grundmodell des rationalen Handelns einen Ausschluss der subjektiven Seite von Arbeit (z.B. Intuition, gefühlsmäßige Entscheidung) dar.

Schließlich bleibt weitgehend offen, wie das Verhältnis zwischen Zielen oder Bedürfnissen und der Handlungsausführung bestimmbar ist. Es ist zwar möglich, dass die Ziele die Handlung nach sich ziehen, allerdings legen Motivationstheorien nahe, dass es weitere Einflussgrößen gibt.


### 1.3.3  Job Characteristics Theory

Das TOTE-Modell und die kognitive Handlungsregulationstheorie stellen Analysekonzepte dar, die allgemeine Handlungen oder Handlungen in der Arbeitswelt auf »natürliche« Abläufe beziehen. In der Job Characteristics Theory wird hingegen der Frage nachgegangen, wie Arbeit strukturiert sein muss, um sowohl effektiv zu sein als auch persönliche Zufriedenheit und angestrebte Ergebnisse für die Arbeitsplatzinhaber zu gewährleisten. Diese Theorie der Arbeitsstrukturierung »... *focuses specifically on how the characteristics of jobs and the characteristics of people interact to determine when an ›enriched‹ job will lead to beneficial outcomes, and when it will not«* (Hackman/Oldham 1976, 251).

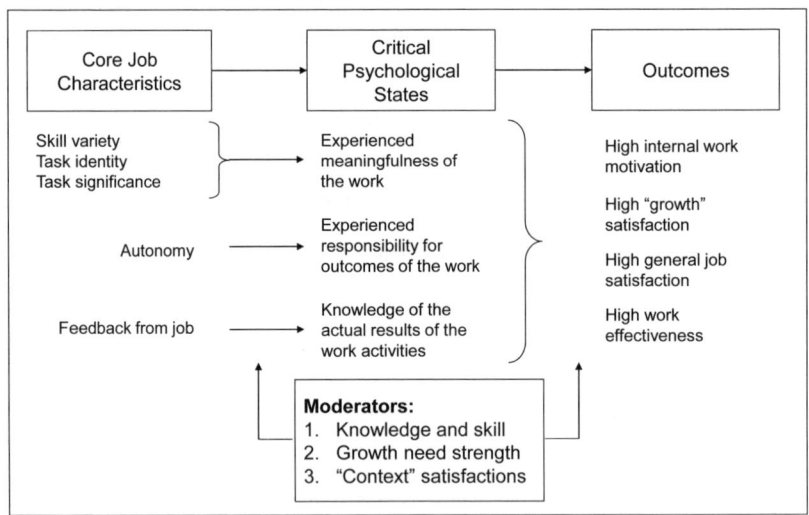

Abbildung II / 36: Das Job Characteristics Modell
(In Anlehnung an Hackman/Oldham 1980, 90)

Es wird davon ausgegangen, dass bestimmte Arbeitsbedingungen psychische Zustände hervorrufen, die wiederum zu persönlichen und arbeitsbezogenen Wirkungen führen. Vor dem Hintergrund der Unterschiedlichkeit der Arbeitsausführung von Menschen an gleichen Arbeitsplätzen berücksichtigen Hackman und Oldham im Modell in Abbildung II / 36 moderierende Variablen, die die Beurteilung von Tätigkeit beeinflussen und spezifische Wirkungen erzeugen (vgl. ausführlich Hackman/Oldham 1980, 71ff; Oldham/Kulik 1992, 363ff.).

### 1.3.3.1    Psychische Zustände

Wenn – so die Annahme – Arbeitnehmer eine enge Bindung zu ihren Arbeitsaufgaben besitzen, ist es nicht erforderlich, sie mit verschiedenen Instrumenten zu besseren Leistungen zu bringen. Vielmehr werden Arbeitnehmer selbst daran interessiert sein, ihre Aufgaben gut zu erledigen, da sie dies als befriedigend und belohnend erleben. Diesen Zustand nennen Hackman und Oldham »internal motivation«. Internal motivierte Personen beziehen ihre Belohnungen aus der Arbeit selbst und empfinden diese Belohnungen als Ansporn für die Fortsetzung der Tätigkeit (vgl. Hackman/Oldham 1980, 72). Wie aber entsteht dieser Zustand und worauf ist er zurückzuführen? Mit dieser Frage beschäftigen sich die Autoren im Zusammenhang mit drei psychischen Zuständen:

Unter **Sinnhaftigkeit der Arbeit** wird verstanden, dass das Individuum die Arbeit vor dem Hintergrund des eigenen Wertesystems als lohnend, wertvoll oder wichtig empfinden muss. Interpretiert der Arbeitnehmer seine Aufgabe als trivial, ist sie demnach für die internale Motivation bedeutungslos, auch wenn die Verantwortung hoch ist und die Rückkopplungen signalisieren, dass die Aufgabe gut erledigt wurde.

**Verantwortung** bedeutet hier eine unmittelbare Verantwortung für die Ergebnisse der Arbeit. Wird diese Verantwortung externen Einflussgrößen zugeschrieben, beispielsweise dem Vorgesetzten, dem nächsten Arbeitsabschnitt etc., gibt es keinen Grund, auf die Ergebnisse stolz zu sein; mit entsprechenden Auswirkungen im Hinblick auf Engagement und Verantwortungsgefühl.

Kenntnis über das **Ergebnis der Arbeit**: Wenn ein Individuum keine Kenntnis darüber besitzt, ob die Arbeitsausführung gut oder schlecht im Hinblick auf das Arbeitsergebnis funktioniert, hat es keinen Anlass, sich um die Verbesserung der Arbeitsausführung zu bemühen. Das Individuum muss daher laufend wissen und verstehen, wie effektiv es seine Aufgabe erfüllt.

Fehlt einer dieser spezifizierten Zustände, werden Motivation und Zufriedenheit negativ beeinflusst.

### 1.3.3.2    Tätigkeitsmerkmale

Während sich die psychischen Zustände den Eingriffsmöglichkeiten des Managements weitgehend entziehen, werden Tätigkeitsmerkmale identifiziert, von denen angenommen wird, dass sie die psychischen Zustände beeinflussen:

**(1)** Die erste Gruppe der Tätigkeitsmerkmale beinhaltet Aspekte, die die Sinnhaftigkeit von Arbeit umfassen. Unter **Vielfalt der Fähigkeiten und Fertigkeiten** wird verstanden, dass die Tätigkeit am Arbeitsplatz unterschiedliche Aktivitäten beinhaltet, die eine Nutzung verschiedener Fähigkeiten und Fertigkeiten erfordern. Die arbeitsorganisatorische Herausforderung beeinflusst positiv die erfahrene Bedeutung der Tätigkeit. Weiterhin verweisen Hackman und Oldham auf Untersuchungen, wonach Menschen nach Gelegenheiten suchen, um ihre Fähigkeiten unter Beweis zu stellen. Unter **Aufgabenidentität** wird das Maß verstanden, in dem der Arbeitsplatz die Herstellung eines »ganzen« und identifizierbaren Arbeitsproduktes erfordert, d.h. eine Aufgabe vom Anfang bis zum Ende mit sichtbarem Ergebnis durchzuführen ist. Arbeitnehmer identifizieren sich stärker mit ihrer Aufgabe, wenn sie das vollständige Ergebnis beeinflussen können. Die Verantwortung sinkt, wenn sie nur für Teile der Aufgabe zuständig sind. Unter **Aufgabenbedeutung** wird das Maß verstanden, in dem der Arbeitsplatz wichtige Auswirkungen auf das Leben anderer Menschen unmittelbar in der Organisation oder in der Außenwelt hat.

Werden diese drei Tätigkeitsmerkmale von Arbeitnehmern als hoch eingestuft, wird die Arbeitsaufgabe als sinnvoll erlebt, mit entsprechenden Auswirkungen auf die internale Motivation.

**(2) Autonomie** beeinflusst die persönliche Verantwortung für Arbeitsergebnisse. Sie bezeichnet das Maß, in dem der Arbeitsplatz dem Individuum Freiheit, Unabhängigkeit und Ermessensspielräume bei der Planung der Arbeit und der Festlegung der Arbeitsabläufe ermöglicht. Ist ein hohes Ausmaß an Autonomie vorhanden, wird das Ergebnis als Folge eigener Initiative, Entscheidungen und Anstrengungen interpretiert. Die damit verbundenen positiven Effekte können nicht erzielt werden, wenn das Arbeitsergebnis als Folge der Arbeitsanweisung eines Vorgesetzten interpretiert wird.

**(3) Job Feedback** ist das Maß, in dem der Arbeitnehmer unmittelbare und klare Informationen über seine Leistungen erhält. Von Bedeutung ist hier das Feedback durch die Arbeitsergebnisse selbst. Der Arbeitnehmer erfährt selbst positive Wirkungen, wenn er eine gute Leistung erbracht hat oder die Qualität aufgrund der eigenen Anstrengung steigt.

Die bisher entwickelten Charakteristika können unterschiedliche Ausprägungen aufweisen, sodass es informativ sein kann, einen Index zu bilden, der das Motivations**potenzial** widerspiegelt. Hackman und Oldham bezeichnen diesen Index als »Motivating Potential Score« (MPS, vgl. ausführlich Hackman/Oldham 1975, 160), der sich folgendermaßen zusammensetzt:

$$MPS = \left( \frac{Skill\,Variety + Task\,Identity + Task\,Significance}{3} \right) \cdot \left( Autonomy \right) \cdot \left( Feedback \right)$$

Die multiplikative Verknüpfung basiert einerseits auf der Annahme, dass niedrige Werte im Bereich Autonomie und Job Feedback ein insgesamt niedriges Motivationspotenzial ergeben. Auf der anderen Seite können niedrige Werte in ein oder zwei Charakteristika, die die Sinnhaftigkeit der Aufgabe repräsentieren, durch ein oder zwei hohe Werte zum Teil kompensiert werden. Für den Fall, dass sich numerische Werte ermitteln lassen, wird der MPS als Diagnoseinstrument verwendet.

### 1.3.3.3   Moderatoren

Menschen reagieren unterschiedlich auf das Motivationspotenzial von Arbeitsaufgaben. Aus der Fülle der möglichen personalen Einflussgrößen diskutieren Hackman und Oldham (1980, 82ff.) drei ihnen bedeutsam erscheinende personale Aspekte:

**(1) Wissen, Fähigkeiten und Fertigkeiten:** Arbeitnehmer müssen ein ausreichendes Maß an Wissen oder Fähigkeiten haben, um Arbeitsplätze mit hohem Motivationspotenzial auch ausfüllen zu können. Liegt eine hohe Kompetenz vor und bietet der Arbeitsplatz ein hohes Motivationspotenzial, sind positive Effekte wahrscheinlich. Ist das Motivationspotenzial hoch, aber die Kompetenz des Arbeitnehmers niedrig, sind Überforderung und Frustration wahrscheinlich. Arbeitnehmer werden versuchen, ihre Versagensängste durch Stellenwechsel oder inneren Rückzug zu kompensieren. Die möglichen Kombinationen zeigt Abbildung II / 37.

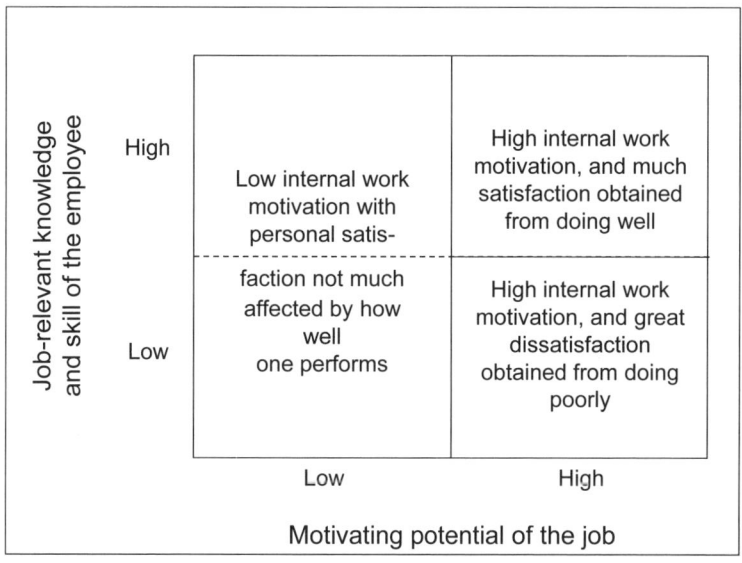

Abbildung II / 37: Wirkung der Leistungsfähigkeit auf das Motivationspotenzial
(In Anlehnung an Hackman/Oldham 1980, 84)

**(2) Psychische Bedürfnisse** spielen als zweiter Moderator eine wichtige Rolle in der Wahrnehmung des Motivationspotenzials. Vermutlich werden Menschen mit starken Bedürfnissen nach persönlichem Wachstum und Selbstbestimmung komplexere Arbeitsplätze nachfragen, wohingegen Menschen mit niedrigeren Wachstumsbedürfnissen die Möglichkeiten des Arbeitsplatzes kaum ausschöpfen werden. Am Einfluss der psychischen Bedürfnisse kann auch demonstriert werden, wie die Moderatoreneffekte sowohl auf die psychischen Zustände als auch auf die Ergebnisse wirken. Personen mit hohen Wachstumsbedürfnissen werden die Möglichkeiten des Arbeitsplatzes intensiver wahrnehmen und erfahren. Darüber hinaus werden sie positiver auf die Ergebnisse der psychischen Wirkungen reagieren.

**(3)** Die **Zufriedenheit mit dem Arbeitskontext** ist der dritte Einflussfaktor. Hierunter werden Aspekte verstanden wie beispielsweise Entlohnung, Arbeitsplatzsicherheit oder das Verhältnis zu Kollegen. Die Annahme lautet, dass Arbeitnehmer, die in diesen Bereichen eine hohe Zufriedenheit aufweisen, eher auf ein hohes Motivationspotenzial des Arbeitsplatzes positiv reagieren als Arbeitnehmer mit niedriger Arbeitszufriedenheit im Hinblick auf den Arbeitskontext.

### 1.3.3.4   Wirkungen

Die oben aufgeführte Ausgangsfrage, wie Arbeitsaufgaben beschaffen sein müssen, um Effektivität und Zufriedenheit zu erzeugen, wird in zweierlei Hinsicht beantwortet. Im Rahmen **personaler Wirkungen** werden eine hohe internale Motivation sowie die Befriedigung von Wachstumsbedürfnissen und eine generelle Arbeitszufriedenheit erwartet. Im Hinblick auf die **Arbeitsaufgabe** wird eine hohe Effektivität unterstellt.

Erhoben werden diese Wirkungen durch einen aus dem Modell abgeleiteten »Job Diagnostic Survey« (vgl. Hackman/Oldham 1975, 161ff.). Dieser wird von Stelleninhabern ausgefüllt und dient – ergänzt durch weitere Beobachtungsinstrumente – als Basis für die Analyse und Interpretation der Variablen. Aus der Fülle der Untersuchungen lassen sich einige Zusammenhänge exemplifizieren (vgl. ausführlich Oldham/Kulik 1992, 367ff.):

**Wirkungen der Tätigkeitsmerkmale:** Untersuchungen haben einen engen Zusammenhang zwischen Tätigkeitsmerkmalen und Motivationspotenzial ergeben. Allerdings war der Zusammenhang zur Arbeitseffektivität nicht so stark ausgeprägt wie zur Arbeitsmotivation und zur Wachstumszufriedenheit.

**Moderator-Effekte:** Arbeitnehmer mit starken Wachstumsbedürfnissen reagieren positiver auf komplexe Arbeitsplätze als Arbeitnehmer mit niedrigen Wachstumsbedürfnissen. Die Kontextzufriedenheit gilt weiterhin als ungeklärt.

**Vergleichsmaßstäbe:** Auch bestehende oder zukünftige Vergleichsarbeitsplätze beeinflussen die Reaktion der Arbeitnehmer. Wenn Arbeitnehmer eine Entsprechung ihres Arbeitsplatzes mit der Komplexität des Bezugsarbeitsplatzes sehen, reagieren sie positiver als Arbeitnehmer, deren Arbeitsplätze eine höhere oder niedrigere Komplexität als die Bezugsarbeitsplätze aufweisen.

Insgesamt bleibt festzuhalten, dass die Job Characteristics Theory Zusammenhänge zwischen Arbeitsgestaltung und Verhalten bzw. Einstellungen von Arbeitnehmern konzeptionalisiert. Diese Zusammenhänge sind in Einzelstudien und Metaanalysen untersucht und teilweise empirisch bestätigt worden. Dies gilt insbesondere für den hohen Einfluss von „experienced meaningfulness" (vgl. Humphrey et al. 2007), aber auch im Hinblick auf Autonomie und Variation von Aufgaben (Fahr 2011). In jüngerer Zeit wird kritisch diskutiert, ob der Rückgang der Forschung zu diesem Modell darauf zurückgeführt werden kann, dass in diesem Modell soziale und kontextbezogene Charakteristika zu wenig Berücksichtigung gefunden haben (vgl. Humphrey et al. 2007; Oldham/Hackman 2010).

## 1.4   Zusammenfassende Beurteilung

Die Gestaltung und Organisation von Arbeit kann unter verschiedenen Perspektiven betrachtet werden. In betriebswirtschaftlicher Hinsicht dominiert die Frage nach der Ergiebigkeit der Arbeit vor dem Hintergrund ökonomisch definierter Ziele. Lange galten **tayloristische Prinzipien** der Arbeitsteilung als unumstrittene Garanten einer Steigerung der Produktivität. Die strenge Auswahl von geeigneten Arbeitnehmern, die extreme Zerlegung von Arbeitstätigkeiten, ihre Rekonstruktion nach dem Prinzip der höchsten Wirtschaftlichkeit, Trennung von Hand- und Kopfarbeit, Anleitung und Kontrolle durch Meister und die Kompensation von physischen und psychischen Deprivationen durch Leistungslohn wurden zwar heftig kritisiert und bekämpft, setzten sich aber vor dem Hintergrund der ökonomischen Erfolge als beherrschendes Industrieprinzip durch.

Unter Berücksichtigung sich ändernder Marktziele wird allerdings der ökonomische Erfolg zunehmend bestritten. Das Ende der Massenproduktion verstärkt die Notwendigkeit, mit Hilfe einer motivierten und qualifizierten Arbeitnehmerschaft die steigenden Qualitätsansprüche zu befriedigen. Auch die notwendige Flexibilität setzt eine höhere Qualifikation voraus, um die Anpassungen realisieren zu können, verbunden mit kürzeren organisatorischen Wegen und mehr Verantwortung in flacheren Hierarchien. Die Trennung von Kopf- und Handarbeit, die sich in Unternehmensbürokratien manifestiert, stellt hier eine organisatorische Barriere dar, und der damit verbundene Anstieg der indirekten Kosten bewirkt eine Relativierung der Produktivitätszuwächse im Bereich der direkten Kosten. Auch die im Taylorismus angelegte Übertragung von Handarbeit auf Maschinen ist in dieser einfachen Version nicht aufrecht zu erhalten. Zwar wird durch die Automatisierung menschliche Arbeit ersetzt, die Komplexität der neuen Technologien erfordert aber auch steigende Qualifikationen der Arbeitnehmer.

Als Ergebnis dieser Entwicklung kann eine Vielzahl **neuer Formen der Arbeitsorganisation** registriert werden. Die wohl populärste Form ist als »schlanke Produktion« insbesondere in der Automobilindustrie bekannt geworden. Weitere Formen wurden als flexible Spezialisierung, systemische und anthropozentrische Rationalisierung betrachtet. Als arbeitsorganisatorischer Kern dieser Produktionskonzepte kann die Einführung von **Gruppenarbeitskonzepten** bezeichnet werden. Insbesondere in Gruppen übernehmen Arbeitnehmer vor- und nachgelagerte Tätigkeiten sowie Planungs- und Koordinationsaufgaben und beteiligen sich an der Verbesserung der Arbeitsabläufe und der Prozessoptimierung. Diese Gruppenarbeit setzt auf die interne positive Dynamik von Gruppen (mehr und bessere Ideen, soziale Kontrolle, höhere Flexibilität) und eine bessere Abstimmung der Produktionsprozesse ohne den Umweg einer Unternehmensbürokratie. Auch die in den Gruppenkonzepten häufig enthaltene systematische Fehlersuche und -reduzierung (insbesondere Kaizen) soll zu ständigen Verbesserungen durch Einbezug des Produktionswissens der Arbeitnehmer beitragen.

Die partielle Rücknahme der Arbeitsteilung hat das Interesse an theoretischen Grundlagen der **Arbeitsgestaltung** erhöht. Welche Wirkungen hat die Arbeitsgestaltung auf die Effektivität und die Zufriedenheit der Arbeitnehmer? Die Frage, wie Arbeit gestaltet sein muss, um den Anforderungen nach herausfordernder, flexibler und zufriedenstellender Tätigkeit zu entsprechen, ist Gegenstand kognitiver Theorien der Arbeitsgestaltung.

So wurde zunächst im **TOTE-Modell** herausgearbeitet, dass Handlungen als Zusammenspiel von Plänen und Bildern interpretiert werden können. Unsere Bilder repräsentieren das in uns angehäufte Wissen, auf das wir zurückgreifen, wenn wir uns zunächst grobe Pläne zurechtlegen, um sie sukzessive zu konkretisieren. Handlungen erweisen sich dann als kybernetische Prozesse, in denen durch Tests nach Kongruenz gestrebt wird, die wir in unseren Plänen antizipiert haben. Bilder, Pläne und Ausführung bedingen sich daher und stehen in einem positiven Spannungsverhältnis. Ausführungen verändern (über Erfahrung) Bilder, die wiederum Pläne adäquater gestalten können. Als Ergebnis dieses Kreislaufs wurde festgehalten, dass die kognitive Organisation des Menschen Tätigkeiten nahe legt, die diesen Kreislauf berücksichtigen, also die Bildung von Plänen und ihre Realisierung umfassen und damit bessere Arbeitsausführung und Problemlösungsverhalten sowie eine höhere Arbeitszufriedenheit erwarten lassen.

Vom Grundgedanken her vergleichbar, aber in der theoretischen Durchdringung differenzierter, definiert Hacker in der **Regulationstheorie** Handlungen als Ergebnis von operativen Abbildsystemen (inneren Landkarten) und Zielen. Auch hier wird davon ausgegangen, dass der Mensch sukzessive Handlungen und Ergebnisse mit den vorweggenommenen Zielen vergleicht, bis es zu einer Kongruenz kommt. Hierzu müssen Handlungen gedanklich vorbereitet (intellektuelle Verarbeitung) und Regeln oder Informationen zurechtgelegt werden (perzeptiv-begriffliche Verarbeitung), bevor sie zur Ausführung gelangen. Daraus abgeleitete Strategien der Arbeitsgestaltung lassen sich als Konstruktion von ganzheitlicher Tätigkeit beschreiben, die diese Schritte umfassen.

Auch die **Job Characteristics Theory** identifiziert – von anderen theoretischen Basisannahmen geleitet – einen Zusammenhang zwischen ganzheitlicher Tätigkeit und hoher Arbeitszufriedenheit einerseits sowie Effektivität andererseits.

Insgesamt bleibt festzuhalten, dass die Berücksichtigung ergonomischer Erkenntnisse eine wichtige Voraussetzung darstellt, um in der arbeitsteiligen Produktion gesundheitsschädigende Belastungen zu begrenzen. Die ständige Wiederholung einseitiger Bewegungen oder Arbeitsabläufe erfordert entsprechende Kenntnisse über Belastungsgrenzen. Vor dem Hintergrund neuer Produktionskonzepte und der ökonomischen Forderung nach flexiblen und qualifizierten Arbeitnehmern könnte es sein, dass es ebenso selbstverständlich wird, neben der ergonomischen Arbeitsplatzgestaltung immer auch die persönlichkeitsfördernden Gestaltungselemente zu berücksichtigen.

## Literaturempfehlungen

*Taylor, F.W. (1913): Die Grundsätze wissenschaftlicher Betriebsführung. Weinheim, Basel. Nachdruck aus 2004.*

Die Lektüre dieses Bändchens lohnt, da mit eindrucksvoller Klarheit das einflussreiche Programm recht plastisch beschrieben wird.

*Berggren, C. (1991): Von Ford zu Volvo: Automobilherstellung in Schweden. Berlin.*

Ein Klassiker. Detailreich werden japanische und skandinavische Gruppenarbeitskonzepte in ihrem historischen Kontext beschrieben und klug analysiert.

*Ulich, E. (2011): Arbeitspsychologie. 7. Aufl., Stuttgart.*

Gründliche und umfassende Darstellung der Analyse, Bewertung und Gestaltung von Arbeit, insbesondere Gruppenarbeitskonzepten.

*Hacker, W. (2005): Allgemeine Arbeitspsychologie. 2. Aufl., Bern u.a.*

In diesem umfassenden Gesamtwerk fasst der Autor sein Konzept zur persönlichkeitsfördernden Arbeitsgestaltung mit vielen empirischen Beispielen zusammen.

# 2 Entgelt

## 2.1 Einführung

Das wissenschaftliche Interesse an der Entgeltproblematik lässt sich innerhalb der Wirtschaftswissenschaften zum einen unter *volkswirtschaftlicher* und zum anderen unter *betriebswirtschaftlicher* Sichtweise betrachten. In beiden Bereichen werden *Bestimmungsfaktoren* und *Wirkungen* unterschieden.

Im Rahmen der *Volkswirtschaftslehre* wird insbesondere nach den Bestimmungsfaktoren des Lohnniveaus einer Volkswirtschaft gesucht und danach gefragt, wie sich das Lohnniveau auf andere gesamtwirtschaftliche Größen auswirkt (vgl. Meyer/ Swieter 1997; Franz/Pfeiffer 2004). Im Rahmen der *Betriebswirtschaftslehre* wird nach den Bestimmungsfaktoren des betrieblichen Entgelts und dessen Wirkungen im Hinblick auf leistungsrelevantes Verhalten gefragt. Unter »Entgelt« wird meist das materielle Entgelt für eine Arbeitsleistung verstanden, das im Rahmen eines Arbeitsvertrages vereinbart wird. So formuliert beispielsweise Weber:

> *»Als Entgelt wird hier jede Form von materieller Gegenleistung bezeichnet, die Mitarbeiter aufgrund eines vertraglichen Arbeitsverhältnisses von Organisationen erhalten. Es schließt neben dem Lohn bzw. Gehalt auch alle Formen materieller Mitarbeiterbeteiligung und betriebliche Sozialleistungen ein. Entgeltsysteme sind die spezifischen Konfigurationen von Entgeltkomponenten, die an Mitarbeiter gewährt oder ihnen angeboten werden« (Weber 1993, 5).*

Hier ist zunächst einmal die **absolute Höhe** von der Zusammensetzung des Entgeltes zu unterscheiden. Sie ist von einer Vielzahl externer Einflussgrößen abhängig. Löhne und Gehälter entstehen aufgrund von Marktmechanismen, der Verhandlungsmacht von Tarifparteien, der Ertragslage einer Branche usw. Hier sind verschiedene Theorien entwickelt worden, die das Entstehen von Entgelt in seinen verschiedenen Facetten zu erklären versuchen. Die absolute Höhe ist nicht unwichtig, definiert sie doch Lebenschancen, -qualität und sozialen Status in einer Gesellschaft.

Mit Hilfe von Entgelt wird aber nicht nur eine (meist vage definierte) arbeitsvertragliche Leistung abgegolten, sondern es soll das Verhalten von Arbeitnehmern auf eine spezifische Leistung hin gesteuert werden. Dieser Zusammenhang ist in der Akkordentlohnung wohl am Deutlichsten materialisiert worden. Stückleistung wird hier unmittelbar an die Entgelthöhe geknüpft, um eine hohe Quantität zu stimulieren. So wird z.B. beim Prämienlohn die Qualität der hergestellten Produkte oder die Auslastung von Maschinen an die Entgeltgestaltung gekoppelt. Auch Führungskräfte erhalten variable Gehaltsbestandteile, die sich beispielsweise am Unternehmenserfolg orientieren. Die Grundannahme lautet, dass Entgelt für Arbeitnehmer eine generell einsetzbare **Anreizfunktion** enthalte und deshalb die Zufriedenheit mit dem Entgelt eine zentrale Rolle in der Motivation von Arbeitnehmern spielt (vgl. umfassend Gerhart 2010). So entscheidet in den meisten Fällen die Entgelthöhe darüber, ob bestimmte Güter, Dienstleistungen oder Privilegien erreicht werden können. Aber auch weitere Bedürfnisse nach Individualisierung oder Leistungsvergleich sollen mit Hilfe des Entgelts befriedigt werden. Unterschiede im Entgelt gelten als Symbol dafür, dass sich Leistung lohnt, und höheres Einkommen ist oft mit einem höheren Status verbunden (Stajkovic/Luthans 2001). Obwohl zwischen Entgelt und Zufriedenheit in Metaanalysen eher marginale Zusammenhänge herausgearbeitet wurden (vgl. Judge et al. 2010), bleibt die Annahme über die motivierende Funktion des Entgelts populär.

In diesem Kalkül spielen **Gerechtigkeitsvorstellungen** eine wichtige Rolle. Demzufolge beurteilen Arbeitnehmer das Entgelt auch danach, ob die Relation von Einsatz und Ertrag stimmig ist. Unter »Einsatz« werden alle diejenigen Faktoren verstanden, die für das Arbeitsergebnis als relevant erachtet werden, z.B. Erziehung, Ausbildung und Erfahrung. Unter »Ertrag« werden diejenigen Faktoren verstanden, von denen der Arbeitnehmer annimmt, dass sie im Tausch gegen seinen Einsatz zur Verfügung gestellt werden. Gerechtigkeit besteht, wenn der Tauschprozess zwischen Organisation und Individuum als fair empfunden wird (vgl. Barber/Simmering 2002; Greenberg 2003). Sind aber Einsatz und Ertrag nicht gleichwertig, können Arbeitnehmer dieses Mangelgefühl dadurch zu kompensieren versuchen, dass sie die Organisation verlassen oder ihre Bemühungen solange reduzieren, bis ein akzeptables Gleichgewicht vorhanden ist. Die subjektive Einschätzung von Gerechtigkeit spielt aber auch im direkten Vergleich mit anderen Arbeitnehmern eine Rolle. Danach entstehen Spannungen weniger im Hinblick auf die absolute Gehaltshöhe als im Hinblick auf relative Vergleiche. So wird ein Arbeitnehmer beispielsweise danach fragen, ob das eigene Gehalt auch einem Arbeitnehmer gezahlt wird, der eine vergleichbare Arbeit verrichtet und ähnliche Voraussetzungen aufweist, ob es sich in akzeptabler Relation zur nächsthöheren (nächsttieferen) Gehaltsstufe befindet und ob das eigene Gehalt auf dem externen Arbeitsmarkt für die gleiche Tätigkeit ebenfalls zu erzielen wäre.

Die Gestaltung von Entgelt unterliegt damit dem Anspruch, über Anreize leistungsrelevantes Verhalten zu beeinflussen und dabei Gerechtigkeits- und Fairnessvorstellungen nicht zu verletzen. Zu diesem Zweck wird meist auf **Äquivalenzprinzipien** zurückgegriffen (vgl. Kosiol 1962). Hier lautet die Annahme, dass Arbeitnehmer nach einem einheitlichen Maßstab zu entlohnen sind, um Gerechtigkeitsvorstellungen zu erfüllen. Im Äquivalenzprinzip von Lohn und Anforderung wird beispielsweise der Grundsatz formuliert, dass gleiche Arbeitsschwierigkeit auch eine gleiche Entlohnung nach sich ziehen sollte oder eine höhere Arbeitsschwierigkeit eine entsprechend höhere Entlohnung rechtfertigt. Die Motivationsfunktion der Entlohnung spiegelt sich im Äquivalenzprinzip von Lohn und Leistung wider. Hier wird der Grundsatz vertreten, dass gleiche Leistungen gleichen Lohn rechtfertigen und eine höhere Leistung einen höheren Lohn nach sich ziehen sollte.

Entsprechend diesen Grundprinzipien werden in diesem Kapitel die darauf aufbauenden Lohnbestimmungsverfahren vorgestellt. Auf Anforderungen oder Arbeitsschwierigkeit basierende Grundlohnformen beschreiben zunächst die Anforderungen eines Arbeitsplatzes und bewerten im Rahmen einer **Arbeitsbewertung** die jeweilige Arbeitsschwierigkeit. In der Verknüpfung von Arbeitsschwierigkeit und Entlohnung wird dann eine innerbetriebliche Entgeltstruktur geschaffen, die Ansprüchen der Nachvollziehbarkeit, der Gerechtigkeit und der Objektivität genügen soll.

Aufbauend auf solchen Grundlohnbestandteilen wird gemäß dem zweiten Grundsatz die Entlohnung an erbrachte Leistung geknüpft. Hierzu gehört der bereits erwähnte Akkordlohn, die Prämienentlohnung, der Zeitlohn mit **Leistungsbeurteilung** und bei Führungskräften erfolgsabhängige Entgeltbestandteile. Hier wird die Leistungskomponente an jeweilige Leistungsziele geknüpft.

Nicht ganz trennscharf sind **Zusatzleistungen** einzuordnen. Sie enthalten meist variable Entgeltbestandteile und freiwillige Sozialleistungen. In einigen Systemen wird z.B. Führungskräften eine Wahlmöglichkeit eröffnet, ob sie z.B. einen Dienstwagen oder ein Versicherungspaket präferieren (so genannte Cafeteriasysteme). Von diesen Systemen wird erwartet, dass sie Leistung und Motivation stimulieren, wenn individuellen Bedürfnissen genauer entsprochen wird.

## 2.2 Prinzipien der betrieblichen Lohngestaltung

Es sind also zunächst externe Einflussgrößen, die die absolute Lohnhöhe bestimmen. Ausgehend von Branchensituation und Arbeitsmarktkonstellationen, beeinflusst von staatlichen und gewerkschaftlichen Aktivitäten, aber auch unter Berücksichtigung individueller Merkmale (z.B. Alter, Ausbildung, Verhandlungsgeschick) bilden sich Löhne und Gehälter durch Markt- und Verhandlungsprozesse.

Für die Lohngestaltung gelten zusätzlich zwei wichtige Grundvoraussetzungen:

1. Unternehmen bezahlen Entgelt als Gegenwert für ein zur Verfügung gestelltes Arbeitsvermögen im Rahmen eines Arbeitsvertrages. Insofern bemühen sich Unternehmen durch die Gestaltung von Lohn- und Gehaltssystemen, die Ergiebigkeit der Abgabe dieses Arbeitsvermögens durch Verknüpfung des zu bezahlenden Entgeltes mit betrieblich bestimmten Kriterien zu erhöhen (z.B. Leistung, Qualität).
2. Die Aufstellung solcher Lohn- und Gehaltssysteme muss Gerechtigkeits- oder Fairnessvorstellungen der Arbeitnehmer berücksichtigen. So gilt z.B. »gelernt« mehr als »ungelernt«, höhere Leistung mehr als niedrigere und hohe Arbeitsbelastungen sollen besser bezahlt werden als niedrige. Somit ist nicht nur die absolute Lohnhöhe für die Leistungsbereitschaft von Bedeutung, sondern auch die relative Lohnhöhe im Vergleich zu anderen Arbeitnehmern. Bei der Gestaltung von Lohn- und Gehaltssystemen kommt deshalb der Plausibilität von Bezugsgrößen der Bezahlung ein hoher Stellenwert zu.

Entsprechend könnte die Zusammensetzung eines Entgeltes dann wie in Abbildung II / 38 aussehen.

Abbildung II / 38: Zusammensetzung von Löhnen/Gehältern auf der Basis von Anforderungen

Ausgehend vom Marktwert wird die Entlohnung an bestimmte Kriterien geknüpft. Nach dem Äquivalenzprinzip von Kosiol (1962, 29ff.) entscheidet dann zunächst die Arbeitsschwierigkeit eines Arbeitsplatzes über die Einordnung in eine Lohn- oder Gehaltsstufe und stellt damit die Basis der Entlohnung dar. Die Erfüllung von Leistungszielen (z.B. Menge, Qualität, Umsatz) begründet dann einen variablen Gehaltsbestandteil, der von der individuellen Einhaltung dieser Leistungsziele abhängig gemacht wird. Diese Grundsystematik spiegelt sich in den bestehenden Rahmentarifverträgen wider, die Regelungen zur Entgeltfindung auf der Basis von Arbeits- und Leistungsbewertung enthalten und für den überwiegenden Teil der Beschäftigten Geltung besitzen (vgl. Oechsler/Reichmann 2002). Im Folgenden wird den Grundlagen einer anforderungsorientierten Grundlohndifferenzierung nachgegangen, um anschließend leistungsbezogene Entgeltbestandteile zu vertiefen.

## 2.3  Bestimmung der Grundlohnbasis

Als eine der wesentlichen Ursachen für Lohnunzufriedenheit gilt weniger die absolute Lohnhöhe als vielmehr die relative Lohngerechtigkeit. Unzufriedenheit entsteht dann, wenn nicht nachvollzogen werden kann, warum zwei Arbeitnehmer zwar die gleiche Tätigkeit verrichten, aber unterschiedliches Entgelt beziehen. Oft ist im Unternehmen nicht transparent, ob diese Unterschiede auf variierende Leistung, soziale Gründe, Verhandlungsgeschick, gute Beziehungen zum Vorgesetzten oder andere Ursachen zurückzuführen sind.

Eine andere Quelle von Lohnunzufriedenheit kann in unterschiedlichen Lohn- und Gehaltsentwicklungen liegen. Es wird z.B. als ungerecht empfunden, wenn Löhne und Gehälter von Arbeitnehmern eingefroren oder gekürzt, die Managementgehälter aber unangetastet bleiben oder gar erhöht werden. Überdies wird häufig nicht verstanden, warum der Aufstieg eines Arbeitnehmers von der Hierarchieebene vier zur Ebene drei mit einem Gehaltssprung von 250 Euro und der Aufstieg von Ebene drei zur Ebene zwei mit einem Gehaltssprung von 500 Euro begleitet wird. Da angenommen wird, dass Ungerechtigkeitsgefühle zu Leistungsreduzierungen führen können, wird der Konstruktion und Begründung einer nachvollziehbaren Grundlohndifferenzierung besondere Aufmerksamkeit geschenkt (vgl. Kepes et al. 2009).

Im Rahmen einer anforderungsorientierten Entlohnung erfolgt die Grundlohndifferenzierung durch Verknüpfung von Anforderungen des Arbeitsplatzes mit der Lohn- oder Gehaltsstufe. Im Gegensatz zur Leistungsentlohnung findet also keine personenbezogene Lohndifferenzierung statt, sondern es wird ein Zusammenhang hergestellt zwischen der Arbeitsschwierigkeit des Arbeitsplatzes, einem daraus ermittelten Arbeitswert und der Entlohnung (vgl. Abbildung II / 39).

Abbildung II / 39: Verknüpfung von Arbeitsschwierigkeit und Entlohnung

Diese Verknüpfung von Arbeitsschwierigkeit und Entlohnung kann durch unterschiedliche Verfahren erfolgen (vgl. Milkovic et al. 2011, 94ff.; Martocchio 2013), vereinfachend lassen sich zwei Unterformen unterscheiden: Die summarische Arbeitsbewertung und die analytische Arbeitsbewertung.

### 2.3.1 Summarische Arbeitsbewertung

Im Rahmen der summarischen Arbeitsbewertung werden alle Arbeitsplätze eines Unternehmens miteinander verglichen und nach Maßgabe ihrer Arbeitsschwierigkeit beurteilt. Hierzu sind die zwei in Abbildung II / 40 dargestellten Verfahren üblich.

Im **Rangfolgeverfahren** werden alle zu bewertenden Arbeitsplätze eines Unternehmens miteinander verglichen und im Hinblick auf die Höhe der Arbeitsschwierigkeit in eine Rangfolge gebracht.

An der Spitze steht damit der Arbeitsplatz mit der größten Arbeitsschwierigkeit, am Ende der Arbeitsplatz mit der niedrigsten Arbeitsschwierigkeit.

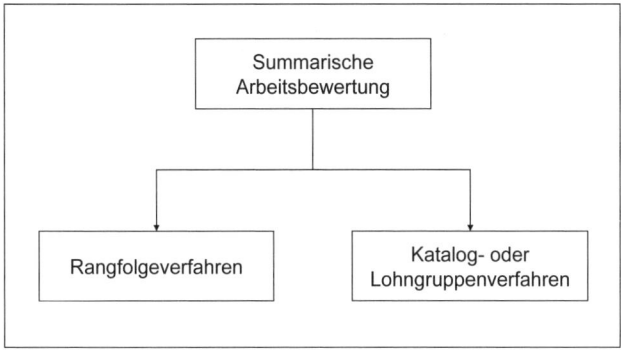

Abbildung II / 40: Summarische Arbeitsbewertung

Dieser Vorgang kann als vergleichsweise einfach interpretiert werden, wenn in kleineren und mittleren Betrieben die Anzahl der Arbeitsplätze überschaubar ist. In Unternehmen, in denen diese Übersicht aufgrund der Vielzahl der Arbeitsplätze nicht gelingt, wird das **Katalog- oder Lohngruppenverfahren** angewandt. Hier werden Arbeitsschwierigkeiten summarisch beschrieben, daraus Lohngruppen gebildet und schließlich die einzelnen Arbeitsplätze diesen Lohngruppen zugeordnet. Richtbeispiele (Kataloge) sollen helfen, die einzelnen Arbeitsplätze diesen Lohngruppen zuzuordnen.

Die einfache Handhabbarkeit dieser Verfahren geht allerdings nach Meinung von Lohnexperten zu Lasten der Genauigkeit. Das Rangfolgeverfahren ergibt nur eine relative Anordnung der Arbeitsplätze, sodass Unterschiede in der Arbeitsschwierigkeit nivelliert werden. Im Lohngruppenverfahren sind die Bildung von Lohngruppen und die Zuordnung von Richtbeispielen nicht überprüfbar, sondern spiegeln eher die herrschenden Vorstellungen und Vorurteile über die bestehende Hierarchie wider. Ist also Äquivalenz oder Lohngerechtigkeit bei der Aufstellung von Entlohnungsgrundsätzen von Bedeutung, besteht bei der summarischen Arbeitsbewertung grundsätzlich folgendes Problem: Der Verzicht auf eine genaue Analyse der Arbeitsschwierigkeit erzeugt ein Legitimationsdefizit, und bei der Zuordnung von Arbeitsplätzen zu Lohngruppen kann die »Richtigkeit« der Zuordnung nicht nachgewiesen werden. Aus diesem Grund wird für eine genauere Analyse der Arbeitsplätze plädiert, die das Verfahren der analytischen Arbeitsbewertung leisten soll.

### 2.3.2    Analytische Arbeitsbewertung

Die Ziele im Hinblick auf analytische Arbeitsbewertung sind hoch gesteckt: »Das eigentliche Ziel und damit der an erster Stelle zu nennende Vorteil der analytischen Arbeitsbewertung ist die anforderungsgerechte Differenzierung der Gehälter« (Zander 1990, 104). Wie aber soll dieser Anspruch erfüllt werden? Der Verfahrensablauf der analytischen Arbeitsbewertung wird in Abbildung II / 41 skizziert (vgl. zum Folgenden Ridder 1982; Ridder 2004b; Ridder 2009).

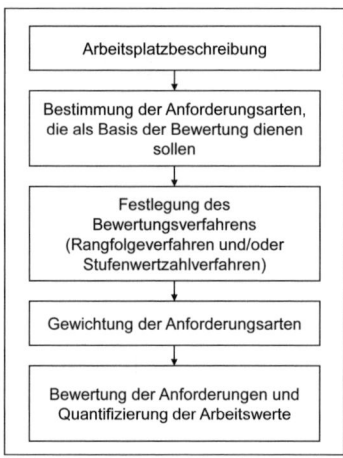

Abbildung II / 41: Ablauf der analytischen Arbeitsbewertung

Arbeitsplätze werden zunächst beschrieben und in Anforderungsarten zerlegt. Wird davon ausgegangen, dass die Anforderungsarten unterschiedliche Wertigkeiten aufweisen, werden die Anforderungsarten gewichtet. Auf der Basis dieser Anforderungsarten wird für jeden Arbeitsplatz geprüft, in welchem Ausmaß dort die definierten Anforderungen auftreten. Durch die Vergabe von Punktzahlen werden entweder Rangreihen gebildet oder Arbeitsplätzen Stufen zugeordnet, die als Ausgangspunkt für Lohn- und Gehaltsbestimmung dienen.

### 2.3.2.1    Arbeitsplatzbeschreibungen

Zunächst wird die Arbeit (der Arbeitsplatz, das Arbeitssystem, Arbeitsbedingungen, Hilfsmittel etc.) dem Anspruch nach personenunabhängig erfasst und in der Regel in einer Arbeitsplatzbeschreibung dokumentiert. Auf der Basis von in der Literatur entwickelten Formvorschlägen oder in den Unternehmen speziell erarbeiteten Arbeitsplatzbeschreibungsformularen werden Arbeitsplätze durch externe Beobachter, Vorgesetzte oder die Arbeitnehmer selbst beschrieben.

Die Grundproblematik in der Erstellung dieser Arbeitsplatzbeschreibungen liegt in der Schwierigkeit, diese Beschreibungen zu objektivieren (vgl. hierzu insbesondere Laske 1977; Foit 1981). Arbeitsplatzbeschreibungen sind immer nur Ausschnitte einer komplexen Arbeitswirklichkeit, die in ihrer Vielschichtigkeit reduziert wird. Diese Reduktion erfolgt notwendigerweise, um eine gewisse Einheitlichkeit und damit Bearbeitbarkeit zu realisieren. Das Arbeitsplatzbeschreibungsformular stellt einen Kompromiss dar, der die Erfassung möglichst vieler Arbeitsplätze eines Unternehmens erlauben und die beabsichtigte Vergleichbarkeit unterstützen soll.

Darüber hinaus erweist sich diese Reduktion aber auch als Abstimmungs- oder Verhandlungsprozess in Abhängigkeit von individuellen Wahrnehmungen und Erfahrungen. Auch wenn zwei Personen mit identischen Arbeitsaufgaben ihren Arbeitsplatz formulargestützt beschreiben, wird es zu unterschiedlichen Ergebnissen kommen. Je nach Interessen werden unterschiedliche Beschreibungstatbestände für relevant oder weniger relevant gehalten, erfahren Aspekte der Arbeitswirklichkeit unterschiedliche Interpretationen und Bedeutungszuweisungen. Nehmen z.B. externe Berater die Beschreibungen vor, ist davon auszugehen, dass sie die Informationsaufnahme unter Kosten-Nutzen-Gesichtspunkten vornehmen. Arbeitnehmer werden hingegen Tätigkeiten in den Vordergrund stellen, von denen sie annehmen, dass sie für die spätere Entlohnung von Bedeutung sein könnten. Werden Arbeitsplatzbeschreibungen von Vertretern der Personalabteilung vorgenommen, spielt die spätere Verarbeitung und Pflege der Daten eine wichtige Rolle. Auch die Vorstellung, Vorgesetzte könnten eine einigermaßen präzise und adäquate Arbeitsplatzbeschreibung der ihnen unterstellten Mitarbeiter vornehmen oder zumindest auf Abweichungen hin überprüfen und kontrollieren, hat sich als nicht realistisch erwiesen. Vorgesetzte lassen häufig Arbeitsverteilungen zu, die im Organigramm nicht vorgesehen sind, insbesondere wenn Arbeitnehmer Tätigkeiten übernehmen, die eigentlich der Vorgesetzte selbst auszuüben hätte.

Kritisch zu betrachten ist auch die Erhebung und spätere Bewertung von Arbeitsschwierigkeiten, die auf Dauer negative Konsequenzen für Arbeitnehmer aufweisen. Werden beispielsweise Lärm, Hitze oder andere gesundheitsschädliche Elemente in die Arbeitsplatzbeschreibung aufgenommen, geraten die Arbeitnehmer in ein Dilemma. Im Rahmen der Arbeitsbewertung werden diese Anforderungen als Lohnbestandteile relevant. Beschließt das Unternehmen zu einem späteren Zeitpunkt, die Arbeitsbedingungen zu verbessern, entfällt der Lohnanspruch.

Der Wert der Arbeitsplatzbeschreibungen liegt nicht nur in der Lohndifferenzierung. Durch entsprechende Konstruktion des Arbeitsplatzbeschreibungsformulars können systematisch Schwachstellen im Betrieb aufgedeckt werden und bieten damit Anhaltspunkte für Rationalisierungsmöglichkeiten (vgl. Ridder 1993b). Bei Doppelarbeiten, Kompetenzüberschneidungen oder Grundproblemen in der Ablauforganisation lässt eine entsprechend konstruierte Arbeitsplatzbeschreibung die beabsichtigte Transparenz entstehen. Je nach Fokus können dann in einem zweiten Schritt ähnliche oder vergleichbare Arbeiten in »job families« zusammengefasst werden. Darüber hinaus können diese Daten für die Personalbeschaffung, Personalentwicklung und Karrierepläne genutzt werden (vgl. umfassend McEntire et al. 2006).

### 2.3.2.2    Klassifizierung von Arbeit: Anforderungsarten

Arbeitsplatzbeschreibungen basieren meist auf vorher festgelegten Anforderungsarten. Das wohl bekannteste System von Anforderungsarten ist das so genannte Genfer Schema (vgl. Abbildung II / 42).

| Anforderungsarten | Fachkönnen | Belastung |
|---|---|---|
| geistige Anforderungen | • | • |
| körperliche Anforderungen | • | • |
| Verantwortung | | • |
| Arbeitsbedingungen | | • |

Abbildung II / 42: Genfer Schema

Dieses Schema wurde 1950 von Arbeitsbewertungsexperten als Basis für eine analytische Arbeitsbewertung entwickelt und unterteilt die Anforderungen noch einmal nach Fachkönnen und Belastung. Es soll eine Basis bilden, in der alle wesentlichen Elemente der Arbeitsschwierigkeit von Arbeitsplätzen enthalten sind und gleichzeitig betriebsspezifische Anpassungen durch weitere Unterteilungen ermöglichen. Eine Begründung für eine bestimmte Anzahl von Anforderungsarten existiert nicht. Dennoch ist diese Entscheidung wichtig. Bewertet werden kann nur, was in den Anforderungsarten vorgegeben ist. Werden beispielsweise eher geistige Tätigkeiten als Anforderungsarten definiert und manuelle Tätigkeiten weniger differenziert erfasst, können damit bestimmte Vorentscheidungen im Hinblick auf die spätere Lohnstruktur vorgenommen werden. Sollen bestimmte Arbeitnehmergruppen im Rahmen der Lohnstruktur gefördert werden, kann die Auswahl derjenigen Anforderungen, die durch diese Arbeitnehmergruppe besonders repräsentiert werden, zu einer relativen Verbesserung im Entlohnungsgefüge führen. Insbesondere solche Anforderungsarten wie Verantwortung, Personalführung, Können und Erfahrung weisen in dieselbe Richtung und unterstützen automatisch hierarchisch höherstehende Arbeitsplätze.

In der Logik der Arbeitsbewertung als Lohndifferenzierungsinstrument verändert sich der Lohnanspruch, wenn sich die Anforderungen verändern. Je differenzierter das System, umso sensibler reagiert es auf Veränderungen und muss jeweils angepasst werden.

### 2.3.2.3    Hierarchisierung der Arbeit: Verfahren der Arbeitsbewertung

Üblicherweise wird in der Literatur zwischen Rangreihen- und Stufenwertzahlverfahren unterschieden. Beim Rangreihenverfahren werden die Arbeitsplätze je Anforderungsart in eine Reihenfolge gebracht, beim Stufenwertzahlverfahren werden für jede Anforderungsart Stufen definiert und die Arbeitsplätze entsprechend bewertet.

Im **Rangreihenverfahren** werden für alle Anforderungsarten Reihen gebildet, in denen alle Arbeitsplätze nach Maßgabe ihrer Arbeitsschwierigkeit angeordnet werden. Dies geschieht z.B. durch Paarvergleich, indem jeder Arbeitsplatz mit allen anderen Arbeitsplätzen verglichen wird. In jeder Anforderungsart steht also derjenige Arbeitsplatz an der Spitze, der die höchste und derjenige Arbeitsplatz am Ende der Reihe, der die niedrigste Arbeitsschwierigkeit aufweist.

| Geistige Anforderungen | Verantwortung | Körperliche Anforderungen | Arbeitsbedingungen |
|---|---|---|---|
| Geschäftsführer (100) | Geschäftsführer (100) | ... | ... |
| ... | ... | ... | Kraftfahrer (80) |
| ... | Kraftfahrer (60) | Kraftfahrer (60) | ... |
| Kraftfahrer (40) | ... | Bote (40) | Bote (40) |
| Bote (20) | Bote (20) | Geschäftsführer (20) | Geschäftsführer (20) |
| Geschäftsführer | 100 + 100+ 20 + 20 = 240 | | |
| Kraftfahrer | 40 + 60 + 60 + 80= 240 | | |

Abbildung II / 43: Rangreihenverfahren der analytischen Arbeitsbewertung

Wird jeder Stufe der Rangreihe ein Zahlenwert zugeordnet, so wird eine hierarchische Rangfolge erreicht. In eindeutigen Fällen (Geschäftsführer/Bote) ist die Zuordnung einfach zu leisten. Insbesondere in mittleren Bereichen (z.B. Sachbearbeitertätigkeiten) oder bei deutlich unterschiedlichen Berufen (Techniker/Buchhalter) ist diese Zuordnung schwieriger und meist Ergebnis von Verhandlungen und Kompromissen.

Wie empirisch aufgezeigt wurde (vgl. Bartölke et al. 1981, 107ff.), dienen diese Verfahren nicht nur der Bildung einer zukünftigen Entlohnungshierarchie, sondern die gewonnenen Daten werden verwendet, um personalpolitische Probleme zu lösen. Die hierarchische Zusammenstellung von Arbeitsplätzen lässt bestehende Inkonsistenzen in der bisherigen Systematik offensichtlich werden und dient als Ausgangspunkt für Reorganisationsmaßnahmen (vgl. Ridder 1993b).

Beim **Stufenwertzahlverfahren** werden die jeweiligen Anforderungsarten gestuft und die Arbeitsplätze werden entsprechend bewertet. Dadurch wird der umfangreiche Paarvergleich des Rangreihenverfahrens vermieden.

| Anforderungen/Stufen | Stufe I | Stufe II | Stufe III | Stufe IV | Stufe V |
|---|---|---|---|---|---|
| geistige Anforderungen | 20 | 40 | 60 | 80 | 100 |
| körperliche Anforderungen | 20 | 40 | 60 | 80 | 100 |
| Verantwortung | 20 | 40 | 60 | 80 | 100 |
| Arbeitsbedingungen | 20 | 40 | 60 | 80 | 100 |

Abbildung II / 44: Stufenwertzahlverfahren mit gleichen Stufen je Anforderungsart

Für jeden Arbeitsplatz wird nun geprüft, wo er je Anforderungsart einzustufen ist. Hier sollen Richtbeispiele der Tarifpartner oder vorher vereinbarte Eckpunkte (so genannte »Schlüsselarbeitsplätze«) die Orientierung erleichtern. Die Summe der Punkte ergibt den Anforderungswert.

Im obigen Beispiel wurde davon ausgegangen, dass sich jede Anforderungsart gleich tief stufen lässt. Dies ist allerdings eher unwahrscheinlich und wenig praxisgerecht. Tatsächlich werden die Stufen in der Regel so ermittelt, dass die Differenzierungsmöglichkeiten als Maßstab herangezogen werden. So ist es nachvollziehbar, dass die Anforderungsart »geistige Anforderungen« ein höheres Stufungspotenzial aufweist als die Anforderungsart »körperliche Anforderungen«, wenn nur die bestehende Hierarchie betrachtet wird. Verfügt das Unternehmen beispielsweise über fünf Hierarchiestufen, dann ist es naheliegend, einen zunehmenden Anstieg der »geistigen Anforderungen« zu vermuten. Bei »körperlichen Anforderungen« hingegen fällt die Differenzierung schwerer und legt weniger Stufen nahe.

| Anforderungen/Stufen | Stufe I | Stufe II | Stufe III | Stufe IV | Stufe V |
|---|---|---|---|---|---|
| geistige Anforderungen | 20 | 40 | 60 | 80 | 100 |
| körperliche Anforderungen | 20 | 40 | 60 | | |

Abbildung II / 45: Stufenwertzahlverfahren mit unterschiedlichen Stufen je Anforderungsart

Die Zuweisung von Punkten auf der Basis unterschiedlicher Anforderungsstufen je Anforderungsart führt zu einer Gesamtpunktzahl, die die hierarchische Stellung des Arbeitsplatzes in einem Unternehmen ausweist.

## 2.3.2.4 Gewichtung

Bei Anwendung des Rangreihen- oder Stufenwertzahlverfahrens mit identischer Stufung ist es nicht auszuschließen, dass der Vergleich von Arbeitsschwierigkeiten zu einer deutlichen Veränderung der bisherigen Hierarchie führen kann. In dem o.a. Beispiel haben Geschäftsführer und Kraftfahrer von maximal 400 erreichbaren Punkten je 240 Punkte erreicht und damit in der Logik des Verfahrens den Anspruch auf die gleiche Vergütungsgruppe. Um dies zu verhindern, wird ein Korrektiv eingeführt, welches dafür sorgt, dass die ursprüngliche Hierarchie wieder hergestellt werden kann.

| Geistige Anforderungen Gewichtung: 33% Gewichtungsfaktor: 1,32 | Verantwortung Gewichtung: 30% Gewichtungsfaktor: 1,2 | Körperliche Anforderungen Gewichtung: 25% Gewichtungsfaktor: 1 | Arbeits- bedingungen Gewichtung: 12% Gewichtungsfaktor: 0,48 |
|---|---|---|---|
| Geschäftsführer (132) | Geschäftsführer (120) | ... | ... |
| ... | ... | ... | Kraftfahrer (38) |
| ... | Kraftfahrer (72) | Kraftfahrer (60) | ... |
| Kraftfahrer (53) | ... | Bote (40) | Bote (19) |
| Bote (26) | Bote (24) | Geschäftsführer (20) | Geschäftsführer (10) |
| Geschäftsführer | 132 + 120 + 20 + 10 = 282 | | |
| Kraftfahrer | 53 + 72 + 60 + 38 = 223 | | |

Abbildung II / 46: Rangreihen mit Gewichtungsfaktoren

So könnten bei einer angenommenen maximalen Punktzahl von 400 Punkten beispielsweise geistige Anforderungen mit 33%, Verantwortung mit 30%, körperliche Anforderungen mit 25% und Arbeitsbedingungen mit 12% gewichtet werden. Die aus der Arbeitsschwierigkeit abgeleiteten Punkte erhalten nun einen anderen Wert.

Nunmehr verfügt der Geschäftsführer wieder über den gesellschaftlich akzeptierten hierarchischen Abstand, der sich später in der Lohn- und Gehaltsdifferenzierung widerspiegelt.

Von der äußeren Gewichtung ist die innere Gewichtung zu unterscheiden. Bislang wurde angenommen, dass jede Stufe eine gleichmäßig steigende Belastung repräsentiert. Es kann aber unterstellt werden, dass es sich hierbei um einen Ausnahmefall handelt. Ebenso denkbar ist eine progressive Steigerung der Wertzahlverläufe.

| Anforderungen/Stufen | Stufe I | Stufe II | Stufe III | Stufe IV | Stufe V |
|---|---|---|---|---|---|
| geistige Anforderungen | 20 | 30 | 40 | 60 | 100 |
| körperliche Anforderungen | 20 | 30 | 60 | | |

Abbildung II / 47: Progressive Steigerung der Wertzahlverläufe

Im Falle der »geistigen Anforderungen« würde unterstellt werden, dass der Anstieg in den Stufen I - III zunächst langsam und anschließend sehr steil verläuft. Das Argument könnte hier lauten, dass der Abstand zwischen den Bürokräften und der Geschäftsführung sehr groß ist. Bei den körperlichen Anforderungen würde argumentiert werden, dass diese zunächst langsam und dann sehr steil ansteigen.

Die Verteilung der Gewichtung ist der ausschlaggebende Schritt für die zukünftige Stellung eines Arbeitsplatzes in der Lohn- und Gehaltshierarchie. Faktisch finden hier Lohnverhandlungen statt und die daraus ermittelten Arbeitswerte bilden das Gerüst für die neue Gehalts- und Vergütungsstruktur, die sich allerdings in der Regel an der bestehenden Vergütungsstruktur orientiert. Entsprechend gestaltet sich die Verteilung der Gewichtung in Unternehmen recht unterschiedlich. Die Gewichtung als Ergebnis von Verhandlungen spiegelt damit allgemein herrschende Wertvorstellungen wider und zeigt betriebspolitisch den Wandel in der Bewertung der Anforderungen auf.

### 2.3.2.5 Bewertung der Anforderungen als lohnpolitische Verhandlung

Die Aufstellung von Entlohnungsgrundsätzen unterliegt der Mitbestimmung des Betriebsrates. Die Bewertung der Arbeitsplätze oder die Entscheidung über die vorbewerteten Arbeitsplätze erfolgt daher in der Regel durch eine paritätisch besetzte Kommission. Hier werden also je Arbeitsplatz (bezogen auf bestimmte Anforderungen) Rangreihenplätze vergeben oder Stufungen vorgenommen. Der trotz aller Vorentscheidungen hierbei immer noch bestehende potenzielle Spielraum ist beträchtlich:

- Die Arbeitsbewerter kennen die Arbeitsplätze in der Regel nicht, sondern bewerten auf der Basis von Arbeitsplatzbeschreibungen. Kann noch nachvollzogen werden, dass beispielsweise ein in der Kommission tätiger Manager die Anforderungen eines Sekretariatsarbeitsplatzes auf der Basis einer Arbeitsplatzbeschreibung beurteilen kann, so ist die Wahrscheinlichkeit, dass er über die gleiche Vorstellungskraft bei einem Starkstromelektriker oder Metallfacharbeiter verfügt, eher gering. Die schriftlichen Beschreibungen stoßen auf keine oder nur geringe Vorstellungen und bleiben daher abstrakt.
- Hinzu kommen Wertvorstellungen, die (in Abhängigkeit von Erziehung und Schichtzugehörigkeit) körperliche und geistige Arbeit sowie Männer- und Frauenarbeit unterschiedlich bewerten und die als konkrete Arbeitsbewertung in das Werturteil einfließen. Beurteilungsdifferenzen sind hier wahrscheinlich, da z.B. geistige Anforderungen generell höher und körperliche Anforderungen generell negativer bewertet werden.

- Bewerter verfügen über individuelle Bewertungsstile. Es können Negativbewerter von Positivbewertern unterschieden werden. In Abhängigkeit von positiven oder negativen Bildern über sich und ihre Umgebung neigen Menschen zu harschen oder freundlichen Beurteilungen. Unsichere Bewerter tendieren dazu, sich (z.b. beim Stufenwertzahlverfahren) an der Mitte zu orientieren oder warten ab, wie die Mehrheit der Kommission votiert.
- Schließlich ist darauf hinzuweisen, dass es sich bei den Bewertungen um Lohnverhandlungen handelt. Die Bewerter gehören dem Management oder dem Betriebsrat an; sie fühlen sich eventuell ihrem Bereich verpflichtet oder verfolgen ganz individuelle Interessen, die durch geschicktes Verhandeln gefördert werden.

Die Addition der Punktwerte führt zum Arbeitswert. Die quantifizierten Werte werden schließlich in eine Relation zu den Lohn- und Gehaltsstrukturen gebracht. Der Verhandlungscharakter dieses Verfahrensschrittes wird deutlich, wenn die jeweiligen Lohn- oder Gehaltskurven einen unterschiedlichen Verlauf nehmen.

In der Regel wird die niedrigste Wertzahl in Beziehung zum Tariflohn gesetzt und auf dieser Basis eine lineare Steigerung der Lohn- und Gehaltsstufen in Abhängigkeit von Arbeitswerten vorgenommen. Diese Lohnkurve ist nicht zwingend, sondern kann in Abhängigkeit von Verhandlungen variiert werden. So sorgt ein degressiver Kurvenverlauf dafür, dass in den unteren Lohngruppen die Löhne schneller steigen als in den oberen Lohngruppen. Im progressiven Kurvenverlauf ist der umgekehrte Effekt erzielbar. Hier steigen die Löhne bzw. Gehälter in den oberen Bereichen schneller als die Arbeitswerte.

### 2.3.2.6    Befunde zur Anwendung der analytischen Arbeitsbewertung

Untersuchungen zur analytischen Arbeitsbewertung weisen in der Regel eine eher kritische Einschätzung dieser Verfahren auf. Schon früh hat Laske (1977) nachgewiesen, dass Ansprüche, die Lohngerechtigkeit, Objektivität und Neutralität durch Arbeitsbewertung nahe legen, einer Nachprüfbarkeit nicht standhalten. Foit (1981) bezeichnet Arbeitsbewertung deshalb als »Lohnpolitik mit Hilfe von Fiktionen«, da nach seinen Untersuchungen in Ermangelung gesicherter Maßstäbe die Bewertungen ausgehandelt werden. Vor diesem Hintergrund bezeichnen Bartölke et al. (1981) Arbeitsbewertung als Konfliktfeld. Empirisch wird aufgezeigt, dass Arbeitsbewertung selbst **interessengeleitete Entscheidungen** aufgrund methodischer Unzulänglichkeiten herausfordert, andererseits diese Entscheidungen aber durch die Starrheit und Kompliziertheit des Systems behindert werden. Die in Aussicht gestellte Funktionalität durch Verfahren erweist sich als mikropolitisches Spielfeld, in dem jeder Verfahrensschritt zur Disposition steht und zwischen den Beteiligten verhandelt wird (vgl. Ridder 2004b). Abbildung II / 48 demonstriert die Entscheidungspunkte der analytischen Arbeitsbewertung.

Einige Autoren weisen insbesondere auf **geschlechtsspezifische Diskriminierungen** hin (vgl. z.B. Krell/Winter 2011). Auswahl, Definition und Gewichtung von Anforderungsarten werden in der Regel nicht geschlechtsspezifisch reflektiert. So werden z.B. muskelmäßige Anforderungen ganz selbstverständlich in Anforderungssysteme aufgenommen; die für Frauenarbeitsplätze typischen Anforderungen wie z.B. Geschicklichkeit sind jedoch selten vorzufinden. Umgekehrt spielt das Kriterium »körperliche Belastung« dort kaum eine Rolle, wo Frauen als Kassiererinnen oder Krankenpflegerinnen schwere körperliche Arbeit leisten. Analytische Arbeitsbewertung transportiert und übersetzt bestehende industrielle Frauenbilder (wonach Frauen eher leichte Dienstleistungsarbeit erbringen) und damit verbundene Ungleichgewichte.

| Arbeitsplatzbeschreibung | Welche Beschreibungstatbestände sollen aufgenommen werden?<br>Welche Fragen sind bedeutsam?<br>Wer füllt Arbeitsplatzbeschreibungen aus?<br>Was geschieht mit Informationen, die erhoben werden? |
|---|---|
| Anforderungsarten | Wie sollen die Beschreibungen klassifiziert und zu Anforderungsarten gebündelt werden?<br>Welche Anforderungsarten begünstigen (z.B. ältere Arbeitnehmer) oder benachteiligen (z.B. Frauen) Arbeitnehmergruppen?<br>Wie fein (grob) müssen Anforderungsarten gestaltet werden, um absehbare technologische oder arbeitsorganisatorische Veränderungen zu antizipieren? |
| Gewichtung | Soll die Gewichtung aus der bestehenden Vergütungsordnung abgeleitet werden oder sollen neue Akzente gesetzt werden?<br>Wem nützt (schadet) eine bestimmte Gewichtung?<br>Wird diese Gewichtung durch Entwicklungen am Arbeitsmarkt unterstützt (z.B. Abnahme der Bedeutung körperlicher Anforderungen, Zunahme geistiger Anforderungen)? |
| Bewertung | Interpretation der Arbeitsplatzbeschreibungen, Bereichsegoismus, Koalitionsbildung, Lohnpolitik. |

Abbildung II / 48: Entscheidungspunkte im Verfahrensablauf der analytischen Arbeitsbewertung

Dies führt zu der Frage, ob mit analytischer Arbeitsbewertung als kompliziertes Regelwerk nicht von den eigentlichen lohnpolitischen Fragen abgelenkt wird. Forschungsergebnisse zur Arbeit von Bewertungskommissionen verweisen darauf, dass es bei der Einführung analytischer Arbeitsbewertung nicht gelingt, die Wertigkeit der Arbeitsplätze zu bestimmen (Dulebohn/Werling 2007) und es weniger auf die Anwendung von Regeln ankommt. Vielmehr wird ihr **politischer und symbolischer Charakter** betont (vgl. die Übersicht bei Montemayor/Fossum 1997). Gruppenprozesse befinden sich im Spannungsfeld der Durchsetzung von Partialinteressen einerseits und der symbolischen Absicherung der gemeinsam zu verabschiedenden Entgeltstruktur andererseits, mit allen bekannten Phänomenen der politischen Verhandlungskultur (vgl. Welbourne/ Trevor 2000).

Analytische Arbeitsbewertung wurde konzipiert, um eine Abbildung und Ordnung hoch arbeitsteiliger Aufgaben zu ermöglichen, in der Absicht, nur diejenigen Anforderungen zu entlohnen, welche als identifizierte Arbeitsschwierigkeit dokumentiert werden. Diese Dokumentation ist unproblematisch, wenn einfache, gut strukturierte Arbeitsaufgaben ohne größeren Aufwand erfasst werden und Arbeit in der Durchführung festgelegter Routinen besteht. **Neue Formen der Arbeitsgestaltung** und die damit einhergehende höhere Komplexität der Anforderungen erschweren die Beschreibbarkeit der Arbeitsplätze und erzeugen einen wachsenden Verwaltungsaufwand bei fein justierten Verfahren, da Änderungen in der Arbeitsschwierigkeit den Grundlohnanspruch beeinflussen (vgl. McNabb/Whitefield 2001). Insofern ist Milkovich et al. (2011, 152) zuzustimmen, dass der Versuch, innerbetrieblich Ordnung in das Lohngefüge zu bringen, angesichts komplexer werdender und sich schnell ändernder Tätigkeiten in bürokratische Verfahren abgeglitten ist.

Dennoch hat sich an der grundsätzlichen Systematik der Arbeitsbewertung in der Praxis trotz der Veränderungen in der Arbeitsorganisation und der wachsenden Kritik an der Arbeitsbewertung wenig geändert. Einerseits – so Bahnmüller – wird dort ein einigermaßen übersichtliches und transparentes Lohn- und Gehaltsgefüge geschätzt, und andererseits bieten die bestehenden Systeme für die Praxis eine akzeptable Flexibilität für betriebliche Lösungen (vgl. Bahnmüller 2001, 105ff.). Wie z.b. Dombrowski (2000) in vergleichenden Fallstudien zeigt, kollidieren Ansprüche an neue Formen der Arbeitsgestaltung (insbesondere Gruppenarbeit) mit der bürokratischen Starrheit analytischer Arbeitsbewertungssysteme. Unternehmen entwickeln deshalb Verfahren, die eine Modifikation oder Rücknahme der Analytik vorsehen (z.b. Arbeitssystembewertung, ganzheitliche Arbeitsbewertung) oder qualifikationsorientierte Entlohnungskomponenten berücksichtigen, um eine höhere Flexibilität im Arbeitseinsatz zu realisieren. Dies fördert offensichtlich die Tendenz, einen systematischen Wechsel der Grundlohndifferenzierung zu vermeiden, der die gesellschaftliche Status- und Rangordnung in Frage stellen würde (vgl. Bahnmüller 2001, 137). Entsprechend werden Verfahren angepasst, um die aufgezeigten methodischen Probleme und das Diskriminierungspotential der Arbeitsbewertung zu überwinden (vgl. z. B. Katz/Baitsch 2006).

## 2.4 Leistungsabhängige Entgeltbestimmung

Die bisherige Darstellung bezog sich auf die Grundlohndifferenzierung, in der dem Grundsatz »gleiches Entgelt für gleiche Anforderungen« gefolgt wird. Sollen auch unterschiedliche Leistungen, z.B. im Hinblick auf Qualität oder Quantität, im Entgelt berücksichtigt werden? Wird die Frage bejaht, kann das Gehalt um einen weiteren, meist leistungsabhängigen Entgeltbestandteil ergänzt werden (vgl. die Übersicht bei Zander/Wagner 2005).

Im Folgenden soll Leistungsentlohnung zunächst am Beispiel der *Akkordentlohnung* und der *Prämienentlohnung* vorgestellt werden. Während der Akkordlohn als klassische Leistungsentlohnung gilt, in der die Höhe der Bezahlung unmittelbar an die hergestellten Stückzahlen geknüpft wird, erweist sich Prämienentlohnung als Instrument, mit dessen Hilfe sehr unterschiedliche Ziele verfolgt werden. Hier wird die Anreizwirkung seltener an die Menge und häufiger an qualitative Ziele gebunden. Prämien werden gezahlt, wenn Maschinenlaufzeiten erhöht, Termine eingehalten oder definierte Qualitätsstandards erreicht werden. Dort, wo die Verknüpfung von Lohn und Leistung nicht direkt herstellbar ist, kann der variable Entgeltbestandteil mit Hilfe einer *Leistungsbeurteilung* festgelegt werden. Auf der Basis eines Zeitlohnes bzw. Gehalts wird anhand von vorgegebenen Kriterien die persönliche Leistung eines Arbeitnehmers (meist von seinem Vorgesetzten) bewertet. Diese dient als Differenzierungskriterium bei der Lohn- bzw. Gehaltsermittlung. Abschließend wird der Sonderfall der *Führungskräftevergütung* behandelt. Hier wird in der Praxis der Versuch unternommen, den variablen Entgeltbestandteil an erfolgsbezogene Kriterien, wie z.B. Gewinn oder Umsatz, zu knüpfen, um Führungskräften Anreize zu geben, ihre Anstrengung auf die Erreichung von Unternehmenszielen zu konzentrieren.

### 2.4.1 Akkordlohn

Der Akkordlohn stellt eine Entlohnungsform dar, in der ein Grundlohn um einen leistungsabhängigen, variablen Entgeltbestandteil ergänzt wird. Dieser Grundlohn wird meist anforderungsbezogen oder (eher seltener) qualifikationsbezogen ermittelt. Als Basis für den leistungsabhängigen Entgeltbestandteil gilt die vom Menschen beeinflussbare Mengenleistung (vgl. zum Folgenden REFA 1991).

Beim Akkordlohn wird eine direkte Abhängigkeit des Lohnes von der erzielten Mengenleistung hergestellt. Wenn beispielsweise ein Arbeitnehmer eine um 20% höhere Stückleistung je Stunde erzielt, erhält er einen um 20% höheren Stundenlohn. Voraussetzung ist, dass, im Hinblick auf bestimmte Mengenleistungen, zunächst von der Arbeitsvorbereitung Vorgabezeiten ermittelt werden. Der Anreiz liegt in der Möglichkeit, diese Vorgabezeiten zu unterschreiten. Die dadurch erzielte Erhöhung der Mengenleistung muss auf den individuellen Einsatz des Arbeitnehmers zurückzuführen sein und darf nicht einer Veränderung des Arbeitsverfahrens, der -methode, den -bedingungen oder der Veränderung technologischer Rahmenbedingungen zuzurechnen sein.

Methodik und Wirkung des Akkordlohnes sind seit langem umstritten. Wohl keine Lohnform erfüllt mehr den Wunsch von Managern, die Entlohnung direkt und nachvollziehbar an die erbrachte quantifizierte Leistung zu knüpfen, und es hat sich hartnäckig die Vorstellung gehalten, dass diese Lohnform am ehesten für eine hohe Leistungsmotivation sorgt (vgl. Pfeffer 1998). Unter humanitären Gesichtspunkten wurde von Anfang an kritisiert, dass mit Hilfe des Akkordlohnes Arbeitnehmer dazu gebracht werden, durch höheren Einsatz körperliche Schäden in Kauf zu nehmen, um höhere Verdienste zu realisieren. Häufig sind auf Akkordarbeitsplätzen nur sehr kurze Arbeitszyklen von einigen Minuten üblich, sodass die Monotonie zu gesundheitlichen Belastungen und in der Folge zu Absentismus führen kann (vgl. Brandenburg/Nieder 2009).

Diese Argumente sind seit langem bekannt, haben aber die Verbreitung der Akkordarbeit nicht wesentlich berührt. Erst durch die Veränderung der Produktionsstrukturen zeigt sich, dass Akkordarbeit Inkompatibilitäten mit modernen Formen der Gruppenarbeit aufweist und deshalb unter wirtschaftlichen Gesichtspunkten an Bedeutung verliert. Neue Formen der Gruppenarbeit erweisen sich akkordtechnisch als schwierig, wenn beispielsweise Arbeitnehmer innerhalb der Gruppe rotieren und vor- oder nachgelagerte Arbeiten übernehmen sollen (vgl. z.B. Eyer/Stockhausen 1997, 23). Macht eine zunehmende Produkt- und Variantenvielfalt die ständige Veränderung der Vorgabezeiten erforderlich, so ist die Wirtschaftlichkeit der Ermittlung und Überwachung der Vorgabezeiten kritisch zu beurteilen. Auch die Tatsache, dass der Arbeitnehmer die Mengenleistung selbst beeinflusst, wird nicht mehr durchgängig als positiv interpretiert, falls Durchlaufzeiten und Nutzungszeiten von Maschinen zum Maßstab für eine wirtschaftlichere Fertigung werden. Es erscheint ökonomisch paradox, Arbeitnehmer im Akkord hohe Stückzahlen herstellen zu lassen, für die anschließend Lagerkosten anfallen.

### 2.4.2 Prämienentlohnung

Prämienentlohnung ist eine vergleichsweise alte Entlohnungsform, die eingesetzt wird, wenn die Arbeitstätigkeit zu einem großen Teil technisch vorgegeben ist, aber im Hinblick auf verschiedene Kriterien, wie z.B. Qualität oder Nutzungszeiten von Maschinen, ein Handlungsspielraum vorhanden ist. Diese zusätzlich zu dem Grundlohn gezahlten Prämien werden in der Regel individuell bezahlt. Mit der Verbreitung von Gruppenarbeit wird allerdings regelmäßig in der Praxis geprüft, ob die damit verbundene Zielsetzung auch durch Gruppenprämien unterstützt werden kann.

### 2.4.2.1  Individualprämien

Diese Entlohnungsart wird verwendet, wenn der Anteil der unbeeinflussbaren Zeiten hoch ist, die beeinflussbaren Anteile aber dennoch an eine Leistungsentlohnung gekoppelt werden sollen (vgl. dazu REFA 1991). Sie kann sich aber auch auf Qualität, Nutzung von Maschinen oder Ersparniseffekte beziehen.

Grundsätzlich lassen sich im Rahmen der Prämienentlohnung quantitative und qualitative Leistungsziele aufstellen. Als Voraussetzung für die Auswahl von Leistungskennzahlen zur Umsetzung in Prämienentlohnung nennt REFA (1991, 45):

- Wirtschaftlichkeit und objektive Erfassbarkeit;
- Beeinflussbarkeit durch den Arbeitnehmer;
- die Leistungssteigerung muss betriebswirtschaftlich und organisatorisch sinnvoll sein;
- die Leistungssteigerung muss für den Arbeitnehmer erträglich sein.

Die meisten Prämienentlohnungsverfahren lassen sich auf die drei Grundmuster in Abbildung II / 49 zurückführen.

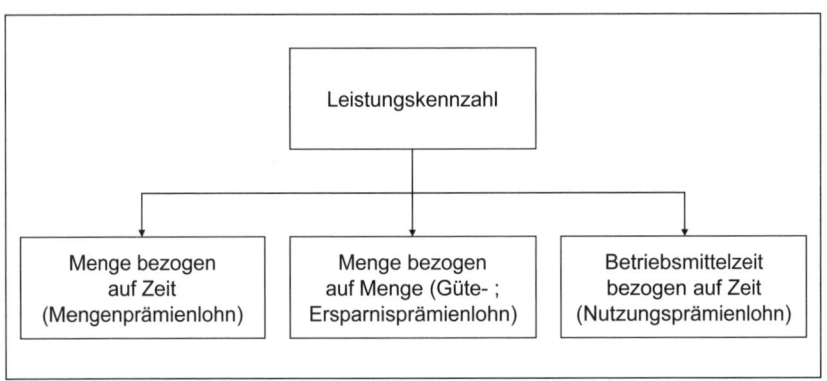

Abbildung II / 49: Prämienlohnarten
(In Anlehnung an REFA 1991, 45)

**Mengenprämienlohn:** Diese Lohnart wird eingesetzt, wenn das Leistungsergebnis in einem engen Bereich begrenzt bleiben soll. Wenn beispielsweise in einer Versandabteilung Pakete mit einer unterschiedlichen Zahl von Positionen verpackt werden, beginnt die Prämie bei einer Stückzahl von 35 Paketen in der Stunde und steigt mit zunehmender Paketzahl linear an. Nach oben hin ist die Anzahl der Pakete bis (einschließlich) 60 begrenzt. Weitere Stückzahlen haben keinen Einfluss auf den Verdienst.

**Güte- und Ersparnisprämienlohn:** Hier geht es darum, entweder das Ausgangsprodukt zu beeinflussen (z.b. niedriger Ausschuss) oder die Eingangswerte zu beeinflussen (z.b. niedriger Energieverbrauch).

**Nutzungsprämienlohn:** Ziel dieser Prämie ist es, die Hauptnutzungszeiten möglichst hoch und die Nebennutzungszeiten oder Unterbrechungen möglichst niedrig zu halten. Der Nutzungsgrad wird durch die Relation von Nutzungszeiten und Einsatzzeiten ausgedrückt.

Als Grundproblem der Prämienentlohnung gilt ihre rasch nachlassende motivationale Wirkung. Ist ein bestimmter Standard erreicht und wird mit diesem Standard ein bestimmtes Lohnniveau durch den Arbeitnehmer erzielt, scheint eine Rücknahme der Prämien (z.b. bei Veränderung von technischen Voraussetzungen) aussichtslos. Auch hier gilt, dass im Hinblick auf ein einmal etabliertes Einkommensniveau im Zeitablauf immer weniger danach gefragt wird, wie dieses entsteht, sondern welche Verwendungsmöglichkeiten damit verbunden sind. Diese Gewöhnungseffekte führen dann dazu, dass immer neue Anreize angeboten werden müssen.

### 2.4.2.2 Gruppenprämien

Mit der Verbreitung von Gruppenarbeit wird die Individualprämie eher kritisch eingeschätzt. Grundsätzlich wird es als problematisch angesehen, auf der einen Seite Gruppenleistung, Kooperation und Zusammenarbeit zu fordern und andererseits die Entlohnung an individuelle Leistungskriterien zu knüpfen. Im Folgenden sollen einige Beispiele für in der Praxis verbreitete Gruppenprämien vorgestellt werden:

**Produktivitätsprämie:** In diesem Beispiel (vgl. Eyer 1994; Eyer/Wolf 1995; Eyer 1996) wird im Rahmen der Gruppenarbeit eine Prämie für die Erhöhung der Produktivität und der Qualität gezahlt. Eine günstigere Produktivitätskennziffer kann durch die Gruppe erzielt werden, wenn die budgetierten Gemeinkostentätigkeiten (wie z.b. Rüsten, Materialtransport, Verbesserungsprozess und Gruppengespräche) optimiert und die Anwesenheitszeit den Kapazitätsbedürfnissen des Unternehmens angepasst werden.

Diese Gruppenprämie kann nun unterschiedlich verteilt werden. Grundsätzlich kann argumentiert werden, dass Gleichverteilung der Gruppenprämie dann angestrebt wird, wenn die Verbesserung der Produktivität auf alle Mitarbeiter der Arbeitsgruppe gleichmäßig zurückgeführt werden kann. Allerdings kann die Gruppenprämie auch im Hinblick auf die individuelle Leistung unterschiedlich aufgeteilt werden (vgl. Eyer 1996, 108ff.). Jeder Arbeitnehmer wird in diesem Fall nach vorgegebenen Kriterien beurteilt. Die unterschiedlichen Beiträge der Arbeitnehmer werden auf diese Weise z.b. in einem Punktwert ausgedrückt. Die Beurteilung des individuellen Mitarbeiterbeitrags des einzelnen Arbeitnehmers geschieht nicht notwendigerweise durch den Vorgesetzten. Hier wird argumentiert, dass die neu definierte Rolle des Vorgesetzten diese genaue Kenntnis des Leistungsspektrums einzelner Arbeitnehmer nicht mehr erlaubt. Vielmehr nimmt die Gruppe diese Bewertung selbst vor.

Anzumerken ist, dass auf diese Weise die Kontrolle der Mitarbeiter und der damit verbundene Druck in die Gruppe zurückverlagert werden. Insbesondere leistungsstarke Arbeitnehmer könnten daran interessiert sein, für leistungsschwächere Arbeitnehmer (z.b. neu eingestellte, ältere oder behinderte Arbeitnehmer) Ersatz zu fordern.

**Zielvereinbarungsprämie**: In diesem System werden mit den Gruppen für einen Zeitraum Ziele vereinbart und deren Einhaltung an eine Prämie geknüpft. Darüber hinaus erhalten Arbeitnehmer eine individuelle Zulage für den Prozess der kontinuierlichen Verbesserung und einen Bonus für die Qualität. Beispielsweise wird mit den Arbeitnehmern jeweils für drei Monate eine Prämie vereinbart, wenn die Prozesszeiten an den Maschinen erhöht und entsprechend die Nichtprozesszeiten gesenkt werden.

Die **Weiterbildungs- und Qualifikationsprämie** ist eng verbunden mit systematischen Qualifizierungsmaßnahmen, die sowohl interne on-the-job-Maßnahmen als auch interne und externe Bildungsmaßnahmen umfassen (vgl. z.B. Hentsch/Oxenknecht 1995). Qualifikationsorientierte Prämien werden insbesondere dort eingesetzt, wo schneller Produktwechsel oder eine hohe Technologiedynamik eine beständige Zunahme oder Veränderung der Qualifikation voraussetzen.

### 2.4.3  Zeitlohn mit Leistungsbeurteilung

Beim Zeitlohn dient die Arbeitszeit als Bemessungsgrundlage des Verdienstes. Sozialversicherungsrechtlich tritt er als Stundenlohn bei Arbeitern und als Monatsgehalt bei Angestellten auf. Hier wird davon ausgegangen, dass Arbeitnehmer eine angemessene Arbeitsleistung in konstanter Weise erbringen (vgl. zum Folgenden Reisch 1992). Es kann grundsätzlich der reine Zeitlohn vom Zeitlohn mit Leistungsbeurteilung unterschieden werden. Systematisch besteht beim reinen Zeitlohn kein Unterschied zum Akkord- oder Prämienlohn, da auch hier eine Äquivalenz von Entlohnung und Leistung vorausgesetzt wird. Allerdings wirken sich Schwankungen in der Leistungsabgabe nicht unmittelbar auf die Entlohnung aus.

Diese Entlohnungsform findet Anwendung, wenn die Arbeitszeit die eigentliche Determinante der Entlohnung darstellt und

- quantitative Leistungen nicht messbar sind, insbesondere bei kreativen und geistigen Arbeiten,
- Art und Ausmaß der Leistung nicht oder nur mit erheblichem wirtschaftlichen Aufwand vorherbestimmt werden können, insbesondere bei Reparatur-, Lager- und Transportarbeiten,
- ein kontinuierlicher Arbeitsablauf vorgegeben ist,
- Bereitschaftsdienste erfüllt werden müssen,
- hohe Qualitätsansprüche gestellt werden.

Als Vorteile des Zeitlohnes werden die einfache Struktur und die leichte Handhabung genannt. Arbeitnehmer, die im Zeitlohn entlohnt werden, gelten als produktiver und stehen Veränderungen des Arbeitsplatzes, Produktinnovationen und technologischen Veränderungen offener gegenüber, da sie bei einem Wandel der Arbeitsstruktur keine Lohnminderung befürchten müssen. Als grundsätzlicher Nachteil gilt der fehlende Leistungsbezug. Hier erfolgt keine regelmäßige Beurteilung der Arbeitsleistung, und Leistungsschwankungen wirken sich nicht auf die Lohnhöhe aus. Die Grundlohndifferenzierung erfolgt auf der Basis der Arbeitsbewertung, eine Anpassung findet nur aufgrund tariflicher Veränderungen statt.

Beim Zeitlohn mit Leistungsbezug sind Leistungsbeurteilungen oder -bewertungen üblich und werden in regelmäßigen Zeitabständen vorgenommen. Im Arbeiterbereich werden die dahinter liegenden Kriterien meist präzise definiert und durch die Tarifparteien im Rahmen von Tarifverträgen geregelt oder durch Betriebsvereinbarungen festgelegt (vgl. Becker/Engländer 1993, 24ff.; Oechsler/Reichmann 2002). Auf dieser Basis finden regelmäßige Leistungsbeurteilungen statt, die die Höhe des leistungsabhängigen Lohnanteiles festlegen.

Im Angestelltenbereich werden die Gehälter mit Hilfe einer Leistungsbeurteilung um eine leistungsbezogene Komponente erweitert. Hier ist die Quantifizierung von Leistung besonders schwierig, sodass sich ein weites Feld von Leistungsbeurteilungsverfahren in den Unternehmen etabliert hat.

### 2.4.3.1    Hierarchische Leistungsbeurteilungsverfahren

Unter Leistungsbeurteilungsverfahren werden Methoden verstanden, mit deren Hilfe ein Beobachter meist Daten eines Mitarbeiters bezogen auf eine Leistungsperiode erhebt und bewertet. Die Erhebung der Informationen und ihre Bewertung kann hierarchisch (durch den Vorgesetzten oder die Personalabteilung) oder nichthierarchisch (z.b. durch Kollegen, durch die unterstellten Mitarbeiter oder durch eine Selbstbeurteilung) erfolgen.

Hierarchische Leistungsbeurteilungen können standardisiert oder weniger standardisiert durchgeführt werden. In der Abbildung II / 50 werden die wesentlichen Methoden der Leistungsbeurteilung vorgestellt (vgl. zum Folgenden Grieger 1997; Schuler 2004; Becker 2009a, 284ff.; Gerhart 2010; Milkovich et al. 2011, 358ff.).

**(I) Freie Beurteilungen:** Hier sollen – möglichst ohne strukturierte Vorgaben – die Leistungen eines Mitarbeiters beurteilt werden. Als Vorteil dieser freien Beschreibungen wird herausgestellt, dass die Leistungen des Mitarbeiters sehr differenziert erfasst werden können. Darüber hinaus kann im Rahmen einer solchen Beschreibung genauer auf die Spezifika des Arbeitsplatzes oder auf die des Mitarbeiters eingegangen werden. Freie Beschreibungen ermöglichen es auch, auf besondere Ereignisse (positiv oder negativ) in der Leistungsperiode einzugehen.

Als Nachteil dieser freien Beschreibungen gilt ihre mangelnde Nachvollziehbarkeit. Ohne Kriterien ist im Nachhinein nicht feststellbar, ob die Beschreibung der Leistung des Beurteilten auf die Ausdrucksfähigkeit des Beurteilers, auf Sympathie oder Antipathie zurückzuführen ist. Auch hier gilt, dass ohne Kriterien eine Vergleichbarkeit zwischen verschiedenen Mitarbeitern schwierig ist. Wird das variable Entgelt auf der Basis einer Leistungsbeurteilung bezahlt, entstehen Legitimationsprobleme, da den Mitarbeitern die relative Unterschiedlichkeit im Leistungsverhalten nur schwer plausibel gemacht werden kann.

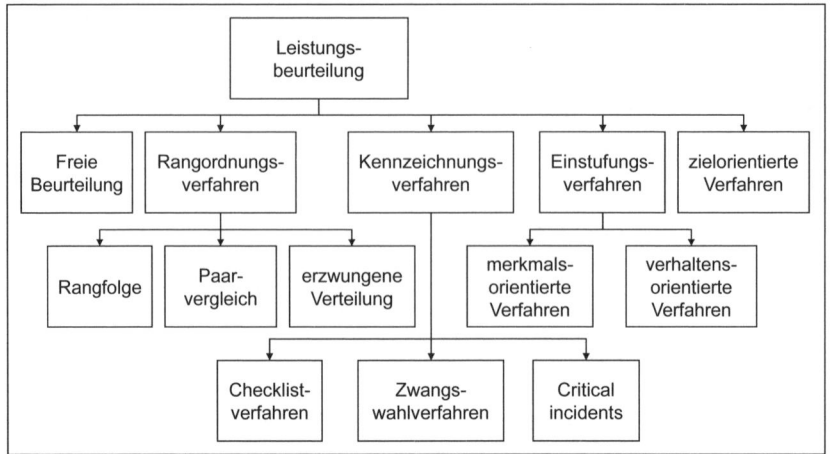

Abbildung II / 50: Verfahren der Leistungsbeurteilung
(In Anlehnung an Becker 2009a, 286)

**(II) Rangordnungsverfahren:** Diese Verfahren dienen dazu, die Beurteilten hinsichtlich ihrer Leistung in eine Rangfolge zu bringen. In summarischen Rangordnungsverfahren wird diese Rangfolge anhand *eines* Leistungskriteriums erstellt. In analytischen Leistungsbeurteilungsverfahren wird diese Rangfolge anhand *mehrerer* Leistungskriterien erstellt. In diesem Rangordnungsverfahren steht also der Arbeitnehmer mit der höchsten Leistung an der Spitze und der Arbeitnehmer mit der niedrigsten Leistung am Ende der Rangordnung. Auf diese Art und Weise erhält ein beurteilender Vorgesetzter eine klare Entscheidungsgrundlage für die Verteilung eines variablen Entgeltbestandteils (z.B. Prämien).

**(III) Kennzeichnungsverfahren:** In diesem Verfahren sollen die Beurteiler angeben, ob bestimmte vorgegebene Kriterien im Hinblick auf den zu Beurteilenden zutreffen. Auch hier können mehrere Verfahren unterschieden werden.

(1) *Checklist-Verfahren:* Hier erhält der Beurteilende eine Liste mit knappen Verhaltensbeschreibungen, anhand derer er den zu Beurteilenden einschätzen soll. Diese Checkliste beinhaltet Verhaltensbeschreibungen in Bezug auf die Aufgabenerfüllung am Arbeitsplatz oder positionsbezogene Leistungen. Den Beurteilern ist in der Regel nicht bekannt, welche der Verhaltensbeschreibungen positive oder negative Konsequenzen auf das mit der Leistungsbeurteilung angestrebte Ziel haben. Auf diese Weise gibt der Beurteilende lediglich eine Beschreibung des Beurteilten ab, wohingegen meist eine andere Stelle (z.B. die Personalabteilung) die Auswertung dieser Checkliste vornimmt.

(2) Das *Zwangswahlverfahren* stellt eine methodische Spezifikation des Checklist-Verfahrens dar. Hier wird der Beurteiler dazu gezwungen, die Verhaltensbeschreibungen dichotom in positiver oder negativer Weise auszuzeichnen. In der Regel weiß der Beurteiler nicht, welche Bedeutung die einzelnen Aussagen auf das mit der Leistungsbeurteilung verfolgte Ziel haben.

(3) *Verfahren der kritischen Ereignisse*: Dieses Verfahren wurde bereits im Zusammenhang mit der Personalbeschaffung vorgestellt. Ihm liegt die Annahme zugrunde,

dass spezifische Verhaltensweisen für den Erfolg oder Misserfolg einer Aufgabener-füllung von Bedeutung sind. Entsprechend werden solche kritischen Ereignisse (z.B. durch Vorgesetzte) über einen bestimmten Zeitraum gesammelt und in effiziente bzw. ineffiziente Verhaltensweisen aufgeteilt. Diese kritischen Ereignisse werden anschlie-ßend in ein Formular überführt, sodass sie als beobachtbare Verhaltensweisen Ge-genstand einer Leistungsbeurteilung werden können.

**(IV) Einstufungsverfahren:** Diese Verfahren haben sich nach Becker (2009a, 307) in der Praxis weitgehend durchgesetzt. Es handelt sich hierbei um Beurteilungen, in denen Kriterien vorgegeben, gewichtet und mit Skalen versehen werden. Auf diese Weise sol-len Pauschalurteile und das Hervorheben oder Vernachlässigen bestimmter Aspekte vermieden werden. Der Beurteilende bewertet also die Leistung eines Mitarbeiters durch Einstufung in eine vorgegebene Skala. Einstufungsverfahren können in mehreren Varianten angewandt werden.

(1) In *merkmalsorientierten Verfahren* werden standardisierte Merkmale in einem Formular zusammengefasst und in der Regel für alle zu beurteilenden Beschäftigten gleichermaßen verwendet. Sie können gewichtet oder ungewichtet durchgeführt wer-den. Bei einer festgelegten Gewichtung werden für jedes Beurteilungskriterium ver-bindliche Gewichtungsfaktoren vorgegeben. In der so genannten freien Gewichtung sollen die Beurteiler eine Gewichtung im Hinblick auf die Bedeutung einzelner Merk-male vornehmen. Meist werden im Rahmen merkmalsorientierter Beurteilungsverfahren Skalen genutzt. Diese dienen dazu, dass der Beurteilende die jeweilige Ausprägung z.B. durch Ankreuzen eines numerischen Wertes widerspiegelt. In anderen Verfahren sind jedoch auch Skalen üblich, die verbale Umschreibungen vorsehen (»...unter den Erwar-tungen, ...entspricht den Erwartungen, ...über den Erwartungen«). Als Grundproblem der merkmalsorientierten Einstufungsverfahren gilt die oftmals versteckte Bewertung der Persönlichkeit. Kriterien wie Initiative, Auffassungsgabe, Zuverlässigkeit, Selbst-ständigkeit oder Fachkenntnisse fokussieren nicht notwendigerweise das in der ver-gangenen Leistungsperiode gezeigte Verhalten, sondern können vom Beurteilenden als übergreifende Persönlichkeitsmerkmale interpretiert werden.

(2) In *verhaltensorientierten Einstufungsverfahren* wird versucht, diese Eigenschafts-orientierung zu vermeiden. Hier werden stellentypische Verhaltensbeschreibungen zur Ermittlung und Bewertung vorab ermittelter Leistungsdimensionen herangezogen. Bei-spielsweise wird der Beurteiler aufgefordert, Verhaltensbeschreibungen im Hinblick auf ein bestimmtes Leistungskriterium abzugeben. Die Summierung der damit verteilten Punkte ergibt dann die Bewertung. Weitere verhaltensorientierte Verfahren stellen so genannte Verhaltenserwartungsskalen dar.

**(V) Zielorientierte Verfahren:** Diese Verfahren werden meist im Zusammenhang mit dem Konzept des Management-by-Objectives (MBO) entwickelt (vgl. Becker 2009a, 327ff.). Hier werden vom Vorgesetzten Ziele vorgegeben oder mit dem Mitar-beiter vereinbart. Mit der Zielvereinbarung wird gleichzeitig der Verantwortungsraum definiert, in dem sich der Mitarbeiter in der vereinbarten Zeitperiode bewegt. Aus-gangspunkt der Leistungsbeurteilung ist damit ein von beiden Seiten her transparentes Zielsystem und Arbeitsspektrum. Ergebnis der Leistungsbeurteilung ist dann die Fest-stellung, ob Ziele erreicht wurden. Der Vorteil dieser Leistungsbeurteilungsmethode kann darin gesehen werden, dass die Zielabweichung zu einer Ursachenanalyse zwi-schen Vorgesetztem und Mitarbeiter herangezogen werden kann. Dieser zielorientierte

Ansatz fokussiert damit nicht auf wenige Eigenschaften, sondern auf nachvollziehbare Leistungsergebnisse oder Verhaltensziele.

Insgesamt kann festgehalten werden, dass hierarchische Leistungsbeurteilungsverfahren mit unterschiedlichen Systematiken meist einen ersten Blick auf Eigenschaften oder Verhaltensweisen der zu Beurteilenden nahe legen. Die damit einhergehenden Beurteilungsfehler sind erheblich.

### 2.4.3.2    Nichthierarchische Leistungsbeurteilungsverfahren

Eine Leistungsbeurteilung kann auch unter dem Aspekt durchgeführt werden, dass relevante Informationen über die Leistung nicht nur durch den Vorgesetzten, sondern durch andere Personen erhoben werden. Wird also danach gefragt, wer relevante Informationen über die Leistung eines Arbeitnehmers abgeben kann, wird von nichthierarchischen Verfahren gesprochen (vgl. zum Folgenden Grieger/Bartölke 1992, 96ff.). Im weiteren Verlauf sollen einige dieser nichthierarchischen Verfahren vorgestellt werden. Diese werden nicht nur zur Ermittlung der Leistungsanteile des Entgelts verwendet, sondern dienen auch der Vorbereitung von Versetzungs- und Beförderungsentscheidungen sowie der Planung von Weiterbildungsmaßnahmen.

**Vorgesetztenbeurteilung:** Hier steht nicht unbedingt die Gestaltung des Entgeltes im Vordergrund, allerdings ist diese Möglichkeit enthalten. In Praxisberichten wird vielmehr hervorgehoben, dass durch Feedback eine Verbesserung des Führungsverhaltens von Vorgesetzten angestrebt wird (vgl. Rolinger/Fink 1997, 452). Entsprechend wird die Vorgesetztenbeurteilung unter verschiedenen Begrifflichkeiten (360-Grad-Beurteilung, Aufwärtsbeurteilung) in den Unternehmen praktiziert. Als Pioniere dieser Verfahren gelten die Firmen ESSO und BMW, die bereits in den sechziger und siebziger Jahren des vorigen Jahrhunderts diese Instrumente eingeführt haben (vgl. zur Entwicklung und Methode ausführlich Ebner/Krell 1991). Die Methodik weist ein breites Spektrum auf. Meist wird auf Veranlassung des Vorgesetzten oder der Personalabteilung eine Vorgesetztenbeurteilung vorgeschlagen. In anonymisierter Form wird von den Mitarbeitern ein Fragebogen ausgefüllt, in dem die Leistung, das Führungsverhalten oder andere relevante Daten über den Vorgesetzten dokumentiert werden sollen. Als methodische Variante wird gleichzeitig eine Selbsteinschätzung durch den Vorgesetzten vorgenommen, der den Fragebogen seinerseits ausfüllt.

Das Feedback an den Vorgesetzten wird in mehreren Varianten praktiziert:

* Die Personalabteilung bereitet die Daten so auf, dass Rückschlüsse auf einzelne Arbeitnehmer ausgeschlossen sind und leitet die Ergebnisse an den Vorgesetzten weiter. Der Vorgesetzte entscheidet, ob und welche Konsequenzen er daraus ziehen will.
* In einer weiteren Variante gehen die Daten an den nächst höheren Vorgesetzten, und beide diskutieren die Ergebnisse und beraten eventuelle Maßnahmen.
* In einer dritten Variante werden die Daten in einem Workshop dem Vorgesetzten und den Mitarbeitern präsentiert. Dieser Workshop dient der Auflösung von Wahrnehmungsunterschieden, die sich im Fragebogen aus der Selbsteinschätzung und der Fremdeinschätzung durch die Arbeitnehmer ergeben. Außerdem sollen Anregungen zur Verbesserung des Führungsverhaltens gewonnen werden. Aus beiden Informationsquellen werden Personalentwicklungsmaßnahmen für den Vorgesetzten abgeleitet (vgl. Nothnagel 1998).

Vorgesetztenbeurteilungen heben die hierarchische Differenz zwischen Arbeitnehmern und ihren Vorgesetzten nicht auf und enthalten damit immer auch die Möglichkeit, dass ihre Anwendung als Scheinpartizipation bürokratisiert wird. Während die Beurteilung von Mitarbeitern durch ihre Vorgesetzten in der Regel Konsequenzen hat, z.B. im Hinblick auf die Höhe des Entgeltes, wird dies umgekehrt bislang selten praktiziert. Ob ein Vorgesetzter Konsequenzen aus der Befragung zieht, bleibt ihm meist selbst überlassen. Insbesondere die dritte Variante enthält aber die Möglichkeit, dass kooperative Formen der Zusammenarbeit angelegt werden können. Wird bei diesen Verfahren Kritik an der Urteilsfähigkeit der Arbeitnehmer geübt, ist zu bedenken, dass auch Vorgesetzte in der Erhebung von Informationen und der Abgabe von Bewertungen nicht notwendigerweise objektive Urteile abgeben wollen und können.

**Kollegen-Beurteilung:** Insbesondere im Bereich von Gruppenarbeit oder Teamarbeit kann davon ausgegangen werden, dass die gegenseitigen Beobachtungsmöglichkeiten und die genauere Kenntnis der Leistungsbeiträge zu einem Gruppenergebnis die Informationsqualität verbessern können. Argumente, die gruppendynamische Effekte oder gefühlsbetonte Bewertungen (Antipathie; Sympathie) als Probleme der Kollegen-Beurteilung hervorheben, werden von Grieger/Bartölke (1992, 79) zurückgewiesen. Sie seien empirisch nicht belegt und unterstützten eher bestehende hierarchische Denkmuster.

**Selbstbeurteilung:** Dieses Instrument wird insbesondere im Zusammenhang mit anderen Beurteilungsformen, z.B. der Vorgesetztenbeurteilung, herangezogen. Es gilt als Möglichkeit, Wahrnehmungsdifferenzen zu identifizieren und Mitarbeitergespräche als Dialog zu unterstützen.

Insgesamt kann festgehalten werden, dass ein reichhaltiges Spektrum von Beurteilungsverfahren herangezogen wird, um den leistungsabhängigen Anteil des Entgeltes zu bestimmen oder um andere personalwirtschaftliche Ziele mit Hilfe von Leistungsbeurteilungsverfahren zu unterstützen. Allerdings ist die faktische Verbreitung dieser Verfahren kein Beleg dafür, dass sie einen hohen methodischen Standard und ein Mindestmaß an Objektivität aufweisen, wie im folgenden Kapitel aufgezeigt werden soll.

## 2.4.3.3    Fehlerquellen der Leistungsbeurteilung

Leistungsbeurteilungsverfahren sind nicht in der Lage, Leistung objektiv zu erfassen, und schon seit langem sind die methodischen Grundprobleme bekannt (vgl. Bartölke 1972a; 1972b). Die Literatur hat mittlerweile ein beachtliches Spektrum an Beurteilungsfehlern zusammengestellt, sodass der Realisierung einer Äquivalenz von Lohn und Leistung kaum entsprochen werden kann. Im weiteren Verlauf sollen die wesentlichen methodischen Grundprobleme und Beurteilungsfehler vorgestellt werden (vgl. zum Folgenden Grieger/Bartölke 1992, 83ff.; Liebel 1992, 103ff.; Schuler 2004; Becker 2009a, 336ff.).

Leistungsbeurteilungsverfahren beinhalten den Anspruch, Urteile über eine Leistung verfahrensgestützt zu erheben. Daher müssen sie sich an bestimmten Gütekriterien messen lassen, wie sie in der Testtheorie üblich sind.

So ist zunächst die Zuverlässigkeit *(Reliabilität)* des Verfahrens zu überprüfen. In Leistungsbeurteilungsverfahren ist danach zu fragen, ob verschiedene Beobachter in Bezug auf einen bestimmten Sachverhalt oder eine bestimmte Person mit Hilfe des Instruments in ihrem Urteil übereinstimmen. Bei Leistungsbeurteilungsverfahren könnte zusätzlich gefragt werden, ob Übereinstimmungen im Hinblick auf die erhobenen Sachverhalte und hinsichtlich der Bewertung dieser Sachverhalte bestehen. Da eine Leistungsbeurteilung in der Regel von einer Person (dem Vorgesetzten) vorgenommen wird und Unterschiede in der Beobachtung und in der Bewertung üblich sind (z.B. bei der Aufwärtsbeurteilung), gilt die Überprüfung der Reliabilität von Leistungsbeurteilungsverfahren als schwierig und aufwendig; in der Praxis ist sie nicht üblich.

Die Prüfung der Validität von Leistungsbeurteilungsverfahren gilt ebenfalls als problematisch. Insbesondere bei der *inhaltlichen Validität* (Werden alle Merkmale erfasst, die zur Bestimmung der Leistung erforderlich sind?) werden in der Praxis zugunsten einer handhabbaren Systematik Abstriche gemacht und so kann es nicht verwundern, dass trotz unterschiedlicher Situationen in den Betrieben die immer gleichen Kriterien verbreitet sind.

Insbesondere die mangelnde *Objektivität* in der Anwendung von Leistungsbeurteilungsverfahren lässt in Theorie und Praxis die Frage nach der Sinnhaftigkeit von Leistungsbeurteilungsverfahren aufkommen. Im Folgenden sollen die wesentlichen Beurteilungsfehler vorgestellt werden (vgl. Abbildung II / 51).

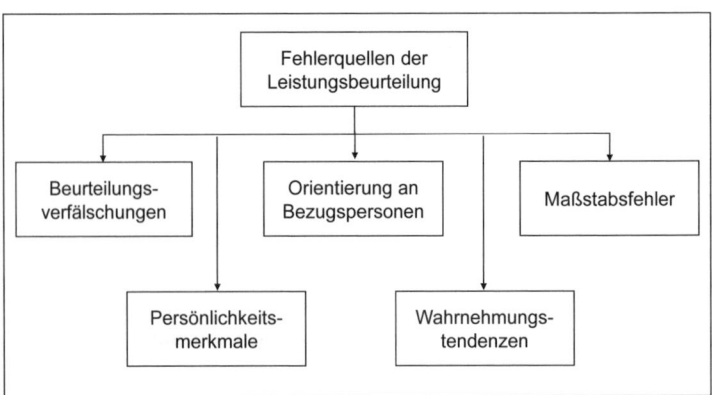

Abbildung II / 51: Fehlerquellen der Leistungsbeurteilung

**(1) Beurteilungsverfälschungen:** Eine bewusste Verfälschung liegt vor, wenn der Beurteiler gar nicht die Absicht hat, ein zutreffendes Urteil abzugeben. Wider besseres Wissen wird ein falsches Urteil abgegeben, sei es aus Antipathie oder als Vergeltung für Eigenwilligkeiten.

**(2) Persönlichkeitsmerkmale:** Hier wird von einer Vielzahl von Beurteilungsfehlern ausgegangen, die in der Person des Beurteilers liegen:

- *Neigung zur Projektion*: Mitarbeiter, von denen der Vorgesetzte glaubt, dass sie ihm ähnlich sind, werden positiver beurteilt als solche, die von ihm als unähnlich empfunden werden. Es handelt sich also um ein Hinausverlagern eigener Eigenschaften in das Persönlichkeitsbild des anderen. Eigene Absichten, Interessen, Fähigkeiten, Wünsche oder Affekte werden unbewusst auf den anderen projiziert.
- *Sperrung gegen Unähnlichkeit*: Entsprechend fällt es schwer, Personen zu verstehen und zutreffend zu beurteilen, die dem Beurteiler unähnlich sind. Eher besteht die Tendenz, Fremdartiges durch Abwertung abzuwehren.

- *Willkürliches Verallgemeinern und Vorurteile*: Hier werden Vorurteile herangezogen, um den komplexen Prozess der Beurteilung zu vereinfachen. Zwei Gruppen von Vorurteilen sind bei der Leistungsbeurteilung besonders relevant: Bei Vorurteilen auf der Basis vorangegangener schriftlicher Beurteilungen durch Dritte besteht die Neigung, sich auf die Richtigkeit dieser zu verlassen. Dies gilt auch für Vorab-Informationen von Dritten über den zu Beurteilenden. Bei Vorurteilen als soziale Stereotypen werden bestimmte Berufsgruppen, Nationalitäten, Parteien oder Konfessionen von vornherein mit positiven oder negativen Werturteilen belegt.

- *Ersteindrucksurteil*: Hierunter wird der Effekt verstanden, dass sich der Beurteiler von dem ersten Eindruck bei einer Begegnung zu vorschnellen Urteilen verleiten lässt. Dies ist bedeutsam, da sich bei der ersten Begegnung Menschen eher atypisch verhalten, d.h. es werden bestimmte positive Eigenschaften herausgestellt oder gewünschte Eigenschaften verstärkt.

- *Generelle Einstellungen*: Hier ist von Bedeutung, ob eine grundsätzliche Sympathie gegenüber den Menschen vorliegt und der Beurteiler daran interessiert ist, zu einer zutreffenden Beurteilung zu kommen. Verbitterte und misstrauische Menschen suchen gegebenenfalls eher nach negativen Aspekten oder sind bereit, absichtsvoll negative Urteile über den zu Beurteilenden zu dokumentieren.

- *Reueeffekt*: Fehler im Arbeitsverhalten werden vom Vorgesetzten eher übersehen, wenn sie von einem Arbeitnehmer zugegeben werden. Unterwürfigkeitssignale mildern negative Beurteilungen.

- *Pygmalioneffekt*: Ein Vorgesetzter, der einen Mitarbeiter besonders schätzt und viel von ihm erwartet, wird sich auch intensiver mit ihm beschäftigen. Er wird ihn häufiger beobachten und sich bei positiven Leistungen in seiner Meinung bestätigt fühlen. Falls dadurch der zu Beurteilende die Leistung steigert, hat dieser Effekt bestätigenden Charakter.

**(3) Orientierung an Bezugspersonen und Bezugsgruppen:** Häufig sind sich Vorgesetzte in der Abgabe ihres Urteils nicht sicher. Dies kann verschiedene Ursachen haben. Beispielsweise sind die Kriterien des Leistungsbeurteilungsverfahrens nicht hinreichend transparent oder der Vorgesetzte hat sich keinen systematischen Überblick über das Leistungsverhalten seines Mitarbeiters verschafft. In solchen Situationen können Vorgesetzte Orientierungshilfen suchen, beispielsweise durch:

- *Unkritische Übernahme von Fremdurteilen*: Der Beurteiler passt sich unbewusst der Gruppennorm oder Meinung seines eigenen Vorgesetzten an. Es sollen Differenzen vermieden oder eigene Aufstiegschancen nicht verbaut werden.

- *Berücksichtigung von Aussagen Dritter*: Wenn Menschen ihrer eigenen Beurteilung nicht trauen, stimmen sie sich mit »Vertrauten« ab (z.B. Sekretärin).

- *Kontakteffekte*: Häufige Kontakte mit einem Mitarbeiter begünstigen positive Beurteilungen. Der Vorgesetzte »versteht« die Beweggründe für bestimmte Verhaltensweisen oder er »kennt« die Ursachen für Fehler oder spezifische Verhaltensweisen.

- *Egoismustendenzen*: Hier werden nicht die Kriterien der Leistungsbeurteilungsverfahren zugrunde gelegt, sondern die Leistungen von Bezugsgruppen. Die eigene Gruppe soll gegenüber anderen als besser herausgestellt werden. Dies wird verstärkt, wenn Vorgesetzte davon ausgehen, dass sie die »besten Leute« haben und dies nach oben demonstrieren wollen.

**(4) Spezifische Wahrnehmungstendenzen:** Auch für Leistungsbeurteilungsverfahren können allgemeine Wahrnehmungseffekte für Beurteilungsfehler verantwortlich gemacht werden:

- *Halo-Effekt*: Er benennt eine Tendenz, von besonders ausgeprägten Einzelmerkmalen auf nicht beobachtete Eigenschaften zu schließen. Auch umgekehrt wird von einem beobachteten negativen Merkmal auf andere nicht beobachtete Eigenschaften geschlossen.
- *Recency-Effekt*: Kürzlich eingetretenes Verhalten wird stärker berücksichtigt als weiter zurückliegendes Verhalten.
- *Auffällige Einzelbeobachtungen*: Unabhängig von der Leistung ist ein Arbeitnehmer im Beurteilungszeitraum besonders hilfsbereit oder hatte eine besonders gute Idee. Dies führt dann zu »Entdeckungen«, die durch den Pygmalioneffekt verstärkt werden können. Umgekehrt kann ein leistungsstarker Mitarbeiter besonders kritisch gewesen sein, oder er hat eine besonders peinliche Situation herbeigeführt, die zu einer negativen Beurteilung führen kann.

**(5) Maßstabsfehler:** Auch wenn Merkmale genau definiert werden, ist es unvermeidlich, dass der beurteilende Vorgesetzte die dort enthaltenen Begrifflichkeiten interpretiert. Eine wichtige Rolle spielt dann die eigene Person und ihr Verhältnis zu den dort formulierten Maßstäben. Beurteiler werden unterschiedlich werten, wenn sie zur Leistung ein positives oder negatives Verhältnis entwickeln. Auch Milde- und Strengefehler oder die Tendenz zur Mitte können zu Unterschieden in den Beurteilungen führen. Ist das Wahrnehmungsspektrum eines Vorgesetzten wenig differenziert und das Erinnerungsvermögen nur auf einen kurzen Zeitraum begrenzt, sind systematische Unterschiede in den Beurteilungen wahrscheinlich.

Als Fazit ist festzuhalten, dass Leistungsbewertung bei Tätigkeiten ohne direkten quantitativen Bezug häufig als Verhaltensbeurteilung durchgeführt wird und insofern eine Vielzahl von Fehlerquellen beinhaltet. Überspitzt könnte formuliert werden:

- Voneinander unabhängige Beobachter kommen in der Regel nicht zu gleichen Ergebnissen.
- Es werden nicht alle relevanten Leistungsmerkmale erfasst.
- Beobachtbares Verhalten wird eingeengt und unterliegt in der Bewertung Beurteilungsfehlern und Werturteilen.

Warum also greift die Praxis auf Verfahren zurück, die unter methodischen Gesichtspunkten äußerst fragwürdig sind? Storey und Sisson (2005, 179) argumentieren, dass Annahmen über den Menschen eine wichtige Rolle spielen, und offensichtlich hält sich im Management trotz differenzierter Motivationstheorien hartnäckig die Vorstellung, dass das Entgelt der entscheidende Motivator für die Leistungsabgabe darstellt. Leistungsbeurteilungssysteme sind konstitutive Bestandteile von Wirtschaftsorganisationen, einmal etabliert, werden sie zum selbstverständlichen Bestandteil der organisationalen Ordnung (vgl. Maier/Brandl 2008). Danach geht es der Praxis weniger darum, Optimierungen in der Feststellung und Bezahlung von Leistung zu erreichen. Von Bedeutung ist vielmehr der institutionell-symbolische Kontext, der signalisieren soll, dass individuelle Leistung Differenzierung von Mitarbeitern ermöglicht. Diese Differenzierung lohnt sich für den Einzelnen, da sie Konsequenzen für die Entlohnung, den Status und die Karriere hat (vgl. Fallgatter 1999, 93).

## 2.4.4 Leistungsentlohnung bei Führungskräften

Prinzipiell gilt für Führungskräfte die gleiche Systematik wie für Arbeiter und Angestellte. Auf der Basis einer meist anforderungsorientierten Bestimmung des Grundgehaltes werden variable, in der Regel leistungsbezogene Entgeltbestandteile hinzugefügt und schließlich durch weitere Zusatzleistungen ergänzt. Allerdings gibt es einige Spezifika bei den außertariflich bezahlten Führungskräften, die in deutlichem Unterschied zu den bisher vorgestellten Verfahren stehen.

Zunächst einmal sind Führungskräfte zu unterscheiden in diejenigen, die tariflichen Entgeltbestimmungen unterliegen, und in diejenigen, die nicht an Tarifverträge gebunden sind. Bei außertariflich bezahlten Angestellten ist das Arbeitsverhältnis in der Regel einzelvertraglich und privatrechtlich reguliert. Häufig handelt es sich bei dieser Gruppe um Personen, die in der Unternehmenshierarchie dispositive Aufgaben wahrnehmen, Weisungsbefugnisse gegenüber anderen Arbeitnehmern haben und auf die Erhaltung oder Steigerung des Unternehmenswerts verpflichtet sind (vgl. Tuschke 2011, 243ff.). Im Hinblick auf diese Gruppe von Führungskräften sind die variablen Entgeltbestandteile meist vertraglich fixiert und weisen eine hohe Variationsbreite auf. In der Regel wird dieser variable Entgeltbestandteil an interne und externe Erfolgsgrößen geknüpft. Mit Hilfe der variablen Entgeltbestandteile soll bei den Führungskräften eine Verbindung zwischen der individuellen Leistung und dem näher zu definierenden Unternehmenserfolg hergestellt werden. Da durch diesen Zusammenhang ein erheblicher Teil des Gesamtverdienstes konstituiert werden kann, sollen diese Erfolgsbeteiligungen ein Anreizinstrument im Hinblick auf die Identifikation mit den Unternehmenszielen darstellen. Aber auch die direkte Leistung soll auf diese Weise stimuliert werden (vgl. Becker/Kramarsch 2006).

Als Bezugsgrößen für die Berechnung der Erfolgsbeteiligung können folgende Grundlagen verwendet werden (vgl. Tuschke 2011, 249f.):

- **Individuelle Zielvereinbarung:** Hier wird der variable Entgeltbestandteil nicht an globale, sondern an von der Führungskraft beeinflussbare Erfolgsgrößen geknüpft.
- **Ergebnisorientierte Bemessungsgrundlagen:** Hier kann der Unternehmensgewinn oder der Umsatz herangezogen werden. Die Verwendung des Unternehmensgewinns als Bezugsgröße weist Probleme auf, da die Gewinnermittlung je nach Zielsetzung unterschiedlich ausfallen kann. In Bezug auf den Umsatz als Bezugsgröße ist kritisch anzumerken, dass Umsatzziele eventuell mit Kostenzielen kollidieren.
- **Marktbezogene Vergütung:** Führungskräfte sollen hier motiviert werden, den Marktwert des Unternehmens zu erhöhen. Die Vergütung wird in diesem Fall an die Entwicklung des Aktienkurses geknüpft. Ziel ist die Fokussierung der Führungskräfte auf die Ziele des Gesamtunternehmens.

Die vorgestellten Anreizsysteme für Führungskräfte sagen nichts über ihre empirische Verbreitung aus. Die Vorstellung, dass gerade Führungskräfte ihre variablen Einkommensbestandteile zu einem großen Teil am Gewinn oder am Unternehmenswert orientieren, wird bislang nicht bestätigt. In einer Übersicht über die empirische Literatur zur Managementvergütung stellen Schwalbach und Graßhoff (1997, 204) fest, dass es nur eine geringe Elastizität zwischen Vergütung und Gewinn und eine hohe Elastizität zwischen Vergütung und Unternehmensgröße gibt.

## 2.5 Zusammenfassende Beurteilung

In der Betriebswirtschaftslehre wird nach den betrieblichen Bestimmungsgründen und Wirkungen von Entlohnungspraktiken gefragt. Hier stehen insbesondere die Motivation und die Ergiebigkeit der Leistung im Vordergrund.

Im Hinblick auf Motivation kann festgestellt werden, dass es eine **absolute Lohngerechtigkeit** nicht geben kann. Zu sehr beeinflussen externe Effekte, wie z.B. der Markt oder die relative Verhandlungsstärke von Gewerkschaften und Arbeitgebern, die absolute Lohnhöhe. Der Zusammenhang von Motivation und Entgelt konzentriert sich daher zunächst auf die **relative Lohngerechtigkeit.** Hier sind schlüssige Basisprinzipien formuliert worden, die herrschenden Werturteilen dadurch entsprechen, dass Lohn und Gehalt auf Anforderungen des Arbeitsplatzes und auf beeinflussbare Leistungen bezogen werden. Gleiche Arbeitsschwierigkeit und gleiche Leistung sollen identisch, Unterschiede aber differenziert entlohnt werden. Die Übersetzung dieser Basisprinzipien in die Bestimmung und Bewertung von Anforderungen und Leistungen erzeugt allerdings eine Vielzahl methodischer Schwächen und verdeckt nur mühsam den allen Entlohnungspraktiken innewohnenden politischen Charakter.

Dies gilt zunächst einmal für den Zusammenhang von **Lohn und Anforderungen,** der durch Arbeitsbewertung hergestellt wird. Arbeitsplätze werden beschrieben und in Anforderungsarten zerlegt. Die meist gewichteten Anforderungsarten dienen dann als Basis für die Einstufung und Bewertung der Arbeitsplätze. Die daraus resultierenden Punktzahlen werden mit der Entlohnung systematisch verknüpft. Unabhängig von methodischen Unzulänglichkeiten dieser Verfahren gerät insbesondere die analytische Arbeitsbewertung hinsichtlich praktischer Gesichtspunkte unter Druck. Der Nachweis einer adäquaten Bewertung eines Arbeitsplatzes muss mit einem erheblichen bürokratischen Aufwand betrieben werden. Gleichzeitig erodieren die Grundlagen der Arbeitsbewertung, wenn die zu bewertenden Anforderungen durch Produktwechsel und technologische Dynamik einer hohen Veränderungsrate unterliegen. Je nach Differenziertheit der Verfahren ist der Anpassungsbedarf hoch und schwächt die Legitimationskraft, wenn die Entlohnungsgrundlagen ständig überarbeitet werden müssen.

Der Bezug zwischen **Lohn und Leistung** wird durch verschiedene Verfahren hergestellt. Das wohl älteste Verfahren stellt der **Akkordlohn** dar. Hier ist der Bezug von Lohn und Leistung zwar eindeutig, unter Humanisierungsgesichtspunkten wurde aber immer kritisiert, dass die Unterschreitung von Vorgabezeiten einseitige Be- oder Überlastung erzeugt und damit gesundheitliche Schädigungen der Arbeitnehmer in Kauf genommen werden. Aber auch unter wirtschaftlichen Gesichtspunkten wird argumentiert, dass sich die individuelle Mehrleistung in dem Maße relativiert, wie Termineinhaltung, Qualität, Durchlauf- und Nutzungszeiten als Kriterien für effiziente Produktionsweisen an Bedeutung gewinnen. Damit steht allerdings nicht der Leistungsbezug selbst zur Disposition. Es werden **Prämienlöhne** eingesetzt, wenn im Rahmen bestehender tariflicher Strukturen betriebswirtschaftliche Ziele an die Entlohnung geknüpft werden können. Insbesondere im Zusammenhang mit der Verbreitung von Gruppenarbeit wird z.B. ein Zusammenhang zwischen Qualifikation und Entlohnung hergestellt, um Anreize für Flexibilität und Wissenserwerb anzubieten.

Kann der direkte quantitative Bezug nicht hergestellt werden, wird die Leistungskomponente auf der Basis von **Leistungsbeurteilungen** ermittelt. Obwohl gerade diese

Verfahren eine hohe potenzielle Fehlerquote aufweisen, wird ihnen eine hohe Funktionalität bei der Ermittlung und Steuerung von Leistung zugewiesen.

Die Wirkung dieser Entgeltbestandteile ist umstritten (vgl. Storey/Sisson 2005). Die Befürworter von leistungsabhängiger Entlohnung verweisen auf:

- den Motivationsaspekt und die daraus resultierende Notwendigkeit, unterschiedliche Leistungsbeiträge auch unterschiedlich zu entlohnen;
- die Notwendigkeit der Unterstützung einer Leistungskultur auch im Entgeltbereich.

Kritiker verweisen auf die fehlende Objektivität bei der Gestaltung der Leistungsentlohnung und auf erhebliche methodische Schwächen. Oft lassen sich Leistungsbeiträge nicht umstandslos einer Person zuschreiben, sodass die Leistungsanteile eher symbolischen Charakter haben oder sogar auf mikropolitische Prozesse (wie z.B. Bevorzugungen oder Prozesse des Gebens und Nehmens) zurückgeführt werden. Insbesondere aus der Motivationstheorie stammen Argumente, dass bei Leistungsentlohnung die Bereitschaft sinkt, Aufgaben zu übernehmen, die nicht im Vergütungsraster enthalten sind (vgl. insbesondere Frey/Osterloh 2002).

Auch die empirische Befundlage im Hinblick auf die Wirkungen leistungsabhängiger Bezahlung ist wenig eindeutig (vgl. Jenkins et al. 1998; Stajkovic/Luthans 2001; Rost/Osterloh 2009), da die Ausprägungen der Leistungsentlohnung ein breites Spektrum aufweisen.

Dies gilt für die **Führungskräfteentlohnung** in besonderer Weise. Es kann erwartet werden, dass die Bereitschaft zunimmt, bei dieser Arbeitnehmergruppe den Anteil variabler Gehaltsbestandteile zu erhöhen und an definierte Leistungsziele zu knüpfen. Aber auch hier gibt es Gerechtigkeitsprobleme, beispielsweise wenn die Differenz zwischen steigenden Managergehältern und sinkenden Löhnen bzw. Gehältern nicht mehr nachvollziehbar ist oder Managergehälter erhöht werden, obwohl Managementfehler zu einem sinkenden Unternehmenswert führen. Spätestens hier wird deutlich, dass Löhne und Gehälter weniger ein Gerechtigkeitsproblem enthalten, sondern mit der Verteilung von Macht und Einfluss korrespondieren.

## Literaturempfehlungen

*Milkovich, G.T.; Newmann, J.M.; Gerhart, B. (2011): Compensation. 10. Aufl. New York.*
Dieses Buch bietet eine gute Übersicht über den gesamten Bereich der Entgeltstrukturierung.

*Becker, F.G. (2009): Grundlagen betrieblicher Leistungsbeurteilungen. 5. überarbeitete und aktualisierte Aufl., Stuttgart.*

Dieses Buch bietet eine gute Übersicht über die Verfahren der Leistungsbeurteilung und eine Zusammenstellung ihrer wesentlichen Schwachstellen.

# *Kapitel III*

## Transformation

# 1 Motivation

## 1.1 Einführung

Die Beschäftigung mit Motivationsfragen ist eine ureigene Domäne der Psychologie mit einer Vielzahl von theoretischen Schulen, empirischen Studien und Laborexperimenten. Dennoch werden Motivationsfragen in fast allen Lehrbüchern der Personalwirtschaftslehre rezipiert.

Allerdings übernimmt die Personalwirtschaftslehre nicht den gesamten Kanon motivationstheoretischer Erkenntnisse. Äußerst selten werden in diesem Zusammenhang einschlägige Themen wie Angst, Aggression oder erlernte Hilflosigkeit in den personalwirtschaftlichen Lehrbüchern thematisiert (vgl. als Übersicht Schneider und Schmalt 2000; Brandstätter/Gollwitzer 1994). Vielmehr wird der Themenzuschnitt verengt. Von Interesse sind Themen, die Verhalten in Organisationen immer neu variiert behandeln (vgl. die Übersicht bei O'Reilly/Chatman 1994) und insbesondere Erkenntnisse zur Leistungsmotivation herausstellen. Die Personalwirtschaftslehre befragt ihre Nachbardisziplinen selektiv danach, ob dort Erkenntnisse erarbeitet werden, die leistungsrelevantes Verhalten verstehen helfen.

Die Attraktivität dieser Theorien kann mit dem engen Zusammenhang von Produktivität und Motivation begründet werden. Produktivität kann durch Investitionen in fixes und variables Kapital erhöht werden. Variables Kapital als Humankapital besteht aus mindestens zwei beeinflussbaren Elementen (vgl. Pinder 2008, 8ff.):

- **Können:** Die Fähigkeiten eines Arbeitnehmers entscheiden darüber, ob Arbeitsaufgaben adäquat bewältigt werden können. Einflussmöglichkeiten umfassen dann z.B. Personalentwicklungsmaßnahmen.
- **Wollen:** Neben den Fähigkeiten ist aber auch die Frage von Bedeutung, ob Arbeitnehmer ihre Tätigkeiten adäquat bewältigen wollen. Häufig wird unterstellt, dass Arbeitnehmer nur einen Teil ihrer Leistungsfähigkeit realisieren. Einflussmöglichkeiten werden hier in der Regel in der Person des Vorgesetzten (er soll motivieren), in den Belohnungsstrukturen (z.B. Entgelt) oder in der Attraktivität der Arbeitsaufgabe gesehen.

Die Ergiebigkeit der Leistung wird damit in der Kombination von Fähigkeiten und Motivation vermutet. Es ist daher verständlich, dass in der Personalwirtschaftslehre der Wunsch nach möglichst gesicherten und anwendungsfähigen Erkenntnissen über Motive und Motivation besteht. Entsprechend wird im Hinblick auf die Ausbildung von Managern davon ausgegangen, dass diejenigen, die Einfluss auf die Produktivität nehmen, über Kenntnisse des menschlichen Verhaltens, insbesondere der Motivation, verfügen sollten. Dies betrifft die Arbeitnehmer selbst sowie ihre Vorgesetzten.

Motivationstheorien sollen also möglichst gesicherte Erkenntnisse darüber geben, zu welchem Zweck jemand eine Handlung ausführt, wie der Motivationsprozess abläuft sowie ob und in welcher Weise Motive und Prozesse beeinflusst werden können.

Im Folgenden soll diesen Fragen anhand von fünf Teilschritten nachgegangen werden (vgl. zum Folgenden Heckhausen/Heckhausen 2010, 3ff.; Rheinberg/Vollmeyer 2012, 11ff.):

**(1) Motive:** Wenn Personen sich in bestimmten Situationen anders verhalten, als dies erwartet werden kann, wird häufig nach dem Motiv gefragt. Wenn diese Beobachtungen darüber hinaus zeigen, dass solche individuellen Abweichungen nicht nur stabil sind, sondern auch in sehr unterschiedlichen Situationen auftreten, liegt die Vermutung nahe, dass es sich bei diesen Handlungen um personengebundene Eigenarten handelt. Nach Heckhausen unterliegt ein Beobachter, der dieses abweichende Verhalten auf Eigenschaften der Person zurückführt, dem ersten Blick, fokussiert also die Person.

Diese Wertungsdispositionen können auch als »Motive« bezeichnet werden. Darunter werden Inhaltsklassen von Handlungszielen verstanden, die in Form von überdauernden und relativ konstanten Handlungszielen auftreten (vgl. Heckhausen/Heckhausen 2010, 4 f.). Die in diesem Zusammenhang naheliegende Frage, ob es sich dabei um genetisch bedingte Triebe (biologisch begründete Mangelerscheinungen steuern das Verhalten, z.B. Hunger, Durst), Instinkte (angeborene Prädispositionen steuern Wahrnehmungs- und Verarbeitungsprozesse) oder um (sozial und kulturell) erlernte Motive handelt, hat sich als weitgehend obsolet erwiesen. Schneider/Schmalt (2000, 15ff.) unterteilen diese Dispositionen hierarchisch in allgemeine Motivsysteme, die den natürlichen Bedürfnissen wie Hunger, Angst, Durst, Neugier, Sexualität aber auch Leistungs-, Anschluss- und Machtstreben entsprechen. Bei diesen allgemeinen Motivsystemen handelt es sich zunächst nur um basale emotionale Reaktionen einschließlich eines primitiven Handlungsimpulses. Die konkreten Handlungsweisen, die Beurteilung der Situation und der eigenen Handlungsmöglichkeiten beruhen auf erworbenen Dispositionsanteilen (vgl. Schneider/Schmalt 2000, 16). Damit werden in der Regel Motive als Verhaltens- oder Wertungsdispositionen »höherer Art« bezeichnet, die sozialisatorischen und sozialen Normen unterliegen. Menschen haben dann unterschiedliche Motive wie beispielsweise »Macht«, »Karriere« oder »Leistung«. Je nach Kultur oder Epoche können so unterschiedlich dominante Motive festgestellt werden.

An diesen Motivbegriff schließen sich weitere Fragen an: Wie viele verschiedene Motive gibt es? Wie lassen sich diese diagnostizieren? Diese Fragen können nur in einem theoretischen Bezugsrahmen beantwortet werden, da es sich bei Motiven um ein hypothetisches Konstrukt handelt. Motive können nicht beobachtet werden, sie können und müssen deshalb in einen theoretischen Zusammenhang gebracht und erklärt werden (vgl. Pinder 2008), da ansonsten nur zirkuläre Schlussfolgerungen möglich sind (aus beobachteter Leistung wird ein Leistungsmotiv geschlossen). Im Mittelpunkt stehen hier Fragen nach der Anzahl solcher Motivklassen, nach individuellen Unterschieden und Einflussgrößen.

Die Theorie von Maslow kann als prominentes Beispiel und als eine der meist zitierten Motivationstheorien herausgehoben werden (vgl. Maslow 2003). Die so genannte **Bedürfnishierarchie** geht von physiologischen Bedürfnissen aus, aktiviert danach Sicherheitsbedürfnisse, Bedürfnisse nach sozialer Bindung, Selbstachtung und schließlich Selbstverwirklichung. Es gilt das Prinzip der Vorrangigkeit in der Motivanregung. Es besagt, dass zunächst immer Bedürfnisse der niedrigeren Gruppe befriedigt sein müssen, bevor ein höheres Bedürfnis aktiviert wird und zum Handeln auffordert. Ist aber das Bedürfnis befriedigt, verliert es seine motivierende Wirkung und die nächst höhere Stufe wird relevant (vgl. Maslow 2003, 16). Die Methode, mit der Maslow seine

Theorie empirisch unterlegte, ist umstritten und Versuche, ihre Plausibilität mit wissenschaftlichen Methoden zu bestätigen, scheitern regelmäßig an Beobachtungen, wonach Selbstverwirklichung unter Missachtung der hierarchisch tiefer liegenden Bedürfnisse angestrebt wird.

Ein weiteres prominentes Beispiel stellt die Theorie von Herzberg dar. Sie entwickelt ein bis heute populäres Gegensatzpaar von Hygienefaktoren und Motivatoren (vgl. Herzberg et al. 1959/2005). Unter **Hygienefaktoren** werden Bedürfnisse verstanden, deren Befriedigung Unzufriedenheit abbaut, aber keine Zufriedenheit erzeugt und damit nicht motiviert. Dazu gehören nach Untersuchungen von Herzberg et al. Faktoren wie Unternehmenspolitik, interne Organisation, Überwachung, Betriebsklima, Arbeitsbedingungen und Entlohnung. Unter **Motivatoren** versteht Herzberg Faktoren, die das Bedürfnis nach Zufriedenheit befriedigen und damit motivieren. Nach den Untersuchungen von Herzberg et al. handelt es sich hierbei um Leistungserfolg, Anerkennung der Leistung, die Arbeit an sich, Vorwärtskommen und Entwicklung. Die naheliegende und bis heute populäre Schlussfolgerung lautet, dass Unternehmen zu sehr in Hygienefaktoren investieren (z.B. Entgelt) und die eigentlich motivierenden Faktoren vernachlässigen (z.B. Arbeitsinhalte).

Ähnlich wie bei Maslow gelten die methodische Qualität und die empirische Bestätigung der Befunde von Herzberg als schwach (vgl. Nerdinger 1995, 44ff.), und es ist eine erhebliche Diskrepanz zwischen kritisch-wissenschaftlicher Beurteilung und literarischer Verbreitung zu konstatieren. Herzberg gilt aber als derjenige Autor, der die Bedeutung von Arbeitsbedingungen und Entgelt für die Motivation relativiert und die Qualität der Arbeitsinhalte als maßgebliche Motivatoren populär gemacht hat. Herzberg selbst erklärt retrospektiv diesen Erfolg mit »Aha-Effekten«, die er bei Personalmanagern ausgelöst habe (vgl. Herzberg 1988, 51). Diesen sei mit Hilfe der Studien bewusst geworden, dass die materiellen Belohnungen und Sanktionen nur Varianten von Belohnung und Bestrafung darstellen, die keine nachhaltigen Wirkungen erzeugen, sondern eher an das Abrichten von Hunden erinnern.

**(2) Situation:** Die Verhaltenserklärung ist auf den ersten Blick personenorientiert. Sie fragt nach Klassen von Dispositionen, die Unterschiede im Verhalten erklären. Hier stehen also Motive im Vordergrund der Betrachtung. Diese Motive erklären aber noch nicht den Prozess, der das Handeln antreibt, steuert und zum Ergebnis bringt. Letzteres könnte mit dem Begriff »Motivation« umschrieben werden. Hier kommen nun stärker situationsspezifische Konstellationen in Betrachtung, die folgende Fragen nahe legen (vgl. zum Folgenden Heckhausen/Heckhausen 2010, 5f.):

- Wie kommt eine Verhaltenssequenz überhaupt in Gang?
- Wie steuert sie auf ein Ziel zu?
- Wie passt sie sich den jeweiligen Situationserfordernissen an?
- Wie kommt sie zum Abschluss?

Diese Fragen fokussieren den zweiten Blick, also die Ursachen des Verhaltens, die stärker situationszentriert sind.

Meist wird situativ ausgelöstes Verhalten auf Informationen durch die Umwelt zurückgeführt. Dies sind im einfachsten Falle Reaktionen des Organismus auf extern angebotene Reize. Hier spielen Versuche der klassischen und operanten Konditionierung eine erhebliche Rolle. Beispielsweise wird argumentiert, dass von außen kommende Reize eine neurologische Reaktion auslösen können (so zeigte Pawlow in seinen bekannten Experimenten, wie bei einem Hund durch das Angebot von Futter Speichelfluss ausgelöst wird), und auch in der Erziehung von Kindern gilt die populäre Annahme, dass durch Variation und Verstärkung von exogenen Reizen Verhaltensvariationen erzeugt werden können. Dies hat die Lerntheorie (oder besser die Lernpraxis) stark beeinflusst, indem Belohnung und Bestrafung als verstärkende Maßnahmen herangezogen wurden, um Verhaltensänderungen zu erzeugen. Entsprechend ist uns in ökonomischen Beziehungen geläufig, dass menschliches Handeln durch Variation von Leistungslöhnen, Variation von Arbeitsbedingungen und Variation von Kommunikationsbeziehungen (z.B. Führung) beeinflusst werden kann. Ein großer Teil der externen Anreize im personalwirtschaftlichen Instrumentarium setzt auf die Kraft und den Erfolg dieser spezifischen Anreizsystematik.

Dennoch bleibt die Erklärungskraft für den Motivationsprozess gering. Eine Klassifikation der Reize und den entsprechenden Reaktionen konnte bisher nicht geleistet werden. Außerdem war es nicht möglich, den Einfluss intervenierender Variablen zu klären und damit den Zusammenhang von Reiz und Reaktionen vorhersagbar zu machen. Konfliktsituationen können zwar idealtypisch die Kraft situativer Einflussgrößen demonstrieren, sagen aber wenig über den komplizierten Prozess der internen Entscheidungsfindung aus. Damit entstand die Frage, wie Motivationsprozesse zu erklären sind, in denen Personen aktiv einen Zielzustand anstreben und dabei sich ändernde situative Gegebenheiten berücksichtigen.

(3) **Wechselwirkungen:** Wenn Effekte der Motivation weder ausschließlich der Seite der Situation, noch der Seite der Person zugeschrieben werden, versteht man unter Motivation eine momentane Ausrichtung auf ein Handlungsziel, zu deren Erklärung beide Faktoren herangezogen werden. Heckhausen und Heckhausen (2010) sprechen hier von einem dritten Blick, der anerkennt, dass es Wechselwirkungen, Ergänzungen und Kompensationen zwischen Person und Situation gibt. Dabei ist kaum zu entscheiden, ob eher die Seite der Person oder die Seite der Situation dominiert. Personen können nicht von Situationen isoliert werden, um die entsprechende Stärke der Effekte zu messen. Vergleichbare Stichproben mit annähernd gleichem Gewicht von Situationskraft und Personenkraft können nicht ermittelt werden. Schließlich gibt es »die« Situation in einem objektiven Sinne gar nicht, sondern stellt sich für jeden Betrachter unterschiedlich dar. Immer kommt es auf die Beobachterperspektive an. Beispielsweise erscheint aus der Perspektive eines Handelnden das eigene Verhalten vorwiegend durch Besonderheiten der Situation bestimmt, während der Beobachter dazu neigt, die Besonderheiten des Handelnden wahrzunehmen. Mit diesen Fragen befassen sich z.B. Erwartungs-Anreiz-Theorien.

(4) **Handeln:** Im Motivationsprozess wird nicht nur danach gefragt, warum es zum Handeln kommt, sondern auch, wie es dazu kommt. Es gibt Unterschiede, wie aus Wünschen Handlungen werden. Es gibt Menschen, die aus ihren Wünschen schnell und entschlossen Handlungen realisieren, und es gibt Menschen, die zögerlich und unentschlossen die Handlung aufschieben oder gar nicht realisieren. Dies wird auf Unterschiede der Willenskraft oder des Willens zurückgeführt.

Gibt es genügend Gründe, durch eigene Handlungen die Realisierung des Gewünschten zu versuchen, kommt es zu einer Intention, zu einem Willensakt. Sobald sich eine geeignete Gelegenheit ergibt, steuert die Intention die Handlung.

Das bedeutet nicht, dass jeder Handlung eine Intention vorausgehen muss. Es gibt eine Unzahl alltäglicher Ereignisse, die sich mehr oder weniger automatisch vollziehen, in denen sich das Verhalten bereits als zweckmäßig erwiesen hat. Es gibt auch Impuls-oder Affekthandlungen, in denen sich die Handlung aufgrund innerer Erregung Bahn bricht.

Die Unterscheidung von Motivation und Intention kann also in der Form vorgenommen werden, dass im Motivationsprozess Handeln zunächst um der erwarteten Folgen erwogen wird. Bildet sich eine Motivationstendenz, führt dies (insbesondere bei Alternativen) zu einer Handlungsabsicht (Intention), die nun sehr stark das Informationsverhalten steuert. Informationen in Bezug auf die verworfenen Alternativen werden nicht weiter beachtet. Die Handlungsabsicht selektiert die Situationswahrnehmung.

**(5) Bewerten**: Mit der Handlung ist der Motivationsprozess allerdings nicht abgeschlossen, da der Handelnde seine Handlung rückwirkend bewertet. Er wird danach fragen, ob das Ziel erreicht ist, die erhofften Folgen eingetreten sind und diese den erwarteten Befriedigungswert aufweisen. Ob also eine Handlung erneut aufgenommen wird, ist eine Frage der Bewertung und Zuschreibung von Ursachen. Sind Erwartungen nicht erfüllt worden oder wurden Ziele nicht erreicht, kommt es zu Kausalattributionen. Menschen suchen in dieser Beurteilungsphase nach Erklärungen für die aufgetretene Diskrepanz zwischen Erwartungen und Ergebnissen. In Abhängigkeit von (nicht notwendig objektiven) Beurteilungen werden die Diskrepanzen der eigenen Person oder der Situation zugeordnet. Kommt der Handelnde zu dem Ergebnis, dass eine erneute Handlung (durch die Person) steuerbar ist, wird es zu einer solchen kommen. Enthält der Bewertungsprozess aber die Einschätzung, dass das Scheitern (auf nicht steuerbare) Situationseinflüsse zurückzuführen ist, wird die Handlung auch bei hohen Anreizen nicht wieder aufgenommen.

Im Folgenden wird diesen Phasen nachgegangen. Ausgehend von Wechselwirkungen zwischen Person und Umwelt sollen Erwartung und Anreiz sowie Handlung und Bewertung im Motivationsprozess eingehender behandelt werden.

## 1.2 Phasen der Motivation

Theoretische Erklärungen von Motivation konzentrieren sich auf individuelle Unterschiede in den Wertungsdispositionen von Menschen. Die folgenden Modelle von Vroom (1964) und Heckhausen (Heckhausen/Heckhausen 2010) variieren Handlungsphasen der Motivation. Während Vroom insbesondere die Bedeutung des Wertes der Handlungsfolge für die Motivation betont, hat Heckhausen besonderes Augenmerk auf die Willensphase gelegt.

### 1.2.1 Motivation durch Erwartung und Anreiz

In den folgenden Theorien geht es um situative Ereignisse, die personenspezifisch wahrgenommen werden. Diese werden vor dem Hintergrund von Zielzuständen bewertet, und ein entsprechendes Verhalten wird davon abhängig gemacht. Motivation kann unter dieser kognitiven Perspektive als Anstreben von Zielzuständen interpretiert werden, wozu zwei Voraussetzungen erfüllt sein müssen. Zunächst muss das Eintreten des Zielzustandes gedanklich vorweggenommen werden. Es bestehen **Erwartungen**, ob das Ziel durch eigene Anstrengungen erreicht werden kann. Hierbei handelt es sich um

Erwartungen, die in Abhängigkeit von Zeithorizonten oder Umfang der erwarteten Handlungssequenzen Unterschiede aufweisen.

Eine zweite Voraussetzung besteht in der Bewertung des Zielzustandes. Wird dem Zielzustand ein Wert beigemessen? Stellt der Zielzustand einen **Anreiz** dar? Je nach Zuschreibung erzeugen diese Zielzustände unterschiedlichen Aufforderungscharakter und unterschiedliche Kraft. Sie lenken so die Richtung des Verhaltens vor dem Hintergrund der erwarteten Belohnung oder Bedrohung.

Das Modell von Vroom (vgl. zum Folgenden Vroom 1964) ist insbesondere im Hinblick auf seine Angemessenheit für die industrielle Arbeitswelt diskutiert worden, da es Annahmen enthält, die hier gut nachvollziehbar sind. In der Arbeitswelt können wir für eine Vielzahl von Handlungen unterstellen, dass weniger die Handlungs**ergebnisse** einer Handlung motivieren, sondern vielmehr die Handlungs**folgen**. Gut nachvollziehbar ist, dass ein Sachbearbeiter die Bearbeitung von Kreditanträgen wenig attraktiv findet, sondern eher das damit verbundene Einkommen schätzt, das ihm die Befriedigung weiterer Bedürfnisse erlaubt. Unterstellt wird damit, dass Motivation ein rationaler Prozess ist, in dem Fragen nach der Attraktivität der Handlungsfolgen, der Eintrittswahrscheinlichkeit von Handlungsfolgen und der Erfolgswahrscheinlichkeit von Handlungen eine große Rolle spielen. In Abbildung III / 1 werden diese Kalkulationen in einem Phasenmodell dargestellt:

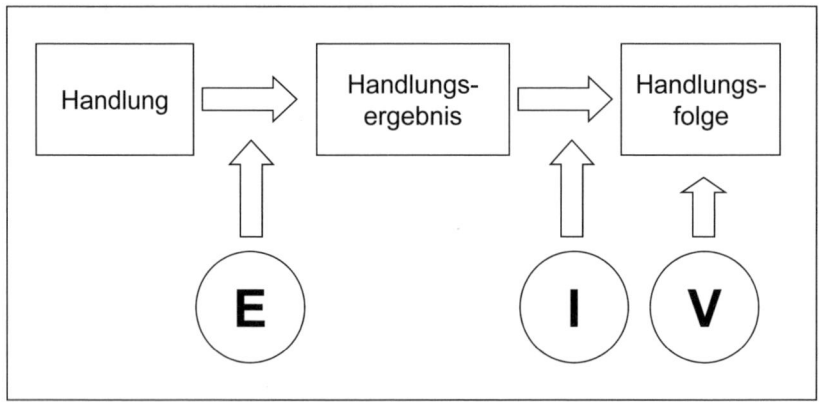

Abbildung III / 1: Phasen der Motivation nach Vroom

In Vrooms Modell nehmen Menschen eine Handlung zunächst einmal wegen der erwünschten Handlungsfolgen auf. Als **Valenz (V)** bezeichnet Vroom damit den subjektiv wahrgenommenen Wert einer Handlungsfolge, z.B. kann die Sicherheit des Arbeitsplatzes eine hohe subjektive Wertschätzung umfassen, für die ein Arbeitnehmer bereit wäre, eine höhere Leistung zu erbringen.

Um diese Handlungsfolge auch tatsächlich erreichen zu können, ist aber zunächst ein Handlungsergebnis zu erstellen. Nach Vroom kalkuliert der Mensch nunmehr, wie wahrscheinlich es ist, dass die angestrebte Handlungsfolge auch tatsächlich durch das Handlungsergebnis verursacht wird. Diese Beziehung zwischen Handlungsergebnis und Handlungsfolge nennt Vroom **Instrumentalität (I)**. Sie ist eine Erwartung, die von -1 bis +1 variieren kann. Diese Erwartung kann in drei Formen auftreten:

- Eine positive Instrumentalität ist vorhanden, wenn zwischen einer angestrebten Handlungsfolge und dem Handlungsergebnis eine positive Beziehung erwartet wird. Beispielsweise würde hier kalkuliert, dass höhere Leistung zur Beförderung führt. Die Handlung würde aufgenommen werden.
- Eine fehlende Instrumentalität ist vorhanden, wenn die Person keinen Zusammenhang zwischen Handlungsergebnis und Handlungsfolge wahrnimmt, z.B. bei Beförderungen nach Betriebszugehörigkeit. Die Handlung unterbleibt.
- Eine negative Instrumentalität ist vorhanden, wenn eine Person durch das Handlungsergebnis eine erwünschte Handlungsfolge verhindern würde. Erwartet der Arbeitnehmer, dass eine höhere Leistung die Beförderung gefährdet (weil der Vorgesetzte signalisiert, dass er gute Mitarbeiter nicht verlieren möchte), unterbleibt die Handlung.

Ob eine Handlung zu einem Handlungsergebnis führt, ist auch davon abhängig, wie eine Person die Wahrscheinlichkeit einschätzt, das Handlungsergebnis durch ihre Handlung tatsächlich erzielen zu können. Diese **Erwartung (E)** kann zwischen 0 (die Handlung führt nicht zu dem angestrebten Handlungsergebnis) und 1 (die Handlung führt mit Sicherheit zu dem angestrebten Ergebnis) liegen.

In einer ersten Schlussfolgerung könnte argumentiert werden, dass eine Person eine Handlung aufnehmen wird, wenn sie der Handlungsfolge einen hohen Wert zuschreibt, eine positive Beziehung zwischen Handlungsergebnis und Handlungsfolge vermutet und erwartet, dass die Handlung zu einem angestrebten Handlungsergebnis führen wird.

Eine genauere Betrachtung erlaubt nun die Unterscheidung des gesamten Motivationsprozesses in drei Teilmodelle: Valenzmodell, Handlungsmodell und Ausführungsmodell.

**Valenzmodell:** Ausgangspunkt des Motivationsprozesses ist die Bewertung von Handlungsfolgen. Vroom geht davon aus, dass Menschen in der Regel Präferenzen bilden:

>»For any pair of outcomes, x and y, a person prefers x to y, prefers y to x, or is indifferent to whether he receives x or y. Preference, then, refers to a relationship between the strength of a person's desire for, or attraction toward, two outcomes« (Vroom 1964, 15).

Diese von Vroom als Valenzen bezeichneten Präferenzen bestimmen zusammen mit der Instrumentalität die Valenzen der Handlungsergebnisse. Damit schließt Vroom nicht aus, dass Handlungsergebnisse auch um ihrer selbst willen angestrebt werden (vgl. Vroom 1964, 16), befasst sich aber in seinem Modell mit den erwarteten Handlungsfolgen und der Beziehung zu ihrer Instrumentalität. Insofern verfügt das Handlungsergebnis also nicht über eine eigene Valenz, sondern gewinnt diese erst durch die wahrscheinlichen Handlungsfolgen:

$$V_j = f_j \left[ \sum_{k=1}^{n} (V_k I_{jk}) \right] \quad (j = 1 \ldots n)$$

$$f_{j'} > 0; \; i \, I_{jj} = 0$$

| | | |
|---|---|---|
| $V_j$ | = | Valenz des Handlungsergebnisses j |
| $V_k$ | = | Valenz der Handlungsfolge k |
| $I_{jk}$ | = | erwartete Instrumentalität (-1 bis +1) des Handlungsergebnisses j für das Eintreten der Handlungsfolge k |

Danach ist die Valenz eines Handlungsergebnisses ein Ergebnis der monoton ansteigenden Funktion der algebraischen Summe der Produkte der Valenzen aller erwarteten Handlungsfolgen und ihrer Instrumentalitäten.

Dieses Valenzmodell kann erklären, warum ein Individuum in einer bestimmten Richtung handelnd tätig wird, kann aber nicht erklären, warum eine Handlung unter mehreren Handlungsalternativen gewählt wird. Hierzu wird das Handlungsmodell herangezogen.

**(2) Handlungsmodell:** Im Handlungsmodell wird die Erwartung, durch eine Handlung ein bestimmtes Handlungsergebnis zu erreichen, multiplikativ mit der Valenz des Handlungsergebnisses verknüpft. Daraus ergibt sich die Kraft, eine bestimmte Verhaltenstendenz zu realisieren:

$$F_i = f_i \left[ \sum_{j=1}^{n} (E_{ij} V_j) \right] \quad (i = n + 1 \dots m)$$

$$f_i' > 0; \ i \cap j = \Phi, \Phi = 0$$

| | | |
|---|---|---|
| $F_i$ | = | psychologische Kraft, die Handlung i auszuführen |
| $E_{ij}$ | = | Stärke der Erwartung (0 bis 1), dass die Handlung i zum Handlungsergebnis j führen wird |
| $V_j$ | = | Valenz des Handlungsergebnisses j |

Dieses Handlungsmodell wäre also in der Lage, Verhaltensunterschiede und den Anstrengungsgrad in Leistungssituationen zu erklären. Der Anstrengungsgrad würde sich rein formal aus der Multiplikation der Valenzen jedes Niveaus der Handlungsergebnisse und aus den Erwartungen, dieses Niveau zu erreichen, ergeben.

**(3) Ausführungsmodell:** Für die Vorhersage eines tatsächlich erzielten Handlungsergebnisses wird im Ausführungsmodell eine multiplikative Verknüpfung von Motivation und Fähigkeiten vorgenommen (vgl. Beckmann/Heckhausen 2010, 141).

$$\text{Handlungsergebnis} = f\,(\text{Fähigkeit}) \times \left[ \sum_{j=1}^{n} (E_{ij} \times V_j) \right]$$

Danach wird im Motivationsprozess zunächst der Anreiz der Handlungsfolgen bewertet und mit der Instrumentalität der Handlungsergebnisse für die Handlungsfolgen in Beziehung gebracht. Aus dieser (multiplikativen) Verknüpfung resultiert die Valenz des

Handlungsergebnisniveaus. Diese Valenz steht in Beziehung zu der wahrgenommenen Wahrscheinlichkeit, durch Handlung das angestrebte Handlungsergebnis zu erreichen. Daraus ergibt sich die psychologische Kraft, die entsprechende Handlung auszuführen, also einen entsprechenden Anstrengungsgrad aufzuwenden. Das Produkt aus Anstrengung und Fähigkeit erzeugt das Handlungsergebnis.

Das Modell von Vroom wurde mehrfach modifiziert und erweitert (vgl. insbesondere Porter/Lawler 1968) und gilt im Hinblick auf das Arbeitsverhalten als gut bestätigt (vgl. Pinder 2008, 376ff.). Dennoch sind einige Mängel herausgearbeitet worden, die im Wesentlichen auf zwei Aspekte zurückgeführt werden können (vgl. Beckmann/Heckhausen 2010, 141ff.):

Die aus der Modellkonstruktion vorgenommene Ableitung, wonach Handlungsergebnisse ihre Valenzen lediglich aus den Valenzen der Handlungsfolgen und den mit ihnen verknüpften Instrumentalitäten erhalten, berücksichtigt nicht, dass Handlungsergebnisse auch eigene Valenzen haben könnten. In diesem Fall wird in der Regel von intrinsischen Valenzen gesprochen. Hier weist das Handlungsergebnis einen unmittelbar eigenen Wert auf, der sich beispielsweise in dem Selbstwertgefühl, der Gelegenheit zu selbstständigem Denken und Handeln, Möglichkeiten zur eigenen Entwicklung, Gefühlen der Selbsterfüllung und Gefühlen angemessener Aufgabenerfüllung ausdrücken kann. Im Unterschied dazu wird von extrinsischer Motivation gesprochen, wenn (wie im Modell von Vroom nahe gelegt) äußere Instanzen Handlungsfolgen in Aussicht stellen, z.B. Autorität, Prestige, Sicherheit, Anerkennung, Gehalt, Aufstieg.

Darüber hinaus unterstellt das Modell sehr formal rationale Verhaltensweisen von Individuen, die vor dem Hintergrund knapper Güter Informationen sammeln, bewerten und zu rationalen Entscheidungen gelangen.

### 1.2.2 Handlungsphasen des Motivationsprozesses

Das Modell von Vroom konzentriert sich auf die Frage, wie Menschen die Befriedigungsmöglichkeiten ihrer Motive kalkulieren. Die daraus entstehende Absicht, eine Handlung durchzuführen, wird begleitet von Kalkulationen, ob Handlungsergebnisse die erwartete Befriedigung auch zur Folge haben. Mit der **Absicht**, eine Handlung aufzunehmen, ist allerdings der Motivationsprozess noch nicht abgeschlossen. Hinzukommen muss die **Handlungsrealisierung**. Die Handlungen realisieren sich also nicht automatisch aus Wünschen, Kalkulationen und Antizipationen, sondern Prozesse des Übergangs von der Absicht (Intention) zur Realisierung einer Handlung (Volition) sind von Bedeutung und unterliegen einer Vielzahl von Einflussgrößen. Unter Handlung wird hier nicht das gewohnheitsmäßige Reagieren oder das Ausführen gelernter Gewohnheiten verstanden, sondern der Realisierung von Absichten liegt eine Zielvorstellung zugrunde, ein bestimmtes Handlungsergebnis zu erzielen (vgl. Achtziger/Gollwitzer 2010, 310f.). In späteren Phasen (Volitionsphasen) bedarf es aber verschiedener Strategien, um diese Wünsche auch tatsächlich zu realisieren.

Recht anschaulich wird der Unterschied zwischen Motivation und Volition durch das **Rubikon-Modell** illustriert (vgl. zum Folgenden Heckhausen 1989, 203ff.; Gollwitzer 1996; Heckhausen/Heckhausen 2010; Achtziger/Gollwitzer 2010). Das Handlungsmodell wurde nach dem Fluss Rubikon benannt, den Julius Cäsar nach langem Abwägen und Zaudern überquerte und damit den Bürgerkrieg eröffnete. Die Metapher verdeutlicht eine Phase, die sich zwischen dem Wunsch oder der Phase des Abwägens und Wünschens und der Handlung selbst befindet und je nach Bedeutung der Handlung eine erhebliche Willensanstrengung notwendig machen kann.

Heckhausen (1989, 212) verdeutlicht in diesem Phasenmodell den Wechsel zwischen motivationalen und volitionalen Phasen und beschreibt drei wichtige Phasenübergänge von der Motivation zur Handlungsentscheidung, den Übergang zur Handlungsrealisierung und die Bewertung der abgelaufenen Handlung (vgl. Abbildung III / 2).

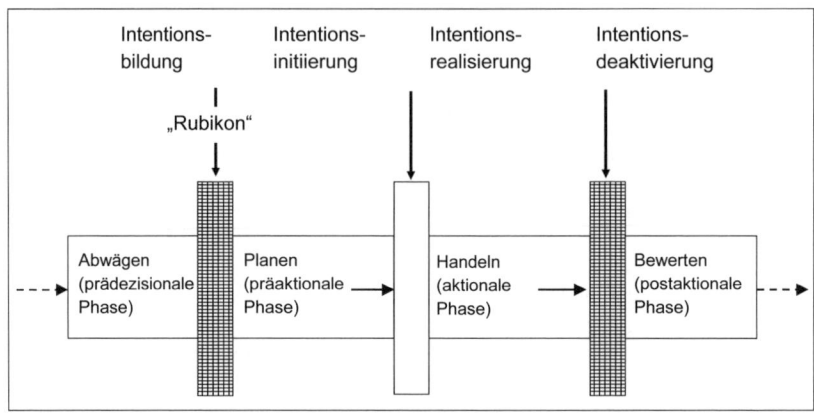

Abbildung III / 2: Handlungsphasen des Rubikon-Modells
(In Anlehnung an Heckhausen 1989, 212)

Das Modell fragt also danach, wie ein Handelnder sein Ziel auswählt, die Realisierung plant, diese Pläne durchführt und rückblickend bewertet. Auf diese Weise wird deutlich, dass zwar in Zielauswahl und Zielrealisierung unterteilt werden kann, beide Aspekte aber funktional verknüpft sind.

Zunächst beginnt der Handlungsablauf mit einer **prädezisionalen Motivationsphase** (vgl. Achtziger/Gollwitzer 2010, 310ff.). Häufig verfügen Menschen über eine Fülle von möglichen Wünschen. Nicht alle diese Wünsche sind ernst gemeint, manche scheinen nicht oder nur unter hohen Anstrengungen realisierbar. Gelegentlich konkurrieren Wünsche auch miteinander oder unterliegen zeitlichen Kollisionen. In diesen Fällen finden Prozesse statt, in denen sich Menschen genauer mit ihren Wünschen beschäftigen und im Hinblick auf verschiedene Kriterien bewerten. Beispielsweise werden Wünsche danach sortiert, ob sie einen mehr oder weniger hohen Wert haben. Positive oder negative Konseqenzen werden kalkuliert und Wahrscheinlichkeiten abgeschätzt, ob sich die erwünschten Handlungsfolgen aus den Handlungen ergeben. Ähnliche Überlegungen werden im Hinblick auf die Realisierung angestellt, ob sich z.B. die Handlungen zeitlich kurz- oder langfristig realisieren lassen, welche Mittel zur Verfügung stehen, oder ob die Zeit ausreicht, um die Handlung zu realisieren. Diese Kalkulationen erfolgen nicht isoliert und ausschließlich auf das Handlungsziel bezogen, sondern auch weitere Rahmenbedingungen werden in dieser Phase des Abwägens berücksichtigt. Auf der Basis solcher Kalkulationen werden einige Wünsche in die engere Auswahl genommen, wobei mögliche Handlungsalternativen erwogen werden.

Dieser Prozess des Abwägens führt nicht automatisch zur Handlung, sondern je mehr eine Person den Eindruck gewinnt, das Für und Wider abgewogen und alle Aspekte erschöpfend behandelt zu haben, umso mehr drängt es sie, einen Entschluss zu fällen (Fazit-Tendenz). Der Entschluss fällt leichter, wenn dieser keine bedeutenden Konsequenzen nach sich zieht und fällt schwerer, wenn die Tragweite erheblich ist. Ist also der Klärungsprozess mehr oder weniger abgeschlossen und die Motivation hoch, gilt es nun, den Wunsch in ein konkretes Ziel zu überführen (Zielintention). Der Rubikon wird überschritten.

In der **präaktionalen Phase** wartet die Intention auf die Zeit und die Gelegenheit, die beabsichtigte Handlung auszuführen. Zwar haben beim Überschreiten des Rubikons die Ziele einen gewissen Verbindlichkeitscharakter erhalten (Volitionsstärke), aber eine automatische Realisierung der Handlung erfolgt nicht. Evtl. lässt sich eine Handlung nicht sofort durchführen, und es sind Wartezeiten erforderlich. Evtl. lassen sich die Handlungen nur realisieren, wenn ausreichend Zeit investiert wird, um die nächsten Handlungsschritte zu planen und festzulegen, wann und auf welche Art und Weise die Handlungen durchgeführt werden sollen. Diese Planung ist aufwendiger, wenn sich abzeichnet, dass die Handlungen nicht nur mit dem gewohnten Handlungsrepertoir durchgeführt werden kann, sondern auch neue zu erlernende Verhaltensweisen notwendig sind. Solche Pläne helfen als Vorsätze Realisierungsschwierigkeiten zu überwinden (vgl. Achtziger/Gollwitzer 2010, 312). Aus diesen Vorsätzen werden Handlungsintentionen, wenn die Volitionsstärke (Verbindlichkeit der Zielintention) mit der Günstigkeit der Gelegenheit kombiniert wird (Fiat-Tendenz). Diese Tendenz führt dazu, dass Handlungen initiiert werden, wenn eine Volitionsstärke auf eine günstige Gelegenheit stößt. Diese Tendenz erklärt aber auch, dass sich eine schwächere Zielintention durchsetzen kann, wenn Zeit und Gelegenheit dafür günstig, für die starke Intention aber ungünstig sind. Liegt für viele Ziele eine günstige Gelegenheit vor, setzt sich das Ziel mit der höchsten Fiat-Tendenz durch.

In der **aktionalen Phase** wird die Handlung realisiert. Zu unterscheiden sind hier mehrere Abstraktionsebenen. Die Handlungsrealisierung wird z.B. gegen konkurrierende Intentionen abgeschirmt, um die Zielerreichung nicht zu gefährden. Die Intensität und Ausdauer der Handlung wird bestimmt. Sie beinhaltet bspw. eine Anstrengungssteigerung bei auftretenden Schwierigkeiten und die konsequente erneute Aufnahme von Handlungen, wenn sie unterbrochen werden. Entsprechend wirken vielfältige Prozesse der Selbstbewertung und der Anstrengungsregulation. Der Handlungsablauf kann von den konkreten Tätigkeiten, den Tätigkeitsergebnissen oder den Handlungsfolgen gesteuert werden. Je ungestörter der Handlungsablauf, umso eher können höhere Abstraktionsebenen den Handlungsablauf leiten. Bei Unterbrechungen und Störungen werden Zwischenziele handlungsleitend.

In der **postaktionalen Phase** wird die Handlung (rückblickend) bewertet. Für die gleiche oder modifizierte Wiederholung der Handlung ist es von Bedeutung, wie das Ergebnis der Handlung bewertet wird. Es werden Schlussfolgerungen für das zukünftige Handeln gezogen. So wird die Zielintention einer Prüfung unterzogen: War das Ziel wirklich so attraktiv oder wurde die Wünschbarkeit als zu positiv eingeschätzt? Hat sich die Anstrengung gelohnt oder befinden sich Anstrengung und Zielerreichung in einem Missverhältnis? Welche Ursachen können für Erfolg oder Misserfolg herangezogen werden. Im positiven Fall wurde das Handlungsergebnis erreicht und der Handelnde ist zufrieden. In diesem Fall kann das zugrunde liegende Ziel deaktiviert werden. Im Falle einer Abweichung können verschiedene Absichten gebildet werden, die neues Handeln einleiten. Ist beispielsweise ein Misserfolg zu konstatieren, kreisen – wie Heckhausen (1989, 216f.) in mehreren Versuchen nachweist – die Gedanken zwischen Konstatieren des Misserfolgs und negativer Selbstbewertung. Die Umschaltung zu vorausblickenden Beschäftigungen mit neuen Handlungen findet nicht statt. Wird hingegen eine neue Handlung angekündigt, beseitigt sie zwar die vergangene Bewertung nicht, strafft sie aber, indem der Anteil der Gedanken, der sich mit der alten Handlung beschäftigt, deutlich absinkt. Abweichungen können aber auch dazu führen, dass eine Senkung des Anspruchsniveaus stattfindet oder das ursprüngliche Ziel durch höhere Anstrengung realisiert werden soll.

Wie im Folgenden gezeigt wird, ist das Rubikon Modell sehr gut geeignet, um eine Vielzahl von Einzelbefunden der empirischen Motivationsforschung einzuordnen und entsprechende Zusammenhänge abzuleiten.

## 1.3 Einflussgrößen im Motivationsprozess

Die beiden bisher herangezogenen Phasenmodelle stellen eine Orientierung dar, wie Motivationsprozesse von der Erwartung über die Handlung zu einem Ergebnis führen. In diesen Prozess wirkt eine Vielzahl von Einflussgrößen ein. Im Folgenden werden insbesondere Einflussgrößen vertiefend behandelt, die für die Arbeitsmotivation relevant sind. Hierbei handelt es sich um die Anreizsystematik, die Rolle der Zielbildung, Unterschiede in der Handlungsdisposition sowie die abschließende Bewertung einer Handlung.

### 1.3.1 Intrinsische und extrinsische Motivation

Im Modell von Vroom bezieht das Handlungsergebnis seine Valenz aus der Verknüpfung von Valenzen für die Handlungsfolge und der Instrumentalität für die Handlungsfolge. Es wurde oben bereits darauf hingewiesen, dass diese Annahme für die Arbeitswelt als wahrscheinlich gilt, wenn Tätigkeiten in erster Linie zum Zwecke des Gelderwerbs aufgenommen werden. Geld – so könnte geschlussfolgert werden – ist damit ein universeller Anreiz, der als Handlungsfolge unterschiedliche Bedürfnisse befriedigt und somit motivierend wirkt.

Ob aber materielle Anreize diese generelle motivierende Wirkung haben, ist umstritten. Ebenso könnte argumentiert werden, dass die Handlung selbst eine motivierende Wirkung hat und die damit verbundenen Anreize keine oder nur eine geringe Bedeutung aufweisen. Um diese unterschiedliche Sichtweise begrifflich zu fassen, wird seit längerer Zeit auf das Begriffspaar »extrinsisch« und »intrinsisch« zurückgegriffen. Leider wird dieses Begriffspaar in der Theorie nicht einheitlich genutzt. Auch in der Praxis werden unterschiedliche Interpretationen vorgenommen und für die Anreizproblematik unterschiedliche Schlussfolgerungen gezogen.

In einer ersten Annäherung unterscheidet Rheinberg (vgl. zum Folgenden Rheinberg 2010, 367ff.; Rheinberg/Vollmeyer 2012, 149ff.):

- *Intrinsisch*: Innen, wahr, eigentlich, immanent,
- *Extrinsisch*: Außen, nicht dazugehörend, unwesentlich.

Intrinsisch wären damit Anreize, die im Vollzug der Tätigkeit selbst liegen, extrinsisch wären Veränderungen oder Effekte, die nach der Tätigkeit von Bedeutung sind. Im ersten Fall motiviert die Tätigkeit selbst. Im zweiten Fall nehmen wir die Tätigkeit nur wegen ihrer Folgen auf. Intrinsische Motivation könnte man dann reservieren für Aktivitäten, deren Anreiz in erster Linie aus der Tätigkeit selbst entsteht, und extrinsische Motivation könnte bezogen werden auf Aktivitäten, die ihren Anreiz in erster Linie aus den Folgen einer Tätigkeit beziehen. Wissenschaftlich kontrovers wird diskutiert, ob diese beiden Motivklassen voneinander unabhängig sind oder in Beziehung zueinander stehen. Diese Fragen sind bedeutsam, denn ihre Beantwortung legt bestimmte Anreizstrukturen nahe:

- Geht man von der Annahme aus, dass die beiden Motivklassen voneinander unabhängig sind, könnte man versuchen, durch interessante Tätigkeit Arbeitnehmer intrinsisch zu motivieren und gleichzeitig durch das Angebot von Leistungslöhnen extrinsisch zu motivieren.

- Geht man von der zweiten Annahme aus, dass die beiden Motivklassen in Beziehung zueinander stehen, stellen sich beispielsweise die folgenden Fragen: Kann eine durch extrinsische Anreize aufgenommene Tätigkeit sich in eine intrinsische Motivation verändern? Oder kann sich die Motivation einer durch intrinsische Anreize aufgenommenen Tätigkeit durch zusätzliche extrinsische Angebote verändern?

Diese recht einfache Unterscheidung, wonach eine Tätigkeit um ihrer selbst willen oder um der erwarteten Folgen aufgenommen wird, ist durch Deci und Ryan erweitert worden (vgl. Deci/Ryan 1993; Deci 1995; Ryan/Deci 2000). Ihre Grundannahme lautet, dass es angeborene Bedürfnisse gibt, die mit intrinsischer und extrinsischer Motivation in Verbindung gebracht werden können und dass das Verhältnis von extrinsischer und intrinsischer Motivation durch bestimmte Effekte beschrieben werden kann.

In ihrer Selbstbestimmungstheorie gehen Deci und Ryan davon aus, dass es drei angeborene psychologische Bedürfnisse gibt, die für intrinsische und extrinsische Motivation von Bedeutung sind (vgl. Ryan/Deci 2000): Zunächst haben Menschen ein Bedürfnis nach **Kompetenzerleben oder Wirksamkeit** und ein Bedürfnis nach **Autonomie oder Selbstbestimmung**. Intrinsische Motivation basiert auf diesen beiden Bedürfnissen. Als drittes Bedürfnis bezeichnen Deci und Ryan (1993) die **soziale Eingebundenheit**. Sie gehen davon aus, dass der Mensch die natürliche Tendenz hat, sich mit anderen verbunden zu fühlen und Mitglied der sozialen Umwelt zu sein. Durch Übernahme dieser sozial vermittelten Werte erlebt das Individuum das eigene Handeln als selbstbestimmt.

Wird also das eigene Handeln als selbstbestimmt erlebt, kann unter **intrinsischer Motivation** eine interessenbezogene Handlung verstanden werden, die keiner externen Anstöße bedarf. Solche Handlungen werden um ihrer selbst willen unternommen. Intrinsische Motivation beinhaltet dann Neugier, Exploration, Spontaneität und Interesse an der unmittelbaren Umwelt und stellt den Inbegriff des selbstbestimmten Verhaltens dar. Das Individuum fühlt sich frei in der Auswahl und Durchführung seiner Handlung. Das Handeln stimmt mit dem eigenen Willen überein.

Handeln kann aber auch durch äußere Einflüsse verursacht oder gar erzwungen werden. In diesem Fall wird das Handeln als von außen kontrolliert empfunden. In dem Ausmaß, in dem Handeln als selbstbestimmt erlebt wird, gilt es als frei bestimmt und autonom. In dem Ausmaß, in dem Handeln als aufgezwungen erlebt wird, gilt es als kontrolliert. Unter **extrinsischer Motivation** wird dann Handeln verstanden, das mit instrumenteller Absicht durchgeführt wird, um andere Ziele zu erreichen. Es erfolgt selten spontan und wird meist durch Aufforderungen in Gang gesetzt, die eine Bekräftigung (z.B. Belohnung) darstellen.

Das Verhältnis zwischen extrinsischer und intrinsischer Motivation ist nun nicht mehr so zu verorten, dass danach gefragt wird, ob eine Tätigkeit um ihrer selbst willen aufgenommen wird oder die Tätigkeit sich auf die Folgen bezieht. Wichtig erscheint vielmehr »*... daß die Einführung extrinsischer Motivatoren in den Handlungsablauf einer intrinsisch motivierten Tätigkeit das Gefühl der Selbstbestimmung unterminiert. Der wahrgenommene Ort der Handlungsverursachung verschiebt sich von innen nach außen (...). Als Folge davon sinkt die Neigung, die Aktivität allein wegen ihrer intrinsischen Befriedigung auszuüben*« (Deci/Ryan 1993, 226). Mit Hilfe der Kategorien »Selbstbestimmung« und »Kontrolle« wird der Effekt der **Unterminierung** (auch Korrumpierungseffekt oder »crowding out«-Effekt) der intrinsischen Motivation angenommen. Dies geschieht, wenn für eine ursprünglich intrinsisch motivierte Tätigkeit extrinsische Belohnungen (z.B. Geld) angeboten werden, weil das Gefühl der Kontrolle das Gefühl der Selbstbestimmung unterminiert. Diese Unterminierung der Selbstbestimmung senkt das Interesse an der Tätigkeit und führt möglicherweise dazu, dass sie nur ausgeführt wird, wenn die extrinsische Motivation aufrechterhalten wird.

Diese Annahmen sind vielfach empirisch kontrolliert untersucht worden. Insbesondere Deci und Ryan (1993, 223ff.; Deci 1995, 44ff.) ziehen eine Vielzahl von Laborexperimenten zur Unterstützung ihrer Theorien heran. Im Hinblick auf den Einfluss **externer Kontrollfaktoren** werden folgende Befunde referiert:

- Kontrollierende Maßnahmen und Ereignisse untergraben die intrinsische Motivation.
- Maßnahmen und Rückmeldungen, die Eigeninitiative und Wahlfreiheit unterstützen, halten intrinsische Motivation aufrecht und/oder verstärken sie.
- Materielle Belohnungen, Strafandrohungen, Termindruck, aufgezwungene Ziele etc. werden als eher kontrollierend erlebt und unterminieren die intrinsische Motivation.
- Das Angebot von Wahlmöglichkeiten und die Äußerung anerkennender Gefühle werden in der Regel als autonomiefördernd wahrgenommen und steigern die intrinsische Motivation.

Im Hinblick auf Experimente zur **Kompetenzförderung** werden folgende Befunde referiert:

- Eine Aktivität, die intrinsisch motiviert sein soll, muss für das Individuum ein optimales Anforderungsniveau besitzen, d.h. die Tätigkeit darf weder zu schwer, noch zu leicht sein.
- Mit Hilfe positiver Rückmeldung kann diese intrinsische Motivation gesteigert werden, wenn sich diese Rückmeldung auf die selbstbestimmte Handlung bezieht und nicht kontrollierend wirkt.
- Negatives Feedback in einem kontrollierenden Kontext reduziert die wahrgenommene Kompetenz und damit die intrinsische Motivation.
- Negatives Feedback, das in autonomieunterstützender Weise zeigt, wie eine Aufgabe künftig besser bewältigt werden kann, dient als Herausforderung und verstärkt intrinsische Motivation.

Die empirische Befundlage zur Selbstbestimmungstheorie ist inzwischen recht umfangreich, und es liegen mehrere Meta-Analysen vor (Deci et al. 1999; Cameron et al. 2001). Mit zunehmender empirischer Forschung wurde die Kritik an den Untersuchungen selbst, ihren Schlussfolgerungen und ihrer möglichen Übertragung auf die industrielle Arbeitswelt intensiver. Hierbei lassen sich drei Themenfelder unterscheiden:

a) Bereits eingangs wurde darauf hingewiesen, dass die Begriffe »intrinsisch« und »extrinsisch« nicht immer gleich verwendet werden und daher die Frage, welche Ergebnisse solche Untersuchungen nun genau ausweisen, nicht verallgemeinert werden kann. Auch unterschiedliche Annahmen erschweren die Interpretation der Studien. So weist Rheinberg (2010, 368) darauf hin, dass die Beschränkung auf Selbstbestimmung und Kompetenzerleben andere Anreize ausblendet (z.B. Genuss von Risiko oder außergewöhnlichen Bewegungszuständen). Schließlich erschweren unterschiedliche Untersuchungsdesigns die Vergleichbarkeit der Studien.

b) Zwar können auf diese Weise viele Befunde zu unterschiedlichen Effekten ausgewiesen werden, allerdings wird die Eindeutigkeit der Schlussfolgerungen, wie sie Deci und Ryan vornehmen, kritisiert. In einer Meta-Studie wird die Eindeutigkeit des Korrumpierungseffekts in den Bereich der Mythen verwiesen:

*»In terms of the overall effects of reward our meta-analysis indicates no evidence for detrimental effects of reward on measures of intrinsic motivation« (Cameron et al. 2001, 21).*

Cameron et al. kommen nach Durchsicht von 145 Studien zu anderen Schlussfolgerungen als Deci und Ryan, denn »… rewards have different effects under different moderating conditions« (Cameron et al. 2001, 21). Ihre Lesart der Befunde differenziert stärker in die Art der Tätigkeiten und die Vergabemodalitäten der Belohnungen:

- Belohnungen verstärken das Interesse an zunächst uninteressanten Tätigkeiten. Als Beispiel wird hier das eher mäßige Interesse von Studenten an akademischen Aktivitäten herangezogen. Belohnungen überwinden dieses anfängliche Desinteresse und führen zu intrinsischer Motivation. Belohnungen führen dann – im Erfolgsfall – zu einem Zustand der Selbstwirksamkeit. Dieser Zustand führt zu einem stärkeren Engagement im Aufgabengebiet.
- Bei interessanten Tätigkeiten verstärken verbale Belohnungen die intrinsische Motivation.
- Wenn Belohnungen explizit an Leistungsstandards und Erfolg geknüpft werden, verstärkt dies die intrinsische Motivation.

c) Schließlich wird danach gefragt, ob die Befunde in die Arbeitswelt übertragen werden können. Es mag plausibel sein, dass bei Kindergartenkindern oder Bewohnern von Altenheimen registriert wird, dass bei ihnen der Korrumpierungseffekt dann auftritt, wenn bei selbstbestimmten Tätigkeiten extrinsische Anreize angeboten werden. In Bezug auf die Arbeitswelt ist die Befundlage widersprüchlich. Studien weisen darauf hin, dass variable Entlohnung zu einem Verdrängungseffekt führt (z.B. Weibel et al. 2007), während andere Studien diesen Effekt bestreiten (z.B. Fang/Gerhart 2012). Hier besteht Forschungsbedarf: Zunächst einmal muss intrinsische Motivation vorhanden sein, damit ein nennenswertes Ausmaß an Verdrängung stattfinden kann. Wenn also eine Tätigkeit von vorneherein unter dem Aspekt des Gelderwerbs ausgeübt wird, kann kein Verdrängungseffekt stattfinden. Darüber hinaus kann die intrinsische Motivation nur unterminiert werden, wenn die subjektive Einschätzung besteht, dass Selbstbestimmung und

Autonomie eingeschränkt werden und der kontrollierende Aspekt überwiegt (vgl. Frey/Jegen 2001, 593). Haben wir also im Arbeitsalltag in nennenswertem Ausmaß Situationen, in denen Arbeitnehmer selbstbestimmt und autonom Tätigkeiten aufnehmen, die sie auch ohne Belohnung aufrechterhalten würden?

### 1.3.2  Die Bedeutung von Zielen für den Volitionsprozess

Nachdem eine grundsätzliche Entscheidung für eine Handlung gefallen ist, unterliegt die Realisierung der Handlung einem mehr oder minder differenzierten Zielbildungsprozess, der in der präaktionalen und aktionalen Motivationsphase von Bedeutung ist (vgl. Achtziger/Gollwitzer 2010, 310ff.). Locke und Latham (1990; 1991) sind nun der Frage nachgegangen, ob es einen Zusammenhang zwischen der Aufstellung von Zielen und der realisierten Leistung gibt.

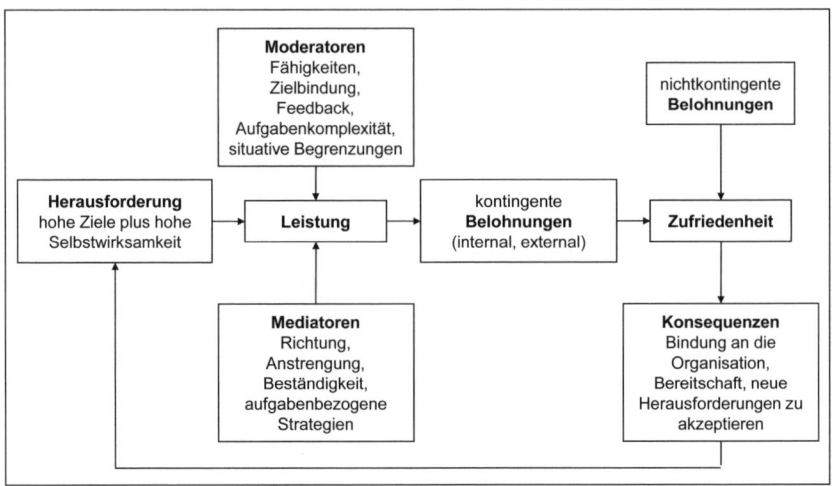

Abbildung III / 3: Einflussgrößen auf Zielbildung und Leistung
(In Anlehnung an Locke/Latham 1990, 253)

Hierzu werden im so genannten »high performance cycle« Einflussgrößen auf Zielbildung und Leistung herausgearbeitet und Zusammenhänge zwischen diesen Variablen empirisch untersucht:

**Herausforderung:** Die zentrale Annahme von Locke und Latham besteht darin, dass *herausfordernde* und *spezifische* Ziele zu höherer Leistung führen als vage Ziele oder gar keine Ziele. Diese Ziele müssen ein spezifisches Ergebnis beinhalten, beispielsweise die Produktion einer bestimmten Anzahl von Produkten, ein Kostenziel, ein Qualitätsziel oder die Einhaltung einer Terminvorgabe. Ob die Ziele selbst gewählt sind, aus einer Gruppenentscheidung resultieren oder von Vorgesetzten vorgegeben werden, ist in dieser Theorie nicht von Bedeutung. Entscheidend ist vielmehr, wie stark sich das Individuum dem Ziel verpflichtet fühlt.

Eine wichtige Rolle spielt in diesem Zusammenhang das Konzept der *Selbstwirksamkeit*, das auf Bandura zurückgeht (Bandura 1977; 1986; 1997; 2012). Menschen verhalten sich nicht immer optimal, auch wenn sie genau wissen, was zu tun ist. Der Grund liegt darin, dass vorhandenes Wissen nicht automatisch in Handlung überführt werden kann. Neben dem vorhandenen Wissen, bedarf es einer Vielzahl von weiteren kognitiven, sozialen und verhaltensbezogenen Fähigkeiten, um die beabsichtigte Handlung auch auszuführen. Menschen fragen sich entsprechend, ob sie denn ihre Fähigkeiten auch adäquat einsetzen können. Dies ist kein triviales Problem, denn viele Menschen haben bspw. vor einer mündlichen Prüfung Zweifel, ob sie ihr Wissen in dieser spezifischen Situation auch tatsächlich angemessen abrufen können. Ähnliche Situationen kennen wir aus Vorstellungsgesprächen oder Fahrprüfungen. Diese Erwartungen sind sehr unterschiedlich in den Menschen vorhanden und das Konzept der Selbstwirksamkeit geht nun der Frage nach »... *of how people judge their capabilities and how their self-percepts of efficacy affect their motivation and behavior«* (Bandura 1986, 391). Verfügen z.B. zwei Menschen über identisches Wissen, wird derjenige mit hohen Selbstzweifeln, ob er die beabsichtigte Handlung ausführen kann, schon bei geringem Widerstand aufgeben, während die Person mit einer hohen Überzeugung in Bezug auf die Selbstwirksamkeit ihre Anstrengung erhöht. Personen mit niedriger Selbstwirksamkeitserwartung werden bei Misserfolg eher Angst und Stress empfinden, während Personen mit hoher Selbstwirksamkeitsüberzeugung die Aufgabe weiter verfolgen. Das Konzept der Selbstwirksamkeit umfasst damit die Erwartung, über Fähigkeiten zur Kontrolle des Handelns von Ereignissen zu verfügen, die zu effektivem Leistungshandeln erforderlich sind: »*Rather, efficacy is a generative capability in which cognitive, social, emotional, and behavioral subskills must be organized and effectively orchestrated to serve innumerable purposes«* (Bandura 1997, 37).

**Moderatoren:** Unter einem Moderator wird eine Variable verstanden, die den Zusammenhang von zwei weiteren Variablen beeinflusst (vgl. Locke/Latham 1990, 6ff.). Danach wirken herausfordernde Ziele in Verbindung mit einer hohen Überzeugung der Wirksamkeit des eigenen Handelns positiv auf Leistung ein, wenn der Arbeitnehmer über die entsprechenden *Fähigkeiten* verfügt. Locke und Latham nehmen an, dass bei Personen mit hohen Fähigkeiten die Zielsetzung stärkere Effekte aufweist als bei Personen mit niedrigeren Fähigkeiten. In ähnlicher Weise moderieren die weiteren Variablen den Zusammenhang von Zielen und Leistung. Eine hohe *Bindung* gegenüber den Zielen kann aus verschiedenen Quellen resultieren, beispielsweise von den in Aussicht gestellten Anreizen. Von zentraler Bedeutung ist das *Feedback*. Es wird angenommen, dass Ziele ohne Feedback wenig effizient sind und lediglich in Verbindung mit Feedback zu höherer Leistung führen. Die *Aufgabenkomplexität* kann nach verschiedenen Dimensionen aufgeteilt werden. Es wird angenommen, dass die Effekte der Zielsetzung höher sind, wenn die Aufgabe nicht zu komplex ist. Hohe Ziele lassen sich besser erreichen, wenn *situative Begrenzungen* vermieden werden können.

**Mediatoren:** Unter Mediatoren verstehen Locke und Latham Mechanismen, durch die Richtung, Anstrengung und Beständigkeit der Leistung beinflusst werden (vgl. Locke/Latham 1990, 9ff.). Wenn ein Arbeitnehmer herausfordernde Ziele akzeptiert und die moderierenden Variablen die Zielerreichung unterstützen, werden nicht-zielrelevante Aktivitäten vermindert und zielrelevante Aktivitäten erhöht. Ziele geben dem Aktivitätsstrom eine *Richtung* und sorgen für *erhöhte Anstrengung*, die solange kontinuierlich beibehalten wird (*Beständigkeit*), bis das Ziel erreicht ist. Schließlich tragen Ziele dazu bei, *aufgabenspezifische Strategien und Pläne* zu entwickeln.

**Belohnungen**: Kontingente Belohnungen können sich auf internale Belohnungen konzentrieren, wie beispielsweise Stolz, ein hohes Ziel erreicht zu haben, Respekt und Anerkennung zu erhalten oder die Gewissheit zu verspüren, in der Lage zu sein, auch zukünftig herausfordernde Ziele zu bewältigen. Externale Belohnungen umfassen hingegen Formen wie beispielsweise Bezahlung, öffentliche Anerkennung oder Beförderung. Darüber hinaus gibt es eine Vielzahl von nicht-kontingenten Belohnungen, die das Verhältnis von Zielen und Leistung zwar nicht direkt beeinflussen, aber dafür sorgen, dass Arbeitnehmer im Unternehmen verbleiben (beispielsweise Arbeitsplatzsicherheit, Basisbezahlung oder Altersversorgung).

**Zufriedenheit:** Wenn interne und externe Belohnungen den Bedürfnissen des Arbeitnehmers entsprechen und die Tätigkeit als wertvoll bewertet wird, stellt sich Arbeitszufriedenheit ein. Hieraus kann allerdings nicht geschlossen werden, dass sich bei vorliegender Arbeitszufriedenheit automatisch eine höhere Leistung ergibt.

**Konsequenzen:** Vielmehr unterstellen Locke und Latham eine höhere Bindung an die Organisation und, daraus abgeleitet, eine Bereitschaft, neue Ziele zu akzeptieren.

Das vorgestellte Modell ist in über vierhundert Studien überprüft worden. Die zentralen empirischen Befunde lassen sich wie folgt zusammenstellen (vgl. Locke/Latham 1991, 214ff.; 2002, 705ff.; Latham/Locke 2007):

- Unter der Voraussetzung, dass adäquate Fähigkeiten vorhanden sind und die Ziele akzeptiert werden, steigt die Leistung umso stärker, je höher und herausfordernder die Ziele sind. Diese für die Motivationsforschung überraschenden Befunde werden darauf zurückgeführt, dass Menschen ihre Anstrengung an die Herausforderung anpassen und bei höheren Zielen auch ihre Anstrengung erhöhen.
- Spezifische und herausfordernde Ziele führen zu höherer Leistung als unspezifische (to do the best) und herausfordernde Ziele. Dieser Unterschied wird damit erklärt, dass unspezifische Ziele ein breiteres Spektrum von Leistungsniveaus zulassen. Wenn also Arbeitnehmer, die sich vornehmen, »ihr Bestes zu geben«, auch mit niedrigeren Leistungsniveaus zufrieden sind, entfällt diese Möglichkeit bei spezifizierten Zielen (vgl. auch Mento et al. 1992, 403f.).
- Je spezifischer das Ziel, umso geringer ist die Variabilität der Leistungsergebnisse. Dieses Argument ist dem Zweitgenannten ähnlich, fokussiert aber stärker die Variation der Leistungsergebnisse, die bei vagen Zielen größer ist.

Die aus dem Modell resultierenden Anwendungsmöglichkeiten sehen Locke und Latham in Managementmethoden, die sowohl eine Herausforderung an Arbeitnehmer zulassen als auch eine hohe Arbeitszufriedenheit unterstützen. Das Management hat die Möglichkeit, insbesondere auf die Variablen der Moderatoren einzuwirken und entsprechende Voraussetzungen für hohe Leistungen zu schaffen. Aus- und Weiterbildung beispielsweise erhöhen nicht nur die Fähigkeiten, sondern haben auch Einfluss auf das Commitment. Feedback zeigt Arbeitnehmern, ob ihre aufgabenspezifischen Strategien die Zielerreichung unterstützen.

### 1.3.3  Wille und Handlung

Im vorangegangenen Abschnitt wurde die Rolle von Zielen im Motivationsprozess aufgezeigt. Die Realisierung von Zielen erfordert nun, dass die aus Zielen resultierenden Absichten auch durchgesetzt werden. Dies ist vermutlich unproblematisch, wenn bereits

Erfahrungen im Hinblick auf die Realisierung von Absichten gemacht wurden oder wenn die Realisierung keine nennenswerten Barrieren oder Widerstände enthält. Wenn es aber darum geht, schwierige Handlungen aufzunehmen und diese Absichten gegen innere und äußere Widerstände durchzusetzen, scheinen sich Menschen nicht immer so rational zu verhalten, wie es die oben dargestellten Erwartungs-Wert- Theorien nahe legen. Während bei auftretenden Schwierigkeiten und drohenden Misserfolgen manche Menschen entschlossen über Handlungsmöglichkeiten nachdenken, scheinen andere Menschen darin Schwierigkeiten zu haben, Absichten umzusetzen und scheitern schon an geringen Barrieren (vgl. Kuhl 1998, 62). Ob ein Ziel also tatsächlich umgesetzt wird, ist nicht nur eine Frage der Anreize und Ziele, sondern auch eine Frage von internen Steuerungsprozessen, die als Willensprozesse bezeichnet werden.

Zunächst ist der Frage nachzugehen, was unter Wille zu verstehen ist (vgl. zum Folgenden Kuhl 2001, 139ff.; 2010, 346f.). Eine wesentliche Grundlage hat Ach (1910) in seiner Theorie über den Willensakt gelegt. Nach Ach ist der primäre Willensakt gekennzeichnet durch Spannungsempfinden, Zielvorstellungen, Ausschluss anderer Möglichkeiten und dem Bewusstsein einer besonderen Anstrengung (vgl. Ach 1910, 247). Heckhausen (1989, 204) hat in seinem Rubikon-Modell darauf hingewiesen, dass vor der Bildung einer Absicht (Rubikon) mehr entscheidungsrelevante Informationen gesammelt, nach der Intention aber Alternativen in den Hintergrund gedrängt und eher umsetzungsrelevante Informationen eingesetzt werden, um die Kontrollierbarkeit der Realisierung zu erhöhen. Wille liegt vor, wenn Handlungen nicht durch externe Anreize ausgelöst werden, sondern von dem Handelnden selbst herbeigeführt werden. Damit ist Wille nicht erforderlich bei extern induziertem und kontrolliertem Handeln sowie bei sich automatisch wiederholenden Handlungen.

Kuhl schließt daraus, dass im Willensprozess eine Absicht so verstärkt wird, dass die daraus resultierenden Wahrnehmungen und Handlungen über die gewohnheitsmäßigen oder impulsiven Reaktionen hinausgehen (vgl. Kuhl 2001, 145). Diese »Willensbahnung« wird in verschiedenen Modellen einer »zentralen Exekutive« einem »zentralen Überwachungssystem« oder einer »Koordinationszentrale« zugewiesen. Insbesondere Kuhl (2001, 139ff.) hat in einer Vielzahl von Untersuchungen seine zentrale Annahme belegt, dass nicht nur bewusste Prozesse an der Willensbahnung beteiligt sind, sondern auch nicht-bewusstseinspflichtige Prozesse eine Rolle spielen.

Die Begriffe »Volition« und »Wille« werden deshalb als Kategorien psychischer Funktionen bezeichnet, die ausgehend von Bedürfnissen, Gefühlen, Zielen u.Ä. die **Koordination verschiedener Subsysteme** wie Wahrnehmung, Aufmerksamkeit, Kognition, Emotion, Motivation, Aktivierung und Bewegungssteuerung im Hinblick auf eine Realisierung dieser Absichten oder Ziele vermitteln (Kuhl 1996, 678).

### 1.3.3.1  Handlungsorientierung und Lageorientierung

Warum verfallen gut vorbereitete Studenten in Apathie, nachdem der Prüfer sie mit einigen abfälligen Bemerkungen attackiert hat? Anstatt kurz entschlossen auf diese Attacke zu reagieren, fällt ihnen nichts ein. Vielmehr sind sie wie gelähmt und grübeln während der Prüfung darüber, warum sie Opfer dieser Attacke geworden sind. Warum grübeln Menschen nach einem Misserfolg? Warum kreisen ihre Gedanken ständig um den Misserfolg? Warum hält die Niedergeschlagenheit bei diesen Menschen sehr lange an, ohne dass sie mit neuem Schwung an die nächste anstehende Aufgabe herangehen (vgl. zum Folgenden Kuhl 1998; 2000; 2001, 139ff.; 2010a; 2010b, 405ff.)?

Es handelt sich hier um eine vorübergehende Beeinträchtigung der Handlungsfähigkeit, **die besonders unter Belastung auftritt.** Bei übermäßigem Stress werden die kognitiven und emotionalen Funktionen beeinträchtigt. Es können nicht mehr so viele Informationen gleichzeitig verarbeitet werden. Nun kommt es darauf an, ob ein Mensch in der Lage ist, die Belastung oder Bedrohung zu regulieren und damit seine Selbststeuerungskompetenzen zu aktivieren. In den o.a. Beispielen ist dieser Zugang zu den Selbststeuerungskompetenzen offensichtlich eingeschränkt oder blockiert. Es scheint so, als ob manche Menschen, die in solche Stresssituationen geraten, vor allem auf die eingetretene Lage schauen, ohne dass es ihnen möglich ist, an Handlungsmöglichkeiten zu denken, die sie aus dieser Lage wieder herausbringen könnten. Auch wenn die notwendigen Fähigkeiten und das Wissen vorhanden sind, tritt eine Handlungslähmung auf. Diese ungewollte Fixierung auf das aufgetretene Problem hat Kuhl mit dem Begriff der **Lageorientierung** beschrieben.

Wer dagegen auf eine abfällige Bemerkung die negative Stimmung schnell runterregulieren kann, weil er z.B. daran denkt, dass dies seine letzte Prüfung ist und er bereits einen Arbeitsvertrag unterschrieben hat oder er den Prüfer freundlich und offen nach den Gründen für die abfälligen Bemerkungen fragen und eventuelle Missverständnisse aufklären kann, hat offensichtlich mehr Möglichkeiten zu Verfügung, sich aktiv aus dieser Lage zu befreien. Personen, die sich von belastenden Situationen oder nach einem Misserfolg von negativen Gedanken und Gefühlen schnell wieder lösen und schnelle Entscheidungen fällen können, verfügen nach Kuhl über eine **Handlungsorientierung**.

In der Unterscheidung von Lage- und Handlungsorientierung wird damit das Phänomen unterschiedlicher Willenseffizienz behandelt. Lageorientierte Personen können unter Belastung ihre Fähigkeiten zur Selbststeuerung nicht voll ausschöpfen, also ihre psychischen Prozesse nicht so koordinieren, dass die Umsetzung dieser Absicht optimiert wird. Sie schauen auf die Lage und finden nicht die Kraft, aus dieser herauszukommen. Handlungsorientierte Personen hingegen können unter Belastung ihre Handlungskompetenz gut oder sogar besser ausschöpfen als unter entspannten Bedingungen. In schwierigen Situationen konzentrieren sie sich darauf, ihre Lage zu verändern, suchen also schnell nach möglichen Lösungswegen. Die unterschiedlichen Koordinationsleistungen werden im Folgenden vorgestellt.

### 1.3.3.2    Unterschiede im Umgang mit Absichten

Zunächst ist festzuhalten, dass nicht jede Absicht sofort realisiert werden kann, sondern dass es häufig erst einer günstigen Gelegenheit bedarf, bevor eine Absicht realisiert werden kann. Entsprechend muss diese Absicht über einen gewissen Zeitraum aufrechterhalten werden. Kuhl (1998, 63ff.; 2001, 145ff.) bezeichnet diesen Ort als **Absichtsgedächtnis**. Insbesondere bei schwierigen Handlungen (auf die sich Kuhl bezieht) kann es Realisierungsschwierigkeiten geben, wenn die Handlung noch nicht vollständig spezifiziert ist oder die genaue Ausführung noch festzulegen ist. Bei dem Absichtsgedächtnis handelt es sich um einen Ort, an dem geplante Handlungen analytisch durchdacht oder vorgeplant werden.

Ein **Hemmungsmechanismus** sorgt nun dafür, dass nicht jede Absicht auch sofort durchgeführt wird. Dies kann sinnvoll sein, wenn die Gelegenheit noch unpassend oder die Handlung sehr schwierig ist und über mehrere Sequenzen erfolgen soll. Diese Hemmung zwischen Absicht und Ausführung sorgt nun für eine Anspannung, in der auf die Gelegenheit gewartet wird, die Handlung auszuführen. Sobald diese Gelegenheit eintritt, muss das Absichtsgedächtnis diese Ausführungshemmung aufheben **(Initiative)**.

Im Hinblick auf die mögliche Umsetzung der Absichten argumentiert Kuhl, dass lageorientierte Personen durch übermäßiges Aufrechterhalten unerledigter Absichten – auch dann, wenn die Erledigung nicht unmittelbar bevorsteht – weniger »Energie« zu haben scheinen, wenn es um die **Umsetzung** dieser Absichten geht. Eine höhere Energetisierung des Absichtsgedächtnisses führt bei lageorientierten Personen zu einem **Energiedefizit** im Ausführungssystem. Unter **Belastung (Stress)** wird dann die Fähigkeit zur Umsetzung dermaßen stark beeinträchtigt, dass es zu einer **Blockade** des Ausführungssystems kommen kann. Wenn lageorientierte Personen ihr Gedächtnis mit unerledigten Absichten belasten, deren Ausführung nicht ansteht, ist dann evtl. die Erledigung aktuell anstehender Absichten nicht steuerbar (Kuhl 2000, 309).

### 1.3.3.3    Unterschiede in der Selbststeuerung bei der Realisierung von Zielen

Auch in der Verwirklichung von Zielen kann es zu diesen Beeinträchtigungen kommen. In ablaufenden Handlungen kann der Handlungsverlauf ständig wechseln. Teilfunktionen wie z.B. Wahrnehmung, Aufmerksamkeit, Emotion, Motivation und Temperament müssen ständig nachjustiert werden. Sie können als nicht-bewusste Mechanismen oder bewusste Strategien der Handlungskontrolle bezeichnet werden (vgl. zum Folgenden Kuhl 2000, 305ff.):

- **Motivationskontrolle** ist erforderlich, wenn das Durchhaltevermögen zu erlahmen droht. Die Konzentration auf die attraktiven Anreize kann die Motivation dann wieder steigern.
- **Aufmerksamkeitskontrolle** ist erforderlich, wenn das Risiko besteht, dass das Ziel in Vergessenheit gerät. Die Aufmerksamkeit wird auf zielrelevante Faktoren zurückgelenkt.
- In der **Emotionskontrolle** werden Stimmungen nachreguliert, wenn die bestehenden Emotionen die Erreichung des Ziels erschweren.
- Die **Misserfolgskontrolle** dient der Bewältigung emotionaler Folgen und der Fehlerkorrektur.

Die beschriebene Koordination dieser Einzelfunktionen ist – so Kuhl – bei Lageorientierten und Handlungsorientierten unterschiedlich (vgl. Kuhl 2010a, 346ff.):

Lageorientierte Personen neigen bei der Verwirklichung ihrer Ziele eher zur **Selbstkontrolle**, d.h. eine Entscheidung wird dominant durchgesetzt, indem alle psychischen Prozesse, die nicht zu der Entscheidung passen, blockiert werden. Dies ist insbesondere dann nützlich, wenn zwar gute Gründe für eine Handlungsentscheidung vorliegen, dieser aber nicht viel Angenehmes oder Positives abgewonnen werden kann. Würden im Sinne der Handlungskontrolle all die verschiedenen inneren Stimmen berücksichtigt, die gegen die Entscheidung für eine Handlung stimmen (z.B. von der Entscheidung abweichende Gefühle), würde dies bedeuten, dass die Handlung nicht umgesetzt werden könnte. Damit können für die Selbstkontrolle zwar positive Effekte im Hinblick auf die Zielerreichung festgestellt werden, insbesondere bei Aufgaben, die unter Zurückstellung der eigenen Präferenzen gewählt wurden. Bei unerwarteten Ereignissen aber beschränkt die Selbstkontrolle die Anpassungsfähigkeit an sich verändernde Handlungsverläufe. Nun wird ein Zustand verminderter volitionaler Effizienz ausgelöst, d.h. lageorientierte Personen können ihre Willenskompetenzen unter bestimmten Bedingungen nicht voll ausschöpfen, sondern das Denken und Handeln erscheint wie unter einem Zwang, dem sich diese Personen nicht entziehen können, weil der Zugang zu verschiedenen psychischen Systemen (z.b. Bedürfnisse) blockiert wurde. Kuhl bezeichnet diesen Zustand als »innere Diktatur« (vgl. Kuhl 2010a, 346), in der alle Stimmen unterdrückt werden, die von der Umsetzung der Handlung ablenken.

Handlungsorientierte Menschen neigen hingegen eher zur **Selbstregulation:** Hier werden im Handlungsverlauf viele psychische Systeme an der Problemlösung beteiligt. Gefühle, Einstellungen und Werte werden ebenso zugelassen wie der äußere soziale Kontext. Daraus resultierende Widersprüche werden gewürdigt und so abgestimmt, dass eine Entscheidung getroffen, umgesetzt und entsprechend den wechselnden Handlungsverläufen angepasst werden kann. Diese Integration der relevanten Erfahrung erzeugt die notwendige Flexibilität. Kuhl bezeichnet diese Selbstregulation als »innere Demokratie« (Kuhl 2010a, 348). Viele Stimmen des Inneren stehen zur Verfügung, werden gehört und zur Unterstützung der Entscheidung einbezogen. Flexibilität und Kreativität erzeugen dann insbesondere unter Belastung eine hohe Anpassungsfähigkeit.

### 1.3.3.4    Wirkungen im Hinblick auf Leistung

In Experimenten weist Kuhl nach, dass lageorientierte Personen, die unter Normalbedingungen keine Beeinträchtigung zeigen, besonders in ihren Leistungen nachlassen, wenn sie Misserfolge oder andere Belastungen erleben (vgl. Kuhl 2000, 308ff.):

**Gelernte Hilflosigkeit:** Lageorientierte Personen zeigen nach Misserfolgen auch bei neuen Aufgaben Leistungseinbußen. Zwar gehen sie die neuen Aufgaben motiviert an, um den vorangegangenen Misserfolg zu kompensieren, allerdings können sie den Leistungswillen nicht umsetzen; es gelingt ihnen nicht, diesen abzuschirmen. Zu oft drängen sich Gedanken über die vorangegangene Niederlage auf. Diese Gedanken belasten die Verarbeitungskapazität des Kurzzeitgedächtnisses und blockieren die Realisierung einer momentanen Absicht. Wer beispielsweise ständig darüber grübeln muss, warum der Misserfolg eingetreten ist, hat weniger Kapazität zur Konzentration auf die neue Aufgabe. Die Fähigkeit zur Selbstberuhigung ist hier nicht hinreichend entwickelt. Es gelingt nicht, den Misserfolg zu relativieren, indem Kontakt zu den Erfahrungen hergestellt wird (z.B. sich an Erfolge in anderen Bereichen erinnern) oder in der Niederlage auch positive Effekte (Lektionen für die Zukunft) zu sehen. Handlungsorientierte Personen können die vorangegangene Niederlage leichter wegstecken und sich auf die neue Aufgabe konzentrieren.

**Absichtsgedächtnis:** In weiteren Experimenten zeigte sich, dass Lageorientierte ihr Absichtsgedächtnis mit unerledigten Aufgaben auch dann belasten, wenn diese nicht unmittelbar anstehen. Die Beschäftigung mit nicht drängenden Aufgaben belastet aber die Steuerungsfähigkeit für anstehende Aufgaben. Handlungsorientierte Personen konzentrieren sich hingegen auf die jeweils anstehenden Aufgaben und »vergessen« unerledigte Absichten, bis sich die Gelegenheit zu ihrer Realisierung ergibt. Sie haben damit mehr Kapazität für die anstehenden Absichten.

**Entfremdung:** Lageorientierten Personen gelingt es unter bestimmten Bedingungen nicht, passive Zustände (z.B. eine langweilige Tätigkeit) zu beenden. Die willensmäßige Ablösung einer solchen Tätigkeit ist eingeschränkt. Die durchgeführten Experimente zeigen, dass Lageorientierte zeitweilig falsche Überzeugungen über ihre Präferenzen bilden und vorübergehend den Zugang zu ihren Gefühlen verlieren. Eine mögliche attraktive Alternative zum gegenwärtigen passiven Zustand wird emotional nicht bewusst. Gut nachvollziehbar ist beispielsweise der passive Konsum langweiliger Fernsehsendungen nach einem frustrierenden Tag voller Schwierigkeiten und Niederlagen.

**Selbst-Fremd-Diskrimination:** Der Zustand der Entfremdung kann dadurch verstärkt werden, dass es keine ausreichende Unterstützung für die Verfolgung von Zielen gibt. Dies ist insbesondere dann der Fall, wenn es zu einer Verwechslung von Fremd- und Eigenzielen kommt. Auf der bewussten Ebene wird ein (fremd gesetztes) Ziel verfolgt, das nicht den eigenen Bedürfnissen entspricht und daher keine emotionale Unterstützung erhält.

Abschließend soll nicht der Eindruck erweckt werden, als ob es sich bei der Lageorientierung um eine Fehlanpassung handelt. Zunächst einmal haben Personen häufig beide Orientierungen in sich, und es kann durchaus angemessen sein, bei schwierigen Situationen nicht gleich schnelle Entscheidungen zu treffen, sondern die in der Lage aufkommenden Schwierigkeiten und Probleme zu durchdenken. Insofern sind lageorientierte Zustände in vielen Situationen angemessen, in denen es z.B. um die Vermeidung hoher Risiken geht. Die Umschaltung in entsprechende Ausführungssysteme gelingt am ehesten, wenn eine stressfreie Umgebung Handlungsalternativen und die Intensivierung der intuitiven Ressourcen ermöglicht.

Auf der Basis der Befunde zur Willensforschung hat Kuhl die PSI-Theorie (Persönlichkeits-System-Interaktionen) entwickelt (vgl. Kuhl 2001, 163ff.; 2010a, 357ff.). Sie beschreibt Systeme, die für eine willentliche Handlungssteuerung verknüpft werden und beschäftigt sich dabei insbesondere mit der Rolle von positiven und negativen Gefühlen (vgl. auch Martens/Kuhl 2011).

### 1.3.4   Ursachenzuschreibungen und Bewertung der Handlung

Mit der Handlung ist der Motivationsprozess keineswegs abgeschlossen. Vielmehr ist die weitere Vorgehensweise (ob z.B. die Handlung wiederholt wird) davon abhängig, wie das Zustandekommen eines Handlungsergebnisses interpretiert wird. Wenn eine Person das Handlungsergebnis einem überraschenden Glücksfall zuschreibt, wird die Bereitschaft zur Wiederholung der Handlung weniger groß sein, als wenn die Person das Ergebnis der Handlung den eigenen Fähigkeiten zuspricht. Mit solchen Zuschreibungen und den Konsequenzen für das weitere Handeln beschäftigen sich Attributionstheorien.

1.3.4.1    Begriff und Grundlagen

Attributionstheorien fragen danach, wie und warum Menschen sich Sachverhalte erklären, entsprechend Ursachen zuschreiben und wie sie ihr weiteres Verhalten davon abhängig machen. Menschen registrieren ihre Umwelt nicht nur, sondern stellen Fragen,
warum bestimmte Ereignisse stattfinden, versuchen diese Ereignisse zu verstehen und
richten ggf. ihr Handeln danach aus (vgl. hierzu die Übersicht bei Stiensmeier-
Pelster/Heckhausen 2010, 390ff.). Dies ist in mehrfacher Hinsicht sinnvoll. Wenn wir
Ursachen von Ereignissen verstanden haben, können wir bestimmte Verhaltensweisen
meiden, fortsetzen oder variieren. Weiner demonstriert die Konsequenzen unterschiedlicher Ursachenzuschreibung insbesondere unter dem Aspekt zukünftiger Kontrolle:

> *»Kausalattribuierungen beziehen sich auf die wahrgenommenen Ursachen von Er-
> eignissen oder die angenommenen Gründe, warum ein bestimmtes Ereignis einge-
> treten ist. Um zukünftige Ereignisse kontrollieren und voraussagen zu können,
> müssen die Ursachen für zurückliegende Ereignisse identifiziert werden« (Weiner
> 1975, 85).*

Weiner wählt als Beispiel eine Person, die feststellt, dass sie einen defekten Reifen
hat. Sind alle Reifen abgefahren, wird die Person die Ursache im allgemeinen Zustand
der Reifen suchen und den gesamten Reifensatz austauschen. Sind die Reifen aber in
einem guten Zustand, ist es von Bedeutung, die Ursache der Panne herauszufinden.
Entdeckt die Person in der Nähe der Garage einen Nagel, wird sie den Reifen zur Re-
paratur bringen und die Garage sorgfältig fegen. Beobachtet die Person, wie Nachbar-
kinder die Luft aus den Reifen anderer Autos herauslassen, wird sie den eigenen Reifen
lediglich aufpumpen. Ganz offensichtlich ist also das Verhalten der Person in
dieser Situation abhängig von der *wahrgenommenen* Ursache der Panne. Diese Zuschreibung hat die Funktion, die Wiederholung dieses unangenehmen Ereignisses zu
verhindern (vgl. Weiner 1975, 86).

Auch wenn die erhobenen Informationen nicht zutreffend sein sollten, steuern die daraus resultierenden Schlussfolgerungen das weitere Verhalten. Um zu wirklichkeits-
getreuen kausalen Schlussfolgerungen zu kommen, geht das Individuum wie ein Wissenschaftler vor. Es sucht nach neuen Informationen, prüft Hypothesen und verwirft
solche Schlussfolgerungen, mit denen sich die neuen Daten nicht erklären lassen.

Im Hinblick auf den Motivationsprozess stellen Attributionstheorien einen wichtigen
Baustein dar, da es von der Art der Ursachenzuschreibung abhängig ist, ob eine Handlung aufgenommen wird. Einige Beispiele sollen dies demonstrieren (vgl. zum Folgenden Heckhausen 1989, 387f.):

- So ist die Bereitschaft zu helfen davon abhängig, wie die Ursache der Notlage einer
  Person interpretiert wird. Je deutlicher jemand unverschuldet in Not gerät, um so
  eher besteht die Bereitschaft zu helfen.
- Ärger bei Störungen während einer wichtigen und zeitkritischen Tätigkeit kann in
  Aggression umschlagen, wenn der störenden Person Absicht oder Leichtfertigkeit
  unterstellt wird. Dieser Ärger entsteht aber nicht oder vermindert sich, wenn der störenden Person lediglich Ungeschicklichkeit oder Unwissenheit zugeschrieben wird.

Auch die eigenen Absichten, Emotionen und Motivationen werden attribuiert. Ein
klassischer Attributionsfehler ist der Summierungseffekt bei Aggressionen. Bestand
schon vor einer Provokation ein erhöhter Erregungszustand (z.B. durch mehrere klei-

nere Provokationen), wird die gesamte Erregung der letzten, wutauslösenden Quelle zugeschrieben.

Attributionen als kognitive Prozesse der Ursachenerklärung sind damit Bestandteil der
Motivation und beeinflussen das Handeln, auch wenn diese Zuschreibungen nicht
»wahr« oder »richtig« sein müssen, sondern Menschen die Informationen so filtern,
dass sie ihren kognitiven Vorstellungen entsprechen.

Dies gilt nicht für alle Erscheinungen. Die Vielfalt der täglichen Erscheinungen wird
auf ihre Regelhaftigkeit, auf ihre Zusammenhänge von Ursachen und Folgen zurückgeführt. Menschen filtern aus der Fülle der Erscheinungen wiederkehrende Konstanten.
Dadurch wird das Geschehen auf ein überschaubares Maß reduziert; es werden Zusammenhänge von Ursachen und Folgen gebildet. Solange die daraus resultierenden Erfahrungen mit den Erwartungen und Überzeugungen übereinstimmen, besteht kein Anlass,
nach Ursachen zu fragen. Deshalb wird eher nach Ursachen oder Gründen gesucht,
wenn Ereignisse unerwartet stattfinden oder als negativ bewertet werden (vgl.
Stiensmeier-Pelster/Heckhausen 2010, 396f.). Hierbei kommt es nicht darauf an, ob der
Mensch diese Beziehungen objektiv ableitet; viel wahrscheinlicher ist es, dass Attribuierungen sehr anfällig sind für interessenbezogene Ergebnisse. Es sind vor allem Situationen mit Interessenkonflikten, die Attribuierungsprozesse hervorrufen. Handelnde
möchten den Zwängen sozialer Kontrolle entweichen, Personen möchten durch negative
Erklärungen des unerwünschten Verhaltens den Partner wieder auf den richtigen Weg
bringen. Die Nützlichkeit dieser Erkenntnis liegt darin, dass eine Ursachenerklärung ein
zukünftiges Ereignis erklärbar und damit handhabbar macht. Somit gewinnt der Mensch
Kontrolle über diese Ereignisse.

Attributionen haben damit eine Doppelfunktion (vgl. Heckhausen 1989, 395):

- Zum einen dienen Attributionen, wie andere Prozesse auch, der Informationsverarbeitung, d.h. der Gewinnung realitätsangemessener und nützlicher Erkenntnisse.
- Zum anderen können aber Attributionen verzerrend auf den Prozess der Motivation
  einwirken, sodass der Attributor im Dienst persönlicher Interessen zu falschen
  und/oder einseitigen Ergebnissen kommen kann. Die Wirklichkeit wird zurechtge-
  bogen.

Die Informationsverarbeitung und Gewinnung von Erkenntnissen differiert in Abhängigkeit davon, ob Verhaltensursachen aus Sicht des Handelnden oder aus Sicht des Beobachters attribuiert werden. Insbesondere Untersuchungen von Jones und Nisbett
(1972) sowie Nisbett et al. (1973) zeigen hier konsistente Befunde. Eine handelnde Person ist dazu geneigt, ihr Verhalten in hohem Maße den Gegebenheiten der Situation
zuzuschreiben, während der Beobachter dazu neigt, das Verhalten auf Charakteristika
der Person zu attribuieren. Beispielsweise führt eine Person ihr aggressives Verhalten
auf Provokationen der Umgebung zurück, Beobachter hingegen konstatieren eine Cha-
raktereigenschaft (die Person A ist aggressiv). Dies ist einmal auf Informationsasymmetrien zurückzuführen. Der Handelnde sieht sich einem Strom von situativen Ereignissen ausgesetzt, in denen er handeln muss. Der Beobachter hat diese
Informationen nicht; er vergleicht die Person mit anderen Personen aufgrund hervorste-
chender Eigenschaften. Interessenbezogene Erklärungen entstehen z.B. dann, wenn die
Differenz von Fremd- und Selbstzuschreibung aufeinanderstößt. Wenn ein Student
schlechte Leistungen demonstriert und der Professor dies auf mangelnde Begabung oder
auf ein für diesen Studenten zu hohes Niveau des Faches zuschreibt, wird er auch in
Zukunft schlechte Leistungen erwarten. Der Student hingegen hat die schlechte Leis-

tung variablen Umständen zugeschrieben (zu wenig angestrengt, Pech) und erwartet eine deutliche Verbesserung der Note.

Zusammenfassend kann festgehalten werden, dass Attributionen eine allgemeine Fähigkeit des Menschen darstellen, Phänomene zu verstehen und zu beeinflussen. Die Erklärung von Ereignissen ist somit ein Bestandteil der Motivation. Im Folgenden sollen einige Modelle vorgestellt werden, die Attributionen im Motivationsprozess erklären. Anschließend soll ein erweitertes Motivationsmodell erläutert werden, das die wesentlichen Attributionsphänomene enthält.

### 1.3.4.2    Heiders »naive« Handlungsanalyse

Das Modell von Heider gilt als Klassiker der Attributionsforschung, das viele weitergehende Untersuchungen inspiriert hat (vgl. zum Folgenden Heider 1977, 99ff.). Die Grundannahme von Heider lautet, dass Menschen die Realität erfassen, sie vorhersagen und kontrollieren wollen, indem sie vorübergehende und veränderliche Ereignisse und Verhaltensweisen auf relativ unveränderliche zugrunde liegende Konstanten zurückführen.

So wie Wissenschaftler versuchen, die Varianzen dieser Welt auf kausale Bedingungskonstellationen zu beziehen, verstehen auch »naive« Personen Phänomene und Ereignisse als Folgen oder Ausdruck von Kernprozessen oder Kernstrukturen.

Im kognitiven Bewusstsein besteht somit eine Hierarchie der Wahrnehmung von Phänomenen. Bekanntes und Vertrautes, dessen Ursachen geläufig sind, passiert die Wahrnehmungsschranke, ohne dass sich die Frage nach der Ursache stellt. Ein neues Ereignis stellt hingegen »Rohmaterial« dar, das der Interpretation bedarf, um damit einhergehende Spannungszustände aufzulösen. Dieses Rohmaterial ist also lediglich Ausgangsstoff für eine Vielzahl von möglichen Erklärungen. Der Mensch registriert seine Umwelt nicht nur, er hat auch das Bedürfnis, diese kognitiv in den Griff zu bekommen und bildet deshalb Einheiten von Ursachen und Folgen.

In seiner Modellkonstruktion geht Heider in Anlehnung an Lewin davon aus, dass das Verhalten als Funktion von Person und Umwelt bezeichnet werden kann. Das Ergebnis einer Handlung ist somit im Wesentlichen aus der Kombination von persönlicher Kraft und Umwelteinflüssen abhängig. Heider differenziert entsprechend in eine **Personenkraft** und in eine **Umweltkraft**. Alltagssprachlich könnten die unterschiedlichen Wirkungen dieser Kräfte so ausgedrückt werden:

- »Er kann die Klausur bestehen«. In diesem Fall wird der Personenkraft die Möglichkeit zuattribuiert, die Klausuranforderungen zu bewältigen.
- »Bei Professor X eine Klausur zu bestehen ist unglaublich schwer«. Hier wird auf die Umweltkraft verwiesen, wonach ein Dozent regelmäßig schlechte Noten verteilt.

Beide Kräfte beeinflussen also eine Handlung oder ein Ergebnis. Die kombinatorische Wirkung dieser beiden Kräfte zeigt die nachfolgende Abbildung.

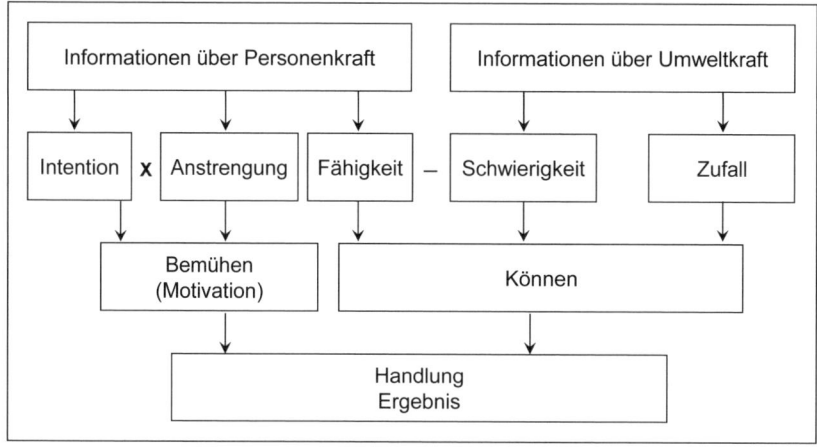

Abbildung III / 4: Heiders Handlungsanalyse
(In Anlehnung an Stiensmeier-Pelster/Heckhausen 2010, 402)

Informationen über die **Personenkraft** führt Heider auf zwei zugrunde liegende Kräfte zurück. Zunächst werden so genannte Machtfaktoren entwickelt, die auf eine Handlung einwirken können und durch Charakteristika der Person verursacht werden, z.B. Temperament. Der wichtigste Machtfaktor stellt bei Heider die **Fähigkeit** dar, die das Ergebnis einer Handlung maßgeblich beeinflusst.

Die zweite Personenkraft stellt die Motivation dar. Sie setzt sich zusammen aus der **Absicht** oder der **Intention** (was eine Person tun will) und der **Anstrengung** (wie intensiv eine Person etwas tut). Absicht und Anstrengung sind multiplikativ verknüpft, da es ohne ein Minimum an Absicht und ohne ein Minimum an Anstrengung nicht zu einer Handlung kommen kann.

**Motivation** ist somit eine variable Komponente der Personenkraft, während die **Fähigkeit** eine konstante Komponente darstellt. Wir trauen dem Menschen Eigenschaften zu, die ihn dazu befähigen, bestimmte Handlungen mit gleichem Erfolg zu wiederholen.

Ob eine Person eine Handlung durchführen und zu einem Ergebnis kommen kann, ist nicht nur von der Motivation und den Fähigkeiten abhängig, sondern auch die **Umweltkraft** wirkt auf dieses Ergebnis durch das Können ein. Können stellt eine Relation dar, die zunächst das Verhältnis von **Fähigkeit** (Personenkraft) und **Schwierigkeit** (Umweltkraft) bezeichnet. Ist eine Aufgabe einfach, so kann sie auch von einer Person mit niedrigen Fähigkeiten bewältigt werden. Ist eine Aufgabe hingegen schwierig, so kann sie nur von einer Person bewältigt werden, die über hohe Fähigkeiten verfügt. Fähigkeit und Schwierigkeit stehen also in einer subtraktiven Beziehung. Will eine Person ein positives Ergebnis erzielen, müssen die Fähigkeiten größer sein als die Schwierigkeiten. Wenn die Person scheitert, müssen die Fähigkeiten geringer sein als die Schwierigkeiten. Damit wird deutlich, dass »Fähigkeit« und »Können« nicht identisch sind, wie in der »naiven« Betrachtung gelegentlich unterstellt wird. Vielmehr stellt »Können« eine Beziehung zwischen Umwelt- und Personenkraft dar. »Können« kann also der Umwelt wie auch den Fähigkeiten zugeschrieben werden.

Die Suche nach Rückführung von neuartigen Ereignissen auf Kernelemente oder Invarianzen erzeugt die Notwendigkeit, auch temporäre Ereignisse bei der Zuschreibung von Ursachen zu berücksichtigen. Wenn z.b. eine Person nur einmal bei vielen Versuchen Erfolg hat, wird das Ergebnis als Glück interpretiert. Hat die Person nur einmal Misserfolg und sonst immer Erfolg, wird Pech attribuiert. Die Zuschreibung von **Zufall** spielt damit in der Erklärung von Ereignissen eine wichtige Rolle, ist aber nicht verlässlich. Wenn der Beobachter von einer Person eine niedrige Meinung hat oder geringe Fähigkeiten vermutet, wird jeder Erfolg als Glück attribuiert.

Diese Variablen ergeben das **Können**. Bemühen und Können ergeben schließlich die **Handlung** und ihr **Ergebnis**.

Damit wird deutlich, dass der Motivationsprozess von kognitiven Prozessen der Ursachenerklärung begleitet wird und das eigene Handeln beeinflussen kann. Aus Sicht des handelnden Individuums stellt sich der Motivationsprozess gegebenenfalls anders dar als aus Sicht des Beobachters. Für einen Vorgesetzten ist es z.B. von Bedeutung, ob eine Handlung auf die Personenkraft oder die Umweltkraft zurückzuführen ist. Nimmt er wahr, dass ein Ergebnis durch Personenkraft zustande kommt, so kann er davon ausgehen, dass in ähnlich gelagerten Fällen der Mitarbeiter sich zukünftig in gleicher Weise verhalten wird. Nimmt er aber wahr, dass Umweltkraft die entscheidende Kraft ist, verfügt er über weniger Verhaltenssicherheit im Hinblick auf zukünftige Situationen. Die Reaktionen auf Handlungen werden also verschieden sein, je nachdem, ob nach seiner Meinung eine Person versagt hat, weil ihr die nötigen Fähigkeiten fehlen, oder ob er annimmt, dass die Person die Handlung nicht ausführen wollte. Im ersten Fall würde der Vorgesetzte die Bedingung »Können« verstärken, im zweiten Fall würde er die Bedingung »Intention« beeinflussen. Der Vorgesetzte könnte aber auch die Aufgabe erleichtern oder widrige Umstände beseitigen. Er könnte versuchen, die Person dahingehend zu überzeugen, dass sie will, was sie tun soll, oder auf die »Anstrengung« einwirken.

Zusammenfassend kann festgehalten werden, dass Menschen durch »naive« Faktorenanalyse Handlungen Bedeutung verleihen, um dadurch die Handlung anderer zu beeinflussen und Handlungen vorherzusagen (vgl. Heider 1977, 149). Diese Zuschreibungen stellen allerdings kein objektives Registrieren dar, sondern sind von interessengeleiteten Dispositionen des Beobachters abhängig.

1.3.4.3    Das Kovarianzmodell von Kelley

Während Heider die Ursache einer Handlung im Wesentlichen als Relation von Personenkraft und Umweltkraft interpretiert, nimmt Kelley (1967; 1972; 1973) den Grundgedanken auf, dass der »Mann auf der Straße« eine naive Version wissenschaftlicher Methoden anwendet, wenn er Ursachen von Ereignissen erklären will. Er geht davon aus, dass Menschen zwischen einer abhängigen Variablen und unabhängigen Variablen unterscheiden. Die abhängige Variable stellt das Ereignis dar. Die unabhängigen Variablen sind Klassen von möglichen Gründen, die für das Zustandekommen des Ereignisses herangezogen werden können.

Kelley geht nun davon aus, dass Menschen so genannte Kovariationsmuster bilden. Sie erklären Ereignisse (abhängige Variable) mit gleichzeitig auftretenden Ursachen (unabhängige Variablen). Ein Ereignis ist vorhanden, wenn die Ursache vorhanden ist, und ist nicht vorhanden, wenn die Ursache nicht vorhanden ist:

>»An effect is attributed to the one of its possible causes with which, over time, it covaries« (Kelley 1973, 108).

Entsprechend kann die Ursache einer Handlung aus dem Kovariationsmuster von drei Kriteriumsdimensionen erschlossen werden (vgl. Abbildung III / 5):

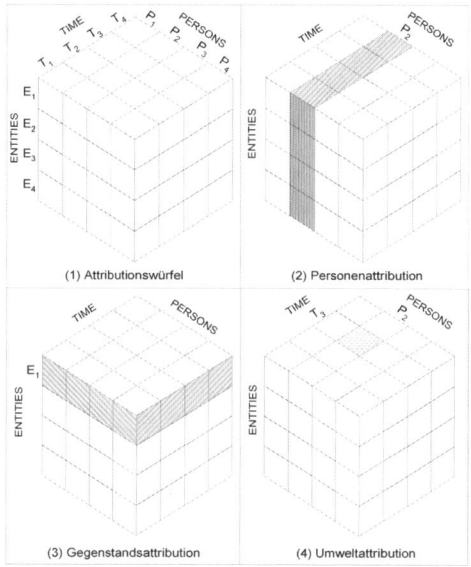

Abbildung III / 5: Das Kovarianzmodell von Kelley
(In Anlehnung an Kelley 1973, 110f.)

**Entitäten** (Gegenstände): Bleibt das spezifische Handeln auch bei wechselnden Gegenständen gleich oder verändert es sich von Entität zu Entität? Im ersten Fall würde die Ursache in der Person, im zweiten Fall der Entität zugeschrieben.

**Konsens** (über Personen): Handelt nur die Person in spezifischer Weise und andere Personen weisen ein anderes Handeln auf, würde die Ursache in der Person vermutet. Bei einer hohen Übereinstimmung zwischen Personen würde die Ursache eher den Umweltkräften zugeschrieben.

**Konsistenz** (über Zeit): Handelt die Person über die Zeit im Hinblick auf den gleichen Gegenstand unterschiedlich, würde die Ursache in der Person vermutet; handelt die Person über die Zeit gleich, würde die Ursache in der Umweltkraft gesehen. Würde in gleicher Weise gehandelt, wenn der Zielgegenstand in einem anderen situativen Umfeld angesiedelt wäre, würde dies der Person zugeschrieben; handelt die Person in unterschiedlichen Situationen differenziert, würde die Umweltkraft als ursächlich interpretiert.

Diese Kovarianzanalyse könnte nun wie folgt durchgeführt werden: Ein Student erkundigt sich bei mehreren Personen zu verschiedenen Zeitpunkten über die Qualität einer bestimmten Vorlesung und prüft die Empfehlung eines bestimmten Studenten, mit dem er seit einiger Zeit im Studentenwohnheim ein Zimmer teilt. Für die Entscheidung, diese Vorlesung zu besuchen, könnte es wichtig sein, ob die Empfehlung in der Güte der Vorlesungsreihe oder in der Eigenwilligkeit der empfehlenden Person zu lokalisieren ist (vgl. Abbildung III / 5).

**(1)**: Diese Abbildung enthält die drei Kriteriumsdimensionen, die den Ausgangspunkt für die Zuschreibungen von Ereignissen darstellen.

**(2)**: Hier empfiehlt der Student nicht nur diese, sondern alle Vorlesungen (entities) zu allen Zeiten (time) und unterscheidet sich dabei deutlich von allen anderen Gesprächspartnern. Hier würde die Ursache in der Eigenwilligkeit der Person zu suchen sein.

**(3)**: In diesem Fall stimmt der empfehlende Student im Hinblick auf die Vorlesung (E 1) zu allen Zeitpunkten mit allen anderen Personen überein. Hier würde die Ursache in der Qualität der Vorlesung gesucht.

**(4)**: Hier verhält sich der empfehlende Student zu einem Zeitpunkt anders als seine Kommilitonen und ändert seine Empfehlung in T 3 in Bezug auf alle Veranstaltungen. Die Interpretation ist nicht mehr ganz so einfach. Am ehesten würde, bei bislang konsistentem Verhalten, Umweltkraft attribuiert (z.B. der Dozent nennt in T 3 Prüfungsvoraussetzungen, die der empfehlende Student im Gegensatz zu anderen Studenten nicht erfüllen kann). Aber auch eine Erklärung auf den ersten Blick wäre möglich (in T 3 erwägt der empfehlende Student einen Studiengangwechsel und hält Vorlesungen dieses Studienganges für ungeeignet).

Insgesamt kann festgehalten werden: Reagiert der Empfehlende auf Vorlesungen recht spezifisch (Distinktheit), hat er die Vorlesungsreihe über einen längeren Zeitraum besucht (Konsistenz über Zeit), kennt er auch die Seminare und Übungen des gleichen Hochschullehrers (Konsistenz über Modalitäten) und stimmt er in seinem Urteil mit anderen Studenten überein, dann würde die Güte der Empfehlung der Vorlesungsreihe zugeschrieben werden. Empfiehlt der Student aber jede Vorlesung, ändert häufig seine Meinung oder sind andere Personen anderer Meinung, wird die Empfehlung der Eigentümlichkeit der Person zugeschrieben.

Kelley zeigt damit deutlich, dass Personen Abweichungen registrieren. Treten in diesem Zusammenhang bestimmte Ereignisse auf (Kovariation), werden sie als Gründe für diese Auffälligkeiten akzeptiert.

Die Anwendung dieser Attributionstheorie zeigt Kelley am Beispiel von Erfolg und Misserfolg bei der Bewältigung von Aufgaben (vgl. Kelley 1973, 111; vgl. auch Gailey/Lee 2005). Beobachtet ein Vorgesetzter eine Person, die sich zu allen Zeiten und bei allen Aufgaben von anderen Personen unterscheidet, wird der Vorgesetzte eine Personenattribuierung vornehmen. Erfüllen alle Personen die meisten Aufgaben gut und eine Aufgabe weniger gut, wird der Vorgesetzte die Ursache in der Aufgabe suchen. Bewältigen alle Personen alle Aufgaben gut und bewältigen ihre Aufgaben nur an einem Tag schlecht, wird der Vorgesetzte die Ursache in den zeitlichen Umständen suchen.

Auch aus der Arbeitnehmerperspektive sind Attributionen in Organisationen von Bedeutung. Aufbauend auf der Theorie von Kelley zeigen Bowen/Ostroff (2004), dass die Annahme zu kurz greift, wonach es einen direkten Zusammenhang zwischen personalwirtschaftlichen Instrumenten (z.B. Auswahlverfahren, Personalentwicklung; Leistungsbeurteilung; Beförderung) und der Leistung einer Organisation gibt. Ob diese Instrumente sich auf die Leistung auswirken, hängt vielmehr von der Wahrnehmung und

Ursachenzuschreibung durch die Arbeitnehmer ab. Personalwirtschaftliche Instrumente werden von Arbeitnehmern unterschiedlich wahrgenommen und eingeschätzt. Arbeitnehmer tauschen diese Wahrnehmungen und Einschätzungen aus und bewerten den Einsatz und die Wirkung dieser Instrumente. Sie verfügen damit über Kausalattributionen, welche Instrumente wichtig und weniger wichtig sind (und deshalb auch eingesetzt oder weniger eingesetzt werden sollten) und welches Verhalten von der Organisation erwartet und belohnt wird. Werden also die personalwirtschaftlichen Instrumente als in hohem Maße spezifisch und relevant erkannt, die Erwartungen an diese personalwirtschaftlichen Instrumente eindeutig und einheitlich über die Zeit konsistent kommuniziert und von den Arbeitnehmern einheitlich wahrgenommen, wird es nur geringe Unterschiede in den Ursachenzuschreibungen der Arbeitnehmer geben. Diese homogene Zuschreibung lässt dann positive Effekte auf die Leistung eines Unternehmens erwarten. Ist aber unklar, welche personalwirtschaftlichen Instrumente von Bedeutung sind, werden die Erwartungen an diese Instrumente vage oder widersprüchlich (z.B. zwischen der Personalabteilung und den Führungskräften) kommuniziert und differieren die Arbeitnehmer in der Beurteilung der Instrumente, sind eher negative Effekte auf die Unternehmensleistung zu erwarten.

### 1.3.4.4    Attribution im Leistungshandeln

Die Bedeutung von Attributionen hat sich insbesondere im Leistungshandeln gezeigt und wurde in Bezug auf die Zuschreibung von Erfolg und Misserfolg von Weiner eingehend untersucht (vgl. zum Folgenden Weiner 1975; Weiner et al. 1978; Weiner 2008; 2010). Der hier bestehende Grundgedanke basiert auf der Annahme, dass es individuelle Unterschiede in der Zuschreibung von Ursachen der Ergebnisse von Handlungen gibt und die Motivation von Personen davon beeinflusst wird, ob sie Handlungen auf ihre Personenkraft oder auf die Umweltkraft zurückführen. Personen, die von sich selbst annehmen, dass sie »Glück« gehabt haben, verfügen über eine andere Disposition als Personen, die die Ergebnisse von Handlungen auf ihre Fähigkeiten beziehen.

Die wichtigste These von Weiner lautet, dass die wahrgenommenen Ursachen von Erfolg und Misserfolg Auswirkungen dieser Leistungsresultate beeinflussen. In Anlehnung an Heider unterteilt Weiner Attribuierungen im Hinblick auf den Ort der Verursachung, ob also Ursachen für ein Ereignis »in der Person« (internal) oder »in den Umständen« (external) zu suchen sind.

Eine internale Attribuierung liegt vor, wenn die Ursachen eines Ereignisses der Person zugeschrieben werden; üblicherweise würden **Fähigkeit** oder **Anstrengung** als unmittelbares Ergebnis einer Personenkraft im Heiderschen Sinne verstanden werden.

Eine externale Attribuierung würde zugeschrieben, wenn die Ursachen in der Umwelt einer Person lokalisiert werden, beispielsweise **Aufgabenschwierigkeit** oder **Zufall**.

Darüber hinaus können diese Zuschreibungen auch im Hinblick auf ihre **Stabilität über die Zeit** unterschieden werden. Fähigkeit und Aufgabenschwierigkeit können als relativ **stabile** und überdauernde Gegebenheiten interpretiert werden, während Anstrengung und Zufall als **variable** Gegebenheiten verstanden werden (vgl. Abbildung III / 6):

| zeitliche Stabilität | Ort der Verursachung (locus of control) | |
| --- | --- | --- |
| | in der Person ("internal") | in den Umständen ("external") |
| stabil | z.B. Fähigkeit | z.B. Aufgaben-schwierigkeit |
| variabel | z.B. Anstrengung | z.B. Zufall |

Abbildung III / 6: Vierfelderschema nach Weiner
(In Anlehnung an Weiner 1975, 89)

Weiner variiert nun in Experimenten die Zuschreibung der in den Feldern befindli-chen Ursachen im Hinblick auf die Erklärung von Erfolg und Misserfolg, um daraus die Vorhersagbarkeit für leistungsbezogene Situationen zu überprüfen. Dabei kommt er zu folgenden Ergebnissen:

**(1) Affektive Reaktionen:** Die Ursachenzuschreibungen für Erfolg beeinflussen das gefühlsmäßige Erleben dieses Erfolges. Erhält beispielsweise ein Student eine gute No-te, so wird er dies vielleicht seiner eigenen Begabung und seiner Anstrengung zu-schreiben. Wenn aber der Student nun erfährt, dass viele seiner Kommilitonen ebenfalls eine gute Note erhalten haben, könnte er dies auf die Leichtigkeit der Prüfung zurück-führen. Es bleibt damit bei einem positiven Effekt im Hinblick auf die gute Note, aber das Erleben eigener Tüchtigkeit stellt sich nicht ein.

**(2) Erlebnis von Stolz und Beschämung:** Erfolg oder Misserfolg führen zu einem in-tensiveren Erleben, wenn sie internen Ursachen zugeschrieben werden. Bei interner Zuschreibung ist das Erleben von Stolz ausgeprägter, als wenn es auf die Leichtigkeit einer Aufgabe bezogen wird. Im Falle eines Misserfolges ist das Gefühl der Unzufrie-denheit und der Beschämung intensiver, wenn dieser Misserfolg auf mangelnde Begabung zurückgeführt wird. Es ist weniger intensiv, wenn er auf eine zu hohe Aufga-benschwierigkeit bezogen wird.

**(3) Erwartungsänderungen:** Erfolg oder Misserfolg haben Einfluss auf die Erwar-tungen, ob ein erneuter Versuch in der Leistungssituation unternommen werden sollte. Werden Erfolg oder Misserfolg auf die stabilen Faktoren wie Begabung oder Aufga-benschwierigkeit zurückgeführt, wird der Student das gleiche Resultat auch beim nächsten Versuch erwarten. Generell kann daher argumentiert werden, dass die Ursa-chenzuschreibung auf stabile Faktoren dazu führt, dass bei Erfolg die Erfolgserwar-tungen steigen und bei Misserfolg die Erfolgserwartungen sinken.

Wird aber das Ergebnis auf Anstrengung oder Zufall zurückgeführt, besteht größere Unsicherheit im Hinblick auf den nächsten Versuch. Anstrengung kann sich erhöhen oder absinken. Glück oder Pech sind nicht vorhersehbar.

Allerdings ändern Personen ihre Erwartungen in unterschiedlicher Weise, je nachdem, ob sie Ereignisse stabilen oder variablen Ursachen zuschreiben. Werden Misserfolge auf mangelnde Begabung oder zu hohe Aufgabenschwierigkeit bezogen, ist das Absinken der subjektiven Erwartung, dass eine Wiederholung zum Erfolg führt, stärker, als wenn die Ursache auf mangelnde Anstrengung oder Pech zurückgeführt wird.

**(4) Leistungsmotiv:** Aus weiteren Experimenten geht hervor, dass erfolgsmotivierte Personen (Personen, die Erfolg aktiv suchen) Erfolg in höherem Maße internalen Faktoren wie Begabung oder Anstrengung zuschreiben, wohingegen misserfolgsmotivierte Personen (Personen, die Furcht vor Misserfolg haben) Erfolg eher externalen Umständen zuschreiben, beispielsweise niedriger Aufgabenschwierigkeit oder Glück.

Misserfolg wird von erfolgsmotivierten Personen eher variablen Ursachen zugewiesen (zu wenig Anstrengung, Pech), wohingegen misserfolgsmotivierte Personen Misserfolg auf stabile Ursachen zurückführen (geringe Begabung, zu schwierige Aufgabe).

Als Konsequenzen für das Leistungsverhalten können folgende Schlussfolgerungen gezogen werden (vgl. vertiefend Weiner et al. 1978, 157ff.):

* Erfolgsmotivierte Personen wollen die damit verbundenen Erlebnisse freiwillig wiederholen, da sie Erfolg ihrer eigenen Tüchtigkeit zuschreiben. Da Erfolgsmotivierte einen direkten Zusammenhang zwischen Tüchtigkeit und Erfolg wahrnehmen, werden sie mit großer Intensität an die Aufgaben herangehen. Misserfolge werden als variable Ursachen interpretiert, die mit höherer Anstrengung bewältigt werden können.
* Misserfolgsmotivierte zeigen hingegen ein anderes Leistungsverhalten. Sie sind nach einem Erfolgserlebnis weniger der Überzeugung, dass es sich um ein Resultat eigener Tüchtigkeit handelt und streben den Wiederholungsfall daher in geringerem Maße an. Da sie das Ergebnis nicht als Ursache eigener Anstrengung bewerten, kann erwartet werden, dass die Anstrengung in Zukunft nicht erhöht wird.

**(5) Informationsverarbeitungsfehler:** Ursachenzuschreibungen sind Phänomene, die sowohl einer Selbstbeurteilung als auch einer Fremdbeurteilung unterliegen. Wie bereits erwähnt, kommt es nicht immer zu »objektiven« Zuschreibungen. Auch Weiner hebt hervor, dass Informationen »zweckdienlich« erhoben und verarbeitet werden (vgl. Weiner 1975, 108).

Insgesamt kann festgehalten werden, dass die Attributionstheorie wichtige Hinweise gegeben hat, wonach Menschen Ursachen von Ereignissen verstehen wollen, wenn es von Bedeutung ist, diese Ereignisse zukünftig zu kontrollieren (vgl. vertiefend Eberly et al. 2011; Lange/Washburn 2012). Die Zuschreibung von Ursachen im Motivationsprozess ist damit nicht objektiv, wenn es bspw. um die Beurteilung von Erwartung und Anreiz geht, sondern sie ist abhängig von der sehr individuellen Beurteilung und Interpretation der Möglichkeiten und Ursachen.

## 1.4 Das erweiterte Motivationsmodell von Heckhausen

Einige der vorgestellten Grundbeziehungen hat Heckhausen in einem erweiterten Motivationsmodell zusammengefasst (vgl. zum Folgenden Heckhausen 1989, 466ff.; Rheinberg 2010, 373ff. sowie Abbildung III / 7). Diese Modell:

* fokussiert zielgerichtetes Handeln (also nicht nur Leistungshandeln);

- ist ein rationalistisches Modell, das mehrere Theorieelemente miteinander verbindet;
- baut in seiner Grundform auf der Erwartungs-Wert-Theorie auf;
- und enthält Elemente der Instrumentalitätstheorie, Leistungsmotivationstheorie und der Kausalattributionstheorie.

Im Unterschied zu den Erwartungs-Wert-Theorien unterscheidet Heckhausen drei Arten von Valenzen, die miteinander in Beziehung gesetzt werden. Der Motivationsprozess besteht demnach zunächst aus der Einschätzung, zu welchem Ergebnis eine Situation führen wird, wenn nicht eingegriffen wird (**Situationsvalenz**). Er besteht zweitens aus der Beurteilung der möglichen eigenen Handlungen, ob diese zu einem Ergebnis führen und erwünschte Folgen nach sich ziehen oder unerwünschte Handlungen ausschließen (**Handlungsvalenz**). Die Situations- und Handlungsvalenz werden ihrerseits gespeist aus der **Ergebnisvalenz**, d.h. durch die am meisten gewünschte Handlungsfolge.

Das Modell ist in vier Ereignisstadien gegliedert:

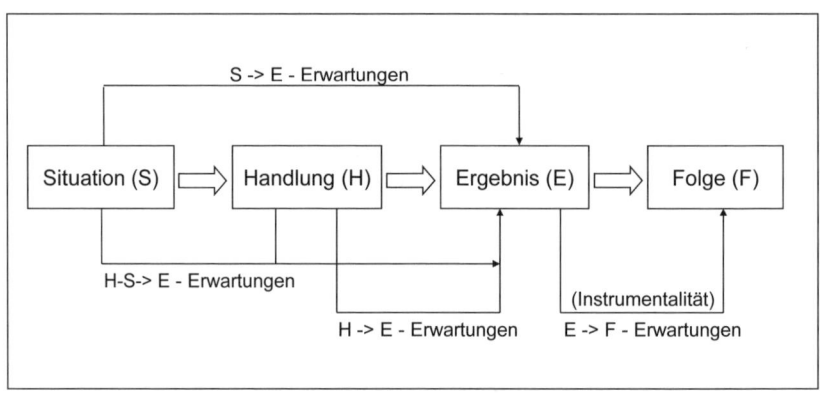

Abbildung III / 7: Vier Ereignisstadien des Motivationsprozesses
(In Anlehnung an Heckhausen 1989, 468)

Auch in diesem Modell hat das Handlungsergebnis keinen eigenständigen Anreizwert, sondern erhält diesen Wert von den Folgen, die es nach sich zieht. Diese Trennung in Ergebnis und Folgen wird von Heckhausen vorgenommen, weil der Handelnde nur Ergebnisse, nicht aber die Folgen herbeiführen kann. Ein Handlungsergebnis kann das Eintreten einer Handlungsfolge, welche mit einer sehr hohen Wahrscheinlichkeit auftritt, möglich machen; diese Differenz ist aber vorhanden.

Darüber hinaus hat jedes Ergebnis in der Regel mehrere Folgen, von denen nicht alle beabsichtigt sind. Ein gleiches Handlungsergebnis kann in Abhängigkeit von verschiedenen Persönlichkeitsvariablen verschiedene oder verschieden bewertete Folgen haben. Die einzelnen Folgen können intrinsischer oder extrinsischer Natur sein.

Das Modell enthält vier Erwartungen:

**(1) Situations-Ergebnis-Erwartung (S-E-Erwartungen):** Hierbei handelt es sich um die subjektive Wahrscheinlichkeit, mit der eine gegenwärtige Lage ohne eigenes Zutun zu einem zukünftigen Ergebniszustand führen wird. Sie beinhaltet eine Grundwahrscheinlichkeit für das Eintreten zukünftiger Ereignisse. Die Situationsvalenzen geben also Auskunft über die Wünschbarkeit einer Handlungsfolge auch ohne eigenes Handeln. Hier verfügen Menschen über ein entsprechendes Repertoire an Erfahrungen.

**(2) Handlungs-Ergebnis-Erwartung (H-E-Erwartungen):** Hierbei wird die subjektive Wahrscheinlichkeit, dass die Situation durch eigenes Handeln in der erwarteten Weise geändert werden kann (z.B. durch Fähigkeit, Anstrengung), betrachtet.

**(3) Handlungs-Situations-Ergebnis-Erwartung (H-S-E-Erwartungen):** Die subjektive Wahrscheinlichkeit, dass äußere und variable Umstände die Handlungs-Ergebnis-Erwartung erhöhen oder verringern, wird hier erfasst.

**(4) Ergebnis-Folge-Erwartung (E-F-Erwartungen):** Als letztes wird die Instrumentalität eines Ergebnisses für eine Folge mit besonders hohem Anreizwert aufgegriffen. Sie wird gemäß der Instrumentalitätstheorie als zwischen +1 und -1 variierend interpretiert.

Jede dieser Erwartungen beruht auf einer besonderen **Kausalattribuierung** des Ergebnisses. Die Situations-Ergebnis-Erwartung und die Handlungs-Situations-Erwartung werden auf externale Ursachen attribuiert, z.B. Unterstützung, Behinderung, Zufall. In der Handlungs-Ergebnis-Erwartung kommen interne Ursachenzuschreibungen wie Anstrengung und Fähigkeit zum Zuge. Da der Faktor Anstrengung nicht nur variabel, sondern auch vom Handelnden steuerbar ist, kann dieser bei anstrengungsabhängigen Aufgaben die Handlungs-Ergebnis-Erwartung variieren. Häufig wird durch eine »Anstrengungskalkulation« die Handlungs-Ergebnis-Erwartung herauf- oder herabgesetzt.

In der Ergebnis-Folge-Erwartung spielen Ursachenzuschreibungen im Hinblick auf die Instrumentalität eine wichtige Rolle. Bei der Selbstbewertung (internale Zuschreibung) scheinen Aufgaben mit mittlerem Schwierigkeitsgrad bedeutsam zu sein. In diesem Fall können Erfolg oder Misserfolg am ehesten den eigenen Fähigkeiten oder der geleisteten Anstrengung zugeschrieben werden. In diesem mittleren Schwierigkeitsbereich haben Zu- und Abnahmen von Anstrengung und Fähigkeiten den größten Einfluss auf das Ergebnis.

Heckhausen klassifiziert vier Arten von Folgen und diskutiert Befunde im Hinblick auf den Motivationsprozess.

* Befunde zur **Selbstbewertung** zeigen z.B., dass Misserfolgsmotivierte im Vergleich zu Erfolgsmotivierten sich nach einem Erfolg genauso positiv sehen, sich aber nach Misserfolg stärker negativ bewerten.
* Die Annäherung an ein **Oberziel** wurde in Untersuchungen insbesondere über den Einfluss von Zukunftsorientierungen und hoher Zielsetzung nachgewiesen.
* **Fremdbewertung** kann extrinsische Anreize hervorrufen. Als tüchtig respektiert und damit in den Augen anderer aufgewertet zu werden, sind motivierende Anreize. Dies ist auch an Attribuierungsprozessen nachvollziehbar, wenn man sich einen Erfolg in stärkerem Maße zugute hält als einen Misserfolg. Misserfolgsmotivierte Personen scheinen für extrinsische Fremdbewertungsanreize besonders empfänglich zu sein.
* **Nebenwirkungen** sind von Bedeutung, wenn Menschen nicht für sich, sondern für die Gruppe arbeiten und daraus Befriedigung ziehen.

Die Anwendungsmöglichkeiten dieses erweiterten Motivationsmodells demonstriert Heckhausen (1989, 470f.) an einem Anwendungsbeispiel (das hier leicht modifiziert wurde):

Ein Student, der vor der Frage steht, ob er sich auf eine Prüfung vorbereiten sollte, würde sich nach dem Modell vier Fragen stellen, um zu entscheiden, ob er die Anstrengung auf sich nehmen soll. Drei Fragen betreffen die Erwartungen, eine die angestrebten Handlungsfolgen:

1. Die erste Frage zielt auf die S-E-Erwartung. Beispielsweise lässt der Dozent im Vorgespräch erkennen, dass das Ergebnis der Prüfung für ihn schon vorher feststeht. Steht die »5« schon fest, lohnt es nicht, etwas zu tun.
2. Die zweite Frage betrifft die H-E-Erwartung. Wenn durch eigenes Handeln nichts bewirkt werden kann, ist jede weitere Bemühung sinnlos. Beispielsweise stellt der Student fest, dass das Thema aufgrund fehlender Vorkenntnisse von ihm nicht bearbeitet werden kann.
3. Die dritte Frage beschäftigt sich mit der E-F-Erwartung. Ist die Prüfung für die Note relevant, wird die Bemühung groß sein; hat sie keinen Einfluss auf die Note, lohnt es nicht, sich anzustrengen.
4. Die vierte Frage behandelt die Einschätzung der Folgen. Wird ein gutes Ergebnis auch tatsächlich das gewünschte Ziel unterstützen? Wird beispielsweise durch die Note ein lang erträumter Preis für die beste Durchschnittsnote wahrscheinlich?

Natürlich läuft dieses Prüfprogramm nicht immer ab, sondern bei häufiger Wiederkehr dieses oder eines ähnlichen Problems werden die Frage-Antwort-Prozesse verkürzt oder automatisiert, d.h. sie werden nicht mehr bewusst stattfinden.

## 1.5   Zusammenfassende Beurteilung

In den vorangegangenen Ausführungen wurde herausgearbeitet, dass es sich bei Motivation um ein komplexes Konstrukt von Persönlichkeitsmerkmalen, situativen Einflüssen, Erwartungs- und Bewertungsprozessen handelt. Da niemand in der Lage ist, Motivation zu sehen, kann sie nur über theoretische Konstrukte erschlossen werden: Wissenschaftler wählen aus dem sie interessierenden Spektrum annahmegeleitete Teilprozesse aus und versuchen, diese mit Hilfe von theoretischen Bausteinen zu erklären.

Entsprechend breit ist das Spektrum der Fragestellungen und Erklärungsversuche. Es wurde in diesem Kapitel der Motivationsprozess von der Entstehung des Motivs bis zur Beurteilung der abgeschlossenen Handlung bearbeitet.

Den Motiven wird schon seit langem eine besondere Aufmerksamkeit geschenkt, sodass dieser Aspekt der Forschung als der älteste Teil der Beschäftigung mit Motivation bezeichnet werden kann. Wäre bekannt, welche **Motive** in welcher Ausprägung im Menschen vorhanden sind, wie diese Motive aktiviert und in Bezug auf Ziele instrumentalisiert werden können, wären Fragen nach der Beeinflussung von Menschen eventuell präziser zu beantworten. Allerdings wurde deutlich, dass Versuche, Motive zu klassifizieren, zu katalogisieren und kausalen Erklärungen zu unterziehen, auf erhebliche Schwierigkeiten stoßen. Die Liste der erschlossenen Motive wurde immer länger und die Katalogisierungsversuche wurden immer origineller, bis deutlich wurde, dass es im Wesentlichen die theoretische Voreinstellung des Forschers ist, die die Richtung der Motivsuche und ihre Katalogisierung steuert.

In den Motivationsprozessen spielen auch **situative Einflussgrößen** eine bedeutende Rolle. Durch die Variation von Anreizen soll Handeln in die gewünschte Richtung gelenkt werden. Aber auch hier konnte eine überzeugende Klassifizierung, Gewichtung und Richtung der Reize nicht geleistet werden.

Als grundlegende Erkenntnis der Motivationsforschung muss hier gewertet werden, dass Motivationsprozesse durch **Wechselwirkungen** ausgelöst werden. Es wird die Wahrscheinlichkeit kalkuliert, ob sich Handlungsfolgen durch die Handlungsergebnisse tatsächlich auszahlen und ob das geforderte Handlungsergebnis überhaupt durch die eigene Person erzielt werden kann. Diese **Anreiz- und Erwartungstheorien** haben die Führungsforschung sehr stark inspiriert, da auf dieser Basis erwartet wird, dass Führungskräfte Verhalten von Mitarbeitern beeinflussen können (wenn sie deren Bedürfnisse diagnostizieren), entsprechende Anreize anbieten, den Zusammenhang zwischen den Anreizen und dem erwünschten Verhalten plausibel machen und dafür Sorge tragen, dass der Arbeitnehmer die Fähigkeiten aufweist, das erwünschte Verhalten auch durchführen zu können. Allerdings hat Heckhausen in seinem **Rubikonmodell** gezeigt, dass sich Handlungen nicht automatisch aus Wünschen realisieren. Vielmehr durchläuft der Motivationsprozeß Phasen des Abwägens, der Planung, des Handelns und der rückblickenden Bewertung der abgelaufenen Handlung. In diesen Phasen sind vielfältige Einflussgrößen von Bedeutung.

Ob in der Abwägungsphase eine Handlung tatsächlich zustande kommt, hängt unter anderem von der Art der **Anreize** ab. Bei *extrinsischen Belohnungen* wird unterstellt, dass Menschen ihr Verhalten an einem von außen gesetzten Zweck orientieren. Hingegen wird bei *intrinsischer Belohnung* davon ausgegangen, dass das Verhalten um seiner selbst willen aus Interesse an der eigentlichen Tätigkeit aufgenommen wird. Diese Unterscheidung hat sich als wichtig erwiesen und die Diskussion um den Motivationsprozess heftig zugespitzt. Es wurde die These aufgestellt, dass extrinsische Motivation die intrinsische Motivation unterminieren kann, wenn das Gefühl der Selbstbestimmung durch extrinsische Belohnungen verringert wird. Ob allerdings aus dieser Diagnose der Umkehrschluss gezogen werden kann, wonach Zielvereinbarung, sinnvolle Arbeit, Anerkennung, Wahlfreiheit und Freiräume den Motivationsprozess verbessern, konnte in dieser Eindeutigkeit ebenso wenig bestätigt werden, wie die dominierende Funktionalität von externen Anreizen.

Die Handlungsrealisierung wird von Prozessen der mehr oder weniger differenzierten **Zielbildung** begleitet. Die einmal getroffene Entscheidung, eine Handlung durchzuführen, unterliegt einem Zielbildungsprozess, der nach Befunden von Locke und Latham Einfluss auf das Leistungsergebnis hat. Sie belegen einen Zusammenhang zwischen hoher Leistung und spezifischen oder herausfordernden Zielen. Bandura schließlich weist mit seinem Konzept der *Selbstwirksamkeit* darauf hin, dass Personen mit hoher Selbstwirksamkeitserwartung eine andere motivationale Disposition aufweisen als Personen mit niedriger Selbstwirksamkeitserwartung.

Ob im Rahmen des Motivationsprozesses **Handlungen** durchgeführt werden, ist nicht nur von Kalkulationen über Anreize, Wahrscheinlichkeiten und einer daraus entwickelten Absicht abhängig, sondern der Willensprozess selbst unterliegt ebenfalls einer Vielzahl von Einflussmöglichkeiten. Am Beispiel des Rubikon-Modells konnte gezeigt werden, dass es nicht immer die stärkste Intention ist, die sich durchsetzt, sondern dass ein Zusammenhang zwischen Handlung und Gelegenheit existiert. Ist die Situation günstig, werden auch schwächere Intentionen realisiert und Gelegenheiten genutzt. Ob aber die Intention realisiert wird, ist auch eine Frage der Willenseffizienz. Am Beispiel der *Lage- und Handlungsorientierung* konnte gezeigt werden, dass die willentliche Handlungssteuerung von verschiedenen Kontrollmechanismen beeinflusst wird.

Die abgeschlossene Handlung bildet schließlich den Rohstoff für eine Vielzahl von nachträglichen Bewertungen, die im Rahmen der **Attributionstheorie** vorgestellt wurden. So konnte am Beispiel der Theorien von Heider und Kelley gezeigt werden, dass die Beurteilung einer Handlung davon abhängig ist, ob sie eher der Person oder der Umwelt zugeschrieben wird. Die Bedeutung dieser Beurteilung ist sowohl für die Selbst- als auch für die Fremdattribution hoch. Werden Ergebnisse von Handlungen auf die Personenkraft zurückgeführt, ist die Wahrscheinlichkeit hoch, dass die Person diese Handlungen in ähnlicher Weise wiederholen wird. Die Sicherheit im Hinblick auf zukünftige Ereignisse ist höher, als wenn Ereignisse den situativen Einflüssen zugeschrieben werden. Insbesondere die Zuschreibung von Erfolg oder Misserfolg in den Untersuchungen von Weiner erklärt, dass Menschen auch im Erfolgsfall Handlungen dann nicht wieder aufnehmen, wenn sie diesen Erfolg externalen Ursachen zuschreiben und nicht davon ausgehen, dass sie diesen Erfolg wiederholen können. Es kommt dann zu einem interessanten, in der Praxis nicht untypischen Missverständnis zwischen einem Vorgesetzten, der an den Erfolg seiner Motivationstechnik glaubt und einem Arbeitnehmer, der auf der Basis externaler Zuschreibung eine Wiederholung scheut.

Erwartungs-, Anreiz- und Attributionstheorien wurden im **erweiterten Motivationsmodell** nach Heckhausen zusammengefasst.

Abschließend ist festzuhalten, dass die theoretische Bearbeitung des Motivationsprozesses Erkenntnisse über mögliche Zusammenhänge zulässt, ohne dass daraus der Anspruch abgeleitet werden kann, den Motivationsprozess insgesamt durchdrungen zu haben. Die Komplexität der menschlichen Persönlichkeit lässt sich in Theorien nur annähernd erschließen. Auf der Basis von Annahmen, die Wissenschaftler über Menschen besitzen, werden nur Teilausschnitte des menschlichen Verhaltens untersucht. Entsprechend sind die Anwendungsmöglichkeiten der Motivationstheorien vielfältig. Sie erlauben zwar nicht die einfache Übertragung von Motivationstechniken auf die alltägliche Praxis, erfüllen aber den Zweck, den jede gute Theorie erfüllen kann: So erhöhen sie die Sensibilität für komplexe Zusammenhänge, erlauben genauere und differenziertere Fragen und helfen, Ursache-Wirkungs-Beziehungen nachzugehen.

## Literaturempfehlungen

*Heckhausen, J.; Heckhausen, H. (Hrsg.)(2010): Motivation und Handeln. 4., überarb. und erw. Aufl., Berlin u.a.*

Dieses Buch enthält eine umfangreiche Zusammenstellung von Theorien und empirischen Befunden zum Zusammenhang von Motivation und Handlung.

*Pinder, C.C. (2008): Work Motivation in Organizational Behavior. 2. Aufl., New York.*

Hierbei handelt es sich um eine genaue Grundlegung der Arbeitsmotivation mit vielen weiterführenden Literaturempfehlungen.

# 2 Führung

## 2.1 Einführung

Führung zu definieren ist ein vergleichsweise schwieriges Unterfangen, da je nach Perspektive unterschiedliche Aspekte hervorgehoben werden. In Literaturübersichten zeigt sich, dass es aus diesem Grunde kaum übereinstimmende Führungsdefinitionen gibt, sondern dass die meisten Autoren den sie interessierenden Aspekt in den Mittelpunkt ihrer Definitionen stellen (vgl. z.B. die Zusammenstellung von Führungsdefinitionen bei Neuberger 2002, 11ff.). Dennoch lassen sich im Sinne einer groben Orientierung zwei Aspekte von Führung begrifflich fassen:

- Führung als Funktion;
- Führung als Sicherstellung und Steigerung von Leistung.

Im Folgenden sollen diese Aspekte entwickelt und im Verlaufe des Kapitels vertieft werden:

**(1) Wird Führung als Funktion** begriffen, dann werden in der Regel die Planung, Koordination und Kontrolle der Aufgaben einer Unternehmung in den Mittelpunkt gestellt. Die meisten Führungstheorien basieren auf Annahmen darüber, wie Führende Geführte anleiten sollten, um vorab definierte Zwecke zu erfüllen. Dabei wird unter Führung meist eine mehr oder weniger rationale Form der hierarchischen Arbeitsteilung verstanden. Die Grundidee besteht darin, dass Unternehmen eine komplexe Aufgabe zu erfüllen haben. Entsprechend gibt es im Unternehmen Personen, die die Erfüllung dieser Aufgabe gedanklich vorbereiten, Entscheidungen treffen und die Konsequenzen dieser Entscheidung delegieren. Hierarchisch nachgeordnete Funktionsträger koordinieren und delegieren ihrerseits die gedanklich nachbereiteten Entscheidungen. In diesem Sinne hat Gutenberg (1976) die Unterscheidung von *dispositiven* und *objektbezogenen* Arbeiten vorgenommen; Taylor differenziert zwischen Hand- und Kopfarbeit.

Diese sach- und zielbezogene Interpretation findet sich in vielen Definitionen von Führung wieder. So definiert beispielsweise Steinle Führung wie folgt:

> »Durch Führung erfolgt eine **Mobilisierung** und **Ausrichtung** des Verhaltens im Sinne einer Aufteilung und Koordination der **verschiedenen** Arbeitstätigkeiten. Führung bedingt hierbei eine erkennbare zielbezogene **Einwirkung** auf Handlungen von Mitarbeitern, deren Aktivitäten auf die Erfüllung von Aufgabenanforderungen gerichtet sind« (Steinle 1991, 797, Hervorhebung im Original).

Die auf die »Erfüllung von Aufgabenanforderungen« gerichtete Führung von Mitarbeitern muss nicht notwendigerweise über Personen (Führende) erfolgen. Viele »Einwirkungen« erfolgen nur mittelbar durch Vorgesetzte. Vielmehr werden die Strukturen eines Unternehmens von vornherein so gestaltet, dass die Ausrichtung des Verhaltens im gewünschten Sinne beeinflusst wird (vgl. Conrad/Keller 1998, 51ff.). So können

Organigramme, Stellenbeschreibungen und Verfahrensrichtlinien die Richtung des gewünschten Verhaltens vorgeben.

Am deutlichsten wird diese strukturelle Führung am Beispiel der Fließbandarbeit repräsentiert. Hier erhalten Arbeiter bis in das kleinste Detail vorgeschrieben, welche Handlungen sie in einer bestimmten Reihenfolge vorzunehmen haben.

Führung kann auch durch die Arbeitnehmer selbst erfolgen. Es ist bekannt, dass Aufgaben in den seltensten Fällen so vorstrukturiert, vorgeplant und kontrolliert werden können, dass keine Handlungsspielräume verbleiben. Arbeitnehmer sind bereit, diese Handlungsspielräume zu nutzen, insbesondere wenn die strukturellen Vorgaben sich in der alltäglichen Praxis als unzureichend erweisen. Häufig besitzen Arbeitnehmer genauere Kenntnisse über die Spezifika des Arbeitsplatzes und koordinieren die Zusammenarbeit mit anderen Personen und anderen Abteilungen nach persönlichen Präferenzen. Oft wird gerade die fehlende Kenntnis des Vorgesetzten über den Arbeitsbereich als Machtmittel zur Durchsetzung von Interessen genutzt. Insbesondere in neuen Formen der Gruppenarbeit wird dann Führung als Funktion nicht einer hierarchisch herausragenden Person übertragen, sondern die Gruppe verteilt die Führungsfunktionen auf verschiedene Personen (z.B. Koordination mit anderen Gruppen) oder überträgt diese Funktion zeitlich befristet auf einen Gruppensprecher.

(2) Führung dient aber nicht nur der Sicherstellung von arbeitsteilig zu erfüllenden Aufgaben. In vielen Führungstheorien wird vielmehr danach gefragt, ob und wie ein Führer die **Leistung** seiner Mitarbeiter steigern kann. Dahinter steht die Annahme, dass Arbeitnehmer nicht von sich aus Aufgaben akzeptieren und realisieren, sondern dass es einer bewussten Aktivierung der Leistungspotenziale und der Zufriedenheit von Mitarbeitern mit Hilfe von **Anreiztechniken** bedarf. Jedes Unternehmen signalisiert durch sein Anreizsystem das erwünschte Handlungsspektrum. Prämien, Leistungslöhne, Beförderungen und Personalentwicklungsprogramme zeigen in ihren Ausprägungen und durch die Auswahl der Adressaten, welche Verhaltensweisen im Unternehmen positiv oder negativ sanktioniert werden. Es sind Führungskräfte, die gerade wegen der Handlungsspielräume bei der Ausgestaltung von Aufgaben und dem Variantenreichtum der notwendigen Koordination durch individuelle Zuweisung von Belohnung und Bestrafung das komplexe System der Aufgabenbewältigung in personeller Hinsicht unter Kontrolle halten sollen.

Dieser Aspekt von Führung betrifft insbesondere die **Motivation** der Mitarbeiter. Hier spielen Führungskräfte eine Schlüsselrolle. Durch das individuelle Eingehen auf die Erwartungen und Potenziale der Arbeitnehmer sollen sie das vorgegebene Leistungsniveau sichern oder gar steigern:

> *»Führung kann zunächst als zielorientierte und zukunftsbezogene Verhaltensbeeinflussung verstanden werden, die sich auf Leistungsinduktion und Zufriedenheitserzeugung richtet. Über spezifische Anreizsysteme und wechselseitige Interaktionsprozesse von Führungspersonen und Führungsbetroffenen erfolgt dabei eine Ausrichtung des Mitarbeiterverhaltens an einer Realisation sowie Entwicklung von unternehmungsbezogenen Zielen« (Steinle 2005, 561)* .

Die Suche nach theoretischen Erkenntnissen im Hinblick auf das Phänomen »Führung« konzentriert sich damit im Wesentlichen auf die Frage, ob es Zusammenhänge zwischen dem **Verhalten von Führenden und der Leistung von Individuen oder Gruppen** gibt. Dahinter steht oft die Hoffnung, dass gesicherte wissenschaftliche Erkenntnisse auch die Basis für Trainingskonzepte bilden, mit deren Hilfe Führende für die gewünschte Effizienz sorgen sollen.

Allerdings erfolgt Führung nicht voraussetzungslos oder gar auf der Basis klarer Vorgaben oder Vereinbarungen. Vielmehr geht die Führungsforschung davon aus, dass Führungskräfte und Mitarbeiter über individuelle **Menschen- und Weltbilder** verfügen (vgl. McGregor 1973; Schein 1980; Ouchi 1993). Manager legen sich (wenn auch häufig unbewusst) ihre Welt zurecht und nehmen diese Grundannahmen als Richtschnur, um dieser Welt ihren Ordnungssinn zu vermitteln. Dabei sind diese Menschenbilder keine vollständigen Bilder. Je nach Voreinstellung oder Grundannahme betrachten Manager ihre Mitarbeiter eher als Bestands-, Kosten- oder Leistungsgrößen und legitimieren ihre daraus resultierende Verfügung (vgl. Kappler 1992, 1339).

Auch auf der Ebene der Geführten ist es für das Verständnis von Führungstheorien bedeutsam, die Grundannahme zu problematisieren, wonach Führung als ein auf Arbeitsteilung basierender, rationaler Prozess zu verstehen ist. Tatsächlich gehen in die Führungssituation auch erlernte Reaktionsschemata ein, in denen Respekt, Ehrfurcht oder Gehorsam eine Rolle spielen (vgl. Neuberger 2002, 106ff.). An den Führungsprozess werden z.B. Erwartungen geknüpft, die sich archetypisch als latente Suche nach Vorbildern interpretieren lassen. Die eventuell in der Sozialisation vermittelte Assoziation von Führung, beispielsweise die Assoziation mit einer Vaterfigur oder einem Helden.

Auf der Basis solcher Grundannahmen umfasst die Suche nach **theoretischen Erkenntnissen** im Hinblick auf **Führungserfolg** ein breites Spektrum. Im Folgenden sollen vier Theoriegruppen unterschieden werden:

Führungserfolg wird einmal auf **Eigenschaften** der Führenden oder auf erlernbare Verhaltensweisen zurückgeführt. Insbesondere charismatischer Führung wird nachgesagt, dass sie einen erheblichen Beitrag zur Verbesserung von Leistungen der Geführten aufweist.

In einer weiteren Gruppe von Führungstheorien werden **Führungsstile** vorgestellt. Im Gegensatz zu den auf Persönlichkeitseigenschaften basierenden Theorien der ersten Gruppe wird hier unterstellt, dass diese Führungsstile erlernbar sind.

Eher umgekehrt wird argumentiert, wenn darauf hingewiesen wird, dass wechselnde **Situationen** auch unterschiedliches Führungsverhalten erfordern und deshalb die Führungskräfte die erlernten Verhaltensweisen überwinden müssen, um sich als flexible Diagnostiker zu betätigen.

Schließlich hat sich ein breites Spektrum an Führungstheorien etabliert, das die Interaktion von Führern, Geführten und Situation behandelt. Hier soll vertiefend **Führung als Prozess** des Organisierens bearbeitet werden. In dieser Denkschule wird davon ausgegangen, dass der Prozess der Führung nicht einseitig vom Führer auf den Geführten einwirkt, sondern dass Wahrnehmungs- und Lernprozesse eine wechselseitige Beziehung zwischen Führer und Geführten auslösen. Insbesondere in neueren Formen der Arbeitsorganisation führt dies dazu, dass die Veränderung der Arbeitsorganisation neue Anforderungen an personelle Führung stellt.

Für die zu behandelnden Theorien gilt, dass sie jeweils nur einen kleinen Ausschnitt aus dem komplexen Führungsgeschehen bearbeiten und in der Regel nicht den Anspruch erheben können, Handlungs- oder Gestaltungsempfehlungen abzuleiten. Allerdings gibt es wohl keinen personalwirtschaftlichen Bereich, in dem die Trennungslinie zwischen Führungstheorien (die der Erklärung von Führungsphänomenen dienen) und Trainingskonzepten (die normativ eine bestimmte Vorstellung von Führungserfolg transportieren) so unscharf ist und an die Reflexionsfähigkeit von Führern und Geführten hohe Anforderungen stellt.

## 2.2  Theorien der Führung

Es liegt nahe, dass eine Führungstheorie vor dem Hintergrund der aufgezeigten Einflussgrößen von sehr komplexer Natur sein müsste. Allerdings hat sich im Laufe der Führungsforschung gezeigt, dass diese eine Führungstheorie nicht modelliert werden kann; vielmehr stellt sich Führungsforschung als Konzentration auf immer neue Aspekte dieses komplexen Geschehens dar (vgl. die Übersicht bei Weibler 2004; Avolio et al. 2009; Weibler 2012). Im Folgenden sollen diese wesentlichen Aspekte vorgestellt werden. Hier handelt es sich zunächst um: Eigenschaften der Führenden als Verursacher von Führung, erlernbare Verhaltensweisen, Einflüsse der Situation und Wechselwirkungen zwischen Führenden und Geführten.

### 2.2.1  Eigenschaftstheorien der Führung

Eigenschaftstheorien basieren auf der Annahme, dass sich Führungspersönlichkeiten aufgrund einer oder mehrerer charakterologischer Merkmale von anderen Menschen systematisch unterscheiden und deshalb zur Führung prädestiniert sind.

Das Forschungsprogramm dieses eigenschaftsorientierten Ansatzes besteht daher in der Identifikation derjenigen Charaktereigenschaften, die den Führungserfolg ausmachen. So könnten erfolgreiche von weniger erfolgreichen Führern unterschieden werden oder Führer von Geführten. Würde es dabei gelingen, die relevanten Eigenschaften zu extrahieren, könnte sich die Frage erfolgreicher Führung auf ein Personalauswahlproblem reduzieren. Im Folgenden soll zunächst das Forschungsprogramm vorgestellt werden, das sich auf die Identifikation solcher Eigenschaften konzentriert hat. Anschließend wird charismatische Führung als eine Variante der eigenschaftstheoretischen Führung vertieft.

#### 2.2.1.1    Eigenschaften und Fähigkeiten von Führern

Bei dem Versuch, einen Zusammenhang zwischen Führungseigenschaften und Führungserfolg herzustellen, ist zunächst der Frage nachzugehen, was unter »Eigenschaften« verstanden werden kann. In Anlehnung an die Eigenschaftstheorien der Motivation können *Eigenschaften* als *zeitlich stabile Verhaltensweisen* bezeichnet werden, die auch in verschiedenen Situationen auftreten. Von Anfang an als problematisch hat sich die Frage erwiesen, wie solche Eigenschaften objektiv festgestellt werden können. Dies lässt sich auf zwei Ebenen zeigen:

- Auf der Wissenschaftsebene »wählt« der Wissenschaftler in Abhängigkeit seines theoretischen Vorverständnisses einige Elemente beobachtbaren Führungsverhaltens aus und führt diese zu einem Führungskonstrukt zusammen. In Abhängigkeit von der gewählten Methode (Fragebögen oder teilnehmende Beobachtung), wird er diese Konstrukte beobachten, beschreiben und messen. Es können damit nur die Führungseigenschaften erhoben werden, die der Forscher ausgewählt hat. Unterschiedliche Konstrukte und unterschiedliche Messmethoden können nun als Erklärung herangezogen werden, weshalb Studien zur Existenz von Führungseigenschaften zu heterogenen, teilweise sogar zu gegensätzlichen Ergebnissen kommen.

• In ähnlicher Weise wird auf der praktischen Ebene ein Geführter vor dem Hintergrund seiner Sozialisation, seines Weltbildes, seiner Wahrnehmung und Interpretationsweise sowie seiner Rolle im Arbeitsprozess bestimmte Führungseigenschaften des Führers erkennen, andere aber nicht bemerken. Auf diese Weise lässt sich erklären, warum verschiedene Geführte unterschiedliche Eigenschaften bei der gleichen Führungsperson als führungsrelevant ausweisen.

Erst wenn es gelingen würde, universelle Eigenschaften nachzuweisen, die auch noch zeitlich stabil sind und transsituativ ihre Wirkung entfalten, könnte der Eigenschaftstheorie eine theoretische und praktische Relevanz bescheinigt werden.

Die damit verbundenen Schwierigkeiten sind allerdings erheblich. Die bisher zusammengestellten Listen von Eigenschaften sind lang und zeigen nur geringe Übereinstimmung. Sie werden z.B. erstellt, indem erfolgreiche Führer mit Kontrollgruppen verglichen werden, beispielsweise mit weniger erfolgreichen Führern oder mit Geführten. Dabei werden Tests, Beobachtungen, biographische Daten etc. verwandt. Als Ergebnis solcher Untersuchungen erscheinen in der Führungsliteratur Listen von Eigenschaften, die dann beispielsweise als Kriterien für die Personalauswahl oder Beförderungen eingesetzt werden (vgl. Yukl 2006, 180ff.).

Die wiederholte Zusammenstellung und der Vergleich solcher empirischen Untersuchungen zeigen allerdings, dass die Befunde heterogen und widersprüchlich sind und dass eine konsistente Bündelung von Eigenschaften bisher nicht gelungen ist (vgl. z.B. Bass 2008; DeRue et al. 2011). Zwar kann in den meisten Untersuchungen eine gewisse zeitliche Konsistenz nachgewiesen werden, dies gilt aber nicht für die transsituative Konsistenz. Daraus kann zwar ein konsistentes Verhalten eines Führenden geschlossen werden; es kann aber nicht gefolgert werden, dass Führende mit konsistenten Verhaltensweisen in unterschiedlichen Situationen erfolgreich sind. Bass schließt aus diesen Befunden:

> *»But competence is relative; this suggests that a complete understanding of leadergroup relations requires an examination not only of individual differences in competencies, such as intelligence and experience, but of the relevance of the competencies for given situations« (Bass 2008, 135).*

Dies bedeutet aber nicht, dass Eigenschaften überhaupt keine Rolle spielen und der dominante Einfluss der Situation dadurch nachgewiesen sei. Vielmehr sind die Befunde so zu interpretieren, dass in Führungsprozessen zwar spezifische Eigenschaften nützlich sind, diese aber eher als **Prädispositionen** für den Erfolg zu verstehen sind. In unterschiedlichem Ausmaß und in unterschiedlichen Situationen wirken sie different. Da die Anforderungen in verschiedenen Situationen an Führungskräfte unterschiedlich sind, differieren entsprechend die Eigenschaftslisten.

Damit kann festgehalten werden, dass die alltagstheoretische Vorstellung von universellen Führungseigenschaften aus wissenschaftlicher Sicht nicht haltbar ist. Vielmehr stellt Führung ein multifaktorielles Geschehen dar, zu dessen Verständnis an vielen

Punkten angesetzt werden kann, z.B. die Aufgabe, der Führende, der Geführte, die Organisation, die Umwelt. Eigenschaftstheorien vereinfachen dieses komplexe Geschehen und schreiben Führungserfolg dem Führenden oder speziell seinen Führungseigenschaften zu (vgl. Neuberger 2002, 237). Tatsächlich können Führungspersonen Führungssituationen verändern und umgekehrt. Dennoch ist die Faszination im Hinblick auf bedeutende Führer ungebrochen. In verschiedenen Forschungsfeldern wird die Rolle des Führers theoretisch genauer gefasst und empirisch untersucht, ob unterschiedliche Typen von Führern ökonomisch relevante Wirkungen erzeugen.

### 2.2.1.2    Transformationale Führung nach Bass

Bass (1986, 24ff.) unterscheidet den *transaktionalen* vom *transformationalen Führungsstil* nach den Kriterien in Abbildung III / 8.

| Transaktionaler Führungsstil | Transformationaler Führungsstil |
|---|---|
| Führer erkennt Bedürfnisse des Geführten | Anhebung des Bewusstseinsniveaus |
| Führer zeigt, wie Bedürfnisse im Tausch gegen Leistung befriedigt werden können | Fokussierung auf »höhere Ziele« |
| Geführter bewertet gewünschte Ergebnisse im Hinblick auf Bedürfnisbefriedigung | Erweiterung von Wünschen und Bedürfnissen |

Abbildung III / 8: Transaktionaler und transformationaler Führungsstil
( In Anlehnung an Bass 1986, 24ff.)

**Transaktionaler Führungsstil:** Dieser Führungsstil wird als Beziehung verstanden, in der Tauschgeschäfte durchgeführt werden. Ein Führender weiß, was Geführte im Hinblick auf ihre Arbeit als Gegenleistungen erwarten, und er ist bereit, diese zur Verfügung zu stellen, wenn die Leistung seinen Erwartungen entspricht. Darüber hinaus ist der Führer bereit, Belohnungen oder Belohnungsversprechen für Anstrengungen des Geführten zu geben, die die unmittelbaren Eigeninteressen des Geführten berühren. Solche Führer sind eher Manager, sie stellen die Unternehmensziele nicht in Frage und nehmen an, dass Mitarbeiter motiviert sind oder motiviert werden können.

**Transformationaler Führungsstil:** Ein transformationaler Führer motiviert Geführte, mehr zu leisten, als sie sich selbst zutrauen. Diese Transformationen können zustande kommen,

*»1. durch Anhebung des Bewußtseinsniveaus, des Erkennens der Wichtigkeit und der Bewertung bestimmter Handlungsergebnisse und der Möglichkeiten, sie zu erzielen;*

*2. durch die Zurückstellung der Eigeninteressen zugunsten eines Teams, einer Organisation oder eines höheren Zieles;*

*3. durch die Änderung des Bedürfnisniveaus (...) oder einer Erweiterung des Sollbestandes von Wünschen und Bedürfnissen« (Bass 1986, 35).*

Transformationaler und transaktionaler Führungsstil finden sich häufig in ein und derselben Person, allerdings in unterschiedlicher Ausprägung und Intensität. Während im transaktionalen Teil Belohnung gegen Anpassung getauscht wird, erweckt der transformationale Teil mehr Interesse, höhere Bedürfnisniveaus und mehr Engagement bei den Geführten. Während der transaktionale Führer bei den Geführten nur erreichen kann, was er selbst vorgibt, erzielt der transformationale Führer bei den Geführten ein Zurückstellen eigener Interessen zugunsten höherer Ziele.

Bass und seine Mitarbeiter haben dieses Konzept theoretisch weiterentwickelt und mit Hilfe eines standardisierten Fragebogens (»Multifactor Leadership Questionnaire«) empirisch überprüft. Der Führungsstil wird in diesem Fragebogen anhand eines siebenstufigen Kontinuums bestimmt (vgl. Bass 1996; 1998, 5ff.):

Im Hinblick auf den **transaktionalen Führer** wird erhoben, ob der Führer

- vereinbarte Leistungen belohnt (bedingte Belohnung);
- nur bei Abweichungen von Leistungsstandards oder Fehlern eingreift (Management by Exception);
- Führung vermeidet und sich weitgehend inaktiv verhält (»Laissez faire«-Führung).

Im Hinblick auf den **transformationalen Führungsstil** wird erhoben, ob der Führer

- Identifikation zwischen Führer und Geführten erzeugt (Charisma);
- seine Mitarbeiter inspiriert und motiviert (Inspirierende Motivation);
- seine Mitarbeiter zu innovativem und kreativem Verhalten anregt (Intellektuelle Stimulierung);
- als Coach und Mentor die individuellen Bedürfnisse des Mitarbeiters berücksichtigt (Individuelle Wertschätzung).

Die Ergebnisse der darauf basierenden empirischen Untersuchungen sind nicht eindeutig. Einerseits geben Meta-Analysen Hinweise darauf, dass transformationale Führung gegenüber transaktionaler Führung erfolgswirksamer ist (vgl. Lowe et al. 1996; Dumdum et al. 2002, 35ff.; Bass/Riggio 2006, 47ff.; Wang et al. 2011). Andererseits stehen transaktionale und transformationale Führung annahmegemäß miteinander in Beziehung, sodass die Effekte des einen oder anderen Führungsstils nur schwer isoliert werden können (vgl. Judge/Piccolo 2004).

### 2.2.1.3 Charismatische Führung

Personen mit Führungseigenschaften sind darauf angewiesen, dass die Umwelt ihre Führungseigenschaften wahrnimmt und situative Rahmenbedingungen diese Führungseigenschaften anfordern. Die Führungskraft müsste somit in der Lage sein, sich verändernden Rahmenbedingungen anzupassen. Sofern Führer diesen iterativen Prozess von Persönlichkeitseigenschaften und situativer Veränderung durch ein spezifisches – meist emotional personalisiertes – Fähigkeitsspektrum beeinflussen, kann von charismatischer Führung als Sonderfall der Eigenschaftstheorie der Führung gesprochen werden.

Charismatische Führung wird in der Regel auf das grundlegende Werk von Max Weber (1976, 122ff.) zurückgeführt. Dieser unterscheidet drei »Idealtypen« der Herrschaft, die in einer Gesellschaft wirken: *Charismatische, traditionale* und *legale* Herrschaft. Charismatische Herrschaft – so Weber – entfaltet ihre Wirkung nicht durch Regeln, Positionen oder Traditionen, sondern allein aus dem exemplarischen Charakter einer Person. Charismatische Führer verfügen über einzigartige personale Eigenschaften; ihre Legitimation erhalten sie nicht durch Wahlen oder Ernennung, sondern allein aus der Gefolgschaft ihrer Anhänger. Dadurch setzen sie sich von rationalen oder traditionellen Begründungen ab und zielen in der Transformation von Zuständen auf die emotionale

Komponente ihrer Gefolgschaft. Es werden persönliche Beziehungen aufgebaut, während offizielle Strukturen kaum eine Rolle spielen:

> *»›Charisma‹ soll eine als außeralltäglich (...) geltende Qualität einer Persönlichkeit heißen, um derentwillen sie als mit übernatürlichen oder übermenschlichen oder mindestens spezifisch außeralltäglichen, nicht jedem anderen zugänglichen Kräften oder Eigenschaften (begabt) oder als gottgesandt oder als vorbildlich und deshalb als ›Führer‹ gewertet wird« (Weber 1976, 140).*

Nun ist der Glaube an gottgesandte Kräfte zumindest in der Ökonomie nicht sehr stark verbreitet. Dennoch gehen Führungsforscher davon aus, dass außergewöhnliche Führungsleistungen, wie die Sanierung angeschlagener Unternehmen, die Eroberung von hart umkämpften Märkten, die erfolgreiche Führung von Organisationen, auch theoretisch erklärt werden können. House und Shamir (1995, 878ff.) bezeichnen solche Erklärungsansätze deshalb als »neocharismatische Ansätze«, da sie in vielen Punkten Gemeinsamkeiten mit der von Max Weber aufgestellten charismatischen Theorie aufweisen. Vergleichbar unterscheiden House und Shamir zwischen Management und Führung. Unter **Management** wird das Verhalten einer Person verstanden, die eine Position innehat, die mit formaler Autorität ausgestattet ist. Als Resultat dieser Positionsmacht fügen sich Mitarbeiter dieser Autorität. Unter **Führung** wird hingegen das Verhalten einer Person verstanden, das die Werte, Motive und das Selbstverständnis anderer Personen so beeinflusst, dass diese bereit sind, außerordentliche Anstrengungen zu unternehmen, die über normale Anforderungen aus Rollen und Positionen hinausgehen und freiwillig Eigennutz zugunsten eines gemeinsamen Zieles zurückstellen.

Charisma ist aber nicht nur als Eigenschaft des Führers, sondern auch als Reaktion der Geführten zu verstehen. Die Geführten müssen bereit sein, einer Idee oder einer Person zu folgen. Sie müssen eine emotionale Identifikation eingehen, die über das übliche Maß hinausgeht.

Die Wechselwirkung zwischen Geführten und Führern kann wie folgt dargestellt werden (vgl. hierzu House 1971; Bass 1986; Shamir et al. 1993; House/Shamir 1995; Conger/Kanungo 2000; Choi 2006):

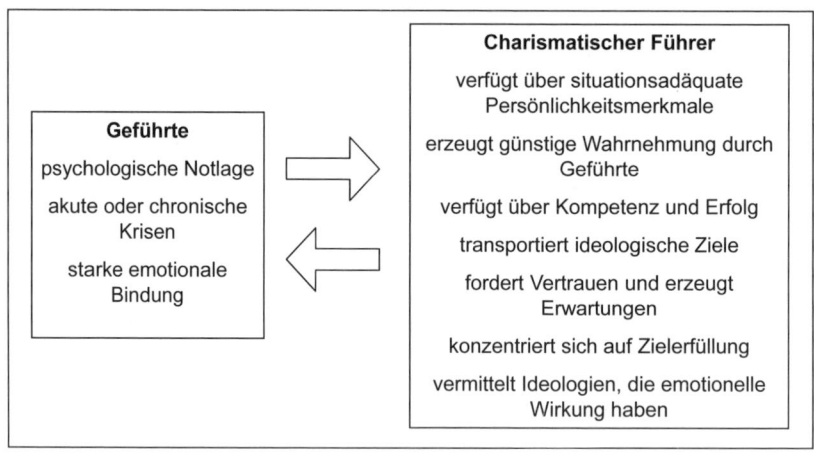

Abbildung III / 9: Beziehungen zwischen charismatischem Führer und Geführten

**(1) Geführte:** Die Gründe für die Bereitschaft, einem Führer zu folgen, können vielfältiger Natur sein. Meist ist es eine psychologische Notlage, die Menschen dazu bringt, einem Führer bedingungslos zu folgen. Hilflosigkeit, Zynismus, Misstrauen, mangelnde Identität oder nicht verarbeitete Konflikte werden als Basis für die Bereitschaft interpretiert, charismatischen Führern zu folgen.

Auch akute und chronische Krisen sind ein notwendiges Element zur Erklärung von Charisma. Je größer die Krise und die emotionale Störung sind, umso größer sind die Erwartungen, die an einen Führer gestellt werden. Aber auch in chronischen Krisen bringt das Bedürfnis nach Erlösung charismatische Führer hervor.

Befinden sich Organisationen im Übergang von einer nicht mehr erfolgreichen, alten Organisation zu einer neuen, noch nicht erfolgreichen Organisation ist die Bereitschaft, in dieser existentiellen Unsicherheit einem charismatischen Führer zu folgen, hoch.

**(2) Charismatische Führer:** Für die Wechselwirkung von Führern und Geführten bedeutet dies nicht, dass die Führer weniger von Bedeutung sind; vielmehr müssen sie über situationsadäquate Eigenschaften verfügen und gewillt sein, diese einzusetzen. Dazu zählen beispielsweise Energie, Dynamik, Selbstvertrauen, Bestimmtheit, Ambitionen. Solche Eigenschaften sind in verschiedenen Modellen variiert worden. In Anlehnung an House (1971) werden solche Voraussetzungen für charismatische Führung z.B. in folgenden Elementen gesehen (vgl. Bass 1986, 72f.): Persönlichkeitsmerkmale, Wahrnehmung der Geführten, Kompetenz und Erfolg des charismatischen Führers, Aufstellen ideologischer Ziele, Vertrauen erwecken und hohe Erwartungen auslösen.

Die Beziehung zwischen Führern und Geführten kann dann als wechselseitiger, dynamischer Prozess verstanden werden. Das Selbstvertrauen und die Überzeugungskraft des Führers erhöhen das Selbstvertrauen der Geführten. Der Führer erzeugt eine enge Beziehung zwischen Idealvorstellungen, Hoffnungen und den zu bewältigenden Aufgaben. Der Führer lebt diesen Idealzustand vor und erzeugt damit Begeisterung und Hingabe in denjenigen, die ihm nacheifern wollen. Der sich einstellende Erfolg wird dem Charisma des Führers zugeschrieben. Der Führer muss immer wieder unter Beweis stellen, dass seine Handlungen nur zum Besten der Geführten wirksam sind. Dies können symbolische Handlungen sein, die als Bestandteil der Unternehmenskultur ein Eigenleben gewinnen. Beispielsweise können Personen und Aufgaben, denen sich der Führer widmet, bereits durch diese Aufmerksamkeit hohe Bedeutung gewinnen, während andere Personen und Aufgaben, denen er sich nicht widmet, als weniger bedeutsam ausgezeichnet werden. Geschichten, die über den Führer erzählt werden, Handlungen, die der Führer ausführt, und Objekte, die der Führer benutzt (z.B. Kleidung), werden zur Unterstützung der zentralen Botschaft herangezogen (vgl. Weibler 2004).

Diese Objektivierung des Charismas in Regeln und Symbole ist eine Voraussetzung für die Überführung dieser Dynamik auf einen Nachfolger. Das Charisma wird mittels Riten und Zeremonien auf ein Organisationsmitglied übertragen, das dem charismatischen Führer hinreichend ähnlich ist.

Conger und Kanungo (2000, 47ff.) gehen davon aus, dass charismatische Führung (wie jedes andere Führungskonzept) beobachtet, beschrieben und im Rahmen eines formalen Modells analysiert werden kann. Außerdem betonen Conger und Kanungo die Abhängigkeit der charismatischen Führung von den Ursachenzuschreibungen der Geführten, sodass diese als attributionstheoretische Variante der charismatischen Führung verstanden werden kann:

*»Our model builds on the idea that charismatic leadership is an attribution based on followers` perceptions of their leader's behavior«* (Conger/Kanungo 2000, 47).

Als Begründung beziehen sie sich auf Erkenntnisse der Kleingruppenforschung, wonach sich in Gruppen typische gruppendynamische Prozesse beobachten lassen. In der Herausbildung von Rollen verfügen Gruppenmitglieder über mehr oder weniger Einfluss. Führung entsteht, wenn im Rahmen der konsensuellen Validierung Gruppenmitglieder den hohen Einfluss eines Gruppenmitgliedes akzeptieren und unterstützen.

Die Forschungsfrage, die sich nun stellt, bezieht sich auf das Verhalten eines charismatischen Führers. Kann dieses Verhalten identifiziert und operationalisiert werden, sodass hypothesengeleitete empirische Bestätigungen für Zusammenhänge zwischen bestimmten Verhaltensweisen und organisationalen sowie individuellen Ergebnissen ermittelt werden können? In Abbildung III/10 wird dieser Zusammenhang auf der Basis von drei Ereignisstadien sowie erwarteten Ergebnissen als Basis für die Aufstellung von Hypothesen modellhaft dargestellt.

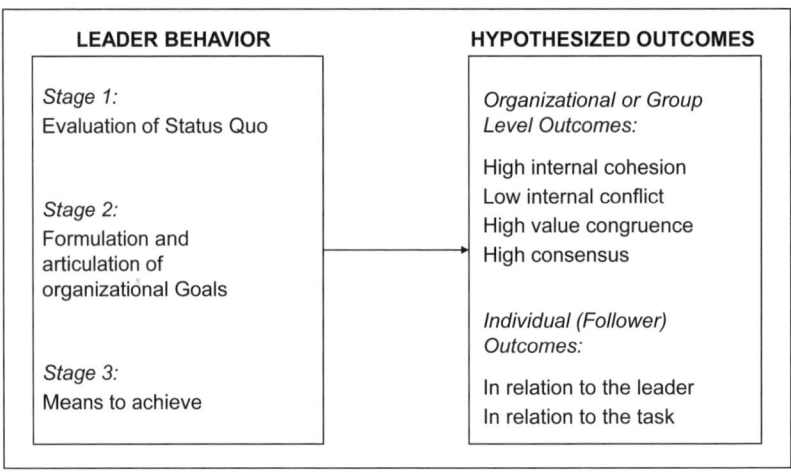

Abbildung III / 10: Einflussprozesse charismatischer Führung
(In Anlehnung an Conger/Kanungo 2000, 50)

**Phase 1:** Charismatische Führer werden hier von nicht-charismatischen Führern dadurch unterschieden, dass sie eine hohe Sensibilität für die Probleme des Status quo besitzen. An dieser Stelle sind Fähigkeiten, Erfahrung und Expertise des Führers kritisch, da von dieser Einschätzung abhängig ist, ob mit Hilfe der zur Verfügung stehenden Ressourcen die angestrebte Veränderung überhaupt erreichbar ist.

Die bedeutendsten Ressourcen stellen hierbei die Bedürfnisse der Gefolgschaft dar (die der Führer erkennen muss), da er sich im Wesentlichen von ihnen tragen lässt, wenn es um die Veränderung der Situation geht. Schließlich muss der charismatische Führer die Defizite des Status quo identifizieren können, um seine strategischen und taktischen Pläne vorzubringen und dafür eine Gefolgschaft zu sammeln.

*Charismatische Führer* werden entsprechend als Reformer oder Unternehmer interpretiert, die für radikalen Wandel stehen und entsprechende Aktivitäten in Gang setzen, während *administrative Führer* eher für die Erhaltung und Fortsetzung des Status quo stehen.

**Phase 2:** Im Anschluss an die Bewertung der Umwelt werden Führer organisationale Ziele aufstellen. Charismatische Führer unterscheiden sich von anderen Führern darin, dass sie diese Ziele in Form von Visionen formulieren, die den Charakter von idealisierten Zielzuständen aufweisen. Je weiter sich diese Visionen von den bestehenden Zuständen entfernen, umso eher werden diese Visionen als charismatisch interpretiert, insbesondere wenn die Gefolgschaft eine hohe emotionale Identifikation aufweist und sich mit diesen Visionen Hoffnungen und Perspektiven verbinden.

Erfolgreiche charismatische Führung geht einher mit erfolgreicher Kommunikation. Charismatische Führer müssen sich als vertrauenswürdige, sympathische und fähige Personen erweisen, um im Kommunikationsprozess Kredit für den Transport dieser Visionen zu gewinnen.

Entsprechend ist die Artikulation der Visionen von hoher Bedeutung. Conger und Kanungo (2000, 53f.) weisen hier auf zwei separate Prozesse hin. Zunächst wird auf den Kontext verwiesen, in dem charismatische Führung stattfindet. Der Status quo wird als inakzeptabel dargestellt, während die Vision in einfachen und klaren Metaphern als höchst attraktiv und erstrebenswert beurteilt wird. In Szenarien entwirft der Führer grob die Elemente einer zukünftigen neuen Ordnung und die Rolle, die die Gefolgschaft in diesem angestrebten Zustand spielen wird.

Schließlich wird die Motivation charismatischer Führer im Kommunikationsprozess hervorgehoben. In verbalen und nonverbalen Kommunikationsformen demonstrieren sie ihre Überzeugungen, ihr Selbstvertrauen und ihre Fähigkeiten, den angestrebten Zustand herbeizuführen. Charismatische Führer verfügen eher über rhetorische Stilelemente, hohe Energie, Beständigkeit, gehen Risiken ein und unterstreichen im Rahmen des Kommunikationsprozesses ihre persönliche hohe Motivation und ihren Enthusiasmus.

**Phase 3:** Die Mittel zur Veränderung des Status quo sind vielfältig und eine wesentliche Voraussetzung für die Wirkung. Charismatische Führung besteht aus einer adäquaten Zusammensetzung der notwendigen Verhaltenselemente. Conger und Kanungo (2000, 55ff.) betonen insbesondere außergewöhnliche Verhaltensweisen wie beispielsweise symbolische Akte, Übernahme persönlicher Risiken, unkonventionelle Verhaltensweisen, die die bestehende Kultur in Frage stellen, und die Demonstration von Expertise. Die dabei eingesetzte Macht ist rein persönlicher Natur und entsteht durch den Konsens mit der Gefolgschaft.

Auf Basis der aus diesem Modell abgeleiteten Hypothesen werden empirisch Wirkungen der charismatischen Führer im Hinblick auf die Organisation und die Geführten erhoben.

Zusammenfassend kann festgehalten werden, dass die neueren empirischen Forschungen zur charismatischen Führung eine Vielzahl anregender Erkenntnisse und Heuristiken von Führung erzeugt haben (vgl. die Übersicht bei Agle et al. 2006). Meta-Analysen zeigen insbesondere hohe Zufriedenheitswerte der Geführten (vgl. Fuller et al. 1996). Da aber auch hier die Listen der Eigenschaften und Verhaltensweisen unterschiedlich lang sind, Konzepte und Methoden variieren und ein kausaler Zusammenhang zwischen charismatischer Führung und Erfolg nicht systematisch nachgewiesen werden kann, stellt dieser Forschungszweig nur einen Aspekt von Führung dar. Insofern ist die Beschäftigung mit der Persönlichkeit des Führers nach wie vor zur Erklärung des Führungsprozesses erforderlich. Einigkeit besteht aber im Folgenden: Die Erklärung einer Facette von Führung stellt keine Legitimation dar, dass Menschen andere Menschen aufgrund überlegener Persönlichkeitsausstattung führen sollten.

## 2.2.2 Verhaltensorientierte Führung

Die grundsätzliche Kritik an eigenschaftsorientierten Ansätzen hat in mehreren Schüben verhaltensorientierte Ansätze der Führungsforschung stimuliert. Im Unterschied zu eigenschaftsorientierten Ansätzen, die die Persönlichkeit des Führers fokussieren, wird als verhaltensorientierter Führungsstil ein zeitlich stabiles und situationsunabhängiges Verhalten des Führers gegenüber den Geführten bezeichnet. Dieses Verhalten ist zwar vergleichsweise manifest, aber anders als in den eigenschaftstheoretischen Führungsmodellen wird hier davon ausgegangen, dass sich das Verhalten über Training verändern lässt. In mehreren parallel verlaufenden Forschungsprogrammen wurde deshalb versucht, Führungsstile und deren Wirkungen im Hinblick auf Zufriedenheit und Leistung empirisch zu erheben.

Als Pionierarbeiten gelten die in den dreißiger und vierziger Jahren durchgeführten Feldexperimente von Kurt Lewin (vgl. zum Folgenden Bass 2008, 440ff.; Staehle 1999, 328ff.; Weibler 2012, 337ff.). In Experimenten mit Kindern sollten Auswirkungen von Führungsverhalten auf aggressives Verhalten der Kinder untersucht werden. Aus seinen Beobachtungen leitete Lewin drei Führungsstile ab:

- Der **autokratische Führer** bestimmt und lenkt die Aktivitäten und Ziele der Einzelnen und der Gruppe, weist jedem Mitglied seine Tätigkeiten und Mitarbeiter zu.
- Der **demokratische Führer** ermutigt die Gruppenmitglieder, ihre Aktivitäten und Ziele zum Gegenstand von Gruppendiskussionen und -entscheidungen zu machen.
- Der **laissez-faire Führer** spielt eine freundliche, aber passive Rolle und gibt den Gruppenmitgliedern volle Freiheit.

Zwar konnte nicht (wie beabsichtigt) eine Überlegenheit des demokratischen Führungsstils gegenüber dem autokratischen Führungsstil nachgewiesen werden. Allerdings zeigte sich beim demokratischen Führungsstil eine höhere Zufriedenheit der Gruppenmitglieder, während in autokratisch geführten Gruppen höhere Unzufriedenheit und Feindseligkeit beobachtet werden konnten. In laissez-faire geführten Gruppen wurden eine niedrigere Zufriedenheit (als in den demokratisch geführten Gruppen) sowie eine niedrigere Arbeitsproduktivität beobachtet. Überdies zeigte sich ein hohes Ausmaß an Desorganisation, Entmutigung und Aggression (vgl. Bass 2008, 145).

In einem groß angelegten Forschungsprogramm an der Universität von **Michigan** wurde der Versuch unternommen, Verhaltensunterschiede nachzuweisen, die erfolgreiche von weniger erfolgreichen Führern unterscheiden. Das Forschungsprogramm konzentrierte sich auf Zusammenhänge zwischen Führungsverhalten, Gruppenprozessen und Gruppenleistung (vgl. zum Folgenden Northouse 2010, 69ff.).

Zur Ermittlung des **Führungsverhaltens** wurden Manager in verschiedenen Branchen mit Hilfe von Interviews und Fragebögen auf relevante Unterschiede im Führungsstil befragt. Zur Messung der **Gruppenleistung** wurden aus den Unternehmen Daten im Hinblick auf die Gruppenproduktivität erhoben und auf die jeweiligen Verhaltensunterschiede bezogen.

In der Erhebung von Unterschieden im Führungsverhalten wurden zwei dominante Führungsstile identifiziert:

- **Mitarbeiterorientierung (Employee orientation):** Hier betonen Führungskräfte die zwischenmenschlichen Beziehungen bei der Aufgabenerfüllung. Sie unterstützen ihre Mitarbeiter, haben Verständnis für deren Probleme, bauen Vertrauen auf und setzen sich für die Karriere ihrer Mitarbeiter ein. In der Regel vereinbaren sie Ziele mit den Mitarbeitern und geben generelle Richtlinien zur Bearbeitung von Aufgaben vor, unterstützen aber das selbstständige Entscheiden der Mitarbeiter bei der Bewältigung konkreter Aufgaben.

- **Aufgabenorientierung (Production orientation):** Hier betonen Führungskräfte auf die Aufgabe bezogene Führungsaspekte, wie beispielsweise Planung, Arbeitseinsatz, Koordination, Bereitstellung von Betriebsmitteln und Material. Effektive Führer setzen hohe, aber realistische Ziele und kontrollieren die Einhaltung dieser Ziele auch im Detail.

Im Hinblick auf die Unterscheidung dieser Führungsstile gingen die Vertreter der Michigangruppe davon aus, dass sich diese Führungsstile am jeweiligen Ende eines Kontinuums befinden, Führungskräfte also entweder mitarbeiterorientiert oder aufgabenorientiert führen. Allerdings wurde erkennbar, dass die scharfe Trennung zwischen diesen Extremen empirisch nicht vorfindbar ist. Führungskräfte berücksichtigen sowohl mitarbeiterorientierte als auch aufgabenorientierte Aspekte. Situative Merkmale üben einen erheblichen Einfluss auf die Effektivität eines Führungsstiles aus.

Im Hinblick auf den empirischen Zusammenhang von Führungsstil und Gruppenproduktivität konnten trotz umfangreicher empirischer Untersuchungen keine konsistenten Ergebnisse erhoben werden, wonach ein Führungsstil dem anderen im Hinblick auf Produktivität und Zufriedenheit der Mitarbeiter überlegen ist (one best way).

Die wohl bekanntesten empirischen Untersuchungen entstammen einer Forschergruppe der **Ohio-State-University**. Die dort vorgenommenen empirischen Untersuchungen und die daraus resultierenden Führungskonzepte haben die Führungsforschung erheblich beeinflusst und die in den Unternehmen gebräuchlichen Führungstrainings geprägt.

In diesen Studien wurde das Verhalten von Führern als Interaktion zwischen Führern und Geführten modelliert. Mit Hilfe von Fragebögen sollte das Führungsverhalten als zentrale Variable differenziert und objektiv sowie standardisiert erfassbar gemacht werden (vgl. zum Folgenden Bass 2008, 539ff.; Yukl 2013, 64ff.).

Zu diesem Zweck wurde eine Liste entwickelt, in der die als relevant erachteten theoretischen Dimensionen zusammengestellt und in einen Fragebogen überführt wurden. Anhand verschiedener Versionen dieses LBDQ (Leader Behavior Description Questionnaire) wurden Geführte nach dem Führungsverhalten ihrer Vorgesetzten (Fremdeinschätzung) und Führungskräfte nach ihrem eigenen Führungsverhalten befragt (Selbsteinschätzung).

Die statistischen Auswertungen der Ergebnisse ergaben ein einheitliches Bild im Hinblick auf empirisch vorfindbare Grundstile von Führungskräften:

- **Mitarbeiterorientierung (Consideration):** Dieser Führungsstil bezeichnet freundschaftliches, vertrauensvolles und respektvolles Verhalten dem Einzelnen oder der Gruppe gegenüber. Diese Führungskräfte haben Zeit für ihre Mitarbeiter, besprechen mit ihnen wichtige Entscheidungen und akzeptieren Einwände. Im Kern betrachten sie ihre Mitarbeiter als gleichwertig.

- **Aufgabenorientierung (Initiating structure):** Hier stehen Strukturierung von Aufgaben, Rollen der Mitarbeiter, Informations- und Kommunikationsbeziehungen im Mittelpunkt. Diese Führungskräfte kritisieren schlechte Leistung, betonen die Einhaltung von Vereinbarungen, definieren Standards und bestehen auf deren Einhaltung. Sie entwerfen neue Problemlösungsverfahren und erwarten, dass ihre Mitarbeiter diese Verfahren übernehmen. Diese Führungskräfte sehen ihre Mitarbeiter als Arbeitskräfte und legen Wert darauf, dass sie deren Kapazität ausschöpfen.

Diese Führungsstile stellen keinen Gegensatz dar, sondern werden als unabhängig voneinander, also als kombinierbar, betrachtet. Es wird angenommen, dass Führer z.B. hohe Aufgaben- und niedrige Beziehungsorientierung aufweisen können, in beiden Dimensionen mittlere Werte aufweisen oder sowohl hohe Rücksichtnahme als auch hohe Gestaltungsinitiative im Führungsverhalten realisieren können.

Wird darüber hinaus zwischen niedriger und hoher Ausprägung des jeweiligen Führungsstiles unterschieden, lässt sich eine Vier-Felder-Matrix (Führungsstilquadrant) mit Grundstilen zur Beschreibung des Führungsverhaltens generieren:

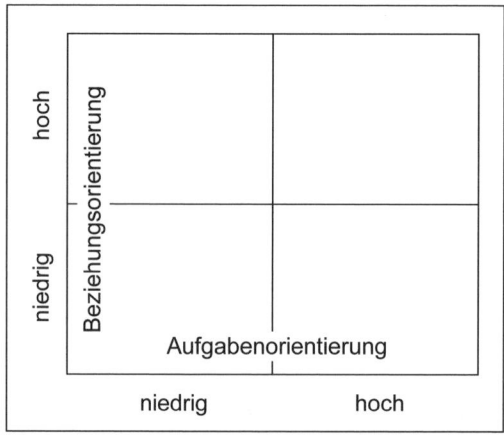

Abbildung III / 11: Schematisches Beispiel für einen Führungsstilquadranten

In ersten empirischen Untersuchungen wurde herausgestellt, dass in aufgabenorientiert geführten Gruppen hohe Produktivität, aber auch Absentismus, hohe Kündigungshäufigkeit und niedrige Arbeitszufriedenheit vorzufinden sind. Führungskräfte, die von ihren Untergebenen als stark mitarbeiterorientiert eingestuft wurden, hatten meist harmonische, kohäsive Gruppen mit hoher individueller Arbeitszufriedenheit.

Auch wenn sich diese duale Vorstellung von den Wirkungen dieser Führungsstile hartnäckig hält, kann heute nach umfangreichen Studien festgestellt werden, dass empirische Untersuchungen keine besonders starken und konsistenten Zusammenhänge zwischen bestimmten Führungsstilen und Kriterien des Führungserfolges, wie Leistung oder Zufriedenheit der Geführten, zeigen konnten (vgl. Yukl 2013, 71). Als Fazit kann daher festgehalten werden, dass die Zweidimensionalität des Führungsverhaltens empirisch zwar als belegt gilt, die Wirkungen dieses Führungsverhaltens aus methodischen Gründen jedoch kaum zu verifizieren sind.

Dennoch bilden diese Forschungslandschaften die Basis für eine Vielzahl von Trainingskonzepten für Führungskräfte. Die wohl bekanntesten und populärsten Trainingskonzepte stellen das Managerial Grid von Blake und Mouton (1992), das Führungsstilkonzept von Reddin (1977) und das Reifegradmodell von Hersey und Blanchard (2010) dar. Sie bieten plausible Analysetechniken für Führungsprozesse und dienen in erster Linie als Ausbildungs- und Trainingsprogramme, wenn in Unternehmen davon ausgegangen wird, dass verhaltenswissenschaftliche Erkenntnisse und ein methodisches Vorgehen zur Herausbildung erwünschter Führungsstile eingesetzt werden sollen. In Seminaren wird geübt, Führungssituationen zu analysieren und »richtig« einzuschätzen. Ansprüche an diese Konzepte können daher nicht sehr hoch gewichtet werden. Zwar können diese Konzepte eine sensiblere Analyse des eigenen Führungsverhaltens und der Situation unterstützen. Kritisch ist aber anzumerken, dass in der Regel mit recht einfachen, holzschnittartigen Figuren gearbeitet wird, um Seminarteilnehmern in kurzer Zeit die Möglichkeit zu geben, ihr Bedürfnis nach Ordnung mit »Aha«-Effekten zu kombinieren. Dennoch sollte ihre Wirkung nicht unterschätzt werden, wenn es darum geht, Führungskräften systematische Unterschiede zwischen einzelnen Führungsverhaltensweisen zu demonstrieren, Reflexionsprozesse über das eigene Führungsverhalten einzuleiten und die Begrenztheit der eigenen Verhaltensvariation spätestens dann zu erfahren, wenn die Erkenntnisse und Übungen aus dem Führungsseminar in den betrieblichen Alltag übertragen werden sollen.

### 2.2.3 Situative Theorien der Führung

In den vorangegangenen Kapiteln wurde der Führungsprozess im Wesentlichen als Ausdruck von Eigenschaften der Führer oder als Ausdruck ihrer in gewissen Grenzen variablen Verhaltensspektren interpretiert. Die Suche konzentrierte sich entsprechend auf Eigenschaften oder Verhaltensweisen, die eine Steigerung von Produktivität oder Zufriedenheit ermöglichen. Eine empirische Bestätigung dieser Grundannahmen blieb allerdings aus; vielmehr stellte sich die Vielzahl der empirischen Ergebnisse als äußerst widersprüchlich und verwirrend dar.

Als eine Erklärungsmöglichkeit dieser Befunde bot sich der intervenierende Einfluss der Situation an. Die Argumentation lautet nun, dass Führungseigenschaften und Führungsstile keinen universalen Charakter aufweisen, sondern in unterschiedlichen Situationen mehr oder weniger effektive Wirkungen erzeugen.

In einer gegebenen Situation würde sich nun die Suche auf einen Führungsstil konzentrieren, der in Bezug auf diese Situation den höchsten Führungserfolg bewirkt. Vereinfacht könnte argumentiert werden, dass für unterschiedliche Situationen unterschiedliche Führer benötigt werden oder ein Führer in genauer Diagnose der Führungssituation sein Verhaltensspektrum an die jeweilige Situation anzupassen hätte. Die Liste der situativen Führungstheorien, die diese Bedingungen modellieren, ist lang. Beispielsweise gehören die theoretischen und empirischen Arbeiten von Fiedler zu den Klassikern der situativen Führungsforschung (vgl. Fiedler 1967, 133ff.; 1972, 180ff.; Fiedler/Mai-Dalton 1995; Fiedler et al. 1977). In diesen Arbeiten wird ein Zusammenhang von Führungsleistung und situativen Merkmalen modelliert und empirisch überprüft. Ziel des Forschungsprogramms war es, anzugeben, unter welchen situativen Bedingungen ein bestimmter Führungsstil effizient ist. Auch die Arbeiten von Vroom und Yetton (vgl. Vroom/Yetton 1973, 32ff.; Vroom/Jago 1991; Jago/Vroom 1989) modellieren Zusammenhänge von Situation und Führungserfolg. Hier ist die Situation ein Problem oder eine Entscheidung, die der Vorgesetzte zu lösen hat. Jedes Problem oder jede Entscheidung wird als eine spezifische Merkmalskombination aufgefasst, deren Zusammensetzung sich auf den Führungsstil auswirken sollte. So werden z.B. für komplexe Entscheidungen andere Führungsstile oder Partizipationsgrade empfohlen als für einfache Situationen.

Im **Weg-Ziel-Modell** der Führung – das hier exemplarisch vertieft wird – ist die Situation anhand mehrerer Einflussgrößen definiert. Im Zentrum steht der Geführte, auf dessen Erwartungen sich der Vorgesetzte konzentrieren soll, um eine möglichst hohe Leistung zu erzielen. In erster Linie sollen Leistungsbereitschaft, Leistungsfähigkeit und nicht zuletzt die Zufriedenheit mit der Aufgabe durch Orientierung an *individuellen Wünschen und Erwartungen* der Mitarbeiter gestärkt werden. Dabei sollen z.B. Erwartungen über Karrierewege oder Inhalt und Umfang von Aufgaben und Erhöhung der Verantwortung stärker als bisher in den Vordergrund der Leistungssteuerung rücken (vgl. Evans 1995, 1075ff.; House 1971, 322ff.).

Hierbei handelt es sich nicht um universelle oder situationsspezifisch relativierende Handlungs*anweisungen*; vielmehr wollen erwartungstheoretische Ansätze Führer und Geführte in die Lage versetzen, den Führungszusammenhang selbstständig zu analysieren und dieses Analyseraster als Ausgangspunkt für Führungsverhalten zu nutzen.

In diesem Analyseraster wird zunächst davon ausgegangen, dass Arbeitnehmer Vorgesetzte dann akzeptieren, wenn sich diese als Quelle von Zufriedenheit erweisen. Unter dieser Voraussetzung – so eine zweite Annahme – sind Vorgesetzte in der Lage, die *Motivation* ihrer Mitarbeiter zu beeinflussen. Unter Motivation wird die Bereitschaft verstanden, sich für eine bestimmte Aufgabe zu engagieren und einzusetzen. In Anlehnung an die oben behandelte Theorie von Vroom (1964) wird davon ausgegangen, dass Menschen Leistung dann als erstrebenswert betrachten, wenn wünschenswerte Belohnungen in Aussicht gestellt werden. Arbeitnehmer lassen sich dieser Theorie zufolge von einem Mittel-Zweck-Denken leiten und kalkulieren vergleichsweise rational, ob eine von ihnen geforderte Leistung sich auszahlt (vgl. zum Folgenden Ridder/Schirmer 2011).

Die Aufgabe des Vorgesetzten wäre es nun, die jeweilige Führungssituation zu diagnostizieren, danach zu fragen, welche Aspekte unberücksichtigt sind und dafür zu sorgen, dass bestehende Defizite beseitigt werden. Diese Diagnose konzentriert sich auf drei Schwerpunkte:

(1) Die **erwartete Befriedigung aus der Valenz von Belohnungen.** Sie kann sich aus zwei Quellen ergeben. Zum einen vergibt die Organisation Belohnungen, von denen sie annimmt, dass ein großer Teil der Arbeitnehmer aus ihnen Zufriedenheit ableitet. Hierbei handelt es sich beispielsweise um Bezahlung, Aufstieg, Statussymbole, interessante Arbeitsinhalte. Zum anderen gelten als Quelle von Belohnungen auch diejenigen Personen, mit denen zusammengearbeitet wird, also Vorgesetzte und Kollegen, aber auch andere Organisationsmitglieder, Kunden und Lieferanten. Lob, Tadel, Achtung und Freundschaft können als Belohnung oder Sanktion einen hohen Stellenwert einnehmen.

Der Einfluss des Vorgesetzten kann hier schmaler oder breiter sein. Beispielsweise kann dieser die Anzahl und Art der Belohnungen variieren, Schwerpunkte setzen, sich kontinuierlich oder diskontinuierlich verhalten. Konzentrieren sich einige Vorgesetzte auf materielle Belohnungen wie Aufstieg oder bessere Bezahlung, befassen sich andere

Vorgesetzte mit den Arbeitsinhalten und den Arbeitsbedingungen. Wieder andere Vorgesetzte setzen auf die Kraft von immateriellen Belohnungen wie Lob und Anerkennung und sorgen dafür, dass auch andere Gruppenmitglieder oder der nächsthöhere Vorgesetzte Lob und Anerkennung aussprechen.

Der entscheidende Grundgedanke ist nun, dass der Vorgesetzte die Fähigkeit hat, die unterschiedlichen Erwartungen der Geführten zu erkennen, die Restriktionen organisationaler Vorgaben zu berücksichtigen und Belohnungen adäquat zuzuweisen.

Für die erfolgreiche Einflussnahme ist dann von Bedeutung, ob die Geführten die Einflussmöglichkeiten des Vorgesetzten auch erkennen. Möglicherweise werden Belohnungen nicht dem unmittelbaren Vorgesetzten, sondern dem Einfluss des nächsthöheren Vorgesetzten zugeschrieben oder den Regeln der Organisation (beispielsweise Regelbeförderung). Aber auch ohne diese Zuschreibungen kann der Vorgesetzte Anlass zur Zufriedenheit geben, wenn er im Sinne eines Vorbildes zu einer hohen Identifikation beiträgt. Das modellhafte Vorleben oder Bearbeiten von Arbeitsgegenständen kann, wenn der Geführte diesem Modell nacheifert, durch Förderung und Unterstützung zu hohen Zufriedenheitswerten führen.

Weitere Einflussgrößen des Vorgesetzten beziehen sich auf die erwartete Attraktivität eines Erfolges. Der Einfluss des Vorgesetzten erstreckt sich hier auf Verstärkung von Werten (von denen er annimmt, dass sie beim Geführten vorhanden sind) durch regelmäßiges Feedback über den tatsächlich erzielten Erfolg (z.B. in Form von Leistungsbeurteilung). Dies gilt insbesondere, wenn der Vorgesetzte davon ausgeht, dass der Geführte von dem Arbeitseinsatz ein wesentliches Befriedigungspotenzial erwartet. Hier hat der Vorgesetzte die Balance herzustellen zwischen herausfordernden und bewältigbaren Aufgaben. Durch Auswahl und Zuweisung von Aufgaben kann er zwischen eher extrinsisch und intrinsisch zu motivierenden Arbeitnehmern differenzieren und ggf. für Kompensationen sorgen, wenn die Zufriedenheit mit der Belohnung unterhalb der erwarteten Schwelle verbleibt.

**(2)** Als zweiter wesentlicher Einflussbereich des Vorgesetzten gilt die **Transparenz von Leistung und Belohnung.** Es wird davon ausgegangen, dass die Klarheit und Genauigkeit, mit der dieser Zusammenhang vom Vorgesetzten hergestellt wird, die Motivation von Geführten erheblich beeinflusst. Allerdings ist dieser Prozess an bestimmte Grundvoraussetzungen geknüpft. Danach müssen Geführte genaue und zeitlich adäquate Rückmeldungen über ihre Leistung erhalten. Geführte und ihre Kollegen müssen mit diesen Rückmeldungen übereinstimmen. Dies legt nahe, dass Beurteilungssysteme mit entsprechenden Beurteilungskriterien partizipativ entwickelt werden müssten, um einen breiten Konsens über die Definition von Leistung und die Ausprägungen ihrer Realisierung zu erhalten. Auf dieser Basis müsste der Vorgesetzte konsequent hohe Leistung belohnen und die Belohnung niedriger Leistung unterlassen. Diese Belohnungssystematik müsste in der Organisation generell verbreitet werden, und auch Führungskräfte dürften davon nicht ausgenommen sein.

**(3)** Von hoher Bedeutung ist die **Beseitigung von Hindernissen** und damit die Verstärkung der individuellen Überzeugung, dass Anstrengung zu Leistung führt. Geführte sollen die Ziele erkennen, die sie erfüllen sollen, die Wege beherrschen, die zu diesen führen, und über Ressourcen verfügen, die zur Aufgabenerledigung erforderlich sind. Dem Vorgesetzten wird hier im Sinne einer analytischen Durchdringung des Prozesses ein erheblicher Einfluss zugesprochen. Vorgesetzte können Motivationsprozesse verstärken, wenn sie die Überzeugung demonstrieren, dass Geführte in der Lage sind, Arbeitsaufgaben zu bewältigen. Sie können bei der Formulierung der Arbeitsaufgaben klärend und unterstützend tätig werden und Alternativen der Arbeitsausführung mit dem Geführten beraten oder ihn dabei unterstützen. Sie können helfen, organisationale Restriktionen zu überwinden oder einen Beitrag zur Verbesserung der Arbeitsmittel leisten.

Damit lässt sich zunächst festhalten, dass in dieser Führungstheorie davon ausgegangen wird, dass derjenige Vorgesetzte, der Belohnungen zur Verfügung hat, diese auf der Basis von Präferenzen der Untergebenen einsetzt und die Geführten in der Arbeitsausführung unterstützt, höhere Zufriedenheitswerte erzielt. Der analytische Wert dieser Theorie liegt, wie oben bereits angedeutet, nicht nur in der Thematisierung der Beziehung von Führern und Geführten, sondern auch in der Berücksichtigung der Situation. Insbesondere House (1971, 322ff.) hat darauf hingewiesen, dass er drei Situationsfaktoren für besonders einflussreich hält:

- Ist die **Arbeitsaufgabe** hochstrukturiert und routinehaft, so ist die Erwartung gering, dass aus dieser Tätigkeit Befriedigung erwächst. Der Vorgesetzte kann nun auf eine Reihe von Führungsritualen verzichten (Zielgespräche, Feedback, Leistungsbeurteilung etc.), weil die mangelnde Verbindlichkeit eher zu Widerständen und Zurückweisungen bei den Geführten führen könnte. Hingegen könnte sich der Vorgesetzte auf die Auswahl derjenigen Mitarbeiter konzentrieren, die eher extrinsische Belohnungen präferieren. Er könnte auch die Arbeitssituation im Sinne von Anreicherung der Aufgaben verändern.
- Setzt die **Organisation** verbindliche Leistungsstandards, an die Belohnungen regelhaft geknüpft sind, so ist der Einfluss des Vorgesetzten auf die Leistungsmotivation gering. Jede weitere Anwendung von positiven oder negativen Sanktionen würde daraufhin geprüft, ob sie redundant oder gar kontraproduktiv zur organisationalen Vorgabe erscheint.
- Besonders schwierig ist die Erfassung der **individuellen Unterschiede der Geführten**. Spätestens hier zeigt sich, dass der Vorgesetzte über ein hochsensibles Wahrnehmungs- und Interpretationsraster verfügen müsste, wenn er jeweils Leistungsmotivation, Autonomiebedürfnis, Selbstvertrauen und Präferenzen für intrinsische und extrinsische Belohnungen bei den Geführten diagnostizieren und seinen Führungsstil danach anpassen soll.

Zusammenfassend kann festgehalten werden, dass Erwartungstheorien das Zusammenspiel von Geführten, Situation und Führern miteinander in plausibler Weise in Beziehung setzen. Zwar geht diese Theorie von rationalistischen Verhaltensweisen der Geführten aus, es dominiert aber das Konstrukt des Führers. Die Anforderungen an seine diagnostischen Fähigkeiten sowie die daraus resultierenden Möglichkeiten werden recht anspruchsvoll und überhöht idealisiert. Positiv zu würdigen ist aber, dass diese Führungstheorie auf einer Motivationstheorie aufbaut und damit – im Gegensatz zu vielen anderen Führungstheorien – eine erklärende Funktion einnimmt. Bedürfnisse der Geführten, die Arbeitsaufgabe und Restriktionen der Organisation werden systematisch entwickelt und in die Modellkonstruktion integriert. In praktischer Hinsicht kann eine Führungsperson Aspekte der Führungssituation diagnostizieren und gemeinsam mit dem Geführten Handlungsschritte zur Erreichung angestrebter Ziele entwerfen.

## 2.2.4  Führen als Prozess des Organisierens

Führungsforschung, wie sie bisher vorgestellt wurde, sucht nach einem eher einfachen Zusammenhang zwischen einem Führer und einem Geführten oder einer zu führenden Gruppe. Die Erkenntnis, dass die jeweilige Situation einen erheblichen Einfluss auf den Führungserfolg nehmen kann, gibt Hinweise darauf, dass in Organisationen Führung eine bestimmte Funktion hat, die es stärker zu berücksichtigen gilt. Löst man sich von der Person des Führers, seinen Eigenschaften und Verhaltensweisen und wird nach den Funktionen von Führung gefragt, wird sie in Organisationen in erster Linie benötigt, weil Aufgaben geplant und koordiniert, Entscheidungen delegiert und meist arbeitsteilig exekutiert werden müssen. Führung entsteht damit durch Prozesse des Organisierens und des Organisiertwerdens. Diese Prozesse sind höchst komplex und bestehen aus spezifischen Elementen. Im Folgenden sollen einige Aspekte bearbeitet werden, die Führung als Organisieren begreifen und diesen Prozess als wechselseitige Beeinflussung von Führern und Geführten interpretieren.

Wechselseitige Beeinflussung bedeutet hier, dass Interventionen des Führers bei den Geführten nicht auf eine homogene Bereitschaft stoßen, diese Interventionen zu akzeptieren und in Handlungen zu überführen. Vielmehr werden auf der Basis heterogener Ziele, unterschiedlicher Machtrelationen und divergenter Wahrnehmungen Führungsbeziehungen mehr oder weniger vereinbart (vgl. die Übersicht bei Fairhurst 2009). Dies ist leicht nachzuvollziehen, da Führer in der Erfüllung ihrer Aufgabe darauf angewiesen sind, mit Geführten zu kooperieren. Da aber jeder Geführte über andere Kenntnisse, unterschiedliches Selbstbewusstsein, Verbalisierungsvermögen u.ä. verfügt, wird sich die Führungsbeziehung auch entsprechend unterschiedlich entwickeln. Prozesse des Organisierens erklären damit die Herausbildung von Führungsprozessen und relativieren die Annahme, dass Führungsverhalten homogene Wirkungen bei den Geführten erzeugt. Diese Prozesse sollen mit Hilfe der Theorie von Weick (2011) erläutert werden, wonach sich Verhalten in Organisationen als Ablauf von Interakten, Prozessen und loser Koppelung erklären lässt.

Führung als wechselseitige Vereinbarung ist gekennzeichnet durch die unterschiedliche (oft interessengeleitete) Wahrnehmung der Situation zwischen Führern und Geführten. Ein großer Teil der Unterschiedlichkeit von Wirkungen des Führungsverhaltens könnte damit erklärt werden, dass Interventionen des Führers unterschiedlich wahrgenommen und beurteilt werden. Es käme dann weniger auf die Verhaltensweisen des Führers an, sondern wie der Geführte diese interpretiert. Diese Frage wurde unter leistungsspezifischen Gesichtspunkten im Rahmen der Attributionstheorie behandelt. Im Zusammenhang mit Führung geht es darum, wie Führungskräfte sich das Verhalten von Mitarbeitern erklären und daraus ihre Schlüsse für weiteres Verhalten ziehen, und wie sich Mitarbeiter das Verhalten von Führungskräften erklären und daraus ihre Schlüsse ziehen. Auch hier kann argumentiert werden, dass die Führungsprozesse aus unterschiedlichen Interpretationen gespeist werden und deshalb Heterogenität erzeugen.

Führung als Vereinbarung auf der Basis unterschiedlicher Wahrnehmungen und Beurteilung der wechselseitigen Verhaltensweisen ist also weder eine Einbahnstraße von Führern zu Geführten, noch ist sie eine Einmalschleife. Nur selten berücksichtigen Führungstheorien, dass Geführte ihre Erfahrungen mit Vorgesetzten machen und sich der Ablauf des Organisierens über Lernprozesse modifiziert. Vorgesetzte können Vorbilder, aber auch abschreckende Beispiele sein. Alltagstheoretisch verläuft diese Trennlinie häufig zwischen den idealisierten Bildern einer gewünschten Führungskultur in den Führungsleitlinien von Unternehmen und den Witzen und Geschichten über die Unfähigkeit von Vorgesetzten. Aber nicht nur die Geführten lernen im Zeitablauf, Führung zu verstehen oder zu umgehen, sondern in einer Lerntheorie der Führung wird auch das Lernen der Führer als Folge der Verhaltensweisen der Geführten betont. Der Führer lernt, dass seine Verhaltensweisen bei verschiedenen Mitarbeitern unterschiedliche Auswirkungen haben, die er bei den nächsten Interventionen berücksichtigen wird.

Die Organisation der Zusammenarbeit wird in diesem Führungsverständnis damit nicht einseitig dem Führer, dem Geführten oder der Situation überantwortet, sondern Führen als Prozess des Organisierens setzt ein Verständnis für unterschiedliche Wahrnehmung, wechselseitige Beurteilung und interagierende Lernprozesse voraus.

## 2.2.4.1    Prozesse des Organisierens

Weick hat in seinem Klassiker die wechselseitige Beeinflussung von Personen in Organisationen, daraus resultierende Strukturen und den erneuten Einfluss dieser Strukturen auf die Kommunikation von Menschen in seiner Analyse des Organisationsprozesses als Wechselspiel von **Interakten** und **Prozessen** herausgearbeitet (vgl. zum Folgenden Weick 2011, 130ff.):

**Interakte:** Hierunter versteht Weick die Bedingtheit der Verhaltensweisen einer Person durch eine andere Person. Beispielsweise fordert ein Vorgesetzter einen Arbeitnehmer auf, eine Handlung zu beenden und mit einer anderen Handlung zu beginnen. Autorität, Kontrolle und Einfluss stellen hier die Bedingungen der Intervention dar. Die Organisation stellt die Legitimation und die erforderlichen Machtmittel zur Verfügung.

**Doppelter Interakt:** Auf diesen Interakt wird der Arbeitnehmer reagieren und damit die Grundlage für eine Veränderung der bis dahin typischen Reaktionsmuster des Arbeitnehmers legen. Der Arbeitnehmer lernt, die Interventionen des Vorgesetzten zu bewältigen. In Abhängigkeit von Selbstbewusstsein, Erfahrung und Persönlichkeit werden die Reaktionen unterschiedlich ausfallen. Nun lernt aber auch der Vorgesetzte, dass Arbeitnehmer unterschiedlich auf seine Interventionen reagieren, und er wird seinerseits in der Zukunft differenzierte Interventionen vornehmen.

**Prozesse:** Diese Interakte sind Ausgangspunkte von Prozessen, die eine Organisation konstituieren. Es kann davon ausgegangen werden, dass eingespielte Interakte eine persönliche Intervention des Vorgesetzten über die Zeit überflüssig machen.

**Organisationsregeln:** Der Vorgesetzte lernt, dass sich diese eingespielten Prozesse als schriftliche Anweisung formulieren lassen und diese eventuell klarer und effizienter sind als mündliche Anweisungen.

Dieses ineinandergreifende Verhalten entsteht nicht voraussetzungslos. Der Beginn dieser Interakte ist insbesondere in Organisationen dadurch gekennzeichnet, dass dort Menschen davon ausgehen, die Herausbildung sozialer Beziehungen könne für jeden von Nutzen sein. Kontakte mit anderen Personen erhöhen die Möglichkeit zu mehr Bedürfnisbefriedigung und Selbstverwirklichung. Wichtig ist in diesem Zusammenhang eine Übereinstimmung im Hinblick auf die Mittel, um die Grundannahme einer individuellen Zielerreichung zu bestätigen. Personen haben eine Vorstellung davon, wie die Zusammenarbeit mit anderen Menschen ihren Zielen dienen soll.

Der Begriff des **partiellen Einschlusses** weist darauf hin, dass Personen nicht ihr jeweils gesamtes Verhaltensspektrum in eine Gruppe investieren, sondern auf mehrere Gruppen unterschiedlich verteilen. Dies erklärt u.a., warum Personen im Hinblick auf bestimmte Verhaltensweisen sich in einer Gruppe und im Hinblick auf andere Verhaltensweisen in anderen Gruppen engagieren. Die Herausbildung dieser Beziehungen führt zur Stabilisierung, Sicherung und Wiederholung von Verhaltensweisen. Der partielle Einschluss von Personen in Gruppen lässt sich damit unterschiedlich deuten. Einerseits kann argumentiert werden, dass Personen nicht ihr volles Engagement in einer Gruppe (z.B. der Arbeitsgruppe) realisieren und es notwendig ist, nach geeigneten Maßnahmen der Erhöhung dieses Engagements zu suchen. Anderseits ließe sich argumentieren, dass in einer Organisation nur spezifische Verhaltensweisen von Arbeitnehmern benötigt werden und Arbeitnehmer implizit darüber mitentscheiden, wo und wie sie die anderen Verhaltensweisen innerhalb und außerhalb der Organisation einsetzen. Die vielfältige Vermischung betrieblicher und privater Verhaltensweisen in Organisationen lässt sich so gut erklären.

Das Konzept der **kollektiven Struktur** kann als Baustein interpretiert werden, der durch sich wiederholende, strukturiert ineinander greifende Verhaltensweisen den Aufbau größerer Kollektive erlaubt. Diese ineinandergreifenden Verhaltensweisen sind also zur Koordination geeignet, auch wenn keine enge Bindung an die Gruppe oder Organisation erfolgt. Es ist für den Aufbau und die Erhaltung von Strukturen hinreichend, wenn Wissen darüber vorhanden ist, dass sich Personen in bestimmten Situationen vorhersehbar verhalten und dieses Verhalten mit den eigenen Aktivitäten verknüpft werden kann. Diese wechselseitigen Äquivalenzstrukturen lassen sich mit impliziten Verträgen vergleichen, in denen sich die Vertragspartner nicht gut kennen und auch keine gemeinsamen Ziele haben müssen, um einen Vertrag miteinander abschließen zu können. Wichtig ist lediglich, dass Person A Verhaltensweisen zeigt, die für Person B nützlich sind und die B zu Verhaltensweisen veranlassen, die für A nützlich sind.

Auf diese Weise zerfallen Organisationen ständig in Untereinheiten und müssen immer wieder neu hergestellt werden. Die stabile Grundeinheit in diesem Prozess ist der oben eingeführte doppelte Interakt. Hier gibt es zwischen den Personen stabile Beziehungen, die die Struktur der Organisation zusammenhalten. Zwischen diesen Untereinheiten bestehen weniger stabile Beziehungen. Sie sind eher locker miteinander verbunden. **Lose Koppelung** kann damit als Erklärung für Stabilität und Flexibilität herangezogen werden. Störungen zwischen Untereinheiten bleiben in diesem Verständnis lokal begrenzt und führen nicht durch Verzweigung zu einer Gefährdung der gesamten Struktur.

Der Zusammenbau von doppelten Interakten zu größeren Prozessen erfolgt durch so genannte **Montageregeln.** Einflussreiche Personen benutzen Instruktionen und Vorschriften, um mehrere doppelte Interakte zusammenzufügen. Je nach Mehrdeutigkeit von Situationen können mehr oder weniger solcher Regeln angewandt werden.

Weick geht davon aus, dass Prozesse des Organisierens Prozessen der natürlichen Auslese sehr ähnlich sind und schlägt ein analoges Modell des Organisierens vor (vgl. Abbildung III / 12).

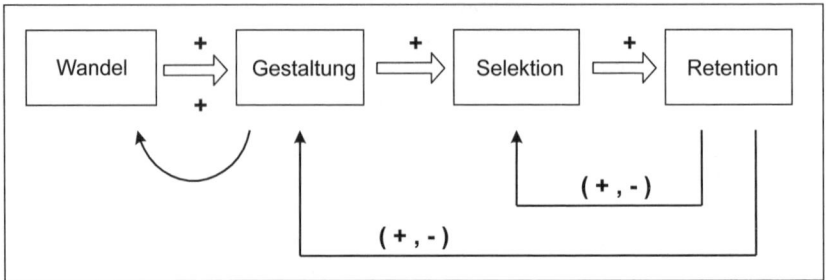

Abbildung III / 12: Prozesse des Organisierens
(In Anlehnung an Weick 2011, 193)

**Wandel:** Innerhalb der Ereignisströme, denen Menschen täglich ausgesetzt sind, gibt es Dinge, die selbstverständlich und reibungslos ablaufen und die häufig gar nicht bewusst sind. Es gibt aber auch Unterschiede und Brüche, die die Aufmerksamkeit auf sich ziehen. Es wird dann Versuche geben, die darin enthaltene Mehrdeutigkeit zu reduzieren und Bedeutendes von Belanglosem zu unterscheiden. Veränderungen sind damit Quelle und Rohmaterial für Sinngebung und Interpretation.

**Gestaltung:** Diese Brüche oder Unterschiede sind häufig Anlass zur Gestaltung durch Einklammerung. Der Akteur wird das Ereignis aussondern, um es genauer zu betrachten und Entscheidungen zu treffen, wie mit dem singulären Ereignis verfahren werden kann. Hat aber der Akteur durch eine Handlung den Wandel hervorgerufen, werden ihm Zwänge auferlegt, was als nächstes zu tun ist.

**Selektion:** Mehrdeutige Ereignisse stoßen auf Strukturen. Individuen verfügen über Erfahrungen, die als Ordnungsmuster zur Auswahl, Ordnung und Klassifikation von Ereignissen herausgebildet wurden. Das Ereignis wird in dieses Ordnungsmuster integriert, um Verstehen zu gewährleisten. Erweist sich dieses Ordnungsmuster als inadäquat, wird die Komplexität erhöht. Organisationen verfügen ebenfalls über bewährte Interpretationsschemata, z.B. Routinen, Arbeitsabläufe, Programme. Hilfreiche Interpretationsschemata werden beibehalten, inadäquate ausgesondert.

**Retention:** Hier geht es um das Speichern der erfolgreichen Interpretation. Das ehemals mehrdeutige Ereignis wird als »gestaltete Umwelt« in das Interpretations- und Gestaltungsrepertoire aufgenommen. Der Begriff »gestaltete Umwelt« signalisiert, dass aus dem Ereignisstrom mögliche Umwelten ausgesondert und bearbeitet werden.

Die Verbindung der vier verschiedenen Prozesse wird durch die Pfeile verdeutlicht. Wandel und Gestaltung (Handeln) sind wechselseitig kausal miteinander verknüpft. Gestaltung und Selektion sind so miteinander verbunden, dass mehr Gestaltung eine höhere Selektion (Wahrnehmung) nach sich zieht. Entsprechend löst eine hohe Selektionsrate eine hohe Retentionstätigkeit (Bewahren) aus. Retention beeinflusst Selektion und Gestaltung. An mehreren Beispielen zeigt Weick, dass diese Rückkopplung positiv (vertrauend) oder negativ (misstrauend) sein kann. Im ersten Fall werden Erfahrungen und Routinen bestätigt und verstärkt, im zweiten Fall werden sie in Frage gestellt.

Die enge Verbindung der Teilprozesse ist nicht linear zu verstehen. Vielmehr führt jede Veränderung eines Teilprozesses zu einer Veränderung eines anderen Teilprozesses. Unter **Führung** würde hier ein Vorgang verstanden werden, in dem ein Manager versucht, diesen Veränderungen Ordnung aufzuzwingen. Ein wesentliches Problem liegt allerdings darin, dass Manager häufig nicht wissen, wie andere Menschen den Ereignisstrom interpretieren und gestalten wollen und dies auch nicht wissen wollen. Häufig basiert das Wissen über Umwelt auf der Grundlage von »**Testvermeidung**«. Manager prüfen nicht, ob ihre Interpretationen stimmen. Je größer die Furcht vor der Widerlegung dieser Annahmen ist, umso größer ist die Wahrscheinlichkeit, dass das Wissen über die Umwelt auf vermiedenen Tests beruht.

Wenn, so schlussfolgert Weick, Menschen ihre Umgebung ändern wollen,

> *»... müssen sie sich selbst und ihr Handeln ändern – nicht jemand anderen. Wiederholtes Scheitern von Organisationen beim Lösen ihrer Probleme erklärt sich teilweise aus der Unfähigkeit, ihre eigene Bedeutung innerhalb ihrer eigenen Umwelt zu verstehen. Probleme, die nie gelöst werden, werden deshalb nie gelöst, weil die Manager fortwährend mit allem herumexperimentieren, außer mit dem, was sie selbst tun« (Weick 2011, 219).*

Vorgesetzte verfügen über **Schemata**, die sie als Interpretationshilfen benutzen (vgl. Schirmer 1992, 137ff.). Schemata als abgekürzte, verallgemeinerte und korrigierbare Gliederung von Erfahrung dienen als Bezugsrahmen für Handlung und Wahrnehmung. Diese Schemata sind als Navigatoren zuständig für die Erkundung, Auswahl und Modifikation von Ereignissen. Gestaltung als **self-fulfilling prophecy** bezeichnet dann ebenfalls eine bekannte Form der Gestaltung von Umwelt. Menschen, die misstrauisch ihre Umwelt kontrollieren, ernten als Ergebnis Menschen, die versuchen, sich der Kontrolle zu entziehen, was wieder mehr Kontrollaufwand nach sich zieht. Häufig basieren solche Gestaltungen auf nicht bewiesenen Annahmen. Manager, die auf Mehrdeutigkeit stoßen, nehmen dann an, dass ihre Vorstellungen von Menschen und Organisationen nicht nur korrekt sind, sondern auch von anderen Menschen geteilt werden.

Es ist insbesondere diese geringe Aufmerksamkeit und Achtsamkeit, die - so Weick - Führungskräfte in Schwierigkeiten bringen, wenn sie in einer komplexer werdenden Welt unerwartete Bedrohungen und Herausforderungen zu bewältigen haben. Wenn die Deutung und Interpretation der Ereignisse nicht ständig aktualisiert wird und schwache Signale übersehen oder nicht angemessen registriert werden, nimmt im Sinne des oben dargestellten Modells der Handlungsspielraum für Gestaltung schnell ab. Vor diesem Hintergrund hat Weick in jüngerer Zeit Organisationen untersucht, die unter sehr schwierigen Bedingungen arbeiten (z.B. Kernkraftwerke, Krankenhäuser, Stromnetzbetreiber) und Merkmale herausgearbeitet, wie unter diesen Bedingungen komplexe mentale Modelle zu einer Führungskultur führen, in der hohe Aufmerksamkeit und Sensibilität für betriebliche Aubläufe die Grundlage zur Vermeidung von Störungen oder Leistungseinbußen (vgl. Weick/Sutcliffe 2010) oder gar Katastrophen darstellen (vgl. Weick 2010).

### 2.2.4.2    Attributionstheorie der Führung

Eine für den Führungsprozess wichtige Erkenntnis der Theorie von Weick ist die Einklammerung der Umwelt, die sowohl für den Führer als auch für den Geführten gilt. Danach werden nicht alle Informationen aufgenommen, sondern diese selektierten Informationen werden unterschiedlich interpretiert, es werden ihnen differenzierte Ursachen zugeschrieben und daraus verschiedene Konsequenzen gezogen. Häufig kommt es also für den Führungsprozess nicht auf das Verhalten eines Geführten an, sondern wie sich ein Vorgesetzter Urteile über die Ursachen des Verhaltens bildet. Führung als Individualführung basiert auf einer Vielzahl von Attributionsprozessen. Sie beinhalten Informationsverarbeitung, sind an Kategorisierungsprozessen beteiligt, reduzieren Vieldeutigkeit, erhöhen die eigene Handlungsfähigkeit und helfen, das Handeln anderer zu verstehen.

Attribution und Führung lassen sich in zwei Forschungsrichtungen aufteilen (vgl. zum Folgenden Mitchell 1995):

1. Eine Forschungsrichtung konzentriert sich auf Attributionen von Untergebenen in Bezug auf das Führungsverhalten.
2. Eine zweite Forschungsrichtung konzentriert sich auf Attributionen der Führer im Hinblick auf das Untergebenenverhalten.

**Attributionen der Untergebenen:** Nach diesem Forschungszweig entsteht Führung im Wesentlichen auf Basis der Wahrnehmung der Geführten, die eine Reihe von Dimensionen bestätigen oder nicht bestätigen. Beispielsweise bilden Stereotypen, wonach Führer dynamisch, machtvoll, allwissend, durchsetzungs- und entscheidungsfreudig sein sollen, eine Basis für die Zuschreibung von Führung. Weist eine Person diese Verhaltensweisen auf, hat sie aufgrund von Sozialisationsmechanismen der Geführten eine gute Chance, als Führer anerkannt zu werden. Führer werden damit auf der Basis einfacher und gelernter Vergleichsprozesse identifiziert. Bestimmte Prototypen (oder auch Archetypen) werden kategorisiert und lösen gelerntes Verhalten aus. Wie bereits im Rahmen der Motivationstheorien ausgeführt wurde, sind solche Zuschreibungen in der Regel sehr einfacher Natur, da sie helfen, die komplexe Umwelt auf ein handhabbares Segment zu reduzieren. Weiterhin wurde festgehalten, dass Attributionen nicht notwendigerweise objektiv und richtig sein müssen, sondern auch unsere Wünsche und Erwartungen unterstützen.

**Attributionen von Vorgesetzten:** Diese Forschungsrichtung befasst sich mit Ursachenzuschreibungen von Vorgesetzten, insbesondere mit der Einschätzung und der daraus resultierenden Handlung im Umgang mit »schwachen« Mitarbeitern. Mitchell (1995) weist darauf hin, dass der Umgang mit eindeutigem Fehlverhalten meist in Unternehmen strukturell geregelt ist und Führungskräfte in Ermangelung von Handlungsspielräumen kaum in die Notwendigkeit geraten, Ursachenzuschreibungen vorzunehmen. So folgt beispielsweise auf Diebstahl Entlassung oder auf Nichterreichung von Leistungszielen Konsequenzen für Prämien oder Beförderung. Attributionsprozesse und entsprechende Führungsaktivitäten entstehen eher bei komplexen und nicht eindeutig zu erklärenden Verhaltensweisen von Mitarbeitern im Führungsalltag, wenn klare Kausalbeziehungen fehlen und nur geringfügige oder unregelmäßige Abweichungen von der üblichen erwarteten Leistung zu beobachten sind. In diesem Fall – so die Annahme der Attributionstheorie – sind Führungskräfte einem zweiphasigen Prozess unterworfen. In der **Diagnosephase** versuchen sie zu ergründen, warum dieses Verhalten auftrat und sammeln zu diesem Zweck Informationen über die Person und über situative Einflussfaktoren. Ist die Informationssuche und -verarbeitung abgeschlossen, wird in der **Entscheidungsphase** unter mehreren Alternativen eine Reaktion ausgewählt. Diese beiden Phasen unterliegen wiederum verschiedenen Einflussgrößen, die in der Person des Vorgesetzten begründet sind:

**Diagnosephase:** Soziale und informationale Faktoren beinhalten insbesondere die Frage, ob die schlechte Leistung auf internale oder externale Ursachen zurückgeführt wird. In Anlehnung an die Kovarianztheorie von Kelley (1973) würde ein Vorgesetzter seine Urteilsbildung an drei Kriterien festmachen:

- **Unterschiedlichkeit:** Der Mitarbeiter hat nur eine Aufgabe nicht, alle anderen Aufgaben entsprechend den Erwartungen bewältigt. In diesem Fall würde der Vorgesetzte das Fehlverhalten externen Ursachen (zu schwere oder unklare Aufgabe) zuschreiben. Hat der Mitarbeiter nicht nur die konkret beobachtete, sondern auch andere Aufgaben schlecht bewältigt, würde der Vorgesetzte die Urteilsbildung auf interne Ursachen in der Person des Mitarbeiters zurückführen (unfähig, faul).
- **Interpersonale Übereinstimmung:** Haben alle Mitarbeiter die Aufgabe schlecht bewältigt, würde der Vorgesetzte eher extern attribuieren; hat nur der betreffende Mitarbeiter die Aufgabe schlecht bewältigt, würde der Vorgesetzte die Ursache eher dem Mitarbeiter zuschreiben.
- **Konsistenz:** Hat der Mitarbeiter auch in der Vergangenheit schlechte Leistung gezeigt, wird der Vorgesetzte andere Zuschreibungen vornehmen.

Die Diagnosephase wird von verschiedenen **Kausalschemata** beeinflusst. So wird ein Vorgesetzter den Erfolg einer Gruppe sich selbst, den Misserfolg aber der Gruppe oder einzelnen Personen in der Gruppe zuschreiben. Auch die *Beziehung zwischen Führer und Geführten* beeinflusst den Diagnoseprozess. Enge Beziehungen führen zu einer Angleichung zwischen Attributionen, die Führer aufweisen, und den Attributionen, die Geführte aufweisen. Bei größerer Distanz und daraus resultierender Abweichung der Zuschreibung wächst die Bereitschaft, Sanktionen einzusetzen. Studien legen die Schlussfolgerung nahe, dass Führer, die über Machtpotenziale verfügen und in ihren Zuschreibungen von Ursachen schlechter Leistung deutlich von der Zuschreibung ihrer Mitarbeiter abweichen, eher bereit sind, internale Ursachen heranzuziehen und Bestrafungspotenziale einzusetzen. Schließlich liegen Untersuchungen vor, dass *Führungserfahrung* im Hinblick auf die Aufgabe und im Hinblick auf die Geführten eine geringere Diskrepanz in den Attributionen zwischen Führern und Geführten erzeugt.

**Entscheidungsphase:** Als Ergebnis des Diagnoseprozesses wird der Vorgesetzte das Verhalten internalen oder externalen Ursachen zuschreiben. Im attributionstheoretischen Denkgebäude würde erwartet werden, dass ein Vorgesetzter, der externale Zuschreibungen vornimmt, sich auf die Veränderung der Arbeitsaufgabe oder der Rahmenbedingungen konzentriert, wohingegen eine interne Zuschreibung zu bestrafenden Reaktionen führen würde. In verschiedenen Untersuchungen zeigte sich aber, dass die erwarteten Zusammenhänge geringer waren, als dies von der Modellannahme her vermutet werden durfte. Einige Einflussgrößen konnten hierbei identifiziert werden (vgl. Green/Mitchell 1979; Mitchell 1995):

- **Wahrgenommene Verantwortung:** Reaktionen von Vorgesetzten fallen umso härter aus, wenn die schlechte Leistung mit *gravierenden Konsequenzen* verbunden ist. Hingegen führen *Entschuldigungen* zu einem nachsichtigeren und weniger stark bestrafenden Verhalten des Vorgesetzten. Die Reaktion des Vorgesetzten wird auch von der *sozialen Umwelt* beeinflusst. Ist dem Vorgesetzten bekannt, dass der die schlechte Leistung produzierende Arbeitnehmer in der Gruppe beliebt ist und ein hohes Maß an Führungspotenzial besitzt, wird er zu einer günstigeren Beurteilung kommen als bei Arbeitnehmern, die unbeliebt sind und über kein Führungspotenzial verfügen. In weiteren Untersuchungen zeigte sich, dass Vorgesetzte, die von ihren schwach-leistenden Untergebenen *abhängig* waren (z.B. wurde das Gehalt des Vorgesetzten z.T. auch als Ergebnis der Gruppenleistung bezahlt) eine positivere Beurteilung der Leistung angaben als bei Mitarbeitern, von denen sie finanziell unabhängig waren. Auch die *Kosten der Reaktion* spielen eine Rolle. In Abhängigkeit der wahrgenommenen Leichtigkeit von Veränderungen neigen Vorgesetzte zu einer Veränderung ihrer Zuschreibung, z.B. wenn die Einflussnahme auf den Arbeitnehmer als leichter zu realisieren interpretiert wird als die Veränderung der Arbeitsaufgabe.

- **Grundsatzentscheidungen:** Die Attributionen und daraus resultierenden Reaktionen sind allerdings nur von Bedeutung, wenn dem Vorgesetzten Handlungsspielräume im diskutierten Segment verbleiben. Regeln Organisationsgrundsätze bis ins Detail, wie mit schwach-leistenden Arbeitnehmern verfahren wird, spielen Attributionen kaum noch eine Rolle.

Daraus schlussfolgert Mitchell (1995), dass den organisatorischen, sozialen und Kontextfaktoren im Führungsgeschehen eine höhere Aufmerksamkeit gewidmet werden muss, da diese einen erheblichen Anteil an den Reaktionen der Vorgesetzten aufweisen. Die Rolle der Attributionen stellt damit einen wichtigen Baustein im Verständnis von Führungsprozessen dar (vgl. umfassend Martinko et al. 2007).

### 2.2.4.3　Lerntheorie der Führung

Bisher wurde darauf hingewiesen, dass der meist arbeitsteilig vorgegebene Prozess des Organisierens dazu führt, dass Führer und Geführte in der Regel durch konsensuelle Validierung Ordnung in ein komplexes multifaktorielles Geschehen bringen. Diese Ordnung wird durch Zuschreibung von Ursachen und Herstellung von Kausalitäten bestimmt. Im Folgenden soll nun ein Aspekt herausgearbeitet werden, der den wechselseitigen Lernprozess von Führern und Geführten betont.

Die soziale Lerntheorie der Führung basiert auf der sozial-kognitiven Lerntheorie von Bandura (1979). Eine erste Annahme interpretiert Verhalten von Menschen als ständige reziproke Interaktion von Verhalten, Person und Umwelt und daraus entstehenden Veränderungen sowohl der Persönlichkeit als auch der Umwelt. Die Persönlichkeit beeinflusst Verhalten, Menschen beeinflussen durch Verhalten Umwelten, die wiederum Möglichkeiten und Begrenzungen des Verhaltens darstellen. Menschen machen durch Verhalten auch Erfahrungen, die wiederum die Persönlichkeit verändern.

Eine zweite Annahme der sozial-kognitiven Lerntheorie betrifft die Fähigkeit des Menschen, durch mentale Fertigkeiten und Gedächtnisleistungen effizientes Lernen zu organisieren. Menschen lernen nach Bandura über die Organisation ihrer kognitiven Prozesse und über Reize sowie Verstärkungen, die sie aus ihrer Umwelt erhalten.

Für den Führungsprozess ergeben sich einige wichtige Schlussfolgerungen. Zunächst einmal ist die *kognitive Repräsentation* der Umwelt für Menschen unterschiedlich. In Abhängigkeit von Persönlichkeitszügen, Werten, Einstellungen, Wahrnehmungen, Bedürfnissen etc. werden externe Einflüsse unterschiedlich wahrgenommen, bewertet und verarbeitet. Es sind kognitive Faktoren, die darüber entscheiden, ob und in welcher Form Informationen der Umwelt aufgenommen werden. Damit kann davon ausgegangen werden, dass Führer und Geführte keine identische Definition und Bewertung von Situationen vornehmen.

Darüber hinaus verfügen Menschen im Führungsprozess über die Fähigkeit, wechselseitige Beziehungen zwischen Umwelt und Person zu beobachten und daraus Konsequenzen für das eigene Verhalten zu ziehen. Auf diese Weise können komplexe

Sachverhalte verstanden und in das eigene Verhaltensrepertoire überführt werden, ohne dass es der Verstärkung durch Bestrafung und Belohnung bedarf (*Modell-Lernen*).

Schließlich verfügen Menschen über die Fähigkeit der *Selbstverstärkung* und der *Selbstkontrolle*. Lernen wird als effektiv verstanden, wenn selbst geschaffene Lernhilfen verwendet werden und eine Selbstkontrolle des Gelernten möglich ist.

Auf der Basis dieser Grundannahmen der sozial-kognitiven Lerntheorie kann nun Führung verstanden werden als »*... interagierender reziproker Determinismus zwischen dem Verhalten des Führers, den Persönlichkeitseigenschaften des Führers (einschließlich kognitiver Prozesse/psychologischer Dimensionen) und der Umwelt (Eigenschaften des Arbeitsplatzes, der Organisation, Attitüden/Verhaltensweisen der Vorgesetzten/Untergebenen*« (Luthans/Rosenkrantz 1995, 1008). Eine schematische Darstellung dieses Zusammenhangs erfolgt in Abbildung III / 13:

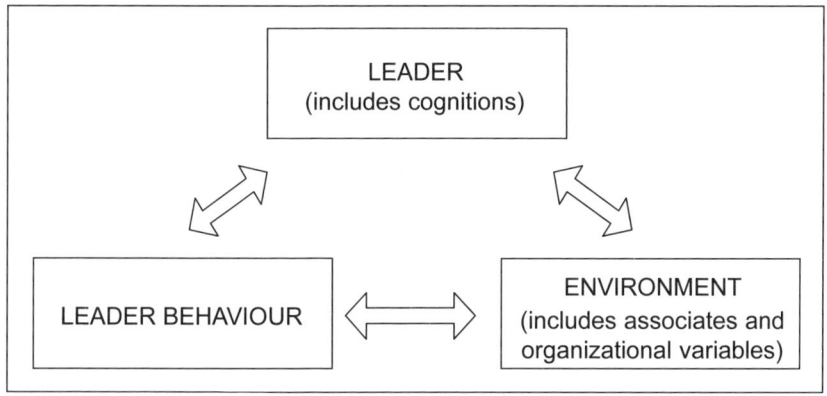

Abbildung III / 13: Lerntheoretischer Ansatz der Führung
( In Anlehnung an Luthans 2008, 427)

Die Persönlichkeitseigenschaften des Führers spielen in diesem Führungsverständnis eine ebenso große Rolle wie die (ausschnitthaften) Verhaltensweisen. Gleichzeitig lernt der Führer, dass seine Verhaltensweisen Auswirkungen auf das Verhalten der Geführten haben und wird eben dieses bei der nächsten Gelegenheit berücksichtigen. Damit schafft der Führer durch sein Verhalten Umwelten, die sein zukünftiges Verhalten wieder beeinflussen. Ebenso lernen die Geführten, dass ihre Verhaltensweisen Auswirkungen auf das Verhalten des Führers haben, die nun ebenfalls antizipiert werden. Schließlich können sich über Erfahrungen Verhaltensweisen verändern oder manifestieren und damit die Umwelt oder die Persönlichkeit anpassen.

Auf diese Weise kann erklärt werden, dass Führungskräfte im Hinblick auf Geführte unterschiedliche Verhaltensweisen zeigen und somit differente Umwelten schaffen.

Damit wird auch deutlich, dass die Fokussierung auf einen Aspekt der Führung (z.B. den Führer) notwendigerweise Wechselwirkungen ausblenden muss, die sich im Führungsprozess als relevant erweisen. Vielmehr kann auf der Basis der sozial-kognitiven Lerntheorie davon ausgegangen werden, dass Geführte erwünschtes Verhalten nicht nur durch direkte Intervention des Führers, sondern auch durch Modell-Lernen annehmen, indem beispielsweise der Führer zeigt, wie effiziente Aufgabenbewältigung und soziale Beziehungen organisiert werden. In gleicher Weise kann hier davon ausgegangen werden, dass die Fähigkeit der Selbstorganisation, der Selbstverstärkung und der Selbstkontrolle durch Interventionen des Führers zerstört werden können.

Die Aufgabe des Führers konzentriert sich damit im Wesentlichen auf eine funktionale Analyse der Führungssituation. Seine Aufgabe ist es, die offenen oder verdeckten Bedingungen, Voraussetzungen und Konsequenzen zu thematisieren, die das Verhalten von Führer und Geführten beeinflussen und damit die Voraussetzung für Selbstkontrolle und Selbstverstärkung schaffen. Beispielsweise diagnostiziert der Führer die Umwelteinflüsse, die das Verhalten determinieren oder erarbeitet gemeinsam mit den Geführten persönliche Verhaltensweisen, von denen eine effizientere Bewältigung der Arbeitsaufgabe erwartet wird und entwickelt einen gemeinsamen Weg, wie diese Verhaltensweisen gelernt und eingeübt werden können:

> *»In such an approach, the leader and the associate have a negotiable ,reciprocal, interactive relationship and are consciously aware of how they can modify (influence) each other's behavior through cognitions and the contingent environment« (Luthans 2008, 427).*

Die Anwendung einer solchen Führungstheorie bricht mit einer kausalen Interpretation, wonach Führer die Geführten direkt beeinflussen und zu höherer Leistung führen können. Vielmehr wird nun im Hinblick auf Trainingskonzepte differenziert argumentiert, dass Führer Geführte direkt (z.B. durch Anreize) und indirekt (z.B. als Vorbild) beeinflussen können, dass aber auch die Umwelt die Geführten unabhängig vom Führer beeinflussen kann (z.B. der Arbeitsmarkt) und dass schließlich der Führer auf die vorhandene und von ihm nicht beeinflussbare Umwelt seinerseits antizipativ reagieren muss.

Auch eine weitere Annahme wird nicht ungeprüft übernommen. Implizit wird in den meisten Führungstheorien unterstellt, dass Führer im Wesentlichen aufgaben- oder beziehungsorientiertes Führungsverhalten aufweisen. Im ersten Fall wird davon ausgegangen, dass Führungskräfte planen, organisieren und kontrollieren; im zweiten Fall wird unterstellt, dass ein wesentlicher Teil der Tätigkeiten einer Führungskraft darin liegt, Personen zu motivieren und zu entwickeln sowie Konflikte auszutragen (vgl. Luthans/Rosenkrantz 1995, 1005ff.). In empirischen Untersuchungen weist Luthans allerdings (wie schon in vorhergehenden Studien) nach, dass der Arbeitsalltag der Führungskräfte von diesen Idealbildern weit entfernt ist und sich als komplexe, sporadische und episodenhafte Ansammlung geplanter und ungeplanter Ereignisse darstellt. Bei der sich schnell verändernden Organisationsumwelt besteht der Arbeitsalltag eher aus ungeplanten Gesprächen, Telefonaten, unerwarteten Besuchen, nicht vorhersehbaren Störungen und Konflikten (vgl. Schirmer 1992, 95ff.; 2004). Diese werden begleitet von routinemäßigen Kommunikationstätigkeiten (z.B. Besprechungen) und der Durchsicht von schriftlichen Unterlagen. Erfolgreiche Führungskräfte, die in einem Unternehmen vorwärts kommen – so Luthans und Rosenkrantz – motivieren nicht ihre Mitarbeiter, sondern investieren viel Zeit in den Aufbau von Beziehungen:

> *»Wir haben gefunden, daß der geringste Teil ihres Verhaltens Tätigkeiten beinhaltet, die ganz eng mit Führungstätigkeiten verbunden sind, die das Personelle betreffen (Motivation, Verstärkung, Ausbildung, Entwicklung, Auswahl von Personal und das Austragen von Konflikten)« (Luthans/Rosenkrantz 1995, 1013).*

Vor diesem theoretischen Hintergrund konzentrieren sich lerntheoretisch basierte Führungstrainings auf die Modifikation des Verhaltens von Führungskräften in Organisationen. In Kursen werden Führungskräfte darin trainiert, Prozesse des Zuhörens, der Diskussion, der Präsentation und der Analyse von Daten zur Lösung von Problemen einzusetzen. In Fallstudien üben die Manager auf dieser Basis die Lösung konkreter Probleme.

### 2.2.4.4    Selbstführung und Superführung

Eine wesentliche Erkenntnis aus der Lerntheorie der Führung ist die Notwendigkeit, dass Führer zunächst lernen müssen, ihr eigenes Verhalten zu beobachten und zu kontrollieren, bevor sie in der Lage sind, das Verhalten von Mitarbeitern zu beobachten und zu kontrollieren. Dies macht in mehrfacher Hinsicht Sinn, da im Prozess des Organisierens Zusammenarbeit verhandelt wird und die Geführten indirekt durch diese Selbstführung beeinflusst werden (z.B. durch Modelllernen). Allerdings sind diese Selbstführungskonzepte häufig sogenannte normative  Konzepte, hier steht als weniger der erklärende Aspekt der Forschung im Vordergrund, sondern aus Theorien werden Anwendungsmöglichkeiten mehr oder weniger abgeleitet (vgl. Andressen et al. 2012, 70) und können in Trainings vermittelt werden (vgl. die Übersicht bei Kehr 2004, 166ff.). Diese Konzepte können unterteilt werden in individuelle Konzepte der Selbstführung und gruppenbezogene Konzepte der Selbstführung.

Unter **individueller Selbstführung** wird hierbei ein Prozess verstanden, durch den Menschen sich selbst beeinflussen, um Selbstmotivation und die Richtung von Aktivitäten in einer erwünschten Weise zu regulieren (vgl. zum Folgenden Houghton/Neck 2002; Neck/Houghton 2006). Selbstführung basiert insbesondere auf Theorien der Selbstregulation, der Selbstkontrolle und des Selbstmanagements. Darüber hinaus werden weitere Elemente der sozial-kognitiven Theorie und der Motivationstheorie ergänzt. Auf dieser Basis unterteilen Houghton und Neck (2002) Selbstführungsstrategien in drei generelle Kategorien:

1.  Verhaltensorientierte Strategien (behavior-focused strategies)
2.  Belohnungsstrategien (natural reward strategies)
3.  Strategie der konstruktiven Gedankenmuster (constructive thought pattern strategies)

Zu 1: Verhaltensorientierte Strategien sollen die Aufmerksamkeit erhöhen. *Selbstbeobachtung* soll dazu beitragen, dass sensibler danach gefragt wird, wann und warum bestimmte Verhaltensweisen aufgenommen werden und damit die Chance erhöhen, unerwünschte Verhaltensmuster abzulegen und erwünschte Verhaltensmuster einzuüben. Aus der *Zieltheorie* wird abgeleitet, dass herausfordernde und spezifische Ziele die individuelle Leistungsmotivation erhöht. *Selbstbelohnung* soll die erwünschten Verhaltensweisen und die Zielerreichung verstärken und selbst korrigierendes *Feedback* dazu beitragen, erwünschte Verhaltensweisen zu gestalten. Schließlich trägt das Einüben dieser Verhaltensweisen dazu bei, frühzeitig Korrekturen im Hinblick auf die zu bearbeitenden Problemlagen vorzunehmen.

Zu 2: Belohnungsstrategien fokussieren hier nicht auf externe Anreize, sondern es wird davon ausgegangen, dass die Aufgabe selbst belohnt. Personen, die intrinsisch motiviert sind, tendieren dazu, höhere Kompetenz und Selbstkontrolle zu realisieren und die angenehmen Aspekte der Arbeit höher zu schätzen als die weniger angenehmen.

Zu 3: Eine Strategie der konstruktiven Gedankenmuster setzt an irrationalen Überzeugungen und Annahmen an, die in stressgeladenen oder problembezogenen Situationen auftreten können. *Selbstanalyse* ist hier erforderlich, um zu rationaleren Interpretationen der Situation zu gelangen. Auch *Selbstgespräche*, die negativ und destruktiv um eigene Schwächen kreisen, sollten in diesem Ansatz durch konstruktive Selbstgespräche ersetzt werden. Vergleichbar hat bereits Heckhausen (1989, 216f.) darauf hingewiesen, dass Tendenzen zur negativen Selbstbewertung nach einem Misserfolg durch Vornahme einer neuen Aufgabe zurückgedrängt werden. Gut erforscht sind auch die Wirkungen der *Vorstellung* von zu erreichenden Zielzuständen, in denen diese Vorstellung den Erfolg oder die Leistung positiv beeinflusst.

Kritik an diesem Konzept wird aus zwei Richtungen entwickelt. Zum einen ist das Konzept eher eine Zusammenstellung aus den Erkenntnissen der klassischen Motivationstheorie und der Theorie der Selbstregulation, so dass kaum neue Erkenntnisse aus diesem Konzept erwartet werden dürfen. Entsprechend finden sich Ausführungen zur Selbstführung häufig in Praktikerbüchern und Ratgebern. Allerdings weisen Neck und Houghton (2006, 275) darauf hin, dass Konzepte der Selbstführung keinen Anspruch auf diese Erklärungsfunktion von Theorien erhoben haben, sondern eher anwendungsbezogenes Wissen zur Verfügung stellen wollen. Ein weiterer Kritikpunkt bezieht sich auf die fehlende empirische Fundierung dieses Konzepts. Inzwischen wurden aber Fragebögen entwickelt, in denen Selbstführungsfähigkeiten und –verhalten erhoben werden (vgl. Houghton und Neck 2002; Müller 2004; Müller et al. 2011), und die empirische Forschung ist recht breit aufgestellt. Sie umfasst z.B. den Einfluss von Selbstführung auf Leistung, Arbeitszufriedenheit und Karriereentwicklung (vgl. die Übersicht Stewart et al. 2011). Allerdings wird kritisch angemerkt, dass individuell orientierte Selbstführungskonzepte die Vorstellung verstärken, dass jede Person für ihren Erfolg oder Misserfolg selbst verantwortlich ist. Dabei wird nicht berücksichtigt, dass viele Organisationen nicht die entsprechenden Rahmenbedingungen für Selbstführung bereit stellen (vgl. Müller 2006, 17). Aber auch die sozialen und gesellschaftlichen Begrenzungen der Leistungs- oder Karriereentwicklung werden ausgeblendet oder vernachlässigt (vgl. umfassend Conrad 2010).

Selbstführung ist aber nicht nur als individuelle Strategie zu verstehen, sondern es werden auch **gruppenbezogene Konzepte der Selbstführung** vorgestellt. Im Mittelpunkt steht die Annahme, dass Gruppenarbeit mehr Autonomie jedes Gruppenmitglieds erfordert und die Fähigkeit zur Selbstführung daher nicht auf den exklusiven Kreis der Führungskräfte begrenzt werden kann. Insbesondere das Konzept des *Superleadership* überträgt das Konzept der Selbstführung auf Gruppen (Neck/Houghton 2006, 273). In Praxisbeispielen und Gestaltungskonzepten wird immer wieder darauf hingewiesen, dass neue Formen der Arbeitsorganisation, insbesondere Gruppenarbeit, dieses neue Verständnis von Führung erzeugt. Danach sind die Selbstorganisation und die höhere Verantwortung, die eine Gruppe übernimmt, mit dem klassischen Führungsverständnis nicht mehr kompatibel. Hinzu kommt, dass Unternehmen schon aus Kostengründen bereit sind, Hierarchieebenen zu streichen und die dort ehemals angefallenen Führungsaufgaben in die Gruppe zu verlagern.

Die Führungsaufgabe eines Führers wird dann u.a. darin gesehen, dass er seine Mitarbeiter in die Lage versetzt, sich selbst zu führen:

*»The word super is not used to create an image of a larger than life figure who has all the answers and who is able to bend the will of others to his or her own will. On*

*the contrary, with this type of leader the focus is mainly on the followers. Power is more evenly shared by followers and leaders. Leaders become super –possessing the strength and wisdom of many persons – by helping to unleash the abilities of the followers (self-leaders) who surround them« (Manz/Sims 1992, 313).*

Die Grundannahmen dieses Führungsansatzes basieren auf zwei Quellen:

Zunächst wird der *sozio-technische Ansatz* herangezogen, in dem eine Arbeitsgestaltung gefördert wird, die die Bewältigung der Arbeitsaufgabe und die Zufriedenheit der Mitarbeiter ermöglichen soll. Zur Verwirklichung dieser dualen Zielkonstruktion wurde (in Abgrenzung zum Taylorismus) insbesondere der Grundgedanke einer Rückverlagerung von Führungsrollen in das Team angestrebt, sodass letztlich eine selbstgesteuerte Gruppe die Aufgaben weitgehend in eigener Verantwortung bewältigt (vgl. Alioth 1995, 1895ff.). Die Rolle des Führers besteht in diesem Arbeitsgestaltungsdesign in der Förderung der Kommunikation und Problemlösungsverfahren innerhalb der Gruppe und der Förderung der Kommunikation zwischen Gruppen sowie der Zusammenarbeit mit anderen Gruppenführern zur Verbesserung des Material- und Produktionsflusses. Eine zweite Quelle stellt die oben angesprochene *sozial-kognitive Lerntheorie* von Bandura (1979) dar, wonach Personen, ihr Verhalten und ihre Umwelt in einem wechselseitigen Verhältnis zueinander stehen (reziproker Determinismus). Darüber hinaus wird auf der Basis dieser Theorie davon ausgegangen, dass menschliches Lernen als Konstrukt sozial-kognitiver Prozesse vor allem auf Modell-Lernen (Lernen durch Beobachtung) basiert (vgl. Sims/Lorenzi 1992, 139ff.). Superführung geht daher davon aus, dass vorbildliches Selbstführen zu Adaptionen führt, die das konventionelle Führungsverständnis obsolet machen.

Superführung basiert damit auf einem Grundverständnis der ökonomischen und sozialen Rationalität sich selbst steuernder Gruppen und dem Willen und der Fähigkeit von Menschen, effektivere Verfahren der Aufgabenbewältigung durch Beobachtung am Modell zu adaptieren. Daraus folgen für die Modellbildung zwei Konsequenzen:

- Superführer müssen zunächst lernen, sich selbst zu führen.
- Superführer geben das Gelernte an die Gruppe weiter, bis sich die Gruppe selbst führen kann.

Den Weg, wie Superführer Gruppen zur Selbstführung anleiten, beschreiben Manz und Sims (vgl. zum Folgenden Manz/Sims 1991, 23ff.; 1992, 309ff.; 2001, 145ff.) in sieben Schritten (vgl. Abbildung III / 14).

**(1) Selbstführung:** Andere zu führen – so Manz und Sims – setzt voraus, dass der Führer sich selbst führen kann. Prozesse der Motivation und der Steuerung von Handlungen müssen zunächst auf die eigene Person bezogen und optimiert werden. Hierzu stehen Führern zwei Klassen von Strategien zur Verfügung:

**(a) verhaltensbezogene Strategien:** Hierbei handelt es sich um Erkenntnisse und Strategien, die den Führern helfen sollen, ihre eigene Aufgabe zu optimieren, wie z.B.:

- **Selbstbeobachtung:** Sie bildet die Grundlage für die Bewertung der eigenen Leistung, für die Identifikation von Fehlern und ihren Ursachen und für die Entwicklung weiterer Strategien. Das Sammeln von Informationen ist von Bedeutung, um die eigene Leistung zu bewerten und um einen Vergleich der Tätigkeiten mit den angestrebten Zielen vornehmen zu können.
- **Selbstständige Zielsetzung:** Spezifische Ziele beeinflussen die Arbeitsleistung positiv, wenn sie genau, herausfordernd, aber auch erreichbar sind. Ungenaue Ziele be-

wirken, dass die anschließende Begründung für das Nichterreichen von Zielen er-
leichtert wird; extern vorgegebene, zu anspruchsvolle Ziele enthalten das Risiko einer vorzeitigen Resignation. Das Erreichen selbstgesetzter Ziele bietet hingegen eine
Basis zur motivationalen Selbstverstärkung.

- **Management der Leistungsbedingungen:** Hier geht es um das Arrangement und
  die Unterstützung der Arbeitsumgebung zur Verbesserung des erwünschten Verhaltens.
- **Selbstbelohnung:** Es wird davon ausgegangen, dass Selbstbelohnung eine positive
  Verstärkung des erwünschten Verhaltens bewirkt.
- **Konstruktive Selbstbestrafung oder Selbstkritik:** Ziel dieser Verhaltensstrategie
  ist die Verminderung unerwünschter Verhaltensweisen. Allerdings wird diese Technik nicht für sehr effizient gehalten, da sie leicht in Demoralisierung und De-
  motivierung umschlagen kann. Dennoch kann eine Person sich und anderen demonstrieren, dass sie bereit ist, für Fehler die Verantwortung zu übernehmen.
- **Probehandeln:** Diese Verhaltensstrategie kann als systematisches Üben einer erwünschten Verhaltensweise verstanden werden.

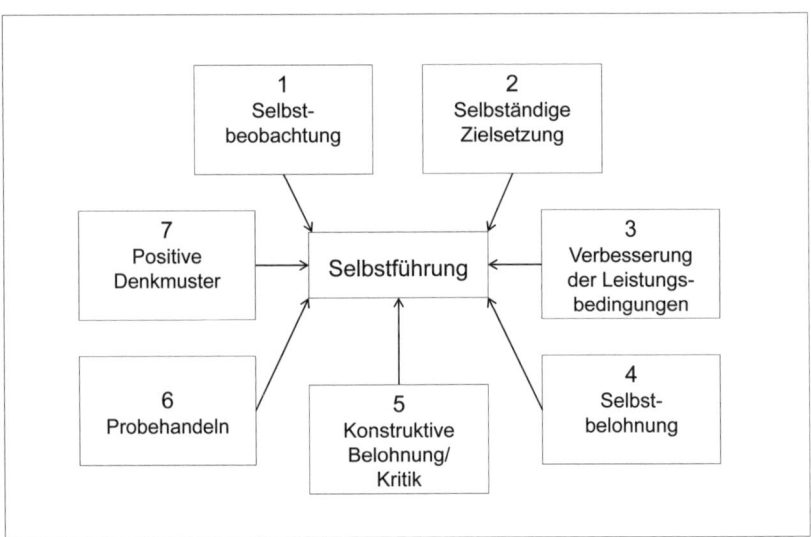

Abbildung III / 14: Sieben Schritte zur Superführung
(In Anlehnung an Manz/Sims 1992, 309)

Diese Strategien führen dann zu einer höheren Leistung, wenn sie konsequent und effektiv angewandt werden.

**(b) kognitive Strategien:** Selbstführungsstrategien entstehen auch durch effektivere
Denkmuster. Effiziente Selbstführer gestalten ihre Aufgabe mental und physisch so,
dass sie von sich aus lohnender wird. Die Gestaltung der Arbeitsaufgabe ist dann besonders effizient, wenn ihre Gestaltung und Bewältigung bereits als wertvoll interpretiert wird. Eine Form von Belohnung liegt beispielsweise darin, dass ein Gefühl von
Kompetenz, Selbstkontrolle und Zweck- oder Sinnhaftigkeit erfahren wird.

Weitere kognitive Strategien sollen helfen, konstruktive und effektive Denkmuster aufzubauen. Als Beispiel kann hier das Gegensatzpaar »Möglichkeits-« und »Hindernisdenken« herangezogen werden. Das innere kognitive Gerüst verschüttet beispielsweise Möglichkeiten der Problemlösung, wenn in Hindernissen gedacht wird. Eine reichhaltigere Suche und Prüfung von Möglichkeiten entsteht hingegen, wenn in Möglichkeiten gedacht wird.

**(2) Selbstführung als Modell:** Die Aufgabe des Gruppenführers besteht nun darin, die erlernten Verhaltensweisen der Selbstführung modellhaft vorzuleben und an die Gruppe weiterzugeben. In enger Anlehnung an die sozial-kognitive Lerntheorie von Bandura (1979) wird davon ausgegangen, dass ein gut organisierter Vorgesetzter ein natürliches Vorbild für diejenigen Arbeitnehmer darstellt, die ebenfalls ihre Aufgaben effektiv bewältigen wollen. Darüber hinaus können mit Hilfe symbolischer Akte diejenigen Arbeitnehmer belohnt oder herausgestellt werden, die beispielhafte Formen von Selbstführung entwickelt haben und an deren Verbreitung das Unternehmen interessiert ist.

**(3) Unterstützung selbst gesetzter Ziele:** Superführer initiieren das Setzen selbst formulierter Ziele und bieten Unterstützung in der Entwicklung des dazu notwendigen Lernprozesses an. In diesem Sinne sind Superführer als Modell, Lehrer oder Coach zu interpretieren. Selbstzielsetzung wird als kritische Variable in der Verbesserung der Bewältigung von Aufgaben interpretiert, da der bisherige Forschungsstand so aufgefasst werden kann:

- dass das Setzen irgendwelcher Ziele besser ist als die Vermeidung einer Zielsetzung, da nur so Aufmerksamkeit und Energie gebündelt werden können;
- dass spezifische Ziele bessere Ergebnisse nach sich ziehen und höhere Ziele eine größere Anstrengung mit sich bringen;
- dass schließlich akzeptierte Ziele, an denen die Gruppe beteiligt wurde, Leistung eher unterstützen als aufoktroyierte Ziele.

Der für die Aufstellung von Zielen notwendige Lernprozess ist vom Superführer zu unterstützen.

**(4) Positive Gedankenmuster:** Konstruktive Gedankenmuster betreffen das Selbstvertrauen der Geführten. Die Aufgabe des Superführers ist es, neue Mitarbeiter zu trainieren, bis diese die notwendigen Fähigkeiten zur Realisierung von Selbstführung beherrschen.

**(5) Führung durch Belohnung und Bestrafung:** Gegenüber konventionellen extrinsischen Belohnungen konzentriert sich der Superführer auf die Entwicklung der Fähigkeit von Arbeitnehmern, Belohnungen aus ihrer Aufgabe zu gewinnen. Manz und Sims verweisen hier insbesondere auf die Untersuchungen von Deci (vgl. Deci 1995, 44ff.; Deci/Ryan 1993, 223ff.), wonach intrinsische Belohnungen positive Effekte auf das Kompetenzgefühl und das Gefühl der Selbststeuerung haben (vgl. Manz 1992, 1131). Auch die klassischen Bestrafungsinstrumente führen – so Manz und Sims – eher zu lang anhaltenden Verletzungen des Selbstbewusstseins oder gar zu aggressivem Verhalten. Superführer betrachten Fehler als Chance, aus ihnen zu lernen und die Bewältigung der Aufgabe zu optimieren. Auf diese Weise werden langfristig Selbstbewusstsein und Fähigkeiten verbessert. Selbst wenn grobe Fälle von Fehlverhalten eines Mitarbeiters auftreten, ist die Bestrafung eines Mitarbeiters durch den Vorgesetzten eher unnötig, da die Gruppe selbst effizientere Formen der Selbstdisziplin entwickelt.

**(6) Selbstführung durch Teamwork:** Gruppenarbeit bietet gute Voraussetzungen für die Durchsetzung von Selbstführung (vgl. Manz/Sims 1993, 4ff.). Am Beispiel von Gruppenarbeit in der amerikanischen, japanischen und schwedischen Automobilindustrie zeigen Manz und Sims positive Effekte, insbesondere im Hinblick auf Belohnungen durch die gemeinsam bewältigte Aufgabe.

**(7) Unterstützung einer Selbstführungskultur:** Während die Punkte 1 bis 6 sich auf das Verhältnis von Führer und Geführten konzentrieren, fokussiert der Punkt 7 die Organisation. Mitarbeiter, die sich selbst führen, benötigen die entsprechenden organisationalen Rahmenbedingungen. Damit ist in erster Linie eine Kultur gemeint, in der Initiative und Innovation erwünscht sind und belohnt werden (vgl. Manz/Sims 2001, 190ff.). Selbstführung wird als hoher Wert von der Unternehmensspitze her demonstriert und durch symbolische Akte unterstützt.

Wenn Führer die Gruppe zur Selbstführung führen, verändert sich auch der Aufgabenzuschnitt des Führers selbst. Seine Aufgaben bewegen sich weg von der direkten Intervention innerhalb der Gruppe hin zu den Gruppengrenzen. Danach konzentriert sich der Führer auf die in seiner Gruppe vor- und nachgeschalteten Aufgaben, insbesondere auf die Kommunikation mit der Geschäftsleitung, mit anderen Gruppen und Gruppenführern; er trainiert unerfahrene Mitarbeiter, befasst sich mit Betriebsmitteln und dem Materialfluss und unterstützt eine flexible Aufgabengestaltung. Darüber hinaus setzt er Ziele im Hinblick auf die Gruppenleistung (vorgeschaltet) und belohnt oder bestraft im Hinblick auf die Gruppenleistung (nachgeschaltet). Innerhalb der Gruppe bietet er Unterstützung bei der Gruppenkommunikation, den Problemlösungen und der Aufgabenverteilung an und dient als Vorbild und Verstärker von Selbstführungsprozessen.

Das bisher vorgestellte Konzept stellt im Wesentlichen einen normativen Rahmen für Führungskräfte dar, die Führungsfunktionen in die Gruppe transferieren. In Fallstudien zeigen sich Zusammenhänge zwischen Superführerverhalten und Gruppeneffizienz, der allgemeinen Organisationsphilosophie, dem Entwicklungsstand der Mitarbeiter und der Art der verwendeten Technologie (vgl. Manz/Sims 1995, 1875). Entsprechend stellt dieser Ansatz eine interessante Facette einer eher funktionalen und kommunikativen Interpretation von Führung dar. Aber auch für diesen Ansatz gilt, dass alleine der Glaube an die eigenen Fähigkeiten nicht hinreichend ist, um Superführung zu realisieren. Ohne die entsprechenden organisationalen Rahmenbedingungen und die Unterstützung des Managements verbleiben solche Ansätze auf dem Niveau von Sozialtechnologien.

## 2.2.4.5    Geteilte Führung

Eng verwandt mit dem Konzept des Superleadership ist der Ansatz der geteilten Führung. Dieser Begriff steht für eine Klasse von Theorien, in denen shared leadership oder distributed leadership meist synonym verwendet werden. In diesen Ansätzen wird betont, dass klassische Führungstheorien zu eng den individuellen Einfluss des Führers betonen und zu wenig den Anteil an Führung beachten, der von Mitgliedern eines Teams zur Verfügung gestellt werden könnte (vgl. Carson et al. 2007). Studien zeigen, dass zwei Drittel der Fortune-500-Unternehmen Formen der Teamarbeit in ihrem Unternehmen einsetzen (vgl. Sivasubramaniam et al. 2002). Diese Teams sind immer häufiger als kurzfristige, vorübergehende Projektteams mit wechselndem Arbeitsauftrag organisiert, in denen sich die Teammitglieder auf der gleichen hierarchischen Ebene befinden und in denen der Teamleiter nicht notwendigerweise als eine hierarchisch höhergestellte Führungskraft ausgezeichnet wird. Wie kann hier Führung organisiert werden?

Die Komplexität und Ambiguität von Teamarbeit machen es sehr unwahrscheinlich, dass eine Führungskraft in der Lage ist, alle notwendigen Führungsfunktionen zu übernehmen (vgl. Carson et al. 2007). Darüber hinaus ist gerade im Bereich der hochqualifizierten Wissensarbeit das Wechselspiel von Autonomie und Kooperation eine gute Voraussetzung für geteilte Führung, ohne dass jeweils eine Führungskraft als Instanz beteiligt werden muss. Schließlich begünstigt auch der Trend zu flachen Hierarchien, Führung in Gruppen zu teilen. Carson et al. (2007, 1218) definieren daher geteilte Führung als »*... an emergent team property that results from the distribution of leadership influence across multiple team members*«. Geteilte Führung steht damit im Gegensatz zu konventionellen Führungstheorien, in denen eine Führungskraft mit hierarchischer Macht ausgestattet ist und formale Autorität über das Team hat. Vielmehr wird davon ausgegangen, dass in geteilter Führung alle Mitglieder eines Teams sich wechselseitig beeinflussen und damit zur Führung beitragen.

Teams werden häufig zweckbezogen definiert: »*The word team is correctly used to describe an interacting group that is small and has members with a common purpose, interdependent roles, and complementary skills*« (Yukl 2013, 245). Unterschiedliche Fähigkeiten, Verhaltensweisen und die darauf basierenden Erfahrungen von Teams stellen eine spezifische Ressource dar, die in ihrer heterogenen Zusammensetzung unterschiedliche Stärken kombiniert (vgl. zum Folgenden Ridder/Hoon 2012). Es wird nach außen nicht immer sichtbar, worauf der Erfolg von Teams zurückzuführen ist. Die Fokussierung auf einen Teamführer enthält das schwer wiegende Risiko, die Erfolgsursache nicht eindeutig identifiziert zu haben. Besonders wird die veränderte Bedeutung von Führung in Teams in der Zunahme internationaler Forschungs- und Entwicklungskooperationen oder in der Projektarbeit von multinationalen Konzernen deutlich. Teammitglieder haben keinen direkten Kontakt, sind geographisch verteilt und kommunizieren zeitlich versetzt über elektronische Medien. Der damit verbundene Wechsel in der Funktion von Führung ist bedeutsam, da sich Führung nun nicht mehr in der hierarchisch behaglichen Dyade eines Führers und eines Geführten abspielt, sondern Teams sich schnell verändernde Aufgaben aneignen und gemeinsam bewältigen. Daraus kann geschlossen werden, dass Führung eher als sozialer und relationaler Prozess zu verstehen ist, in dem Mitglieder von Teams unterschiedliche Führungsidentitäten herausbilden (vgl. DeRue/Ashford 2010).

Das Konzept der geteilten Führung steht im Gegensatz zu einer vertikalen Führungsannahme, in der ein hierarchisch höhergestellter und extern zum Team positionierter Führer formale Autorität über eine Gruppe hat und damit für die Teamprozesse und den Teamerfolg verantwortlich zeichnet (vgl. Pearce/Conger 2003; Carson et al. 2007). Geteilte Führung ist vielmehr als ein dynamischer, interaktiver Prozess der Beeinflussung zwischen Individuen in Gruppen zu verstehen, dessen Ziel es ist, gemeinsam Gruppen- oder Organisationsziele zu erreichen:

»*Shared leadership occurs when all members of a team are fully engaged in the leadership of the team and are not hesitant to influence and guide their fellow team members in an effort to maximize the potential of the team as a whole*« (Pearce 2004, 48).

Im Gegensatz zur vollkommen führerlosen, kollektiven Handlung ist die geteilte Führung eher als Koexistenz zwischen vertikaler Führung und der Führung durch das Team

zu verstehen (z.B. Sivasubramaniam et al. 2002; Pearce 2004). So nimmt in der Regel
ein vertikaler Führer, der außerhalb des Teams verortet ist, Einfluss auf die Teamaktivitäten und unterstützt die Zusammenarbeit im Team (vgl. Avolio et al. 2003). Insbesondere zu Projektbeginn übernimmt der vertikale Führer die Formulierung von Zielen, die
Bestimmung von individuellen und kollektiven Erwartungen, die Festsetzung von
Teamrollen oder die Bereitstellung von personellen und materiellen Ressourcen. Die
Verantwortung, Aufgaben, Rollen und Funktionen von Führung sind jedoch über die
Teammitglieder verteilt. Einzelne Teammitglieder engagieren sich in Aktivitäten, die
das Team in seinem Handeln steuern, motivieren oder unterstützen. Durch die Interaktionen der Teammitglieder untereinander und die damit verbundene Übernahme von Verantwortung für das Team und seinen Erfolg entstehen kollektive Führungsmuster, die
sich als feste Strukturen oder Netzwerke verstehen lassen (vgl. Carson et al. 2007). Diese beeinflussen wiederum das Team, die Aktivitäten einzelner Mitglieder sowie den
Teamerfolg. Führung ist damit nicht auf den einzelnen Führer konzentriert, sondern
bildet sich in einem kollaborativen Prozess aus den wechselseitigen Aktionen und Interaktionen der Teammitglieder heraus und ist daher als geteilte Führung zu verstehen
(vgl. Ensley et al. 2006).

Die geteilte Führung wird insbesondere bei der Betrachtung von Projektteams deutlich, in denen hoch qualifizierte und erfahrene Mitglieder über einen begrenzten Zeitraum virtuell spezifische Problemlösungen erarbeiten. Entsprechend ihrer Expertise und
Erfahrung übernehmen einzelne Teammitglieder für spezifische Teamaufgaben eine
Führungsfunktion, lassen sich aber gleichzeitig in anderen Teamaufgaben von Teammitgliedern führen (vgl. Day et al. 2004). Im Rahmen des sozialen Austauschprozesses
beeinflusst die Führung im Team somit auch den vertikalen Führer in Bezug auf die
Aktivitäten der Problembenennung, der Erarbeitung von Lösungen sowie die Beurteilung unterschiedlicher Alternativen (vgl. Pearce/Conger 2003).

Carson et al. (2007) benennen zwei wesentliche Voraussetzungen für diese geteilte
Führung, die sich als internale und externale Voraussetzungen spezifizieren lassen:

**Internale Voraussetzungen:** Eine erste internale Dimension betrifft die Fähigkeit des
Teams, sich auf *gemeinsame Ziele* zu fokussieren. Ist diese Gemeinsamkeit stark ausgeprägt, fühlen sich Gruppenmitglieder motiviert und der Gruppe gegenüber verpflichtet.
Es ist in diesem Fall sehr wahrscheinlich, dass alle Gruppenmitglieder bereit sind, zielorientierte und arbeitsorientierte Führungsangebote von anderen Gruppenmitgliedern zu
akzeptieren. Eine zweite Dimension bezieht sich auf die *soziale Unterstützung* innerhalb
der Gruppe. Unterstützen sich Gruppenmitglieder emotional und erkennen sie, dass ihr
Beitrag anerkannt und geschätzt wird, ist die Wahrscheinlichkeit größer, dass sie sich
kooperativ verhalten und die gemeinsame Verantwortung für das Gruppenergebnis
übernehmen. Schließlich ist *Partizipation* eine weitere Voraussetzung geteilter Führung.
Die Autoren nutzen hier den Begriff „voice", um zu demonstrieren, dass sich Partizipation auf Beteiligung an Entscheidungsprozessen, Veränderungsprozessen aber auch auf
geregelte Beschwerprozesse bezieht. Diese drei Dimensionen beeinflussen sich wechselseitig und erhöhen die Wahrscheinlichkeit geteilter Führung.

**Externale Voraussetzungen:** In enger Anlehnung an den Ansatz des Superleadership
(vgl. Manz/Sims 2001), wird der externen Unterstützung der geteilten Führung ebenso
hohe Aufmerksamkeit gewidmet. Verfügt das Team (noch) nicht über die Fähigkeit zur
geteilten Führung vermitteln externe Führer Fähigkeiten zur Selbstführung. Als
„supportive coaching" wird hier die Unterstützung in der Herausbildung von Selbstma-

nagementfähigkeiten des Teams bezeichnet und umfasst Strategien der Verbesserung der *Kompetenz und Autonomie*, der Verstärkung der *Verpflichtung gegenüber dem Team* und Beratung im Hinblick auf *Prozesse und Aufgaben* (vgl. auch Wagemann 2001; Druskat/Wheeler 2003; Morgeson et al. 2010).

Die empirischen Befunde von Carson et al. (2007) deuten darauf hin, dass bei Vorliegen der modellierten Bedingungen die Gruppeneffektivität verstärkt wird und Organisationen entsprechende Rahmenbedingungen für geteilte Führung bereit stellen müssten.

Day et al. (2004) unterscheiden geteilte Führung von tradtioneller Führung in Bezug auf die Input – Output Relation. Traditionelle Führung produziert Führung als Input. Hier verfügt der Führer über Eigenschaften, spezifische Verhaltensweisen oder Charisma und interveniert in das Gruppenverhalten, um die Gruppenleistung zu erhöhen. Geteilte Führung kann hingegen als Output der Gruppenarbeit verstanden werden. Alle Teammitglieder sind am Führungsprozess beteiligt und erhöhen damit die Flexibilität und Anpassungsfähigkeit der Gruppe. Führung ist damit ein Ergebnis der Beziehungen von Gruppenmitgliedern.

Der Aufbau von Führungskapazität in Teams konzentriert sich entsprechend nicht auf den Führer, sondern auf die Gruppenentwicklung (vgl. zum folgenden Day et al. 2004). Formale Interventionen eines externen Führers können zunächst dazu beitragen, dass aus individiuellen Bedürfnissen und Zielen in einer Gruppe kollektive Ziele mit einer hohen Verbindlichkeit entstehen. Lernprozesse erhöhen die Führungskapazität eines Teams. Die folgende Abbildung III/15 zeigt den modellierten Zusammenhang:

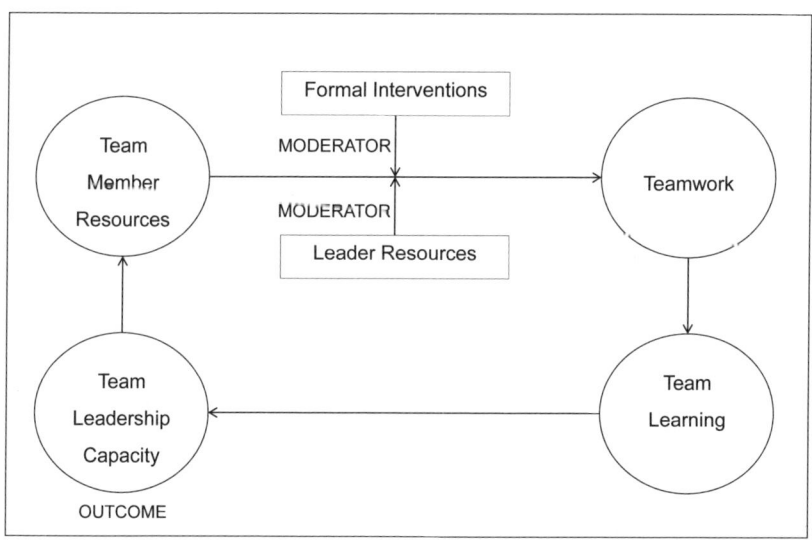

Abbildung III / 15: Geteilte Führung
(In Anlehnung an Day et al. 2004, 862)

In diesem Modell verfügen Gruppenmitglieder zwar über **individuelle Ressourcen**, wie z.B. Wissen, Fähigkeiten und Fertigkeiten, diese individuellen Ressourcen werden aber durch **Moderatoren** beeinflusst. Hierbei kann es sich einmal um formale Interventionen handeln, wie z.B. Training der Gruppenmitglieder oder durch die direkte Intervention eines Führers. Beide Interventionen können sich wechselseitig substituieren. Wenn formale Trainings nicht eingesetzt werden, steigt die Bedeutung der personalen Führung.

Diese Interventionen tragen zum **Teamwork** bei. Es existiert eine unübersehbare Fülle an Definitionen und Beschreibungen von Teamwork (vgl. z.B. Sheard/Kakabadse 2004; Mathieu et al. 2008; Yukl 2013, 245f.). Day et al. (2004) gehen davon aus, dass Teamwork insbesondere durch wechselseitige Unterstützung durch die Teammitglieder erfolgt, in der jedes Teammitglied die Zusammenhänge der Gruppenarbeit versteht und bei Fehlern oder Problemen im Prozessablauf Unterstützung jenseits der eigenen Arbeitsaufgabe leistet. Konstitutiv sind auch die Anpassungsfähigkeit eines Teams, wenn neue Aufgaben bewältigt werden müssen sowie eine unterstützende Führung die Teamorientierung fördert.

Teamwork verbessert das **Team Learning**. Lernen gilt als Voraussetzung für Anpassungsfähigkeit und umfasst einen permanenten Wandel der Wissensbasen der Mitglieder eines Teams. Gleichzeitig kann im Team nur gelernt werden, wenn die Bereitschaft besteht, dieses Wissen auch zu teilen.Teamlernen ist insofern ein Prozess, in dem Mitglieder eines Teams die psychologische Sicherheit erfahren, dass sie ihr Wissen beitragen, experimentieren, Feedback zur Verfügung stellen, Ergebnisse diskutieren oder Fehler problematisieren können. Teamlernen ist aber auch ein Ergebnis, wenn die Lernorientierung adäquat auf die Leistungsfähigkeit des Teams ausgerichtet ist.

Team Learning erhöht die **Führungskapazität** des Teams und verbessert die individuellen Ressourcen der Teammitglieder. Führung ist nun ein Ergebnis, das durch die Teammitglieder bereit gestellt wird. Sie erhöht die Kooperationsfähigkeit und den Austausch der Ressourcen in einem Team. Diese Führungskapazität ist insbesondere dann von Bedeutung, wenn Teams Aufgaben oder Probleme lösen müssen, die ein einzelner Führer nicht bewältigen kann, wenn schnelle Anpassungsfähigkeit gefordert ist, in der unterschiedliche individuelle Ressourcen gefragt und neue Formen der Zusammenarbeit sehr kurzfristig erforderlich sind.

Empirische Studien zur geteilten Führung sind überschaubar (vgl. z. B. Wagemann 2001; Druskat/Wheeler 2003; Carson 2007; Small/Rensch 2010) und das Feld hat noch hohen Bedarf im Hinblick auf Definitionen, Untersuchungsdesign und Methoden (vgl. Day et al. 2006; Burke et al. 2006). Allerdings – so Pearce (2004) – erzeugt die Turbulenz in der Veränderung der Arbeitsorganisation einen erheblichen Schub, das traditionelle Führungsverständnis zu überdenken.

## 2.3  Zusammenfassende Beurteilung

Die meisten Führungstheorien basieren auf Annahmen darüber, wie durch Führung sichergestellt werden kann, dass vorab definierte Zwecke erfüllt werden. Dies geschieht z.B. durch Organisationsstrukturen, Organigramme, Stellenbeschreibungen, Verfahrensrichtlinien und Führungsgrundsätze. Im Zusammenhang mit neuen Formen der Arbeitsorganisation wird aber auch Selbstführung von als Koordinationsinstrument eingesetzt. Arbeitnehmer planen, organisieren und kontrollieren ihre Arbeit selbst und lassen weitere Führungsfunktionen von Gruppensprechern oder durch Rotation bewältigen.

In der Mehrzahl der Führungstheorien wird allerdings danach gefragt, ob und wie ein Vorgesetzter durch Führungseigenschaften oder -verhaltensweisen die Leistung seiner

Mitarbeiter steigern kann. Wie aber – so stellt sich die Frage – kann eine Führungskraft diesem Anspruch gerecht werden? Hier existiert im Rahmen der Führungsforschung eine Vielzahl von Theorien und daraus abgeleiteter Trainingskonzepte.

Führungsbeziehungen basieren meist unbewusst auf bestimmten Grundannahmen über den Menschen und Erwartungen an die Ausübung von Rollen und Funktionen, die Menschen in Organisationen einnehmen. Das Konstrukt der **Menschenbilder** weist darauf hin, dass Führungskräfte sich in ihrem Führungsverhalten davon leiten lassen, welche Annahmen sie über den Menschen haben. In verschiedenen Konzepten wurde erarbeitet, dass sich unterschiedliches Führungsverhalten auch dadurch erklären lässt, dass Menschen unterschiedliche Erfahrungen, Wahrnehmungen und Werte aufweisen und deshalb im Hinblick auf die Behandlung von Menschen zu unterschiedlichen Schlussfolgerungen gelangen. Ebenso wird mit Führung auch aus der Sicht der Geführten ein differenziertes Spektrum an Erwartungen verknüpft. Auf der Basis von Persönlichkeitsfaktoren und durch eine spezifische Erziehung verstärkt, können mit Führung tiefersitzende Dispositionen einhergehen, die über die rationale Bewältigung von arbeitsteiligen Aufgaben hinausgehen.

Auf der Basis solcher weitgehend unbewusster Voraussetzungen und Beziehungen wird der Führungsprozess unter verschiedenen theoretischen Aspekten betrachtet.

**Eigenschaftstheorien** der Führung basieren auf der Annahme, dass sich Führungspersönlichkeiten aufgrund einer oder mehrerer Persönlichkeitseigenschaften von anderen Menschen systematisch unterscheiden. Das Forschungsprogramm dieses eigenschaftsorientierten Ansatzes besteht daher in der Identifikation derjenigen Eigenschaften, die den Führungserfolg ausmachen. Als bisheriges Ergebnis dieses Forschungsprogramms kann festgestellt werden, dass bestimmte Eigenschaften oder eine bestimmte Zusammensetzung von Eigenschaften nicht als Ursache von Erfolg identifiziert werden konnten. Bestenfalls kann aufgezeigt werden, dass einige Eigenschaften (z.B. Intelligenz) als Prädispositionen für Erfolg zu verstehen sind.

Auch **charismatische Führung** hat zwar einen hohen Unterhaltungswert, wenn in anekdotischen Erfolgsstories erfolgreiche Männer Geschichte machen. Hier zeigt sich allerdings die Situationsgebundenheit von Charisma. Charismatische Führung ist davon abhängig, ob die Gefolgschaft die Eigenschaften von Führern erkennen kann und will. Dies ist häufig an bestimmte situative Merkmale geknüpft, wenn beispielsweise Menschen sich in psychologischen Notlagen befinden, eine Prädisposition für starke emotionale Beziehungen aufweisen oder sich in Unternehmen und Gesellschaften akute oder chronische Krisen zeigen.

In **verhaltensorientierten Ansätzen** der Führungsforschung wird als Führungsstil ein zeitlich stabiles und situationsunabhängiges Verhalten des Führers gegenüber den Geführten bezeichnet. Dieses Verhalten ist zwar tief verankert, aber anders als in den eigenschaftstheoretischen Führungsmodellen wird hier davon ausgegangen, dass sich das Verhalten verändern lässt. In mehreren parallel verlaufenden Forschungsprogrammen wurde versucht, Führungsstile empirisch zu erheben. Die statistischen Auswertungen der Ergebnisse ergaben Übereinstimmungen im Hinblick auf die beiden Grundstile »Beziehungs« - und »Aufgabenorientierung«.

Im Hinblick auf den Zusammenhang von Führungsstil und Leistung der Mitarbeiter waren die statistischen Zusammenhänge schwach ausgeprägt, sodass daraus keine kausale Beziehung zwischen Führungsverhalten und Erfolg abgeleitet werden konnte. Trotz

der eher schwachen empirischen Belege entstand dennoch eine Vielzahl von verhaltensorientierten Trainingskonzepten (z.B. »Managerial Grid«, »3-D-Konzept«, »Reife-
gradkonzept«), die normative Vorstellungen über optimale Führungsstile verbreiten.

In **situativen Ansätzen** lautet die Argumentation, dass Führungseigenschaften und
Führungsstile keinen universalen Charakter aufweisen, sondern in unterschiedlichen
Situationen unterschiedliche, d.h. also mehr oder weniger effektive Wirkungen erzeugen. Die daraus resultierende Konsequenz wäre, dass für unterschiedliche Situationen
unterschiedliche Führer benötigt werden oder ein Führer sein Verhaltenssspektrum an
die jeweilige Situation anzupassen hätte. Als Beispiel wurde die »Weg-Ziel-Theorie«
herangezogen. Zwar berücksichtigen diese Modelle bereits in stärkerem Ausmaß die
Wechselwirkung von Führungsverhalten und Situation, allerdings haben insbesondere
methodische Probleme die Hoffnung relativiert, für definierbare Situationen adäquate
Führungsstile trainieren zu können. Dies scheitert an der Vielfalt von Situationen und an
der wohl realistischen Annahme, dass Führungskräfte zwar bestimmte Grundstile besitzen, diese aber nicht beliebig in Abhängigkeit von der Situation verändert werden können.

Die Vielfältigkeit von Führungsprozessen wurde abschließend mit der Metapher von
Weick betrachtet, wonach Führung sich als **Prozess des Organisierens** und des Organisiertwerdens begreifen lässt. Hier wurde zunächst herausgestellt, dass sich Führungsprozesse als Interakte zwischen Führern und Geführten und damit als wechselseitige Aus-
handlungsprozesse gestalten, die von Mitarbeiter zu Mitarbeiter unterschiedlich sind, da
Führungskräfte unterschiedliche Urteile über die Ursachen von Verhalten bilden.
Attributionstheoretische Aspekte fokussieren damit weniger das beobachtbare Verhalten, sondern die Zuschreibung von Ursachen, die vielen Einflussbereichen unterliegt.
Im Prozess des Organisierens wird Führung als wechselseitiges Lernen zwischen Führern und Geführten betont. Führungskräfte schaffen sich ihre Führungsumwelt selbst, da
die Mitarbeiter lernen, auf das spezifische Verhalten der Vorgesetzten ebenfalls spezifisch zu reagieren. Hier ist ein enger Zusammenhang zu den Menschenbildern festzu-
stellen, da auch hier davon ausgegangen wird, dass es einen Zusammenhang zwischen
Führungsverhalten und Reaktion der Mitarbeiter gibt. Darüber hinaus haben Geführte
die Erwartung, dass Führung legitimiert ist. Damit ist nicht nur die formale Auszeich-
nung durch die Organisation gemeint, sondern Führer sollen die erforderlichen Fähigkeiten zur Führung aufweisen. Danach führt ein Vorgesetzter nur dann gut, wenn er die
an seine Mitarbeiter transportierten Erwartungen selbst erfüllt, sich selbst nach den gesetzten Kriterien führt und seine Mitarbeiter in die Lage versetzt, sich selbst zu führen.

Allerdings verändert Führung seine Funktion, wenn Organisationen darauf angewiesen sind, dass Teams in sich schnell ändernden Situationen richtige Entscheidungen
treffen (vgl. Ridder/Hoon 2012). Je volatiler die Umwelt, um so eher muss die Fähigkeit
von Führern und Geführten gefördert werden, sich selbst zu führen und Teamprozesse
der Zusammenarbeit den sich ändernden Umständen anzupassen. Im Gegensatz zur
hierarchischen, formalen Führer-Geführten-Beziehung stellt sich geteilte Führung in
diesen Kontexten als wechselseitige Einflussnahme von Teammitgliedern dar, in der aus
dynamischen, interaktiven Beziehungen zwischen den Individuen eines Teams Füh-
rungshandeln resultiert. Ziel der Führung als Prozess des Organisierens ist es daher,
Teamprozesse zu etablieren, die das Team darin fördern, aus den Teamaktivitäten heraus Führungsprozesse zu generieren.

Das Ergebnis dieser Vielzahl von Führungskonzepten mag zunächst recht verwirrend erscheinen, zumal Jahr für Jahr neue Führungspublikationen aufgelegt werden, um beim Publikum »Aha«-Effekte zu erzeugen, die wiederum von neuen Bestsellern mit neuen »Aha«-Effekten abgelöst werden. Positiv lässt sich jedoch argumentieren, dass die behandelte Abfolge der Führungsforschung zeigt, wie die Erklärung der Führungswirkungen durch sukzessive Erweiterung der einflussnehmenden Variablen verfeinert wurde.

Daraus lassen sich zwei abschließende Schlussfolgerungen ziehen: Ein »one best way« ist nicht zu erwarten. Führung ist kein naturwissenschaftliches Ereignis, das beobachtet und unter Laborbedingungen getestet werden kann, um daraus kausale Ursache-Wirkungs-Beziehungen abzuleiten. Führung entsteht vielmehr in den Köpfen und Beziehungen von Menschen, was methodisch nur schwer erschlossen werden kann (vgl. Wunderer 2011, 272f.). Dieses Problem verschärft sich, wenn die Fragestellung verengt wird. Soll ein Zusammenhang zwischen Führung und Erfolg möglichst kausal ermittelt werden, zeigen sich Hindernisse im Hinblick auf die hohe Anzahl von Kriterien, die der Führungsforschung zugrunde liegen (vgl. Hiller et al. 2011). Die Zuschreibung von Ursachen für Erfolg kann je nach Perspektive auf die Person des Führers, die Fähigkeiten der Geführten, die Aufgabe, ein günstiges Umfeld oder Glück erfolgen. Wir sind es zwar gewohnt, Erfolge auf »große Männer« zu projizieren, wissen in der Regel aber auch aus Erfahrung um die vielfältigen Einflüsse und Zufälle, die beim Zustandekommen eines Ereignisses von Bedeutung sind.

Eine zweite Schlussfolgerung bezieht sich auf den erkenntnistheoretischen Wert der Führungsforschung. Wissenschaftler, die Theorien über Führung aufstellen wollen, fühlen sich in erster Linie der Erklärung von Ursachen, Bedingungen, Strukturen, Prozessen und Wirkungen von Führungsphänomenen verantwortlich. Angesichts der Vielfalt der Einflussgrößen sind deshalb Führungsforscher gezwungen, nur wenige Teilaspekte zu modellieren und empirisch zu erheben. Entsprechend wird Führung unterschiedlich beschrieben, werden unterschiedliche Fragen aufgeworfen, unterschiedliche Referenztheorien herangezogen und sehr heterogene Erklärungen für Phänomene zusammengestellt. Die darauf basierende Reichhaltigkeit der Modelle und Befunde, ihre Unterschiede und Widersprüche sind wissenschaftlich nicht zu bemängeln, sondern zeigen, dass die Komplexität des Phänomens eine immer neue Herausforderung erzeugt, Erklärungen von sich im Zeitablauf ändernden Führungsphänomenen zu erarbeiten.

## Literaturempfehlungen

*Bass, B.M. (2008): The Bass Handbook of Leadership. 4. Aufl., New York, London.*

Dieses Buch enthält eine Übersicht der empirischen Führungsforschung. Mit Akribie werden die empirischen Untersuchungen nach Theoriegruppen zusammengestellt und ausgewertet. Gut als Nachschlagewerk für fast alle Themen der Führung geeignet.

*Weibler, J. (2012): Personalführung. 2. Aufl., München.*

Sehr konzentriertes Lehrbuch zur Führung, das ein sehr breites Spektrum von Themen behandelt.

# Literaturverzeichnis

*Ach, N. (1910):* Über den Willensakt und das Temperament: Eine experimentelle Untersuchung. Leipzig.

*Achtziger, A.; Gollwitzer, P.M. (2010):* Motivation und Volition im Handlungsverlauf. In: Heckhausen, J.; Heckhausen, H. (Hrsg.): Motivation und Handeln. 4. Aufl., Berlin u.a., 309-335.

*Ackermann, K.-F. (Hrsg.) (2000):* Balanced Scorecard für Personalmanagement und Personalführung. Wiesbaden.

*Adler, P.S.; Cole, R.E. (1993):* Designed for Learning: A Tale of Two Auto Plants. In: Sloan Management Review, 34. Jg., 85-94.

*Agle, B.R.; Nagarajan, N.J.; Sonnenfeld, J.A.; Srinivasan, D. (2006):* Does CEO Charisma Matter? An Empirical Analysis of the Relationships among Organizational Performance, Environmental Uncertainty, and Top Management Team Perceptions of CEO Charisma. In: The Academy of Management Journal, 49. Jg., H. 1. 161-174.

*Alchian, A.A. (1965):* Some Economics of Property Rights. In: Il Politico, 30. Jg., H. 4. 816-829.

*Alchian, A.A.; Demsetz, H. (1972):* Production, Information Costs, and Economic Organization. In: The American Economic Review, 62. Jg., H. 1. 777-795.

*Alewell, D.; Hansen,N.K. (2012):* Human Resource Management Systems – A Structured Review of Research Contributions and Open Questions. In: Industrielle Beziehungen, 19. Jg., H. 2. 90-123.

*Alewell, D.; Pull, K. (2009):* Determinanten der Outplacement-Gewährung: Ergebnisse einer theoriegeleiteten empirischen Analyse. In: Zeitschrift für ArbeitsmarktForschung, 42. Jg., H. 1. 155-169.

*Alewell, D.; Hauff, S.; Pull, K. (2010):* Trennungsmanagement. Stand der Forschung und aktuelle empirische Befunde. In: Stock-Homburg, R.; Wolff, B. (Hrsg.): Handbuch Strategisches Personalmanagement. Wiesbaden. 587-602.

*Alioth, A. (1995):* Selbststeuerungskonzepte. In: Kieser, A.; Reber, G.; Wunderer, R. (Hrsg.): Handwörterbuch der Führung. 2. Aufl., Stuttgart. 1894-1902.

*Allen, M.R.; Wright, P.M. (2007):* Strategic Management and HRM. In: Boxall, P.F; Purcell, J.; Wright, P.M. (Hrsg.): The Oxford Handbook of Human Resource Management. Oxford u.a. 88-107.

*Al-Laham, A. (2003):* Organisationales Wissensmanagement. Wiesbaden.

*Alvarez, K.; Salas, E.; Garoano, C.M. (2004):* An Integrated Model of Training Evaluation and Effectiveness. In: Human Resource Development Review, 3. Jg., H. 4. 385-416.

*Amburgey, T.L.; Rao, H. (1996):* Organizational Ecology: Past, Present, and Future Directions. In: Academy of Management Journal, 39. Jg., H. 5. 1265-1286.

*Anderson, N.R. (1991):* Decision Making in the Graduate Selection Interview: An Experimental Investigation. In: Human Relations, 44. Jg., H. 4. 403-417.

*Anderson, N.R.; Shackleton, V. (1990):* Decision Making in the Graduate Selection Interview: A Field Study. In: Journal of Occupational Psychology, 63. Jg., H. 1. 63-76.

*Andressen, P.; Konradt, U.; Neck, C.P. (2012):* The Relationsship between Self-

Leadership and Transformational Leadership: Competing Models and the Moderating Role of Virtuality. In: Journal of Leadership and Organizational Studies, 19. Jg., H. 1. 68-82.

*Antoni, C. (2004):* Gruppen- und Teamarbeit. In: Gaugler, E.; Oechsler, W.A.; Weber, W. (Hrsg.): Handwörterbuch des Personalwesens. 3. Aufl., Stuttgart. 875-886.

*Aragón-Sanchez, A.; Barba-Aragón, I.; Sanz-Valle, R. (2003):* Effects of Training on Business Results. In: The International Journal of Human Resource Management, 14. Jg., H. 6. 956-980.

*Argote, L.; Miron-Spektor, E. (2011):* Organizational Learning: From Experience to Knowledge. In: Organizational Science, 22. Jg., H. 5. 1123-1137.

*Argyris, C. (1990):* Overcoming Organizational Defenses. Boston.

*Argyris, C. (1993):* Defensive Routinen. In: Fatzer, G. (Hrsg.): Organisationsentwicklung für die Zukunft: Ein Handbuch. Köln. 179-226.

*Argyris, C. (2009):* On Organizational Learning. 2. Aufl., Malden.

*Argyris, C.; Schön, D.A. (1978):* Organizational Learning: A Theory of Action Perspective. Reading u.a.

*Argyris, C.; Schön, D.A. (1997):* Organizational Learning II: Theory, Method, and Practice. New York u.a.

*Argyris, C.; Schön D.A. (2008):* Die Lernende Organisation. Grundlagen, Methoden, Praxis. 3. Aufl., Stuttgart.

*Arrow, K.J. (1985):* The Economics of Agency. In: Pratt, J.W.; Zeckhauser, R.J. (Hrsg.): Principals and Agents: The Structure of Business. Boston. 37-51.

*Arthur, J.B. (1994):* Effects of Human Resource Systems on Manufacturing Performance and Turnover. In: Academy of Management Journal, 37. Jg., H. 3. 670-687.

*Arthur, J.B.; Boyles, T. (2007):* Validating the Human Resource System Structure: A Levels-Based Strategic HRM Approach. In: Human Resource Management Review, 17. Jg., H. 1. 1-14.

*Avolio, B.J.; Sivasubramaniam, N.; Murry, W.D.; Jung, D.; Garner, J.W. (2003):* Assessing Shared Leadership: Development and Preliminary Validation of a Team Multifactor Leadership Questionaire. In: Pearce, C.L.; Conger, J.A. (Hrsg.): Shared Leadership: Reframing the Hows and Whys of Leadership. Thousands Oaks. 141-172.

*Avolio, B.J.; Walumbwa, F.O.; Weber, T.J. (2009):* Leadership: Current Theories, Research, and Future Directions. In: The Annual Review of Psychology, 60. Jg. 421-449.

**B**acharach, S.B. (1989): Organizational Theories: Some Criteria for Evaluation. In: Academy of Management Review, 14. Jg., H. 4. 496-515.

*Backes-Gellner, U. (2004):* Personnel Economics: An Economic Approach to Human Resource Management. In: Management Revue, 15 Jg., H. 2. 215-227.

*Backes-Gellner, U.; Wolff, B. (2007):* Personalökonomik. In: Köhler, R.; Küpper, H.-U.; Pfingsten, A. (Hrsg.): Handwörterbuch der Betriebswirtschaft, 6. Aufl., Stuttgart. 1371-1382.

*Backes-Gellner, U.; Lazear, E.P.; Wolff, B. (2001):* Personalökonomik – Fortgeschrittene Anwendungen für das Management. Stuttgart.

*Bagues, M.; Perez-Villadoniga, M.J. (2012):* Do Recruiters Prefer Applicants with Similar Skills? Evidence from a Randomized Natural Experiment. In: Journal of Economic Behavior & Organization, 82. Jg. 12-20.

*Bahnmüller, R. (2001):* Stabilität und Wandel der Entlohnungsformen. Entgeltsysteme und Entgeltpolitik in der Metallindustrie, in der Textil- und Bekleidungsindustrie und im Bankgewerbe. München, Mering.

*Baird, L.; Meshoulam, I. (1988):* Managing Two Fits of Strategic Human Resource Management. In: Academy of Management Review, 13. Jg., H. 1. 116-128.

*Balderson, S. (2005):* Strategy and Human Resource Development. In: Wilson, J.P. (Hrsg.): Human Resource Development: Learning and Training for Individuals and Organizations. 2. Aufl., London, Sterling. 83-98.

*Bandura, A. (1977):* Self-Efficacy: Toward an Unifying Theory of Behavioral Change. In: Psychological Review, 84. Jg., H. 2. 191-215.

*Bandura, A. (1979):* Sozial-kognitive Lerntheorie. Stuttgart.

*Bandura, A. (1986):* Social Foundations of Thought and Action. Englewood Cliffs, New Jersey.

*Bandura, A. (1997):* Self-Efficacy – The Exercise of Control. New York.

*Bandura, A. (2012):* On the Functional Properties of Perceived Self-Efficacy Revisited. In: Journal of Management, 38. Jg., H. 1. 9-44.

*Barber, A.E.; Simmering, M.J. (2002):* Understanding Pay Plan Acceptance: The Role of Distributive Justice Theory. In: Human Resource Management Review, 12. Jg., 25-42.

*Barnard, C.I. (1938/1970):* Die Führung großer Organisationen. Nachdruck aus 1970. Essen.

*Barney, J.B. (1991):* Firm Resources and Sustained Competitive Advantage. In: Journal of Management, 17. Jg., H. 1. 99-120.

*Barney, J.B. (2011):* Gaining and Sustaining Competitive Advantage. 4. Aufl., Upper Saddle River.

*Barney, J.B.; Hesterly, W.S. (2012):* Strategic Management and Competitive Advantage: Concepts and Cases. 4. Aufl., Boston u.a.

*Barney, J.B.; Wright, P.M. (1998):* On Becoming a Strategic Partner: The Role of Human Resources in Gaining Competitive Advantage. In: Human Resource Management, 37. Jg., H. 1. 31-46.

*Barney, J.B.; Ketchen, D.J.; Wright, M. (2011):* The Future of Resource-Based-Theory: Revitalization or Decline? In: Journal of Management, 37. Jg., H. 5. 1299-1315.

*Barrick, M.R.; Patton, G.K.; Haugland, S.N. (2000):* Accuracy of Interviewer Judgments of Job Applicant Personality Traits. In: Personnel Psychology, 53 Jg., 925-951.

*Bartölke, K. (1972a):* Anmerkungen zu den Methoden und Zwecken der Leistungsbeurteilung. In: Zeitschrift für betriebswirtschaftliche Forschung, 24. Jg., H. 10. 650-665.

*Bartölke, K. (1972b):* Probleme und offene Fragen der Leistungsbeurteilung. In: Zeitschrift für Betriebswirtschaft, 42. Jg., H. 9. 629-648.

*Bartölke, K. (1980):* Organisationsentwicklung. In: Grochla, E. (Hrsg.): Handwörterbuch der Organisation. 2. Aufl., Stuttgart. 1468-1482.

*Bartölke, K. (1992):* Teilautonome Arbeitsgruppen. In: Frese, E. (Hrsg.): Handwörterbuch der Organisation. 3. Aufl., Stuttgart. 2384-2399.

*Bartölke, K.; Grieger, J.; Kiunke, S. (2006):* Participation in Decision-Making at the Plant-Level: Reflections on the German Experience. In: International Review of Sociology, 16. Jg., H. 1. 101-125.

*Bartölke, K.; Foit, O.; Gohl, J.; Kappler, E.; Ridder, H.-G.; Schumann, U. (1981):* Konfliktfeld Arbeitsbewertung. Frankfurt, New York.

*Bass, B.M. (1986):* Charisma entwickeln und zielführend einsetzen. Landsberg/Lech.

*Bass, B.M. (1996):* A New Paradigm of Leadership: An Inquiry Into Transformational Leadership. Alexandria.

*Bass, B.M. (1998):* Transformational Leadership: Industrial, Military, and Educational Impact. London.

*Bass, B.M. (2008):* The Bass Handbook of Leadership. 4. Aufl., New York, London.

*Bass, B.M.; Riggio, R.E. (2006):* Transformational Leadership. 2. Aufl., Mahwah, New Jersey.

*Bateson, G. (2006):* Ökologie des Geistes: Anthropologische, psychologische, biologische und epistemologische Perspektiven. 7. Aufl., Frankfurt/Main.

*Baum, J.A.C. (1996):* Organizational Ecology. In: Clegg, S.R.; Hardy, G.; Nord, W. (Hrsg.): Handbook of Organization Studies. London u.a. 77-114.

*Beatty, R.W.; Huselid, M.A.; Schneier, C.E. (2003):* New HR Metrics: Scoring on the Business Scorecard. In: Organizational Dynamics, 32. Jg., H. 2. 107-121.

*Becker, B.; Gerhart, B. (1996):* The Impact of Human Resource Management on Organizational Performance: Progress and Prospect. In: Academy of Management Journal, 39. Jg., H. 4. 779-801.

*Becker, B.E.; Huselid, M.A. (2006):* Strategic Human Resource Management: Where do We Go From Here? In: Journal of Management, 32. Jg., H. 6. 898-925.

*Becker, B.E.; Huselid, M.A.; Ulrich, D. (2001):* The HR Scorecard: Linking People, Strategy, and Performance. Boston.

*Becker, F.G. (2009a):* Grundlagen betrieblicher Leistungsbeurteilungen. 5. Aufl., Stuttgart.

*Becker, F.G.; Kramarsch, M.H. (2004):* Vergütung außertariflicher Mitarbeiter. In: Gaugler, E.; Oechsler, W.A.; Weber, W. (Hrsg.): Handwörterbuch des Personalwesens. 3. Aufl., Stuttgart. 1949-1957.

*Becker, F.G.; Kramarsch, M.H. (2006):* Leistungs- und erfolgsorientierte Vergütung für Führungskräfte. Göttingen u.a.

*Becker, K.; Engländer, W. (1993):* Leistungsabhängige Entlohnung auf der Grundlage von Leistungsbeurteilungen. In: Angewandte Arbeitswissenschaft, 73. Jg., H. 136. 21-43.

*Becker, M. (2004):* Personalentwicklung. In: Gaugler, E.; Oechsler, W.A.; Weber, W. (Hrsg.): Handwörterbuch des Personalwesens. 3. Aufl., Stuttgart. 1500-1512.

*Becker, M. (2009b):* Personalentwicklung. Bildung, Förderung und Organisationsentwicklung in Theorie und Praxis. 5. Aufl., Stuttgart.

*Beckmann, J.; Heckhausen, H. (2010):* Motivation durch Erwartung und Anreiz. In: Heckhausen, J.; Heckhausen, H. (Hrsg.): Motivation und Handeln. 4. Aufl., Berlin u.a., 105-192.

*Bedingham, K.; Thomas, T. (2006)*: Issues in the Implementation of Strategic Change Programmes and a Potential Tool to Enhance the Process. In: International Journal of Strategic Management, 1. Jg.; H. 1/2; 113-126.

*Beer, M.; Spector, B.; Lawrence, P.; Mills, D.; Walton, R. (1985):* Human Resource Management. New York.

*Benders, J.; Huijgen, F.; Pekruhl, U. (1999):* Useful but Unused - Group Work in Europe. Dublin.

*Berger, U.; Bernhard-Mehlich, I. (2006):* Die Verhaltenswissenschaftliche Entscheidungstheorie. In: Kieser, A.; Ebers, M. (Hrsg.): Organisationstheorien. 6. Aufl., Stuttgart. 169-214.

*Berggren, C. (1991):* Von Ford zu Volvo: Automobilherstellung in Schweden. Berlin.

*Birdi, K.; Clegg, C.; Patterson, M.; Robinson, A.; Stride, C.B.; Wall, T.D.; Wood, S.J. (2008):* The Impact of Human Resource and Operational Management Practices on Company Productivity: A Longitudinal Study. In: Personnel Psychology, 61. Jg., H. 3. 467-501.

*Blake, R.R.; Mouton, J.S. (1992):* Verhaltenspsychologie im Betrieb: Der Schlüssel zur Spitzenleistung; das neue Grid-Management-Konzept. 4. Aufl., Düsseldorf, Wien.

*Blanchard, P.N.; Thacker, J.W.; Way, S.A. (2000):* Training Evaluation: Perspectives and Evidence from Canada. In: International Journal of Training and Development, 4. Jg., H. 4. 295-304.

*Blanchard, P.N.; Thacker, J.W. (2010):* Effective Training. Systems, Strategies, and Practices. 4. Aufl., Upper Saddle River.

*Böckly, W. (1995):* Personalanpassung. Ludwigshafen.

*Böhm, W. (2009):* Arbeitsrecht für Vorgesetzte. In: Rosenstiel, L.v.; Regnet, E.; Domsch, M. (Hrsg.): Führung von Mitarbeitern. 6. Aufl., Stuttgart. 295-314.

*Bokranz, R. (2004):* Personalbedarfsplanung. In: Gaugler, E.; Oechsler, W.A.; Weber, W. (Hrsg.): Handwörterbuch des Personalwesens. 3. Aufl., Stuttgart. 1380-1394.

*Bosch, G.; Kohl, H.; Schneider, W. (Hrsg.) (1995):* Handbuch Personalplanung. Köln.

*Boselie, P.; Dietz, G.; Boon, C. (2005):* Commonalities and Contradictions in HRM and Performance Research. In: Human Resource Management Journal, 15. Jg., H. 3. 67-94.

*Bowen, D.E.; Ostroff, C. (2004):* Understanding HRM-Firm Performance Linkages: The Role oft he „Strength" of the HRM System. In: Academy of Management Review, 29. Jg., H. 2. 203-221.

*Bower, G.H.; Hilgard, E.R. (1983):* Theorien des Lernens 1. 5. Aufl., Stuttgart.

*Boxall, P.F. (1996):* The Strategic HRM Debate and the Resource-Based View of the Firm. In: Human Resource Management Journal, 6. Jg., H. 3. 59-75.

*Boxall, P.F; Purcell, J.; Wright, P.M. (Hrsg.) (2007):* The Oxford Handbook of Human Resource Management. Oxford u.a.

*Brandenburg, U.; Nieder, P. (2009):* Betriebliches Fehlzeiten-Management. Anwesenheit der Mitarbeiter erhöhen - Instrumente und Praxisbeispiele. 2. Aufl. Wiesbaden.

*Brandstätter, V.; Gollwitzer, P.M. (1994):* Research on Motivation: A Review of the Eighties and Early Nineties. In: The German Journal of Psychology, 18. Jg., H. 2. 181-232.

*Brewster, C. (1999):* Strategic Human Resource Management: The Value of Different Paradigms. In: Management International Review, Special Issue, 39. Jg., H. 3. 45-64.

*Brewster, C.; Bournois, F. (1991):* Human Resource Management: A European Perspective. In: Personnel Review, 20. Jg., H. 6. 4-13.

*Brödner, P. (1993):* Fabrik 2000: Alternative Entwicklungspfade in die Zukunft der Fabrik. 3. Aufl., Berlin.

*Bruns, H.-J. (1998):* Organisationale Lernprozesse bei Managementunterstützungssystemen. Wiesbaden.

*Brünn, S. (2010):* Internettestverfahren zur Personalauswahl. Einflussgrößen der Fairnesswahrnehmung auf die Intentionen und Reaktionen der Bewerber. München, Mering.

*Burke, C.S.; Stagl, K.C.; Klein, C.; Goodwin, G.F.; Salas, E.; Halpin, S.M. (2006):* What Type of Leadership Behaviors are Functional in Teams? A Meta-Analysis. In: The Leadership Quarterly, 17. Jg., H. 3. 288-307.

*Burnes, B. (2004):* Kurt Lewin and Complexity Theories: Back to the Future? In: Journal of Change Management, 4. Jg.; H. 4, 309-325.

*Cameron, J.; Banko, K.M.; Pierce, W.D. (2001):* Pervasive Negative Effects of Rewards on Intrinsic Motivation: The Myth Continues. In: The Behavior Analyst, 24. Jg., H. 1. 1-44.

*Carson, J.B.; Tesluk, P.E.; Marrone, J.A. (2007):* Shared Leadership in Teams: An Investigation of Antecedent Conditions and Performance. In: Academy of Management Journal, 50. Jg. H. 5. 1217-1234.

*Cartwright, D.; Zander, A. (Hrsg.) (1968):* Group Dynamics: Research and Theory. 3. Aufl., New York u.a.

*Cattell, A. (2005):* Intellectual Capital. In: Wilson, J.P. (Hrsg.): Human Resource Development: Learning and Training for Individuals and Organizations. 2. Aufl.; London, Sterling. 439-458.

*Chadwick, C.; Dabu, A. (2009):* Human Resources, Human Resource Management, and the Competitive Advantage of Firms: Toward a More Comprehensive Model of Causal Linkages. In: Organization Science. 20. Jg., H. 1. 253-272.

*Chenevert, D.; Tremblay, M. (2009):* Fits in Strategic Human Resource Management and Methodological Challenge: Empirical Evidence of Influence of Empowerment and Compensation Practices on Human Resource Performance in Canadian Firms. In: International Journal of Human Resource Management, 20. Jg., H. 4. 738-770.

*Choi, J. (2006):* A Motivational Theory of Charismatic Leadership: Envisioning, Empathy, and Empowerment. In: Journal of Leadership and Organizational Studies, 13. Jg., H. 1. 24-43.

*Coase, R.H. (1937):* The Nature of the Firm. In: Economica New Series, 4. Jg., H. 13-16. 386-405.

*Coase, R.H. (1960):* The Problem of Social Costs. In: The Journal of Law Economics, 3. Jg., H. 2. 1-44.

*Colbert, B.A. (2004):* The Complex Resource-Based View: Implications for Theory and Practice in Strategic Human Resource Management. In: Academy of Management Review, 29. Jg., H. 3. 341-358.

*Collins, C.J.; Clark, K.D. (2003):* Strategic Human Resource Practices, Top Management Team Social Networks, and Firm Performance: The Role of Human Resource Practices in Creating Organizational Competitive Advantage. In: Academy of Management Journal, 46. Jg., H. 6. 740-751.

*Collins, D. (1998):* Organizational Change. Sociological Perspectives. London, New York.

*Conger, J.A.; Kanungo, R.N. (2000):* Charismatic Leadership in Organizations. Thousand Oaks.

*Conrad, P. (1991):* Human Resource Management – eine »lohnende« Entwicklungsperspektive? In: Zeitschrift für Personalforschung, 5. Jg., H. 4. 411-445.

*Conrad, P. (1998):* Organisationales Lernen: Überlegungen und Anmerkungen aus betriebswirtschaftlicher Sicht. In: Geissler, H.; Lehnhoff, A.; Petersen, J. (Hrsg.): Organisationales Lernen im interdisziplinären Dialog. Weinheim. 31-45.

*Conrad, P. (2010):* Selbst-Management. Bedingungen und Möglichkeiten einer Anwendung von Selbst-Management als Führungskonzept. Discussion Paper. Hamburg.

*Conrad, P.; Keller, M. (1998):* Mitarbeiterführung - Grundlagen und Konzepte. Studienbrief. Kaiserslautern.

*Cook, M. (2009):* Personnel Selection: Adding Value Through People. 5. Aufl., Chichester.

*Cummings, T.G.; Worley, C.G. (2008):* Organizations Development and Change. 9. Aufl., Minneapolis.

*Curth, M.A.; Lang, B. (1991):* Management der Personalbeurteilung. München, Wien.

*Cyert, R.M.; March, J.G. (1995):* Eine verhaltenswissenschaftliche Theorie der Unternehmung. 2. Aufl., Stuttgart.

*Datta, D.K.; Guthrie, J.P.; Basuil, D.; Pandey, A. (2010):* Causes and Effects of Employee Downsizing: A Review and Synthesis. In: Journal of Management, 36. Jg., H. 1. 281-348.

*Day, D.V.; Gronn, P.; Salas, E. (2004):* Leadership Capacity in Teams. In: The Leadership Quarterly, 15. Jg., H. 6. 857-880.

*Day, D.V.; Gronn, P.; Salas, E. (2006):* Leadership in Team-Based Organizations: On the Treshold of a New Era. In: The Leadership Quarterly, 17. Jg., H. 1. 211-216.

*De Saá-Pérez, P.; García-Falcón, J.M. (2002):* A Resource-Based View of Human Resource Management and Organizational Capabilites Development. In: International Journal of Human Resource Management, 13. Jg., H. 1. 123-140.

*Deci, E.L. (1995):* Why We Do what We Do: The Dynamics of Personal Autonomy. New York.

*Deci, E.L.; Ryan, R.M. (1993):* Die Selbstbestimmungstheorie der Motivation und ihre Bedeutung für die Pädagogik. In: Zeitschrift für Pädagogik, 39. Jg., H. 2. 223-238.

*Deci, E.L.; Ryan, R.M.; Koestner, R. (1999):* A Meta-Analytic Review of Experiments Examining the Effects of Extrinsic Rewards on Intrinsic Motivation. In: Psychological Bulletin, 125. Jg., H. 6. 627-668.

*Delery, J.E. (1998):* Issues of Fit in Strategic Human Resource Management: Implications for Research. In: Human Resource Management Review, 8. Jg., H. 3. 289-309.

*Delery, J.E.; Doty, D.H. (1996):* Modes of Theorizing in Strategic Human Resource Management: Tests of Universalistic, Contingency and Configurational Performance Predictions. In: Academy of Management Journal, 39. Jg., H. 4. 802-835.

*Demsetz, H. (1974):* Toward a Theory of Property Rights. In: Furubotn, E.G.; Pejovich, S. (Hrsg.): The Economics of Property Rights. Cambridge, Mass. 31-42.

*DeRue, D.S.; Nahrgang, J.D.; Wellmann, N.; Humphrey, S.E. (2011):* Trait and Behavioral Theories of Leadership: An Integration and Meta-Analytic Test of their Relative Validity. In: Personnel Psychology, 64. Jg., H. 1. 7-52.

*DeRue, D.S.; Ashford, S.J. (2010):* Who Will Lead and Who Will Follow? A Social Process of Leadership Identity Construction in Organizations. In: Academy of Management Review, 35. Jg., H. 4. 627-647.

*Dilger, A. (2011):* Personnel Economics: Strengths, Weaknesses and its Place in Human Resource Management. In: Management Revue, 22. Jg., H. 4. 331-343.

*Dixon, N.M. (1992):* Organizational Learning: A Review of the Literature with Implications for HRD Professionals. In: Human Resource Development Quarterly, 3. Jg., H. 1. 29-49.

*Dixon, N.M. (1993):* Developing Managers for the Learning Organization. In: Human Resource Management Review, 3. Jg., H. 3. 243-254.

*Dodgson, M. (1993):* Organizational Learning: A Review of Some Literatures. In: Organization Studies, 14. Jg., H. 3. 375-394.

*Dombrowski, T. (2000):* Gruppenarbeit und Entgeltsysteme: Ein Beitrag zur Untersuchung der Wirkung von Entgeltsystemen auf die Personaleinsatzflexibilität. München, Mering.

*Druskat, V.U.; Wheeler, J.V. (2003):* Managing from the Boundary: The Effective Leadership of Self-Managing Work Teams. In: Academy of Management Journal, 46. Jg., H. 4. 435-457.

*Dulebohn, J.H.; Werling, S.E. (2007):* Compensation Research. Past, Present, and Future. In: Human Resource Management Review, 17. Jg., H. 2. 191-207.

*Dumdum, U.R.; Lowe, K.B.; Avolio, B.J. (2002):* A Meta-Analysis of Transformational and Transactional Leadership Correlates of Effectiveness and Satisfaction: An Update and Extension. In: Avolio, B.J.; Yammarino, F.J. (Hrsg.): Monographs in Leadership and Management Volume 2 - Transformational and Charismatic Leadership: The Road Ahead. Amsterdam u.a. 35-66.

*Duncan, R.; Weiss, A. (1979):* Organizational Learning: Implications for Organizational Design. In: Staw, B.M. (Hrsg.): Research in Organizational Behavior. Greenwich. 75-124.

**E***asterby-Smith, M.; Lyles, M.A. (Hrsg.) (2011a):* Handbook of Organizational Learning and Knowledge Management. 2. Aufl., Chichester.

*Easterby-Smith, M.; Lyles, M.A. (2011b):* The Evolving Field of Organizational Learning and Knowledge Management. In: Easterby-Smith, M.; Lyles, M.A. (Hrsg.): Handbook of Organizational Learning and Knowledge Management. 2. Aufl., Chichester. 1-20.

*Eberly, M.B.; Holley, E.C.; Johnsons, M.D.; Mitchell, T.R. (2011):* Beyond Internal and External: A Dyadic Theory of Relational Attributions. In: Academy of Management Review, 36. Jg., H. 4. 731-753.

*Ebers, M.; Gotsch, W. (2006):* Institutionenökonomische Theorien der Organisation. In: Kieser, A.; Ebers, M. (Hrsg.): Organisationstheorien. 6. Aufl., Stuttgart. 247-308.

*Ebner, H.G.; Krell, G. (1991):* Vorgesetztenbeurteilung. Oldenburg.

*Eisenhardt, K.-M. (1989):* Agency Theory: An Assessment and Review. In: Academy of Management Review, 14. Jg., H. 1. 57-74.

*Eissing, G. (1992):* Arbeitsorganisation. In: Institut für angewandte Arbeitswissenschaft e.V. (Hrsg.): Lean Production. Köln. 31-67.

*Elschen, R. (1991):* Gegenstand und Anwendungsmöglichkeiten der Agency-Theorie. In: Zeitschrift für betriebswirtschaftliche Forschung, 43. Jg., H. 11. 1002-1012.

*Ensley, M.D.; Hmieleski, K.M.; Pearce, C.L. (2006):* The Importance of Vertical and Shared Leadership Within new Venture Top Management Teams: Implications for Performance of Startups. In: The Leadership Quarterly, 17. Jg., H. 3. 217-231.

*Erpenbeck, J.; Rosenstiel v., L. (Hrsg.) (2007):* Handbuch Kompetenzmessung. 2. Aufl., Stuttgart.

*Evans, M. (1995):* Führungstheorien - Weg-Ziel-Theorie. In: Kieser, A.; Reber, G.; Wunderer, R. (Hrsg.): Handwörterbuch der Führung. 2. Aufl., Stuttgart. 1075-1092.

*Eyer, E. (1994):* Leistungsentgelt bei Gruppenarbeit in schlanken Unternehmen. Lösungsansätze, Erfahrungen, Perspektiven. In: Personalführung, 27. Jg., H. 5. 406-415.

*Eyer, E. (1996):* Entlohnung in teilautonomen Arbeitsgruppen. In: Antoni, C.H. (Hrsg.): Gruppenarbeit in Unternehmen. 2. Aufl., Weinheim. 100-114.

*Eyer, E.; Stockhausen, A. (1997):* Prämien für Gruppenarbeit. In: Personalwirtschaft, 21. Jg., H. 6. 22-24.

*Eyer, E.; Wolf, G. (1995):* Ganzheitliche Arbeitsorganisation: Gruppenarbeit, Arbeitszeit und Entgelt bei der YMOS AG. In: Personalführung, 28. Jg., H. 10. 866-874.

*Fahr, R. (2011):* Job Design and Job Satisfaction – Empirical Evidence for Germany? In: Management Revue, 22. Jg., H. 1. 28-46.

*Fairhurst, G.T. (2009):* Considering Context in Discursive Leadership Research. In: Human Relations, 62. Jg., H. 11. 1607-1633.

*Fallgatter, M.J. (1999):* Leistungsbeurteilungstheorie und -praxis: Zur „Rationalität" der Ignorierung theoretischer Empfehlungen. In: Zeitschrift für Personalforschung, 13. Jg., H. 1. 82-100.

*Fang, M.; Gerhart, B. (2012):* Does Pay for Performance Diminish Intrinsic Interest? In: International Journal of Human Resource Management, 23. Jg., H. 6. 1176-1196.

*Feldman, D.C.; Leana, C.R. (2000):* What Ever Happened to Laid-Off Executives? A Study of Reemployment Challenges after Downsizing. In: Organizational Dynamics, 29. Jg., H. 1. 64-75.

*Festing, M. (1999):* Strategisches internationales Personalmanagement: Eine transaktionskostentheoretisch fundierte Analyse. München u.a.

*Fiedler, F.E. (1967):* A Theoretical Model of Leadership Effectiveness. In: Fiedler, F.E. (Hrsg.): A Theory of Leadership Effectiveness. New York u.a. 133-153.

*Fiedler, F.E. (1972):* Das Kontingenzmodell: Eine Theorie der Führungseffektivität. In: Kunczik, M. (Hrsg.): Führung, Theorien und Ergebnisse. Düsseldorf, Wien. 179-198.

*Fiedler, F.E.; Mai-Dalton, R. (1995):* Führungstheorien – Kontingenztheorie. In: Kieser, A.; Reber, G.; Wunderer, R. (Hrsg.): Handwörterbuch der Führung. 2. Aufl., Stuttgart. 940-953.

*Fiedler, F.E.; Chemers, M.M.; Mahar, L. (1977):* Improving Leadership Effectiveness: The Leader Match Concept. New York u.a.

*Fiol, C.M.; Lyles, M.A. (1985):* Organizational Learning. In: Academy of Management Review, 10. Jg., H. 4. 803-813.

*Fitting, K.; Engels, G.; Schmidt, I.; Trebinger, Y.; Linsenmaier, W. (2012):* Betriebsverfassungsgesetz. 26. Aufl., München.

*Fletcher, C. (1990):* The Relationships between Candidate Personality, Self-Presentation Strategies, and Interviewer. Assessments in Selection Interviews: An Empirical Study. In: Human Relations, 43. Jg., H. 8. 739-749.

*Foit, O. (1981):* Analytische Arbeitsbewertung: Der Prozeß ihrer Einführung als Methodenkritik. 2. Aufl., Berlin.

*Fombrun, C.J.; Devanna, M.A.; Tichy, N.M. (1984):* The Human Resource Management Audit. In: Fombrun, C.J.; Tichy, N.M.; Devanna, M.A. (Hrsg.): Strategic Human Resource Management. New York u.a. 235-248.

*Franz, W.; Pfeiffer, F. (2004):* Lohntheorien. In: Gaugler, E.; Oechsler, W.A.; Weber, W. (Hrsg.): Handwörterbuch des Personalwesens. 3. Aufl., Stuttgart. 1120-1132.

*Freimuth, J. (1994):* Inplacement. Ein Beitrag zu einer antizyklischen Strategie in betrieblichen Beschäftigungskrisen. In: Scholz, C.; Oberschulte, H. (Hrsg.): Personalmanagement in Abhängigkeit von der Konjunktur. München, Mering. 75-88.

*French, W.L.; Bell, C.H. (1994):* Organisationsentwicklung. 4. Aufl., Stuttgart u.a.

*Frey, B.S.; Jegen, R. (2001):* Motivation Crowding Theory. In: Journal of Economic Surveys, 15. Jg., H. 5. 589-611.

*Frey, B.S.; Osterloh, M. (Hrsg.) (2002):* Managing Motivation: Wie Sie die neue Motivationsforschung für Ihr Unternehmen nutzen können. 2. Aufl., Wiesbaden.

*Frick, B. (2004):* Outplacement. In: Gaugler, E.; Oechsler, W.A.; Weber, W. (Hrsg.): Handwörterbuch des Personalwesens. 3. Aufl., Stuttgart. 1318-1325.

*Fuller, J.B.; Patterson, C.E.P.; Hester, K.; Stringer, D.Y. (1996):* A Quantitative Review of Research on Charismatic Leadership. In: Psychological Reports, 78. Jg., H. 1. 271-287.

*Furubotn, E.G.; Pejovich, S. (1972):* Property Rights and Economic Theory: A Survey of Recent Literature. In: The Journal of Economic Literature, 10. Jg., H. 4. 1137-1162.

*Furubotn, E.G.; Pejovich, S. (Hrsg.) (1974):* The Economics of Property Rights. Cambridge, Mass.

*Gailey, J.A.; Lee, M.T. (2005):* An Integrated Model of Attribution of Responsibility for Wrongdoing in Organizations. In: Social Psychology Quarterly, 68.Jg. H. 4, 338-358.

*Garavan, T.N. (2007):* A Strategic Perspective on Human Resource Development. In: Advances in Developing Human Resources, 9. Jg., H. 1. 11-30.

*Garavan, T.N.; McGuire, D.; O'Donnell, D. (2004):* Exploring Human Resource Development: A Level of Analysis Approach. In: Human Resource Development Review, 3. Jg., H. 4. 417-441.

*Gaugler, E.; Oechsler, W.A.; Weber, W. (Hrsg.) (2004):* Handwörterbuch des Personalwesens. 3., überarb. und erg. Aufl., Stuttgart.

*Gaugler, B.B.; Rosenthal, D.B.; Thornton III, G.C.; Bentson, C. (1987):* Meta-Analysis of Assessment Center Validity. In: Journal of Applied Psychology Monograph, 72. Jg., H. 3. 493-511.

*Gerhart, B. (2010):* Compensation. In: Wilkinson, A.; Bacon, N.; Redmann, T.; Snell, S. (Hrsg.): The SAGE Handbook of Human Resource Management. Los Angeles. 210-230.

*Gmür, M; Schwerdt, B. (2005):* Der Beitrag des Personalmanagements zum Unternehmenserfolg. Eine Metaanalyse nach 20 Jahren Erfolgsfaktorenforschung. In: Zeitschrift für Personalforschung, 19. Jg., H. 3. 221-251.

*Gohl, J. (Hrsg.) (1977):* Arbeit im Konflikt. München.

*Gollwitzer, P.M. (1996):* Das Rubikonmodell der Handlungsphasen. In: Kuhl, J.; Heckhausen, H. (Hrsg.): Motivation, Volition und Handlung. Göttingen u.a. 427-468.

*Goldstein, I.L.; Ford, J.K. (2009):* Training in Organizations. Needs Assessment, Development, and Evaluation. 4. Aufl., Belmont.

*Gratton, L.; Truss, C. (2003):* The Three-Dimensional People Strategy: Putting Human Resources Policies into Action. In: Academy of Management Executive, 17. Jg., H. 3. 74-86.

*Green, S.G.; Mitchell, T.R. (1979):* Attributional Processes of Leaders in Leader-Member Interactions. In: Organizational Behavior and Human Performance, 23. Jg., H. 2. 429-458.

*Greenberg, J. (2003):* Creating Unfairness by Mandating Fair Procedures: The Hidden Hazards of a Pay-for-Performance Plan. In: Human Resource Management Review, 13. Jg., 41-57.

*Greif, S. (1983):* Konzepte der Organisationspsychologie. Eine Einführung in grundlegende theoretische Ansätze. Bern u.a.

*Greiner, L.E. (1967):* Patterns of Organization Changes. In: Harvard Business Review, 45. Jg., H. 3. 119-130.

*Greiner, L.E. (1972):* Evolution and Revolution as Organizations Grow. In: Harvard Business Review, 50. Jg., H. 4. 37-46.

*Grieger, J. (1997):* Hierarchie und Potential: Informatorische Grundlagen und Strukturen der Personalentwicklung in Unternehmungen. Neustadt, Coburg.

*Grieger, J.* (2004): Ökonomisierung in Personalwirtschaft und Personalwirtschaftslehre. Wiesbaden.

*Grieger, J.; Bartölke, K. (1992):* Beurteilungen als Systembestandteil wirtschaftlicher Organisationen. In: Selbach, R.; Pullig, K.-K. (Hrsg.): Handbuch Mitarbeiterbeurteilung. Wiesbaden. 67-105.

*Guest, D.E. (1987):* Human Resource Management and Industrial Relations. In: Journal of Management Studies, 24. Jg., H. 5. 503-521.

*Guest, D.E. (1990):* Human Resource Management and The American Dream. In: Journal of Management Studies, 27. Jg., H. 4. 377-397.

*Guest, D.E. (1997):* Human Resource Management and Performance: A Review and Research Agenda. In: The International Journal of Human Resource Management, 8. Jg., H. 3. 263-276.

*Guest, D.E. (1999):* Human Resource Management: The Workers' Verdict. In: Human Resource Management Journal, 9. Jg., H. 3, 5-25.

*Gutenberg, E. (1976):* Grundlagen der Betriebswirtschaftslehre, Band 1: Die Produktion. 22. Aufl., Berlin, Heidelberg, New York.

*Hacker, W. (1994a):* Action Regulation Theory and Occupational Psychology. Review of German Empirical Research Since 1987. In: The German Journal of Psychology, 18. Jg., H. 1. 91-98.

*Hacker, W. (1994b):* Arbeitsanalyse zur prospektiven Gestaltung von Gruppenarbeit. In: Antoni, C.H. (Hrsg.): Gruppenarbeit in Unternehmen. Weinheim. 49-80.

*Hacker, W. (2005):* Allgemeine Arbeitspsychologie. 2. Aufl., Bern u.a.

*Hacker, W. (2009):* Arbeitsgegenstand Mensch: Psychologie dialogisch-interaktiver Erwerbsarbeit. Lengerich u.a.

*Hacker, W.; Richter, P. (1990):* Psychische Regulation von Arbeitstätigkeiten – Ein Konzept in Entwicklung. In: Frei, F.; Udris, I. (Hrsg.): Das Bild der Arbeit. Bern u.a. 125-142.

*Hackman, J.R.; Oldham, G.R. (1975):* Development of the Job Diagnostic Survey. In: Journal of Applied Psychology, 60. Jg., H. 2. 159-170.

*Hackman, J.R.; Oldham, G.R. (1976):* Motivation Through the Design of Work: Test of a Theory. In: Organizational Behavior and Human Performance, 16. Jg., H. 2. 250-279.

*Hackman, J.R.; Oldham, G.R. (1980):* Work Redesign. Menlo Park u.a.

*Hammer, M.; Champy, J. (2003):* Business Reengineering: Die Radikalkur für das Unternehmen. 7. Aufl., Frankfurt/Main.

*Hanft, A. (1998):* Personalentwicklung zwischen Weiterbildung und »organisationalem Lernen«: Eine strukturationstheoretische und machtpolitische Analyse. 2. Aufl., München, Mering.

*Hannan, M.T.; Freeman, J. (1984):* Structural Inertia and Organizational Change. In: American Sociological Review, 49. Jg., H. 1. 149-164.

*Hannan, M.T.; Freeman, J. (1989):* Organizational Ecology. Cambridge, London.

*Hausknecht, J.P.; Day, D.V.; Thomas, S.C. (2004):* Applicant Reactions to Selection Procedures: An Updated Model and Meta-Analysis. In: Personnel Psychology, 57. Jg., 639-683.

*Heckhausen, H. (1989):* Motivation und Handeln. 2. Aufl., Heidelberg u.a.

*Heckhausen, J.; Heckhausen, H. (2010):* Motivation und Handeln: Einführung und Überblick. In: Heckhausen, J.; Heckhausen, H. (Hrsg.): Motivation und Handeln. 4. Aufl., Berlin u.a., 1-9.

*Heckhausen, J.; Heckhausen, H. (Hrsg.) (2010):* Motivation und Handeln. 4. Aufl., Berlin u.a.

*Hedberg, B. (1981):* How Organizations Learn and Unlearn. In: Nystrom, P.C.; Starbuck, W.H. (Hrsg.): Handbook of Organizational Design. Volume 1: Adapting Organizations to their Environments. London u.a. 3-27.

*Heider, F. (1977):* Psychologie der interpersonalen Beziehungen. Stuttgart.

*Heinen, E. (1991):* Industriebetriebslehre. 9. Aufl., Wiesbaden.

*Hell, B.; Schuler, H.; Boramir, I.; Schaar, H. (2006):* Verwendung und Einschätzung von Verfahren der internen Personalauswahl und Personalentwicklung im 10 Jahres-Vergleich. In: Zeitschrift für Personalforschung, 20. Jg., H. 1. 58-78.

*Heller, W. (1994):* Arbeitsgestaltung. Stuttgart.

*Hemmer, E. (1997):* Neuere Strategien bei Personalumstrukturierungen. In: Personal, 49. Jg., H. 6. 280-285.

*Henselek, H.F. (2005):* Gestaltung von Personalkosten und Personalinvestitionen in Unternehmungen. Lohmar.

*Hentsch, G.; Oxenknecht, S. (1995):* Einheitliche Entgeltgestaltung als Herausforderung: Vorgehensweise bei der AUDI AG. In: Personalführung, 28. Jg., H. 10. 836-845.

*Hersey, P.; Blanchard, K.H. (2010):* Management of Organizational Behavior: Utilizing Human Resources. 10. Aufl., Englewood Cliffs, New Jersey.

*Herzberg, F. (1988):* Was Mitarbeiter wirklich in Schwung bringt. In: Harvardmanager, 10. Jg., H. 2. 42-54.

*Herzberg, F.; Mausner, B.; Snyderman, B. (1959/2005):* The Motivation to Work. Nachdruck aus 2005. New York.

*Herzig, V. (2004):* Personalentwicklungsplanung. In: Gaugler, E.; Oechsler, W.A.; Weber, W. (Hrsg.): Handwörterbuch des Personalwesens. 3. Aufl., Stuttgart. 1512-1520.

*Hiller, N.J.; DeChurch, L.A.; Murase, T.; Doty, D. (2011):* Searching for Outcomes of Leadership: A 25-Year Review. In: Journal of Management, 37. Jg., H. 4. 1137-1177.

*Hofstätter, P.R. (1993):* Gruppendynamik: Kritik der Massenpsychologie. 3. Aufl., Reinbek.

*Homans, G.C. (1978):* Theorie der sozialen Gruppe. 7. Aufl., Opladen.

*Houghton, J.D.; Neck, C.P. (2002):* The Revised Self-Leadership Questionaire. In: Journal of Managerial Psychology, 17. Jg., H. 8. 672-691.

*House, R.J. (1971):* A Path Goal Theory of Leader Effectiveness. In: Administrative Science Quarterly, 16. Jg., H. 3. 321-338.

*House, R.J.; Shamir, B. (1995):* Führungstheorien – Charismatische Führung. In: Kieser, A.; Reber, G.; Wunderer, R. (Hrsg.): Handwörterbuch der Führung. 2. Aufl., Stuttgart. 878-897.

*Huber, G.P. (1996):* Organizational Learning: The Contributing Processes and the Literatures. In: Cohen, M.D.; Sproull, L.S. (Hrsg.): Organizational Learning. Thousand Oaks u.a. 124-162.

*Humphrey, S.E.; Nahrgang, J.D.; Morgeson, F.P. (2007):* Integrating Motivational, Social, and Contextual Work Design Features: A Meta-Analytic Summary and Theoretical Extension of the Work Design Literature. In: Journal of Applied Psychology, 92. Jg., H. 5. 1332-1356.

*Huselid, M.A. (1995):* The Impact of Human Resource Management Practices on Turnover, Productivity and Corporate Financial Performance. In: Academy of Management Journal, 38. Jg., H. 3. 635-672.

*Ichniowski, C.; Shaw, K.; Prennushi, G. (1997):* The Effects of Human Resource Management Practices on Productivity: A Study of Steel Finishing Lines. In: The American Economic Review, 87. Jg., H. 3. 291-313.

*Imai, M. (1994):* KAIZEN. 5. Aufl., Berlin, Frankfurt/Main.

*Iverson, R.D.; Zatzick, C.D. (2011):* The Effects of Downsizing on Labor Productivity: The Value of Showing Consideration for Employees' Morale and Welfare in High-Performance Work Systems. In: Human Resource Management, 50. Jg., H. 1. 29-44.

*Jaffée, C.L.; Frank, F.D.; Preston, J.R. (1994):* Assessment Centers. In: Tracey, W.R. (Hrsg.): Human Resources Management and Development Handbook. 2. Aufl., New York. 575-590.

*Jago, A.G.; Vroom, V.H. (1989):* Vom Vroom/Yetton- zum Vroom/Jago-Führungsmodel: Neue Überlegungen zu Partizipation in Organisationen. In: Die Betriebswirtschaft, 49. Jg., H. 1. 5-17.

*Jahoda, M.; Lazarsfeld P.F.; Zeisel, H. (2009):* Die Arbeitslosen von Marienthal. 22. Aufl., Frankfurt/Main.

*Jenkins Jr., G.D.; Gupta, N.; Mitra, A.; Shaw, J.D. (1998):* Are Financial Incentives Related to Performance? A Meta-Analytic Review of Empirical Research. In: Journal of Applied Psychology, 83. Jg., H. 5. 777-787.

*Jeserich, W. (1991):* Handwörterbuch der Weiterbildung – Mitarbeiter auswählen und fördern: AC-Verfahren. München, Wien.

*Jones, E.E.; Nisbett, R.E. (1972):* The Actor and the Observer: Divergent Perceptions of the Causes of Behavior. In: Jones, E.E.; Kanouse, D.E.; Kelley, H.H. (Hrsg.): Attribution: Perceiving the Causes of Behavior. Morristown. 79-94.

*Judge, T.A.; Piccolo, R.F. (2004):* Transformational and Transactional Leadership: A Meta-Analytic Test of Their Relative Validity. In: Journal of Applied Psychology, 89. Jg., H. 5. 755-768.

*Judge, T.A.; Piccolo, R.F.; Podsakoff, N.P.; Shaw, J.C.; Rich, B.L. (2010):* The Relationship between Pay and Job Satisfaction: A Meta-Analysis of the Literature. In: Journal of Vocational Behavior, 77. Jg., H. 2. 157-167.

*Kammel, A. (2004):* Personalabbau/-freisetzung. In: Gaugler, E.; Oechsler, W.A.; Weber, W. (Hrsg.): Handwörterbuch des Personalwesens. 3. Aufl., Stuttgart. 1343-1357.

*Kanning, U.P. (2004):* Standards der Personaldiagnostik. Göttingen u.a.

*Kaplan, R.S.; Norton, D.P. (2006):* Alignment: Using the Balanced Scorecard to Create Corporate Synergies. Boston, Mass.

*Kappler, P. (1992):* Menschenbilder. In: Gaugler, E.; Weber, W. (Hrsg.): Handwörterbuch des Personalwesens. 2. Aufl., Stuttgart. 1324-1342.

*Katz, C.P.; Baitsch, C. (2006):* Arbeit bewerten – Personal beurteilen. Lohnsysteme mit Abakaba. Zürich.

*Kehr, H.M. (2004):* Motivation und Volition. Funktionsanalysen, Feldstudien mit Führungskräften und Entwicklung eines Selbstmanagement-Trainings (SMT). Göttingen u.a.

*Kelley, H.H. (1967):* Attribution Theory in Social Psychology. In: Nebraska Symposium on Motivation, 15. Jg., H. 1. 192-240.

*Kelley, H.H. (1972):* Attribution in Social Interaction. In: Jones, E.E.; Kanouse, D.E.; Kelley, H.H. (Hrsg.): Attribution: Perceiving the Causes of Behavior. Morristown. 1-26.

*Kelley, H.H. (1973):* The Process of Causal Attribution. In: American Psychologist, 28. Jg., H. 2. 107-128.

*Kepes, S.; Delery, J.E. (2006):* Designing Effective HRM-Systems: The Issue of HRM Strategy. In: Burke, R.J.; Cooper, C.L. (Hrsg.): The Human Resources Revolution. Research and Practice. Oxford u.a. 55-76.

*Kepes, S.; Delery, J.; Gupta, N. (2009):* Contingencies in the Effects of Pay Range on Organizational Effectiveness. In: Personnel Psychology, 62. Jg., H. 3. 497-531.

*Kern, H.; Schumann, M. (1990):* Das Ende der Arbeitsteilung? Rationalisierung in der industriellen Produktion. 4. Aufl., München.

*Kieselbach,T.; Bagnara, S.; Birk, R.; De Witte, H.; Jeurissen, R.; Lemkow, L.; Schaufeli, W. (2006):* Social Convoy and Sustainable Employability. Innovative Strategies for Outplacement/Replacement Counselling. Bremen.

*Kieser, A.; Ebers, M. (Hrsg.) (2006):* Organisationstheorien. 6. Aufl., Stuttgart.

*Kieser, A.; Kubicek, H. (1992):* Organisation. 3. Aufl., Berlin.

*Kieser, A.; Reber, G.; Wunderer, R. (Hrsg.) (1995):* Handwörterbuch der Führung. 2. Aufl., Stuttgart.

*Kieser, A.; Walgenbach, P. (2010):* Organisation. 6. Aufl., Stuttgart.

*Kieser, A.; Woywode, M. (2006):* Evolutionstheoretische Ansätze. In: Kieser, A.; Ebers, M. (Hrsg.): Organisationstheorien. 6. Aufl., Stuttgart. 309-352.

*Kinicki, A.J.; Prussia, G.E.; McKee-Ryan, F.M. (2000):* A Panel Study of Coping with Involuntary Job Loss. In: Academy of Management Journal, 43. Jg., H. 1. 90-100.

*Kirkpatrick, D.L.; Kirkpatrick, J.D. (2006):* Evaluating Training Programs: The Four Levels. San Francisco.

*Klimecki, R. (1995):* Organisationsentwicklung und Führung. In: Kieser, A.; Reber, G.; Wunderer, R. (Hrsg.): Handwörterbuch der Führung. 2. Aufl., Stuttgart. 1652-1664.

*Klimecki, R.; Probst, G.J.B.; Eberl, R. (1991):* Systementwicklung als Managementproblem. In: Staehle, W.H.; Sydow, J. (Hrsg.): Managementforschung 1. Berlin, New York. 103-162.

*Kohl, H. (1995):* Personalabbauplanung. In: Bosch, G.; Kohl, H.; Schneider, W. (Hrsg.): Handbuch Personalplanung. Köln. 275-361.

*Kompa, A. (1989):* Personalbeschaffung und Personalauswahl. 2. Aufl., Stuttgart.

*Kompa, A. (1990):* Demontage des Assessment Centers: Kritik an einem modernen personalwirtschaftlichen Verfahren. In: Die Betriebswirtschaft, 50. Jg., H. 5. 587-609.

*Kompa, A. (2004a):* Assessment Center. Bestandsaufnahme und Kritik. 7. Aufl., München, Mering.

*Kompa, A. (2004b):* Assessment Center. In: Gaugler, E.; Oechsler, W.A.; Weber, W. (Hrsg.): Handwörterbuch des Personalwesens. 3. Aufl., Stuttgart. 473-483.

*Kosiol, E. (1962):* Leistungsgerechte Entlohnung. Wiesbaden.

*Kossbiel, H.; Spengler, T. (1997):* Ökonomisch legitimierbare Personalentscheidung als Gegenstand personalwirtschaftlicher Hochschulausbildung. In: Auer, M.; Laske, S. (Hrsg.): Personalwirtschaftliche Ausbildung an Universitäten. München, Mering. 48-73.

*Kräkel, M. (2007):* Organisation und Management. 3. Aufl., Tübingen.

*Kreikebaum, H. (1999*): Arbeit – Zukunft der Arbeitsgesellschaft. In: Korff, W. (Hrsg.): Lexikon der Wirtschaftsethik Vol. 4, Gütersloh. 48-68.

*Krell, G.; Winter, R. (2001):* Anforderungsabhängige Entgeltdifferenzierung: Orientierungshilfen auf dem Weg zu einer diskriminierungsfreien Arbeitsbewertung. In: Krell, G. (Hrsg.): Chancengleichheit durch Personalpolitik. 6. Aufl., Wiesbaden. 343-360.

*Kuhl, J. (1996):* Motivation, Volition und Handlung. Göttingen.

*Kuhl, J. (1998):* Wille und Persönlichkeit: Funktionsanalyse der Selbststeuerung. In: Psychologische Rundschau, 49. Jg., H. 2. 61-77.

*Kuhl, J. (2000):* Handlungs- und Lageorientierung. In: Sarges, W. (Hrsg.): Managementdiagnostik. 3. Aufl., Göttingen u.a. 2000, 303-316.

*Kuhl, J. (2001):* Motivation und Persönlichkeit: Interaktion psychischer Systeme. Göttingen u.a.

*Kuhl, J. (2010a):* Individuelle Unterschiede in der Selbststeuerung. In: Heckhausen, J.; Heckhausen, H. (Hrsg.): Motivation und Handeln. 4. Aufl., Berlin u.a., 337-363.

*Kuhl, J. (2010b):* Lehrbuch der Persönlichkeitspsychologie. Motivation, Emotion und Selbststeuerung. Göttingen u.a.

*Kuhlmann, M. (2004):* Modellwechsel? Die Entwicklung betrieblicher Arbeits- und Sozialstrukturen in der deutschen Automobilindustrie. Berlin.

*Kühlmann, T.M.; Wesenberg, M. (1994):* Outplacement: Die Perspektive der Betroffenen. In: Personal, 46. Jg., H. 12. 600-605.

*Kupsch, P.U.; Marr, R. (1991):* Personalwirtschaft. In: Heinen, E. (Hrsg.): Industriebetriebslehre. 9. Aufl., Wiesbaden. 729-896.

*Lange, D.; Washburn, N.T. (2012):* Understanding Attributions of Corporate Social Irresponsibility. In: Academy of Management Review, 37. Jg., H. 2. 300-326.

*Laske, S. (1977):* Die »Anforderungsgerechtigkeit« in der Arbeitsbewertung oder die Funktion von Fiktionen. In: Gohl, J. (Hrsg.): Arbeit im Konflikt. München. 142-162.

*Laske, S.; Weiskopf, R. (1996):* Personalauswahl: Was wird denn da gespielt? – Ein Plädoyer für einen Perspektivenwechsel. In: Zeitschrift für Personalforschung, 10. Jg., H. 4. 295-330.

*Latack, J.C. (1990):* Organizational Restructuring and Career Management: From Outplacement and Survival to Inplacement. In: Ferris, G.R.; Rowland, K.M. (Hrsg.): Research in Personnel and Human Resources Management, Bd. 8. Greenwich u.a. 109-139.

*Latack, J.C.; Kinicki, A.J.; Prussia, G.E. (1995):* An Integrative Process Model for Coping with Job Loss. In: Academy of Management Review, 20. Jg., H. 2. 311-342.

*Latham, G.P.; Locke, E.A. (2007):* New Developments in and Directions for Goal-Setting Research. In: European Psychologist, 12. Jg., H. 4. 290-300.

*Lazear, E.P. (2011):* Inside the Firm. Contributions to Personnel Economics. Oxford u.a.

*Lazear, E.P.; Gibbs, M. (2009):* Personnel Economics in Practice. 2. Aufl., Hoboken.

*Lengnick-Hall, M.L. (2000):* Recruitment and Selections: Hiring for the Job or the Organization? In: Kossek, E.E.; Block, R.N. (Hrsg.): Managing Human Resources in the 21$^{st}$ Century: From Core Concepts to Strategic Choice. Cincinnati. 13.1-13.34.

*Lengnick-Hall, M.L.; Lengnick-Hall, C.A.; Andrade, L.S.; Drake, B. (2009):* Strategic Human Resource Management: The Evolution of the Field. In: Human Resource Management Review, 19. Jg., H. 2. 64-85.

*Leontjew, A. (1987):* Tätigkeit, Bewußtsein, Persönlichkeit. 2. Aufl., Berlin.

*Lepak, D.P.; Snell, S.A. (1999):* The Human Resource Architecture: Toward a Theory of Human Capital Allocation and Development. In: Academy of Management Review, 24. Jg., H. 1. 31-48.

*Lepak, D.P.; Snell, S.A. (2002):* Examining the Human Resource Architecture: The Relationships Among Human Capital, Employment, and Resource Configurations. In: Journal of Management, 28. Jg., H. 4. 517-543.

*Lepak, D.P.; Snell, S.A. (2007):* Employment Subsystems and the "HR Architecture". In: Boxall, P.F; Purcell, J.; Wright, P.M. (Hrsg.): The Oxford Handbook of Human Resource Management. Oxford u.a. 210-230.

*Lepak, D.P.; Liao, H.; Chung, Y.; Harden, E.E. (2006):* A Conceptual Review of Human Resource Management Systems in Strategic Human Resource Management Research. In: Research in Personnel and Human Resource Management, H. 25. 217-271.

*Lewin, K. (1947):* Frontiers in Group Dynamics: Concept, Method and Reality in Social Science; Social Equilibria and Social Change. In: Human Relations, 1. Jg., H. 1. 5-41.

*Lewin, K. (1958):* Group Decision and Social Change. In: Maccoby, E.E.; Hartley, E.L. (Hrsg.): Readings in Social Psychology. 3. Aufl., New York. 197-211.

*Lewin, K. (1963):* Feldtheorie in den Sozialwissenschaften. Bern.

*Liebel, H.J.; Meyer, H.K.; Schoon, D. (1996):* Das Assessment Center bei der Auslese von Führungskräften. In: Die Betriebswirtschaft, 56. Jg., H. 6. 743-758.

*Lievens, F.; Thornton III, G.C. (2005):* Assessment Centers: Recent Developments in Practice and Research. In: Evers, A.; Anderson, N.; Voskuijl, O. (Hrsg.): The Blackwell Handbook of Personnel Selection. Malden u.a. 243-264.

*Locke, E.A.; Latham, G.P. (1990):* A Theory of Goal Setting and Task Performance. Englewood Cliffs.

*Locke, E.A.; Latham, G.P. (1991):* Self-Regulation through Goal-Setting. In: Organizational Behavior and Human Decision Processes, 50. Jg., H. 2. 212-247.

*Locke, E.A.; Latham, G.P. (2002):* Building a Practically Useful Theory of Goal Setting and Task Motivation. In: American Psychologist, 57. Jg., H. 9. 705-717.

*Lowe, K.B.; Kroeck, K.G.; Sivasubramaniam, N. (1996):* Effectiveness Correlates of Transformational and Transactional Leadership: A Meta-Analytic Review of the MLQ Literature. In: Leadership Quarterly, 7. Jg., H. 3. 385-425.

*Luoma, M. (2000):* Investigating the Link between Strategy and HRD. In: Personnel Review, 26 Jg., H. 6. 769-790.

*Luthans, F. (2008):* Organizational Behavior. 11. Aufl., New York u.a.

*Luthans, F.; Rosenkrantz, S.A. (1995):* Führungstheorien – Soziale Lerntheorie. In: Kieser, A.; Reber, G.; Wunderer, R. (Hrsg.): Handwörterbuch der Führung. 2. Aufl., Stuttgart. 1005-1021.

*Lynham, S.A.; Chermack, T.J.; Noggle, M.A. (2004):* Selecting Organization Development Theory from an HRD Perspective. In: Human Resource Development Review, 3. Jg., H. 2. 151-172.

*MacDuffie, J.P. (1995):* Human Resource Bundles and Manufacturing Performance: Organizational Logic and Flexible Production Systems in the World Auto Industry. In: Industrial and Labor Relations Review, 48. Jg., H. 2. 197-221.

*Macher, J.T.; Richman, B.D. (2008):* Transaction Cost Economics: An Assessment of Empirical Research in the Social Sciences. In: Business and Politics, 10. Jg., H. 1. 1-63.

*Macan, T. (2009):* The Employment Interview: A Review of Current Studies and Directions for Future Research, Human Resource Management Review, 19. Jg., H. 3. 203-218.

*Mag, W. (1998):* Einführung in die betriebliche Personalplanung. 2. Aufl., München.

*Mag, W. (2004):* Personalplanung. In: Gaugler, E.; Oechsler, W.A.; Weber, W. (Hrsg.): Handwörterbuch des Personalwesens. 3. Aufl., Stuttgart. 1602-1616.

*Maier, F.; Brandl, J. (2008):* They´re Natural and Everywhere: How Evaluative Practices Permeate the Organization. In: Business Research. 1. Jg., H. 1. 78-92.

*Manz, C.C. (1992):* Self-Leading Work Teams: Moving Beyond Self-Management Myths. In: Human Relations, 45. Jg., H. 11. 1119-1141.

*Manz, C.C.; Sims, H.P. (1991):* SuperLeadership: Beyond the Myth of Heroic Leadership. In: Organizational Dynamics, 20. Jg., H. 1. 18-35.

*Manz, C.C.; Sims, H.P. (1992):* Becoming a SuperLeader. In: Glaser, R. (Hrsg.): Classic Readings in Self-Managing Teamwork – 20 of the Most Important Articles. Pennsylvania. 309-330.

*Manz, C.C.; Sims, H.P. (1993):* Business without Bosses. New York u.a.

*Manz, C.C.; Sims, H.P. (1995):* Führung in selbststeuernden Gruppen. In: Kieser, A.; Reber, G.; Wunderer, R. (Hrsg.): Handwörterbuch der Führung. 2. Aufl., Stuttgart. 1873-1894.

*Manz, C.C.; Sims, H.P. (2001):* The New SuperLeadership: Leading Others to Lead Themselves. San Francisco.

*March, J.G.; Olsen, J.P. (1990):* Die Unsicherheit der Vergangenheit: Organisatorisches Lernen unter Ungewißheit. In: March, J.G. (Hrsg.): Entscheidung und Organisation. Wiesbaden. 372-398.

*Marr, R.; Steiner, K. (2003):* Personalabbau in deutschen Unternehmen. Empirische Ergebnisse zu Ursachen, Instrumenten und Folgewirkungen, Wiesbaden.

*Martens, J.U.; Kuhl, J. (2011):* Die Kunst der Selbstmotivierung: Neue Erkenntnisse der Motivationsforschung praktisch nutzen. 4. Aufl., Stuttgart.

*Martin, A. (2001):* Personal – Theorie, Politik, Gestaltung. Stuttgart.

*Martin, A. (Hrsg.) (2003):* Organizational Behaviour – Verhalten in Organisationen. Stuttgart.

*Martin, A.; Nienhüser, W. (Hrsg.) (2002):* Neue Formen der Beschäftigung - neue Personalpolitik? München, Mering.

*Martin, T. (1992):* Das Verhältnis von Mensch und Automatisierung bei der Gestaltung der Produktion. In: Reichwald, R. (Hrsg.): Marktnahe Produktion: Lean production – Leistungstiefe – Time-to-market-Vernetzung – Qualifikation. Wiesbaden. 178-187.

*Martin, H.J.; Lekan, D.F. (2008):* Individual Differences in Outplacement Success. In: Career Development International, 13. Jg., H. 5. 425-439.

*Martinko, M.J.; Harvey, P.; Douglas, S.C. (2007):* The Role, Function, and Contribution of Attribution Theory to Leadership: A Review. In: The Leadership Quarterly, 18. Jg., H. 6. 561-585.

*Martocchio, J.J. (2013):* Strategic Compensation. A Human Resource Management Approach. 7. Aufl., Upper Saddle River.

*Maslow, A.H. (2003):* Motivation and Personality. 3. Aufl., New York.

*Mathieu, J.; Maynard, M.T.; Rapp, T.; Gilson, L. (2008):* Team Effectiveness 1997-2007: A Review of Recent Advancements and a Glimpse into the Future. In: Journal of Management, 34. Jg., H. 3. 410-476.

*Mayrhofer, W. (1989a):* Outplacement – Stand der Diskussion. In: Die Betriebswirtschaft, 49. Jg., H. 1. 55-68.

*Mayrhofer, W. (1989b):* Trennung von der Organisation: Vom Outplacement zur Trennungsberatung. Wiesbaden.

*Mayrhofer, W. (1992):* Outplacement. In: Gaugler, E.; Weber, W. (Hrsg.): Handwörterbuch des Personalwesens. 2. Aufl., Stuttgart. 1523-1534.

*Mayrhofer, W.;* Brewster, C. (2005): European Human Resource Management: Researching Developments over Time. In: Management Revue, 16. Jg., H. 1. 36-62.

*McDaniel, M.A. (1994):* The Validity of Employment Interviews: A Comprehensive Review and Meta-Analysis. In: Journal of Applied Psychology, 79. Jg., H. 4. 599-616.

*McEntire, L.E.; Dailey, L.R.; Osburn, H.K.; Mumford, M.D. (2006):* Innovations in Job Analysis: Development and Application of Metrics to Analyze Job Data. In: Human Resource Management Review, 16. Jg., 310-323.

*McGregor, D. (1973):* Der Mensch im Unternehmen. 3. Aufl., Düsseldorf, Wien.

*McNabb, R.; Whitfield, K. (2001):* Job Evaluation and High Performance Work Practices: Compatible or Conflictual? In: Journal of Management Studies, 38. Jg., H. 2. 293-313.

*Mento, A.J.; Locke, E.A.; Klein; H.J. (1992):* Relationship of Goal Level to Valence and Instrumentality. In: Journal of Applied Psychology, 77. Jg., H. 4. 395-405.

*Meyer, W.; Swieter, D. (1997):* Übertarifliche Bezahlung im Verarbeitenden Gewerbe. In: WSI Mitteilungen, 50. Jg., H. 2. 119-125.

*Milkovich, G.T.; Newmann, J.M.; Gerhart, B. (2011):* Compensation. 10. Aufl. New York.

*Milgrom, P.; Roberts, J. (1992):* Economics, Organization and Management. Englewood Cliffs, New Jersey.

*Miller, G.A.; Galanter, E.; Pribram, K.H. (1981):* Strategien des Handelns, Pläne und Strukturen des Verhaltens. In: Ackermann, K.F.; Reber, G. (Hrsg.): Personalwirtschaft: Motivationale und kognitive Grundlagen. Stuttgart. 386-399.

*Miller, G.A.; Galanter, E.; Pribram, K.H. (1991):* Strategien des Handelns: Pläne und Strukturen des Verhaltens. 2. Aufl., Stuttgart.

*Mintzberg, H. (1973):* The Nature of Managerial Work. New York u.a.

*Mitchell, T.R. (1995):* Führungstheorien – Attributionstheorie. In: Kieser, A., Reber, G.; Wunderer, R. (Hrsg.): Handwörterbuch der Führung. 2. Aufl., Stuttgart. 847-861.

*Moldaschl, M. (2005):* Das soziale Kapital von Arbeitsgruppen und die Nebenfolgen seiner Verwertung. In: Gruppendynamik und Organisationsberatung, 36. Jg., H. 2. 221-239.

*Moldaschl, M.; Weber, W. (1998):* The „Three Waves" of Industrial Group Work: Historical Reflections on Current Research on Group Work. In: Human Relations, 51. Jg., H. 3. 347-388.

*Montemayor, E.F.; Fossum, J.A. (1997):* Rational or Symbolic? A Field Study of the Impact of Group Discussion on Job Evaluation Ratings. In: The Journal of Psychology, 13. Jg., H. 4. 417-425.

*Morgan, G. (2006):* Bilder der Organisation. 4. Aufl., Stuttgart.

*Morgan, R.B.; Casper, W.J. (2000):* Examining the Factor Structure of Participant Reactions to Training: A Multidimensional Approach. In: Human Resource Development Quarterly, 11. Jg., H. 3. 301-318.

*Morgeson, F.P.; DeRue, D.S.; Karam, E.P. (2010):* Leadership in Teams: A Functional Approach to Understanding Leadership Structures and Processes. In: Journal of Management, 36. Jg., H. 1. 5-39.

*Müller, C. (1995):* Agency-Theorie und Informationsgehalt. In: Die Betriebswirtschaft, 55. Jg., H. 1. 61-76.

*Müller, G.F. (2004):* Die Kunst, sich selbst zu führen. In: Personalführung, 37. Jg., H. 11. 30-43.

*Müller, G.F. (2006):* Mitarbeiterführung durch kompetente Selbstführung. In: Zeitschrift für Management, 1. Jg., H. 1. 6-20.

*Müller, G.F.; Sauerland, M.; Butzmann, B. (2011):* Führung durch Selbstführung – Konzept, Messung und Korrelate. In: Gruppendynamik und Organisationsberatung, 42. Jg., H. 4. 377-390.

*Müller, M.; Lundblad, N.; Mayrhofer, W.; Söderström, M. (1999):* A Comparison of Human Resource Management Practices in Austria, Germany and Sweden. In: Zeitschrift für Personalforschung, 13. Jg., H. 1. 67-81.

*Neck, C.P.; Houghton, J.D. (2006):* Two Decades of Self-Leadership Theory and Research. In: Journal of Managerial Psychology, 21. Jg., H. 4. 270-295.

*Nerdinger, F.W. (1995):* Motivation und Handeln in Organisationen: Eine Einführung.

*Neuberger, O. (1997):* Personalwesen 1: Grundlagen, Entwicklung, Organisation, Arbeitszeit, Fehlzeiten. Stuttgart.

*Neuberger, O. (2002):* Führen und führen lassen. 6. Aufl., Stuttgart.

*Nienhüser, W. (1996):* Die Entwicklung theoretischer Modelle als Beitrag zur Fundierung der Personalwirtschaftslehre. Überlegungen am Beispiel der Erklärung des Zustandekommens von Personalstrategien. In: Weber, W. (Hrsg.): Grundlagen der Personalwirtschaft. Wiesbaden. 39-88.

*Nienhüser, W. (2011):* Empirical Research on Human Resource Management as a Production of Ideology. In: Management Revue, 22. Jg., H. 4. 367-393.

*Nienhüser, W.; Krins, C. (2005):* Betriebliche Personalforschung. Eine problemorientierte Einführung. München, Mering.

*Nisbett, R.E.; Caputo, C.; Legant, P.; Marecek, J. (1973):* Behavior as Seen by the Actor and as Seen by the Observer. In: Journal of Personality and Social Psychology, 27. Jg., H. 2. 154-164.

*Nonaka, I. (1992):* Wie japanische Konzerne Wissen erzeugen. In: Harvard Manager, 14. Jg., H. 2. 95-103.

*Nonaka, I. (1994):* A Dynamic Theory of Organizational Knowledge Creation. In: Organizational Science, 5. Jg., H. 1. 14-37.

*Nonaka, I.; Takeuchi, H. (2012):* Die Organisation des Wissens: Wie japanische Unternehmen eine brachliegende Ressource nutzbar machen. 2. Aufl., Frankfurt/Main u.a.

*Northouse, P.G. (2010):* Leadership: Theory and Practice. 5. Aufl., Thousand Oaks u.a.

*Nothnagel, A. (1998):* Mitarbeiter beurteilen ihre Vorgesetzten. In: Harvard Business Manager, 20. Jg., H. 1. 97-106.

**O**bermann, C. (2009): Assessment Center: Entwicklung, Durchführung, Trends. 4. Aufl., Wiesbaden.

*Oechsler, W.A.; Reichmann, L. (2002):* Entgeltflexibilisierung - Zur Rolle des Tarifvertrags bei aktuellen Flexibilisierungstendenzen. In: Zeitschrift für betriebswirtschaftliche Forschung, 54. Jg., H. 6. 527-542.

*Oldham, G.R.; Hackman, J.R. (2010):* Not what it was and not what it will be: The Future of Job Design Research. In: Journal of Organizational Behavior, 31. Jg., H. 3. 463-479.

*Oldham, G.R.; Kulik, C.T. (1992):* Arbeitsstrukturierung. In: Gaugler, E.; Weber, W. (Hrsg.): Handwörterbuch des Personalwesens. 2. Aufl., Stuttgart. 363-374.

*Olsen Jr., J.H. (1998):* The Evaluation and Enhancement of Training Transfer. In: International Journal of Training and Development, 2. Jg., H. 1. 61-75.

*O'Reilly, C.A.; Chatman, J. (1994):* Working Smarter and Harder: A Longitudinal Study of Managerial Success. In: Administrative Science Quarterly, 39. Jg., H. 4. 603-627.

*Ouchi, W.G. (1993):* Theory Z – How American Business Can Meet the Japanese Challenge. Reading, Massachusetts u.a.

**P**almer, R. (2005): The Identification of Learning Needs. In: Wilson, J.P. (Hrsg.): Human Resource Development: Learning and Training for Individuals and Organizations. 2. Aufl., London, Sterling. 137-155.

*Pawlowsky, P. (1992):* Betriebliche Qualifikationsstrategien und organisationales Lernen. In: Staehle, W.H.; Conrad, P. (Hrsg.): Managementforschung 2. Berlin, New York. 178-237.

*Pawlowsky, P.; Neubauer, K. (2004):* Organisationales Lernen. In: Gaugler, E.; Oechsler, W.A.; Weber, W. (Hrsg.): Handwörterbuch des Personalwesens. 3. Aufl., Stuttgart. 1279-1293.

*Pearce, C.L. (2004):* The Future of Leadership: Combining Vertical and Shared Leadership to Transform Knowledge Work. In: Academy of Management Executive. 18. Jg., H. 1. 47-57.

*Pearce, C.L.; Conger, J.A. (2003):* All Those Years Ago: The Historical Underpinnings of Shared Leadership. In: Pearce, C.L.; Conger, J.A. (Hrsg.): Shared Leadership: Reframing the Hows and Whys of Leadership. Thousand Oaks. 1-18.

*Pfeffer, J. (1998):* Six Dangerous Myths about Pay. In: Harvard Business Review, 76. Jg., H. 3. 109-119.

*Phillips, J.J. (1996):* Accountability in Human Resource Management. Houston.

*Phillips, J.J. (1997):* Handbook of Training Evaluation and Measurement Methods. 3. Aufl., Houston.

*Phillips, J.M. (1998):* Effects of Realistic Job Preview on Multiple Organizational Outcomes: A Meta-Analysis. In: The Academy of Management Journal, 41. Jg., H. 6. 673-690.

*Picot, A. (1991):* Ökonomische Theorien der Organisation – Ein Überblick über neuere Ansätze und deren betriebswirtschaftliches Anwendungspotential. In: Ordelheide, D.; Rudolph, B.; Büsselmann, E. (Hrsg.): Betriebswirtschaftslehre und ökonomische Theorie. Stuttgart. 143-170.

*Picot, A.; Reichwald, R.; Wigand, R.T. (2009):* Die grenzenlose Unternehmung. Information, Organisation und Management. 5. Aufl., Wiesbaden.

*Pietsch, G. (2006):* Wertorientierte Personalarbeit zwischen Mythos und Mikropolitik. In: Zeitschrift für Personalforschung, 20. Jg., H. 2. 160-182.

*Pinder, C.C. (2008):* Work Motivation in Organizational Behavior. 2. Aufl., New York.

*Piore, M.J.; Sabel, C.F. (1985):* Das Ende der Massenproduktion. Berlin.

*Ployhart, R.E.; Schneider, B.; Schmitt, N. (2006):* Staffing Organizations. Contemporary Practice and Theory. 3. Aufl., Mahwah, New Jersey.

*Porter, L.W.; Lawler, E.E. (1968):* Managerial Attitudes and Performance. Homewood, Illinois.

*Prahalad, C.K.; Hamel, G. (1999):* Nur Kernkompetenzen sichern das Überleben. In: Ulrich, D. (Hrsg.): Strategisches Human Resource Management. München, Wien. 52-73.

*Pratt, J.W.; Zeckhauser, R.J. (1985):* Principals and Agents: An Overview. In: Pratt, J.W.; Zeckhauser, R.J. (Hrsg.): Principals and Agents: The Structure of Business. Boston, Massachusetts. 1-35.

*Priem, R.L.; Butler, J.E. (2001):* Is the Resource-Based "View" a Useful Perspective for Strategic Management Research? In: Academy of Management Review, 26. Jg., H. 1. 22-40.

*Probst, G.J.B.; Büchel, B.S.T. (1998):* Organisationales Lernen. Wettbewerbsvorteil der Zukunft. 2., Aufl., Wiesbaden.

*Probst, G.J.B.; Gilbert, M.; Raub, S. (2004):* Wissensmanagement. In: Gaugler, E.; Oechsler, W.A.; Weber, W. (Hrsg.): Handwörterbuch des Personalwesens. 3. Aufl., Stuttgart. 2028-2043.

*Probst, G.J.B.; Raub, S.; Romhardt, K. (2010):* Wissen managen. Wie Unternehmen ihre wertvollste Ressource optimal nutzen. 6. Aufl., Wiesbaden.

*Purcell, J. (1999):* High Commitment Management and the Link with Contingent Workers: Implications for Strategic Human Resource Management. In: Wright, P.M.; Dyer, L.D.; Boudreau, J.W.; Milkovich, G.T. (Hrsg.): Research in Personnel and Human Resources Management, Supplement 4. Stamford, London. 239-257.

*Purcell, J.; Kinnie, N. (2007):* HRM and Business Performance. In: Boxall, P.F; Purcell, J.; Wright, P.M. (Hrsg.): The Oxford Handbook of Human Resource Management. Oxford u.a. 533-551.

*Reber, G. (1992):* Organisationales Lernen. In: Frese, E. (Hrsg.): Handwörterbuch der Organisation. 3. Aufl., Stuttgart. 1240-1255.

*Reddin, W.J. (1977):* Das 3-D-Programm zur Leistungssteigerung des Managements. München.

*REFA (1991):* Entgeltdifferenzierung. München.

*REFA (1997):* Methodenlehre der Betriebsorganisation, Datenermittlung. Leipzig.

*Rehäuser, J.; Krcmar, H. (1996):* Wissensmanagement im Unternehmen. In: Schreyögg, G.; Conrad, P. (Hrsg.): Managementforschung 6. Berlin, New York. 1-40.

*Reid, M.A.; Barrington, H.A.; Brown, M. (2004):* Human Resource Development. Beyond Training Interventions. 7. Aufl., London.

*Reisch, K. (1992):* Zeit- und Pauschallohn. In: Gaugler, E.; Weber, W. (Hrsg.): Handwörterbuch des Personalwesens. 2. Aufl., Stuttgart. 2359-2369.

*Rheinberg, F. (2010):* Intrinsische Motivation und Flow-Erleben. In: Heckhausen, J.; Heckhausen, H. (Hrsg.): Motivation und Handeln. 4. Aufl., Berlin u.a. 365-388.

*Rheinberg, F.; Vollmeyer, R. (2012):* Motivation. 8. Aufl., Stuttgart u.a.

*Ridder, H.-G. (1982):* Funktionen der Arbeitsbewertung. Ein Beitrag zur Neuorientierung der Arbeitswissenschaft. Bonn.

*Ridder, H.-G. (1993a):* Arbeitsorganisation, Qualifikation, Entlohnung. In: Ridder, H.-G.; Janisch, R.; Bruns, H.-J. (Hrsg.): Arbeitsorganisation und Qualifikation München, Mering. 11-26.

*Ridder, H.-G. (1993b):* Arbeitsbewertung als Methode der Personalforschung. In: Becker, F.G.; Martin, A. (Hrsg.): Empirische Personalforschung. München, Mering. 173-187.

*Ridder, H.-G. (2002):* Vom Faktoransatz zum Human Resource Management. In: Schreyögg, G.; Sydow, J.; Conrad, P. (Hrsg.): Managementforschung 12 - Theorien des Managements. Berlin. 211-240.

*Ridder, H.-G. (2004a):* Arbeitsorganisation. In: Schreyögg, G.; Werder v., A. (Hrsg.): Handwörterbuch Unternehmensführung und Organisation. 4. Aufl., Stuttgart. 28-37.

*Ridder, H.-G. (2004b):* Arbeitsbewertung. In: Gaugler, E.; Oechsler, W.A.; Weber, W. (Hrsg.): Handwörterbuch des Personalwesens. 3. Aufl., Stuttgart. 197-206.

*Ridder, H.-G. (2005):* Materielle und immaterielle Leistungsanreize. In: Blanke, B.; Bandemer v., S.; Nullmeier, F.; Wewer, G. (Hrsg.): Handbuch zur Verwaltungsreform. 3. Aufl., Wiesbaden. 270-280.

*Ridder, H.-G. (2009):* Entlohnungs- und Gehaltssysteme. In: Nieder, P.; Michalk, S. (Hrsg.): Modernes Personalmanagement. Grundlagen, Konzepte, Instrumente. Weinheim. 245-266.

*Ridder, H.-G.; Conrad, P. (2004):* Ressourcenorientierte Ansätze des Personalmanagements. In: Gaugler, E.; Oechsler, W.A.; Weber, W. (Hrsg.): Handwörterbuch des Personalwesens. 3. Aufl., Stuttgart. 1705-1716.

*Ridder, H.-G.; Heyner, M. (2011):* Qualitative Personalplanung für eine ungewisse Zukunft? In: Industrie Management, 27. Jg., H. 4. 73-76.

*Ridder, H.-G.; Hoon, C. (2009):* Introduction to the Special Issue: Qualitative Methods in Research on Human Resource Management, Special Issue der Zeitschrift für Personalforschung, 23, 93–106.

*Ridder, H.-G.; Schirmer, F. (2011):* Führung. In: Blanke, B.; Bandemer v., S.; Nullmeier, F.; Wewer, G. (Hrsg.): Handbuch zur Verwaltungsreform. 4. Aufl., Wiesbaden. 206-217.

*Ridder, H.-G.; Hoon, C. (2012):* Führung in Teams. „Geteilte Führung" als Beitrag zum Führungsprozess. In: Bruch, H.; Krummaker, S.; Vogel, B. (Hrsg.): Leadership – Best Practices und Trends. 2. Aufl., Wiesbaden.

*Ridder, H.-G.; Hoon, C.; McCandless, A. (2009):* The Theoretical Contribution of Case Study Research to the Field of Strategy and Management. In: Ketchen, D.J.; Bergh, D.D. (Hrsg.): Research Methodology in Strategy and Management. 5. Jg. Bingley. 137-178.

*Ridder, H.-G; Conrad, P.; Schirmer, F.; Bruns, H.-J. (2001):* Strategisches Personalmanagement. Landsberg/Lech.

*RKW (1996):* RKW-Handbuch – Praxis der Personalplanung. 3. Aufl., Neuwied-Darmstadt.

*Roethlisberger, F.J.; Dickson, W.J. (1939/1975):* Management and the Worker. Nachdruck aus 1975. Cambridge, London.

*Rolinger, G.; Fink, G. (1997):* Was bringt das Aufwärts-Feedback? In: Personalführung, 30. Jg., H. 5. 452-457.

*Rost, K.; Osterloh, M. (2009):* Management Fashion Pay-For-Performance for CEOs. In: Schmalenbachs Business Review. 61. Jg., H. 2. 119-149.

*Roth, S.; Kohl, H. (Hrsg.) (1988):* Perspektive: Gruppenarbeit. Köln.

*Rothstein, M.G.; Goffin, R.D. (2006):* The Use of Personality Measures in Personnel Selection: What Does Current Research Support? In: Human Resource Management Review, 16. Jg., 155-180.

*Rump, J.; Sattelberger, T. (Hrsg.) (2011):* Employability Management 2.0. Einblick in die praktische Umsetzung eines zukunftsorientierten Employability Managements. Sternenfels.

*Ryan, R.M.; Deci, E.L. (2000):* Self-Determination Theory and the Facilitation of Intrinsic Motivation, Social Development, and Well-Being. In: American Psychologist, 55. Jg., H.1, 68-78.

*Rynes, S.L.; Colbert, A.E.; Brown, K.G. (2002):* HR Professionals´ Beliefs about Effective Human Resource Practices: Correspondence between Research and Practice. In: Human Resource Management. 41. Jg., H. 2. 149-174.

*Sachs, S. (1997):* Evolutionäre Organisationstheorie. In: Die Unternehmung, 51. Jg., H. 2. 91-104.

*Sadowski, D. (2002):* Personalökonomie und Arbeitspolitik. Stuttgart.

*Sarges, W. (2000):* Management-Diagnostik. 3. Aufl., Göttingen u.a.

*Sauer, M. (1991):* Outplacement-Beratung: Konzeption und organisatorische Gestaltung. Wiesbaden.

*Schanne, S. (2010):* Organisationsentwicklung zwischen Organisation und Profession. Handlungslogiken interner OE-Berater. München, Mering.

*Schein, E.H. (1980):* Organisationspsychologie. Wiesbaden.

*Schein, E.H. (1990):* A General Philosophy of Helping: Process Consultation. In: Sloan Management Review, 31. Jg., H. 3. 57-64.

*Schein, E.H. (1993):* Organisationsberatung für die neunziger Jahre. In: Fatzer, G. (Hrsg.): Organisationsentwicklung für die Zukunft: Ein Handbuch. Köln. 405-421.

*Schein, E.H. (2008):* Organisationsentwicklung: Wissenschaft, Technologie oder Philosophie? In: Trebesch, K. (Hrsg.): Organisationsentwicklung. Konzepte, Strategien, Fallstudien. Stuttgart. 19-32.

*Schiersmann, C.; Thiel, H.-U. (2011):* Organisationsentwicklung. Prinzipien und Strategien von Veränderungsprozessen. 3. Aufl., Wiesbaden.

*Schirmer, F. (1992):* Arbeitsverhalten von Managern: Bestandsaufnahme, Kritik und Weiterentwicklung der Aktivitätsforschung. Wiesbaden.

*Schirmer, F. (2000):* Reorganisationsmanagement. Interessen, Koalitionen des Wandels und Reorganisationserfolg. Wiesbaden.

*Schirmer, F. (2004):* Managerrollen und Managerverhalten. In: Gaugler, E.; Oechsler, W.A.; Weber, W. (Hrsg.): Handwörterbuch des Personalwesens. 3., Aufl., Stuttgart. 875-886.

*Schlick, C.M.; Bruder, R.; Luczak, H. (2010) (Hrsg.):* Arbeitswissenschaft. 3. Aufl., Berlin u.a.

*Schmidt, F.L.; Hunter, J.E. (1998):* The Validity and Utility of Selection Methods in Personnel Psychology: Practical and Theoretical Implications of 85 Years of Research Findings. In: Psychological Bulletin, 124. Jg., H. 2. 262-274.

*Schmitt, N.; Robertson, I.T. (1990):* Personnel Selection. In: Annual Review of Psychology, 41. Jg., H. 1. 289-319.

*Schneider, K.; Schmalt, H.-D. (2000):* Motivation. 3. Aufl., Stuttgart u.a.

*Schreiber, S. (1995):* Freisetzung als Vorgesetztenaufgabe. In: Kieser, A.; Reber, G.; Wunderer, R. (Hrsg.): Handwörterbuch der Führung. 2. Aufl., Stuttgart. 408-417.

*Schreyögg, G. (2008):* Organisation. Grundlagen moderner Organisationsgestaltung. 5. Aufl., Wiesbaden.

*Schuler, H. (1987):* Assessment Center als Auswahl- und Entwicklungsinstrument: Einleitung und Überblick. In: Schuler, H.; Stehle, W. (Hrsg.): Assessment Center als Methode der Personalentwicklung. Stuttgart. 1-35.

*Schuler, H. (2000):* Psychologische Personalauswahl. Einführung in die Berufseignungsdiagnostik. 3. Aufl., Göttingen.

*Schuler, H. (2002):* Das Einstellungsinterview. Göttingen.

*Schuler, H. (2004):* Leistungsbeurteilung – Gegenstand, Funktionen und Formen. In: Schuler, H. (Hrsg.): Beurteilung und Förderung beruflicher Leistung. 2. Aufl., Göttingen u.a. 1-23.

*Schuler, H.; Frier, D.; Kauffmann, M. (1993):* Personalauswahl im europäischen Vergleich. Göttingen, Stuttgart.

*Schuler, H.; Görlich, Y. (2006):* Ermittlung erfolgsrelevanter Merkmale von Mitarbeitern durch Leistungs- und Potenzialbeurteilung. In: Sonntag, K. (Hrsg.): Personalentwicklung in Organisationen. 3. Aufl., Göttingen u.a. 235-269.

*Schulz, D.; Fritz, W.; Schuppert, D.; Seiwert, L.J.; Walsh, I. (1989):* Outplacement - Personalfreisetzung und Karrierestrategie. Wiesbaden.

*Schwalbach, J.; Graßhoff, U. (1997):* Managementvergütung und Unternehmenserfolg. In: Zeitschrift für Betriebswirtschaft, 67. Jg., H. 2. 203-217.

*Senge, P.M. (1990):* The Leader's New Work: Building Learning Organizations. In: Sloan Management Review, 32. Jg., H. 1. 7-23.

*Senge, P.M. (2004):* Die fünfte Disziplin – die lernfähige Organisation. In: Fatzer, G. (Hrsg.): Organisationsentwicklung für die Zukunft: Ein Handbuch. 3. Aufl., Köln. 145-178.

*Senge, P.M. (2011):* Die fünfte Disziplin: Kunst und Praxis der lernenden Organisation. 11. Aufl., Stuttgart.

*Shamir, B.; House, R.J.; Arthur, M.B. (1993):* The Motivational Effects of Charismatic Leadership: A Self-Concept Based Theory. In: Organization Science, 4. Jg., H. 4. 577-594.

*Sheard, A.G.; Kakabadse, A.P. (2004):* A Process Perspective on Leadership and Team Development. In: Journal of Management Development, 23. Jg. H. 1. 7-106.

*Shrivastava, P. (1983):* A Typology of Organizational Learning Systems. In: Journal of Management Studies, 20. Jg., H. 1. 7-28.

*Simon, H.A. (1981):* Entscheidungsverhalten in Organisationen. 3. Aufl., Landsberg/Lech.

*Simon, H.A.; Barnard, C.I. (1976):* Administrative Behavior. 3. Aufl., New York, London.

*Sims, H.P.; Lorenzi, P. (1992):* The New Leadership Paradigm: Social Learning and Cognition in Organizations. Newbury Park u.a.

*Sivasubramaniam, N.; Murry, W.D.; Avolio, B.J.; Jung, D.I. (2008):* A Longitudinal Model of the Effects of Team Leadership and Group Potency on Group Performance. In: Group and Organisation Management, 27. Jg., H. 1. 66-96.

*Small, E.E.; Rentsch, J.R. (2010):* Shared Leadership in Teams. A Matter of Distribution. In: Journal of Personnel Psychology. 9. Jg., H. 4. 203-211.

*Smith, A. (1789/1983):* Der Wohlstand der Nationen. 3. Aufl., Nachdruck aus 1983. München.

*Snell, S.A.; Youndt, M.A., Wright, P.M. (1996):* Establishing a Framework for Research in Strategic Human Resource Management. Merging Resource Theory and Organizational Learning. In: Ferris, G.D. (Hrsg.): Research in Personnel and Human Resources, Vol. 14. London. 61-90.

*Sonntag, K. (2006):* Ermittlung tätigkeitsbezogener Merkmale: Qualifikationsanforderungen und Voraussetzungen menschlicher Aufgabenbewältigung. In: Sonntag, K. (Hrsg.): Personalentwicklung in Organisationen. 3. Aufl., Göttingen u.a. 206-234.

*Sonntag, K.; Schmidt-Rathjens, C. (2004):* Kompetenzmodelle - Erfolgsfaktoren im HR-Management? In: Personalführung, 37. Jg., H. 10. 18-26.

*Sonntag, K.; Stegmaier, R.; Schaper, N. (2006):* Ermittlung organisationaler Merkmale: Organisationsdiagnose und Lernkultur. In: Sonntag, K. (Hrsg.): Personalentwicklung in Organisationen. 3. Aufl., Göttingen u.a. 179-205.

*Sperling, H.J. (1997):* Restrukturierung von Unternehmens- und Arbeitsorganisation: Eine Zwischenbilanz. Marburg.

*Springer, R. (1999):* Rückkehr zum Taylorismus? Arbeitspolitik in der Automobilindustrie am Scheideweg. Frankfurt/Main.

*Staehle, W.H. (1992):* Organisationsentwicklung. In: Gaugler, E.; Weber, W. (Hrsg.): Handwörterbuch des Personalwesens. 2. Aufl., Stuttgart. 1476-1488.

*Staehle, W.H. (1999):* Management: Eine verhaltenswissenschaftliche Perspektive. 8. Aufl., überarb. von Conrad, P.; Sydow, J., München.

*Staffelbach, B. (1995):* Bausteine und Funktionen einer Personalökonomik. In: Die Unternehmung, 49. Jg., H. 3. 179-191.

*Stajkovic, A.D.; Luthans, F. (2001):* Differential Effects of Incentive Motivators on Work Performance. In: The Academy of Management Journal, 4. Jg., H. 3. 580-590.

*Stanton, E.S. (1994):* Outplacement-Service. In: Kienbaum, J. (Hrsg.): Visionäres Personalmanagement. 2. Aufl., Stuttgart. 349-371.

*Staudt, E.; Kriegesmann, B. (2002):* Weiterbildung: Ein Mythos zerbricht (nicht so leicht!). Der Widerspruch zwischen überzogenen Erwartungen und Misserfolgen der Weiterbildung. In: Staudt, E. et al. (Hrsg.): Kompetenzentwicklung und Innovation. Die Rolle der Kompetenz bei Organisations- , Unternehmens- und Regionalentwicklung. Münster, New York. 71-125.

*Staudt, E.; Kröll, M.; Hören v., M. (1993):* Potentialorientierung der strategischen Unternehmensplanung: Unternehmens- und Personalentwicklung als iterativer Prozeß. In: Die Betriebswirtschaft, 53. Jg., H. 1. 57-75.

*Steinle, C. (1991):* Anreizaspekte der Mitarbeiterführung. In: Schanz, G. (Hrsg.): Handbuch Anreizsysteme. Stuttgart. 795-821.

*Steinle, C. (2005):* Ganzheitliches Management. Eine mehrdimensionale Sichtweise integrierter Unternehmensführung. Wiesbaden.

*Steinle, C.; Ahlers, F. (2004):* Menschenbilder. In: Gaugler, E.; Oechsler, W.A.; Weber, W. (Hrsg.): Handwörterbuch des Personalwesens. 3., Aufl. Stuttgart. 1142-1151..

*Steinmann, H.; Hennemann, C. (1996):* Personalmanagementlehre zwischen Managementpraxis und mikro-ökonomischer Theorie – Versuch einer wissenschaftstheoretischen Standortbestimmung. In: Weber, W. (Hrsg.): Grundlagen der Personalwirtschaft. Wiesbaden. 223-277.

*Stewart, G.L.; Courtright, S.H.; Manz, C.C. (2011):* Self-Leadership: A Multilevel Review. In: Journal of Management, 37. Jg., H. 1. 185-222.

*Stiensmeier-Pelster, J.; Heckhausen, H. (2010):* Kausalattribution von Verhalten und Leistung. In: Heckhausen, J.; Heckhausen, H. (Hrsg.): Motivation und Handeln. 4. Aufl., Berlin u.a., 389-426.

*Stoebe, F. (1990):* Outplacement als Instrument der strategischen Personalführung. In: Personalführung, 23. Jg., H. 5. 330-335.

*Stoebe, F. (1993):* Outplacement. In: Strutz, H. (Hrsg.): Handbuch Personalmarketing. 2. Aufl., Wiesbaden. 779-791.

*Storey, J. (Hrsg.) (2007):* Human Resource Management. 3. Aufl., London, New York.

*Storey, J.; Sisson, K. (2005):* Performance-Related Pay. In: Salaman, G.; Storey, J.; Billsberry, J. (Hrsg.): Strategic Human Resource Management. Theory and Practice. 2. Aufl., London, u.a. 177-183.

*Strohmeier, S. (1995):* Die Integration von Unternehmungs- und Personalplanung. Wiesbaden.

*Struckman, C.K.; Yammarino, F.J. (2003):* Organizational Change: A Categorization Scheme and Response Model with Readiness Factors. In: Pasmore, W.A.; Woodmann, R.W. (Hrsg.): Research in Organizational Change and Development. Amsterdam. 1-50.

*Subramony, M. (2009):* A Meta-Analytic Investigation of the Relationship between HRM-Bundles and Firm Performance. In: Human Resource Management, 48. Jg., H. 5. 745-768.

*Swanson, R.A.; Holton III, E.F. (2009):* Foundations of Human Resource Management. 2. Aufl., San Francisco.

*Tan, J.A.; Hall, R.J.; Boyce, C. (2003):* The Role of Employee Reactions in Predicting Training Effectiveness. In: Human Resource Development Quarterly, 14. Jg., H. 4. 397-412.

*Taylor, F.W. (1913/2004):* Die Grundsätze wissenschaftlicher Betriebsführung. Nachdruck aus 2004. Weinheim, Basel.

*Thornton III, G.C.; Gibbons, A.M. (2009):* Validity of Assessment Centers for Personnel Selection. In: Human Resource Management Review, 19. Jg., H. 3. 169-187.

*Thornton III, G.C.; Rupp, D.E. (2006):* Assessment Centers in Human Resource Management. Strategies for Prediction, Diagnosis and Development. Philadelphia.

*Thornton III, G.C.; Gaugler, B.B.; Rosenthal, D.B.; Bentson, C. (1987):* Die prädiktive Validität des Assessment Centers - eine Metaanalyse. In: Schuler, H.; Stehle, W. (Hrsg.): Assessment Center als Methode der Personalentwicklung. Stuttgart. 36-60.

*Thuresson, J. (1995):* Zwanzig Jahre Erfahrung mit Gruppenarbeit in der Praxis. In: Zink, K.J. (Hrsg.): Erfolgreiche Konzepte zur Gruppenarbeit – aus Erfahrung lernen. Neuwied u.a. 39-52.

*Tichy, N.M.; Fombrun, C.J.; Devanna, M.A. (1982):* Strategic Human Resource Management. In: Sloan Management Review, 24. Jg., H. 2. 47-61.

*Tichy, N.M.; Fombrun, C.J.; Devanna, M.A. (1984):* The Organizational Context of Strategic Human Resource Management. In: Fombrun, C.J.; Tichy, N.M.; Devanna, M.A. (Hrsg.): Strategic Human Resource Management. New York. 19-32.

*Trebesch, K. (2008):* Organisationsentwicklung. Konzepte, Strategien, Fallstudien. Stuttgart.

*Trebesch, K. (2004):* Organisationsentwicklung. In: Schreyögg, G.; Werder v., A. (Hrsg.): Handwörterbuch Unternehmensführung und Organisation. 4. Aufl., Stuttgart. 988-997.

*Trevor, C.O.; Nyberg, A.J. (2008):* Keeping Your Headcount When all About You are Losing Theirs: Downsizing, Voluntary Turnover Rates, and the Moderating Role of HR Practices. In: Academy of Management Journal, 51. Jg., H. 2. 259-276.

*Tsang, E.W. (1997):* Organizational Learning and the Learning Organization: A Dichotomy Between Descriptive and Prescriptive Research. In: Human Relations, 50. Jg., H. 1. 73-89.

*Tuschke, A. (2011):* Führungskräftevergütung. In: Stock-Homburg, R.; Wolff, B. (Hrsg.): Handbuch Strategisches Personalmanagement. Wiesbaden. 241-255.

*Ulich, E. (2004):* Arbeitsgruppe. In: Gaugler, E.; Oechsler, W.A.; Weber, W. (Hrsg.): Handwörterbuch des Personalwesens. 3. Aufl., Stuttgart. 242-250.

*Ulich, E. (2011):* Arbeitspsychologie. 7. Aufl., Stuttgart.

*Ulrich, D. (1997):* Human Resource Champions. Boston, Massachusetts.

*Ulrich, D. (1998):* A New Mandate for Human Resources. In: Harvard Business Review, 76. Jg., H. 1, 124-134.

*Ulrich, D. (Hrsg.) (1999a):* Strategisches Human Resource Management. München, Wien.

*Ulrich, D. (1999b):* Einleitung. In: Ulrich, D. (Hrsg.): Strategisches Human Resource Management. München, Wien. 7-32.

*Ulrich, D.; Zenger, J.; Smallwood, N. (1999):* Results-Based Leadership. Boston.

*Ulrich, D.; Brockbank, W. (2008):* The HR Value Proposition. Boston.

*Veil, C. (1995):* Wohin geht die Assessment-Center-Entwicklung? In: Zeitschrift für Personalforschung, 9. Jg., H. 4. 380-400.

*Vera, D; Crossan, M. (2009):* Organizational Learning and Knowledge Management: Toward an Integrative Framework. In: Easterby-Smith, M.; Lyles, M.A. (Hrsg.): Handbook of Organizational Learning and Knowledge Management. Malden u.a. 122-141.

*Vianen van, A.E.M. (2005):* A Review of Person-Environment Fit Research: Prospects for Personnel Selection. In: Evers, A.; Anderson, N.; Voskuijl, O. (Hrsg.): The Blackwell Handbook of Personnel Selection. Malden u.a. 419-439.

*Visser, M. (2007):* Deutero-Learning in Organizations: A Review and Reformulation. In: Academy of Management Review, 32. Jg., H. 2. 659-667.

*Volpert, W. (1987):* Psychische Regulation von Arbeitstätigkeiten. In: Kleinbeck, U.; Rutenfranz, J. (Hrsg.): Arbeitspsychologie. Göttingen u.a. 1-42.

*Vroom, V.H. (1964):* Work and Motivation. New York u.a.

*Vroom, V.H.; Jago, A.G. (1991):* Flexible Führungsentscheidungen – Management der Partizipation in Organisationen. Stuttgart.

*Vroom, V.H.; Yetton, P.W. (1973):* Leadership and Decision-Making. London.

*Wageman, R. (2001):* How Leaders Forster Self-Managing Team Effectiveness: Design Choices Versus Hands-on Coaching. In: Organization Science, 12. Jg., H. 5. 559-577.

*Walger, G. (1997):* Change Management im Spannungsfeld von Selbst- und Fremdorganisation. In: Kahle, E. (Hrsg.): Betriebswirtschaftslehre und Managementlehre: Selbstverständnis – Herausforderungen – Konsequenzen. Wiesbaden. 187-207.

*Wang, G.; Oh, I.-S.; Courtright, St.H.; Colbert, A.E. (2011):* Transformational Leadership and Performance across Criteria and Levels: A Meta-Analytic Review of 25 Years of Research. In: Group and Organization Management, 36. Jg., H. 2. 223-270.

*Wardanjan, B.; Richter, F.; Uhlemann, K. (2000):* Lernförderung durch die Organisation - Erfassung mit dem Fragebogen zum Lernen in der Arbeit (LIDA). In: Zeitschrift für Arbeitswissenschaft, 54. Jg., H. 3-4. 184-190.

*Weber, M. (1976):* Wirtschaft und Gesellschaft. 5. Aufl., Tübingen.

*Weber, W. (1993):* Entgeltsysteme in personalwirtschaftlicher Perspektive. In: Weber, W. (Hrsg.): Entgeltsysteme: Lohn, Mitarbeiterbeteiligung und Zusatzleistungen. Stuttgart. 3-22.

*Weber, W. (1996):* Fundierung der Personalwirtschaftslehre durch verhaltenswissenschaftliche Theorien. In: Weber, W. (Hrsg.): Grundlagen der Personalwirtschaft. Wiesbaden. 279-296.

*Weber, W.; Kabst, R. (2004):* Human Resource Management: The Need for Theory and Diversity. In: Management Revue, 15 Jg., H. 2. 171-177.

*Weibel, A.; Rost, K.; Osterloh, M. (2007):* Disziplinierung der Agenten oder Crowdingout? – Gewollte und ungewollte Anreizwirkungen von variablen Löhnen. In: Zeitschrift für betriebswirtschaftliche Forschung, 59. Jg., H. 12. 1055-1079.

*Weibler, J. (1996):* Ökonomische vs. verhaltenswissenschaftliche Ausrichtung der Personalwirtschaftslehre – Eine notwendige Kontroverse? In: Die Betriebswirtschaft, 56. Jg., H. 5. 649-665.

*Weibler, J. (2012):* Personalführung. 2. Aufl., München.

*Weibler, J. (2004):* Führung und Führungstheorien. In: Schreyögg, G.; von Werder, A. (Hrsg.): Handwörterbuch Unternehmensführung und Organisation. 4. Aufl., Stuttgart. 294-308.

*Weibler, J.; Wald, A. (2004):* 10 Jahre personalwirtschaftliche Forschung – Ökonomische Hegemonie und die Krise einer Disziplin. In: Die Betriebswirtschaft, 64. Jg., H. 3. 259-275.

*Weick, K.E. (1991):* The Nontraditional Quality of Organizational Learning. In: Organization Science, 2. Jg., H. 1. 116-124.

*Weick, K.E. (2010):* Reflections on Enacted Sensemaking in the Bhopal Disaster. In: Journal of Management Studies, 47. Jg., H. 3. 537-550.

*Weick, K.E. (2011):* Der Prozeß des Organisierens. 5. Aufl., Frankfurt/Main.

*Weick, K.E.; Sutcliffe, K.M. (2010):* Das Unerwartete managen. Wie Unternehmen aus Extremsituationen lernen. 2. Aufl., Stuttgart.

*Weick, K.E.; Westley, F. (1996):* Organizational Learning: Affirming an Oxymoron. In: Clegg, S.R.; Hardy, C.; Nord, W. (Hrsg.): Handbook of Organization Studies. London u.a. 440-459.

*Weiner, B. (1975):* Wirkung von Erfolg und Mißerfolg auf die Leistung. Bern, Stuttgart.

*Weiner, B. (2008):*Reflections on the History of Attribution Theory and Research. In: Social Psychology, 39. Jg., H. 3. 151-156.

*Weiner, B. (2010):* The Development of an Attribution-Based Theory of Motivation: A History of Ideas. In: Educational Psychologist, 45. Jg., H. 1. 28-36.

*Weiner, B.; Heckhausen, H.; Meyer, W.-U.; Cook, R.E. (1978):* Kausale Zuschreibungen und Leistungsverhalten: Eine begriffliche Analyse von Anstrengung und Re-Analyse des Ortes der Kontrolle. In: Irle, M. (Hrsg.): Kursus der Sozialpsychologie. Darmstadt u.a. 157-174.

*Weinert, A.B. (2004):* Organisations- und Personalpsychologie. 5. Aufl., Basel.

*Welbourne, T.M.; Trevor, C.O. (2000):* The Roles of Departmental and Position Power in Job Evaluation. In: The Academy of Management Journal, 43. Jg., H. 4. 761-771.

*Werner, J.M.; DeSimone, R.L. (2012):* Human Resource Development. 6. Aufl., South-Western.

*Wernerfelt, B. (1984):* A Resource-Based View of the Firm. In: Strategic Management Journal, 5. Jg., H. 1. 171-180.

*Weuster, A. (2012a):* Personalauswahl I. Internationale Forschungsergebnisse zu Anforderungsprofil, Bewerbersuche, Vorauswahl, Vorstellungsgespräch und Referenzen. 3. Aufl., Wiesbaden.

*Weuster, A. (2012b):* Personalauswahl II. Internationale Forschungsergebnisse zum Verhalten und zu Merkmalen von Interviewern und Bewerbern. 3. Aufl., Wiesbaden.

*Whetten, D.A. (1989):* What Constitutes a Theoretical Contribution? In: Academy of Management Review. 14. Jg., H. 4. 490-495.

*Wiendieck, G. (1994):* Arbeits- und Organisationspsychologie. Berlin, München.

*Wildemann, H. (1995):* Ein Ansatz zur Steigerung der Reorganisationsgeschwindigkeit von Unternehmen: Die Lernende Organisation. In: Zeitschrift für Betriebswirtschaft – Ergänzungsheft: Lernende Unternehmen. 1-23.

*Williamson, I.O.; Cable, D.M. (2003):* Organizational Hiring Patterns, Interfirm Network Ties, and Interorganizational Imitation. In: Academy of Management Journal, 46. Jg., H. 3. 349-358.

*Williamson, O.E. (1975):* Markets and Hierarchies: Analysis and Antitrust Implications. New York.

*Williamson, O.E. (1990):* Die ökonomischen Institutionen des Kapitalismus. Tübingen.

*Williamson, O.E. (1991a):* Comparative Economic Organization: Vergleichende ökonomische Organisationstheorie: Die Analyse diskreter Strukturalternativen. In: Ordelheide, D.; Rudolph, B.; Büsselmann, E. (Hrsg.): Betriebswirtschaftslehre und Ökonomische Theorie. Stuttgart. 13-49.

*Williamson, O.E. (1991b):* Comparative Economic Organization: The Analysis of Discrete Structural Alternatives. In: Administrative Science Quarterly, 36. Jg., H. 2. 269-296.

*Williamson, O.E. (1996):* Transaktionskostenökonomik. 2. Aufl., Hamburg.

*Williamson, O.E. (2010):* Transaction Cost Economics: The Natural Progression. In: Journal of Retailing, 86. Jg., H. 3. 215-226.

*Wilson, J.P. (2005):* Human Resource Development. In: Wilson, J.P. (Hrsg.): Human Resource Development. Learning and Training for Individuals and Organizations. 2. Aufl., London. 3-25.

*Wiltsher, C. (2005):* Accounting for the Human Resource Development Function. In: Wilson, J.P. (Hrsg.): Human Resource Development: Learning and Training for Individuals and Organizations. 2. Aufl., London. 423-438.

*Wimmer, P. (1991):* Personalplanung: Problemorientierter Überblick – theoretische Vertiefung. Stuttgart.

*Witt, P. (2004):* Vergütung von Führungskräften. In: Schreyögg, G.; Werder v., A. (Hrsg.): Handwörterbuch Unternehmensführung und Organisation. 4. Aufl., Stuttgart. 1573-1581.

*Wolff, B.; Lazear, E.P. (2001):* Einführung in die Personalökonomik. Stuttgart.

*Womack, J.P.; Jones, D.T.; Roos, D. (1994):* Die zweite Revolution in der Autoindustrie. 8. Aufl., Frankfurt/Main.

*Wright, P.M.; McMahan, G.C.; McWilliams, A. (1994):* Human Resources and Sustained Competitive Advantage. A Resource-Based Perspective. In: International Journal of Human Resource Management, 5. Jg., H. 2. 301-326.

*Wright, P.M.; McMahan, G.C. (2011):* Exploring Human Capital: Putting Human Back into Strategic Human Resource Management. In: Human Resource Management Journal, 21. Jg., H. 2. 93-104.

*Wright, P.M.; Gardner, T.M.; Moynihan, L.M.; Allen, M.R. (2005):* The Relationship between HR Practices and Firm Performance: Examining Causal Order. In: Personnel Psychology, 58. Jg., 409-446.

*Wunderer, R. (2011):* Führung und Zusammenarbeit. 9. Aufl., Köln.

*Yukl, G.A. (2013):* Leadership in Organizations. 8. Aufl., Upper Saddle River.

*Zander, A. (1994):* Making Groups Effective. 2. Aufl., San Francisco u.a.

*Zander, E. (1990):* Handbuch der Gehaltsfestsetzung. 5. Aufl., München.

*Zander, E.; Wagner, D. (2005) (Hrsg.):* Handbuch des Entgeltmanagements. München.

*Zara, C.E. (2005):* Evaluation and Assessment. In: Wilson, J.P. (Hrsg.): Human Resource Development: Learning and Training for Individuals and Organizations. 2. Aufl., London. 407-422.

# Index

# ORGANISATION & FÜHRUNG

Herausgegeben von
Dietrich von der Oelsnitz und Jürgen Weibler

Dietrich von der Oelsnitz
Martin Hahmann
**Wissensmanagement**
Strategie und Lernen in
wissensbasierten Unternehmen

2003. 244 Seiten. Kart. € 25,–
ISBN 978-3-17-017239-5

Walter Neubauer
**Organisationskultur**

2003. 194 Seiten. Kart. € 25,–
ISBN 978-3-17-017402-3

Roland Gabriel/Dirk Beier
**Informationsmanagement
in Organisationen**

2003. 236 Seiten. Kart. € 25,–
ISBN 978-3-17-017258-6

Friedemann W. Nerdinger
**Grundlagen des Verhaltens in
Organisationen**

3. Auflage 2012
242 Seiten, 62 Abb. Kart. € 27,–
ISBN 978-3-17-020377-8

Wolfgang Burr
**Innovationen
in Organisationen**

2004. 226 Seiten, 32 Abb. Kart. € 27,–
ISBN 978-3-17-018003-1

Wendelin Küpers/Jürgen Weibler
**Emotionen in Organisationen**

2005. 189 Seiten, 28 Abb. Kart. € 23,–
ISBN 978-3-17-018002-4

Thomas Kuhn/Jürgen Weibler
**Führungsethik
in Organisationen**

2012. 174 Seiten, 41 Abb. Kart. € 29,90
ISBN 978-3-17-022331-8

Sabine Fließ
**Prozessorganisation in
Dienstleistungsunternehmen**

2006. 232 Seiten, 70 Abb. Kart. € 28,–
ISBN 978-3-17-017439-9

Walter Neubauer/Bernhard Rosemann
**Führung, Macht und Vertrauen
in Organisationen**

2006. 244 Seiten, 22 Abb. Kart. € 25,–
ISBN 978-3-17-018434-3

Fred G. Becker
**Organisation der
Unternehmungsleitung**

2007. 210 Seiten, 75 Abb. Kart. € 27,–
ISBN 978-3-17-018657-6

Manfred Bornewasser
**Organisationsdiagnostik
und Organisationsentwicklung**

2009. 292 Seiten, 32 Abb. Kart. € 34,–
ISBN 978-3-17-020077-7

W. Kohlhammer GmbH · 70549 Stuttgart
Tel. 0711/7863 - 7280 · Fax 0711/7863 - 8430 · vertrieb@kohlhammer.de

Kohlhammer

Hartmut Kreikebaum
Dirk Ulrich Gilbert
Michael Behnam

## Strategisches Management

*7., überarb. u. erw. Auflage 2011*
*352 Seiten, 82 Abb., 20 Tab.,*
*zweifarbig. Fester Einband*
*€ 29,90*
*ISBN 978-3-17-019597-4*

Die „Strategische Unternehmensplanung" galt seit Jahren als Standardwerk und liegt nun in einer vollständig überarbeiteten Neuauflage vor.
Der neue Titel – „Strategisches Management" – signalisiert die Weiterentwicklung und Aktualisierung des Buches. Die spezifischen Probleme
und Arbeitsbereiche des strategischen Managements werden auf der
Basis eines strukturierten Prozessmodells didaktisch klar aufbereitet.
Das Lehrbuch berücksichtigt den aktuellen Stand der Literatur und gibt
einen Überblick über neueste, für das strategische Management relevante Entwicklungen. Eine Besonderheit des Buches liegt in der
Berücksichtigung der vielfältigen Herausforderungen, die sich durch
die Globalisierung und die gesellschaftliche Verantwortung von Unternehmen für das strategische Management ergeben.

**Prof. Dr. Hartmut Kreikebaum** ist akademischer Direktor des Instituts
für Unternehmensethik an der European Business School, **Prof. Dr. Dirk
Ulrich Gilbert** ist Inhaber der Professur für Allgemeine Betriebswirtschaftslehre an der Friedrich-Alexander-Universität Erlangen-Nürnberg.
**Prof. Dr. Michael Behnam** hat eine Professur für Strategisches und
Internationales Management an der Suffolk University, Boston (USA),
inne.

> **www.kohlhammer.de**

W. Kohlhammer GmbH · 70549 Stuttgart
Tel. 0711/7863 - 7280 · Fax 0711/7863 - 8430 · vertrieb@kohlhammer.de

**Kohlhammer**